国家哲学社会科学成果文库
NATIONAL ACHIEVEMENTS LIBRARY
OF PHILOSOPHY AND SOCIAL SCIENCES

中国城市发展空间格局优化理论与方法

方创琳 毛汉英 叶大年 刘盛和 鲍超 等 著

科学出版社

图书在版编目（CIP）数据

中国城市发展空间格局优化理论与方法 / 方创琳等著. —北京：科学出版社，2016.3
（国家哲学社会科学成果文库）
ISBN 978-7-03-047458-2

I. ①中… II. ①方… III. ①城市规划–研究–中国

IV. ①TU984.2

中国版本图书馆 CIP 数据核字(2016)第 043618 号

责任编辑：杨帅英 / 责任校对：何艳萍　张小霞
责任印制：肖　兴 / 封面设计：黄华斌

科 学 出 版 社 出版
北京东黄城根北街 16 号
邮政编码：100717
http://www.sciencep.com

中国科学院印刷厂印刷
科学出版社发行　各地新华书店经销

*

2016 年 3 月第 一 版　开本：720×1000　1/16
2016 年 3 月第一次印刷　印张：47 1/2　插页：3
字数：727 000

定价：298.00 元
（如有印装质量问题，我社负责调换）

第一作者简介

方创琳　　男，中国科学院特聘研究员，长江学者特聘教授，地理科学与资源研究所二级研究员，博士生导师，区域与城市规划设计研究中心主任，中国科学院区域可持续发展分析与模拟重点实验室副主任。兼任国际城市与区域规划师学会会员，国际区域科学协会中国分会常务理事，中国地理学会人文地理专业委员会主任，中国城市科学研究会、中国区域科学协会、中国城市经济学会、中国城镇化促进会城乡统筹委常务理事等。主要从事城市地理与城市规划等的研究与教学工作，主持完成国家自然科学基金重大项目、国家社会科学基金重大项目、国家973项目等100余项。提交50份被中央办公厅和国务院办公厅采用的重要咨询报告或重大规划，其中20份得到中央总书记、总理、副总理等批示并落实，3份成为国务院文件。主编出版学术著作21部，发表论文约330篇，其中SCI/SSCI收录50余篇。获国际地理联合会优秀青年科技奖、中国科学院杰出科技成就奖、新疆维吾尔自治区科技进步一等奖、建设部华夏建设科学技术奖一等奖等。

《国家哲学社会科学成果文库》
出版说明

为充分发挥哲学社会科学研究优秀成果和优秀人才的示范带动作用，促进我国哲学社会科学繁荣发展，全国哲学社会科学规划领导小组决定自 2010 年始，设立《国家哲学社会科学成果文库》，每年评审一次。入选成果经过了同行专家严格评审，代表当前相关领域学术研究的前沿水平，体现我国哲学社会科学界的学术创造力，按照"统一标识、统一封面、统一版式、统一标准"的总体要求组织出版。

全国哲学社会科学规划办公室
2011 年 3 月

前　　言

　　在全球化和新型城镇化大背景下，中国城市发展的空间格局是基于国家资源环境格局、经济社会发展格局和生态安全格局而在国土空间上形成的等级规模有序、职能分工合理、辐射带动作用明显的城市空间配置形态及特定秩序。优化城市发展的空间格局是对我国新型城镇化战略和国家主体功能区战略的进一步落实和体现，是推进国家新型城镇化规划实施的战略需求，是逐步治理日益严重的城市病的现实需求，是研制基于国土空间优化的中国城市发展空间格局科学方案的紧迫需求。正由于如此，2010 年 12 月国务院批准实施的《全国主体功能区规划》（国发〔2010〕46 号）提出构建"两横三纵"为主体的城市化战略格局；2011 年 3 月国家实施的《中华人民共和国国民经济和社会发展第十二个五年规划纲要》提出构筑区域发展格局，形成高效、协调、可持续的国土空间开发格局；2012 年 11 月召开的党的第十八次全国代表大会报告明确提出构建科学合理的城市化格局、农业发展格局和生态安全格局；2013 年 12 月 12 日召开的中央城镇化工作会议首次提出优化城镇化布局；2014 年 3 月国务院发布实施的《国家新型城镇化规划（2014—2020）》提出构建"两横三纵"的城镇化战略格局。可见，优化中国城市发展空间格局是建设美丽中国的空间载体，对促进国土空间优化利用、形成高效协同的空间开发秩序，对推动国家城镇化健康发展、提升城镇化发展质量都具有十分重要的战略意义。

　　基于上述战略意图，本书以国家社会科学基金重大项目"新型城镇化背景下中国城市空间格局优化研究"（批准号 13&ZD027）为依托，以公平优先理论、格局优化理论、流空间理论、国土"三生"空间优化理论、均衡网络理论和空间信息系统理论六大理论为科学的理论基础,通过大量的实地调研,系统分析了中国城市发展空间格局的宏观背景、理论基础、框架体系、影响因素、演变轨迹和动力机制,定量诊断了中国城市发展空间格局的合理性,系统模拟了中国城市发展空间格局的优化情景,提出了中国城市发展空间格局的优化原则、优化目标、优化重点和优化模式,提出了中国城市发展的行政设市格局、人口流动格局、轴线组织格局、分区组织格局、城市群组织格局、一体化地区组织格局、新城新区格局、等级规模格局、职能结构格局、对称分布格局、国际化格局、创新网络格局和智慧网络格局优化方案,提出了中国城市发展空间格局优化的保障措施与政策建议。

本书汇集了作者团队近 3 年来关于中国城市发展空间格局研究的理论思考和实践经验。各章编写分工如下:

前言、摘要　　　　　　　　　　　　　　　　　　　　　　　　方创琳

第一章　中国城市发展空间格局优化的科学基础与理论体系　方创琳,鲍超

第二章　中国城市发展空间格局的演变轨迹与影响机制　　　　　　鲍超

第三章　中国城市发展空间格局的合理性诊断与综合评估　王振波,方创琳

第四章　中国城市发展空间格局优化目标与模式　　　　　　　　毛汉英

第五章　中国城市发展空间格局的优化模拟　　　　　　黄金川,方创琳

第六章　中国城市发展的行政设市格局　　　　　　　　马海涛,方创琳

第七章　中国城市发展的空间组织格局　　　　　方创琳,王婧,张永姣

第八章　中国城市发展的职能结构格局　　　　　　　　刘盛和,史雅娟

第九章　中国城市发展的对称分布格局　　　　　　　　叶大年,方创琳

第十章　中国城市发展的人口流动格局　　　　　　　　刘盛和,戚伟

第十一章　中国城市发展空间格局优化措施与政策建议　方创琳,何伦志

在本书编写过程中,先后得到中国科学院院士陆大道研究员、中国科学院院士叶大年研究员、中国科学院院士郭华东研究员、中国科学院院士周成虎研究员、国际欧亚科学院院士毛汉英研究员、北京大学吕斌教授、中国社会科学院城市与环境发展研究所魏后凯研究员、新疆大学何伦志教授、孙慧教授、李金叶教授,以及我的同事刘盛和研究员、黄金川副研究员、鲍超副

研究员、马海涛副研究员、张蔷高级工程师、王振波副研究员、李广东助理研究员等的指导和帮助，我的博士研究生王婧、王洋、王德利、吴康、王岩、秦静、邱灵、吴丰林、关兴良、刘起、张舰、王少剑、李秋颖、庞博、张永姣、苏文松、刘海猛、罗奎，我的硕士研究生赵亚博、梁汉媚、赵杰、任宇飞、于晓华等协助搜集了大量资料、进行了数据加工和制图工作，在此对各位老师付出的辛勤劳动表示最真挚的感谢！

　　本书依托的国家社科基金重大项目于 2015 年 5 月免于鉴定提前顺利结题后，于 2015 年 8 月成功入选《国家哲学社会科学成果文库》，体现出成果代表了同领域研究的国内领先水平。

　　作为一位从事中国城市发展研究的科研工作者，研究中国城市发展空间格局是作者学术生涯中的重要尝试，由于对中国城市发展空间格局研究等热点难点问题至今尚未形成共识，学术界、政界和新闻界仁者见仁，智者见智，本书中提出的一些观点和看法肯定有失偏颇，加之时间仓促，能力有限，书中缺点在所难免，恳求广大同仁批评指正！本书在成文过程中，参考了许多专家学者的论著或科研成果，对引用文献文中都一一做了注明，但仍恐有挂一漏万之处，诚请多加包涵。竭诚渴望阅读本书的同仁们提出宝贵意见！期望本书为中国新型城镇化的全力推进和中国城市发展空间格局优化提供科学理论依据！

方创琳

2015 年 9 月于中国科学院奥运科技园区

目　　录

Contents

摘　要

　　中国城市发展的空间格局是基于国家资源环境格局、经济社会发展格局和生态安全格局而在国土空间上形成的等级规模有序、职能分工合理、辐射带动作用明显的城市空间配置形态及特定秩序，科学合理的城市发展空间格局对推动国家城镇化健康发展、提升城镇化发展质量，对加快国家现代化进程都具有十分重要的战略意义。俗话说，定位决定地位，格局决定布局，布局决定结局。正因为如此，党的十八大报告、中央经济工作会议、中央城镇化工作会议、中央城市工作会议等党和国家重要文件及国家重大规划多次提出要构建科学合理的城市化格局和城市发展空间格局。

【宏观背景】2010 年 12 月国务院批准实施的《全国主体功能区规划》（国发〔2010〕46 号）提出构建"两横三纵"为主体的城市化战略格局；2011年 3 月国家批准实施的《中华人民共和国国民经济和社会发展第十二个五年规划纲要》提出构筑区域经济优势互补、主体功能定位清晰、国土空间高效利用、人与自然和谐相处的区域发展格局，形成高效、协调、可持续的国土空间开发格局；2012 年 11 月召开的党的十八大报告明确提出构建科学合理的城市化格局、农业发展格局和生态安全格局；2013 年 12 月 12 日召开的中央城镇化工作会议首次提出优化城镇化布局；2012 年 12 月和 2013 年 12 月召开的中央经济工作会议连续两年提出要构建科学合理的城市格局；2014 年3 月国务院发布实施的《国家新型城镇化规划（2014—2020）》提出构建以陆桥通道、沿长江通道为两条横轴，以沿海、京哈京广、包昆通道为三条纵轴，以轴线上城市群和节点城市为依托、其他城镇化地区为重要组成部分，大中小城市和小城镇协调发展的"两横三纵"城镇化战略格局。

【战略意义】在全球化和新型城镇化大背景下，科学合理的城市发展空间格局是建设美丽中国和美丽城乡的空间载体，优化中国城市发展的空间格局，对促进国土空间可持续利用，形成高效协同的空间开发秩序，提高国土空间运行效率，确保国家国土安全等都具有十分重要的战略意义。优化城市发展的空间格局是对我国新型城镇化战略和国家主体功能区战略的进一步落实和体现，是推进国家新型城镇化规划实施的战略需求；是逐步治理日益严重的城市病的现实需求；是顺应第三次工业革命与能源互联网时代背景下倒逼中国城市发展空间格局优化的国际诉求；是研制基于国土空间优化的中国城市发展空间格局科学方案的建设需求；也是深化中国城市发展空间格局调整优化研究的科学需求。

【理论基础】中国城市发展的空间格局优化以公平优先理论、格局优化理论、流空间理论、国土"三生"空间优组理论、均衡网络理论和空间信息系统理论六大理论为科学的理论基础。这些理论强调以较高的城市资源环境承载能力、较大的城市人口吸纳能力、较高的城市综合效益能力、较好的城市安全保障能力为中国城市发展空间格局优化的评判标准，突出强调公平公正、空间均衡、网络布局、空间整合、空间信息等一系列指导中国城市发展空间格局优化的主体理念和思想。

【框架体系】中国城市发展空间格局优化的框架体系包括宏观层次、中观层次和微观层次三大层次。其中，宏观层次的优化包括城市发展的生态-生产-生活格局优化和城乡格局优化；中观层次的优化包括城市等级规模格局、职能产业格局、空间组织格局、人口流动格局、国际化格局、就业保障格局、创新网络格局和对称分布格局等的优化；微观层次的优化包括大中小城市规模格局等15个格局的具体优化。上一层次的格局优化为下一层次优化提供基础和宏观指导，下一层次格局优化的结果为上一层次提供更好的支撑条件。通过优化，将形成包括国家资源安全、生态安全、经济安全、环境安全和社会安全在内的国土空间安全开发格局，将形成科学合理的中国城市发展空间格局，不断提升城镇化发展质量，更好地推动中国新型城镇化健康发展。

【国际影响】全球一半多人住在城里，全球城镇化水平达到52.55%，全球1/4的城市设在中国，城市总数占全球总数的27.61%。新中国成立以来，中国大城市和特大城市迅猛发展，城市网络和城市群不断发育，在全球城市网络中的地位不断增强。中国城市人口增长和经济增长在全球城市网络中的地位快速提升，部分城市进入世界前列；中国城市综合竞争力在全球城市网络中占据突出位置，地位不断提升；国际城市建设正在改变着全球城市中心格局，影响甚至决定着未来全球城市发展的空间格局。同时中国城市发展引发的资源与生态环境问题也正在对全球城市发展空间格局产生重要影响，不仅直接限制自身发展，而且也影响着全球的生态环境安全，进而阻碍全球城市体系的发展。

【演变轨迹】采用文献梳理、数据统计和 GIS 空间分级等方法，分析了新中国成立 60 余年来中国城市发展空间格局的演变轨迹，认为中国城市发展空间格局在近 60 年来变化不大，表现出一定程度的合理性；而城市发展的重心不断发生变化，"由北向南"移动的特征最为明显；城市空间分布形态主要表现为原有城市的不断扩张以及新设置城市的逐渐形成，进而促进"以点串线，以线带面"的空间格局不断完善，城市间网络联系增强，城市群不断发育；城市职能结构总体上随社会经济发展水平的提高而不断优化，在空间布局上更为科学合理。在此基础上，将我国城市发展空间格局演变划分为三个阶段，即 1949~1978 年的分散式布局与低水平均衡发展阶段，1979~2000 年的集中式布局与非均衡发展阶段，2000 年以来"两横三纵"城市网络体系的形成及高水平均衡发展阶段。

【影响因素】影响中国城市发展空间格局形成与演变的主要全球性因素包括经济全球化因素、全球生产网络因素（跨国公司）、外商直接投资因素、全球信息化因素、全球气候与环境变化因素以及全球高新技术引进驱动因素等；影响中国城市发展空间格局形成与演变的主要本土性因素包括国土开发与区域发展政策因素、交通因素、地方网络与国内投资因素、文化与地缘因素、自然条件与生态环境因素等。本土性因素不会因为高度的全球化影响而失去重要地位。相反，全球竞争的激烈、知识经济的出现刺激了基于地方、内生资源的作用，使我国城市发展空间格局的演变更具有中国特色。这些全球化和本土化因素是中国城市发展空间格局调整与优化的重要依据。

【现状特点】从城市规模结构及其分异特征分析，全国城市规模结构呈现出"中间略大、低端偏小"的较为合理的金字塔格局；东部地区城市规模结构呈现出"中间大，两端小"的不合理的金字塔格局；中部地区城市规模结构呈现出"中低端大，顶端小"较为合理的金字塔格局；西部地区城市规模结构呈现出"低端大，顶端小"的合理的金字塔格局；省级城市规模结构的合理性空间分异显著。

【综合诊断】城市发展空间格局合理性是指在全国主体功能区划背景下，城市空间的资源环境承载能力、现有开发强度、未来发展潜力与城市发展过程中表现出的城市规模结构、城市等级结构、城市职能结构等要素相互匹配的合理化程度。通过分析中国城市发展空间格局合理性影响机制，结合国内外相关研究基础构建了中国城市发展空间格局合理性综合诊断指标体系，采用 GIS 和计量模型建立了中国城市规模结构合理性诊断模型、中国城市职能结构合理性诊断模型、中国城市空间结构合理性诊断模型和中国城市发展空间格局合理性综合诊断模型，对中国城市发展空间格局合理性进行综合评价。评价结果表明，从全国城市发展空间格局总体合理性分析，处在中等合理性以上的城市达到 465 个，占全国城市总数的 70.78%，体现出中国城市现状空间格局总体上是合理的，这种合理性受制于历史演变、区划调整、自然条件等的影响，在今后很长一段时期内不会发生大的改变。从全国城市规模结构格局合理性分析，处在中等合理性以上的城市达到 447 个，占全国城市总数的 68.03%，体现出中国城市规模结构格局总体上是合理的，随着城市人口的不断增长、城市空间的不断拓展，生产要素的不断集聚，城市规模会不断扩大，城市规模结构的合理性会因规划调控、政策调整等影响逐步向新的合理性格局方向演变。从全国城市空间结构格局合理性分析，处在中等合理性以上的城市达到 456 个，占全国城市总数的 69.41%，体现出中国城市发展空间格局总体上是合理的；从全国城市职能结构格局合理性分析，处在中等合理性以上的城市达到 454 个，占全国城市总数的 69.11%，体现出中国城市职能结构格局总体合理，这种合理性随着城市职能结构调整、产业升级转型会不断向着新的合理性方向发展。

【优化原则】基于对中国城市发展空间格局合理性的诊断结果，以《国家新型城镇化规划（2014—2020）》提出的"优化布局，集约高效"为总体指导思想，新时期新型城镇化背景下的中国城市发展空间格局优化应遵循公平正义原则、适度集聚原则、协同发展原则、创新驱动原则和持续发展原则五大原则。

【优化目标】中国城市发展空间格局优化的总目标为，形成合理的行政设市格局、公平的城市空间组织格局、多样性强的城市职能结构格局、协同性强的大中小城市协同发展的新金字塔型格局、主体性强的城市群格局、驱动性强的城市创新格局和智慧城市建设格局。到 2020 年，全国城市总数达到 720 个左右，常住人口城镇化率达到 60%左右，户籍人口城镇化率达到 45%左右，城镇化发展质量逐步得到提升，城镇化发展告别中期的快速成长阶段，进入后期的成熟稳定发展阶段，大城市病和小城镇病的问题得到逐步缓解，以人为本的城镇化发展质量得到稳步提升；到 2030 年，全国城市总数达到 770 个左右，常住人口城镇化率达到 65%～70%，户籍人口城镇化率达到 55%～60%，以人为本的城镇化发展质量得到显著提升，城镇化发展长期处在后期的成熟稳定发展阶段。

【具体目标】到 2020 年，全国常住人口城镇化率达到 60%左右，户籍人口城镇化率达到 45%左右，实现 1 亿左右农业转移人口和其他常住人口在城镇落户。基本实现《国家新型城镇化规划》提出的城镇化发展目标，以人为本的城镇化发展质量逐步得到提升。城市万元 GDP 新鲜水耗降至 50m³，城市工业用水重复率提升到 75%，百万人口以上大城市公共交通机动化出行率达到 60%，城镇集中供水普及率达到 90%，城市污水处理率达到 95%，城市生活垃圾无害化处理率达到 95%，城市家庭宽带接入能力达到 50Mbps，城市社区综合服务设施覆盖率达到 100%，城镇常住人口基本养老保险覆盖率达到 90%，城镇常住人口基本医疗保险覆盖率达到 98%，城镇常住人口保障性住房覆盖率达到 23%，农民工随迁子女接受义务教育比率达到 99%。大城市病和小城镇病的问题得到逐步缓解，城镇化发展质量得到稳步提升。到 2030 年，全国常住人口城镇化率达到 65%～70%，户籍人口城镇化率达到 55%～60%，以人为本的城镇化发展质量得到显著提升，城市万元 GDP 新鲜水耗降至 45m³，城市工业用水重复率提升到 90%，百万人口以上大城市公共交通机动化出行率达到 75%，城镇集中供水普及率达到 95%，城市污水处理率达到 98%，城市生活垃圾无害化处理率达到 98%，城市家庭宽带接入能力达到 100Mbps，城市社区综合服务设施覆盖率达到 100%，城镇常住人口基本养老保险覆盖率达到 95%，城镇常住人口基本医疗保险覆盖率达到 100%，城镇常住人口保障性住房覆盖率达到 50%，农民工随迁子女接受义务教育比率达到 99%。大城市病和小城镇病的问题得到全面解决，城镇化发展质量得到显著提升。

【优化重点】实现上述优化目标，需要重点履行节约集约发展，形成紧凑集约与精明增长的城市发展空间格局；提高城市运行效率，形成便捷高效与有机通畅的城市发展空间格局；加快城市产业升级转型，构建现代产业支撑的城市发展空间格局；优化城市体系结构，形成规模有序与分工合理的城市发展空间格局；营造绿色低碳的人居环境，形成以人为本与和谐宜居的城市发展空间格局。

【优化模式】一是实施交通通道引导模式，包括国家层面交通基础设施引导城市发展模式和城市层面交通基础设施引导空间发展模式；二是产业集聚关联模式，包括区域尺度的产业集聚关联模式和城市尺度的产业集聚关联模式；三是城乡一体融合模式，包括珠江三角洲外向型经济推动型模式、长江三角洲工业化与城市化互动模式、京津冀地区中心城市带动型模式和成渝地区统筹城乡协调发展模式；四是均衡网络发展模式，包括点轴发展模式、网络化发展模式和多中心网络化模式；五是生态文明导向模式，包括与主体功能区对接的城市生态-生产-生活"三生"空间优化模式、资源节约型与环境友好型城市发展模式和生态文明城市建设模式。

【行政设市格局优化】中国城市发展的行政设市格局决定着城市的空间配置和空间组织格局。从中国设市的演变历程看，我国行政设市的空间格局从 1984 年的"大分散小集聚"发展格局演变到 1990 年的"两横两纵"设市空间结构，再到 2000 年的"十大设市集聚区"的空间结构，最后演变为现在的"两横三纵"的设市空间格局。这种行政设市格局存在着一系列亟待解决的现实问题，包括现行设市标准过时、与城市发展阶段不协调，新设城市集中在东部发达地区、西部设市城市数量增长缓慢，设市数量总体偏少、与新型城镇化发展要求存在较大差距；民族自治县改市存在体制障碍。为破解行政设市面临的问题，从行政设市和管理的角度，针对地级市、民族自治市和县级市的行政设置特征，借鉴世界各国设市的经验，采用不同的增选标准和综合指数计算方法，提出了未来行政设市格局方案。到 2020 年，全国设市城市数量达到 720 个，比 2013 年增加 60 个新设市城市，其中，直辖市保持在 4 个，地级市数量由 2013 年的 286 个增加到 300 个，县级市由 370 个增加到 416 个左右。到 2030 年，全国设市城市数量达到 770 个，比 2013 年增加 110 个新设市城市，其中，直辖市保持在 4 个，地级市数量由 2013 年的 286 个增加到 318 个，县级市由 370 个增加到 448 个左右。基本形成由 4 个直辖市、318 个地级市、448 个县级市组成的 770 个行政设市城市新格局。

【地级设市格局优化】以全国 14 个地区、30 个自治州和 3 个盟作为新设地级市的综合考虑对象，在原有设市标准的基础上建立了新的地级市新设评价方法，选择 25 个综合得分较高的行政单元作为未来新增地级市的考虑对象，同时从沿边地区安防稳定考虑，将西藏自治区的 6 个地区改为地级市，从文物古迹的整体性保护考虑将敦煌县级市改为地级市。最终，在 2013 年 286 个地级市的基础上，新增的 32 个地级市具体包括：哈密地区、喀什地区、阿克苏地区、和田地区、阿勒泰地区、吐鲁番地区、锡林郭勒盟、兴安盟、延边朝鲜族自治州、巴音郭楞蒙古自治州、凉山彝族自治州、伊犁哈萨克自治州、楚雄彝族自治州、大理白族自治州、昌吉回族自治州、黔西南布依族苗族自治州、临夏回族自治州、黔东南苗族侗族自治州、恩施土家族苗族自治州、湘西土家族苗族自治州、红河哈尼族彝族自治州、黔南布依族苗族自治州、文山壮族苗族自治州、西双版纳傣族自治州、德宏傣族景颇族自治州、日喀则地区、林芝地区、那曲地区、昌都地区、阿里地区、山南地区、敦煌市（甘肃省酒泉市代管县级市）。

【县级设市格局优化】运用层次分析法对具有基本条件的 178 个县和旗进行设县级市的综合能力评价，考虑到部分自治州政府驻地设市需求和国家重点生态功能区限制开发的要求，照顾 5 个自治州驻地改为县级市，排除位于国家重点生态功能区的 2 个县，去掉 26 个市改区城市，最终选择 98 个县和旗调整为县级市，加上 10 个新增的县级民族自治市，使县级市的数量最终达到 448 个。其中 10 个新增的县级民族自治市筛选方案为，针对现有的 117

个民族自治县，运用关键指标门槛筛选和层次分析综合排序的方法，最终选择 10 个自治县/自治旗改县级自治市，它们分别是：辽宁省本溪满族自治县（0.6047）和喀喇沁左翼蒙古族自治县（0.3943），内蒙古的鄂温克族自治旗（0.5301），河北省的宽城满族自治县（0.5291）和孟村回族自治县（0.3539），吉林省的伊通满族自治县（0.5291），海南省的陵水黎族自治县（0.3767），云南省的石林彝族自治县（0.2715），黑龙江的杜尔伯特蒙古族自治县（0.2588），广东省的乳源瑶族自治县（0.2553）。

最后确定新增县级市为清河市、孟村回族自治市、宽城满族自治市、文安市、香河市、涉市、正定市、迁西市、玉田市、邯州市、怀仁市、鄂温克族自治市、阿拉善左市、达拉特市、准格尔市、喀喇沁左翼蒙古族自治市、本溪满族自治市、大洼市、伊通满族自治市、杜尔伯特蒙古族自治市、响水市、丰市、盱眙市、泗洪市、睢宁市、宝应市、阜宁市、泗阳市、滨海市、东海市、射阳市、建湖市、赣榆市、沛市、海安市、如东市、沭阳市、仙居市、天台市、安吉市、武义市、浦江市、新昌市、桐庐市、海盐市、德清市、平阳市、象山市、永嘉市、长兴市、宁海市、嘉善市、玉环市、苍南市、绍兴市、广德市、当涂市、永春市、德化市、闽侯市、惠安市、铅山市、上栗市、广丰市、新建市、南州市、夏津市、武城市、无棣市、临邑市、临沭市、沂南市、昌乐市、费市、齐河市、博兴市、沂水市、桓台市、邹平市、云梦市、京山市、湘阴市、攸市、邵东市、宁乡市、长州市、茶陵市、阳东市、乳源瑶族自治市、梅市、饶平市、博罗市、惠东市、海丰市、平南市、陵水黎族自治市、康定市、威远市、隆昌市、郫市、双流市、石林彝族自治市、泸水市、香格里拉市、靖边市、高陵市、神木市、玉树市。

【人口流动格局优化】流动人口是推动中国城镇人口规模快速增长的主力军。据 2010 年第六次人口普查数据计算表明，2010 年全国居住地与户口登记地分离人口已达 2.77 亿人，其中，流动人口规模高达 2.21 亿人，占全国总人口的 16.58%；在全国的全部流动人口中，户口登记为来自乡村、镇和城市的人口分别占 62.98%、11.22% 和 25.79%；市外流动人口数量占全国全部县市外流动人口比例由 1990 年的 62.50% 依次提升至 2000 年的 84.68%、2010 年的 88.86%；经历了 20 世纪 80 年代初期～90 年代中期的剩余劳动力转移主导时期、90 年代中期～21 世纪初期的工业化拉动主导时期、21 世纪初期至今的城镇化拉动主导时期三大政策演变阶段；数量上仅占全国总数 5.6% 的超大城市和特大城市已经占据了全国过半的流动人口，成为流动人口的集聚主体。外来人口在不同等级规模城市的集疏态势与分布格局存在显著差异，外来人口更加偏好流向大城市、特大城市和城市群，呈现出显著的"马太效应"，大城市和特大城市对外来人口的集聚能力越来越强，其城市人口规模越来越大，而小城市的人口对外来人口的集聚能力越来越弱，人口规模增长缓慢甚至出现负增长。在 1990~2010 年，中国大中城市对国家城镇化的贡献由 39.08% 提升到 59.94%，而小城市和小城镇对国家城镇化的贡献却由 60.92% 猛降到 2010 年的 40.06%。依据流动人口对城市人口规模增长的贡献，将我国城市划分为流动人口弱势型、增长主导型、强势型、强势衰退型和规模收缩型 5 种类型，它们在流动人口规模、增长态势及其对人口规模增长的贡献和流动人口在城市人口中所占比例等方面存在显著差异。在未来的发展中，城乡差异和市场力量将推动我国农村人口进一步向特大城市、大城市和城市群地区集聚；按照市场化情景分析，超大城市、特大城市、大城市继续将成为城市流动人口的集聚区；按照政策调控情景分析，流动人口向各地中小城镇集聚的速度将显著提升；按照综合协调情景分析，城市群地区人口增长较快，其内中小城镇的人口集聚能力将显著提升。未来要严格控制超大和特大城市人口增量，保障城市高密度集聚的综合服务能力；提升大城市对流动人口的吸纳水平，分散特大城市的人口集聚压力；加快中小城市和小城镇就近就地城镇化水平，提升流动人口吸纳能力。

【空间组织格局优化】　中国城市发展的空间组织格局包括轴线组织格局、分区组织格局、城市群组织格局、一体化组织格局和大中小城市协同发展的新金字塔组织格局、新城新区组织格局共 6 个不同空间尺度的组织格局，这些格局形成由点、线、面、网共同组成的中国城市发展的空间组织总格局。其中，中国城镇化发展的轴线组织格局由 5 条国家城镇化主轴线组成；分区组织格局由城市群地区城镇化发展区（Ⅰ）、粮食主产区城镇化发展区（Ⅱ）、农林牧地区城镇化发展区（Ⅲ）、连片扶贫区城镇化发展区（Ⅳ）、民族自治区城镇化发展区（Ⅴ）共五大类型区和 47 个亚区组成；城市群组织格局由 20 个大小不同、发育程度不一、规模不等的城市群组成"5+9+6"的空间格局；一体化组织格局由 37 个紧密程度不同、规模不等的城市一体化地区组成；大中小城市协同发展的新金字塔组织格局由 770 个城市（其中 10 个左右市区常住人口超过 1000 万人的超大城市、20 个左右市区常住人口为 500 万～1000 万人的特大城市、131 个市区常住人口为 100 万～500 万人的大城市、239 个市区常住人口为 50 万～100 万人的中等城市、366 个市区常住人口为 10 万～50 万人的小城市）和 19 000 个小城镇组成。

【轴线组织格局优化】中国城镇化发展的轴线组织格局由沿海城镇化发展主轴线、沿长江城镇化发展主轴线、沿陆桥城镇化发展主轴线、沿京哈京广线城镇化发展主轴线和沿包昆线城镇化主轴线 5 条新型城镇化主轴组成，这 5 条城镇化发展主轴线的交汇点是 20 个不同空间尺度的城镇化主体地区，即城市群地区，由城镇化主轴线串联城镇化主体城市群，形成"以轴串群、以群托轴"的国家新型城镇化轴线组织格局。5 条新型城镇化主轴线贯穿了除海南、西藏以外的全国 29 个省（自治区、直辖市）、20 个城市群，全国 93.77%的城市（约 616 个城市），88.3%的总人口和 91.8%的经济总量。

【分区组织格局优化】分别将新型城镇化主体区、粮食主产区、农林牧地区、连片扶贫地区、民族自治地区和国家重点生态功能区作为划分新型城镇化发展类型区的六大空间依据，采用主成分分析法、聚类分析法、叠置分析法和 Arc GIS 10.1 分析技术，结合国家主体功能区规划、中国生态区划、中国综合农业区划和中国城市群发展格局等方案，从定性与定量相结合的角度将全国新型城镇化区域划分为城市群地区城镇化发展区（Ⅰ）、粮食主产区城镇化发展区（Ⅱ）、农林牧地区城镇化发展区（Ⅲ）、连片扶贫区城镇化发展区（Ⅳ）、民族自治区城镇化发展区（Ⅴ）共五大类型区，47 个亚区。其中，城市群地区城镇化发展区（Ⅰ）包括京津冀城市群 I_1、长江三角洲城市群 I_2、珠江三角洲城市群 I_3、长江中游城市群 I_4、成渝城市群 I_5、哈长城市群 I_6、辽中南城市群 I_7、山东半岛城市群 I_8、中原城市群 I_9、关中城市群 I_{10}、江淮城市群 I_{11}、海峡西岸城市群 I_{12}、广西北部湾城市群 I_{13}、天山北坡城市群 I_{14}、呼包鄂榆城市群 I_{15}、晋中城市群 I_{16}、宁夏沿黄城市群 I_{17}、兰西城市群 I_{18}、黔中城市群 I_{19}、滇中城市群 I_{20}共 20 个亚区，是国家新型城镇化的主体区，承担着城镇化发展主体功能、城镇化质量提升功能、经济发展主体功能和民生改善保障功能；粮食主产区城镇化发展区（Ⅱ）包括东北粮食主产区Ⅱ$_1$、内蒙古粮食主产区Ⅱ$_2$、黄淮海粮食主产区Ⅱ$_3$、长江中下游粮食主产区Ⅱ$_4$、西南粮食主产区Ⅱ$_5$共5个亚区，承担着优先保障国家粮食安全的主体功能、积极稳妥推进新型城镇化的功能和推进城乡一体化和农民增收功能；农林牧地区城镇化发展区（Ⅲ）由东南丘陵农林牧地区Ⅲ$_1$、南岭农林牧地区Ⅲ$_2$、海南及南海诸岛农林牧地区Ⅲ$_3$、黄土高原农林牧地区Ⅲ$_4$、河西走廊农林牧地区Ⅲ$_5$共5个亚区组成，承担着推进农林牧综合发展的主体功能、有序推进城乡统筹发展的功能和推进农业现代化及农民增收功能；连片扶贫区城镇化发展区（Ⅳ）由大兴安岭南麓山区Ⅳ$_1$、燕山-太行山区Ⅳ$_2$、大别山区Ⅳ$_3$、六盘山区Ⅳ$_4$、秦巴山区Ⅳ$_5$、武陵山区Ⅳ$_6$、滇桂黔石漠化区Ⅳ$_7$、乌蒙山区Ⅳ$_8$、滇西边境山区Ⅳ$_9$、四省藏区Ⅳ$_{10}$、新疆南疆三地州Ⅳ$_{11}$共11个亚区组成，承担着扶贫开发与脱贫致富的主体功能、推进基于精准脱贫致富的城镇化功能和保护山地生态环境与协调山区人地关系的功能；民族自治区城镇化发展区（Ⅴ）由西藏藏族自治地区Ⅴ$_1$、新疆维吾尔族自治地区Ⅴ$_2$、广西壮族自治地区Ⅴ$_3$、延边朝鲜族自治地区Ⅴ$_4$、海西蒙古族藏族自治地区Ⅴ$_5$、湘西土家族苗族自治地区Ⅴ$_6$共6个亚区组成，承担着维护民族团结和社会稳定的主体功能、推进民族自治地区城镇化的功能和传承少数民族文化的功能。中国新型城镇化综合区划方案填补了国家没有新型城镇化区划的空白，丰富和完善了中国综合区划体系，有助于国家按照因地制宜和因类制宜的差异化发展方式推进我国不同类型地区的新型城镇化健康发展，可为国家新型城镇化规划的顺利实施和推动国家新型城镇化试点提供科学决策依据。

【城市群组织格局优化】根据城市群空间范围的拓展过程和城市群形成发育的判断标准，中国城市群组织格局形成由5个国家级大城市群、9个区域性中等城市群和6个地区性小城市群共20个大小不同、发育程度不一、规模不等的城市群组成的"5+9+6"的空间组织格局。其中，5个国家级大城市群包括京津冀城市群、长江三角洲城市群、珠江三角洲城市群、长江中游城市群和成渝城市群；9个区域性中等城市群包括辽中南城市群、山东半岛城市群、海峡西岸城市群、中原城市群、哈长城市群、江淮城市群、关中城市群、广西北部湾城市群和天山北坡城市群；6个地区性小城市群包括晋中城市群、兰西城市群、呼包鄂榆城市群、宁夏沿黄城市群、滇中城市群和黔中城市群。统计表明，中国城市群包括了 422 个大中小城市，占全国城市总数的 63.94%，11 787 个小城镇，占全国小城镇的 60.73%，62.83% 的全国人口，67.05% 的全国城市建设用地面积（市辖区），80.57% 的全国经济总量，95.29% 的第二产业增加值，86.14% 的第三产业增加值，76.87% 的全社会固定资产投资，87.24% 的实际利用外资，因而是国家新型城镇化的主体和经济发展的战略核心区。

【一体化组织格局优化】以城市群建设为依托，形成由 37 个紧密程度不同、规模不等的城市一体化地区组成的一体化组织格局。具体包括京津一体化地区、广佛一体化地区、深莞惠一体化地区、深港一体化地区、沪苏嘉一体化地区、苏锡常一体化地区、宁镇扬一体化地区、宁马一体化地区、杭嘉湖绍一体化地区、甬舟一体化地区、济泰莱一体化地区、济聊一体化地区、烟威一体化地区、青潍日一体化地区、厦漳泉一体化地区、福莆宁一体化地区、汕揭潮一体化地区、郑汴一体化地区、太晋一体化地区、武孝一体化地区、武鄂黄黄一体化地区、长株潭一体化地区、昌九一体化地区、合淮一体化地区、芜马一体化地区、西咸一体化地区、成德绵一体化地区、北部湾一体化地区、贵安一体化地区、兰白一体化地区、酒嘉玉一体化地区、乌昌一体化地区、奎独乌一体化地区、沈抚一体化地区、长吉一体化地区、大安一体化地区、延龙图一体化地区共 37 个都市一体化地区，作为城市群发展的核心区。

【新金字塔格局优化】根据中国城市发展空间格局多情景模拟结果，到 2020 年，全国城市总数量达到 720 个，其中，超大城市数量达到 10 个，特大城市数量达到 17 个，大城市数量达到 123 个（其中，Ⅰ型大城市 23 个，Ⅱ型大城市 100 个），中等城市数量达到 220 个，小城市数量达到 350 个（其中，Ⅰ型小城市 260 个，Ⅱ型小城市 90 个），形成 10 个超大城市、17 个特大城市、123 个大城市、220 个中等城市和 350 个小城市共 720 个城市组成的金字塔型城市等级规模结构新格局。到 2030 年，全国城市总数量达到 770 个，其中，超大城市数量达到 13 个，特大城市数量达到 21 个，大城市数量达到 131 个（其中，Ⅰ型大城市 24 个，Ⅱ型大城市 107 个），中等城市数量达到 239 个，小城市数量达到 366 个（其中，Ⅰ型小城市 278 个，Ⅱ型小城市 88 个），形成 13 个超大城市、21 个特大城市、131 个大城市、239 个中等城市和 366 个小城市共 770 个城市组成的金字塔型城市等级规模结构新格局。

【新城新区格局优化】新城新区建设是城市空间扩张的一种新形式。我国城市化的快速推进，客观上需要更大的城市空间作载体。有计划地推进新城新区建设，对解决人口居住、引导城市转型、拉动区域发展、缓解城市病、提升城市竞争力均有重要的现实意义。《国家新型城镇化规划（2014—2020）》明确提出，要统筹中心城区改造和新城新区建设，防止新城新区建设空心化。我国新城新区建设取得了举世瞩目的巨大成就，但同时我们也要警惕"新城新区热"背后存在的建设粗放、债务风险等问题，努力引导新城新区科学、有序、适度、理性发展。自浦东新区成功开发建设 20 多年来，我国新城新区建设取得了举世瞩目的巨大成就，对加快我国工业化和城镇化进程作出了重大贡献。具体表现在：新城新区建设吸纳了大量人口居住就业，改善了城市人居环境；推动了城市产业转型升级，提升了城市发展质量与效益；有效地疏解了城市功能，缓解了日益严重的城市病；拓展了城市发展空间，优化了城市空间结构。但在大规模的新城新区建设中，部分新城新区建设缺乏科学规划，存在不同程度的土地浪费；部分新城新区定位不清晰，与主城功能趋同，与城市总体规划不协调；部分新城新区建设超前，存在基础设施浪费问题；部分新城新区产业基础薄弱，难以支撑新城新区经济增长；部分新城新区建设未量力而行，加大了地方政府的债务风险。为此未来新城新区建设要建立新城新区建设的国家综合评估审查机制，严把审批关；制定可行措施，整改规范在建和规划建设的各类新城新区；科学规划新城新区，处理好新城新区与更高层级规划关系；合理运用土地增减挂钩机制和激励机制，优化新城新区建设用地；把新城新区建成"产城一体"的城市功能新区。到 2020 年国家级新城新区由 2014 年的 13 个增加到 20 个，省级新城新区由 2014 年的 38 个达到 50 个，到 2030 年国家级新城新区达到 30 个，省级新城新区达到 60 个。

【职能结构格局优化】在对城市职能分类与职能结构研究的国内外进展分析的基础上，提出了城市职能结构类型及其研究方法，总结出了中国城市职能规模结构的空间分布格局；根据城市职能类别的判断依据，论述了矿业城市、工业城市、建筑房地产业城市、交通城市、商业城市、金融城市、科教城市、旅游城市等不同职能城市的空间分布格局，分析了不同职能强度城市的空间分异规律；通过计算城市不同行业的职能强度，并结合韦伯专门化指数和乌尔曼-迪西专门化指数对城市职能性质进行辨识，辨识结果将全国城市职能分为综合性城市（占全国城市总数的28%）、专业化城市（占32%）、强专业化城市（占14%）和一般性城市（占26%）四大类；借助SPSS的聚类分析方法，根据不同的距离把我国城市分为6个职能大类、9个职能亚类和16个职能组。在城市职能分区分类的基础上，提出了未来我国城市职能结构格局优化目标为城市职能结构更趋合理，与城市产业结构调整方向保持一致；城市一般职能得到充分发挥，特殊职能得到更加张扬；城市职能分工互补有序，实现错位发展避免职能雷同；城市职能类型日趋多元化，新型城镇化发展更加因类制宜。进一步提出未来我国城市职能结构格局优化方向与重点为推动城市由单一职能城市转变为综合职能城市，由中低端传统工业转变为中高端战略新兴产业，由资源型城市转变为资本密集型城市和知识密集型城市，由传统城市转向智慧城市和低碳生态城市。到2030年，根据不同职能类型城市发展目标，重点建设一批在全国和国际上具有重要影响力和综合竞争力的综合型城市、资源型城市、交通枢纽城市、工业城市、物流城市、旅游城市和智慧城市，形成由31个资源型城市、47个交通枢纽城市、212个智慧城市、34个国家级工业城市、148个地区级工业城市、42个县级工业城市、21个全国物流节点城市、17个区域性物流节点城市、161个地区性物流城市、20个国家级旅游城市、173个地区级旅游城市和144个县级旅游城市组成的城市职能结构优化格局。

【对称分布格局优化】依据对称性原理，把城市对称性的主要类型分为平移对称、轴对称、中心对称、旋转对称、反对称、色对称、曲线对称和拓扑对称等类型，分析了城市对称分布的影响因素和表现形式，提出了不同等级城市空间分布的分型结构，总结出中国自秦朝以来大城市的格网状对称分布格局和民国以来中国地级市的格网状对称分布格局，发现了中国5片"大城市空洞区"、33座缺位的大城市和几十个"地级市空洞区"。其中，5大城市空洞区包括A区（成都—北京—包头—兰州—成都构成一个面积56万km²

区域）、B 区（大同—齐齐哈尔—哈尔滨—长春—唐山—天津—北京—大同构成的一个面积 42 万 km² 区域）、C 区（齐齐哈尔—牡丹江以北，牡丹江—佳木斯以西区域）、D 区（鹤岗—吉林—大连一线以东面积大约 18 万 km² 的地区）和 E 区[宁波—汕头—佛山（广州）—贵阳—怀化—长沙—南昌—宁波面积 55 万 km² 的区域]；33 座缺位的大城市理论上在胡焕庸线以东地区，包括赣州、韶关、贺州、桂林、牡丹江、佳木斯、丹东、赤峰、通辽、延安、天水、榆林、保定、济宁、菏泽、商丘、南阳、信阳、阜阳、淮安、南通、金华、衡阳、永州、常德、怀化、广元、汉中、安康、百色、大理、六盘水和遵义市，这些城市未来可建设成为大城市。基于中国城市两套格网结点的总和为 800 个格网节点判断出中国未来城市的数量不超过 800 个。提出了在胡焕庸线以东地区新建百万人口以上的大城市的可能性大，而在胡焕庸线以西地区新建百万人口以上的大城市的可能性很小的结论。充分肯定了地级市在改革开放 30 多年来对国家新型城镇化的发展起到的重要推动作用，对国家新型城镇化、新型工业化和城乡发展一体化等作出的重要贡献。在新的历史条件下，未来地级市的行政管理功能、交通枢纽功能和市场带动功能不但不可削弱，反而应该加强，在需要设立新地级市的地方创造条件设立新的地级市。

　　【创新网络格局优化】 从建设创新型国家的战略目标出发，构建由全球创新型城市—国家创新型城市—区域创新型城市—地区创新型城市—创新发展型城市共 5 个层级组成的国家创新型城市空间网络结构体系。按照中国创新型城市建设的"1353637"的指标评判标准，即人均 GDP 超过 10 000 美元、全社会 R&D 投入占 GDP 的比例超过 5%、企业 R&D 投入占销售总收入的比例超过 5%、公共教育经费占 GDP 比例大于 5%、新产品销售收入占产品销售收入比例超过 60%、科技进步对经济增长的贡献率超过 60%、高新技术产业增加值占工业增加值的比例大于 60%、对内技术依存度大于 70%、发明专利申请量占全部专利申请量的比例大于 70%、企业专利申请量占社会专利申请量的比例大于 70% 共 10 大标准，到 2020 年，形成由 4 个全球创新型城市（北京市、深圳市、上海市、广州市）、16 个国家创新型城市（南京市、苏州市、厦门市、杭州市、无锡市、西安市、武汉市、沈阳市、大连市、天津市、长沙市、青岛市、成都市、长春市、合肥市、重庆市）、30 个区域创新型城市（珠海市、福州市、常州市、济南市、宁波市等）、60个地区创新型城市和180个创新发展型城市组成的国家城市创新网络空间格局。到2030年，形成由10个全球创新型城市、30个国家创新型城市、50个区域创新型城市、110个地区创新型城市和300个创新发展型城市组成的国家城市创新网络空间格局。

【国际化格局优化】 站在全球化和中国国情的双重高度，坚定不移实施国际化战略，按照循序渐进、量力而行、中西结合、民生优先的总体原则，循序渐进地建设国际大都市和国际性城市，把建设国际大都市作为我国现代化建设的重要战略举措和优化我国城市发展空间格局的战略目标，学会在全球化里准确定位城市，在城市里根植全球化的现代元素。正确处理好"渐进"与"跃进"、"本土化"与"国际化"、"造势"与"造市"、"专业性"与"综合性"、"官政"与"民生"5种关系，适时适机适度地建设符合中国国情与特色的、具有较大国际影响力的国际大都市。鼓励北京、上海、深圳-香港-澳门等已经成为国际大都市的城市，积极创造条件进一步向世界城市的目标迈进；有重点地培育若干个条件相对较好的城市，向建设国际大都市的目标迈进，推进城市的国际化进程及品牌建设，使城市在国际化竞争中永葆竞争力和影响力。按照国际大都市的建设条件与标准，通过综合分析比较，初步判断我国在未来20～50年之后有可能建成30个左右的国际大都市，包括3个世界城市（深圳-香港-澳门、上海和北京）、12个国际大都市（广州-佛山、天津、重庆、南京、沈阳、成都、武汉、西安、杭州、青岛、大连、厦门）和15个国际性城市（苏州、南宁、哈尔滨、长春、昆明、海口、宁波、温州、长沙、合肥、济南、福州、乌鲁木齐、郑州、唐山），形成由世界城市、国际大都市、国际性城市三个层级组成的中国国际化城市体系新格局。

【智慧网络格局优化】 依托物联网、云计算、大数据等新一代信息技术大力发展智慧服务业、智慧制造业和智慧农业等智慧产业，到2020年，形成由300个智慧城市组成的智慧网络建设格局。物联网、云计算、大数据等新一代信息技术创新与城市经济社会发展深度融合，信息网络宽带化、城市管理信息化、基础设施智能化、公共服务便捷化、产业发展现代化、社会治理精细化程度更进一步加强；到2030年，形成由400个智慧城市组成的智慧网络建设格局，全面建成信息网络宽带化、城市管理信息化、基础设施智能化、公共服务便捷化、产业发展现代化、社会治理精细化的智慧城市。

【保障措施】一是实施创新驱动发展战略，建设创新型城市，形成创新网络格局；二是实施国际化战略，建设国际化大都市，形成国际化发展新格局；三是实施生态优先战略，建设生态城市，形成城市发展安全生态格局；四是大力发展智慧产业，建设智慧城市，形成城市发展智慧网络格局；五是有序发展低碳产业，建设低碳城市，形成低碳城市建设格局；六是实施文化传承战略，建设历史文化名城，形成城市文化大发展大繁荣格局。

【政策建议】一是制定合理的城乡人口流动政策，优化城市等级规模结构，提升中小城市和小城镇的人口集中度和规模水平；二是制定有序的城市产业转移政策，优化城市职能结构，提升中小城市和小城镇的产业集中度和就业水平；三是制定差异化的城市发展政策，优化城市空间结构，提升中西部地区城市的产城融合度和城镇化水平；四是引进民间资本，确保城市发展空间格局优化的合理投入，降低城市负债风险；五是推进行政区划有序调整和设市试点，确保新设城市支撑国家城市空间发展的新格局；六是正确处理好城市发展空间格局优化的多元关系，形成公平均衡、包容发展的城市空间新格局。

第　一　章

中国城市发展空间格局优化的科学基础与理论体系

　　城市发展空间格局是基于国家资源环境格局、经济社会发展格局和生态安全格局而在国土空间上形成的等级规模有序、职能分工合理、辐射带动作用明显的城市空间配置形态及特定秩序，科学合理的城市发展空间格局对推动国家城镇化健康发展，提升城镇化发展质量，加快国家现代化进程都具有十分重要的战略意义。正因为如此，党的十八大报告和中央经济工作会议等国家重要文件和国家重大规划都多次提出要构建科学合理的城市化格局和城市发展空间格局。本章系统分析了中国城市发展空间格局优化的战略背景与紧迫性，提出了指导中国城市发展空间格局优化的公平优先理论、格局优化理论、流空间理论、国土"三生"空间优组理论、均衡网络理论和空间信息系统理论六大科学理论；构建了由 2 个宏观层次、8 个中观层次和 15 个微观层次组成的中国城市发展空间格局优化的系统框架体系；系统分析了中国城市发展空间格局优化的研究进展、存在问题、未来优化方向，分析了中国城市发展空间格局优化对全球城市体系与格局重组的影响，提出了中国城市发展空间格局优化的技术路线和技术重点，通过不同空间尺度的格局优化，将形成科学合理的城市发展空间格局和安全的国土空间开发格局。

第一节　中国城市发展空间格局优化的
战略背景与紧迫性

格局本意是艺术或机械的图案、形状、格式、布局，今天被广泛用指局势、态势、结构和格式等。城市发展空间格局是基于国家资源环境格局、经济社会发展格局和生态安全格局而在国土空间上形成的等级规模有序、职能分工合理、辐射带动作用明显的城市空间配置形态及特定秩序。城市发展空间格局既是国家城市体系建设的基本骨架，也是长期形成的城市空间结构体系和功能系统体系。科学合理的城市发展空间格局对推动国家城镇化健康发展，提升城镇化发展质量，加快国家现代化进程都具有十分重要的战略意义。俗话说，态度决定高度，思路决定出路，定位决定地位，格局决定布局，布局决定结局。正因为如此，党的十八大报告和中央经济工作会议等国家重要文件和国家重大规划都多次提出要构建科学合理的城市化格局和城市发展空间格局。

一、城市发展空间格局优化的宏观背景

（一）《全国主体功能区规划》提出构建"两横三纵"为主的城市化战略格局

2010 年 12 月国务院批准实施的《全国主体功能区规划》（国发〔2010〕46 号）是我国国土空间开发的战略性、基础性和约束性规划，对于推进形成人口、经济和资源环境相协调的国土空间开发格局，实现全面建成小康社会目标和社会主义现代化建设长远目标具有重要战略意义。《全国主体功能区规划》作为国家顶层设计的最高位规划，明确提出要构建"两横三纵"为主体的城市化战略格局。即以陆桥通道、沿长江通道为两条横轴，以沿海、京哈京广、包昆通道为三条纵轴，以国家优化开发和重点开发的城市化地区为主要支撑，以轴线上其他城市化地区为重要组成的城市化战略格局。

（二）中央城镇化工作会议首次提出优化城镇化布局

2013 年 12 月 12 日召开的中央城镇化工作会议，是党中央第一次将城镇化提高到中央层面战略高度的一次具有里程碑意义的重要会议，充分体现出推进新型城镇化是国家全面建成小康社会和实现可持续现代化的必由之路，是解决农业、农村、农民问题的重要途径，是推动区域协调发展的有力支撑，是扩大内需和促进产业升级的重要抓手，更是实现中华民族伟大复兴的中国梦的重要实践。中央城镇化工作会议首次把"优化城镇化布局与形态"列为国家推进新型城镇化的六大任务之一，强调"全国主体功能区规划对城镇化总体布局做了安排，提出了'两横三纵'的城市化战略格局，要一张蓝图干到底"。充分体现出国家按照公平、公正和均衡国土理念优化城镇化发展的空间结构，缩小地区间发展不平衡和差距的决心，追求让全体居民和全域地区实现建成小康社会的战略目标，因此具有深远的历史意义。

（三）党的十八大报告提出构建科学合理的城市化格局

2012 年 11 月召开的党的十八大报告明确提出，"大力推进生态文明建设，优化国土空间开发格局。要按照人口资源环境相均衡、经济社会生态效益相统一的原则，控制开发强度，调整空间结构，促进生产空间集约高效、生活空间宜居适度、生态空间山清水秀，给自然留下更多修复空间，给农业留下更多良田，给子孙后代留下天蓝、地绿、水净的美好家园。加快实施主体功能区战略，推动各地区严格按照主体功能定位发展，构建科学合理的城市化格局、农业发展格局和生态安全格局"[1]。十八大报告把城市化格局与农业发展格局和生态安全格局摆在同等重要的位置，表明中国未来城镇化必须正确处理好生态格局、生产格局和生活格局"三生"格局之间的相互促进和相互胁迫关系。

（四）国家"十二五"规划纲要提出构建高效协调可持续的国土空间开发格局

《中华人民共和国国民经济和社会发展第十二个五年规划纲要》提出，

要实施区域发展总体战略和主体功能区战略，构筑区域经济优势互补、主体功能定位清晰、国土空间高效利用、人与自然和谐相处的区域发展格局，坚持走中国特色城镇化道路，科学制定城镇化发展规划，促进城镇化健康发展。按照全国经济合理布局的要求，规范开发秩序，控制开发强度，形成高效、协调、可持续的国土空间开发格局。完善城市化布局和形态，按照统筹规划、合理布局、完善功能、以大带小的原则，遵循城市发展客观规律，以大城市为依托，以中小城市为重点，逐步形成辐射作用大的城市群，促进大中小城市和小城镇协调发展。

（五）中央经济工作会议连续两年提出要构建科学合理的城市格局

2012 年 12 月和 2013 年 12 月召开的中央经济工作会议都提出，要积极稳妥推进城镇化，着力提高城镇化质量。认为城镇化是我国现代化建设的历史任务，也是扩大内需的最大潜力所在，要围绕提高城镇化质量，因势利导、趋利避害，积极引导城镇化健康发展。要构建科学合理的城市格局，大、中、小城市和小城镇、城市群要科学布局，与区域经济发展和产业布局紧密衔接，与资源环境承载能力相适应。要把有序推进农业转移人口市民化作为重要任务抓实抓好。要把生态文明理念和原则全面融入城镇化全过程，走集约、智能、绿色、低碳的新型城镇化道路。

（六）《国家新型城镇化规划》提出优化城镇化战略格局

2014 年 3 月由国务院发布实施的《国家新型城镇化规划（2014—2020）》在坚持的四大基本原则中明确提出，要坚持优化布局、集约高效原则，在第四篇中明确提出优化城镇化布局和形态，根据土地、水资源、大气环流特征和生态环境承载能力，优化城镇化空间布局和城镇规模结构，在《全国主体功能区规划》确定的城镇化地区，按照统筹规划、合理布局、分工协作、以大带小的原则，发展集聚效率高、辐射作用大、城镇体系优、功能互补强的城市群，使之成为支撑全国经济增长、促进区域协调发展、参与国际竞争合作的重要平台。构建以陆桥通道、沿长江通道为两条横轴，以沿海、京哈京广、包昆通道为三条纵轴，以轴线上城市群和节点城市为依托、其他城镇化地区为重要组成部分，大中小城市和小城镇协调发展的"两横三纵"城镇化战略格局。

二、城市发展空间格局优化的战略意义与紧迫性

在全球化和新型城镇化大背景下，科学合理的城市发展空间格局是建设美丽中国和美丽城乡的空间载体，优化中国城市发展空间格局，对促进国土空间可持续利用，形成高效协同的空间开发秩序，提高国土空间运行效率，确保国家国土安全等都具有十分重要的战略意义。党的十八大报告和中央经济工作会议等国家重要文件和国家重大规划都多次提出要构建科学合理的城市化格局和城市发展空间格局。可见，优化城市发展空间格局是对我国新型城镇化战略和国家主体功能区战略的进一步落实和体现，是国家新型城镇化规划实施的总体需求；是逐步治理日益严重的城市病的现实需求；是顺应第三次工业革命与能源互联网时代背景下倒逼中国城市发展空间格局优化的国际诉求。

（一）是推进国家新型城镇化规划的战略需求

《国家新型城镇化规划（2014—2020）》明确提出，到2020年要形成以陆桥通道、沿长江通道为两条横轴，以沿海、京哈京广、包昆通道为三条纵轴，以轴线上城市群和节点城市为依托、其他城镇化地区为重要组成部分，大中小城市和小城镇协调发展的"两横三纵"城镇化战略格局。要实现这一战略格局，必须要求在很短的时间里提出中国城镇化空间格局优化的科学方案，并将这一方案落实到特定空间上。

（二）是能源互联网时代第三次工业革命倒逼中国城市发展空间格局优化的国际诉求

中国的城镇化决定着中国现代化的成败，而中国的城镇化最终需要落实到特定的地域空间上，落实到地域空间上的城镇化就形成了中国城镇化发展的空间格局。因此，国家推进新型城镇化战略迫切需要科学合理的城市发展空间格局支撑，而日益严重的城市病预示着我国城市发展空间格局存在着不

合理因素，况且目前学术界对城市发展空间格局优化的研究过于薄弱，尚处在很少有人问津的薄弱环节，亟待加强研究提出科学方案，以满足国家推进新型城镇化的重大战略需求。与此同时，全球能源互联网时代的第三次工业革命倒逼中国城市发展空间格局必须优化，这是中国城市发展空间格局优化的国际诉求。

（三）是逐步治理进入高发高危期城市病的现实需求

城市是经济全球化的中心、网络化的结点、高技术的孵化器、信息化的主要信息源和受体，在社会经济生活中将发挥越来越重要的作用。截至 2010 年，世界上已有近 40 亿人口居住在城市，世界城镇化率已达到 51%以上。可见，城市化是世界经济社会发展中不可逆转的潮流。随着城市化进程的不断加快，人口、资源、生态环境等各种城市问题不断出现。工业的发展、人口的高度集聚，各种污染物排放量激增，造成了大气污染、交通拥堵、住房紧张、垃圾围城、水资源短缺、噪声和光磁污染等各种难以解决的城市问题，城市生态环境、生态安全遭受严重威胁。城市正在成为各种灾害和风险的交汇处。快速城市化使国家总体上不能提供为适应快速城市化所必要的服务和基础设施，大量涌入的人口致使部分城市发展呈现无序混乱状态，城市处在脆弱性加大的状态，并通过慢性沉积效应、累计放大效应与自组织效应使城市病进入高发高危期。缓解这种城市病的一个重要手段就是通过城市发展空间格局的优化，给特大城市和大城市"减压"，给中小城市和小城镇"加码"，形成大中小城市和小城镇协调发展的良好格局。

日益严重的城市病警示我们，我国城市发展的空间格局总体上虽然是基本合理的，但必然存在着不合理因素，需要加强研究找出症结，而对此研究目前处在很少有人问津的薄弱环节，未来需要进一步深度开展对中国城市发展空间格局优化的理论与实践探索。

（四）是研制基于国土空间优化的中国城市发展空间格局科学方案的需求

城市（城市群）的空间格局是指在城市和城市群的各层级中心到整个城

市区域围绕重要经济功能而表现出来的多尺度、多层级的空间组织状态，反映了城市空间组织对资源要素的需求状况和对服务空间范围的效率与质量。中国城市空间的效率问题日益引起政府决策者和学术界的广泛关注。目前的研究成果表明，中国城市发展空间格局存在着分散组团式发展、破碎化的土地开发、过度规模的土地开发、蛙跳式发展、空间随机式发展、过度的混合用途等缺少城市运行效率和城市化质量的典型空间模式。我国不同地区的经济发展水平和市场发育程度差异很大，从各地的实际情况出发，积极稳妥地推进城镇化，逐步形成合理的城镇体系，可以为经济发展提供广阔的市场和持久的动力，是优化城市经济结构、促进国民经济良性循环和社会协调发展的重大措施。

党的十八大报告提出，加快实施主体功能区战略，推动各地区严格按照主体功能定位发展，构建科学合理的城市化格局、农业发展格局、生态安全格局。如何在现有基础上，合理地开发、利用和保护当地特色的自然、历史、社会、经济等综合条件，因地制宜地制定集约、智能、绿色、低碳的中国城市发展空间格局科学建设方案，使其与农业发展格局和生态安全格局相协调，促进生产空间集约高效、生活空间宜居适度、生态空间山清水秀，将是中国城市发展空间格局研究面临的全新的重大课题。中国城市发展空间格局框架的规划与设计不应该再单纯注重城镇经济发展，而需要综合考虑社会进步和生态环境的保护与建设，即以经济、社会和生态环境持续协调发展为主线，由经济发展的单目标模式向经济、社会和资源环境协调发展的多目标复合模式转变。所以，从提升城市空间运行质量与效率的目标出发，以中国和区域层面城市格局调控目标为依据，以城市规模、城市形态、城市紧凑度、城市功能、城市体系、城市网络为主线，以"城市群—超大城市—特大城市—大城市—中小城市—小城镇"为组织结构模式，提出基于"集约、智能、绿色、低碳"健康发展模式的城市发展空间格局科学建设方案，十分紧迫而重要。

（五）是深化中国城市发展空间格局调整优化研究的科学需求

目前关于中国城市发展空间格局合理性评价与诊断的研究普遍关注得较

少，关于中国城市发展空间格局调整优化的研究尚处无人问津的薄弱环节。对中国城市合理格局建设目标与形成的动力机制研究亟待深入。关于中国城市体系与城市发展空间格局的研究为中国城市体系的形成与完善提供了理论依据，但对中国各大区域的自然地理条件和资源环境承载力对城市体系结构和空间格局的影响研究仍然没有提到重要位置，尚停留在主要以西方 Zipf 法则等经济学计量模型和均质化假设条件支撑下，以全国或大区域城市体系为研究对象，以城镇人口数量为衡量标准来讨论中国城市体系的规模结构演变规律。就研究方法和指标体系来讲，在理想的假设条件下运用经济学的研究方法和人口规模、城市化率、城市规模系数、城市位序等要素讨论城市体系，一方面缺少对城市体系空间差异性的解释，更重要的是城市体系发展要以各级规模城市发展和有机联系为前提，以一定的资源环境条件为支撑，解释城市发展空间格局的形成与演化需要一个复杂的指标体系，用理想状态的假设条件根本无法全面模拟城市空间增长所面对的复杂要素环境，甚至得出完全相悖的结论；另一方面，国内学者大多将国外的研究方法直接用来研究中国的城市体系，而中国城市体系和城市发展空间格局在中国独特的历史进程中形成了具有中国特色的动力机制，这种忽略国内外城市发展历程、体制背景、文化传统、资源环境承载力、人口增长规律、自然经济状况等因素差别的研究结论具有一定的局限性，存在较大的误差。最终，在此研究结论的基础上得出的中国城市体系发展目标，在参与国家城市体系调控决策制定的时候，或多或少会存在不科学性。中国城市化演变在经历了近半个世纪曲折的发展之后，已经在全国范围内搭建了中国城市发展空间格局的初级框架，但在主体功能区战略和新型城镇化背景下，尚缺少符合中国特色的城市发展空间格局合理性评价研究方案和城市发展空间格局优化的科学方案，亟待研制。

第二节　中国城市发展空间格局优化的理论基础与框架体系

中国城市发展空间格局的优化以公平优先理论、格局优化理论、流空间理论、国土"三生"空间优组理论、均衡网络理论和空间信息系统理论六大理论为科学的理论基础。这些理论突出强调了公平公正、空间均衡、网络布局、空间整合、空间信息等一系列指导中国城市发展空间格局优化的主体理念和思想。中国城市发展空间格局优化的评判标准以较高的城市资源环境承载能力、较大的城市人口吸纳能力、较高的城市综合效益能力、较好的城市安全保障能力为四大基本评判标准。以此诊断中国城市发展空间格局的合理性,模拟中国城市发展空间格局优化的情景,提出中国城市发展空间格局优化的目标、模式与科学方案。

一、城市发展空间格局优化的理论基础

(一)公平优先理论

改革开放 30 多年来,我国经济发展突出了效率优先的主导思想,促进国家在短短的 30 年跃居世界第二大经济体,但同时暴露出了一系列不公平的发展行为,导致城乡发展差距拉大,地区发展机会不均等,高度发达的城市(地区)和极端落后的城市(地区)并存,直接威胁着国家与地区经济社会安全和城镇化安全。一是在宏观尺度上,过去更多地强调了东部沿海地区的城市发展和城市效益提升,忽视了中西部地区城市发展,影响了中国城市发展空间格局的合理性,拉大了东部、中部、西部地区经济社会发展的差距和城镇化的差距;二是在空间尺度上过多地关注了发展超大城市、特大城市,未能把县域城镇化摆在突出重要的地位,导致县域小城市和小城镇对国家城镇化的贡献率不断降低,出现了空间城镇化的不公平性;三是在发展尺度上,过去强调城镇化的经济效益,突出了效益优先,结果社会矛盾和生态环境矛盾日益突出。如果说过去更多地关注城市化发展的效率格局,那么未来必须突出公平格局,由非均衡的效率之上转变为均衡的公平优先,兼顾效率。要在全面建成小康社会的大背景下强调社会公平和公正,突出社会效益和生态环境效益,突出公平优先。党的十八大报告也明确指出,公平正义是中国特色社会主义的内在要求,要在全体人民共同奋斗、经济社会发展的基础上,加紧建设对保障社会公平正义具有重大作用的制度,逐步建立以权利公平、机会公平、规则公平为主要内容的社会公平保障体系，努力营造公平的社会环境，保证人民平等参与、平等发展权利。因此，在优化中国城市发展空间格局过程中，必须坚持公平优先的第一法则。

（二）格局优化理论

根据过程-机制-格局三者之间的相互响应和反馈关系，城市化格局的变化、演化、进化和优化与城市化过程、机制和动力密切相关。城市化过程直接影响着城市化格局和城市发展空间格局，城市发展空间格局最终受到城市化的驱动力和城市化驱动机制影响，并通过体现出来的城市化过程影响城市发展空间格局（图1.1）。

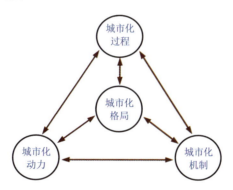

图 1.1　中国城市化过程与格局关系示意图

（1）城市化过程决定着城市化格局。过程往往比格局更重要，有什么样的过程，就会有什么样的格局，格局反过来影响着过程的演变。格局有成败之分，好坏之差，好的过程会出现好的格局，不好的过程带来差的格局。因此，只有确保国家城市化过程健康持续发展，才能形成良好的城市发展空间格局。

（2）城市化格局具有固化性和相对稳定性，但格局可以优化和重置。格局一旦形成，就会保持一定时期的相对稳定性，要打破已经形成的格局显然非常困难，但格局随着驱动机制的变化以及过程的进化可以优化和重置，这种优化过程不是打破已有格局，而是在此基础上优化、完善格局，逐步使旧格局变成新格局，使新格局变成更新的格局，以适应不断变化的过程环境。

（3）城市化驱动机制不同，城市化过程及格局就不同。不同的城市化动力机制会形成不同的城市化发展过程，带来不同的甚至完全相反的城市化发展路径与方向，这种过程对城市化格局的形成与调整产生巨大影响。因此，城市化动力和机制与城市化的过程之间是存在着相互促进和相互胁迫关系，不同的城镇化过程会形成不同的城市发展空间格局。

（4）城市化格局与农业格局和生态安全格局存在着相互胁迫性。一方面不同的城市化发展格局对农业发展格局和生态安全格局有着不同的影响程度和影响机制，另一方面农业发展格局和生态安全格局反过来对城市化发展格局具有胁迫约束效应，三种格局在地域空间上存在着非线性相互作用和协同发展机制[2]；采用情景分析模型，可设计出城市化发展格局、农业发展格局、生态安全格局三者空间组织的多种情景，进行空间优化模拟和预警分析，通过空间模拟分析，提出三种格局协调发展的空间配置格局。

（三）流空间理论

流空间理论是著名城市社会学家 Castells 于 1989 年在其著作《信息化城市：信息技术、经济结构与都市区域过程》中首次提出，后经修改成为信息时代空间理论的典范[3]。流空间理论认为，在信息和技术范式的双重作用下，时间和空间都发生了重大转变，越来越多的经济在全球信息网络中跨越距离实现了实时并置。流空间是连接围绕着共同存在、同时发生社会实践的地方网络，同时也是经济社会和政治活动的集群地点，而城市则成为这些社会实践活动的容器。流空间理论的中心前提是流空间与地方空间的分离，这是网络社会的地理证明。流空间概念与无限时间概念交织在一起就构成了流空间理论的基本骨架，具体包括网络和流、网络城市、双重城市和无限时间四大解析视角，其中网络和流阐释流空间的基本元素，网络城市表达流空间理论对应的城市关注，双重城市不仅指出城市空间的两重属性，也揭示了经济在流空间作用下的特性，无限时间理论则从时空关联角度解释流空间。Castells 进一步研究认为，流空间是时间分享社会实践的物质组织，这些社会实践通过流来作用，网络是一系列点、中心、节点通过不同形式的流连接在一起，那些发生复杂过程的节点就是我们所提及的全球城市，全球城市是流空间网络的原始节点和中心，全球城市不是一个地方，而是一种过程。网络节点与流的速度紧密相连，全球通信流导致了空间的缩水甚至消失，流空间有着各不相同的节奏，节点的性质很大程度上影响着流的速度。考虑到全球化是具有高度选择性的，流空间这种新地理是与网络权利相关的，并不是权力的网络。

运用流空间理论在指导中国城市发展空间格局优化中，要充分考虑包括资金流、资源流、产品流、能源流、人才流、知识流、信息流、劳力流、技术流、物流等要素流动突破国界、洲界和区域空间的限制，由实体空间转变为虚拟空间，由有边界的静态要素流变为无边界的动态要素流，在全球范围内配置资源，全球产业链和价值链发生的空间变化对中国城市发展空间格局产生重大影响，建设生产空间，生产跨国界的各种产品，传统的国土空间开发理论与生产力布局理论受到前所未有的挑战。新型城镇化背景下中国城市发展空间格局的优化要基于流空间理论，创新驱动因素，总结流空间特点，形成建立在流空间理论之上的全新城市发展空间格局。

（四）"三生"空间优组理论

城市空间按照所承担的主体功能不同，可划分为生态空间、生产空间和生活空间三种类型，不同性质的空间主要发挥主体功能，兼顾发挥非主体功能，因而会出现功能叠加和多重功能现象（图1.2），其中生态空间主要发挥生态功能，积累生态资本，兼顾承载生产生活功能，相当于国家主体功能区中的禁止开发区域；生产空间主要发挥生产功能，积累生产资本，兼顾承载生活功能，相当于国家主体功能区中的重点开发区和优化开发区；生活空间主要发挥生活居住服务功能，积累生活资本，兼顾发挥生产与生态功能，相当于国家主体功能区中的限制开发区。"三生"空间与主体功能区之间的相互交叉对应关系如图1.3所示。通过"三生"空间的识别、整合与划分，积累"三生资本"，核算"三生"承载力，进而理顺城市空间开发秩序，明确城市发展中哪些空间需要重点保护并禁止开发，哪些空间需要保护与开发并重，哪些空间需要重点开发和优化提升，不同的空间区域发挥其主体功能，兼顾发展辅助功能，确保城市生态空间山清水秀、城市生产空间集约高效、城市生活空间宜居适度，形成各空间单元主体功能明确、互补发展的良性空间格局。在中国城市发展空间格局优化过程中，一定要按照"三生"空间整合优化理论，按照"集合、集聚、集中、集成"的"四集"原则，突出"生态空间相对集合、生产空间相对集聚、生活空间相对集中、'三生'空间相对集成"的优化思路，优化提升和集约利用"三生"发展空间，实现从空间分割到空间整合的转变（图 1.4），提升城市空间运行效率，为建设生态文明城市和生态田园城市，推进城市实现可持续发展奠定科学依据。

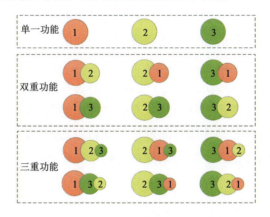

1. 生产空间　2. 生活空间　3. 生态空间

图 1.2　城市"三生"空间主体功能与多重功能组合类型图

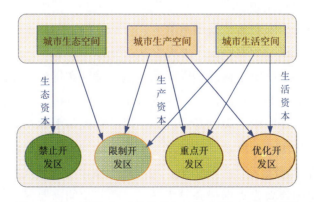

图 1.3　城市发展"三生"格局与主体功能区对应关系图

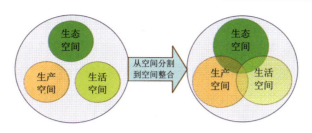

图 1.4　城市"三生"空间整合示意图

（五）均衡网络理论

均衡网络理论强调城市发展中实现城市之间资源配置相对均衡、空间布局相对均衡、产业布局相对均衡、交通网络相对均衡、基础设施与公共服务设施均等化等均衡发展目标，实现综合发展的均衡化和公平化。从赖宾斯坦的临界最小努力命题论、纳尔森的低水平陷阱理论、罗森斯坦·罗丹的大推进理论、纳克斯的贫困恶性循环理论和平衡增长理论等多种区域均衡发展理论中得知，均衡网络理论不仅强调部门或产业间的平衡发展、同步发展，而且强调城市间或城市内部的平衡（同步）发展，即空间的均衡化。认为随着生产要素的区际流动，各城市的经济发展水平将趋于收敛（平衡），因此该理论主张在宏观尺度上谋求均衡布局生产力，在空间上均衡投资，各产业均衡发展，各城市齐头并进，最终实现中国城市发展的均衡网络格局。

根据均衡网络理论，中国未来城市发展空间格局的优化要逐步消除大、中、小城市发展中存在的"过大与过小同在"、"过密与过稀同驻"、"过富与过贫并存"等极不均衡的现实，正确处理好城市发展中的集中与分散的关系、紧凑与分散的关系，倡导通过适度集中、适度紧凑、适度分散，追求多节点连接、国土全覆盖的多中心网络城市发展空间格局。

（六）空间信息系统理论

空间信息系统是采集、存储、管理、分析和显示地球空间信息的系统，是以数字化形式反映人类社会赖以生存的地球空间的现势和变迁的各种数据以及描述这些空间数据特征的属性，以模型化的方法来模拟地球空间对象的行为，在计算机软、硬件支持下，以特定格式支持输入/输出、存储、显示、查询、综合分析、辅助决策的有效工具（图 1.5），空间信息系统即是事务处理系统和管理信息系统，又是决策支持系统。

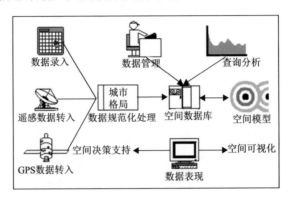

图 1.5　城市空间信息系统的技术框架示意图

　　空间信息系统依据地理系统理论、地理信息理论、地理空间认知理论等基础理论，构建结构与功能，进行空间信息获取、分析加工和可视化。空间信息系统将通过地图数据采集、遥感数据采集、GPS 数据采集和"3S"技术集成、地理空间认知与抽象，建立地理空间认知模型、地理数据分析模型、地理时空数据模型、超地图四维时空数据模型，通过空间图形的代数变换、图形空间关系、空间数据的网络分析、缓冲区分析和叠置分析、地理网络表达、空间数据的尺度特征与自动综合、空间数据的可视化等技术手段，实现对中国城市发展空间格局的时空演变轨迹的分析和空间格局可视化的实现[4-5]。采用空间信息系统理论与分析方法，将通过城市发展时空数据的挖掘、整理和分析加工，揭示中国城市发展空间格局演化轨迹与规律性，进而提出优化中国城市发展空间格局的技术路径。

　　中国城市发展空间格局空间信息系统是以城市共享数据库为基础，包括城市人口流动格局子系统、城市等级规模格局子系统、城市职能产业格局子系统、城市空间组织格局子系统、城市创新网络格局子系统、城市就业保障格局子系统、城市交通组织格局子系统、城市对称分布格局子系统、城市国际化格局子系统、城市行政区划格局子系统共十大子系统组成一个有机整合优化系统（图1.6）。

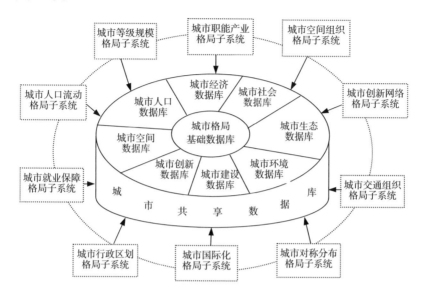

图 1.6　城市发展空间格局空间信息系统的组成模块示意图

二、城市发展空间格局优化的框架体系

　　中国城市发展空间格局优化的系统体系包括宏观层次、中观层次和微观层次三大层次，上一层次为下一层次优化提供基础和宏观指导，下一层次优化的结果为上一层次提供更好的支撑条件。其中宏观层次的优化包括城市发展的"三生"格局优化和城乡格局优化；中观层次的优化包括城市等级规模格局、职能产业格局、空间组织格局、人口流动格局、国际化格局、就业保障格局、创新网络格局和对称分布格局八大格局的优化；微观层次的优化包括大中小城市规模格局等15个格局的具体优化，宏观、中观和微观层次构成的中国城市发展空间格局优化系统体系如图 1.7 所示，通过优化，将形成科学合理的中国城市发展空间格局，不断提升城镇化发展质量，更好地推动中国新型城镇化健康发展，确保形成包括国家资源安全、生态安全、经济安全、环境安全和社会安全在内的国土空间安全开发格局。

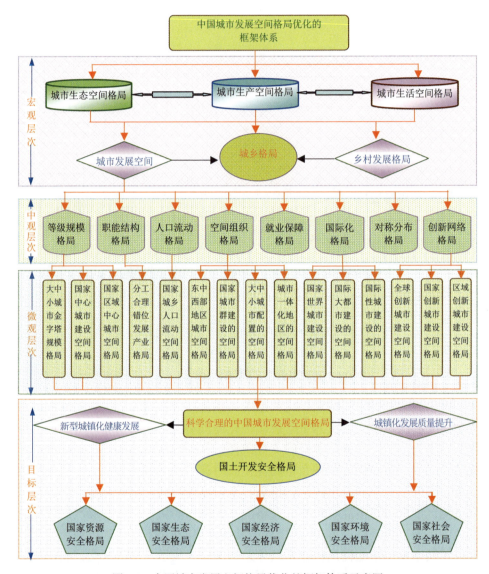

图 1.7　中国城市发展空间格局优化的框架体系示意图

（一）宏观层次的城市发展空间格局优化

中国宏观层次的城市发展空间格局主要是指从国家宏观尺度提出的城市

发展总体部署，包括城市"三生"格局和城乡格局两大方面：

（1）城市"三生"格局优化。即由城市生态空间、城市生产空间与城市生活空间三者之间形成的城市"三生"空间格局，主要依据城市生态承载力、生产承载力和生活承载力"三生"承载力，从城市生态安全、生产安全和生活安全"三生"安全的角度出发，提出优化城市"三生"空间优化的方案，形成安全、高效、持续、协调的城市"三生"发展格局。这里，城市生态空间优化是基础，城市生产空间优化是保障，城市生活空间优化是结果，三者相互依存，相互胁迫，共同决定着中国城市发展空间格局的形成、演变与优化。

（2）城乡发展格局优化。即由城市发展空间格局和乡村发展格局共同组成的城乡一体化发展格局。在国家新型城镇化背景下，到底需要多少人住在城里从事非农产业，多少人住在村里从事农业确保国家粮食安全，进而形成安全的城乡发展格局，一直是国家今天和未来重点研究和必须回答的问题。统计数据表明，2012年全国城镇化水平达到52.6%，这就意味着全国已经有一半以上的人住在城里，这种情况是否已经符合国家的实际国情？未来还需要多少人进城，城镇化水平提高到多少才是科学合理的？才不至于给国家带来难以估量的生存与发展威胁甚至灾难？城乡发展格局的优化将试图提出解决这一问题的方案。

（二）中观层次的城市发展空间格局优化

中观层次的城市发展空间格局以宏观层次的城市发展空间格局为依托，具体包括中国城市发展的等级规模格局、职能结构格局、空间组织格局、人口流动格局、国际化格局、就业保障格局、创新网络格局和对称分布格局八大格局。

（1）城市等级规模格局。主要通过分析中国城市等级规模结构现状特点及存在的问题，优选构建由超大城市（市区常住人口规模超过1000万人）、特大城市（市区常住人口规模为500万～1000万人）、大城市（市区常住人口规模为100万～500万人）、中等城市（市区常住人口规模为50万～100万人）、小城市（市区常住人口规模为10万～50万人）、小城镇（镇区常住人口规模为1万～10万人）共6个等级规模组成的金字塔型城市等级规模格局；进而提出国家中心城市的选择标准与空间分布格局方案和国家区域中心城市的选择标准与空间布局方案。

（2）城市职能结构格局。在对中国城市职能结构类型及总体分布格局分析的基础上，总结出综合型城市、资源型工矿城市、制造型工业城市、交通枢纽城市和旅游城市的基本特征与空间分布格局；分析第一次工业革命、第二次工业革命和第三次工业革命对中国城市产业格局和职能结构格局的深远影响[6]（表1.1），提出中国城市职能结构格局优化重点与目标方向，形成分工合理、功能互补、错位发展的城市职能结构格局。例如，内陆山国瑞士仅有500万人口，却"小国寡民，富甲天下"，各城市之间的分工极其鲜明，日内瓦是国际会议中心，日内瓦以外30km的洛桑是国际奥林匹克委员会的所在地和体育之城，苏黎世是传统金融中心，数百家银行构成了其独特的风景线，80%的居民生活都同银行业有关，伯尔尼是钟表制造业中心；相邻的卢赛恩以教育出名，许多中国人去那里学习酒店管理；达沃斯则以一年一度的世界经济论坛而闻名。这些城市百花齐放，分工明确，共同组成了一个在国际上非常有竞争力且多姿多彩的国家。

表 1.1　全球范围内的三次工业革命对中国城市发展空间格局的影响对比分析表

工业革命名称	标志性能源	标志性通信	所处的时代	标志性产业	城市主导职能	城市布局与管理特征
第一次工业革命（18世纪末）	煤炭	报刊、杂志、书籍及各种印刷材料	低碳时代蒸汽机时代	铁路、蒸汽机主导的工业	轻工业主导的城市格局	工厂机器生产代替手工作坊
第二次工业革命（20世纪初）	石油、天然气	电话、收音机、无线电通信、电视机	石油时代内燃机和汽车时代高碳时代	电力、汽车、内燃机主导的工业	能源原材料为主的重化工业城市格局	大规模流水线自动化机器生产，原料地指向，集中布局，垂直结构
第三次工业革命（21世纪初）	可再生能源	互联网	信息化时代后碳时代	能源互联网与3D打印主导的产业	创新智慧产业与服务业主导的城市格局	分散合作式、个性化、就地化、数字化生产，分散布局，分布式生产与供应，扁平化结构

（3）城市空间组织格局。在对中国城市高度集中在沿海地区、导致东部、中部、西部地区城市发展不平衡造成的弊端与城市病综合分析的基础上，采

用空间网络分析方法，优选构建包括 20 个城市群地区，37 个一体化地区，10 个超大城市，20 个特大城市，无数个大城市、中等城市、小城市和小城镇在内组成的多中心网络空间格局[7]。从国土空间优化角度，提出在多重约束下与生态安全格局和农业发展格局相适应的国家城市发展新格局，提出以重点城市化地区城市群为主导、重点城镇发展主线为骨架的新型城市化发展格局[8]。

（4）城市人口流动格局。分析城乡人口流动与迁移的特征、规律性和存在的问题，分析不同类型城市的流动人口数量规模与区域差异，提出基于人口流动分异的城市发展类型与城市分布格局，分析快速增长型城市流动人口集疏机制与区域格局、高度集聚大都市的流动人口集疏机制与区域格局，总结流动人口市民化的主要障碍、发展趋势与优化措施。

（5）城市就业保障格局。分析城市化与就业发展的耦合关系，解释中国就业发展总体格局的演变轨迹和中国就业保障的空间格局演变特征，提出不同城市化地区的差别化就业保障措施和基于城市化与非农就业关系的就业保障优化途径。

（6）城市的国际化格局。分析全球城市体系重组及对中国城市格局的影响，提出世界城市选择与建设格局、国际大都市选择与建设格局、国际化城市选择与建设格局。

（7）城市创新网络格局。在对中国创新型城市建设现状及存在问题分析的基础上，建立创新型城市建设的评估体系与监测系统，从城市科技创新水平、城市产业创新水平、城市人居环境创新水平、城市体制机制创新水平等方面分析创新型城市建设的空间分异格局，提出创新型城市建设的空间优化原则、目标以及全球创新型城市、国家创新型城市和地区创新性城市的选择与建设方案[9]。

（8）城市对称分布格局。依据城市对称性的基本原理，分析城市对称性的影响因素[10-11]，提出中国地级城市发展的对称分布格局，揭示中国地级城市发展中存在的"空洞区"及成因，提出解决城市发展"空洞区"的措施与政策建议。

（三）微观层次的城市发展空间格局优化

微观层次的城市发展空间格局以宏观层次的城市发展空间格局为背景，以中观层次的城市发展空间格局为基础进一步细化为 15 大格局，具体包括全国大中小城市发展的金字塔规模格局、国家中心城市建设的空间格局、国家区域中心城市建设的空间格局、国家分工合理错位发展的产业格局、国家城乡人口流动空间格局、东中西部地区城市发展的空间格局、国家城市群建设的空间格局、大中小城市配置的空间格局、国家城市一体化地区格局、世界城市建设的空间格局、国际大都市建设的空间格局、国际化城市建设的空间格局、全球创新城市建设的空间格局、国家创新城市建设的空间格局、区域创新城市建设的空间格局等[12]。

（四）不同层级的城市安全格局优化

中国城市发展空间格局的优化一定要以国家安全为战略目标，以城市安全为目标导向，突出分析城市资源安全、城市经济安全、城市生态安全、城市环境安全、城市社会安全等安全类型，及时预防有可能给城市发展带来安全隐患的不安全因素，防患于未然，把城市安全风险降到最低，确保形成中国城镇化的安全格局和城市发展的安全格局。

第三节　中国城市发展空间格局优化的
研究进展与总体评述

城市发展空间格局历来是我国城市地理学研究的重要内容，但该词在学术界并未常用，用得较多且与之相近的概念有"城市（镇）体系"、"城市（镇）空间结构"、"城市（镇）网络"、"城市（镇）空间分布"、"城市（镇）化格局"等。在我国，城市发展空间格局系统性的研究始于 1980 年代，而 1990 年代开始蓬勃发展，2000 年以后研究的深度和广度不断提升[13-15]。其中，全国层面的城市发展空间格局研究历程也与之基本相似。通过中国期刊网的文献查询及部分重要城市地理著作的分析，可以梳理全国层面城市发展空间格局研究的主要进展，分析目前中国城市发展空间格局优化研究中存在的主要问题，为进一步系统分析中国城市发展空间格局优化重点与方向提供参考。

一、城市发展空间格局优化的研究进展

目前全国层面的城市发展空间格局优化研究主要集中在三个方面：一是中国城市空间分布与空间结构优化研究，二是中国城市等级规模体系与职能体系的空间格局优化研究，三是中国城市空间网络格局优化研究。上述研究主要在分析全国层面的城市发展空间格局总体特征、动态演变过程及揭示中国城市发展空间格局的形成与发展机制等方面取得了显著进展。

（一）中国城市空间分布与空间结构的优化与演变研究

1. 中国城市空间分布格局优化及演变机制

一是采用描述、统计等传统方法或 RS、GIS 等现代手段，对我国大中小城市的数量、密度及城市化水平等在东中西部或省区间的地域差异及动态演变特征进行刻画[16-20]。总体认为：中国城市空间分布具有"东密西疏、南密北疏"的基本格局，而且新中国成立以来该格局没有发生根本性变化；中国城市空间分布密度在省区间存在明显空间差异，且新中国成立以来不断扩大。

二是采用空间相关分析及 GIS 技术，对我国城市的空间集聚扩散特征及演变过程进行分析[21-25]。研究认为：中国城市整体分布呈现一定的空间自相关性，主要呈集聚型分布，且集聚程度有逐渐增强的趋势，这促进了东部地区和城市群地区经济社会的快速发展；在全国不均衡的大背景下还存在均衡化趋势，部分城市对周围的带动作用下降，表现出扩散效应；超大型、特大型城市由均匀分布转变为随机分布，说明城市发展对自然条件的依赖相对降低。

三是对我国城市发展空间格局演变阶段进行科学划分[26]。总体认为我国城市发展空间格局演变分为 4 个阶段：1949～1978 年为新中国成立初期平衡战略下的城市发展空间格局；1978～1990 年为改革开放初期小型城镇化的城市发展空间格局；1990～2000 年为改革深化阶段的城市发展空间格局；2000

年以后为均衡发展战略下的城市发展空间格局。

四是揭示中国城市空间分布格局的影响因素及影响机制。主要影响因素有自然条件、资源条件、经济基础、交通及区位条件、行政和制度因素、市场潜力、经济全球化等[27-32]。当然，还有不少学者在上述影响因素中，选取一些更具体的统计指标进行量化分析，如叶浩等分析了我国各省区的城市分布均匀或者聚集的 R 统计量与人均耕地面积、土壤垦殖率、复种指数、路网密度以及城市化率之间的关系[25]。

2. 中国城市体系的空间结构优化及其演变

中国城市体系的空间结构是指全国城市体系的点（城市与城市）、线（城市与联系通道）、面（城市与区域）三要素的空间组合特征。早在 1980 年代，我国经济地理学者就提出了"点-轴系统"理论和我国国土开发与区域发展的"T"字形空间结构战略，即以海岸地带和长江沿岸作为我国国土开发和经济布局的一级轴线的战略[33]。这一理论战略被写入《全国国土规划纲要》（草案，1987 年），并自 1980 年代后期开始在全国得到大规模的实施，"T"字形也自然成为我国城市体系空间结构的基本形态。在"T"字形结构之后，学术界陆续出现了弓箭形、"π"字形、"开"字形、"井"字形、"丰"字形、"目"字形等多种全国城市体系的空间结构形态构架，但在 1990 年代甚至《全国城镇体系规划（2006—2020）》编制之前，"T"字形空间结构仍然是被政府和社会各界最为广泛采用的方案[33]。

《全国城镇体系规划（2006—2020）》是目前为止唯一版本的全国城镇体系规划[34-35]。该规划于 2005 年 4 月启动，2006 年 4 月通过专家论证，2007 年 1 月正式上报国务院。在该规划中，采用"多中心"的城镇空间结构（是指 3 个大都市连绵区和 13 个城镇群），重点培育 5 个核心地区（是指以北京为中心的京津冀大都市连绵区，以上海为中心的长江三角洲大都市连绵区，以广州和香港为中心的珠江三角洲大都市连绵区，以重庆和成都为中心的成渝城镇群，以武汉为中心的江汉平原城镇群）和 3 个门户城市（是指哈尔滨、乌鲁木齐、昆明），构建加强区域协作的沿海城镇带（是指沿渤海、东海、黄海和南海的城镇发展地区）和 6 条城镇发展轴（南北向的京广及京九发展轴、北京-呼和浩特-包头-银川-兰州-西宁-成都-昆明-北部湾发展轴、哈大发展轴；东西向的长江发展轴、陇海-兰新发展轴、上海-南昌-长沙-贵阳-昆明发展轴），形成大中小城市协调发展，网络状、开放型的城镇空间结构。虽然该规划没有获得国务院最终审批，但它对指导我国城镇体系的健康发展仍然发挥了重大作用，对我国城市体系的空间结构也产生了重要影响。

2010 年 12 月，国务院印发了《全国主体功能区规划》，认为我国基本形成了"两横三纵"为主体的城市化战略格局，即以陆桥通道、沿长江通道为两条横轴，以沿海、京哈京广、包昆通道为三条纵轴，以轴线上城市群和节点城市为依托、其他城镇化地区为重要组成部分，大中小城市和小城镇协调发展的空间格局，并规划今后要进一步强化。2014 年 3 月，国务院颁布的《国家新型城镇化规划（2014－2020 年）》进一步明确了这一空间格局。这标志着我国城市体系的"点-轴系统"由"T"字形变得更加完善，我国城市体系空间结构的网络化趋势进一步增强。

3. 中国城市群的空间格局形成与发育

城市群是我国经济发展格局中最具活力和潜力的核心地区，其空间格局决定着我国城市体系的总体空间格局。自 1980 年开始使用"城市群"术语以来，国内许多学者对我国城市群进行了广泛研究[36]。其中，姚士谋等对中国城市群开展了系统研究，包括系统揭示了中国城市群的空间格局[37]。但随着城镇化进程的加快，我国城市群的空间格局发生了较大变化。为此，方创琳等构建了城市群发育程度评价指标体系，并以发育程度为依据将全国 28 个城市群分为 3 级，其中，一级城市群包括长三角、珠三角和京津冀 3 个城市群，二级城市群包括山东半岛城市群、成都城市群、武汉城市群等 11 个城市群，三级城市群包括滇中城市群、天山北坡城市群等 14 个城市群[38]。随着认识的不断深入，方创琳进一步提出城市群空间识别的标准，并将 28 个城市群缩减为 23 个，形成由东部沿海地区城市群连绵带、黄河流域城市群连绵带、长江流域城市群连绵带构成的"π"字形空间结构[39]。

由于 2006 年 3 月中国政府发布《中华人民共和国国民经济和社会发展第十一个五年规划纲要》明确提出要把城市群作为推进城镇化的主体形态，而且这种思想在 2014 年 3 月国务院颁布的《国家新型城镇化规划（2014－2020年）》中进一步明确，因此近年来对中国城市群的空间格局研究持续升温。不少学者采用 RS、GIS 等现代手段，对中国城市群进行了空间识别，对其空间格局的形成机制也进行了分析，如薛俊菲等通过基于交通可达性测算的城市密集区边界划分，将中国城市划分为 15 个典型城市密集区和 8 个准城市密集区，形成"三纵两横"的城市密集区空间格局，并与全国主体功能区进行了对接[40]；董青等利用引力模型与 ESDA 相结合的方法，利用 Moran's I 指数、Moran 散点图和最大引力连接线等手段从时间截面上分析研究了我国城市群体系的空间结构，并量化挖掘了"三纵两横"的空间分布轴线，验证了城市群团块状经济的非线性、非平滑性对中国城市群体系空间结构的影响，并对其成因进行了空间经济学分析[41]。

（二）中国城市等级规模体系与职能格局的优化及演变研究

1. 中国城市等级规模体系的空间格局优化及演变

在国家或区域城市体系中，按照城市规模大小排列，并分成一定的等级，就构成城市等级规模体系。城市等级规模可以用城市行政级别、经济总量、交通运输量、中心性指数、综合实力指数等多种指标来反映[42]，但常用城市人口和建设用地面积来衡量，最常见的是按照城市人口规模分为特大城市、大城市、中等城市和小城市 4 个等级。

在城市人口等级规模体系的空间格局方面，许多学者对我国城市人口规模的空间分布及演变特征、演变趋势进行了深入分析[28, 43-45]。总体认为：我国城市人口等级规模分布极不均衡，东部沿海地带较多地集中了特大和大、中城市，中部地区比较均衡，西部地区小城市占优势；中国城市体系演变的总体趋势是城市体系由低级向高级、低水平向高水平、不平衡向平衡型演变，1949~2000 年中国城市格局的变动以中小城市扩张为主导，2000~2010 年城市规模格局的变动转变为以大城市人口规模扩张为主导。同时，不少学者采用位序-规模法则等数学方法对我国城市人口等级规模空间分布的合理性进行了评价[24]，总体认为：我国城市体系的等级规模结构朝着合理化的方向发展，但东北地区中小城市规模略显不足，华北地区存在着北京市单极扩张掩盖了城市体系缺少承上启下的大城市等问题，华中地区缺少承上启下的大城市，华南地区中小城市的规模扩张明显不足，西北地区大城市规模不足，西南地区各等级的城市规模整体偏小。

在城市用地等级规模体系的空间格局方面，我国学者采用统计数据或遥感解译数据等对全国城市建设用地的空间扩展特征、用地规模等级及驱动因素进行了大量分析[46-51]，总体认为：改革开放 30 年来，我国城市建设用地空间分布很不均衡，总体呈现东多西少、北多南少的格局；东部地区城市扩张速度快于中西部地区，北方城市扩张慢于南方城市，省级中心城市建成区面积增长较快，但 2000 年以后中西部城市建设用地扩展速度逐渐超过了东部；从城市建设用地扩展的经济效益来看，建成区经济效益高的城市由沿海城市辅以部分资源型内地城市组成，东部沿海省份建成区的经济效益低于中部和广东等省份；从城市扩张占用的土地来源来看，1990～2000 年我国约有 53.4% 的城市扩张占用的是耕地资源，2000～2010 年这一比例上升到 68.7%，占用耕地最多的是东部沿海地区，占用耕地的速度总体在加快；从我国城市扩张的驱动因素来看，主要有宏观政策、交通区位、自然地理条件、人口增加和经济增长等。

2. 中国城市职能体系的空间格局优化及演变

城市职能分类研究一直以来就是城市地理学研究的重要领域，但受到资料的限制，全国性的城市职能分类研究从 1980 年代末才逐渐展开，至今研究的论文数量也较少[27, 52-55]。周一星、田文祝等先后在 1988 年、1991 年发表过两篇全国城市工业职能分类的文章，提出了职能三要素的概念[56-57]。张文奎等于 1990 年利用人均统计指标对全国城市职能进行综合分类，将全国城市分为工业城市、交通运输城市、商业城市、教育科技城市、国际旅游城市、行政管理城市、综合城市、非综合城市、一般城市 9 种类型[58]。顾朝林于 1992 年主要利用定性研究方法将全国城市职能体系分成政治中心、交通中心、矿业城镇和旅游中心 4 个体系及若干亚体系与子集[59]。周一星等于 1997 年首次采用城市劳动力结构资料，将 1990 年 465 个城市分为 4 个大类、14 个职能亚类和 47 个职能组[60]。田光进等利用 1999 年的城市数据库和纳尔逊分类方法分析了我国城市职能的基本特征，并比较了不同城市规模、不同地域城市职能的差异[61]。于涛方及许锋等基于 2000 年第五次人口普查数据对全国县级以上城市职能分类分别进行了探讨[62-63]。

通过上述研究，可以梳理出中国城市职能体系空间格局的基本特征及演变趋势。总体认为：我国中、西部地区具有矿业职能城市的比例要高于东部地区，而且该比例仍有增加的趋势；我国中、西部地区具有工业职能的城市比例大大低于东部，而且该比例有下降的趋势，加工工业层次也大大低于东部；中部地区具有建筑业职能的城市比例要明显低于东部和西部，而且该比例降幅明显，东部略有上升，西部则基本保持稳定；中、西部地区具有交通、商贸、行政、其他第三产业职能城市的比例要远远高于东部，而且第三产业职能在全国三大地带中的地位均有被强化的趋势。

（三）中国城市空间网络格局的优化及演变研究

1. 基于人流和物流视角的中国城市空间网络格局优化

随着网络社会的崛起，传统的"场所空间"正被"流动空间"所取代[64]。以城市为节点，以城市间的人流、物流、技术流、信息流、资金流等为联结线，即可构成城市体系的空间网络格局。与传统城市体系空间结构强调城市的中心性不同，城市空间网络研究更注重城市间的联系强度。人流和物流是城市间联系强度的最直接体现，一般以航空客货运量、港口吞吐量、公路客货运量、铁路客货运量等来反映，但由于城市间的 O-D 数据量大且不易获取，目前的主流研究都倾向于间接或近似测量城市间的网络联系。

一是采用理论模型对城市间的空间联系强度进行推算。主要是运用重力模型或改进方法，依据城市人口或经济规模、城市间的距离等进行定量计算，并假设"城市规模越大且城市间可达性越高，则城市间的人口流动和货物往来越多，空间联系越密切"，据此刻画城市体系的空间网络格局。例如，顾朝林和庞海峰依据市区非农人口和空间直线距离测算了 1949～2003 年的中国城市网络联系，揭示了中国城市体系节点结构多极化的空间演化格局，并将

2003 年中国城市体系的空间层次划分为 2 个大区（Ⅰ级城市体系）、7 个亚区
（Ⅱ级城市体系）和 64 个地方（Ⅲ级城市体系）的总格局[14]；王茂军等构
建了基于市人口与铁路距离的中国城市网络测度模型，发现中国形成了分别
以北京、上海为结节中心的北方Ⅰ级城市体系（拥有以天津、沈阳、西安为
结节中心的Ⅱ级城市体系）和南方Ⅰ级城市体系（拥有以武汉、广州、重庆、
南京为结节中心的Ⅱ级城市体系）[65]；冷炳荣等依据城市总的对外经济价值
及基于铁路、高速公路和部分国道的费用距离测算了 2003 年、2007 年的中
国城市网络联系，将中国城市划分为北方城市区、长江城市区和南部城市区，
揭示了我国"三极多核"的城市空间网络格局[66]。

　　二是采用航空和铁路网络等较易获取的交通流数据，近似地反映全国各
城市间的空间联系。其假设前提是"城市规模越大，城市的航空和铁路客货
运量就越多，因此航空和铁路网络在很大程度上可以代表城市体系的空间格
局"。为此，周一星和胡智勇以全国航空港客运量和每周航班数为基础，通过
分析航空网络的结构特点揭示中国城市体系的结构框架及演变趋势，认为中
国航空网络与城市体系的规模等级之间基本上呈正相关关系[67]；于涛方等运
用 1995~2004 年的中国航空统计数据，基于数据描述及重力模型和模糊参数
等定量方法，分析了中国城市体系格局和变迁[68]。薛俊菲等利用中国 14 家
主要航空公司的航线数据，运用图表判别和聚类分析方法将中国 128 个通航
城市划分为全国性、区域性、次区域和一般地方性中心城市 4 个等级，并揭
示其空间分布特征[32]；武文杰等使用复杂网络的分析方法，研究了 1983~
2006 年中国城际航空网络的空间结构特征和格局变迁，发现我国城市网络呈
现明显的小世界效应，稠密化趋势和"长尾分布特征"[69]；钟业喜和陆玉麒
在证明铁路始发列车数量与城市体系的规模等级呈正相关关系的基础上，运
用图表判别和聚类分析法，将中国 186 个具有始发列车的城市划分为全国性、
区域性、省域性、地区性中心城市 4 个等级，揭示了我国城市 T 型空间分布
特征及 6 对双核结构城市模式[70]。

2. 基于全球化和信息化视角的中国城市空间网络格局优化

　　全球化和信息化越来越成为塑造城市间关系的重要动力，全球化和信息

化的影响使得我国核心城市成为了高端产业的生产基地以及信息交流中心。因此,通过一些具有全球或区域影响力的高端企业总部及其分支机构的分布,以及互联网流量、网络带宽、移动和固定电话数量等的分布,可以大致反映城市间的资金流和信息流等,进而揭示城市间的网络联系。在全国层面,该方面的研究刚刚起步,但已经取得了较大进展。

在基于全球化视角的中国城市网络格局研究方面,目前主要是通过跨国公司、金融企业、生产性服务业、电子信息企业等的布局来揭示我国的城市网络格局。例如,贺灿飞和肖晓俊基于 1979~2008 年电子信息和医药化工产业的全球 500 强跨国公司在华投资数据,研究了中国跨国公司功能区位,结果表明跨国公司的功能片段化布局既依托我国的城市等级体系,又在一定程度上重塑我国城市空间结构[71];尹俊等借鉴世界城市网络研究方法研究了基于金融企业布局的中国城市网络格局,将 40 个重要金融城市划分为 4 个等级,认为中国城市网络具有区域特性,基本形成了环渤海、长三角、珠三角等“三大两小”5 个城市区域[72];赵渺希和刘铮也借鉴世界城市网络的概念框架,分析了中国大陆地区生产性服务业的城市网络体系,认为上海、北京成为主要的生产性服务业集聚城市,沿海的城市群则成为生产性服务业的主要集聚区域,三大城市群中核心城市(北京、上海、广州、深圳)之间的网络构成了中国大陆地区生产性服务业的核心链接[73];武前波和宁越敏基于电子信息企业生产网络视角,对中国城市网络的空间特征进行了探索,发现由中国企业和跨国公司所主导的中国城市网络,可划分为地方化和全球化两种类型,均以东部及中西部特大城市为网络核心节点,与传统城市等级体系相比,城市网络体系具有更强的包容性,从中可以发现崛起中的专业化城市[74]。

在基于信息化视角的中国城市网络格局研究方面,目前主要是通过互联网基础设施、新浪微博中的网络连接数据、城市间网络地图关注度等来揭示我国的城市网络格局。例如,汪明峰和宁越敏对中国互联网城市可达性进行了评价,并对五大骨干网络的空间结构和节点可达性进行了分析,发现中国互联网基础设施的空间格局整体上趋于均衡,节点可达性基本遵循原有的城市等级体系[75];甄峰等利用新浪微博中的网络连接数据对中国城市网络发展特征进行了研究,发现微博社会空间视角下的中国城市网络存在着明显的等级关系与层级区分，城市的网络连接度与城市等级表现出相对一致性，我国城市网络呈现出分层集聚现象，具体表现为"三大四小"发展格局（即京津冀区域、珠三角区域、长三角区域、成渝地区、海西地区、武汉地区、东北地区），高等级城市在整个城市网络中处于绝对支配地位[76]；刘铮等引介了城市联系中有向加权网络的概念、特征、计算方法，并以中国 36 座副省级以上城市的城市间网络地图关注度为研究素材，对中国城市网络进行了分析，结果显示互联网异地之间的城市地图查询可以在一定程度上表征城市间出行期望，反映城市间潜在的空间交互关系，互联网中城市间关注强度的"出""入"能够反映城市间吸引力系的非均衡性特征[77]。

二、城市发展空间格局优化存在的主要问题

虽然中国城市发展空间格局优化研究在特征揭示、过程分析、机制阐释等方面研究内容不断深化，研究方法和技术手段不断增强，取得的主要研究结论对科学认识和合理指导中国的健康城镇化进程产生了重要影响，但由于该方面研究的综合性、系统性与复杂性，以及新型城镇化现实需求的多样性，导致该方面研究目前仍存在诸多问题。

（一）基于生态环境和自然资源安全的中国城市发展空间格局优化研究较为薄弱

目前中国城市发展空间格局优化研究主要集中在城市体系的"三结构一网络"框架范围内，而在探讨中国城市体系的空间结构、等级规模结构、职能结构以及城市网络时，通常是将城市节点作为人口和产业的集聚体来进行研究，因此城市人口、经济及与其密切关联的其他社会经济要素是该类研究长期关注的焦点。但目前我国城市化进程面临着严重的资源环境约束，城市发展面临着生态环境恶化、水土资源与能源短缺等严峻问题[78-79]。在城市化进程中处理好生态环境保护、自然资源开发与经济社会发展的关系，对我国新型城镇化健康发展至关重要。然而，在研究中国城市发展空间格局时，较少对全国各个城市的生态环境安全格局以及资源环境承载力格局进行系统耦

合研究，没有将中国各大区域的生态环境条件和资源环境承载力对城市发展空间格局的影响提到重要位置。在生态环境容量或资源环境承载力逐渐接近或突破阈值的情势下，仅仅停留在中国城市人口、经济等社会经济要素的空间格局研究，已经不能完全满足当前国家的战略需求。

（二）基于新型城镇化战略的中国城市发展空间格局优化研究仍需深化完善

虽然目前我国学者对城市社会经济发展的空间格局及其演变机制进行了大量分析，但该方面的研究仍需进一步深化和完善。一方面，我国的城镇化仍在快速进行，城市发展日新月异，其面临的国际国内形势也经常发生翻天覆地的变化，因此非常有必要对我国城市发展空间格局演变的新动向及新因素进行动态跟踪并不断完善研究方法。例如，随着城市群的逐渐发育，我国城市体系的空间形态会发生巨大变化，因此有必要对我国城市群的空间格局及其对全国城市体系的影响进行更加深入的研究；随着各类城市人口规模的不断扩大，我国城市等级规模的现有标准明显偏低，因此有必要重新进行调整[12]；随着全球化和信息化的持续推进，我国城市的职能结构会不断升级，部分城市甚至会出现一些新职能，而且城市间的网络联系会不断增强并日趋复杂化，因此有必要采取新手段进行深化研究。另一方面，现有的中国城市发展空间格局研究，部分内容由于受基础资料和研究方法等限制，研究成果还不完全成熟。例如，目前的全国城市职能分类研究，还主要停留在利用1990年和2000年数据的基础上，分类系统也不尽完善；我国城市空间网络的研究，仍然存在着"重等级、轻联系"等问题，对我国城市间各种要素流的研究深度不够，缺乏对城市间有向联系及作用机制的系统研究。

（三）中国城市发展空间格局优化理论与合理性评价研究总体上较为缺乏

目前中国城市发展空间格局研究的理论基础比较薄弱，定量分析的理论基础多数是引介西方较为成熟的理论模型，而这些理论模型往往是以西方国家城市发展的社会经济制度及资源环境条件为背景构建的，不太适合直接用来分析中国城市发展空间格局优化问题。国内学者大多将国外的研究理论及方法直接用来研究中国的城市体系，而中国城市体系和城市发展空间格局在中国独特的历史进程中形成了具有中国特色的动力机制，这种忽略国内外城市发展历程、体制背景、文化传统、资源环境承载力、人口增长规律、经济发展环境等因素差别的研究，往往具有一定的局限性。尤其是在主体功能区战略和新型城镇化背景下，尚缺少符合中国特色的城市发展空间格局合理性评价研究，包括科学合理的中国城市发展空间格局优化标准、评价指标体系、综合评价模型与方法、阶段性的优化目标等。由于上述相关研究还较少，导致学术界对中国究竟应采用什么样的城市空间结构、等级规模结构、职能结构才能获得最大的经济效益、社会效益与生态环境效益莫衷一是，具体表现在我国学者对城市化发展方针、战略及城市化道路等问题长期争论不休。

（四）中国城市发展空间格局的系统模拟与优化模式研究不能满足现实需要

中国地域广阔，城市数量众多，其依托的自然地理环境、区位交通条件、水土和能矿资源禀赋、社会经济发展基础等的区域差异都很大，城市间的相互关系也多种多样。虽然目前众多学者在揭示中国城市发展空间格局的现状特征以及演变过程方面做了大量工作，也有部分学者对未来我国不同规划水平年份的城市空间结构与等级规模结构等进行过预测或有过较好的设想[80]，但由于中国城市发展空间格局涉及研究内容众多，影响因素及作用机制又十分复杂，较少有人采用大型人机交互的模式，对未来中国城市发展空间格局进行系统模拟，因此很难科学预测或合理优化未来我国的城市发展空间格局。由于缺乏合理性评价以及系统模拟，未来中国城市发展空间格局的优化模式研究也较少，研究成果多以定性描述和经验总结为主，至于"究竟采用什么样的城市空间布局？我国大中小城市在空间上究竟采用什么样的配置模式比较合理？不同类型职能的城市如何均衡布局？"等科学问题，缺乏定量模拟和情景模拟的科技支撑。但中国城市发展空间格局非常需要因地制宜、统筹协调、长远部署，不同类型区域应该采取不同的城市发展模式，因此在中国城市发展空间格局的系统模拟与优化模式研究方面，尚不能满足国家新型城镇化与快速城镇化的现实需求。

三、城市发展空间格局优化的研究方向展望

根据中国城市发展空间格局研究的主要进展及存在的主要问题，未来中国城市发展空间格局的研究，应在深化和完善现有研究内容的基础上，强化中国城市生态安全格局、资源环境格局、经济社会发展格局的空间耦合研究，加强中国城市发展空间格局优化理论、合理性评价方法、系统模拟方法与优化模式研究。主要研究方向包括：

（1）中国城市群的空间格局及其对全国城市体系的影响研究。城市群是我国推进城镇化的主体形态，未来将主宰着我国城市空间的总体格局，因此应加强中国城市群体系的"三结构一网络"研究，揭示其空间演化对全国城市体系的影响，并加强其空间演化的资源环境效应研究。

（2）全球化和信息化影响下的中国城市职能空间分异特征、空间演变过程及新因素研究。除了采用新数据和新方法及时更新全国城市的综合职能分类外，还应高度关注中国城市职能演变的新趋势和新因素，将城市的金融服务职能和创新职能等的空间格局摆在更为突出的位置。

（3）基于有向的社会经济流与资源环境流的中国城市空间网络研究。在全球化、信息化及资源环境承载力逐渐接近或超过阈值的背景下，除了要通过城市间的交通基础设施、互联网信息、企业总部与分支机构等研究城市间的无向联系外，还应采用新的 O-D 数据收集与处理手段，强化城市间社会经济要素的有向流动研究，并对城市间水资源双向流动格局及用地流转格局等资源环境要素流的空间网络也应给予关注。

（4）基于主体功能区和生态保护红线的中国城市发展空间格局研究。在中国各城市资源环境承载力评价以及全国生态保护红线（生态功能保障基线、环境质量安全底线、自然资源利用上线）划分的基础上，强化中国城市生态安全格局、资源环境格局、经济社会发展格局的空间耦合研究。

（5）中国城市发展空间格局优化理论与合理性评价研究。基于中国特色，建立符合中国国情的中国城市发展空间格局优化理论，坚持"集约、

智能、绿色、低碳"的发展方针，建立中国城市发展空间格局合理性评价指标体系与综合测度方法，实现党的十八大提出的"生产空间集约高效、生活空间宜居适度、生态空间山清水秀"的目标。

（6）中国城市发展空间格局的系统模拟与优化模式研究。以"生活、生产、生态""三生"空间的区域格局优化为基础，以调整和优化城市空间结构、提高空间利用效率为重点，采用大型人机交互模式，构建中国城市发展空间格局的情景模拟系统，在此基础上提出中国城市发展空间格局的优化模式。

第四节　中国城市发展空间格局优化对全球城市格局重组的影响

新中国成立 60 余年来，中国大城市和特大城市迅猛发展，城市网络和城市群不断发育，在全球城市网络中的地位不断增强。中国各大城市的国际化程度不断提高，国际综合竞争力在不断提升，国际城市建设如火如荼，以北京、上海等为代表性的中国城市，逐渐跻身于国际重要的经贸中心、金融中心、文化和信息交流中心、综合交通运输中心等，在全球城市网络体系中的节点地位逐渐增强，对全球城市格局重组产生重要影响。同时，中国城市迅速崛起引发的资源环境问题，与各国城市也发生千丝万缕的联系，对全球城市网络的发展也产生一定的影响，进而有可能影响全球城市格局。

一、中国城市发展在全球城市网络中的地位迅速提升

新中国成立 60 余年来，由于中国城市发展走过了曲折的历程，再加上国际形势瞬息万变，中国城市人口增长、经济增长以及综合竞争力在全球城市网络中的地位也发生了复杂的变化。但是，由于改革开放带来的发展机遇及发展积累，尤其是 1990 年代以来，我国城市的人口规模、经济规模以及综合竞争力在全球城市中的排名稳步上升，我国城市在全球城市网络中的节点地位有所提高，对全球城市尤其是亚太地区的城市发展空间格局演变具有重要

影响。

（一）中国城市人口增长在全球城市网络中的地位快速提升

第二次世界大战之后全球城市人口经历了快速增长阶段。联合国的统计和预测数据显示[81]：截至 2011 年，全球人口为 69.74 亿，生活在城市的人口为 36.32 亿，城市化率已经过半，达到了 52.1%；未来 40 年，全球人口将增加 23.32 亿，城市人口将增长 26.2 亿。由此可见，人类经济社会活动的空间分布结构已经进入了以城市为主的新阶段。中国城市人口增长经历了同样的阶段。2011 年中国平均城市化率首次突破 50%，达到 51.3%，2013 年更是增至 53.73%。虽然中国以户籍人口计算的城市化率落后于以常住人口计算的城市化率 15%左右，但毋容置疑的是，中国与世界的整体城市化发展趋势相同步，进入了以城市为主导的发展阶段。

以联合国全球城市指标数据集（Global Urban Indicators Database 2012）为核心，对全球城市发展以及中国城市的地位变化进行了分析。运用 Zipf 法则分析发现，以 20 年为时间段，1950～2010 年全球城市人口位序规模分析的拟合优度渐强，由 1950 年的 0.8366 增至 2010 年的 0.9833，说明全球城市发展越来越符合 Zipf 法则（图 1.8）。结合图 1.9 发现，中国城市在全球城市网络中的地位经历了多次波动。1950 年中国核心城市的位序相对靠前，其中上海处于全球第 5 位，北京处于第 10 位。同时，全球人口前 50 位的城市中国城市占了 8 位。1970 年上海和北京均跌出前 10 位，分别降至第 12 位和第 16 位，全球人口前 50 位的城市中国城市仅占了 6 位，城市发展经历了相对低谷期，这与当时中国社会经济发展的大背景密切相关。1990 年上海和北京的位序继续下滑，分别跌至第 16 位和 21 位，全球人口前 50 位的城市中国城市占了 7 位。1990～2010 年，中国城市的增长极为迅猛，上海在这 20 年间人口增长近 2 倍，北京也增长了近六成，上海和北京的位序也分别提高到第 7 位和第 15 位。全球人口前 50 位的城市中国城市占了 8 位。从全球前 50 位的中国城市可明显看出，北京、上海和广州已形成了中国城市发展的第一梯队，而深圳、武汉、天津、香港和重庆在人口上形成了第二梯队，中国城市发展的层级性越发明显。

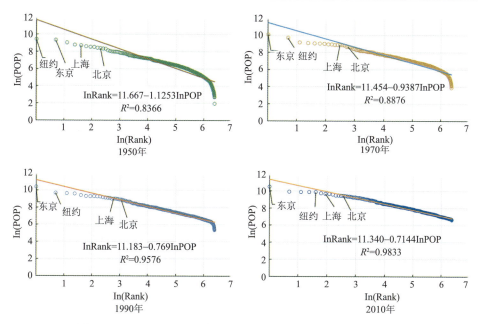

图 1.8　1950～2010 年全球城市人口规模位序与中国城市地位变化

　　总而言之,从城市人口发展来看,中国城市在近 20 年来的发展最为迅速,在全球城市网络中的地位也在不断提升。同时,研究发现中国城市发展表现出明显的阶段性特征。1950 年由于处于第二次大战之后,全球城市发展整体处于低谷时期,在全球城市网络中的地位相对靠前。1970～1990 年由于全球经济的逐步复苏,全球城市发展进入快车道,但与此同时中国城市发展却相对滞后。1990～2010 年全球城市发展经历了快速发展阶段,中国城市与此同步,发展势头迅猛,在全球城市网络中的地位不断跃升。可以预见,未来中国城市人口快速增长的势头仍将持续一段时间,中国城市发展在全球城市网络中的地位仍将不断提升。

　　(二)中国城市经济增长在全球城市网络中的地位提升,部分城市进入世界前列

　　与全球城市人口发展类似,全球城市经济发展经历了更为深刻的变化。城市经济在经济结构中的比例逐步演化为主导乃至绝对主导。根据中国城市发展

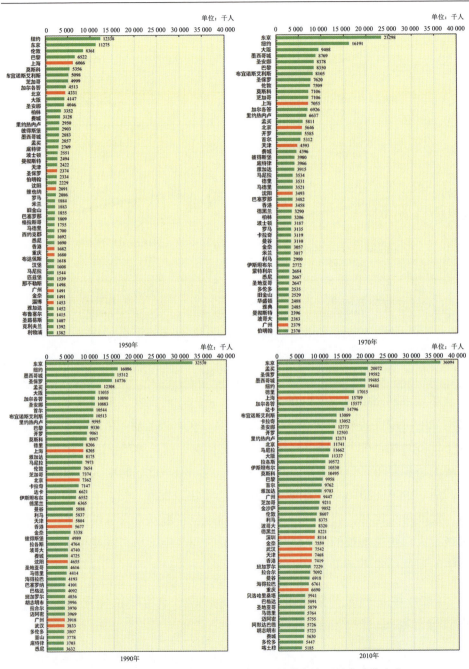

图 1.9　1950～2010 年全球主要城市人口规模与中国城市地位变化

报告显示，全世界范围内，美国三大都会区（大纽约区、五大湖区、大洛杉矶区）的 GDP 占全美国的份额为 67%，日本三大都市圈 GDP 占全日本的份额则达到 70%，中国大陆三大经济圈占 GDP 总量的 38%[82]。由此可见，中国城市经济圈的发展与发达经济体比较而言还相对落后。但从全球城市经济发展来看，中国城市经济发展不论在经济总量还是在增长速度上都取得了长足发展[83]。

2005 年在全球前 150 位城市 GDP 排名中，中国有 11 个城市入围；到 2012 年这一数据增至 36 个，7 年间净增加 25 个城市入围（表 1.2）。其中，成都、重庆和天津的位序提高最为显著，分别提高了 78 位、75 位和 61 位。2005～2012 年，仅有香港的位次有所降低（降低 5 位），其他中国城市的位序均有所上升。2012 年上海 GDP 总量首次跃进全球前 10 位（第 10 位），北京和香港也进入全球前 20 位，分别是 13 位和 19 位。总体来看，中国城市经济规模逐步增加，在全球城市经济网络中的地位不断提升，部分超大和特大城市已经进入全球前列水平。

表 1.2　2005～2012 年全球城市 GDP 前 150 名中国城市情况[83]

城市名称	2005 年排名（11 个城市）	2012 排名（36 个城市）	排名变化	2005 年 GDP/十亿美元	2012 年 GDP/十亿美元
上海	32	10	+22	139	516
北京	44	13	+31	99	427
香港	14	19	−5	244	350
广州	60	25	+35	84	320
天津	87	26	+61	45	309
深圳		28			302
苏州		33			281
重庆	110	35	+75	35	265
杭州		53			183
成都	133	55	+78	21	180
无锡		56			179
武汉	104	57	+47	38	178
佛山		59			175
青岛		60			174
大连		64			167

续表

城市名称	2005 年排名 （11 个城市）	2012 排名 （36 个城市）	排名变化	2005 年 GDP /十亿美元	2012 年 GDP /十亿美元
沈阳	125	68	+57	27	162
南京		70			160
宁波		73			153
长沙		77			150
唐山		82			143
郑州		94			129
烟台		95			129
东莞		100			125
济南		103			115
哈尔滨		106			114
石家庄		107			111
南通		111			107
西安	134	115	+19	19	102
长春	138	116	+22	15	102
大庆		123			98
合肥		125			97
福州		127			96
常州		136			93
徐州		137			93
温州		143			89
淄博		146			87

注：表格中无数字说明该城市 2005 年 GDP 不在全球城市前 150 名之列。

从城市经济发展速度来看，与国际其他城市相比，中国城市经济增长更为稳定和高速。根据全球前 100 个城市的人均 GDP 增长情况可知[83]，从 1993~2012 年平均增长速度来看，中国有 56 个城市进入全球前 100 位。1993~2007 年中国城市人均 GDP 增长率为 10.60%，2007~2011 年这一速度降为 8.43%，2010~2011 年增为 10.83%，2011~2012 年降为 5.52%。1993~2012 年平均增长率高达 8.85%，这一数据远高于同期的其他城市。例如，美国城市的监测数据显示同期城市人均 GDP 增长速度是–0.39%，日本城市人均 GDP 增长速度为–0.75%。

总体而言，不论从经济总量还是经济增长速度来看，改革开放以来特别是 1990 年代以来，中国城市经济取得了突飞猛进的发展。在全球城市经济网络中已经成为了重要的经济发展引擎，在缓和金融危机冲击和推动全球经济复苏方面起到了重要作用。未来随着中国市场经济地位不断得到认可，全球化、城镇化、市场化、工业化、信息化的不断深入，中国城市经济在全球城市经济竞争中还将发挥更大的作用。

（三）中国城市综合竞争力在全球城市网络中占据突出位置，地位不断提升

在全球化和信息化迅猛发展的今天，世界各地的竞争愈发激烈，而这种竞争更多地表现为城市之间的竞争。如何在瞬息万变的全球竞争中，准确定位城市竞争地位，把握城市自身竞争优势，针对问题提出可行的解决之道，是城市综合竞争力评估的重要任务。针对此问题，国内外学者进行了大量研究。为了对比分析，在国外研究中选取了比较成熟的全球基准城市综合竞争力评估结果，该报告由 *The Economist*（经济学家杂志）发布 [84]；国内研究中选取了倪鹏飞等开展的《全球城市竞争力报告》研究结果[85-87]。

全球基准城市综合竞争力评估指标体系细分为 8 个具体目标层，分别是经济实力、基础设施、金融成熟度、制度有效性、社会文化特色、人力资本、环境自然灾害和全球吸引力，以及 31 个具体的指标，并根据重要程度不同，赋予不同的目标层以不同的权重（表 1.3）。由表 1.3 可知，2012 年中国大陆及港澳台地区共有 13 个城市进入了全球前 100 名，这一结果表明中国城市在全球城市竞争网络中占据了突出位置。其中，城市综合竞争力最强的是香港，名列全球第 4 位，其他城市分列 37 位到 93 位。相比全球排名首位的纽约而言，香港城市竞争力的不足在于经济实力和社会文化特色。与其他城市相比中国城市的核心优势主要是经济实力，某些城市的经济实力得分甚至超过了首位的纽约（如天津和深圳），但是基础设施普遍落后 20 分左右，北京、上海、深圳的金融成熟度落后 10 分左右，其他城市落后 70～80 分，说明除了一线城市外中国城市的金融成熟度明显滞后。制度有效性结果显示中国城市

普遍落后其他国际城市 40 分左右，差距较大。从社会文化特色来看，中国城市普遍落后其他城市 50 分左右，社会文化特色缺失问题急需关注。在人力资本和环境自然灾害方面，中国城市与其他城市基本处于同一水平。但是中国城市的全球吸引力明显不足。总体来看，中国城市普遍存在着注重经济发展而忽略社会文化发展的弊端。

表 1.3　2012 年全球基准城市竞争力情况[84]

排名	城市	综合	经济实力	基础设施	金融成熟度	制度有效性	社会文化特色	人力资本	环境自然灾害	全球吸引力
	分类权重	100%	30%	10%	10%	15%	5%	15%	5%	10%
1	纽约	71.4	54.0	92.0	100.0	85.8	95.0	76.5	66.7	35.7
2	伦敦	70.4	41.9	90.2	100.0	83.8	92.5	75.6	75.0	65.1
3	新加坡	70.0	46.0	100.0	100.0	87.8	77.5	69.8	87.5	43.2
=4	香港	69.3	43.8	100.0	100.0	85.3	79.2	82.4	66.7	37.7
=4	巴黎	69.3	43.6	93.8	83.3	72.7	90.0	80.1	91.7	64.8
6	东京	68.0	50.5	100.0	100.0	76.3	84.2	64.1	62.5	44.4
7	苏黎世	66.8	30.1	98.2	100.0	96.0	97.5	77.9	87.5	26.1
8	华盛顿	66.1	43.4	93.8	83.3	85.8	85.0	77.6	66.7	32.7
9	芝加哥	65.9	40.6	90.2	100.0	85.8	92.5	76.7	70.8	22.1
10	波士顿	64.5	37.9	94.6	83.3	85.8	80.0	77.3	83.3	27.2
11	法兰克福	64.1	35.0	98.2	100.0	76.2	92.5	70.5	100.0	21.0
12	多伦多	63.9	32.3	88.4	100.0	87.1	90.0	75.6	75.0	26.8
=13	日内瓦	63.3	29.3	98.2	83.3	96.0	85.0	78.9	87.5	15.2
=13	旧金山	63.3	41.5	89.3	83.3	85.8	85.0	77.6	66.7	15.3
15	悉尼	63.1	31.3	98.2	83.3	94.8	95.0	68.7	75.0	25.5
16	墨尔本	62.7	31.1	100.0	83.3	94.7	87.5	68.9	83.3	18.9
17	阿姆斯特丹	62.4	33.8	100.0	83.3	77.4	87.5	71.9	70.8	36.3
18	温哥华	61.8	29.9	100.0	83.3	87.1	87.5	75.7	83.3	15.3
19	洛杉矶	61.5	45.7	88.4	50.0	85.8	95.0	76.9	54.2	20.5
=20	首尔	60.5	41.1	88.4	83.3	73.1	84.2	61.7	70.8	30.6
=20	斯德哥尔摩	60.5	37.9	100.0	50.0	84.2	85.0	73.2	83.3	21.2
22	蒙特利尔	60.3	30.7	89.3	66.7	87.1	87.5	75.2	100.0	17.5

排名	城市	综合	经济实力	基础设施	金融成熟度	制度有效性	社会文化特色	人力资本	环境自然灾害	全球吸引力
分类权重		100%	30%	10%	10%	15%	5%	15%	5%	10%
=23	哥本哈根	59.9	32.3	98.2	66.7	75.3	82.5	80.2	75.0	24.8
=23	休斯敦	59.9	45.6	82.1	50.0	85.8	82.5	77.3	70.8	8.4
=25	达拉斯	59.8	43.4	85.7	50.0	85.8	82.5	77.0	79.2	7.0
=25	维也纳	59.8	36.4	98.2	50.0	74.7	90.0	71.3	87.5	33.3
27	都柏林	59.5	31.2	90.2	83.3	67.0	90.0	82.8	75.0	20.9
28	马德里	59.4	32.7	94.6	66.7	69.2	92.5	72.2	87.5	32.3
29	西雅图	59.3	42.0	90.2	50.0	85.8	82.5	77.7	62.5	9.2
30	费城	58.5	38.0	88.4	50.0	85.8	82.5	76.8	70.8	11.7
=31	亚特兰大	58.2	36.6	84.8	50.0	85.8	80.0	77.3	83.3	11.0
=31	柏林	58.2	32.1	93.8	50.0	76.2	92.5	70.3	91.7	30.3
33	奥斯陆	57.2	33.9	98.2	50.0	74.6	75.0	78.1	83.3	13.9
34	布鲁塞尔	57.1	36.0	92.0	50.0	80.6	80.0	66.6	70.8	24.7
35	汉堡	56.8	35.7	100.0	50.0	76.2	80.0	70.8	83.3	8.8
36	奥克兰	56.7	28.8	90.2	50.0	95.9	75.0	76.4	75.0	6.5
=37	伯明翰	56.6	32.0	88.4	50.0	83.8	70.0	74.8	100.0	9.2
=37	台北	56.6	41.9	90.2	50.0	77.5	61.7	66.1	58.3	24.8
39	北京	56.0	49.8	77.7	83.3	37.6	53.3	64.1	58.3	41.5
43	上海	55.2	51.8	81.3	83.3	37.6	53.3	63.7	62.5	22.6
52	深圳	51.7	55.4	77.7	66.7	37.6	33.3	65.7	66.7	1.7
64	广州	47.4	53.6	71.4	33.3	37.6	38.3	61.0	75.0	3.6
75	天津	45.4	56.6	67.0	33.3	37.6	20.8	61.1	50.0	0.8
82	大连	44.0	55.0	69.6	16.7	37.6	30.8	61.0	50.0	0.7
83	成都	43.5	49.2	62.5	16.7	35.8	38.3	60.2	87.5	1.5
84	苏州	43.4	48.1	71.4	16.7	37.6	33.3	61.3	70.8	0.9
87	重庆	42.9	49.9	64.3	33.3	37.6	15.8	58.4	58.3	0.9
91	青岛	42.1	49.4	71.4	16.7	37.6	20.8	59.8	54.2	1.0
93	杭州	41.6	47.6	67.0	16.7	37.6	20.8	61.4	54.2	4.0

注：表中带"="表示两城市排序并列。

　　倪鹏飞等连续出版的《全球城市竞争力报告》结果与经济学家杂志的分析结果相类似（表 1.4），均可说明中国城市综合竞争力排名的普遍提升。该报告显示，2007～2012 年中国城市的全球城市竞争力排名均上升了 2～19 位不等。但是与全球基准城市综合竞争力评估结果相比，中国大陆及港澳台地区进入全球前 100 位的城市个数有所降低，2012 年仅有 6 座城市入围。从动态变化来看，香港是中国城市竞争力最强的城市，2012 年首次入围全球 10 强（第 9 位）。台北、上海、北京、深圳和澳门分列 32～79 位。从具体得分来看，金融危机对城市综合竞争力的影响较大，但金融危机对中国城市的冲击并不如其他城市强烈，说明中国城市在本轮金融危机中表现出良好的抗冲击和恢复能力。

表 1.4　2007～2012 年中国城市在全球城市竞争力前 100 名中的地位[85-87]

城市	2011～2012 年综合竞争力	排名	2009～2010 年综合竞争力	排名	2007～2008 年综合竞争力	排名
纽约	0.704	1	0.736	1	0.970	1
伦敦	0.676	2	0.701	2	0.844	3
东京	0.657	3	0.683	3	0.961	2
巴黎	0.591	4	0.598	4	0.761	4
旧金山	0.575	5	0.580	6	0.729	6
芝加哥	0.568	6	0.585	5	0.709	7
洛杉矶	0.554	7	0.570	7	0.753	5
新加坡	0.548	8	0.546	8	0.688	9
香港	0.545	9	0.529	12	0.678	11
首尔	0.545	10	0.545	9	0.685	10
圣荷西	0.534	11	0.513	18	0.615	29
日内瓦	0.523	12	0.526	14	0.659	15
华盛顿	0.520	13	0.532	11	0.706	8
西雅图	0.515	14	0.527	13	0.644	17
斯德哥尔摩	0.514	15	0.519	15	0.671	13

续表

城市	2011～2012 年综合竞争力	排名	2009～2010 年综合竞争力	排名	2007～2008 年综合竞争力	排名
休斯敦	0.507	16	0.537	10	0.642	18
波士顿	0.506	17	0.510	19	0.669	14
都柏林	0.503	18	0.514	17	0.675	12
圣地亚哥	0.500	19	0.517	16	0.640	20
巴塞罗那	0.489	20	0.493	25	0.638	22
迈阿密	0.487	21	0.502	20	0.642	19
巴塞罗那	0.487	22	0.493	26	0.640	21
苏黎世	0.482	23	0.494	24	0.620	27
阿姆斯特丹	0.482	24	0.492	27	0.609	33
大阪	0.481	25	0.501	22	0.648	16
横滨	0.481	26	0.502	21	0.620	28
维也纳	0.479	27	0.486	29	0.610	32
奥克兰	0.474	28	0.483	31	0.624	24
赫尔辛基	0.473	29	0.476	35	0.609	34
多伦多	0.473	30	0.499	23	0.627	23
达拉斯	0.471	31	0.486	30	0.611	31
台北	0.470	32	0.463	39	0.589	41
上海	0.464	36	0.470	37	0.571	46
北京	0.431	55	0.434	60	0.537	68
深圳	0.418	67	0.425	71	0.535	69
澳门	0.405	79	0.405	92	0.506	98

总体来看，尤其是 21 世纪以来，中国城市综合竞争力有了较大幅度的提升，以北京、上海、深圳等城市为代表，在国际城市网络中的竞争力不断提高，使得亚太地区的城市地位得以提升，一定程度上改变了全球城市综合竞

争力的空间格局。这与中国城市经济的整体发展势头不无关系，但也应该注意的是，中国城市的社会和文化特色以及制度有效性仍有待进一步加强，中国二线城市的全面发展仍需要进一步关注。

二、中国国际城市建设对全球城市网络格局的影响

国际城市（international city）是指在经济全球化的背景下在国际经济、政治、科技、文化活动中具有较强影响力、占有重要地位以及具有集聚扩散能力的特大城市。与之相近或类似的称谓众多，如国际性城市、国际化城市、国际大都市、国际性大都市、国际化大都市、世界城市、全球城市等。这些称谓之间的联系和区别目前还没有统一的认识，但国内采用较多的是"国际城市"、"国际化大都市"等提法，并认为国际城市存在着不同的等级体系（最高等级就是世界城市）；而国外则广泛使用的是"世界城市"（world city）、"全球城市"（global city）等提法，并逐渐发展出较为完整的理论体系。自 20 世纪末以来，中国开始步入城市化加速时期，许多城市的国际化程度不断增强，部分城市离国际城市的目标越来越近，一定程度上改变了全球城市网络的空间格局。

（一）中国国际城市的建设历程及变化趋势

就传统意义上而言，中国早在隋唐时期就已形成了具备世界影响力的国际城市，也就是隋唐两代商贾云集的都城长安；在宋元时期，福建泉州作为"海上丝绸之路"的起点驰誉世界，成为与埃及亚历山大港相媲美的"东方第一大港"；明朝郑和七下西洋之后，随着闭关锁国政策的实施，中国城市在世界上的影响力逐渐下滑。近代以来，在西方列强以武力叩开锁国大门的情势下，中国被迫开放上海、广州、武汉等大批沿江沿海城市，中国城市的影响力逐步扩大，但无奈中国国力羸弱、内部战争频仍，饱受创伤的中国城市也不可能建成现代意义上的国际化城市。新中国成立之后，中国的城市建设步入了新的发展阶段，但是冷战的阴云与国内频繁的政治运动，使得中国城市的发展建设难以在世界城市格局之中获得坚实的立足之地。中国真正建设

现代意义上的国际化城市始自 1978 年改革开放之后[88]。尤其是 1990 年代中后期以来，我国沿海和沿江开放城市经过改革开放 20 余年的积累，参与国际经济合作与竞争的能力不断增强。在此背景下，建设国际城市已然成为中国众多大中城市追求的战略目标。据不完全统计，提出建设国际城市目标的城市在 2000 年左右为 40 余座，在 2005 年左右达到 100 余座，而到了 2010 年左右则接近 200 座。北京、上海、广州、深圳等城市也提出或趋向于建设"世界城市"或"全球城市"。虽然如此多城市期望建设国际城市遭到不少专家诟病，但在中国，建设国际城市存在一种现实化的需求，它是打破原有城市框架与局限，重新规划、设计城市格局的需求，是城市急剧扩大、功能升级换代的需求[89]。

设在英国拉夫堡大学的"全球化和世界城市"研究小组（globalization and world cities，GaWC）是全球权威的世界城市研究中心，该中心经过比较研究提出了一种以数量方式研究世界城市排名分级的方法。在 GaWC 官方网站上，分别列出了 2000 年、2004 年、2008 年、2010 年、2012 年世界城市等级排名[90]。该排名将世界城市分为 5 个级别：Alpha 为第一级（细分为 Alpha++、Alpha+、Alpha、Alpha-4 个小类），Beta 为第二级（细分为 Beta+、Beta、Beta-3 个小类），Gamma 为第三级（细分为 Gamma+、Gamma、Gamma-3 个小类），High sufficiency 为第四级（高度自给自足），Sufficiency 为第五级（自给自足）。2012 年 GaWC 的最新研究统计中，中国大陆及港澳台地区有 18 个城市被计入到世界城市体系当中，它们分别是香港、上海、北京（Alpha+），台北（Alpha-），广州（Beta+），深圳（Beta-），天津（Gamma-），成都、青岛、杭州、南京、重庆（High sufficiency），大连、高雄、厦门、武汉、西安、澳门（Sufficiency）。而 2010 年中国大陆及港澳台地区有 14 个城市被计入到世界城市体系当中，它们分别是香港、上海（Alpha+），北京（Alpha），台北（Alpha-），广州（Beta），深圳（Beta-），天津（High sufficiency），高雄、南京、成都、杭州、青岛、大连、澳门（Sufficiency）。而在 2000 年，中国大陆及港澳台地区仅有 6 个城市被计入到世界城市体系当中，它们分别是香港（Alpha+），台北、上海（Alpha-），北京（Beta+），广州（Gamma-），深圳（Sufficiency）。由此可见，中国城市中被认定为世界城市的数量逐渐增多，在全球城市中的地位呈上升趋势，排名不断靠前。如果考虑到国际城市较世界城市的标准稍低的情况，则中国国际城市的数量增长更快，前述的全球城市综合竞争力排名前100位的情况也可侧面反映这一点。

（二）中国国际城市建设对全球城市中心格局的影响

国际城市按照等级结构可分为不同的层次，等级层次越高，在世界城市或全球城市体系中的节点地位或中心地位越高，国际化程度以及对全球城市的辐射强度越大。我国的国际城市按等级结构大致可分为4个层次[91]：第一层次是香港、北京、上海，这些城市的竞争优势十分明显，已基本奠定区域贸易中心的地位，是我国世界城市建设的重点，它们的快速发展有可能改变全球城市顶级中心由欧美城市占据绝对主导地位的格局；第二层次包括深圳、广州、苏州、天津、厦门、宁波、杭州、大连、青岛，这些城市开放早、国际化程度高、国际综合竞争力较强，它们的快速发展有可能改变全球城市第二级别由欧美城市占据绝对主导地位的格局；第三层次包括南京、重庆、成都、武汉、济南、长沙、福州，第四层次包括沈阳、郑州、长春、太原、海口、南昌、西安、合肥、呼和浩特、乌鲁木齐、昆明、石家庄、哈尔滨、南宁、贵阳，它们虽然国际化程度稍低，但凭借国家区域性中心城市的地位，通过努力也可以成为具有国际影响力的区域性中心城市。

国际城市按照职能结构可分为综合型、经济型、政治型、文化型、旅游型、交通型和宗教型等。我国的国际城市大致可分为三种不同的类型[92]：第一类是综合型国际城市，如北京、上海、天津、广州、大连、武汉、深圳等，这些城市在产业、金融、贸易、文化、交通等方面，在世界或某一区域范围内均产生了较大影响；第二类是经济型国际城市，如青岛、哈尔滨、长春、长沙、南京、福州、海口等，这些城市突出自己是一个地区性的国际城市，虽然在功能上仍然考虑多功能的特性，但重点是生产性的，强化产业的发展，明确要在产业结构转换中把握国际城市的转变；第三类是专业型国际城市，如宁波、烟台、厦门、西安、三亚、满洲里、黑河等，这些城市是以港口运输业、旅游业和边境口岸作为城市的发展支柱，更多的是依靠其优越的地理位置和自然环境作为国际城市的根本动力。

　　我国的国际城市已经成为全球经济一体化网络中不可缺少的节点，对全球金融中心、航空中心、港口中心、文化信息交流中心等的空间格局产生了重要影响。例如，自 2007 年 3 月开始，英国 Z/Yen 咨询公司每年 3 月和 9 月定期对全球金融中心进行评价，据 2014 年 3 月发布的最新一期全球金融中心指数（global financial center index）报告显示：香港位于纽约、伦敦之后，稳居第 3 位；深圳排名第 18 位，上海排在第 20 位，北京排在第 49 位。而自 2010 年开始，新华社旗下中经社控股携手芝加哥商业交易所集团指数服务公司（道琼斯指数公司）每年都会发布"新华-道琼斯国际金融中心发展指数"，最新 2013 年的报告显示：香港（第 3）、上海（第 6）跻身全球金融中心十强，上海成长发展指标连续 4 年蝉联榜首，北京（第 11）、深圳（第 15）则继续稳中有进，上述情况表明我国城市在国际金融中心中逐渐占据重要地位。又如，根据国际机场协会（ACI）公布的 2013 年全球机场客运量最新排名，美国的亚特兰大机场客运量以 9443.1 万人次位列第一，排名前 100 位的机场中，中国分别有 13 个机场入围，北京国际机场以 8369.1 万人次位列第 2，香港国际机场位列第 10，其余分别为广州（第 14）、上海浦东（第 21）、上海虹桥（第 36）、成都（第 44）、深圳（第 47）、台北（第 51）、昆明（第 55）、西安（第 61）、重庆（第 62）、杭州（第 71）、厦门（第 85），可见我国的国际航空中心建设成绩显著。此外，2013 年全球十大集装箱港口依次为上海港、新加坡港、深圳港、香港港、釜山港、宁波-舟山港、青岛港、广州港、迪拜港、天津港，中国占据了 7 席，在国际航运中心的地位逐渐增强，改变了世界航运格局。

三、中国城市发展引发的资源环境问题对全球城市发展格局的影响

　　新中国成立 60 余年来，尤其是 1990 年代中后期以来，中国的快速城市化及高速城市增长引起水资源、土地资源、能源等在城市地区大量消耗，由此造成的水资源短缺、水环境恶化、耕地减少、土地退化、能源短缺、空气污染、生态环境破坏等问题由城市向农村蔓延。同时，由于生态环境的系统

性、整体性、关联性，以及中国城市人口和资源消耗量多的特性，导致中国的生态环境问题与世界其他国家之间发生千丝万缕的联系[93]。中国城市增长引发的资源环境问题也会波及全球，可能对全球城市的资源安全、食物安全、生态环境安全等产生胁迫，进而影响全球城市的空间格局。

（一）中国城市发展引发的水问题及其对全球城市发展空间格局的影响

改革开放尤其是 21 世纪以来,我国快速城镇化不可避免地暴露出一系列亟待解决的资源环境问题，水安全问题尤甚：①我国城镇化的水资源保障形势不容乐观。我国单位城镇化水平提高所消耗的用水量不仅越来越大，而且取水难度将更大，到 2020 年，全国城市将至少缺水 150 亿 m^3，城市用水保障程度不断降低，并呈现出由西部地区向东部地区逐渐降低的趋势。②城镇缺水现象尤为严重。国家发展和改革委员会在 2010 年的统计表明，全国 655 座城市中有近 400 座城市缺水，其中约 200 座城市严重缺水，城市缺水进一步加剧。此外，我国的建制镇由改革开放之初的 2176 个增加到 2012 年的 19 881 个，由于财力不足或规模效应等原因，供水、排水和污水处理设施建设严重滞后，资源型缺水、水质型缺水、工程型缺水、混合型缺水的小城镇数不胜数。③城镇化引发的水环境问题令人忧心。在缺水逐渐加重的同时，随着城镇化和工业化进程的不断加速，我国废污水排放量逐渐增加。虽然近 30 年来，我国不断加大环保投资和节能减排力度，但由于城镇化高速发展及人口众多，致使城市水环境问题一直十分严峻，呈现新旧污染交替、复合污染严重的特征，在污染空间上也表现为由城市周边、内陆向近海扩展的趋势，在时间上仍然处在局部好转但整体恶化的态势。水污染不仅直接危害人体健康，而且进一步加剧了我国水资源的短缺程度，也成为制约我国新型城镇化顺利推进的重要因素。④城市洪涝灾害日益频繁。由于全球气候变化的不确定性以及我国水资源分布的地域差异性、降水的时空分异性、防洪排涝系统的不完备性，我国城市极端天气增多趋势明显，局地暴雨频发，并且可能有愈演愈烈的趋势，同时出现许多新情况，导致中国水资源问题更加严峻。长远来看，虽然我国城市应对洪涝灾害的科学技术水平会逐渐提升，但快速城镇化等行为已经或将会加剧洪涝灾害的破坏程度。另外，洪涝灾害的加剧会影响城市水资源供给以及水质，并加剧水危机，进而也将影响我国新型城镇化的发展。⑤城镇水资源管理较为混乱。在我国现有的水资源管理体制下，国家这一所有权代表常常缺位，从而导致对水资源使用者的管理不完善，表现在使用者无偿占有或使用水资源，对破坏、严重浪费水资源的使用者缺乏有效的制约措施。传统的水资源管理部门的弊端主要是以条条为主，块块为辅，条块分割严重，块块利益诱导大于条条约束；部门林立，缺乏综合管理，管理方式单一，手段落后，导致水资源开发利用缺乏经济合理性依据，难以实现其最优配置，难以有效地调动节约水资源、保护水资源的积极性。

上述水资源问题，一方面可以通过直接限制我国城市的发展，进而影响全球城市的空间格局；另一方面也可以通过直接或间接影响其他国家城市的发展，进而影响全球城市体系的发育。例如，我国的水安全可能会影响全球的粮食安全和虚拟水贸易，进而影响他国的水安全和城市发展。我国有着超过世界 1/4 的人口，对粮食有着巨大的刚性需求。随着人口增长和食物结构的改变，我国正在逐渐由粮食出口国转变为粮食进口国，对世界粮食的依赖程度越来越高。如果由于水安全问题，我国自己的粮食产量得不到保障，不仅我国的粮食安全成为很大问题，甚至可能使世界粮食进口需求大于可供出口的量，从而影响全球的粮食安全和水资源短缺。又如，我国作为世界工厂，如果水资源保障程度低，工业产品产量会受到影响，必然影响全球的贸易安全。此外，我国的水资源短缺和水环境污染还涉及跨界河流等问题，有可能增加国际冲突，影响区域和边境城市的稳定，进而对全球城市发展空间格局产生一定的影响。

（二）中国城市增长引发的土地资源问题及对全球城市发展空间格局的影响

在我国城镇化过程中，土地的非农化为城镇化提供了基础保障，带来的土地经济价值提升也是城市发展的发动机。由于土地资源的稀缺性和不可移动性，快速城镇化加剧了我国土地资源供需矛盾，保障粮食安全和生态安全的土地（如耕地、林地、草地、湿地等）的数量与质量正在逐渐下降。上述土地资源问题，一方面可以通过直接限制我国城市的发展，进而影响全球城市的空间格局；另一方面也可以通过直接或间接影响其他国家城市的发展，进而影响全球城市体系的发育。

第一，作为世界上人口最多的国家，由于耕地保护的硬性要求和城镇化带来的建设用地需求不断扩张，我国东南沿海地区和中部粮食主产区的土地资源短缺与城镇化之间的矛盾极为突出，很多城市未来可用的建设用地潜力十分有限。据统计，1981～2005 年的 25 年间城市化水平每提高 1%，需要新增的城市建设用地保障量为 1004km²，而且城市化水平每提高 1% 所需要的城市建设用地量随着城市化水平的提高而越来越大，如果城市建设用地需求都通过新增建设用地来满足，显然到 2020 年我国大部分城市发展所需土地资源供给将受到限制[7]。供需矛盾最突出的仍为东部和南部沿海地区，中部地区土地资源供需矛盾也相对较为严重，这对我国城市的经济社会发展均会产生重大影响，进而在一定程度上限制了我国城市在全球城市体系中地位的提升。

第二，我国城市增长导致的耕地数量和质量下降引发了我国粮食安全问题，甚至对全球粮食安全产生影响[94]。1978～1994 的 16 年间，我国城镇化水平每提高一个百分点，是以耕地减少 450 万 hm² 为代价的，并且耕地减少速度越来越快，即使在 1998 年后冻结耕地占用的情况下，年耕地减少仍达到 20 万 km²。从 2003 年的数据来看，全国 23.7% 的县级行政单元人均耕地面积低于联合国提出的人均耕地最低限，16.5% 属于耕地极度稀缺。2010 年人均耕地面积 1.38 亩[①]，不到世界平均水平的 40%，虽然近两年耕地面积有所增加，但数量仍然较低，并且城镇占用的耕地多为近郊区的优质耕地，对生产力影响巨大。美国学者莱斯特·布朗认为到 2030 年我国的粮食需求将超过世界粮食的贸易总量，由此引发"21 世纪谁来养活中国"的讨论。总而言之，我国城市扩张对耕地的占用已经影响到我国的粮食安全，并已经成为世界性问题，也影响到其他国家城市的发展。

---

① 1 亩≈666.67m²。

第三，我国城镇和产业发展使得土地质量下降以及土地生态系统恶化，体现在土地污染和土地植被退化等方面。据统计，我国受工业废水、废气、废渣污染以及滥用农药化肥污染的耕地达 2186.7 万 hm²，占全国耕地总面积的 16%。在一些城市，尤其是工业发达地区，土地污染已成为制约经济和城市化可持续发展的一个重要约束[95]。在 21 世纪初取样的 30 万 hm² 的基本保护农田检测显示，重金属超标 3.6 万 hm²，超标达到 12%，在近 1000 起污染事件中，污染农田达到 4 万 hm²；而由于城镇的发展，农业人口减少，耕作人力不足，加上农药化肥的过度使用，使土壤肥力下降，更严重的则出现沙漠化现象[96]。此外，城镇工矿建设对土地的破坏也十分严重，而复垦率低，工矿废弃物和城镇垃圾的填埋也造成了土地质量下降[97]。上述诸多土地问题，除可能影响我国甚至全球粮食安全及食品质量安全外，还可能由于土壤的污染引起其他生态系统产生连锁反应，进而对中国的土地生态安全构成严重威胁，并波及全球，影响与我国经贸关系密切国家城市的发展。

（三）中国城市发展引发的能源问题及对全球城市发展空间格局的影响

能源是创造城市经济产出的基础性资源，是生产和消费必不可少的要素[98]。城市增长从两个方面拉动我国的能源需求，即经济发展以及基础设施建设等生产性需求，以及城镇人口增加和城镇能源消费水平提高产生的生活型需求。我国城镇人均能耗约为农村的 3.7 倍，大量新增的城镇人口以及城镇小汽车等消费的增加急剧地增加了我国城镇能源的需求[99]。作为世界上最大的发展中国家，城镇化率每提高一个百分点，拉动能源消费 8000 万 t 标煤，2020 年城镇化率达到 60% 时，将拉动全国 8 亿 t 标煤能源消费[100]。正处于快速城镇化阶段的中国，对能源需求是刚性的，且随城镇化速度的加快，我国的能源消耗还会进一步扩大。

与巨大的能源需求相矛盾的是我国较低的人均储量、能源生产率和利用率[101-102]。我国能源储量居世界第三，但是人均排在世界第 53 位，仅占世界人均占有量的 1/2。据 BP（英国石油）公司 2003 年的世界能源统计报告，中国的石油、煤炭、天然气的储采比分别为 15 年、82 年、46.3 年，且我国能源质量较差。由于低能源价格战略，我国能源生产率低，单位 GDP 能耗是世界平均水平的 3 倍多，高于同为发展中大国的印度，更是发达国家的 7 倍左右，2002 年以后能源生产率还出现了下降，说明进入高能耗的重工业阶段后，我国能源利用的低效率恶化。此外我国能源浪费严重，利用率仅为发达国家的 60%～80%。

巨大的能源供需矛盾使得我国能源对外依存度不断上升，进而影响了我国甚至世界的能源安全问题以及城市化进程[99]。1993 年，中国成为石油净进口国，1996 年成为原油净进口国。2004 年左右中国取代日本成为第二大能源消费国，2009 年左右取代美国成为第一大能源消费国。据美国能源情报局预计，到 2030 年，中国石油消费进口比率将达到 70%左右，对全球的影响更大。一般来说，石油安全包括可获得性、油价的波动、国际能源运输线的安全和环境安全四重含义。从可获得性上，面对我国资源调整的限制、全球化石能源的有限性以及竞争日益激烈，如何保持能源有效供给成为一大问题。而国际能源价格飙升必然会对我国经济发展造成巨大冲击，甚至会减缓我国经济增长速度，引发一系列问题。在石油运输上，我国石油进口主要来源地中东、非洲和拉美，恰恰也是政局动荡、战乱频仍、矛盾突出的地区，因此安全因素进一步凸显。无论是能源价格的突然上涨还是突然供给中断，都将对我国的城市发展带来严重后果，因而影响亚太地区城市的迅猛发展。同样，中国城市对能源的巨大需求，可能会影响全球的能源安全，甚至可能影响整个世界的和平与稳定，因而对全球城市发展空间格局产生影响。

此外，环境安全是能源安全的一个重要方面。由于生态系统的整体性，我国能源消费带来的环境问题将产生世界性的影响。在能源储量结构上，我国的煤炭最为丰富，因此能源消费结构上也以煤炭为主，这使得我国的碳浓度（消耗每吨能源所产生的碳排放量）过高，给环境带来了巨大压力，在全球变暖的背景下，我国也承受着巨大的国际社会压力。2004 年，中国成为世界第二大二氧化碳排放国，占世界二氧化碳排放总量的 17%，其中，煤燃烧产生的二氧化碳占中国二氧化碳排放总量的 82.4%。而据 2012 年 7 月欧盟发布的《全球二氧化碳排放趋势报告》,2011 年全球二氧化碳排放达到 340 亿 t,前 5 个排放国分别为中国(29%),美国(16%),欧盟(11%),印度(6%),俄罗斯(5%)和日本(4%),中国跨过美国成为最大二氧化碳排放国。随着经济的快速发展,中国占世界二氧化碳排放总量的比例也将逐年上升。除了温室气体,由于能源消费产生的其他污染物(如二氧化硫、烟尘等)的排放也很严重,使得我国大气污染加剧,达到国家环境标准的城市不足 40%,特别是近年来全国大部分地区雾霾现象频发,全国范围内 30% 以上的地区检出了酸雨,进而使得水质出现污染。总而言之,无论是碳排放引起的全球变化,还是空气与水环境污染,其产生的影响均是全球性的,都会对全球城市发展产生不利影响。

（四）中国城市发展引发的生态环境问题及对全球城市发展空间格局的影响

我国城市增长对生态环境的影响主要包括三个方面:一是对农田、森林、草原、湿地等的生态破坏,二是对大气、水体、土壤和生态环境的严重污染,三是生物多样性和生态系统服务功能等的降低。上述生态环境问题,与水土资源问题类似,一方面可以通过直接限制我国城市的发展,进而影响全球城市的空间格局;另一方面也可以通过直接或间接影响其他国家城市的发展,进而影响全球城市体系的发育。

我国是世界上森林覆盖率最少的国家之一,只有国土面积的 21.63%。大规模乱砍滥伐破坏了森林的许多功能,而城镇生产生活对木材的需求是其原因之一。联合国开发计划署(UNDP)指出:"在过去 40 年中,中国几乎一半的森林被砍伐"。虽然由于人工造林运动,我国森林覆盖率缓慢上升,但用稀疏、单一和较差的树种取代了成熟和具有生物多样化的森林,森林结构正在退化。全国每年有林地转为非林业用地面积 44 万 hm^2,有林地转为无林地、灌木林地、疏林地面积 165.4 万 hm^2。草原方面,由于人口增长、气候干燥、过度放牧和开垦,大约 13 500 万 hm^2 草原发生了退化、荒漠化和盐碱化,占中国草原面积的 1/3。由于森林和草原的退化造成水土流失、沙漠化和湿地面积减少。目前,我国严重水土流失的土地占到国土总面积的 1/3 以上,黄土高原水土流失最为严重,流失面积超过 70%。2000 年,我国沙漠面积占到国土的 27%,且以每年 2460 km^2 的速度扩大,大量的耕地和草原变成荒漠[103]。湿地是地球上初级生产力最高的生态系统,是生物多样性最密集的场所,还可以调蓄洪水、提供水源、抵抗自然灾害。然而,湿地却是目前全球受破坏最严重、生物多样性受威胁最严重的生态系统。最近十年,我国湿地面积减少了 9%,其中最为严重的是近海和海岸湿地,减少了 22.91%[104]。

生态环境破坏的第二个方面是大气、水、土壤等环境污染问题。随着我国城镇化的发展,大量煤炭消耗提供能源,以及不断增加的城市车辆产生的汽车尾气排放等严重污染了我国的大气环境,近年来我国大范围的雾霾就是大气污染的极端表现。由于城市对水资源的需求量急剧扩张,而污水处理的基础设施建设非常不完备,使得我国污水处理率低下,大量城市污水直接排入河流湖泊,严重影响我国水体质量,进而影响我国的供水安全。水污染使得城市更加依赖地下水资源,近年来地下水开采非常严重,甚至形成地面沉降等问题。城镇化过程中产生的污染物可以通过多种途径进入土壤,包括水体污染、大气的酸沉降、城市垃圾渗出液等,导致土壤重金属和有机污染物富集、土壤酸化、肥力下降,使土壤生产力低下并造成食品安全和居民健康问题[105]。此外我国城市生态环境正在受到光污染、噪声污染、固体废弃物污染、热岛效应等环境质量整体下降的问题。

生态环境破坏的第三个方面是生物多样性减少及潜在生态系统服务功能下降等问题。由于城市空间的不断扩张,挤占了其他物种的生存空间,而且由于城市对自然环境的改造巨大,使得全国范围内生物多样性减少,城市生态系统附近生物物种趋于单一,物种加速灭绝,生态系统服务功能降低,生态系统为人类提供粮食等产品的功能不断下降,生态系统抗击干扰的能力和恢复的能力也不断下降。尤其是城市生态系统,由于其新陈代谢能力下降,应对极端天气和自然灾害的能力也受到了一定限制,因此加大了城市生态安全风险。

总而言之,我国城市增长引起的生态环境问题,不仅直接限制自身发展,而且也影响着全球的生态环境安全,当然也同样受全球生态环境和全球变化的影响。我国城市发展面临的生态环境问题仍很严峻,如果不采取更加严格的措施,将有可能波及周边国家,甚至可能会产生全球性的影响,进而阻碍全球城市体系的发展。

第五节　中国城市发展空间格局优化的技术思路与重点

一、城市发展空间格局优化的技术思路与技术内容

(一)优化的技术思路

中国城市发展空间格局的优化以新型城镇化这一国家方针要求为切入点,以加快集约、智能、绿色、低碳的新型城镇化建设为目标,以主体功能区理念和资源环境承载力为指引,运用数据库构建、机制分析、模型评价、目标设定、图谱解构和模式提炼等手段,通过分析近60年来中国城镇化发展格局演变轨迹,以及全球城市化、全球城市体系与中国城镇化之间的相互影响,揭示全球化背景下中国城市发展空间格局形成与演化的动力机制;从新型城镇化角度,依据主体功能区和生态文明战略,综合运用GIS、RS、DEM三维建模和数学建模等方法,构建中国城市发展空间格局合理性诊断模型,揭示中国城市发展的等级规模格局、职能格局和空间格局存在的现实问题以及对未来新型城镇化发展格局的积极影响与约束效应;在此基础上提出顺应中国新型城市化发展的中国城市格局建设(调控)总体方针与总体目标,包括中国城镇化水平的提升目标、差异化发展目标、中国城市等级规模格局优化目标、职能结构格局优化目标和空间结构格局优化目标;采用GIS技术和对称性分布理论与方法,从提升城市空间运行质量与效率的目标出发,开发中国城市发展空间格局优化调控系统,提出基于"集约、智能、绿色、低碳"健康发展模式的城市发展空间格局科学建设方案与优化保障措施及政策建议(图1.10)。

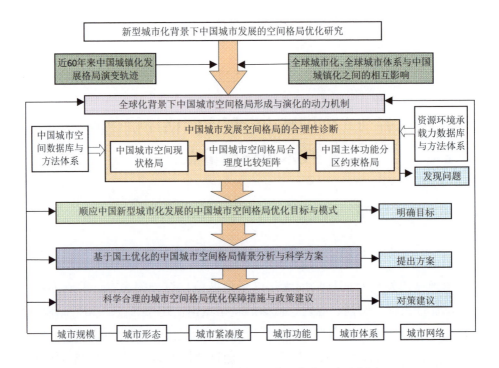

图 1.10　中国城市发展的空间格局优化思路示意图

（二）优化的技术内容

按照中国城市发展空间格局的优化思路，将中国城市发展空间格局优化的技术内容概括为以下五大方面。

1. 全球化背景下中国城市发展空间格局形成与演化的动力机制

采用文献梳理和数据统计的方法，对新中国成立以来近 60 年的中国城市发展空间格局的演变轨迹进行分析，划分出中国城市发展空间格局演变的发展阶段，揭示中国城市化空间的规模序列结构、空间总体形态、职能分工结构、内部相互作用等演变的内在规律；在中国城市发展空间格局演变轨迹的基础上，从全球和本土两种视角探寻中国城市发展空间格局演变的影响因素，包括FDI、区域经济一体化、全球生产网络、信息化、高技术等全球性因素，以及国家对国土开发的政策和区域政策、交通基础设施建设、信息技术和通信技术的广泛采用和普及、地方生产网络的国内布局、文化、生态等本土性因素；通过构建城市空间演化数据库，运用回归分析和定性分析相结合的方法，剖析全球化作用下中国城市发展空间格局演变的本土性因素及其内部相互作用关系。

从全球城市格局变化的视角，运用中国城市宏观统计数据和城市关系数据，借助 Ucinet、GIS 等软件工具，分析中国城市增长在全球的地位及其变化，分析中国国际城市建设对全球性城市格局的影响，分析中国城市（特别是国际性城市）在全球城市网络中的地位及其变化，揭示中国城市空间增长和格局演变对全球城市格局重组的影响。

2. 基于新型城镇化的中国城市发展空间格局合理性诊断

在中国城市发展空间格局形成与演化动力机制研究基础上，综合考虑全国及各类型区域自然地理要素、社会经济要素、生态环境要素和土地利用要素，从城市规模、城市形态、城市紧凑度、城市功能、城市体系和城市网络等方面构建中国城市发展空间格局合理性诊断指标体系和差别标准体系；综合运用 GIS、RS、DEM 三维建模和数学建模等方法，对以上数据进行数据源-数据划分和组织-信息处理，采用 RDBMS 进行存储和管理，建成基础数据库；以 1∶25 万矢量化数字地图为全国工作底图，以指标体系为纲领开发出中国城市发展空间格局合理性诊断系统；在高精度提取中国城市空间现状格局和全国主体功能分区空间格局的基础上，确定不同类型区域的城市空间增长阈值和资源环境承载阈值，并依此建立中国城市发展空间格局合理度比较矩阵模型，对中国城市空间现状格局与全国高精度主体功能分区空间格局进行叠加拟合分析，得出中国城市发展空间格局的合理度（图斑）分布图和分级图，对中国城市空间现状格局进行合理性评价；通过诊断，分别揭示中国城市发展的等级规模格局、职能格局和空间格局存在的现实问题及对未来新型城镇化发展格局的积极影响与约束效应。

3. 顺应新型城镇化发展的中国城市发展空间格局优化目标与模式

根据中国新型城镇化所提出的中国城市格局集约、智能、绿色、低碳的发展要求，以国家主体功能区规划为指引，在中国城市发展空间格局的合理度（图斑）分布图的基础上，提出中国城市发展空间格局优化的六大目标和对应模式；在城市等级规模格局方面，将城市群首次纳入到城市等级结构之中，形成城市群、超大城市、特大城市、中小城市和小城镇 6 级规模格局，提出由高级到低级城市数量合理增加的金字塔型等级结构模式。

在城市职能结构格局方面，根据区域差异化资源优势，包括：交通优势、区位优势、生态优势、文化优势、历史优势、产业基础优势、人力优势等，确定基于全球和全国尺度的城市特色化职能，提出城市间通过产业链条互动深入开展合作的模式。

在城市空间结构格局方面，运用人流、物流、信息流、知识流、技术流等多种空间流数据和网络分析方法对中国城市网络进行可视化表达，构建中国菱形结构开发的各种形式空间流的阈值，通过划定阈值以上的数量增长区间确定中国城市空间结构格局优化目标，提出菱形钻石结构开发模式。

在城市空间效率格局方面，运用城市产业总量、人口规模和生态环境质量等数据，对中国不同主体功能区的城市紧凑度进行分析，划分高度紧凑、紧凑、中度紧凑、低度紧凑和不紧凑多个等级；根据区域主体功能和生态环境承载力确定各区域空间效率的优化目标，提出针对各区域特征的适度紧凑效率提升模式。

在城市空间关系格局方面，对中国城市空间的交通网络、信息网络、知识网络、技术网络等空间关系网络进行可视化模拟和对比分析，构建基于多种流拟合的综合空间网络，发现城市网络中的强流和弱流，并基于此提出中国城市空间关系格局优化目标与多流驱动网络优化模式。

在城市空间生态格局方面，科学计算区域的"三生"空间面积、质量和效率，提出"三生"空间各指标的调控幅度，汇总并协调各类型区域中城市格局的调控目标，提出顺应中国新型城镇化发展的生态格局优化目标与"三生"空间合理组织模式。

4. 基于国土空间优化的中国城市发展空间格局情景分析与科学方案

基于国土空间优化格局，以提升城市空间运行质量与效率为根本目标，以水土资源环境承载力为约束条件，以交通等重大基础设施以及国家重点产业规划布局为依托，以城市人口规模、经济规模、用地规模、用地布局、城市空间相互作用等的模拟为主要依据，采用 GIS、RS 技术以及多目标决策和多情景分析方法，开发中国城市发展空间格局情景优化系统；

利用该系统，分别模拟出中国 2020 年、2030 年不同社会经济发展情景下的城市发展空间格局。采用建立的中国城市发展空间格局合理性诊断系统，对中国 2020 年、2030 年不同社会经济发展情景下的城市规模、城市形态、城市紧凑度、城市功能、城市体系、城市网络等进行比较分析，筛选出"城市群-超大城市-特大城市-大城市-中小城市-小城镇"协调发展的中国城市发展空间格局科学建设方案。

5. 科学合理的城市发展空间格局优化保障措施与政策建议

在中国城市发展空间格局的现状合理性诊断以及未来多情景分析的基础上，针对中国城市发展空间格局在城市规模、城市形态、城市紧凑度、城市功能、城市体系、城市网络等方面存在的现实问题和面临的具体需求，从权力、财力、法力和可持续发展能力四方面构建中国城市发展空间格局科学建设方案的组织协调保障机制、公共财政保障机制、法律法规保障机制和资源环境保障机制四大保障机制；强化市场机制在中国城市格局优化中的主导作用，突出政府管理和城乡规划在城市格局优化中的引导功能，从实践应用的角度出发，提出优化中国城市发展空间格局的若干具体保障措施；从人口政策、户籍政策、产业政策、投融资政策、税收政策、土地政策、水资源管理政策、能源政策等方面提出优化中国城市发展空间格局的政策建议。

二、城市发展空间格局优化的技术视角与技术路线

（一）优化的技术视角

中国新型城镇化推动中国城市发展空间格局演变，中国城市发展空间格局需要科学合理调整和优化来加快新型城镇化进程。中国城市发展空间格局的优化重点突出四大优化视角：

1. 全球化与中国特色新型城镇化相结合的优化视角

中国城镇化的发展遵循世界城镇化发展的一般规律，国外城镇化的研究理论和成果常借来研究中国城镇化问题，包括城镇化发展阶段的诺瑟姆曲线理论、城市规模等级的规模-位序法制、城市间相互作用的城市网络理论等。

中国城市发展空间现状格局是在全球化发展背景下国家政策引导和市场机制作用共同推动下形成的。然而，中国城市格局与国家的体制和引导方针却有着密切关系。新型城镇化是国家提出的城镇化发展新方针，它体现在对原有城镇化路径的6种推进或"转向"，即从城市优先发展的城镇化转向城乡互补协调发展的城镇化、从高能耗的城镇化转向低能耗的城镇化、从数量增长型的城镇化转向质量提高型的城镇化、从高环境冲击型的城镇化转向低环境冲击型的城镇化、从放任式的城镇化转向集约式的城镇化、从少数人先富的城镇化转向社会和谐的城镇化，这些优化思路将把新型城镇化的思想充分融入到中国城市空间新格局的构建思路中。

2. 国土"三生"空间优化与资源环境承载力相结合的优化视角

中国城市发展空间格局的优化将以贯彻落实十八大报告提出的"加快实施主体功能区战略"和"促进生产空间集约高效、生活空间宜居适度、生态空间山清水秀"为宗旨，将区域主体功能及其所依托的资源环境承载力理论为新的视角，对中国现在城市格局进行审视和评价。主体功能区战略提出要区分不同区域具备合理的主体功能的开发理念，根据主体功能定位确定开发的主体内容和发展的主要任务，从而改变我国各地忽视自身条件、盲目追求GDP和工业化等的发展指向，引导各地步入因地制宜确定具有区域特色的现代化发展模式的正确轨道上来。这就要求中国城市发展空间格局的优化将以各区域主体功能差异发展的视角，以确保实现差异化的主体功能为导向，构建科学合理的中国城市新格局，以实现人口资源环境的均衡发展和经济社会生态效益的和谐统一。

3. GIS 空间分析与软件开发相结合的优化视角

中国城市发展空间格局的优化将采用GIS空间分析技术对中国城市空间的城市等级规模格局、城市职能结构格局、城市空间结构格局、城市空间效率格局、城市空间关系格局和城市空间生态格局等内容进行数据资源管理、可视化地图输出和空间属性分析；并从提升城市空间运行质量与效率的目标出发，开发中国城市发展空间格局优化调控系统，以计算机系统为平台和中国资源环境承载力地图为判断底图，对中国城市发展空间格局的演变历程进行分析，对中国城市空间未来格局变动进行诊断和评价。

4. 社会科学与自然科学交叉互补的优化视角

中国城市发展空间格局的优化主要从城市地理学出发，对新型城镇化背景下的中国城市发展空间格局进行合理诊断和优化调控，总体上将采用社会科学与自然科学交叉互补的研究方法，突出社会经济历史统计资料与资源环境长期监测数据的对接关联分析，突出城乡居民和企业问卷调查数据与野外实地考察调研数据及遥感资料解译数据等的相互补充印证；采用宏观分析与微观实证相结合的方法，突出国家尺度的宏观分析和典型研究区域的微观实证；采用定性分析与定量评估模拟有机结合的系统集成方法，重点突出数学模型的定量功能，以定量结果为依据，突出定性分析和理论总结，最终以相关政策建议为落脚点。

（二）优化的技术路线

中国城市发展空间格局的优化按照"新型背景要求→形成演化机制→合理诊断系统→优化目标与模式→优化调控系统→保障措施与政策建议"这样一条技术路线开展工作，研究的技术路线见图 1.11，具体步骤如下：

第一步，分析新型城镇化背景下主体功能区战略以及生态文明建设等对城市发展空间格局优化的基本要求，明确项目研究的理论与实践意义。

第二步，分析全球化影响下中国城市发展空间格局形成与演化的内在机制，为城市发展空间格局优化提供理论基础。

第三步，采用 GIS 技术和数学建模等方法，开发中国城市发展空间格局合理诊断系统，对中国城市发展空间格局现状存在的问题进行剖析。

第四步，根据中国城市发展空间格局现状问题诊断，提出顺应新型城镇化发展的中国城市格局优化目标及优化模式集。

第五步，采用 GIS 技术和多目标情景分析等方法，开发中国城市发展空间格局优化调控系统，筛选出"城市群-超大城市-特大城市-大城市-中小城市-小城镇"协调发展的中国城市发展空间格局科学建设方案。

第六步，根据中国城市发展空间格局的现状合理性诊断以及未来多情景分析结果，提出科学合理的城市格局优化保障措施与政策建议。

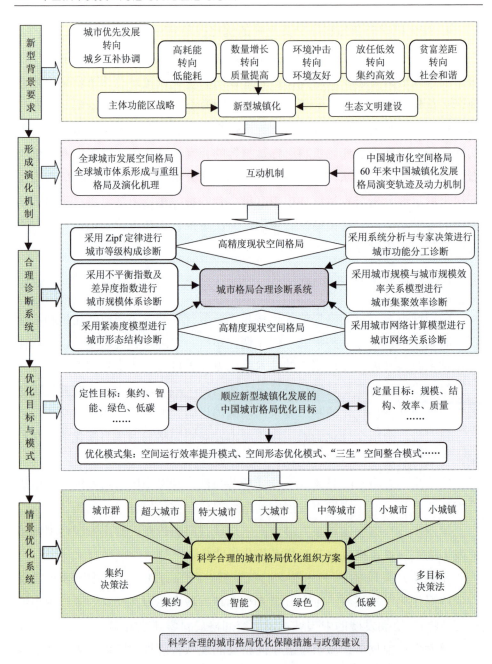

图 1.11　中国城市发展的空间格局优化技术路线示意图

三、城市发展空间格局优化的技术难点与重点

（一）优化的技术重点

1. 揭示中国城市发展空间格局的形成与演变过程存在怎样的内在机制？

通过分析全球城市化、城市体系与中国城镇化之间的相互影响，分析近60年中国城市格局演化轨迹，揭示全球化背景下中国城市发展空间格局形成与演化的内外部动力机制。揭示中国城市等级规模序列存在什么样的演变规律，受哪些因素影响？中国城市形态结构发生变化的推动力有哪些？城市功能结构的形成与哪些因素有关？城市体系的形成受市场和政府的影响机制如何？城市间水平相互作用存在哪些构成要素，要素间的相互作用如何？对这些问题的研究是解释中国城市格局形成机制的关键，内在机制的成功解答是进行科学合理的城市空间布局的关键。通过数据库建设、模型构建和理论框架等理论方法，解析中国城市发展空间格局的城市等级构成、城市规模体系、城市形态结构、城市功能分工、城市网络关系的形成机制，为科学构建新型城镇化背景下的中国城市格局提供基础支撑。

2. 揭示中国新型城镇化发展对城市发展空间格局提出什么样的内在要求？

从"过程-格局"的匹配联动关系入手，揭示中国新型城镇化发展"过程"与城市发展"格局"之间的交互响应与联动关系，为构建科学合理的城市化格局提供理论支撑。进而回答新型城镇化提出的理论背景和现实背景是什么？如何全面认识新型城镇化？新型城镇化与建设生态文明和实施主体功能区规划存在什么样的关系？如何将新型城镇化的内涵和精神实质具体化到对城市发展空间格局的要求上？这一问题的回答是制定顺应新型城镇化的中国城市格局方针目标的关键。

3. 研制顺应中国城镇化发展战略目标的城市发展空间格局是一种什么样的科学方案？

"构建科学合理的城市化格局"是十八大报告提出加快实施主体功能区战略、推动各地区严格按照主体功能定位发展的战略举措，是通过优化国土空间开发格局推进生态文明建设的重要内容；在此背景下新型城镇化将成为

新时期中国城市格局的推动力量，将推动中国城市化向城乡互补协调、集约高效、环境友好、质量提高和社会和谐的方向发展。本书从保障中国城镇化发展战略目标及提升城市空间运行质量和效率的目标出发，通过确定不同主体功能区域的城市空间增长阈值和资源承载阈值，提出中国城市现状格局存在的问题和与理想状态的差距。在主体功能区战略实施和区域主体功能程度判定的前提下，结合现状城市格局存在问题和形成机制分析，创建中国城市发展空间格局优化理论与方法，为研制中国城市化格局的科学方案奠定理论基础，为加快中国新型城镇化发展进程提供理论依据。提出能够契合区域主体功能发挥和实现新型城镇化目标的科学合理的城市新格局。

4. 提出保障城市发展空间格局科学方案顺利实施需要什么样的政策体系？

从战略导向、规划指引、政策措施、资金保障和限制门槛等方面提出构建科学合理城市新格局的政策保障措施。从人口政策、户籍政策、产业政策、投融资政策、税收政策、土地政策、水资源管理政策、能源政策等方面提出优化中国城市发展空间格局的政策建议。

（二）优化的技术难点

1. 如何把好脉？现状城市空间格局合理性的诊断是难点

如何在主体功能指引和资源环境承载要求下科学合理地评估现状城市发展空间格局存在的问题？全国主体功能区规划将国土空间划分为优化开发、重点开发、限制开发和禁止开发4类，确定主体功能定位，明确开发方向，控制开发强度，规范开发秩序，完善开发政策，逐步形成人口、经济、资源环境相协调的空间开发格局。然而，主体功能区是以县域为单元的国土规划，这与以城市为节点的城市布局具有相似之处，如何将以县为单位的主体功能转化提升为区域的主体功能是一大难点。科学合理地评估现状城市发展空间格局是重点问题。

2. 如何下准药？未来城市空间格局的科学优化是重点

构建中国未来城市空间发展格局的总体框架是一大难点。因为，中国城市发展空间格局形成至今天这样一个格局，是经过几千年发展同大自然选择的结果，未来要想对这样的城市格局做出大幅度的调整重组，基本上是不可能的事情。尽管对新型城镇化内涵进行了深入剖析，对中国现状城市格局进行了综合评价，对中国城市发展空间格局的形成机制进行了全方位分析；但是，中国未来城市发展空间格局的总体框架还受全球化因素、新技术因素、气候环境因素、重大灾害因素等不确定因素影响，如何将外在因素和内在因素有机结合，研制出具有一定弹性的中国城市发展空间格局，需要集思广益和持续研究。

主要参考文献

[1] 胡锦涛. 坚定不移地沿着中国特色社会主义前进，为全面建成小康社会而努力奋斗. 北京: 人民出版社, 2012: 5-7.

[2] 方创琳, 鲍超, 乔标. 城市化过程与生态环境效应. 北京: 科学出版社, 2008: 35-47.

[3] 郑可佳, 马荣军. Manuel Castells 与流空间理论. 华中建筑, 2009, 27(12): 60-63.

[4] 王家耀. 空间信息系统原理. 北京: 科学出版社, 2001: 123-143.

[5] 周成虎, 裴韬等. 地理信息系统空间分析原理. 北京: 科学出版社, 2011: 38-43.

[6] (美)里夫金著. 第三次工业革命——新经济模式如何改变世界. 张体伟, 孙豫宁译. 北京: 中信出版社, 2012: 18-56.

[7] 方创琳, 姚士谋, 刘盛和, 等. 2010 中国城市群发展报告. 北京: 科学出版社, 2011: 22-37.

[8] 孙久文, 焦张义. 中国城市发展空间格局的演变. 城市问题, 2012, 7: 14-19.

[9] 方创琳, 刘毅, 林跃然, 等. 中国创新型城市发展报告. 北京: 科学出版社, 2013: 54-68.

[10] 叶大年, 赫伟, 李哲, 等. 2011. 城市对称分布与中国城市化趋势. 合肥: 时代出版传媒股份有限公司, 安徽教育出版社, 2011: 23-35.

[11] 叶大年. 地理与对称. 上海: 上海科学技术出版社, 2000: 43-49.

[12] 方创琳. 中国城市发展空间格局优化的科学基础与框架体系, 经济地理, 2013, 33(12): 1-9.

[13] 冯健, 周一星. 中国城市内部空间结构研究进展与展望. 地理科学进展, 2003, 22(3): 304-315.

[14] 顾朝林, 庞海峰. 基于重力模型的中国城市体系空间联系与层域划分. 地理研究, 2008, 27(1):1-12.

[15] 周春山, 叶昌东. 中国城市空间结构研究评述. 地理科学进展, 2013, 32(7): 1030-1038.

[16] 卓莉, 史培军, 陈晋, 等. 20 世纪 90 年代中国城市时空变化特征——基于灯光指数 CNLI 方法的探讨. 地理学报, 2003, 58(3):893-902.

[17] 管驰明, 崔功豪. 100 多年来中国城市空间分布格局的时空演变研究. 地域研究与开发,

2004, 23(5):28-32.

[18] 代合治, 陈秀洁. 世纪之交中国城市体系的结构变动与特征. 人文地理, 2004, 19(6): 49-51,61.

[19] 杨开忠, 陈良文. 中国区域城市体系演化实证研究. 城市问题, 2008, (3): 6-12.

[20] 顾朝林, 庞海峰. 建国以来国家城市化空间过程研究. 地理科学, 2009, 29(1):10-14.

[21] 杨国安, 甘国辉. 中国城镇体系空间分布特征及其变化. 地球信息科学, 2004, 6(3):12-18.

[22] 陈刚强, 李郇, 许学强. 中国城市人口的空间集聚特征与规律分析. 地理学报, 2008, 63(10):1045-1054.

[23] 黄金川, 孙贵艳, 闫梅, 等. 中国城市场强格局演化及空间自相关特征. 地理研究, 2012, 31(8):1355-1364.

[24] 张车伟, 蔡翼飞. 中国城镇化格局变动与人口合理分布. 中国人口科学, 2012, (6):44-57.

[25] 叶浩, 濮励杰, 张鹏. 中国城市体系的空间分布格局及其演变. 地域研究与开发, 2013, 32(2):41-45.

[26] 孙久文, 焦张义. 中国城市空间格局的演变. 城市问题, 2012, (7):2-6.

[27] 许学强, 叶嘉安, 张蓉. 我国经济的全球化及其对城镇体系的影响. 地理研究, 1995, 14(3):1-13.

[28] 顾朝林, 胡秀红. 中国城市体系现状特征. 经济地理, 1998, 18(1):21-26.

[29] 徐正元. 中国城市体系演变的历史剖析. 中国经济史研究, 2004, (3):39-47.

[30] 胡军, 孙莉. 制度变迁与中国城市的发展及空间结构的历史演变. 人文地理, 2005, 20(1):19-23.

[31] 陈良文, 杨开忠, 吴姣. 中国城市体系演化的实证研究. 江苏社会科学, 2007, (1):81-88.

[32] 薛俊菲, 陈雯, 曹有挥. 2000 年以来中国城市化的发展格局及其与经济发展的相关性. 长江流域资源与环境, 2012, 21(1):1-7.

[33] 陆大道, 等. 中国区域发展的理论与实践. 北京: 科学出版社, 2003: 65-73.

[34] 王凯. 全国城镇体系规划的历史与现实. 城市规划, 2007, 31(10):9-15.

[35] 易斌, 翟国方. 我国城镇体系规划与研究的发展历程、现实困境和展望.规划师, 2013, 29 (5) : 81-85.

[36] 顾朝林. 城市群研究进展与展望. 地理研究, 2011, 30(5): 771-783.

[37] 姚士谋, 陈振光, 朱英明, 等. 中国城市群. 合肥: 中国科学技术大学出版社, 2006: 23-46.

[38] 方创琳, 宋吉涛, 张蔷, 等. 中国城市群结构体系的组成与空间分异格局. 地理学报, 2005,60(5):827-840.

[39] 方创琳. 中国城市群形成发育的新格局及新趋向. 地理科学, 2011, 31(9): 1025-1034.

[40] 薛俊菲, 陈雯, 曹有挥. 中国城市密集区空间识别及其与国家主体功能区的对接关系. 地理研究, 2013, 32(1): 146-156.

[41] 董青, 刘海珍, 刘加珍, 等. 基于空间相互作用的中国城市群体系空间结构研究. 经济地理, 2010, 30(6):926-932.

[42] 薛俊菲. 基于航空网络的中国城市体系等级结构与分布格局. 地理研究, 2008, 27(1):23-33.

[43] 顾朝林, 陈璐, 丁睿, 等. 全球化与重建国家城市体系设想. 地理科学, 2005, 25(6): 641-654.

[44] 张锦宗, 朱瑜馨, 曹秀婷. 1990—2004 中国城市体系演变研究. 城市发展研究, 2008, 15(4):84-90.

[45] 安树伟. 近年来我国城镇体系的演变特点与结构优化. 广东社会科学, 2010, (6):12-19.

[46] 谈明洪, 李秀彬, 吕昌河. 20世纪90年代中国大中城市建设用地扩张及其对耕地的占用. 中国科学 D 辑地球科学, 2004, 34(12):1157-1165.

[47] 刘纪远, 战金艳, 邓祥征. 经济改革背景下中国城市用地扩展的时空格局及其驱动因素分析. 人类环境, 2005, 34(6):444-449.

[48] 李丽, 迟耀斌, 王智勇, 等. 改革开放 30 年来中国主要城市扩展时空动态变化研究. 自然资源学报, 2009, 24(11): 1933-1943.

[49] 安乾, 李小建, 吕可文. 中国城市建成区扩张的空间格局及效率分析(1990—2009). 经济地理, 2012, 32(6):37-45.

[50] 王雷, 李丛丛, 应清, 等. 中国 1990～2010 年城市扩张卫星遥感制图. 科学通报, 2012, 57(16):1388-1399.

[51] Xu X L, Min X B. Quantifying spatiotemporal patterns of urban expansion in China using remote sensing data.Cities, 2013, (35):104-113.

[52] 周一星. 城市地理学. 北京:商务印书馆, 1995: 23-67.

[53] 顾朝林, 柴彦威, 蔡建明, 等. 中国城市地理. 北京: 商务印书馆, 1999: 22-66.

[54] 张莉. 改革开放以来中国城市体系的演变. 城市规划, 2001, 25(4):7-10.

[55] 徐红宇, 陈忠暖, 李志勇. 中国城市职能分类研究综述. 云南地理环境研究, 2005, 17(2) :33-36.

[56] 周一星, R ·布雷特肖. 中国城市(包括辖县)的工业职能分类:理论、方法和结果.地理学报, 1988, 43(4):287- 298.

[57] 田文祝, 周一星.中国城市体系的工业职能结构. 地理研究, 1991, 10(1):12-23.

[58] 张文奎, 刘继生, 王力. 论中国城市职能分类. 人文地理, 1990, (3):1-8.

[59] 顾朝林. 中国城镇体系——历史、现状、展望. 北京:商务印书馆, 1992: 45-89.

[60] 周一星, 孙则昕. 再论中国城市的职能分类. 地理研究, 1997,16(1):11-22.

[61] 田光进, 贾淑英. 中国城市职能结构的特征研究. 人文地理, 2004,19(4):59-63.

[62] 于涛方, 顾朝林, 吴泓. 中国城市功能格局与转型. 城市规划学刊, 2006,(5):13-21.

[63] 许锋, 周一星. 我国城市职能结构变化的动态特征及趋势. 城市发展研究, 2008, 15(6): 49-55.

[64] Castells M. The rise of the network society. Oxford: Blackwell, 1996.

[65] 王茂军, 曹广忠, 赵群毅, 等. 基于距离与规模的中国城市体系规模结构. 地理研究, 2010, 29(7): 1257-1268.

[66] 冷炳荣, 杨永春, 李英杰, 等. 中国城市经济网络结构空间特征及其复杂性分析. 地理学

报, 2011, 66(2): 199-211.

[67]   周一星, 胡智勇. 从航空运输看中国城市体系的空间网络结构. 地理研究, 2002, 21(3): 276-286.

[68]   于涛方, 顾朝林, 李志刚. 1995 年以来中国城市体系格局与演变. 地理研究, 2008, 27(6): 1407-1418.

[69]   武文杰, 董正斌, 张文忠, 等. 中国城市空间关联网络结构的时空演变. 地理学报, 2011, 66(4): 435-445.

[70]   钟业喜, 陆玉麒. 基于铁路网络的中国城市等级体系与分布格局. 地理研究, 2011, 30(5): 785-794.

[71]   贺灿飞, 肖晓俊. 跨国公司功能区位实证研究. 地理学报, 2011, 66(12): 1669-1681.

[72]   尹俊, 甄峰, 王春慧. 基于金融企业布局的中国城市网络格局研究. 经济地理, 2011, 31(5): 754-759.

[73]   赵渺希, 刘铮. 基于生产性服务业的中国城市网络研究. 城市规划, 2012, 36(9): 23-28

[74]   武前波, 宁越敏. 中国城市空间网络分析——基于电子信息企业生产网络视角. 地理研究, 2012,31(2):207-219.

[75]   汪明峰, 宁越敏. 城市的网络优势: 中国互联网骨干网络结构与节点可达性分析. 地理研究, 2006, 25(2): 193-203.

[76]   甄峰, 王波, 陈映雪. 基于网络社会空间的中国城市网络特征. 地理学报, 2012, 67(8): 1031-1043.

[77]   刘铮, 王世福, 赵渺希, 等. 有向加权型城市网络的探索性分析. 地理研究, 2013, 32(7): 1253-1268.

[78]   方创琳, 等. 中国城市化进程及资源环境保障报告. 北京: 科学出版社, 2009:12-59.

[79]   Bao C, Fang C L. Water resources flows related to urbanization in China: challenges and perspectives for water management and urban development. Water Resources Management, 2012, 26(2): 531-552.

[80]   顾朝林, 于涛方, 李王鸣, 等. 中国城市化: 格局·过程·机理. 北京: 科学出版社, 2008: 38-47.

[81]   United Nations, Department of Economic and Social Affairs, Population Division. World urbanization prospects: The 2011 revision, CD-ROM, 2012.

[82]   潘家华. 中国城市发展报告. 北京: 社会科学文献出版社, 2010:45-67.

[83]   Istrate E, Nadeau C A. Global metro monitor 2012: Slowdown, recovery, and interdependence. Washington: Brookings Institution, 2012.

[84]   The Economist Intelligence Unit. Hot spots: Benchmarking global city competitiveness. London: The Economist Intelligence Unit Limited, 2012.

[85]   倪鹏飞, 彼得·卡尔卡·拉索. 全球城市竞争力报告(2007-2008). 北京: 社会科学文献出版社, 2008: 35-42.

[86]   倪鹏飞, 彼得·卡尔卡·拉索. 全球城市竞争力报告(2009-2010). 北京: 社会科学文献出版社, 2010: 21-46.

[87]　倪鹏飞, 彼得·卡尔卡·拉索. 全球城市竞争力报告(2011-2012). 北京: 社会科学文献出版社, 2012: 54-68.

[88]　胡胜全, 陈文. 中国国际化城市建设: 理论溯源、现存问题与可能选择.南方论丛, 2014, (2): 1-6.

[89]　金元浦, 本·戴鲁德. 建设世界城市: 中国路径? 新疆师范大学学报(哲学社会科学版), 2014,35(3): 42-48.

[90]　GaWC. The world according to GaWC. http://www.lboro.ac.uk/gawc/gawcworlds.html, 2014, [2014-07-08].

[91]　吴殿廷, 朱桃杏, 鲍捷, 等. 中国特色世界城市建设的空间模式和基本策略, 2013, 20(5): 98-104.

[92]　徐巨洲. 我国国际性城市的发展空间有多大. 城市规划, 1995, (3):23-25.

[93]　Liu J G, Diamond J. China's environment in a globalizing world: how China and the rest of the world affect each other. Nature, 2005, 435(7046): 1179-1186.

[94]　田淑英. 中国耕地资源流失的动因分析. 经济理论与经济管理, 2007, (9):67-69.

[95]　胡元盛, 曾珩, 左丹凤, 等. 城市化进程中土地资源高效利用. 市场论坛, 2011, (2):14-16.

[96]　付飞, 张健. 城市化快速发展与土地资源有效利用的关系. 城市发展研究, 2010, (9):1-3.

[97]　崔峰. 我国土地生态安全问题管窥. 南京农业大学学报(社会科学版), 2006, (4):51-56.

[98]　诸大建, 孟维华. 中国经济增长中的能源效应分析. 科学发展, 2009, (1):26-37.

[99]　白紫熙, 宋阳. 我国城市化进程中能源安全问题的探讨. 城市车辆, 2009, (10):24-26.

[100]　王庆一. 中国城镇化之能源审视. 中国能源, 2013, (8): 20-24.

[101]　付高全. 中国能源问题分析及政策建议. 经济研究导刊, 2010, (16):8-9.

[102]　海群. 中国高速增长的经济社会所面临的能源现状及问题. 经济研究导刊, 2012, (22): 4-5.

[103]　胡鞍钢. 中国生态环境问题及环境保护计划. 安全与环境学报, 2001, (6): 49-54.

[104]　雷光春, 范继元. 我国湿地生态环境问题及根源探析. 环境保护, 2014, (8): 15-18.

[105]　王威, 许红缨. 谈我国城镇化过程中的生态环境问题. 理论导报, 2010, (1): 38-39.

第　二　章

中国城市发展空间格局的
演变轨迹与影响机制

　　中国城市发展空间格局是指我国所有城市在空间上的分布、组合及联系状态，其实质是我国各种类型城市的社会经济与资源环境要素等在空间上的局部或整体表现。它是我国城市化过程或城市发展的空间体现。2014年3月《国家新型城镇化规划（2014－2020年）》颁布，强调要根据土地、水资源、大气环流特征和生态环境承载能力，优化城镇化空间布局和城镇规模结构，构建大中小城市和小城镇协调发展的"两横三纵"城镇化战略格局。为此，本章系统回顾梳理了新中国成立以来中国城市发展空间格局的演变轨迹，认为中国城市发展空间格局在近60年来变化不大，表现出一定程度的合理性，而城市发展的重心不断发生变化，"由北向南"移动的特征最为明显；城市空间分布形态主要表现为原有城市的不断扩张以及新设置城市的逐渐形成，进而导致"以点串线，以线带面"的空间格局不断完善，城市间网络联系增强，城市群不断发育；城市职能结构总体上随社会经济发展水平的提高而不断优化，在空间布局上更为科学合理。进而分析了中国城市发展空间格局形成与演变的主要全球性影响因素及作用机制，包括经济全球化因素、全球生产网络因素（跨国公司）、外商直接投资因素、全球信息化因素、全球气候与环境变化因素和全球高新技术引进驱动因素等，以及影响中国城市发展空间格局形成与演变的主要本土性影响因素及作用机制，包括国土开发与区域发展政策因素、交通因素、地方网络与国内投资因素、文化与地缘因素、自然条件与生态环境因素等。这些全球化和本土化因素的分析可为中国城市发展空间格局的调整与优化奠定基础。

第一节　新中国成立以来中国城市发展空间格局的动态演变轨迹

采用文献梳理、数据统计和 GIS 空间分级等方法，对新中国成立 60 余年来中国城市发展空间格局的演变轨迹进行分析，包括城市人口、经济与用地的规模结构演变轨迹分析，城市空间形态演变轨迹分析以及城市职能结构演变轨迹分析。结果表明：中国城市发展的重心不断发生变化，"由北向南"移动的特征最为明显；城市空间分布形态主要表现为原有城市的不断扩张以及新设置城市的逐渐形成，进而导致"以点串线，以线带面"的空间格局不断完善，城市间网络联系增强，城市群不断发育；城市职能结构总体上随社会经济发展水平的提高而不断优化，在空间布局上更为科学合理。在此基础上，将我国城市发展空间格局演变划分为三个阶段，即 1949～1978 年的分散式布局与低水平均衡发展阶段，1979～2000 年的集中式布局与非均衡发展阶段，2000 年以来"两横三纵"城市网络体系的形成及高水平均衡发展阶段。

一、中国城市规模结构的动态演变轨迹

城市规模是衡量城市发展水平以及设置城市的重要指标。中国城市人口规模、经济规模、用地规模等的演变，是中国城市发展空间格局演变的最为集中反映。鉴于数据资料的可获得性，对新中国成立初期至改革开放前的时间段，从中国城市的设置情况对中国城市的规模结构演变进行基本分析（一般规模比较大才设市）；对改革开放之后的中国城市规模结构演变，主要选取 1985 年、1990 年、2000 年、2010 年 4 个典型年份进行具体剖析。本研究所用的数据来源于历年《中国城市统计年鉴》《中国城市建设统计年鉴》。2010

年之前的城市人口规模使用的是市辖区非农业人口指标，2010 年人口数据使用的是城区人口指标。依据《中国城市统计年鉴》的分级和分类标准：按城市市区非农业人口规模，200 万人口以上为超大城市，100 万～200 万人口为特大城市，50 万～100 万人口为大城市，20 万～50 万人口为中等城市，20 万以下人口为小城市；东部地区包括辽宁、北京、天津、河北、山东、江苏、上海、浙江、福建、广东、广西、海南 12 个省（自治区、直辖市），中部地区包括山西、河南、江西、安徽、湖北、湖南、黑龙江、吉林、内蒙古 9 个省（自治区）；西部地区包括新疆、西藏、青海、甘肃、宁夏、陕西、四川、重庆、云南、贵州 10 个省（自治区、直辖市）。

（一）1980 年之前中国设市的基本情况

1. 1949 年中国设市基本情况

1949 年 10 月新中国的诞生，使中国各项事业发展进入了一个崭新时期，开启了我国社会主义城市发展的新纪元。根据《中华人民共和国行政区划沿革地图集》[1]，1949 年我国共有建制市 132 个，其中，12 个中央直辖市，54 个地级市和 66 个县级市。东部城市 70 个，占 53.0%；中部城市 49 个，占 37.1%；西部城市 13 个，仅占 9.8%；当时城市主要东部沿海地区（表 2.1）。

表 2.1　1949 年中国城市空间分布一览表

分区	行政级别	名称
东部 （70）	直辖市（9）	北京、天津、上海、南京、广州、沈阳、鞍山、抚顺、本溪
	地级市 （25）	保定、唐山、秦皇岛、石家庄、张家口、宣化、大连、丹东、营口、辽阳、锦州、徐州、无锡、杭州、宁波、温州、福州、厦门、济南、青岛、潍坊、汕头、湛江、南宁、桂林
	县级市 （36）	承德、山海关、旅顺、金州、泰州、新海连、南通、扬州、镇江、常州、苏州、嘉兴、湖州、绍兴、金华、兰溪、衢州、阜城、三河、博山、周村、张店、德州、龙口、羊口、烟台、威海、石岛、济宁、佛山、肇庆、江门、韶关、柳州、梧州、海口
中部 （49）	直辖市（1）	武汉
	地级市 （23）	太原、大同、归绥、包头、四平、阜新、长春、吉林、哈尔滨、齐齐哈尔、牡丹江、佳木斯、合肥、蚌埠、芜湖、南昌、郑州、开封、新乡、安阳、沙市、宜昌、长沙
	县级市 （25）	赤峰、海拉尔、满洲里、乌兰浩特、西安、通化、鹤岗、界首、亳州、当涂、大通、宣城、屯溪、九江、景德镇、赣州、朱集（今商丘）、许昌、漯河、周口、洛阳、南阳、信阳、驻马店、衡阳

续表

分区	行政级别	名称
西部 (13)	直辖市(2)	重庆、西安
	地级市(6)	成都、自贡、贵阳、昆明、兰州、迪化
	县级市(5)	宝鸡、榆林、南郑、西宁、银川

2. 1960 年中国设市基本情况

到 1960 年，经过 10 年的发展，我国建制市增加到 216 个，为 1949 年的 1.64 倍。其中中央直辖市 2 个，数量大为减少；地级市 79 个，稍有增长；县级市 135 个，数量大幅度增加。东部城市 88 个，占 40.7%，数量虽有增加但占全国比例减少；中部城市 84 个，占 38.9%，数量较 1949 年大幅增加但全国比例略有增加；西部 44 个，占 20.4%，占全国的比例增加了 10.5 个百分点（表 2.2）。

表 2.2　1960 年中国城市空间分布一览表

分区	行政级别	名称
东部 (88)	直辖市(2)	北京、上海
	地级市(36)	保定、唐山、石家庄、张家口、丹东、营口、辽阳、锦州、徐州、无锡、杭州、宁波、温州、福州、厦门、济南、青岛、旅大、淮阴、漳州、泉州、商丘、南通、苏州、南京、哈尔滨、长春、广州、沈阳、旅大、鞍山、抚顺、本溪、天津、承德、邯郸
	县级市(50)	新海连、南通、扬州、镇江、常州、苏州、嘉兴、湖州、绍兴、德州、烟台、济宁、佛山、江门、韶关、柳州、梧州、海口、潍坊、金华、威海、临清、南平、朝阳、临沂、泰安、聊城、茂名、汉沽、宣化、三明、枣庄、菏泽、新汶、秦皇岛、烟台、淄博、海口、佛山、石岐、湛江、江门、韶关、汕头、潮州、北海、南宁、桂林、柳州、梧州
中部 (84)	地级市(30)	太原、大同、呼和浩特、包头、阜新、吉林、齐齐哈尔、牡丹江、佳木斯、合肥、蚌埠、芜湖、南昌、郑州、长沙、吉安、上饶、黄石、湘潭、邵阳、景德镇、常德、株洲、武汉、开封、安庆、安阳、安达、鹤壁、鹤岗
	县级市(54)	海拉尔、满洲里、乌兰浩特、西安、通化、屯溪、九江、赣州、许昌、漯河、衡阳、黄石、湘潭、邵阳、洪江、益阳、长治、阳泉、通辽、淮南、衡阳、延吉、信阳、南阳、襄樊、津市、榆次、抚州、沙市、集宁、鸡西、双鸭山、马鞍山、铜陵、焦作、伊春、平顶山、三门峡、侯马、赤峰、白城、濉溪、巴彦高嘞、浑江、北安、新余、萍乡、鄂州、沙洋、郴州、四平、宜昌、洛阳、新乡
西部 (44)	地级市(13)	成都、自贡、贵阳、昆明、兰州、乌鲁木齐、西宁、银川、重庆、西安、玉门、宝鸡、咸阳
	县级市(31)	汉中、万县、泸州、南充、天水、平凉、临夏、吴忠、内江、宜宾、个旧、伊宁、喀什、安顺、都匀、东川、铜川、白银、张掖、酒泉、德乌鲁、克拉玛依、六枝、大理、拉萨、格尔木、大柴旦、冷湖、石嘴山、青铜峡、遵义

3. 1978 年中国设市基本情况

1978 年是我国改革开放的开始。由于之前经历了"上山下乡"运动及十年"文化大革命",我国城市发展陷入了停顿的局面。改革开放前我国共有建制市 210 个,比 1960 年还少 6 个。其中中央直辖市 3 个,增加了天津市;地级市 93 个,比 1960 年增加了 14 个;县级市 114 个,比 1960 年大幅减少。东部城市 83 个,占 39.5%;中部 86 个,占 41.0%;西部 41 个,占 19.5%;东、中、西部的城市数量及比重与 1960 年相比变化较小(表 2.3)。

表 2.3　1978 年中国城市空间分布一览表

分区	行政级别	名称
东部 (82)	直辖市 (3)	北京、上海、天津
	地级市 (44)	丹东、营口、辽阳、锦州、徐州、无锡、杭州、宁波、温州、福州、厦门、济南、青岛、旅大、淮阴、漳州、泉州、商丘、南通、苏州、南京、哈尔滨、长春、广州、沈阳、鞍山、抚顺、本溪、连云港、淄博、枣庄、南宁、桂林、柳州、梧州、韶关、汕头、佛山、江门、湛江、海口、茂名、唐山、石家庄
	县级市 (35)	南通、扬州、镇江、常州、苏州、德州、烟台、济宁、佛山、江门、韶关、柳州、梧州、潍坊、威海、南平、三明、秦皇岛、烟台、海口、石岐、潮州、北海、沧州、邢台、肇庆、凭祥、邯郸、保定、张家口、承德、泰州、惠州、北海、梅州
中部 (86)	地级市 (35)	太原、大同、呼和浩特、包头、阜新、吉林、齐齐哈尔、牡丹江、佳木斯、合肥、蚌埠、芜湖、南昌、郑州、长沙、吉安、上饶、黄石、湘潭、邵阳、景德镇、常德、株洲、武汉、开封、安庆、安达、鹤岗、洛阳、双鸭山、萍乡、十堰、焦作、鹤壁、邵阳
	县级市 (51)	海拉尔、满洲里、西安、通化、九江、赣州、许昌、漯河、衡阳、黄石、湘潭、益阳、长治、阳泉、通辽、淮南、衡阳、延吉、信阳、南阳、襄樊、抚州、沙市、集宁、鸡西、马鞍山、伊春、平顶山、三门峡、赤峰、白城、淮北、浑江、四平、宜昌、新乡、安阳、图们、二连浩特、七台河、榆次、临汾、侯马、铜陵、乌海、绥芬河、屯溪、阜阳、岳阳、郴州、六安
西部 (41)	地级市 (13)	成都、自贡、贵阳、昆明、兰州、乌鲁木齐、西宁、银川、重庆、西安、宝鸡、嘉峪关、石嘴山
	县级市 (28)	万县、泸州、南充、天水、内江、宜宾、个旧、伊宁、喀什、安顺、都匀、东川、铜川、克拉玛依、拉萨、遵义、咸阳、玉门、下关、渡口、都匀、延安、奎屯、绵阳、达县、石河子、哈密、六盘水

（二）1980 年以来中国城市人口规模的演变轨迹

1. 1980 年以来中国城市人口规模演变的总体情况

从 1985~2010 年，大城市以上人口增长速度最快，大城市以上城市个数占全部城市个数由 1985 年的 15.7%提高到 23.1%，承载的人口比例由 1985 年的 58.5%增长到 2010 年的 64.9%。1985 年，人口规模最大的城市是上海市，规模为 687 万人；2010 年，人口规模最大的城市为北京市，规模为 1740 万人。从 1985~2010 年中国各级城市人口规模的空间分布来看（表 2.4）：我国东、中、西部的城市数量均有较大幅度的提升；50 万人以上城市（尤其是 100 万人以上城市）东部地区增加较快而西部地区增加较慢；20 万~50 万人口城市东、中、西部地区增加都较快；20 万人以下城市由于设市工作的停顿以及大部分城市逐步迈入中等城市，我国东、中、西部小城市数量较 2000 年和 1990 年均有较大幅度的减少。

表 2.4　1985~2010 年中国各级城市人口规模的空间分布

年份	地区	<20 万	20 万~50 万	50 万~100 万	100 万~200 万	≥200 万	合计
1985	东部	49	39	13	7	5	113
	中部	75	40	13	3	2	133
	西部	55	15	4	3	1	78
	合计	179	94	30	13	8	324
1990	东部	104	47	15	9	6	181
	中部	119	53	12	7	2	193
	西部	67	18	1	6	1	93
	合计	290	118	28	22	9	467
2000	东部	188	62	26	12	7	295
	中部	141	68	26	9	3	247
	西部	79	33	2	4	3	121
	合计	408	163	54	25	13	663
2010	东部	99	107	40	23	14	283
	中部	99	94	36	9	9	247
	西部	55	51	13	3	5	127
	合计	253	252	89	35	28	657

2. 1985 年中国城市人口规模的分布

1985 年末，我国实有建制城市 324 个，市区非农业人口达到 11 751 万人。其中，人口大于 200 万的超大城市 8 个，占 2.5%；人口在 100 万~200 万的特大城市 13 个，占 4.0%；人口在 50 万~100 万的大城市 30 个，占 9.3%；人口在 20 万~50 万的中等城市 94 个，占 29.0%；人口小于 20 万的城市 179 个，占 55.2%。从城市人口规模看，我国大、中、小城市的比例为 1 : 1.84 : 3.50。从空间分布来看，我国城市尤其是大城市主要集中在东部和中部地区，但总体来说东、中、西部的城市分布都较为均衡（图 2.1）。东部地区城市 113 个，占 34.9%；中部地区城市 133 个，占 41.0%；西部地区城市 78 个，占 24.1%；东、中、西部城市的分布比例为 1 : 1.18 : 0.69。1985 年末中国城市人口规模相对较小，人口小于 20 万人的小城市占到全部城市的一半以上。人口大于 200 万人的超大城市仅有上海、北京、天津、沈阳、武汉、广州、哈尔滨、重庆 8 个城市。

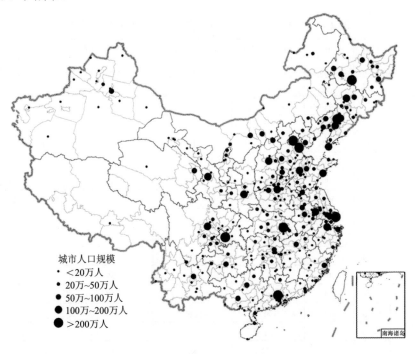

图 2.1　1985 年中国城市人口规模分布示意图

3. 1990 年中国城市人口规模的分布

1990 年末我国实有建制城市增加到 467 个，市区总人口 32 530 万人，其中，非农业人口 14 752 万人。人口大于 200 万的超大城市 9 个，比 1985 年增加了 1 个；人口在 100 万～200 万的特大城市 22 个，比 1985 年增加 9 个；人口在 50 万～100 万的大城市 28 个，比 1985 年减少 2 个；人口在 20 万～50 万的中等城市 118 个，占 25.3%；人口小于 20 万的城市 290 个，占 62.1%。从城市人口规模看，我国大、中、小城市的比例由 1985 年的 1∶1.84∶3.50 演变为 1990 年的 1∶2∶4.92，中等城市所占比例有所增加，而小城市所占比例增长较快，小城市比例由 1985 年的 55.3%提高到 1990 年的 62.1%，增加了 6.8 个百分点。从空间分布来看（图 2.2），我国城市尤其是大城市向东部沿海地区集聚的现象比较明显，西部地区尤其是西藏、青海、新疆、甘肃、云南、广西等省（自治区）城市人口规模变化相对较小。东部地区城市 181 个，占 38.8%；中部地区城市 193 个，占 41.3%；西部地区城市 93 个，占 19.9%；东、中、西部城市的分布比例由 1985 年的 1∶1.18∶0.69 演变为 1990 年的

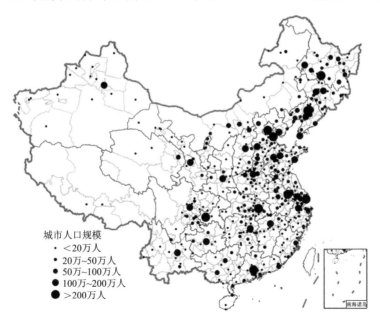

图 2.2 1990 年中国城市人口规模分布示意图

1：1.07：0.51，东部沿海地区的城市数量所占比例提升，而中西部地区的城市数量所占比例均有下降。

4. 2000 年中国城市人口规模的分布

2000 年末我国实有建制城市迅速增加到 663 个，比 1990 年增加了 196 个。全国市区非农业人口 20 952 万人，比 1990 年净增加 6200 万人。其中，人口大于 200 万的超大城市 13 个，比 1990 年增加了 4 个；人口在 100 万～200 万的特大城市 25 个，比 1990 年增加 3 个；人口在 50 万～100 万的大城市 54 个，比 1990 年增加 26 个；人口在 20 万～50 万的中等城市 163 个，比 1990 年增加 45 个；人口小于 20 万的城市 408 个，比 1990 年增加 118 个。从城市人口规模看，我国大、中、小城市的比例由 1990 年的 1：2：4.92 演变为 2000 年的 1：1.77：4.43，大城市比例由 1990 年的 12.6%提高到 2000 年的 13.9%，增加了 1.3 个百分点；而中小城市的比例进一步下降。从空间分布来看（图 2.3），我国城市尤其是大城市进一步向东部沿海地区集聚，而

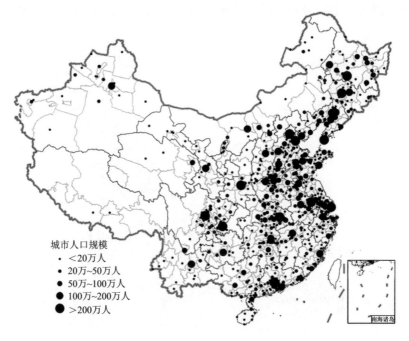

图 2.3　2000 年中国城市人口规模分布示意图

且珠三角、长三角等城市群发育明显。东部地区城市 295 个，中部地区城市 247 个，西部地区城市 121 个，东、中、西部城市的分布比例由 1990 年的 1∶1.07∶0.51 演变为 2000 年的 1∶0.84∶0.41，东部沿海地区的城市数量所占比例继续提升而中西部地区的城市数量所占比例继续下降。

5. 2010 年中国城市人口规模的分布

2010 年末我国实有建制城市 657 个，比 2000 年减少 6 个。城市城区总人口 35425 万人，其中，城市人口大于 200 万的超大城市 28 个，比 2000 年增加了 15 个，其中城市人口达到 500 万以上的城市有 12 个，重庆、上海、北京的人口均在 1000 万以上；人口在 100 万～200 万的特大城市 35 个，比 2000 年增加 10 个；人口在 50 万～100 万的大城市 89 个，比 2000 年增加 35 个；人口在 20 万～50 万的中等城市 252 个，比 2000 年增加 89 个；人口小于 20 万的城市 253 个，比 2000 年减少 155 个。从城市人口规模看，我国大、中、小城市的比例由 2000 年的 1∶1.77∶4.43 演变为 2010 年的 1∶1.65∶1.66，大城市比例由 2000 年的 13.9% 提高到 23.1%，增加了 9.2 个百分点。从空间分布来看，我国城市尤其是大城市向东部沿海地区集聚的趋势有所减缓，中西部城市发展能力增强，而且中西部城市群也明显发育（图 2.4）。东部地区

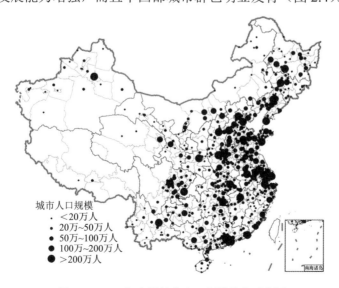

图 2.4 2010 年中国城市人口规模分布示意图

城市 283 个，中部地区城市 247 个，西部地区城市 127 个，东、中、西部城市的分布比例由 2000 年的 1：0.84：0.41 演变为 2010 年的 1：0.87：0.45，中西部地区的城市数量所占比例有所提升。

6. 中国城市人口规模重心的演变与迁移

重心概念源于物理学，是指空间上存在某一点，在该点前后左右各方向上的力量对比保持相对均衡。由于城市发展是要素集聚与扩散的过程，各要素的重心位置处于不断变动之中，要素重心的移动反映了城市发展的空间轨迹，因此重心模型是研究城市发展过程中要素空间变动的重要分析工具。重心的位置一般是以地图的经纬度来表示，计算公式为

$$\bar{x}_t = \sum_{i=1}^{n} P_{ti}X_{ti} \Big/ \sum_{i=1}^{n} P_{ti}$$
$$\bar{y}_t = \sum_{i=1}^{n} P_{ti}Y_{ti} \Big/ \sum_{i=1}^{n} P_{ti}$$

$$（2.1）$$

式中，$\bar{x}_t$、$\bar{y}_t$ 分别为第 t 年全国城市（人口、经济、用地）规模重心的经纬度坐标；P_{ti} 为第 t 年第 i 市的城市（人口、经济、用地）规模；X_{ti}、Y_{ti} 分别为第 t 年第 i 市所在地的经纬度坐标。

设第 t、第 $t+m$ 年全国城市（人口、经济、用地）规模重心坐标分别为 $P_k (x_i, y_i)$、$P_{k+m} (x_{k+m}, y_{k+m})$，那么重心向移动方向模型为

$$\theta_m = \arctan\left[(y_{t+m} - y_t)/(x_{t+m} - x_t)\right] \tag{2.2}$$

重心移动距离模型为

$$d_m = \sqrt{(x_{t+m}+x_t)^2+(y_{t+m}+y_t)^2} \tag{2.3}$$

根据中国历年所有城市的人口规模及上述模型，可知中国城市人口规模重心的轨迹移动方向为 1985~1990 年向东偏移 27.3km，呈现较为微小的变动；1990~2000 年向西南偏移 112.5km，该时期人口重心移动较为明显；

2000～2010 年向南移动 58.6km。总体来看，中国城市人口重心在河南、山东、安徽三省的交界附近，主要呈"由北向南"移动趋势，说明中国城市人口主要集中在东中部，城市化南方快于北方城市（图 2.5 和表 2.5）。

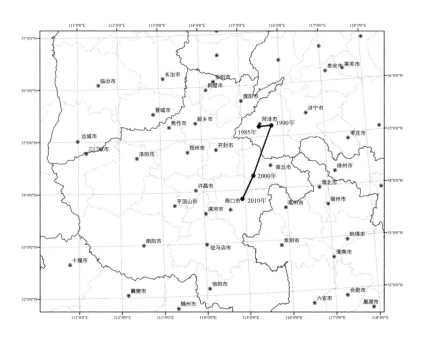

图 2.5 中国城市人口规模重心转移的轨迹示意图

表 2.5 1985～2010 年中国人口规模重心位移一览表

年份	距离/km	速度/（km/a）	方向
1985～1990	27.3	5.5	北偏东 10°
1990～2000	112.5	11.2	南偏西 74°
2000～2010	58.6	5.8	南偏西 3°

（三）1980 年以来城市经济规模的演变轨迹

1. 1980 年以来中国城市经济规模演变的总体情况

党的十一届三中全会以来，我国进行了全面深入的经济体制改革，城市经济也出现了快速、持续的增长，综合经济实力明显增强。到 2010 年，我国城市集中了 82%的全国国内生产总值，国内生产总值大于 200 亿元的城市占到 52%，国内生产总值超过 1000 亿元的城市有 55 个，上海、北京跻身"GDP 万亿元俱乐部"。从 1985～2010 年，国内生产总值超过 50 亿元的城市数量增长最快，所占比例由 1985 年的 8.0%提高到 93.9%。从 1985～2010 年中国各级城市经济规模的空间分布来看（表 2.6）：200 亿元以上城市增长最快，而且东部地区增加较快而西部地区增加较慢；100 亿～200 亿元以及 50 亿～100 亿元城市次之，而且东、中、西部地区增加都较快；50 亿元以下城市由于设市工作的停顿以及大部分城市逐步迈入 50 亿元以上城市，在 1990 年数量有所增加之后，我国东、中、西部该类型城市数量均有较大幅度的减少。

表 2.6　1985～2010 年中国各级城市经济规模的空间分布表

年份	地区	<20 亿元	20 亿元～50 亿元	50 亿元～100 亿元	100 亿元～200 亿元	≥200 亿元	合计
1985	东部	75	21	11	3	3	113
	中部	110	18	4	1	0	133
	西部	71	3	4	0	0	78
	合计	256	42	19	4	3	324
1990	东部	113	48	12	4	4	181
	中部	168	17	6	2	0	193
	西部	81	6	6	0	0	93
	合计	362	71	24	6	4	467
2000	东部	13	64	104	73	41	295
	中部	49	101	72	15	10	247
	西部	36	47	25	5	8	121
	合计	98	212	201	93	59	663
2010	东部	1	3	20	55	204	283
	中部	1	14	47	80	105	247
	西部	2	19	29	44	33	127
	合计	4	36	96	179	342	657

2. 1985 年中国城市经济规模的分布特征

经过改革开放 5 年多的发展，到 1985 年，我国城市（不含市辖县，下同）国内生产总值达到 5779 亿元。国内生产总值大于 200 亿元的城市 3 个，占全部城市数量的 0.9%；国内生产总值 1222 亿元，占全部城市国内生产总值的 21.2%。国内生产总值 100 亿~200 亿元的城市 4 个，占全部城市数量的 1.2%；国内生产总值 546 亿元，占全部城市的 9.4%。50 亿~100 亿元的城市 19 个，占全部城市数量的 5.9%；国内生产总值 1298 亿元，占全部城市国内生产总值的 22.5%。20 亿~50 亿元的城市 42 个，占全部城市数量的 13.0%；国内生产总值 1205 亿元，占全部城市国内生产总值的 20.9%。国内生产总值小于 20 亿元的城市 256 个，占全部城市数量的 79.0%；国内生产总值 1507 亿元，占全部城市的 26.1%。从空间分布来看，我国东部地区城市国内生产总值为 3538 亿元，占全部的 61.2%；中部地区城市为 1547 亿元，占 26.8%；西部地区城市为 694 亿元，占 12.0%；我国城市尤其是经济大市主要分散分布在东部地区，中、西部的城市国内生产总值大多在 20 亿元以下（图 2.6）。

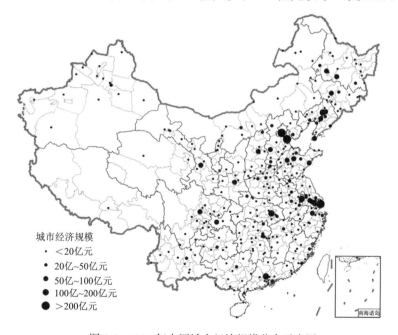

图 2.6　1985 年中国城市经济规模分布示意图

3. 1990 年中国城市经济规模的分布特征

1990 年中国城市经济调整已趋于稳定增长，全部城市国内生产总值达 9144 亿元。与 1985 年相比，该阶段主要特征是 20 亿~50 亿元城市数量的大幅度增加以及 20 亿元以下城市的大幅度减少。其中，国内生产总值大于 200 亿元的城市 4 个，占全部城市数量的 0.9%；国内生产总值 100 亿~200 亿元的城市 6 个，占全部城市数量的 1.3%；50 亿~100 亿元的城市 24 个，占全部城市数量的 5.1%；20 亿~50 亿元的城市 71 个，占全部城市数量的 15.2%；国内生产总值小于 20 亿元的城市 362 个，占全部城市数量的 77.5%。从空间分布来看，我国东部地区城市国内生产总值为 5428 亿元，占全部城市国内生产总值的 59.4%；中部地区为 2511 亿元，占全部城市国内生产总值 27.5%；西部地区城市为 1204 亿元，占全部城市国内生产总值 13.2%；与 1985 年相比，我国东、中、西部城市国内生产总值的比例变化不大，城市经济总量仍主要集中在东部地区（图 2.7）。

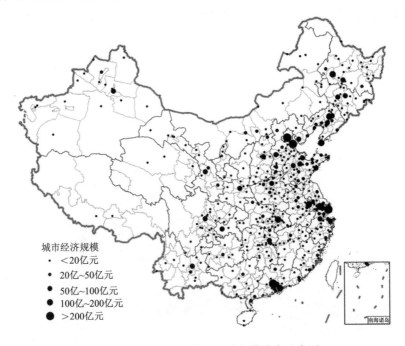

图 2.7　1990 年中国城市经济规模分布示意图

4. 2000 年中国城市经济规模的分布特征

2000 年我国继续实施积极的财政政策，深化各项改革措施，经济持续快速增长，全部城市国内生产总值达到 69 985 亿元，占全国国内生产总值的78.3%。与 1990 年相比，该阶段主要特征是 100 亿元以上城市开始增多，50亿元以上城市数量大幅度增加，20 亿~50 亿元城市数量虽大幅度增加但所占比例略有减少，20 亿元以下城市数量有所增加但所占比例基本不变。其中，国内生产总值大于 200 亿元的城市 59 个，占全部城市数量的 8.9%；国内生产总值 100 亿~200 亿元的城市 93 个，占全部城市数量的 14.0%；50 亿~100亿元的城市 201 个，占 30.3%；20 亿~50 亿元的城市 212 个，占全部城市数量的 32.0%；国内生产总值小于 20 亿元的城市 98 个，占全部城市数量的 14.8%。从空间分布来看，我国东部地区城市国内生产总值为 45 923 亿元，占全部城市国内生产总值的 65.6%；中部地区为 16 459 亿元，占 23.5%；西部地区城市为 7603 亿元，占 10.9%；城市经济在东部和部分中部地区的集聚效应明显，已初步形成长三角城市群、珠三角城市群、京津冀城市群、辽中南城市群、山东半岛城市群、武汉城市群、中原城市群、成渝城市群等经济聚集区（图 2.8）。

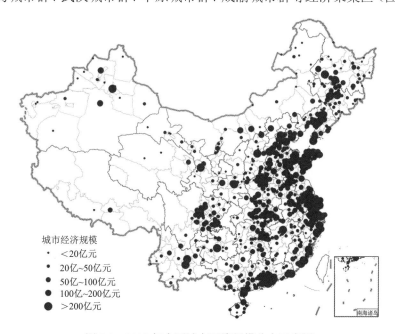

城市经济规模
- ·　<20亿元
- ●　20亿~50亿元
- ●　50亿~100亿元
- ●　100亿~200亿元
- ●　>200亿元

南海诸岛

图 2.8　2000 年中国城市经济规模分布示意图

5. 2010 年中国城市经济规模的分布特征

2010 年年末，全国城市国内生产总值 330 062 亿元，占全国国内生产总值的 82.9%，城市在国民经济发展中的地位进一步增强。与 2000 年相比，该阶段主要特征是 200 亿元以上及 100 亿～200 亿元城市数量和所占比例均大幅度增加，100 亿元以下城市数量和所占比例均大幅度减少。其中，国内生产总值大于 200 亿元的城市 342 个，占全部城市数量的 52.1%；国内生产总值为 295 228 亿元，占全部城市国内生产总值的 89.4%。国内生产总值 100 亿～200 亿元的城市 179 个，占全部城市数量的 27.2%；国内生产总值为 26 196 亿元，占全部城市国内生产总值的 7.9%。50 亿～100 亿元的城市 96 个，占全部城市数量的 14.6%；国内生产总值为 7351 亿元，占全部城市国内生产总值的 2.2%。20 亿～50 亿元的城市 36 个，占全部城市数量的 5.5%；国内生产总值为 1231 亿元，占全部城市国内生产总值的 0.4%。国内生产总值小于 20 亿元的城市 4 个，占全部城市数量的 0.6%；国内生产总值为 56 亿元，占全部城市国内生产总值的 0.01%。从空间分布来看，我国东部地区城市国内生产总值为 220 807 亿元，占全部城市国内生产总值的 66.9%；中部地区为 73 975 亿元，占 22.4%；西部地区城市为 35 280 亿元，占 10.7%；城市经济进一步向东部沿海地区集聚，长三角城市群、珠三角城市群、京津冀城市群、辽中南城市群、山东半岛城市群、武汉城市群、中原城市群、成渝城市群等经济聚集区发育程度进一步提升（图 2.9）。

6. 中国城市经济规模重心的演变特征

根据中国历年所有城市的经济规模及重心测算模型，可知中国城市经济规模重心的轨迹移动方向为 1985～1990 年向西南方向移动 75.8km^2；1990～2000 年向东南方向移动 154.2km^2，移动幅度较大；2000～2010 年又由南向北钟摆式移动 15.9km^2。总体来看，中国城市经济重心也分布在河南、山东、安徽三省的交界附近，与人口分布重心大体吻合，移动方向主要呈"由北向南"移动趋势，但东西向和南北向的移动有所反复，说明中国城市经济也主要集中在东中部，城市经济发展水平南方好于北方城市，城市经济分布与城市人口分布高度相关，但并不完全一致（图 2.10 和表 2.7）。

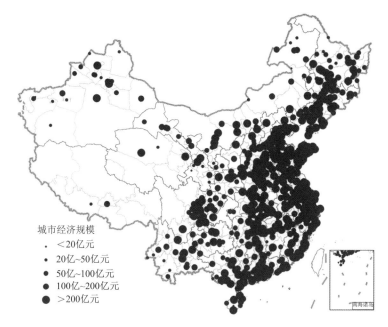

图 2.9　2010 年中国城市经济规模分布示意图

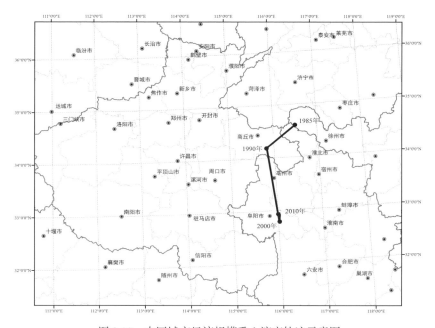

图 2.10　中国城市经济规模重心演变轨迹示意图

表 2.7 1985～2010 年中国经济规模重心位移一览表

年份	距离/km	速度/（km/a）	方向
1985～1990	75.8	15.2	南偏西 45°
1990～2000	154.2	15.4	南偏东 15°
2000～2010	15.9	1.6	北偏西 86°

（四）1980 年以来中国城市用地规模的演变轨迹

1. 1980 年以来中国城市用地规模演变的总体情况

从 1985～2010 年，我国城市建成区面积从 1985 年的 9386.2km² 增加到 2010 年的 40 058km²，规模扩大了 3.27 倍，特别是中等以上城市建成区扩张更为迅速。从 1985～2010 年中国各级城市用地规模的空间分布来看（表 2.8）：20～50km² 城市数量增长最快，而且东、中、西部地区增加都较快；50～100km² 城市数量增长速度次之，而且也是东部地区增加最快，中部地区次之，西部地区最慢；100～200km² 以及 200km² 以上城市，在东、中、西部均有一定数量的增长，但总数均相对较小；20km² 以下城市由于设市工作的停顿以及大部分城市逐步迈入 20km² 以上城市，在 1990 年和 2000 年数量都有所增加之后，我国东、中、西部该类型城市数量均大幅度减少。

表 2.8 1985～2010 年中国各级城市用地规模的空间分布

年份	地区	<20 km²	20～50km²	50～100km²	100～200km²	≥200km²	合计
1985	东部	57	32	18	3	3	113
	中部	71	47	9	6	0	133
	西部	51	19	6	2	0	78
	合计	179	98	33	11	3	324
1990	东部	108	44	19	7	3	181
	中部	109	63	11	10	0	193
	西部	61	24	6	2	0	93
	合计	278	131	36	19	3	467

续表

年份	地区	$<20\ km^2$	$20\sim50km^2$	$50\sim100km^2$	$100\sim200km^2$	$\geq200km^2$	合计
2000	东部	159	80	35	14	7	295
	中部	121	84	29	13	0	247
	西部	71	39	5	4	2	121
	合计	351	203	69	31	9	663
2010	东部	56	123	56	22	26	283
	中部	62	110	51	14	10	247
	西部	37	61	18	6	5	127
	合计	155	294	125	42	41	657

2. 1985 年中国城市用地规模的分布特征

1985 年年末，我国城市建成区面积合计 $9386.2km^2$，该时期单个城市用地规模均较小。城市建成区面积小于 $20km^2$ 的城市数量 179 个，占全部城市数量的 55.2%；面积在 $20\sim50km^2$ 的城市数量 98 个，占全部城市数量的 30.2%；面积 $50\sim100km^2$ 的城市数量 33 个，占全部城市数量的 10.2%；面积在 $100\sim200km^2$ 的城市共 11 个，占全部城市数量的 3.4%；面积大于 $200km^2$ 的城市共 3 个，依次是北京市、天津市、广州市，占全部城市数量的 0.9%。从空间分布来看，我国东部地区城市建成区面积 $4083km^2$，占全部城市的 43.5%；中部地区城市建成区面积 $3543km^2$，占全部城市的 37.7%；西部地区城市建成区面积 $1760.2km^2$，占全部城市的 18.8%；我国城市用地主要集中在东部和中部地区，北方城市用地面积大于南方城市，但城市用地总体分布较为均衡（图 2.11）。

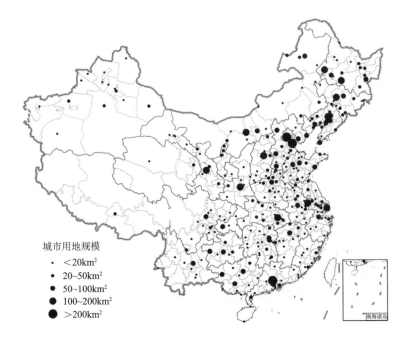

图 2.11 1985 年中国城市用地规模分布示意图

3. 1990 年中国城市用地规模的分布特征

1990 年年末，我国城市建成区面积增长到 12 855.7km^2，比 1985 年末增长 36.96%，净增 3469.5km^2。城市建成区面积小于 20km^2 的城市数量 278 个，占全部城市数量的 59.5%；面积在 20～50km^2 的城市数量 131 个，占全部城市数量的 28.1%；面积 50～100km^2 的城市数量 36 个，占全部城市数量的 7.7%；面积在 100～500km^2 的城市共 19 个，占全部城市数量的 10.3%；面积在 100～200 km^2 的城市共 19 个，占 4.1%；面积大于 200km^2 的城市共 3 个，占全部城市数量的 0.6%。从空间分布来看，我国东部地区城市建成区面积 5704km^2，占全部城市的 44.4%；中部地区城市建成区面积 5061km^2，占全部城市的 39.4%；西部地区城市建成区面积 2090.7km^2，占全部城市的 16.3%；与 1985 年相比，虽然用地规模总体在扩大，而且东部和中部所占比例有所提升，但城市用地规模的总体空间格局未发生显著变化（图 2.12）。

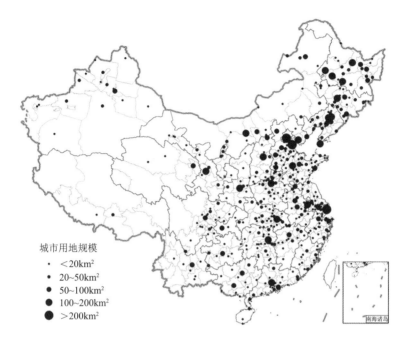

图 2.12 1990 年中国城市用地规模分布示意图

4. 2000 年中国城市用地规模的分布特征

2000 年年末，我国城市建成区面积快速增长到 22 439.3km²，比 1990 年末增长 74.5%，净增 9583.6km²。城市建成区面积小于 20km² 的城市数量 351 个，占全部城市数量的 52.9%；面积在 20~50km² 的城市数量 203 个，占全部城市数量的 30.6%；面积 50~100 km² 的城市数量 69 个，占全部城市数量的 10.4%；面积在 100~200 km² 的城市共 31 个，占 4.7%；面积大于 200km² 的城市共 9 个，包括上海、北京、广州、天津、重庆、大连、成都、沈阳、武汉、南京，占全部城市数量的 1.4%。从空间分布来看，我国东部地区城市建成区面积 10 998km²，占全部城市的 49.0%；中部地区城市建成区面积 7854km²，占全部城市的 35.0%，西部地区城市建成区面积 3587.3km²，占全部城市的 16.0%；与 1990 年相比，东部城市建成区面积所占比例进一步扩大，中部所占比例有所下降，西部所占比例基本持平，而且城市用地规模不断扩大使城市群发育明显（图 2.13）。

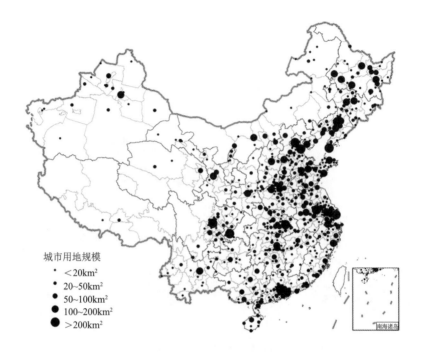

城市用地规模
· <20km²
· 20~50km²
● 50~100km²
● 100~200km²
● >200km²

南海诸岛

图 2.13   2000 年中国城市用地规模分布示意图

5. 2010 年中国城市用地规模的分布特征

2010 年我国城市建成区面积达 40 058km²，比 2000 年净增 17618.7km²，增长 78.5%。城市建成区面积小于 20km² 的城市数量 155 个，占全部城市数量的 23.6%，比 2000 年大幅减少；城市建成区面积在 20~50km² 的城市数量 294 个，占全部城市数量的 44.7%，比 2000 年大幅增加；面积 50~100km² 的城市数量 125 个，占全部城市数量的 19.0%，比 2000 年也大幅增加；面积在 100~200km² 的城市共 42 个，占全部城市数量的 6.4%，增长较快；面积大于 200km² 的城市共 41 个，占全部城市数量的 6.2%，也增长不少。从空间分布来看，我国东部沿海地区城市建成区面积 21 435km²，占全部城市的 53.5%，比 2000 年增加 4.5 个百分点；中部地区城市建成区面积 12 322km²，占全部城市的 30.8%，在 2000 年的基础上进一步下降 4.2 个百分点；西部地区城市建成区面积 6301km²，占全部城市的 15.7%，比 2000 年仅下降 0.3 个百分点；城市用地规模的不断扩大使得城市群发育更为明显（图 2.14）。

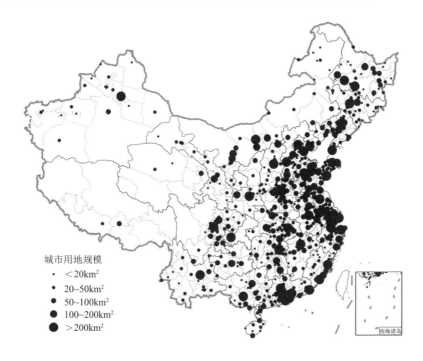

图 2.14 2010 年中国城市用地规模分布示意图

6. 中国城市用地规模重心的演变特征

根据中国历年所有城市的用地规模及重心测算模型，可知中国城市用地规模重心的轨迹移动方向为 1985~1990 年城市用地规模重心向东移动 64.9km；1990~2000 年重心向南发生一次跳跃式移动，距离 196.1km；2000~2010 年继续向南移动 66.5km。总体来看，中国城市用地重心也分布在河南、山东、安徽三省的交界附近，与城市人口分布重心及经济重心大体吻合，移动方向以"由北向南"移动趋势为主，"由西向东"移动趋势为辅，说明中国城市用地也主要集中在东中部，城市用地增长南方快于北方城市，东部城市快于西部城市（图 2.15 和表 2.9）。

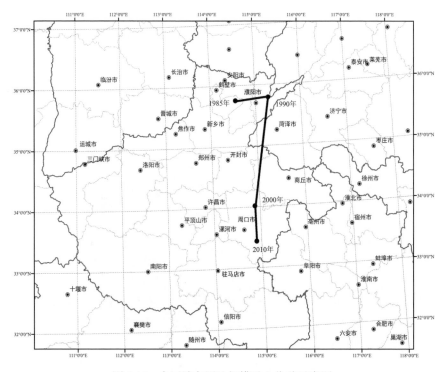

图 2.15   中国城市用地规模重心位移示意图

表 2.9   1985～2010 年中国用地规模重心位移表

年份	距离/km	速度/（km/a）	方向
1985～1990	64.9	12.9	北偏东 10°
1990～2000	196.1	19.6	南偏西 86°
2000～2010	66.5	6.6	南偏东 4°

二、中国城市空间形态的动态演变轨迹

新中国成立 60 余年来，由于中国城市人口规模、经济规模、用地规模等的不断扩张，中国城市空间分布形态也发生了巨大变化。首先直接表现在中国各主要城市在空间上不断扩张，并表现为不同的空间扩展模式；其次，由

于原有城市的不断扩张以及新设置城市的逐渐形成，中国城镇体系的空间结构"以点串线，以线带面"的空间格局不断完善；最终表现为我国城市间的网络联系不断增强，城市群不断发育，目前已形成了 20 个左右发育程度不一的城市群空间格局。

（一）中国主要城市的空间拓展模式

单个城市的空间拓展是全国城市体系空间结构形成和演变的基础。单个城市的空间拓展模式有各种各样的类型，如杨荣南和张雪莲将城市空间拓展模式归纳为集中型同心圆式密集向外拓展模式、沿主要对外交通轴线呈带状拓展的模式、跳跃式呈组团拓展模式和低密度连续蔓延拓展模式 4 种[2]；李雪英和孔令龙认为城市空间拓展包括增量拓展与原有城市空间存量更新重组两种方式，并将前一种拓展模式分为延续性拓展、跳跃性拓展两大类，将后一种拓展模式分为空间利用集约化和空间功能重组两大类[3]；许彦曦等认为，城市空间拓展根据几何形态法可分为散点式扩展、线形（带状）扩展、星形扩展、同心圆扩展等模式，根据非均衡法可分为轴线扩展（沿主要对外交通轴线带状扩展）模式、跳跃式组团扩展模式、低密度连续蔓延模式等[4]。总之，城市空间拓展模式在不同城市、不同阶段的现实表现往往非常复杂，任何具体模式几乎都无法全面概括，更多表现为各种模式组合在一起，最终决定城市空间形态。

改革开放以前，我国城镇化进程缓慢，城市空间扩展速度较慢。同时，由于受研究资料和研究手段的限制，对我国城市空间拓展的研究较少。改革开放后，尤其是 1990 年代中期以后，我国城镇化迅速推进，我国各大城市，尤其是东部沿海城市以及中西部的区域中心城市率先发展，城市空间扩张最为迅速。

例如，潘竟虎和韩文超通过遥感影像提取了 1990~2010 年中国 35 个省会及以上城市的建设用地信息，通过计算紧凑度和形状指数，研究城市扩张状况[5]，结果表明：从城市扩张速度来看，东部城市总体上扩张速度高于中部和西部，其中 4 个直辖市的扩张速度普遍高于其他城市；扩张速度相对较慢的城市多分布在华北和西北等重工业或河谷型城市；从空间形态变化上看，两时期 35 个城市的形状大都集中于正方形与矩形之间,只有少数城市形状为菱形、星形、"H"形或"X"形。

又如,周春山和叶昌东以全国 52 个特大城市为样本,利用各城市 1990～2008 年影像图、土地利用现状图等数据,运用空间计量、拓扑结构图示等方法对城市空间增长特征进行了分析[6],结果表明:1990 年以来中国特大城市空间在规模增长上表现出增长速度快且按人口规模等级顺序依次变缓,在要素增长上表现出新型化、多样化变化,在结构增长上出现带状化、多中心化转变,在形态增长上呈分散化、破碎化变化,城市空间增长方式以轴向式和跳跃式为主导,特别是 2000 年以来这种变化更加明显。李丽等也利用近 30 年来的遥感影像,对我国省会以上城市及其他 50 万人口以上共 135 个城市的主建成区进行动态监测,采用扩展面积、扩展强度、分维数、聚集度等指标分析城市扩展的规模、程度及形态等空间格局的变化[7],结果表明:我国 135 个城市以辐射型扩展为主,其次是方向型、跨越型和聚集型扩展,城市个数分别占 54%、37%、7% 和 2%;在空间分布上可以看出,辐射型扩展的城市集中分布在长江以北平原地区,方向型扩展的城市则集中分布在长江以南的地形条件复杂且多河流水系的区域;从区域扩展特点看,30 年的扩展速率的比较中,珠江三角洲>长江三角洲>京津冀地区>中部地区>西部地区>东北地区。

总而言之,新中国成立 60 余年来,尤其是改革开放 30 余年来,区位条件较好且等级规模较高的城市,由于其具有较好的人口和产业集聚能力,通过规模放大效应实现了较快的发展,因而使得在全国层面,整体表现出东部沿海地区大城市和特大城市迅速发展,中西部地区部分区域性中心城市(主要是省会城市)单中心发展的格局。

(二)新中国成立以来中国城镇体系空间结构的演变轨迹

新中国成立以来,中国区域空间结构及城镇体系空间结构发生了较大变化,尽管仍以"点轴"模式为主,但正在逐步向"网络化"模式迈进,已经呈现出"准网络化"的空间格局[8]。1984 年,陆大道提出了中国国土空间的"T"字形结构(由东部沿海地带为纵轴和长江中下游沿岸地带为横轴所构成的"T"字形结构)[9]。中国国土空间开发"T"字形结构被写入《全国国土总体规划纲要（1985—2000）》，该区域空间结构顺应了中国当时推行的沿海开放战略，并随着中国东部地区的率先发展以及长江中下游地区的快速开发在 1990 年代得以强化。21 世纪以来，伴随着西部大开发、东北振兴以及中部崛起战略的实施，中国区域和城市发展重心开始逐步从沿海向内地、从长江沿岸向外围扩展，使得"T"字形空间结构呈现出向不同方向的延伸与交错，学术界陆续出现了"开"字形、"弗"字形、"目"字形、菱形、"丰"字形、三纵四横、两横三纵等多种空间结构的形态构架，学术研究经历了从点轴系统向关注网络化空间结构的转化。随着我国各地区城市的竞相发展，中国不同地域的空间结构和城镇体系空间结构呈现出更加明显的差异[10]，即东部沿海地区已经步入区域空间结构和城镇体系空间结构演化的高级阶段，表现为多中心的网络化模式；中部地区还基本处于"点轴"系统发展阶段，呈现出极核集聚、按轴带拓展的空间模式；西部地区基本上停留在"极核式"发展阶段，极核集聚成为该地区主要的空间模式；东北地区处于"点轴"系统的成熟发展阶段，局部地区呈现出准网络化的空间发展特征；同时，京津冀、长三角、珠三角城市群均进入了多中心、网络化发展阶段，但发育程度仍然存在比较大的差异。

　　由于特大城市和超大城市是决定我国城市体系空间结构的最主要的节点，为了进一步抽象出中国城镇体系空间结构的演变过程，根据中国历年所有城市市辖区非农业人口规模，分别将 1985 年、1990 年、2000 年、2010 年市辖区非农业人口规模超过 100 万人和 200 万人的城市在图 2.16 和图 2.17 上分别进行展示。从图可知，1985 年和 1990 年之前，中国的特大城市仍以省会城市的极核发展为主，特大城市的分布总体上较为均衡；而到了 2000 年尤其是 2010 年之后，除中西部省会城市中特大城市数量继续增加之外，东部地区特大城市数量增加较快，除点轴系统进一步完善外，特大城市集群的现象在东部沿海地区尤为明显。

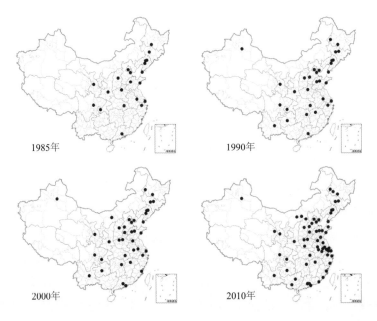

图 2.16 中国市辖区非农业人口 100 万以上城市空间分布的动态演变示意图

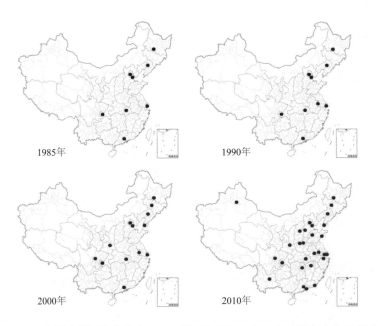

图 2.17 中国市辖区非农业人口 200 万以上城市空间分布的动态演变示意图

而从图 2.17 中进一步可以看出，1985 年引领我国区域发展的超大城市主要有上海、北京、天津、广州、武汉、重庆、沈阳、哈尔滨，这些超大城市基本构成了国家中心城市，是我国城镇体系发展主轴的核心节点，这时的城镇体系发展主轴主要是沿海发展轴和沿江发展轴组成的"T"字形结构；而到了 1990 年，超大城市仅增加了南京市，说明该时期我国城镇体系发展的主轴仍以沿海发展轴和沿江发展轴组成的"T"字形轴线组成；而到了 2000 年，超大城市又增加了长春市、大连市和西安市，此时东西向的陇海-兰新发展轴逐步发育；到了 2010 年，超大城市数量明显增多，以陆桥通道、沿长江通道为两条横轴，以沿海、京哈京广、包昆通道为三条纵轴，以珠三角、长三角、京津冀、山东半岛、成渝、北部湾、海西等城市群为依托的"两横三纵"的城市空间结构基本形成。

三、中国城市职能结构的动态演变轨迹

城市职能是指城市在国家和地区发展中承担的任务和作用，按城市成长的基础可分为基本职能和非基本职能两种[11]：①基本职能，也称为基本活动，凡是主要为本市以外地区提供货物和服务的活动及其相应的工业、商业、交通运输业、文化教育和科研、行政、旅游业，均为城市形成、发展的基本因素，并相应产生城市的基本职能，如全国性或地区性的工业企业、交通运输、行政机关、大专院校、文化和科研机构及重要名胜古迹等；②非基本职能，又称为非基本活动，主要是指为本市范围服务的活动，凡是由于城市形成、发展而建立的主要为本市提供货物和服务的活动及其相应的企业、事业，则属非基本因素，并相应产生城市的非基本职能，如服务性工业、商业、饮食业、服务业、市级以下行政机关和中小学等。城市职能随社会、经济、自然条件而变化。新中国成立以来，随着中国城市发展阶段、发展水平等的不同，城市职能结构也呈现出不同的演变轨迹。

（一）新中国成立初期至改革开放前中国城市职能结构分析

1949 年新中国成立初期，中国共有 130 多个县级以上城市，这些城市多

由封建统治的政治文化中心或殖民半殖民地经济中心演化而来，共同特点是生产能力低下，寄生性和消费性强[11]。新中国成立不久，快速的经济建设就沿用了历史上行政中心替代经济中心的国家经济管理体制，使得各级行政中心城市得到进一步加强。例如，省会城市是我国传统的地方政治、文化中心，各省（自治区）（包括自治区首府）便利用省级财政纷纷在省会及其周围发展钢铁、机械、农机、化工等工业部门，致使这类城市迅速发展起来；地区行署驻地一般多处在地区中心位置，具有与地区内各县（旗）交通方便的优势，同时再借助行政优势吸引和投资较多的建设项目，也必然发展成为具有综合性职能的地区政治、经济、文化中心；县城是县域的政治、文化中心，大多兴办了"五小工业"（小水泥、小钢铁、小水电、小化肥、小农机），因此也获得了较快的发展。同时，为发展生产，国家对部分城市产业结构进行了调整，上海等特大城市过剩的消费服务功能被转移到内地城市，其他城市也加强了生产性建设，城市工业生产加强。1950 年代后期，城市建设受"左倾"思想影响，城市的生产性功能进一步被强调，消费功能被进一步削弱或取缔，城市工业也进一步重工业化，形成畸形的产业结构；各城市之间也追求"大而全"、"小而全"，纷纷建立独立、完善的工业体系，以达到自我供给、自我平衡，导致城市功能单一、产业结构趋同[11]。

由于新中国成立初期至改革开放前我国总体处于工业化的起步阶段，我国经济发展重点始终放在能源、原材料工业之上，涌现了一大批矿业新城市，如煤矿城市、铁矿城市、有色金属采掘加工城市、石油城市等。同时，由于我国交通运输也获得了较快发展，初步形成了以铁路为骨干，公路、水运、航空为配合的全国交通运输体系，新型交通枢纽城市也得到了相应发展；甚至随着现代交通路线的形成，调整了部分省政府驻地，如河南省会由开封迁往郑州，河北省会由保定迁往天津、再迁往石家庄，吉林省会由吉林迁至长春，内蒙古自治区首府由张家口迁往呼和浩特，黑龙江省会由齐齐哈尔迁至哈尔滨[11]。

总而言之，新中国成立初期至改革开放前，我国经济社会发展水平总体较低，城市数量较少，城市的中心地职能和工业生产职能较为突出，而消费职能及高级服务职能的发挥不够。从城市职能的空间格局来看，由于该时期中国城市总体上处于以省会城市等为增长极的发展阶段，因此东中西部的城市职能的空间分异并不明显。

（二）改革开放 20 年内中国城市职能结构的空间演变特征

经过改革开放 20 年的持续快速发展，中国的城市数量由 1978 年的 193 个增加到 1990 年的 467 个和 2000 年的 663 个，不仅城市数量迅速增加，各城市规模也显著扩大，城市职能结构明显优化。在全国城市职能结构分类方面，周一星、许锋等曾做过系统的分类研究[12-13]。周一星等于 1997 年首次采用城市劳动力结构资料，将 1990 年 465 个城市（部分城市进行了归并）分为 4 个大类、14 个职能亚类和 47 个职能组，许锋等基于 2000 年第五次人口普查数据对全国 649 个县级以上城市（部分城市进行了归并）职能分类进行了系统探讨。根据他们的分类研究结果，我国 1990～2000 年城市职能结构的主要空间演变特征见表 2.10。

表 2.10　中国 1990～2000 年东、中、西三大地带具有某项职能城市的比例变化（单位：%）

年份	地区	采掘业	工业	建筑业	交通运输仓储邮电通信	批发零售贸易餐饮	国家机关政党社会团体	其他第三产业
1990	东部	17.68	59.11	43.65	38.67	40.88	23.20	30.39
	中部	25.14	65.50	32.75	35.09	49.70	36.26	40.94
	西部	26.55	31.86	48.67	61.19	39.82	57.52	60.18
2000	东部	17.44	65.48	49.47	29.54	36.65	31.32	32.38
	中部	34.36	33.04	22.03	53.30	49.34	61.23	63.00
	西部	32.62	18.44	48.94	56.03	59.57	53.19	66.67

资料来源：许峰等，2008；周一星等，1997。

从表 2.10 可以看出：①我国中、西部地区具有矿业职能城市的比例要高于东部地区，而且比例明显提高，而东部地区则略有下降，反映了我国矿产资源主要分布在中、西部地区的现实，也说明了我国中、西部城市的矿业职能在全国城镇体系中的地位有被强化的趋势。②我国中、西部地区具有工业职能的城市比例低于东部，而且比例明显下降，而东部地区则呈上升趋势，表明改革开放以后，我国东部地区城市的工业是以高层次的加工工业为主，而且东部地区城市的工业职能在全国城镇体系中的地位在不断强化。③我国中部地区具有建筑业职能的城市比例要明显低于东部和西部,而且比例降幅明显,东部地区略有上升,西部地区则基本保持稳定,说明我国东部、西部地区1990～2000年城市固定资产投资较多,房地产发展较快。④我国中、西部地区具有交通、通信职能城市的比例要高于东部地区,而且东部地区具有交通、通信职能的城市比例有所下降,这是因为中、西部地区城市密度小,路网密度也小,城市一般集中在几条核心发展轴线上,因此其交通区位优势更显突出,而东部地区交通、通信基础设施发达,对城市经济发展的作用有下降的趋势。⑤我国中、西部地区具有商贸、行政、其他第三产业职能城市的比例要高于东部地区,说明由于我国中、西部地区城市密度小,其需要辐射带动的区域范围更大;同时,西部地区具有商贸、其他第三产业职能的城市比例,中部地区具有行政、其他第三产业职能的城市比例,东部地区具有行政、其他第三产业职能的城市比例均有所提高,说明第三产业职能在全国三大地带中的地位均有被强化的趋势[12-13]。

总而言之,改革开放20年内,我国经济社会发展实现了前所未有的持续高速增长,工业化和城镇化高速推进。尤其是东部沿海地区,受惠于国家沿海先行开放战略的实施以及良好的国际投资环境,外资和外来企业实现了空前增长,城市数量迅速增加,城市的生产功能和服务功能都不断健全,我国东、中、西部的区域差距也逐渐显现。从城市职能的空间格局来看,该时期中国城市总体上处于"东部地区率先发展、城市生产功能不断强化,中西部地区稳步跟进、城市极核发展明显"的格局。

(三)2000年以来中国城市职能结构的新跨越及相对均衡发展格局的形成

2000年以来,随着西部大开发战略、东北地区等老工业基地振兴战略、促进中部地区崛起战略等的逐步实施,以及城市化道路方针的逐步调整,我国东、中、西部地区城市的发展均出现了新的变化。全国层面兼顾效率与公平、坚持科学发展的理念逐渐深入人心,东部地区更加注重城市经济发展的结构和质量,中西部地区主要城市在职能定位方面也瞄准了高端制造业和现代服务业,中国城市职能结构总体上更为优化,在空间布局上更为科学合理。

　　一方面,在国家区域发展战略方面,继沿海先行开放战略实施 20 年后,我国相继实施了西部大开发、东北地区等老工业基地振兴、中部崛起等战略,促进了区域相对均衡发展。1999 年 11 月,中央经济工作会议部署,抓住时机,着手实施西部地区大开发战略;2000 年 1 月,国务院西部地区开发领导小组召开西部地区开发会议,研究加快西部地区发展的基本思路和战略任务,部署实施西部大开发的重点工作;2000 年 10 月,中共十五届五中全会通过的《中共中央关于制定国民经济和社会发展第十个五年计划的建议》,把实施西部大开发、促进地区协调发展作为一项战略任务;2001 年 3 月,第九届全国人民代表大会第四次会议通过的《中华人民共和国国民经济和社会发展第十个五年计划纲要》对实施西部大开发战略再次进行了具体部署,提出实施西部大开发,就是要依托亚欧大陆桥、长江水道、西南出海通道等交通干线,发挥中心城市作用,以线串点,以点带面,逐步形成中国西部有特色的西陇海兰新线、长江上游、南(宁)贵、成昆(明)等跨行政区域的经济带。2002年 11 月,党的十六大提出"支持东北地区等老工业基地加快调整和改造,支持资源开采型城市发展接续产业";2003 年 3 月,《国务院政府工作报告》提出了支持东北地区等老工业基地加快调整和改造的思路;2003 年 10 月,中共中央、国务院下发了《关于实施东北地区等老工业基地振兴战略的若干意见》,明确了实施振兴战略的指导思想、方针任务和政策措施,正式拉开了东北地区等老工业基地振兴的序幕。2004 年 3 月,温家宝总理在政府工作报告中,首次明确提出促进中部地区崛起,引起中部省份极大关注;2004 年 12月,中央经济工作会议再次提到促进中部地区崛起;2005 年 3 月,温家宝总理在政府工作报告中再次提出抓紧研究制定促进中部地区崛起的规划和措施,充分发挥中部地区的区位优势和综合经济优势;2006 年 4 月,国务院出台了《关于促进中部地区崛起的若干意见》,出台了 36 条政策措施,提出要把中部建成全国重要的粮食生产基地、能源原材料基地、现代装备制造及高技术产业基地以及综合交通运输枢纽。

　　另一方面,我国"十五"到"十二五"期间,协调发展的城镇化道路方针以及产业结构优化升级的方向也逐步得到确立,促进了我国不同类型和不同区域城市的协调发展以及城市职能结构的优化。2000 年 10 月,《中共中央关于制定国民经济和社会发展第十个五年计划的建议》中提出:"十五"期间(2001~2005 年),在着重发展小城镇的同时,应积极发展中小城市,完善区域性中心城市功能,发挥大城市的辐射带动作用,提高各类城市的规划、建设和综合管理水平,走出一条符合我国国情,大中小城市和小城镇协调发展的城市化道路;要坚持在发展中推进经济结构调整,在经济结构调整中保持快速发展,经济结构战略性调整的主要任务是优化产业结构,全面提高农业、工业、服务业的水平和效益,合理调整生产力布局,促进地区经济协调发展,逐步推进城镇化,努力实现城乡经济良性互动,着力改善基础设施和生态环境,实现可持续发展。2005 年 10 月,《中共中央关于制定国民经济和社会发展第十一个五年规划的建议》提出:"十一五"期间(2006~2010 年),要促进城市化健康发展,坚持大中小城市和小城镇协调发展,提高城镇综合承载能力,按照循序渐进、节约土地、集约发展、合理布局的原则,积极稳妥地推进城市化;要推进产业结构优化升级,以自主创新提升产业技术水平,加快发展先进制造业,提高重大技术装备国产化水平,大力发展信息、生物、新材料、新能源、航空航天等产业,大力发展金融、保险、物流、信息和法律服务等现代服务业,积极发展文化、旅游、社区服务等需求潜力大的产业,运用现代经营方式和信息技术改造提升传统服务业,大城市要把发展服务业放在优先位置,有条件的要逐步形成服务经济为主的产业结构。2010 年 10 月,《中共中央关于制定国民经济和社会发展第十二个五年规划的建议》提出:"十二五"期间(2011~2015 年),要坚持走中国特色城镇化道路,完善城市化布局和形态,按照统筹规划、合理布局、完善功能、以大带小的原则,遵循城市发展客观规律,以大城市为依托,以中小城市为重点,逐步形成辐射作用大的城市群,促进大中小城市和小城镇协调发展,要科学规划城市群内各城市功能定位和产业布局,缓解特大城市中心城区压力,强化中小城市产业功能,增强小城镇公共服务和居住功能,推进大中小城市交通、通信、供电、供排水等基础设施一体化建设和网络化发展;要坚持走中国特色新型工业化道路,根据科技进步新趋势,发挥我国产业在全球经济中的比较优势,发展结构优化、技术先进、清洁安全、附加值高、吸纳就业能力强的现代产业体系，重点要改造提升制造业，培育发展战略性新兴产业，加快发展服务业，把推动服务业大发展作为产业结构优化升级的战略重点，推动特大城市形成以服务经济为主的产业结构。

总而言之，2000年以来，由于我国实施了区域均衡发展的战略，而且工业化、城镇化、信息化以及经济社会发展进入了前所未有的新阶段，我国东、中、西部的城市均得到长足发展，城市职能结构不断优化：大部分特大城市（尤其是东部沿海地区）由生产中心向服务中心转变；以服务业职能为主的城市一般化职能开始分化，高端服务业职能逐步由一般化职能转变为专业化职能，并且向城市群的中心城市集中；工业制造业职能也向先进制造业方向迈进，同时出现由东部沿海城市向中西部城市梯度转移的趋势。

四、中国城市发展空间格局演变的阶段性特征

根据新中国成立60余年来的城市发展空间格局的演变轨迹(包括中国城市规模结构演变轨迹、城市空间形态演变轨迹、城市职能结构演变轨迹)及其分析，总体上可将我国城市发展空间格局的演变划分为三个阶段，即1949～1978年的分散式布局与低水平均衡发展阶段，1979～2000年的集中式布局与非均衡发展阶段，2000年以来"两横三纵"城市网络体系的形成及高水平均衡发展阶段。

（一）1949～1978年的分散式布局与低水平均衡发展阶段

新中国成立初期至改革开放前，我国社会经济发展水平较低，同时受当时国内外政治安全因素以及社会意识形态等的影响，我国经济发展和城镇化经历了曲折的进程。总体来看，该时期区域发展主要体现在沿海和内地的差异上，但该时期实施了平衡发展战略，注重平衡发展和国防安全，以社会主义公平为重心，在内地"三线地区"[包括四川、贵州、云南、陕西、甘肃、宁夏、青海等西部省（自治区）及山西、河南、湖南、湖北、广东、广西等省（自治区）的后方地区]进行了大规模的工业建设，导致我国沿海地区原来基础较好的城市并未拉开与内地城市的差距，因此总体上形成分散布局与低

水平均衡发展的空间格局。

在该阶段，我国城市化先后历经了"一五"时期项目带动的自由城市化道路，"二五"时期盲进盲降的无序城市化道路，"三五"、"四五"时期动荡萧条的停滞城市化道路[14]。1953～1957 年的"一五"期间，国家有计划地改变工业布局，把沿海工业密集工厂内迁至西北、西南边疆地区，苏联援助的 156 个项目有一半安排在东北地区。大批职工及家属响应大规模建设需要而随迁，同时大量农民进入矿山工厂，先后建成以鞍钢为中心的东北工业基地、以武钢为中心的华中工业基地、以包钢为中心的华北工业基地，奠定了我国重工业基础。此外，山东、河北等人口稠密地区的农民集体移民边疆开荒垦殖。上述城镇化过程促进了我国东北及中西部地区城市的发展，一定程度上缩小了我国内地与沿海地区的差距。1958～1962 年的"二五"期间，"二五"计划在制定和执行中出现了严重的冒进倾向，"大跃进"运动使中国经济陷入全面萎缩，城市化也进入反反复复、升降无常的大起大落时期。1966～1975 年的"三五"和"四五"期间，也是"文化大革命"的十年浩劫时期，工农业生产停滞不前，经济发展严重受损，1968 年开始的"上山下乡"运动，使大批城市人口下放到农村，城市人口比例逐年降低，城市化道路停滞不前，加之国际局势日益恶化，更多的人力和物力撤离城市，投入到"三线建设"中，我国城市呈现分散式布局与低水平均衡发展格局。

（二）1979～2000 年的集中式布局与非均衡发展阶段

改革开放至西部大开发之前，我国社会经济逐步迈入了高速发展的轨道，城市获得了空前的大发展。由于该时期实施了沿海先行开放战略，一切以经济发展为中心，注重经济效率，目的是使一部分地区先富起来，并希望这些地区和城市（中心地区和重点城市）能够产生一定的示范效应，进而带动其他地区和城市的发展，因此，我国城市与区域发展战略的重心及空间格局则相应体现为由东向西、由沿海到内陆的调整和转移，东中西非平衡发展现象突出，导致我国沿海地区城市迅速增加，大城市和特大城市也是国内外投资建设的重点，因此总体上形成东部沿海地区及特大城市周边地区集中式布局与非均衡发展的城市发展空间格局。

在该阶段，经历了"五五"计划时期（1976～1980 年）的调整恢复之后，我国先后经历了"六五"时期抓小控大的农村城市化道路，"七五"、"八五"时期大中小并举的多元城市化道路，"九五"时期大中小并举的健康城市化道路[14]。1978 年十一届三中全会是中国经济社会各项事业发展历程的重要里程碑，此次会议通过了改革开放的决定，非均衡发展的理念开始形成，继 1979 年国务院批准广东、福建两省关于对外经济活动实行特殊政策和灵活措施的两个报告之后，1980 年决定在深圳、珠海、汕头和厦门设立经济特区。1984 年 4 月，国务院决定开放 14 个沿海城市和海南岛。1985 年 2 月，长江三角洲、珠江三角洲和厦漳泉三角地区被开辟为沿海经济开放区。总之，1981～1985 年的"六五"期间，我国开始实施不平衡发展战略，重点产业布局向沿海倾斜，沿海开放程度不断扩大，沿海率先开放的决策框架初步形成。而 1986～1995 年的"七五"、"八五"期间，我国明确提出了"控制大城市规模，合理发展中等城市，积极发展小城市"的城市发展方针，有力地推动了中小城市和小城镇的发展；同时，"东部优先发展、中部重点城市发展、西部积极准备"的效率优先及不平衡发展战略进一步被强化，沿海对外开放政策一步步深化，对外开放的范围和规模进一步扩大，形成了由沿海到内地、由一般加工工业到基础工业和基础设施的总体开放格局，以上海浦东为龙头的长江地区的开发开放，成为"八五"期间对外开放区域布局的一项重要举措，中国对外开放的县市超过 1100 个，兴办了一大批经济开发区和 13 个保税区。1996～2000 年的"九五"期间，我国开始采取非均衡协调发展战略，强调在注重效率的同时兼顾公平，大中小城市和小城镇协调发展，梯度推移引导地区经济协调发展，提高东部经济活力，加强东中西合作，但总体看，我国东中西部的非均衡发展进一步扩大，形成了东部沿海地区及特大城市周边地区集中式布局与非均衡发展的城市发展空间格局。

（三）2000 年以来"两横三纵"城市网络体系形成及高水平均衡发展阶段

进入 21 世纪的"十五"至"十二五"期间，我国开始实施区域均衡协调发展战略和"大中小城市和小城镇协调发展"的城市化战略，逐步树立并完善了科学发展观与"五个统筹"的基本思想，相继实施了西部大开发、东北地区等老工业基地振兴、中部崛起等战略，促进了区域相对均衡发展，我国"两横三纵"城市网络体系初步形成，城市发展空间格局进入了较高水平的均衡发展阶段。

2001～2005 年的"十五"期间，我国实施了相对均衡促进协调发展战略，注重效率兼顾公平，促进了东部创新，并辐射带动中西部发展。2000 年正式实施西部大开发战略，加快西部地区发展；2003 年正式实施东北地区等老工业基地振兴战略，促进东北地区发展；2004 年首次明确提出促进中部地区崛起，并在随后两年正式上升为国家发展战略。在此期间，"大中小城市和小城镇协调发展"的城市化思想上升到国家的战略高度，极大促进了我国城镇体系的发育和城市网络的形成，以"长三角"、"珠三角"和"京津冀"为代表的若干城镇群基本形成，成为城市化发展的新趋势。2006～2010 年的"十一五"期间，区域均衡协调互动发展战略进一步被强化，而且更加注重公平发展，并明确确定不同区域的主体功能，明确优化开发、重点开发、限制开发、禁止开发的空间布局。2007 年 10 月，中共中央召开党的第十七次全国代表大会，胡锦涛同志在大会上做了"高举中国特色社会主义伟大旗帜，为夺取全面建设小康社会新胜利而奋斗"的重要报告，再次明确提出，要"走中国特色城镇化道路，按照统筹城乡、布局合理、节约土地、功能完善、以大带小的原则，促进大中小城市和小城镇协调发展。以增强综合承载能力为重点，以特大城市为依托，形成辐射作用大的城市群，培育新的经济增长极"。由此可见，"十一五"时期我国城市化的发展在引导农村人口向大中小城市和小城镇转变的同时，开始关注几年来快速城市化过程中出现的资源环境问题，由单纯注重量的提高转向更加追求城市化质量的提升。2011～2015 年的"十二五"期间，区域均衡协调发展的思想上升到一个更高更新的层次，2010 年 10 月发布的《中共中央关于制定国民经济和社会发展第十二个五年规划的建议》提出实施区域发展总体战略和主体功能区战略，构筑区域经济优势互补、主体功能定位清晰、国土空间高效利用、人与自然和谐相处的区域发展格局，逐步实现不同区域基本公共服务均等化，坚持走中国特色城镇化道路，科学制定城镇化发展规划，促进城镇化健康发展。2012 年 11 月胡锦涛同志在中国共产党第十八次全国代表大会上的报告、2013 年 11 月中国共产党第十八届中央委员会第三次全体会议通过的《中共中央关于全面深化改革若干重大问题的决定》以及 2014 年 3 月中共中央和国务院印发的《国家新型城镇化规划（2014－2020 年）》等重要文件，都对上述思想进行了深化和进一步明确。总而言之，由于 2000 年以来我国东中西部的均衡发展战略以及健康城镇化战略的实施，促进了我国东中西部城市的协调与互动发展，城市群逐渐发育，城市间的网络体系逐渐形成，全国层面形成了较高水平的均衡发展空间格局。

第二节　中国城市发展空间格局演变的
全球因素及作用机制

　　全球化和全球变化是当代世界发展的重要特征与重要趋势，但它对每个国家和城市来说，都是一柄双刃剑，既是机遇，又是挑战。在全球化和全球变化背景下，中国同其他国家之间，以及中国城市与其他国家城市之间，在经济上和生态环境保护方面水乳交融，你中有我，我中有你，利益交汇，荣损与俱。因此，全球性影响因素是中国城市发展空间格局演变的不得不考虑的外部动力，主要包括外商直接投资（foreign direct investment，FDI）、全球生产网络与跨国公司分布、全球信息化、高新技术引进、全球气候与环境变化等。全球性因素已经渗透到我国经济社会发展的方方面面，并对中国城市发展空间格局的形成与演变产生日益重要的影响。因此，要构建科学合理的中国城市发展空间格局，必须充分考虑中国城市发展空间格局演变的全球性因素。

一、经济全球化中 FDI 对中国城市发展空间格局的影响

　　经济全球化是当代世界经济的重要特征之一，是世界经济发展的重要趋势，主要表现为贸易全球化、投资全球化、金融全球化和跨国公司生产经营

全球化等。通过经济全球化，各种生产要素及相关产品和服务可以在全球范围内自由流动，进而可以实现最佳配置。其中，外商直接投资（FDI）是反映一个国家或一个城市经济全球化的主要指标。改革开放以来，正是由于外商直接投资的不断扩大及其梯度转移，大大加快了我国经济全球化进程，同时也对我国城市发展空间格局产生了举足轻重的影响。

（一）新中国成立以来中国经济全球化进程的总体特征与发展阶段划分

经济全球化是生产要素在全球范围内广泛流动，生产过程和服务所涉及的地域不断向全世界扩展，从而使世界各国经济相互依赖性增强的过程[15]。新中国成立60余年来，我国经济全球化进程呈现出如下特征：①经济全球化步伐不断加快。1949～1978年进出口总额年均增长11.4%，1978～2013年年均增长16.9%；外贸依存度由1978年的9.8%提高至2006年的65.2%，之后有所下降，至2013年为46%。②通过参与国际分工促进了经济与就业发展，推动了我国工业化和城市化进程。③由于外商投资集中于经济发达、基础设施较好的地区，从而拉大了区域差异[16]。④由于我国外贸出口主要依赖资源型和劳动密集型产品，因而对于我国的资源环境造成了巨大压力，并在一定程度上影响了我国未来的可持续发展。

在发展经济学的一般理论中，资本不足是发展中国家经济增长的重要制约因素，而外商直接投资能突破储蓄的约束、外汇的约束，外商直接投资会增加资本的供给，推动投资增加，促进经济增长。魏后凯等国内外学者的研究结果表明，1990年代以来，我国东部发达地区与西部落后地区之间GDP增长率的差异，大约有90%是由外商投资引起，FDI已经是中国投资的重要来源，对中国经济的重要性不断提高[17]。由于新中国成立初期至改革开放前，我国外商直接投资基本处于空白，因此我国实际利用外资从1978年后才逐渐增多。根据图2.18，可将我国FDI及经济全球化进程划分为4个阶段：

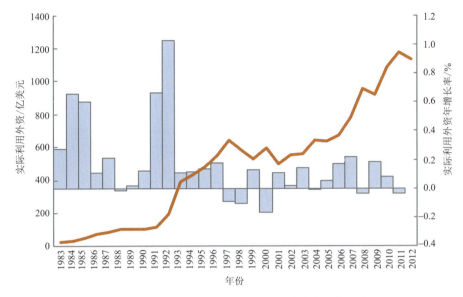

图 2.18　1983～2012 年中国实际利用外资变化趋势示意图

（1）1978～1991 年的起步阶段。我国实际利用外资年均增长约 22.6%，由 1983 年的 23 亿美元增加到 1991 年的 116 亿美元，虽然增长速度较快，但总体规模尚小。

（2）1992～1997 年的快速发展阶段。我国实际利用外资年均增长 27.4%，实际利用外资由 1992 年的 192 亿美元增加到 1997 年的 644 亿美元，不仅增速快，且也具备了较大规模。

（3）1998～2005 年的波动停滞阶段。由于受到亚洲金融危机、非典等因素影响，我国实际利用外资增长呈现出较强的波动趋势，到 2005 年为 638 亿美元，尚未达到 1997 年水平。

（4）2006～2012 年的波动发展阶段。虽然我国实际利用外资在 2008 年和 2012 年由于金融危机有所下滑，但整体仍呈现出高速增长趋势，年均增长 9.1%，由 2006 年的 671 亿美元增至 2012 年的 1133 亿美元，吸收外资在全球排名第二，已连续 21 年保持发展中国家首位。

（二）1980 年以来中国 FDI 的时空演变格局

由于新中国成立初期至改革开放以前，我国的外商直接投资基本处于空白，而且改革开放初期外商直接投资总量均较小，因此采用我国各地级市1985 年以来实际利用外资数据，对我国 FDI 的时空演变格局进行分析，具体演变过程见图 2.19。

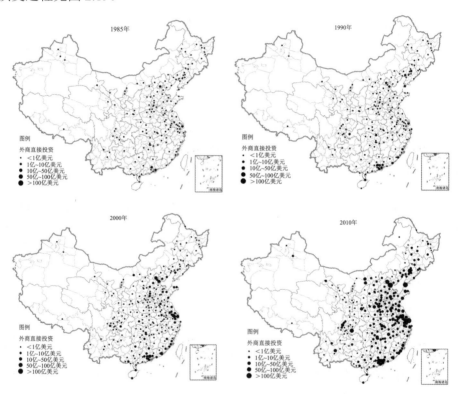

图 2.19   中国地级以上城市外商直接投资空间分布的动态演变示意图

从图可知，1985 年我国各城市外商直接投资均处于起步阶段，全国仅有深圳、广州、北京及上海吸纳外商直接投资在 1 亿美元以上。其中，深圳以3.29 亿美元居首；高于 5000 万美元的有珠海、佛山、厦门及天津，其余城市吸纳外资水平均在 5000 万美元以下。此时期我国处于改革开放初期，外商直接投资在很大程度上受到政策作用，因而沿海首批开放城市表现较为突出，吸纳外商直接投资最多的城市大都位于珠三角城市群，这与其处于改革开放前沿地带且临近香港密不可分。

1990 年，我国外商直接投资开始初具规模，上海取代深圳成为吸纳外商直接投资最多的城市，达到 7.8 亿美元，全国共有 18 个城市吸纳外商直接投资在 1 亿美元以上；吸纳外资在 5000 万美元到 1 亿美元之间的有武汉、宁波、江门等 13 个城市，其余城市吸纳外资水平均在 5000 万美元以下。吸纳外商投资最多的城市大都为沿海和沿江开放城市，珠三角城市群仍然为吸纳外商直接投资最为集中的地区，同时辽中南、京津、长三角城市群也有较快增长。此外，中部的岳阳市和西部的重庆市表现也较为突出。可见，随着我国改革开放的推进，外商直接投资呈现出由南向北、由沿海向内陆逐步推进的空间格局。

2000 年，虽受到 1997 年亚洲金融危机影响，我国外商直接投资仍有较大幅提升。其中，上海仍为吸纳外商直接投资最多的城市，达到 31.6 亿美元，全国共有 11 个城市吸纳外商直接投资在 10 亿美元以上，吸纳外商直接投资在 1 亿美元到 10 亿美元之间的城市为 59 个，其余城市吸纳外资水平均在 1 亿美元以下。外商直接投资仍然呈现出由南向北、由沿海向内陆逐步推进的空间格局，并表现出强烈的空间集聚性，长三角、珠三角、京津冀城市群表现突出，其中长三角城市群取代珠三角城市群成为全国吸纳外商直接投资最集中的区域；此外，中西部地区区域中心城市也有较快增长。

2010 年，我国外商直接投资有了进一步发展，上海仍为吸纳外商直接投资最多的城市，达到 111.21 亿美元，其后依次为天津、大连，吸纳外商直接投资分别达到 110.59 亿、100.30 亿美元，三个城市吸纳外商直接投资均在百亿美元以上，吸纳外商直接投资在 10 亿美元到 100 亿美元之间的城市为 43 个，吸纳外商直接投资在 1 亿美元到 10 亿美元之间的城市为 140 个，其余城市吸纳外资水平均在 1 亿美元以下。外商直接投资仍然呈现出沿海高于内陆、中心城市高于一般城市的空间格局，并表现出强烈的空间集聚性，与 2000 年相比，除长三角、珠三角、京津冀城市群仍然表现突出外，辽宁半岛城市群、中原城市群、长江中游城市群、成渝城市群、海峡西岸城市群表现也较为突出，其中长三角地区依然是全国吸纳外商直接投资最集中的区域。

总体而言，1980 年以来，外商直接投资在我国城市的发展过程表现出距离衰减、等级扩散及局部空间集聚等多重特征，呈现出从沿海向内地不断衰减，由大城市向中小城市不断降低，在城市群地区不断积聚的特点。

（三）中国经济全球化中 FDI 对城市发展空间格局的影响机制

经济全球化背景下外商直接投资对我国城市发展与空间格局演变产生了深远的影响（图 2.20）。由于我国在改革开放初期，各个城市经济社会发展基础均较为薄弱，地方财政收入和社会资本均较少，支柱产业的发展壮大、产业集群的培育、城市公共基础设施的完善都亟须资金支持，因此外商直接投资为城市的起飞创造了极为重要的条件。在该阶段，外商直接投资的规模主要取决于该城市的区域发展政策，当然区域发展政策的制定主要是考虑该城市的地理区位条件、资源禀赋、经济社会发展基础、历史及行政因素等。总之，对于一个城市而言，能否吸引外商直接投资以融入经济全球化，直接决定了该城市能否积累原始资本进而不断发展壮大并形成"滚雪球"式的良性循环局面，亦即 FDI 在进入一个特殊政策地区时，会受到现有城镇规模结构体系的影响，一般倾向于进入规模等级较高的城市；而在其进入之后又会对城镇规模结构体系产生深远作用，经济全球化程度较高、吸纳 FDI 较多的城市往往发展较好，且具有更强的国际竞争力。

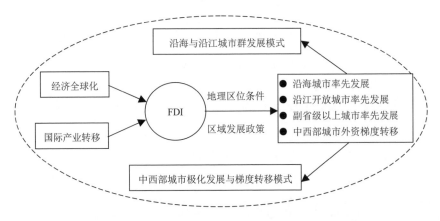

图 2.20　中国经济全球化中 FDI 对城市空间格局的影响示意图

联系我国发展实际情况，在改革开放初期，东部沿海中心城市作为先行地区吸纳外商直接投资，承接国外产业转移，推动了自身工业化和城市化发展，进而带动周边城市发展，从而在沿海地区先后极大促进了以广州—深圳为核心的珠三角城市群、上海为核心的长三角城市群、以北京—天津为核心的京津冀城市群的发展，同时辽中南城市群、山东半岛城市群、海峡西岸城市群等东部沿海城市群也不断发育。随着沿海沿江开放得不断深入，沿长江地区以及中西部地区的中心城市参与经济全球化程度也不断加深，进而使成渝城市群、长江中游城市群、中原城市群、关中城市群等众多中西部地区城市群也开始壮大。尤其是进入 21 世纪以来，经济全球化得到了空前发展，现已发展成为以科技革命和信息技术发展为先导，涵盖了生产、贸易、金融和投资各个领域，囊括了世界经济和与世界经济相联系的各个方面及全部过程，主要表现为国际分工从过去以垂直分工为主发展到以水平分工为主的一个新阶段；世界贸易增长迅猛和多边贸易体制开始形成；国际资本流动达到空前规模，金融国际化进程不断加快。FDI 作为经济全球化的主要动力，不断促进城市产业结构升级、人口就业结构转变、土地利用结构转换，并在我国东、中、西部地区开始梯度转移。

二、全球生产网络与跨国公司对中国城市发展空间格局的影响

全球生产网络是指跨国公司将产品价值链分割为若干个独立的模块，每个模块在全球范围内分别置于能够以最低成本完成生产的国家和地区，进而形成的多个国家参与产品价值链的不同阶段的国际分工体系。全球生产网络也是经济全球化的重要表现之一。改革开放以来，正是由于全球生产网络逐渐向中国延伸，许多跨国企业在我国各大城市纷纷落户，不仅带来了外商直接投资，而且带来了产业技术、高端人才、现代化管理、对外贸易等，使我国成为世界最大的"制造工厂"，大大加快了我国工业化和城市化进程，对我国城市发展空间格局产生了重大影响。

（一）全球生产网络的形成过程与主要特征分析

全球生产网络的形成与跨国公司的发展密不可分。随着贸易壁垒降低、

技术进步使得运输成本大幅降低及促进国外投资的政策等综合作用下，以跨国公司为主导，在追求利益最大化的驱使下，根据各国家和地区的要素、资源禀赋特点将其配置在同一商品链或价值链的不同环节上，形成了以全球生产网络为纽带的国际一体化生产体系。一般而言，发展中国家多被配置在劳动密集型生产环节，而发达国家则多配置在设计、品牌、营销等环节上[18]。总体而言，全球生产网络正处于迅速发展中，并主要呈现出以下特征。

1. 全球生产网络处于快速扩张时期

由于全球生产网络意味着产品在全球范围的流动，因而可由全球商品贸易额反映全球生产网络发展状况。1980～2011 年，全球货物贸易额由 1.94亿美元增长到 18.10 亿美元，年均增长 7.73%，远高于同期全世界 GDP 增长率，其中工业制品贸易额增长了接近 6 倍，在各类型商品中增速排名第一[19]。全球工业制品贸易额的快速增长反映出全球生产网络正处于快速扩张时期，即使受到 2008 年全球金融危机冲击，这种趋势也并未改变。

2. 发展中国家在全球生产网络中地位提升

1980 年出口额占世界比例最高的国家及地区分别为欧盟（37%）、美国（11%）与日本（6%），但 2011 年比例最高的分别为欧盟（30%）、中国（11%）与美国（8%）；进口额占世界比例最高的国家及地区则由 1980 年的欧盟（41%）、美国（12%）与日本（7%）变化为 2011 年的欧盟（30%）、美国（13%）与中国（10%）。欧盟、美国与日本等发达国家和地区所占份额均有下降。而发展中国家进口额占世界比例由 1980 年的 29%增加到 2011 年的 42%，出口额占世界比例由 34%增加到 47%。可见发展中国家在全球生产网络中的地位有了较大提升，最典型的为中国，出口额占世界比例由 1980 年的 1%增加到 2011 年的 11%，进口额占世界比例由 1%增加到 10%[19]。

3. 不同发展中国家参与全球生产网络程度迥异

虽然发展中国家整体在全球生产网络中的地位有所提升，但不同发展中国家参与程度迥异。鲁邦旺根据零部件进出口份额认为[20]，参与到全球生产网络中的发展中国家大部分集中在东南亚地区，如中国（包括香港）、马来西亚、墨西哥、菲律宾和泰国，这些国家与主要发达国家均有密切联系，而其他国家和地区由于与发达国家联系较弱，在全球生产网络中处于被边缘化的地位，以非洲最为典型。

4. 不同产业参与全球生产网络程度迥异

由于全球生产网络涉及零部件在全球的运输，因而体积小、质量轻、附加值高的产业参与全球生产网络的程度更高。总体而言，电子信息、机械产业是全球生产网络的主导行业，同时，服务业在全球生产网络中的地位也越来越重要，典型的如批发零售、金融等行业，在全球范围内均得到了快速发展。上述产业更需要并最有可能在全球范围内重新组织与布局，以适应不断变化的经济全球化进程。

（二）新中国成立以来跨国公司在中国的时空变化特征分析

跨国公司作为全球生产网络的主导力量，其拥有的资本、技术与管理优势能在很大程度上促进城市发展。改革开放以来，跨国公司进入中国的广度和深度不断加大，进入行业由电子信息产业扩展至仪器仪表制造、纺织服装等制造业行业及批发零售、物流等服务业行业，进入城市也由最初的北京、上海等一线城市扩展到其他区域中心城市再到区域次中心城市。同时，跨国公司在中国的业务范围也有了长足拓展。以微软中国为例，自1992年进入中国设立北京代表处以来，其在中国的发展大致可分为三个阶段：1992~1995年主要为市场销售与服务；1995~1999年相继成立了微软中国研究开发中心（北京）、微软全球技术支持中心（上海）和微软亚洲研究院（北京），微软中国成为微软在美国总部以外功能最为完备的子公司；1999年以后微软发展进入新阶段，其在中国业务的广度和深度都有了较快发展，目前已经形成了以北京、上海及深圳三大主要基地以及广州、成都、南京、沈阳、武汉、福州、青岛、杭州、重庆、西安等研发与销售分支结构的空间组织体系。尤其是2001年12月中国正式加入WTO后，全球的跨国公司也加紧了进入中国市场的步伐，跨国公司总部及其分支机构在中国各大、中、小城市蓬勃发展。根据贺灿飞等基于1979~2008年电子信息和医药化工产业的全球500强跨国公司在华功能区位的研究（图2.21），可知跨国公司在中国主要呈现出以下时

空变化特征[21]:

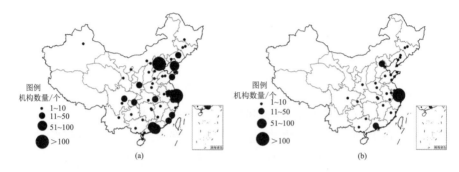

图 2.21　全球 500 强跨国公司在华空间格局[21]

（a）电子信息行业；（b）医药化工行业

（1）跨国公司在华发展具有渐进式的时间扩张特征。第一阶段为 1979～1991 年，中国尝试开放国门，走市场化道路，期间政策多有反复，跨国公司多为试探性投资，进入企业较少；第二阶段为 1992～2001 年，中国实行全方位的开放政策，并加快建立社会主义市场经济，制度和政策倾向于鼓励外商直接投资，跨国公司经过前一阶段的知识和信息的积累，开始加速对华扩张；第三阶段为 2001 年中国加入 WTO 后，中国市场更加开放，政策更为宽松，跨国公司新增分支机构稳步增加，越来越多的企业开始重视中国的巨大市场，并在投资结构上不断调整，强调高端功能在中国的布局。

（2）跨国公司在华发展具有渐进式的空间扩张特征。总体是按照中国城市对外开放的步骤和外资渐进式进入中国的特征，跨国公司及分支机构首先集聚在首位城市、高行政级别城市以及开放时间早的城市，与中国的城市体系高度吻合；跨国公司倾向于在已有投资的城市追加投资，来自同一母国的跨国公司更有可能共聚在相同城市；总部和商务功能聚集在一线城市如北京、上海，生产功能布局于省会和一线城市周边地区，研发功能追随生产功能的分布。但随着我国逐步开放和优惠政策的普及，早期的政策性区域如经济特区优势不再明显，跨国公司内集聚或者跨公司集聚效应较制度优势更为重要，因此珠三角、长三角以及京津冀都市圈集中了绝大多数跨国公司的分支机构。

（三）全球生产网络与跨国公司对中国城市发展空间格局的影响机制

全球生产网络与跨国公司对中国城市发展空间格局的影响机制与外商直接投资较为相似，但其所起的作用不完全局限于外商直接投资，还通过推动城市现代产业升级、引发城市科技创新与革命、促进城市现代企业管理等多种途径促进各类城市发展，最终形成跨国公司总部及分支机构在北京、上海、广州（深圳）等国家中心城市及所在三大城市群集聚发展的模式，以及在我国中西部中心城市极化发展的模式，并进一步强化了这些城市和所在城市群在国家的战略地位（图 2.22）。

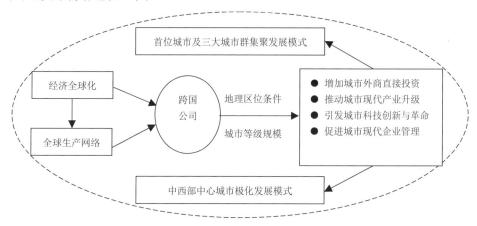

图 2.22 全球生产网络与跨国公司对中国城市空间格局的影响示意图

首先，在利益最大化的驱使下，跨国公司在全球重新分配其生产价值链，各地区凭借其资源禀赋参与生产价值链中的一环或几环，从而推动经济增长和城市发展。具体在我国而言，跨国公司的区位选择不仅主要趋向于东部沿海开放和政策更为优惠的地区，而且还主要趋向于国家或区域性的中心城市，亦即跨国公司一般在地理区位条件（区域政策条件）、城市等级规模条件（城市社会经济发展基础）之间寻求平衡。当然，上述条件在我国一般具有空间上的一致性。总之，跨国公司功能集聚在中国城市体系的高端城市，如北京、上海、广州、深圳等顶级城市，并强化了顶级城市的领导力、聚集力和辐射功能，使得中心城市之间的联系不断增强，强化了原有城市体系并使得整个城市体系趋于极化。

其次，跨国公司的作用远不止于提供了我国经济发展亟须的资金，更重要的是跨国公司对中国现代产业的建立提供了强大的推动力，从而有助于提高劳动效率，催生现代产业，促进城市产业的升级换代，从整体上提升我国各类城市的产业水平以及在国际市场上的竞争实力。1992 年以后，跨国公司在华投资出现了跨越式的增长，投资方式也从过去主要以转让技术为主转变为在华直接建立制造组装企业。与之相配套的许多民营企业纷纷进入 1980年代刚刚建立和形成的现代制造业。大量外资企业的进入和众多民营企业的兴起给国营企业带来了相当大的压力，也加大了市场竞争的激烈程度，同时也促进了国有企业的改革和成长。中国现代产业迅速壮大，中国成长为全球主要的制造基地。

最后，跨国公司还通过引发城市科技创新与革命、促进城市现代企业管理等多种途径促进各类城市发展。近几十年来，跨国公司之所以能够迅速发展、壮大，成为全球经济中最有分量的角色之一，除自身拥有雄厚的资本实力、精湛的工艺设备和本国完善的科研基础设施等有形资产外，更主要的就是跨国公司拥有技术创新的能力，以及商标、专利技术、组织管理和营销技能等各种无形资产。正是凭借着对以上两种资产所有权的垄断优势，跨国公司才得以在激烈的国际竞争中立于不败之地。中国轿车、家用电器、通信设备、饮料、工程机械等现代制造业都是通过引进跨国公司技术产生和发展起来的，中国现代企业管理制度的建立和完善也借鉴了许多跨国企业的经验。

三、全球信息化进程对中国城市功能分工的影响

"信息化"的概念最早源于日本，1963 年日本学者梅棹忠夫在《信息产业论》中认为信息科学技术的发展和应用将会引起一场全面的社会变革并将人类社会推入"信息化社会"。1967 年日本政府的一个科学、技术、经济研究小组正式提出了"信息化"概念，认为"信息化是向信息产业高度发达且在产业结构中占优势地位的社会——信息社会前进的动态过程，它反映了由

可触摸的物质产品起主导作用向难以捉摸的信息产品起主导作用的根本性转变"[22]。信息化与全球化相伴相随，其在很大程度上推动和促进了全球化的发展，缩小了城市与城市之间的距离，对我国城市功能与空间格局均产生了革命性的影响。

（一）全球信息化进程及总体特征

1. 全球信息化处于快速发展时期

全球信息化正处于并将在未来一段时间仍处于快速发展阶段。例如，以百人移动电话数、互联网用户数衡量全球信息化水平，其中百人移动电话数由 2001 年的不到 20 部/百人发展到 2011 年的 85.7 部/百人，增长超过 4 倍；居民接入互联网用户数由 2002 年的 15 户/百户发展到 2011 年的 34.1 户/百户，增长超过 1 倍；其余如移动宽带用户、固定宽带用户均有大幅增长，固定电话用户则有所下降[23]。可见，全球信息化还将在未来一段时间快速发展，并对各国经济社会发展与全球化进程产生深刻影响。

2. 全球信息化发展极不均衡

根据国际电信联盟（ITU）所构建的信息和通信技术发展指数（IDI）可知，2011 年全球信息化发展最好的国家依次为韩国、瑞典和丹麦，中国在 155 个评价对象中名列第 78 位，发达国家的 IDI 平均值为发展中国家的 2 倍。排名前 30 的国家中，有 2/3 来自于欧洲。分区域而言，信息化发展最好的地区为欧洲、独联体国家与美洲，亚太地区和阿拉伯地区次之，非洲地区发展最差[23]。

3. 全球信息化对经济社会文化产生巨大冲击

随着信息化时代的来临，知识的积累和有效使用在经济的发展中起着越来越重要的作用。全球信息化的发展对于现有资源分配与组合、企业生产组织方式、政府治理与调控模式都提出了更高的要求。国家地位的重要性相对下降，跨国公司、非政府组织等地位有所上升，从而为政治、经济以及文化过程带来了种种挑战。"全球化"与"地方化"之间的冲突经由全球信息化扩散放大，将在未来深刻地影响着城市发展的方方面面。

4. 各国家与地区高度重视全球信息化发展

基于全球信息化对现代经济社会发展多维度、多层次的冲击,世界各国政府纷纷将信息化发展作为经济社会发展转型、增强国际竞争力的关键,并制订了多样化的措施以促进全球信息化发展。1995 年欧盟首次提出建设"全球信息社会",1997 年 WTO 于日内瓦达成了有 68 个国家签字的"全球电信协议",保证取消对信息部门的垄断并遵守在世界贸易组织的主持下确定的整套竞争规则。中国于 2006 年发布了《2006～2020 年国家信息化发展战略》,提出走中国特色的信息化道路,促进我国经济社会又快又好地发展。

（二）新中国成立以来中国信息化发展水平的变化特征及空间分布格局

我国信息化发展起步较晚,到 1988 年移动电话用户数仅为 0.3 万户,但之后即进入快速发展阶段,至 2012 年达到 11.12 亿户。根据 2011 年各省信息化发展指数（IDI）,可将各省信息化发展水平划分为 5 类:

高水平地区包括北京、上海、天津、浙江、广东和江苏,共 6 个省（直辖市）,相当于世界主要国家中上游水平;

中高水平地区包括福建、辽宁、陕西、山东、湖北和重庆,相当于全国平均水平;

中等水平地区包括山西、吉林、海南、黑龙江、内蒙古、宁夏、安徽、湖南、四川和河北,相当于全国平均水平的 91%;

中低水平地区包括新疆、青海、甘肃、江西、贵州和河南,相当于全国平均水平的 86%;低水平地区包括广西、云南和西藏,相当于全国平均水平的 82%[24]。

宋周莺和刘卫东对我国各省信息化水平的研究也得出了类似空间格局,并通过 CV 指数证明了各区域信息化水平的差距有所缩小[25]。汪明峰和宁越敏基于网络优势的分析显示[26],中国互联网基础设施形成了以北京、上海和广州为一级核心,沈阳、西安、武汉和成都为二级核心节点（分别是东北、西北、华中和西南地区的区域中心）,节点可达性遵循原有的城市等级体系。

鉴于数据资料的延续性及可获得性，可以我国地级以上城市固定电话用户数来大致反映我国各城市信息化发展水平的空间格局演变过程（图 2.23）。我国固定电话用户数由 1978 年的 192.5 万户增长至 2006 年的 36 778.6 万户，年均增长 20.6%，之后有所降低，至 2010 年为 29 434.2 万户。固定电话用户数的迅速增长反映出我国信息化的快速发展，虽然 2006 年以后固定电话用户数有所减少，但这更多的是由于移动电话的普及导致，反映出我国信息化发展的结构升级与优化。

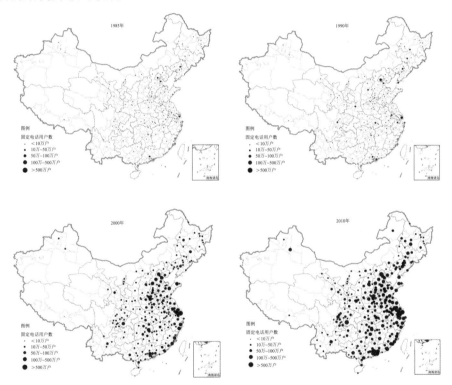

图 2.23　中国地级以上城市固定电话用户数空间分布的动态演变示意图

从图可知，1985 年全国仅有北京、上海、天津、沈阳及广州固定电话用户数达到 10 万户以上，其余城市固定电话用户数均在 10 万户以下。此时期信息化发展主要集中于少数中心城市，大部分地区信息化水平均较为低下。

1990 年，我国各城市信息化水平有了一定发展，北京仍居榜首，达 74

万户，上海位居次席，为71万户，二者固定电话用户数均达到50万户以上，广州、天津及沈阳等13个城市固定电话用户数为10万~50万户，其余城市均在10万户以下。可见，信息化发展主要集中于部分省会城市，其余城市发展相对较为滞后。

2000年，我国各城市信息化水平有了长足发展，其中上海以549万户升至榜首，北京退居次席，为451万户，重庆、广州、天津等32个城市固定电话用户数达到100万户以上，汕头、绍兴等54个城市固定电话用户数在50万~100万户，其余城市固定电话用户数在50万户以下。整体而言，以固定电话用户数表征的信息化发展水平呈现出东高西低、从沿海向内地递减的趋势，并表现出一定的区域集聚性。

2010年，上海仍居首位，达936万户，北京居次席，为886万户。此外，广州、重庆及深圳固定电话用户均达到500万户以上，成都、杭州及天津等68个城市固定电话用户数在100万~500万户，连云港等114个城市固定电话用户数在50万~100万户，其余城市固定电话用户数在50万户以下。从固定电话用户数分布空间格局而言，东高西低格局并未改变，区域集聚趋势更为凸显，长三角城市群、珠三角城市群、京津冀城市群、中原城市群、成渝城市群、辽东半岛城市群、山东半岛城市群、海峡西岸城市群表现较为突出。

（三）全球信息化对中国城市发展空间格局的影响机制

与全球化一样，信息化正成为不可逆转的世界潮流。从最初的烽火传递情报，到电报的发明、电话和互联网的出现，城市与城市之间的距离正因为信息技术的飞速发展而日益缩短，城市越来越多地在全球范围内分享到通信便利与快捷的种种益处，使得国际化程度大大提高。同时，信息技术被广泛地应用于城市生产、生活和管理之中，改变了原有的城市管理结构、产业结构与空间结构，对我国城市的发展与空间格局的演变产生越来越重要的影响。

首先，全球信息化通过全球范围内的产业信息化和信息产业化两条重要途径作用于城市产业发展，使得城市经济规模不断壮大，吸纳就业能力不断增强，对我国几乎所有城市的规模扩张均有较大的推动作用。其中，产业信息化是指通过信息技术的渗透，由众多企业所组成的产业部门大量采用信息技术和充分利用信息资源而提高整个产业劳动生产率和效益的过程，主要表现在通过传统产业的信息化改造，使传统产业从研发、生产、经营、管理方面发生本质的改变，从而使传统产业的技术结构、就业结构、资本结构得到优化。信息产业化是指生产信息技术产品或提供信息服务的行业发展壮大的过程，我国尤其是 1990 年代以来，计算机业、现代通信业、软件产业、网络产业等新兴产业先后形成并发展壮大，网店、网游、即时通信等众多新的产业形态不断出现，已成为推动城市经济发展的主要动力。

其次，全球信息化形成了巨大的虚拟空间，无形中放大了城市的规模，使城市空间不断扩展，城市之间、城市与地区之间联系加强，促进了我国城市体系空间结构的网络化发展和城市功能区分散化布局。1990 年代后，由于信息以及高新技术的迅速发展渗透，我国各城市的空间由于信息技术的介入，已出现根本性变化。时间与空间概念出现了分离，人们所从事的各项活动已经不一定在一个具体的空间场所完成。信息及其网络已经渗透到城市的交通、居住、工作和游憩等各个领域，已经影响了诸如对城市交通、通信等基础设施的需求，从而进一步影响城市与区域空间组织形式。虽然城市的信息网络不能阻止和取代现代化的交通运输网络的发展，但它产生的相互补充却大大拓宽了城市的活动空间，使城市得以延伸其各种功能的地域分布，引起城市空间的扩散化趋势。扩散化趋势引导城市产业和人口的疏散，使其部分工业职能外迁，城市外围出现了一些新的制造中心。

最后，全球信息化虽然缩小了我国各城市间的空间距离，但并未促进我国各城市在区域间的均衡发展。由于新的信息技术扩散依赖于传统的信息技术系统，如互联网的基础设施往往是已有电话网络或有线电视系统的更新，或者是在沿铁路和公路的原有槽沟中加铺新的光纤，因此在全球经济一体化的形势下，信息量最大化及其信息传输完善化的地点，首先是集中在城市群区内区位条件最好、人口规模最大的一些超级城市，集中化趋势促使了中心城市的进一步发展，城市中枢功能更为强大。在我国，绝大多数信息基础设施还是分布在中国原有的特大城市和大城市（这些城市往往是制造业中心、服务业中心和信息中心的集合体），并按照原有城市体系进行等级扩散。因此，全球信息化虽然有助于扩散城市的部分功能，但总体上进一步强化了我国中心城市和所在城市群在国家的战略地位。

四、高新技术的引进对中国城市发展空间格局的影响

科学技术是第一生产力，高新技术是提高城市综合实力和国际竞争力的焦点。改革开放以来，为迎接世界高新技术产业化的高潮，我国除了引进外商直接投资以外，还通过高新技术的引进以及自主创新，促进了高新技术产业的迅猛发展。而相继设立的经济技术开发区和高新技术开发区，作为高新技术引进、吸收和转化的空间载体，也作为城市空间扩张的有机组成部分，其发展对我国城市发展及空间格局的演变也产生了举足轻重的影响。

（一）全球高新技术产业及园区发展的历程与特点

高新技术产业是以高新技术为核心的物质生产系统，发达国家技术进步对经济增长的贡献率普遍在 60%以上，可见高新技术产业发展对一个国家和城市发展的重要性[27]。而高新技术产业园区（也称为高科技园区、高新技术开发区等），是一种以智力资源为依托，以开发高新技术和开拓高新技术产业为目标，促进科研、教育与生产相结合，推动科学技术与经济、社会协调发展的地域。世界高科技园区的发展过程，大体上可以分为三个阶段[28]。即①1951～1980 年的起步阶段，当时主要分布在欧美发达国家，到 1980 年全球大约只有 50 个高科技园区，分布在 13 个国家和地区，其中美国有 24 个，加拿大 6 个，法国 5 个，比利时 4 个，英国 2 个，瑞典 2 个。②1981～1990 年的快速发展阶段，这十年间其总数达到了 641 个，新增加 591 个，高科技园区的分布扩大到 34 个国家和地区，虽然到 1990 年年底，美国、英国、法国、德国、意大利、日本、加拿大这 7 个国家共有 515 个，占园区总数的 80%，但一些发展中国家和地区也开始建立起自己的高科技园区。③1991 年至今的扩散阶段，很多发展中国家和地区认识到高新技术在国际竞争中的地位和作用，为了缩短和发达国家的高新技术差距，纷纷制定了高新技术产业政策，有力地促进了高科技园区的建设和发展，全世界除北美、西欧和东亚外，

澳大利亚、巴西、东欧、北欧、东南亚、南亚、西亚等地的许多国家的高科技园区建设也取得了很大的进展，在全球范围内表现出了明显的地域空间扩散特征。

世界上办得成功的高科技园区大致可分为三种类型：一是以信息产业为核心，集研究、开发、销售为一体的高科技园区，最典型的是美国的"硅谷"；二是以高科技跨国公司为核心，带动配套科技企业的建立，发展成为高科技园区，最具代表性的是瑞典的"希斯达"、芬兰的"奥卢高"和德国的慕尼黑高科技园区，三者分别以爱立信公司、诺基亚公司和西门子公司为主体；三是以高科技产品为龙头，配套发展形成的高科技园区，最具代表性的是我国台湾的"新竹"，它以计算机芯片和便携式计算机为龙头产品，与之相配套形成一批高科技企业。一般来说，成功的高科技园区的鲜明特点是：专业特点明确，功能比较单一；创新体制健全，服务体系完善；政府优惠政策明确，对所有企业一视同仁；远离大城市中心，创业成本和研究、开发费用较低。而失败的高科技园区的主要弊端是：专业分散，功能综合；缺乏创新文化和竞争机制；政府干预过强、优惠政策只向大企业倾斜；园区建设标准过高，国家投入过多，创业成本太大，科研、开发费用上升，整体竞争力下降[29]。

（二）新中国成立以来中国高新技术产业及园区的发展历程与空间格局

我国高新技术产业及高科技园区是在改革开放以后借鉴国外经验的基础上逐渐发展起来的，并逐渐走出了一条自主创新的道路，取得了巨大的成就[30-31]。1978年12月党中央、国务院决定兴办深圳、珠海、汕头、厦门经济特区，经过几年的发展，这4个经济特区充分利用毗邻香港、澳门、台湾的优势，大胆吸收境外资金和高新技术，积极发展进出口贸易，经济发展形势较好。因此，党中央、国务院于1984年5月正式决定开放天津、上海、大连、青岛等14个沿海港口城市，同时在这些城市兴办经济技术开发区，实行某些类似经济特区的政策。经过近30年的发展（截至2014年5月），我国国家级经济技术开发区已达215家，国家级高新开发区已达115家

（表 2.11）。国家级经济技术开发区和国家级高新技术开发区数量不断增多，规模不断扩大，已成为我国各大城市经济的增长极和高新技术产业发展的重要基地。不仅是引进国外高新技术的主力军，而且也是国内自主创新的高地。不仅极大地提高了城市的国际竞争力，也改变了城市内部空间结构及我国城市体系的空间格局。

表 2.11　我国国家级经济技术开发区和高新技术开发区的空间分布格局

	分区	开发区名称
国家级经济技术开发区	东部（109）	辽宁 9 个（大连、营口、沈阳、大连长兴岛、锦州、盘锦、沈阳辉山、铁岭、旅顺）、北京 1 个（北京）、天津 6 个（天津、西青、武清、子牙、北辰、东丽）、河北 6 个（秦皇岛、廊坊、沧州临港、石家庄、唐山曹妃甸、邯郸）、山东 15 个（青岛、烟台、威海、东营、日照、潍坊滨海、邹平、临沂、招远、德州、明水、胶州、聊城、滨州、威海临港）、江苏 25 个（南通、连云港、昆山、苏州、南京、扬州、徐州、镇江、吴江、江宁、常熟、淮安、盐城、锡山、太仓港、张家港、海安、靖江、吴中、宿迁、海门、如皋、宜兴、浒墅关、沭阳）、上海 6 个（闵行、虹桥、漕河泾、金桥、上海化学工业、松江）、浙江 20 个（宁波、温州、宁波大榭、杭州、萧山、嘉兴、湖州、绍兴袍江、金华、长兴、宁波石化、嘉善、衢州、义乌、杭州余杭、绍兴柯桥、富阳、平湖、杭州湾上虞、慈溪）、福建 10 个（福州、厦门海沧、福清融侨、东山、漳州招商局、泉州、漳州台商、泉州台商、龙岩、东侨）、广东 6 个（湛江、广州、广州南沙、惠州大亚湾、增城、珠海）、广西 4 个（南宁、钦州港、中国-马来西亚钦州、广西-东盟）、海南 1 个（海南洋浦）
	中部（65）	山西 4 个（太原、大同、晋中、晋城）、河南 9 个（郑州、漯河、鹤壁、开封、许昌、洛阳、新乡、红旗渠、濮阳）、江西 10 个（南昌、九江、赣州、井冈山、上饶、萍乡、南昌小蓝、宜春、龙南、瑞金）、安徽 11 个（芜湖、合肥、马鞍山、安庆、铜陵、滁州、池州、六安、淮南、宁国、桐城）、湖北 7 个（武汉、黄石、襄阳、武汉临空港、荆州、鄂州葛店、十堰）、湖南 8 个（长沙、岳阳、常德、宁乡、湘潭、浏阳、娄底、望城）、黑龙江 8 个（哈尔滨、宾西、海林、哈尔滨利民、大庆、绥化、牡丹江、双鸭山）、吉林 5 个（长春、吉林、四平红嘴、长春汽车、松原）、内蒙古 3 个（呼和浩特、巴彦卓尔、呼伦贝尔）
	西部（41）	新疆 8 个（乌鲁木齐、石河子、库尔勒、奎屯、阿拉尔、五家渠、淮东、甘泉堡）、西藏 1 个（拉萨）、青海 2 个（西宁、格尔木昆仑）、甘肃 5 个（兰州、金昌、天水、酒泉、张掖）、宁夏 2 个（银川、石嘴山）、陕西 5 个（西安、陕西航空、陕西航天、汉中、神符）、四川 8 个（成都、广安、德阳、遂宁、绵阳、广元、宜宾、内江）、重庆 3 个（重庆、万州、长寿）、云南 5 个（昆明、曲靖、蒙自、崇明杨林、大理）、贵州 2 个（贵阳、遵义）
国家级高新技术开发区	东部（59）	辽宁 7 个（沈阳、大连、鞍山、阜新、本溪、辽阳、营口）、北京 1 个（中关村）、天津 1 个（天津滨海）、河北 5 个（石家庄、保定、承德、唐山、燕郊）、山东 9 个（威海火炬、济南、青岛、潍坊、淄博、烟台、济宁、泰安、临沂）、江苏 11 个（南京、苏州、无锡、常州、昆山、江阴、徐州、武进、泰州医药、南通、苏州）、上海 2 个（上海市长江、紫竹）、浙江 5 个（杭州、宁波、温州、绍兴、衢州）、福建 5 个（福州、厦门火炬、莆田、泉州、漳州）、广东 9 个（中山火炬、广州、深圳、佛山、惠州、珠海、松山湖、江门、肇庆）、广西 3 个（桂林、南宁、柳州）、海南 1 个（海口）

续表

分区		开发区名称
国家级高新技术开发区	中部（34）	山西1个（太原）、河南5个（郑州、洛阳、新乡、安阳、南阳）、江西4个（南昌、新余、景德镇、鹰潭）、安徽4个（合肥、蚌埠、马鞍山慈湖、芜湖）、湖北5个（武汉东湖、襄樊、孝感、宜昌、荆门）、湖南5个（长沙、株洲、衡阳、益阳、湘潭）、黑龙江3个（哈尔滨、大庆、齐齐哈尔）、吉林5个（长春、吉林、长春净月、延吉、通化医药）、内蒙古2个（包头稀土、金山）
	西部（22）	新疆3个（乌鲁木齐、昌吉、石河子）、西藏0个（青海）、青海1个（青海）、甘肃2个（兰州、白银）、宁夏2个（银川、石嘴山）、陕西6个（西安、宝鸡、杨凌农业、咸阳、渭南、榆林）、四川4个（成都、绵阳、自贡、乐山）、重庆1个（重庆）、云南2个（昆明、玉溪）、贵州1个（贵阳）

从表2.11看出，我国215家国家级经济技术开发区中，东部地区占50.7%，中部地区占30.2%，西部地区占19.1%；115家国家级高新技术开发区中，东部地区占51.3%，中部地区占29.6%，西部地区占19.1%；国家级经济技术开发区和国家级高新技术开发区的分布都呈现出明显的东、中、西地域差异。同时，我国国家级经济技术开发区和国家级高新技术开发区主要分布在省会城市、大城市以上城市、港口城市以及城市群地区。如果进一步从国家批准的时间看，可知我国国家级开发区也是基本按照原有的城市体系以及区域梯度转移的模式进行等级扩散，即从中心城市向次中心城市、由东往西依次布局。

（三）高新技术的引进对中国城市发展空间格局的影响机制

改革开放以来，以国家级经济技术开发区和高新技术开发区为主要空间载体，大力引进发达国家和地区的高新技术，不仅极大地促进了城市产业结构升级，而且优化了城市空间组织，对我国城市发展空间格局产生了重要影响。

一方面，我国国家级经济技术开发区和高新技术开发区不仅吸引了大量外资企业，更重要的是在引进资金和人才的同时，引进了高新技术，初步建立起了现代化的高新技术产业体系。从长期看，技术创新是提高城市综合竞争力的最根本途径，技术创新可以改变产业生产技术基础，降低生产成本，提高产品质量和生产效率。一些建立在重大科学技术基础上的技术创新会产生前所未有的新产品，创造出新的需求，促使人们的消费向着更高的水平发展。如果这种新产品的需求收入弹性呈上升趋势，就会导致对经济增长有突破性重大带动作用的高新技术产业的诞生，实现城市产业结构优化升级。实践证明，我国设立开发区的初衷是为了发展高新技术产业和出口加工业，但经过一段时间的发展，这些开发区不仅成为各个城市强劲的经济增长点、外向型经济的主阵地、创新体系的核心区和改革开放的前沿，同时也成为城市化的重要动力和主要载体。我国许多城市通过开发区建设，不仅在较短时间内完成了产业和人口的集聚，同时对促进所在城市的产业升级、城市空间组织优化、城市功能的完善和提升、城市更新与新区建设等也具有非常重要的作用。亦即我国绝大部分开发区正是在引进了国外高新技术的基础上，通过消化、吸收和二次创新或集成创新，才逐步走上自主创新的道路，并引领整个城市的科技创新，最终扩大了城市经济规模、人口规模和用地规模，普遍提高了我国城市的综合竞争力。同时，规模较大、科技创新较好的开发区对城市发展的贡献更大，进而使这些城市在国家创新城市体系中居主导地位。

另一方面，我国经济技术开发区和高新技术开发区的区位选择，和 FDI、跨国公司等的区位选择一样，也受原有的城镇规模结构体系及区域政策等的综合影响，而且城市的科教实力也对其有重要影响。一般来说，我国经济技术开发区和高新技术开发区在改革开放早期倾向于布局在沿海、沿江开放城市，但随着改革开放的不断深入以及全方位改革开放格局的形成，我国许多城市在改革开放政策上趋于一致，因此国家级的中心城市（如北京、天津、上海、广州、重庆）、国家区域中心城市（如武汉、沈阳、南京、深圳、成都、西安等）以及其他省会城市和副省级城市等，以其强大的经济基础、行政资源、科教实力、腹地条件、交通优势等，更容易促进开发区的落户及高速发展，在它们发展壮大之后同样容易形成"滚雪球"式的良性循环局面，强化这些国家级、区域级和地方性中心城市的地位，并带动周边城市的发展，从先后促进了我国珠三角、长三角、京津冀、辽中南、山东半岛、海峡西岸等东部沿海城市群，以及成渝城市群、长江中游城市群、中原城市群、关中城市群等众多中西部城市群的形成和发育。

五、全球气候与环境变化对中国城市发展空间格局的影响

全球变化是指由于自然和人为的因素而造成的全球性的气候与环境变化,主要包括大气组成变化(如大气中二氧化碳含量增加)、气候变化(如全球变暖、极端天气事件频发)以及生态环境系统与土地利用变化(如冰川消融、海平面上升、环境恶化、森林锐减、物种灭绝、土地退化)等。全球变化是多因素的综合效应,每一种变化又导致一系列的次级或更次一级的变化,而且它们之间相互作用,相互影响,最终波及地球的各大圈层。虽然全球变化在不同的时空尺度上对经济社会发展的影响还有很大的不确定性,但毫无疑问,它对我国城市发展空间格局的影响将会越来越重要。

(一)全球气候和环境变化的总体特征

第一,近百年来的全球变暖现象,至少是过去 1000 年中最为显著的[32]。从 1860 年有仪器观测记录以来,全球气温迅速上升,进入一个不断增暖的时期,这种变暖在最近表现出加剧的趋势。一般来说,陆地增暖比海洋快,尤其是北半球中高纬陆地地区增暖最明显,同时冬季增暖在全年中是最明显的。由此导致冰川消融、海平面上升威胁沿海城市发展的因素出现。

第二,全球降水在中高纬和热带地区增加,在副热带地区减少。全球平均温度增加很可能导致降水和大气水分的变化,科学家发现降水具有百年尺度的增加趋势。1998 年是北半球高纬度地区近百年来最湿润的一年。中纬度地区从 1995 年以来降水总量每年超过了 1961～1990 年的气候平均值,但在北半球副热带地区降水减少[32]。

第三,许多极端天气和气候事件的频率及强度均有不断增加的趋势。大范围地区暴雨事件的不断增加,干旱区范围的不断扩大,厄尔尼诺事件的频率和强度不断增加等,给全世界城市基础设施建设带来了巨大的压力,也给城市带来了十分严重的生命和财产安全威胁。

第四,全球变化还给人类带来日益严重的生态环境恶化威胁。例如,环境污染严重,包括空气、水体、土壤、噪声等的污染以及太空垃圾等;

还包括自然生态系统遭受严重的破坏，如森林锐减、草地退化、土地沙漠化、土壤侵蚀、水土流失、积水和盐渍化等；此外还包括生物多样性减少等[33]。

第五，全球变化问题无论在其影响、波及范围还是其解决途径上都具有全球性。不论在世界的哪个角落、身处人类社会还是自然界，无不处于全球变化的影响中。虽然一些环境问题在现象上表现为区域性的，然而后果则与国际社会整体紧密相连，从而使区域问题具有世界意义，需要通过国际社会广泛的合作予以解决。

（二）新中国成立以来中国在全球变化方面的主要政策响应

中国在注重国内环境保护的同时，生态环境保护的全球观也逐渐形成，应对全球气候与环境变化的行动也不断升级[34]。中国是历届联合国环境署的理事国，与联合国环境署进行了卓有成效的合作。自 1979 年起，中国先后签署了《濒危野生动植物种国际贸易公约》《关于控制危险废物越境转移及其处置的巴塞尔公约》《关于消耗臭氧层物质的蒙特利尔议定书（修订本）》《气候变化框架公约》《生物多样性公约》《防治荒漠化公约》《关于特别是作为水禽栖息地的国际重要湿地公约》《1972 年伦敦公约》等一系列国际环境公约和议定书。在《中国 21 世纪议程》框架的指导下，编制了《中国环境保护 21 世纪议程》《中国生物多样性保护行动计划》《中国 21 世纪议程林业行动计划》《中国海洋 21 世纪议程》等重要文件以及国际方案或行动计划。此外，中国还积极参与国际环境保护文件的起草。联合国政府间气候变化专门委员会（IPCC）报告汇集了全球最新的气候变化科研成果，被认为是国际科学界关于气候变化及其应对问题有关的权威性文件，已成为国际社会建立应对气候变化制度、采取应对气候变化行动最重要的科学基础，也是各国政府制定本国应对气候变化政策的主要科学依据。历年的评估报告编写，中国均有参与，并且从 1990 年的第一次报告到 2014 年的第五次报告，参与编写的中国科学家越来越多，引用的中国科学家的文献也越来越多，向世界传递了更多的中国声音。

此外，中国积极参与国际气候谈判并坚决履行节能减排承诺。从 1992

年巴西里约热内卢通过的《联合国气候变化框架公约》、2005 年开始生效的《京都议定书》、2009 年通过的《哥本哈根协议》以及 2012 年的多哈气候谈判、2014 年波恩气候谈判，中国全人类共同应对气候变化、拯救地球的漫漫征程作出了不懈努力。2009 年 11 月，温家宝总理在部署应对气候变化工作时指出，到 2020 年，单位国内生产总值二氧化碳排放比 2005 年下降 40%～45%，作为约束性指标纳入国民经济和社会发展中长期规划，非化石能源占一次能源消费比例达到 15%左右，森林面积比 2005 年增加 4000 万 hm^2，森林蓄积量比 2005 年增加 13 亿 m^3。在 2011 年发布的《国家环境保护"十二五"规划》中，要求 2015 年化学需氧量排放总量比 2010 年减少 8%，降至 2347.6 万 t；地级以上城市空气质量达到二级标准以上的比例比 2010 年增加 8 个百分点，达到 80%；非化石能源占一次能源消费比例达到 11.4%。在《国家节能减排"十二五"规划》中要求 2015 年单位工业增加值能耗比 2010 年下降 21%，工业化学需氧量排放量下降 10%。以上应对全球变化的政策响应，对我国产业的发展与空间布局提出了高要求，也必然引起城市发展空间格局的变化。

（三）全球气候和环境变化对中国城市发展空间格局的影响机制

全球气候和环境变化对我国东、中、西部城市的空间格局均会产生影响，但这种影响具有较大的不确定性，具体的作用机制也极为复杂。但总体来看，其对我国城市发展空间格局的影响主要体现在以下方面：

第一，全球变暖导致的海平面上升影响我国城市发展空间格局。东部沿海地区是我国城市分布密集、人口密集、经济最发达的地区。我国沿海地区的城市地面高程普遍较低，大部分仅 2～3m，我国发育程度较高的城市群（如珠三角、长三角、京津冀、辽中南、山东半岛、海峡西岸城市群等）均位于沿海地区，许多特大城市和超大城市（如上海、天津等）均在沿海区域。海平面上升使得城市暴露在风暴潮、暴雨、洪水之下的风险更大，并且使得城市的排水困难，防洪压力增大，严重影响城市的安全；此种风险还影响沿海重大生产项目的布局，从而影响城市的发展；海平面上升还将给港口和码头设施带来许多不利的影响，从而影响港口城市的社会经济发展；此外海平面上升还将加剧盐水入侵，引起城市供水水源污染，影响城市用水安全；严重损害旅游沙滩资源，给城市的旅游业带来很大危害，进而影响沿海城市的社会经济发展[35]。

第二，全球变化可以通过影响城市资源环境承载力来影响城市规模的扩张，进而影响我国的城市发展空间格局。在全球变化背景下，我国西部生态脆弱地区的生态环境可能变得更加脆弱，城市发展会受到脆弱生态环境的进一步限制。全球气候变化使得水资源分布发生变化，原本水资源供需矛盾就很突出的我国西北地区，由于温度升高，蒸发量增大，而降雨量增幅不大，导致大部分内陆河天然径流量减少，可能使得水资源短缺问题更为严重，进而制约城市人口的增长以及工农业生产的发展，影响城镇体系的发育。水资源短缺还会导致西北地区生态环境的恶性循环，表现为干旱、土地荒漠化、沙漠化、自然灾害增加等，进而降低我国西北地区城市的生态环境承载力，拉大我国东西部之间的经济差距，从而影响我国的城市发展空间格局[36]。

第三，全球变化带来的干旱、暴雨等极端气候事件，以及由此而引起的次级气候事件都会给城市，尤其是我国东中部和南方的部分城市带来巨大的经济损失。由于全球气候变化的不确定性以及降水的时空分异性、防洪抗旱排涝系统的不完备性等，我国东中部和南方的部分城市，在极端天气增多的趋势下，局地干旱和暴雨频发，原来不缺水的城市由于抗旱工程不到位可能遭遇"卡脖子旱"的次数越来越多，原来城市内涝灾害发生频率较小的北方城市遭受"暴雨淹城"的景象可能常见，而原来一直遭遇洪涝灾害的南方城市今后遭受城市内涝的影响可能更为严重。

第四，我国为应对全球变化而采取的节能减排等环境政策，会限制我国城市高耗能高污染企业的发展，倒逼我国城市产业结构的优化升级，尤其是对我国中西部仍处于工业化和城镇化初期阶段及前期加速阶段的城市来说，构成了巨大挑战。由于我国中西部地区不能再走东部沿海地区"先污染，后治理"的传统工业化和城镇化道路，在城市发展基础还比较薄弱而且各种环境保护指标约束越来越严格的条件下，一些容易起步的低端产业被限制发展，导致我国中西部地区城市很难像原来东部沿海城市那样，在"量"的方面（城市人口规模、经济规模、用地规模）迅猛扩张，因此城市发展空间格局在"量"变方面将减速。

第三节　中国城市发展空间格局演变的本土因素及作用机制

本土化或地方化与全球化一起，是重塑我国城市发展空间格局的两大方向。中国城市发展空间格局演变的本土性因素主要包括我国的国土开发与区域发展政策、交通基础设施建设、地方生产网络与国内投资、历史文化和地缘因素、自然条件及生态环境因素等。本土性因素不会因为高度的全球化影响而失去重要地位。相反，全球竞争的激烈、知识经济的出现刺激了基于地方、内生资源的作用，使我国城市发展空间格局的演变更具有中国特色。实际上，任何国家或城市都不能脱离自己的实际而发展，世界上根本没有也不可能有一种放之四海而皆准的城镇化道路和城市发展模式，也没有一成不变的城镇化道路和城市发展模式。因此，要构建科学合理的中国城市发展空间格局，必须充分考虑中国城市发展空间格局演变的本土性因素。

一、国土开发和区域发展政策因素

新中国成立60余年来，在我国逐渐由社会主义计划经济向社会主义市场经济转型的过程中，国家和主要区域的发展战略及由此带来的相关政策对我国城市发展空间格局的形成与演变起着十分重要的作用；而为落实国家和主要区域发展战略而进行的国土空间开发规划及区域发展规划，是相关区域发展政策出台的重要依据。

改革开放以来，我国先后启动编制了全国及省区级的国土规划，国家级及省区级的城镇体系规划、经济区规划、城市群规划，全国及省区级的主体功能区规划等，相继设立了国家经济特区、经济开放区和综合配套改革试验区等[37-38]，为相关区域发展政策的出台提供了重要支撑。从表2.12可看出，我国国土开发与区域发展政策主要是通过对特定地区和城市的产业布局规划，以及人口、土地、投融资、税收、生态环境等各方面政策的制定，以达到促进经济社会优先全面快速发展的目的。在改革开放以前，受国外政治环境以及国内经济社会发展水平的限制，我国的产业布局与城市建设重点主要集中在内地"三线"地区，沿海享受的优惠政策较少，因此我国城市总体上形成分散布局与低水平均衡发展的空间格局。1978～1990 年，我国国土开发与区域发展的重点基本集中在东部沿海地区，尤其是珠江三角洲地区，东部沿海城市和珠江三角洲城市群是改革开放政策的最大受益者。1990～2000 年，我国国土开发与区域发展的重点总体上仍沿袭 1980 年代的空间格局，但在此期间，长江三角洲地区受惠于上海浦东新区的开发而加速发展，内地的一些沿江、沿边和省会城市也开始享受沿海开放城市的优惠政策，中西部地区的中心城市也获得了一定发展。而 2000 年之后，尤其是 2005 年之后，国土开发与区域发展规划显著增多，区域与城市均衡发展理念逐渐形成，相关政策措施也陆续出台，促进了我国东、中、西部城市发展空间格局的均衡发展。

表 2.12　新中国成立以来我国国土开发与区域发展的重大政策事件一览表

标志年份	重大国土开发与区域 发展政策事件	主要政策内容及政策影响
1964 年	"三线"建设计划	生产力布局由东向西转移，大分散、小集中，少数国防尖端项目要"靠山、分散、隐蔽"（简称山、散、洞）；"三线"地区形成了一大批国有企业，但忽视了沿海老工业基地和沿海城市的发展
1979 年	试办深圳、珠海、汕头和厦门经济特区	实行特殊的经济政策，灵活的经济措施和特殊的经济管理体制，并坚持以外向型经济为发展目标，以减免关税等优惠措施为手段，通过创造良好的投资环境，鼓励外商投资，引进先进技术和科学管理方法；促进了沿海地区尤其是珠三角地区城市的发展
1984 年	开放 14 个沿海城市和海南岛	一是扩大其对外经济联系的自主权，二是对前来投资的外商给予仅次于经济特区的优惠待遇，三是有条件的城市可以兴办经济技术开发区，实行类似经济特区的政策；促进了沿海地区城市的发展
1985 年	开辟 3 个沿海经济开放区	一是外商投资的生产性和科研项目可享受类似沿海开放城市优惠待遇，二是适当扩大区内所辖市和县的对外经济活动自主权和出口经营权，三是为有利于动植物检疫可举办实验农场等；促进了沿海地区城市发展
1988 年	海南省设立经济特区	全省享受经济特区的优惠政策，促进了海南岛的发展

续表

标志年份	重大国土开发与区域 发展政策事件	主要政策内容及政策影响
1990 年	开发开放上海浦东新区	批准 10 项优惠政策措施和划出一定区域为保税区；促进了长三角地区城市的发展
1992 年	开放沿江、沿边和内陆省会城市	实行沿海开放城市的政策；促进了内陆中心城市的极核发展
1997 年	重庆市直辖	获得重要的行政资源及相关政策；作为西部中心城市优先发展
2000 年	正式实施西部大开发战略	国务院专门制定了若干政策，增加资金投入的政策、改善投资环境的政策、扩大对外对内开放的政策、吸引人才和发展科技教育的政策等，国发〔2000〕33 号；促进了西部地区城市的发展
2003 年	正式实施东北地区等老工业基地振兴战略	《中共中央、国务院关于实施东北地区等老工业基地振兴战略的若干意见》中制定了若干政策，中发〔2003〕11 号；促进了东北地区城市的转型发展
2006 年	正式实施促进中部地区崛起战略	《中共中央、国务院关于促进中部地区崛起的若干意见》中制定了若干政策，（中发〔2006〕10 号）；促进了中部地区城市的发展
2005 年至今	陆续设立多个国家综合配套改革试验区	赋予经济体制改革、政治体制改革、文化体制改革和社会各方面的改革先行先试权；为全国城市可持续发展提供典范
2008 年至今	批准多个国家级经济区、新区或城市群规划	除享受已有的优惠政策外，还针对每个经济区或城市群的特点，制定具体的政策措施；促进城市群地区率先发展
2010～2011 年	先后设立新疆喀什和霍尔果斯经济特区	喀什和霍尔果斯各设一个经济开发区，赋予特殊政策和灵活措施；促进新疆发展
2011 年	全国主体功能区规划	根据主体功能的不同制定不同的开发和保护政策；规范全国城市可持续发展和科学发展
2014 年	国家新型城镇化规划	要求根据本规划制定配套政策，推动人口、土地、投融资、住房、生态环境等方面政策和改革举措形成合力、落到实处；促进城镇化新型发展

　　总体而言，新中国成立初期至改革开放前，我国国土开发与区域发展规划数量少，优惠政策力度也较小，城市与区域发展相对均衡，发展水平也较低；改革开放后，我国国土开发与区域发展规划的数量逐渐增多，优惠政策力度不断加大，对城市与区域发展的空间格局影响也大，总体上使我国的城市与区域发展具有明显的递推式空间模式[39]，即随着改革开放广度和深度的不断强化与完善，我国基本形成了沿海、沿江、沿边、内陆地区相结合、全方位及多层次的空间格局，同时也形成了分别以深圳特区、浦东新区、滨海

新区为核心，以珠三角、长三角和京津唐为边缘再到泛珠三角、泛长三角与环渤海等外围地区的递次区域开发模式，并且在空间上还呈现出明显地由南向北递次推进的开发方式。

二、交通基础设施建设因素

交通基础设施作为国民经济的大动脉，对城市发展及其空间格局的推动作用持久而深远。它不仅能带来大量的人流和物流，直接促进城市规模的扩张和职能的转变；而且能带来大量的投资并带动其他行业发展，为城市经济增长注入动力；还能够改变人们日常出行的时空范围，加强城市间的密切联系，优化城镇体系的空间结构。交通基础设施建设是我国城市与区域经济起飞的助推器，也是我国城市与区域经济持续增长的重要保障。新中国成立 60 余年来的实践经验表明，我国绝大多数城市就是通过率先启动大规模的交通基础设施建设才为经济高速增长奠定了坚实的基础；而城市经济社会的快速发展，又使我国交通基础设施的建设面貌发生了翻天覆地的变化。为此，探讨我国公路、铁路、航空、港口等网络体系的空间演化过程对城市发展空间格局的影响，具有重要意义。

（一）中国公路网的空间演化对城市发展空间格局的影响

我国现代公路始建于 1908 年，经历了从无到有、从通变畅、从起步建设到拥有规模网络的巨大变化[40-41]。1992 年，交通部出台了《国道主干线系统规划》，2004 年 12 月，国务院审议通过了《国家高速公路网规划》，规划国家高速公路网采用放射线与纵横网格相结合的布局形态，构成由中心城市向外放射以及横连东西、纵贯南北的公路交通大通道，包括 7 条首都放射线、9 条南北纵向线和 18 条东西横向线，总长度约为 8.5 万 km。7 条放射线以北京为核心，联系国土边缘的主要城市，为京沪、京台、京港澳、京昆、京藏、京新、京哈等路线，9 条纵线为鹤大、沈海、长深、济广、大广、二广、包茂、兰海和渝昆路线，18 条横线为绥满、珲乌、丹锡、荣乌、青银、青兰、连霍、南洛、沪陕、沪蓉、沪渝、杭瑞、沪昆、福银、泉南、厦蓉、汕昆、广昆路线。国家高速公路网建成之后，我国将在全国范围内形成"首都连接省会、省会彼此相通、连接主要地市、覆盖重要县市"的高速公路网络，它将是我国公路网中最高层次的公路通道、综合运输体系的重要组成部分。我国高速公路建设用了 20 多年的时间，走过了许多发达国家一般需要 30～40 年才能走完的路，创造了世界瞩目的发展速度。2013 年 7 月，交通运输部公布了《国家公路网规划（2013—2030 年）》，实现首都辐射省会、省际多线连通、地市高速通达、县县国道覆盖的目标。综观新中国成立 60 余年来我国公路网发展历程与空间演化格局，总体上与城市体系的空间结构大体吻合，即经济快速发展的阶段以及经济发达的地区，公路建设速度也较快，公路网密度和公路等级也快速提高；同时，规模等级和行政级别越高的城市，公路的可达性总体较高。

（二）中国铁路网的空间演化对城市发展空间格局的影响

新中国成立60多年来，中国铁路基本从一穷二白的局面转变为今天高速发展的局面，甚至在很多方面处于国际领先的水平，走过了一条具有中国特色的发展道路，我国铁路建设的区域布局总体上遵循由"均衡－非均衡－均衡"的发展态势[42-43]。随着西部大开发、东北振兴、中部崛起等区域发展战略的出台和深入实施，铁路建设的路网布局更趋均衡，尤其以"八纵八横"铁路主通道、"四纵四横"为骨架的铁路客运专线的规划使得我国铁路建设的区域布局更加合理。其中，"八纵八横"是我国"十五"期间提出重点建设和强化改造的铁路主通道，"八纵"是指京哈、东部沿海铁路、京沪、京九、京广、大（同）湛（江）、包柳、兰昆，"八横"是指京兰、煤运北通道、煤运南通道、陆桥铁路（陇海和兰新）、宁（南京）西（安）、沿江铁路、沪昆、西南出海通道；"四纵四横"客运专线是《中长期铁路网规划（2008年调整）》提出的，"四纵"为京沪客运专线（京沪高铁）、京广深客运专线（京广深高铁）、京哈客运专线（京哈高铁）、沪杭福深客运专线（东南沿海客运专线），"四横"为徐郑兰客运专线、沪昆客运专线（沪昆高铁）、青石太客运专线、沪汉渝蓉客运专线。按照上述规划，我国普通铁路和高速铁路飞速发展，截至2013年年底，中国铁路营运里程突破10万km，高铁突破1万km。尤其是2003年10月秦沈客运专线通车后，我国高铁经过10余年的发展，极大地拉近了我国各大城市距离，对我国交通格局和城市发展空间格局产生了巨大而深远的影响。

考察新中国60余年铁路建设的发展历程，可以发现我国的铁路建设在区域布局与空间演化方面，围绕北京、上海、广州、郑州、武汉、沈阳、成都和兰州等枢纽城市，形成不同的圈层结构，尤其是呈现出由北京为中心向周边省市中心辐射的特点，并沿着东北持续向华东、华南、西南和西北蔓延；同时沿各主要铁路干线逐步形成大的经济发展带和城镇发展轴，连通不同的经济区域；此外在国家开发战略的指导下，东部、中部、西部渐次贯通，铁路网结构逐渐优化[43]。

（三）中国航空网的空间演化特征及对城市发展空间格局的影响

航空运输是城市现代化的标志和城市综合实力的直接体现。中国民航发展自新中国成立以来，经历了1949～1978年的军事化管理与初级起步阶段、1978～1987年的政企合一与恢复发展阶段、1987～2002年的政企分开与迅速崛起阶段、2002年至今的现代企业管理与持续发展阶段。截至2013年年底，全国颁证运输机场达到193个（其中，西部地区95个，东部地区49个，中部地区29个，东北地区20个）。全国旅客吞吐量达到100万人次以上的有61个，超过1000万人次的机场达到24个。北京、上海和广州三大城市机场旅客吞吐量占全部机场旅客吞吐量的29.0%。全国各地区机场旅客吞吐量的分布情况是：华北地区占16.9%，东北地区占6.3%，华东地区占29.1%，中南地区占24.0%，西南地区占15.6%，西北地区占5.5%，新疆地区占2.6%。2013年货邮吞吐量达到10 000t以上的机场有50个，北京、上海和广州三大城市机场货邮吞吐量占全部机场货邮吞吐量的51.8%。1978～2013年我国民航运输总周转量年均增长17.4%，旅客运输量年均增长16.1%，货邮运输量年均增长13.8%。

国内学者根据全国航空客运量、货运量、航班数等，基本揭示了我国航空运输的时空演化格局（图2.24）[44-48]。总体来看，中国航空网络与城市体

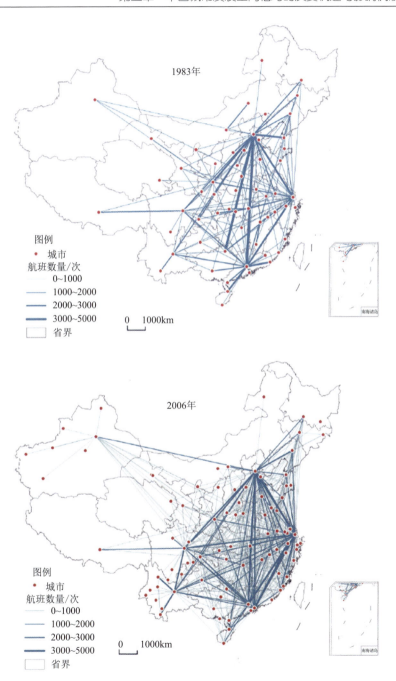

图 2.24　1983 年和 2006 年中国城市间航空网络结构的演变示意图[47]

系的等级规模之间基本上呈正相关关系，超大城市、特大城市也是国家或区域性的航空枢纽；改革开放以来，在机场分散化发展的大趋势下，航空客运量和货邮吞吐量均体现出向超大城市和东部城市集聚分布的趋势，空间"极化"特征明显，基本形成了由超大城市控制的航空流网络，形成了北京、上海、广（州）深（圳）3个全国性主枢纽，主枢纽对全国机场体系的控制力逐步增强，东部地区比中西部地区航空的网络结构更加完善；同时，"轴-辐"空间组织模式已成为我国航空网络发展的基本模式，航空运输的主体逐步由单一城市走向城市群和城镇密集区间的组团联系，表现为长三角、珠三角、京津冀三大城市群以及山东半岛、辽东半岛、海西、成渝、关中、武汉城市群、中原城市群等区域性城市群体间的航空货运密集联系。

（四）中国港口网的空间演化特征及对城市发展空间格局的影响

港口运输身为运输体系的基础有着悠远深厚的历史文化，对城市经济发展和社会进步有着积极的促进作用，其产生和发展对全国城市体系的发展与演变具有重要影响。新中国成立60年来，中国港口随祖国同成长共发展，经过数代港口人的努力和奋斗，从港口弱国发展成为世界港口强国。中国不仅成为世界上港口吞吐量、集装箱吞吐量最大的国家，而且是世界上港口集装箱吞吐量所占份额最大、增长最快的国家；不仅全球港口中亿吨大港数量最多，而且是集装箱港口排名前30位最多的国家[49-50]。

从中国港口体系的空间格局演化来看，我国的港口主要在北方围绕环渤海、华东围绕长江三角洲、华南围绕珠江三角洲分别形成港群，其他东部沿海地区也有小型港群分布，此外以长江等大江大河为依托也分布了一些港口城市。新中国成立以来，我国港口总体呈现在东部沿海地区先集中而后分散发展或均衡发展的格局[50-51]。改革开放以前，我国港口数量较少，形成以长江流域为主、环渤海地区为辅的港口体系，且这些地区的港口地位不断增强。改革开放以后，港口不断增多，东南海港和内陆河港增多，尤其是1990年以来，沿海港口与内河港口都总体呈现分散化的趋势。但从环渤海、珠三角、长三角三个次区域来看，虽然总体上环渤海和长三角区域的港口仍然呈现分散化趋向，但这种倾向逐渐趋缓，珠三角区域的集中化倾向却在继续[51]。

三、地方生产网络与国内投资因素

地方生产网络（local production networks，LPNs）通常表达某地围绕生产某类产品形成的相互联系密切的一组企业[52]。为了区别于外资企业和跨国公司对我国城市发展空间格局的影响，此处虽然也包括外资企业（尤其是跨国公司）在我国的地方根植而形成的企业组群，但主要是指我国的内资企业（尤其是大型国有企业）在国内形成的网络化布局。在经济全球化背景下，内资企业作为地方生产网络的主体，也是完成我国固定资产投资而进行项目建设的主体，其发展对我国城市发展空间格局的演变产生重要影响。

（一）中国地方生产网络的形成及对城市发展空间格局的影响

中国地方生产网络的形成，主要存在三种演变类型：一是吸引跨国公司与本国企业合资（跨国公司地方根植主导型），二是建立开发区吸引跨国公司建立生产基地（开发区主导型），三是扶持本地企业发展实现全球化扩张（本地企业成长主导型）[53]。各类型地方生产网络相互交织，并呈现出如下主要特征：地方生产网络集中于我国东部地区，但企业总部较为分散；地方生产网络呈现出较强的功能分离趋势；不同类型产业具有不同的生产网络空间组织模式[54]。地方生产网络对城市发展空间格局的影响主要表现在：

第一，地方生产网络的主体——内资企业（尤其是大型国有企业）可以增加国内固定资产投资，促进城市经济社会发展。对于国内大部分地区而言，在发展初期均面临资本短缺的问题，因此内资企业尤其是大型国有企业的落户，能够显著增加当地的固定资产投资，推动重大产业项目和基础设施建设项目的进行，进而推动当地的工业化与城市化进程，促进城市发展空间格局的形成与优化。

第二，地方生产网络的主体——内资企业通常根植于地方特色，能够充分发掘地区资源禀赋，促进地区就业发展以及人均收入水平的提升，进而扩大国内消费需求，拉动城市集群发展。地方生产网络在扩张时往往选择距离接近且具有相似文化背景的地区作为目标，因而地方生产网络的发展往往加强了城市间的联系，促进了区域一体化进程，潮汕地区通过纺织服装地方生产网络的发展促进了汕头-潮州-揭阳的一体化进程即是证明[53]。随着地方生产网络的进一步发展壮大，为更好地参与全球竞争，其往往选择一线城市或区域中心城市作为总部基地，并在外围地区布局生产基地和分支机构，促进了城市群的发展[55-56]。

第三，地方生产网络的形成与发展受到多方面因素的影响，东部地区尤其是大城市周边地区，由于其可较便捷地接受到大城市在资本、技术及管理方面的辐射，并较早参与到经济全球化进程中，因而这些地区的地方生产网络发展较早并促进了当地的城市化进程，最为明显的即是长三角地区与珠三角地区。随着地方生产网络的发展，其往往联合更大空间范围的企业，并加强了与区域中心城市的联系以获取及时的信息与技术服务，这在一方面促进了区域一体化进程以及城市群的形成与发展，另一方面也使得中心城市承载更多功能，使得我国城市体系的极化特征更为明显。

（二）中国固定资产投资的时空变化及对城市发展空间格局的影响

全社会固定资产投资（total investment in fixed assets）是以货币表现的建造和购置固定资产活动的工作量，按经济类型可分为内资（国有、集体、个体、联营、股份制、私营等）和外资（外商、港澳台商投资等）两种。由于内资占全社会固定资产投资的绝大部分（如 2010 年内资占 93.8%，外商和港澳台商投资分别占 3.2% 和 3.0%），因此可以用全社会固定资产投资近似反映我国各城市内资企业或地方生产网络发展情况。

新中国成立以来，我国全社会固定资产投资额不断增加，由 1950 年的 11.34 亿元增长到 2010 年的 278 122 亿元，年均增长 18.3%，尤其是改革开放后，年均增长达到 20.9%。伴随着全社会固定资产投资的快速增长，我国内资（国有、集体、个体、联营、股份制、私营等）企业和地方生产网络也在迅速发展，并呈现不同的空间格局（图 2.25）。

1985 年，全国仅有上海、北京、天津全社会固定资产投资额达到 50 亿元以上，其中上海市以 99.32 亿元名列榜首，广州、大庆、东营等 29 个城市全社会固定资产投资额在 10 亿～50 亿元，其余城市投资水平均在 10 亿元以下。全社会固定资产投资集中于中心城市及资源型城市，整体呈现出东高西低的空间格局。

1990 年，我国各城市全社会固定资产投资规模有了一定增长，其中上海、北京全社会固定资产投资规模均达到百亿元以上，上海仍居第一，为188.59 亿元。天津、广州和深圳全社会固定资产投资额在 50 亿～100 亿元，东营、大庆、重庆等 59 个城市全社会固定资产投资额在 10 亿～50 亿元，其余城市投资水平均在 10 亿元以下。全社会固定资产投资空间格局与 1985年相比并未有大的改变，仍集中于中心城市及资源型城市，并表现出东高西低的格局。

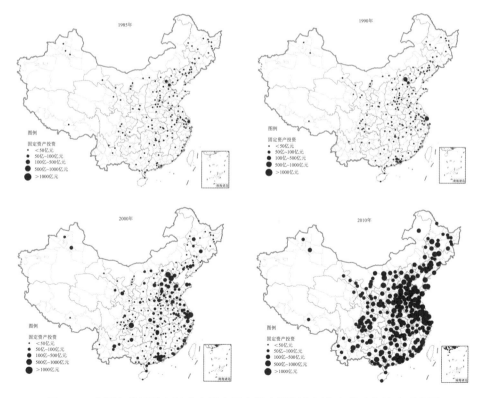

图 2.25　中国各地级以上城市全社会固定资产投资空间分布的动态演变示意图

2000 年，我国各城市全社会固定资产投资规模迅速发展，其中上海市全社会固定资产投资规模达到 1869.68 亿元，相当于 1990 年投资额的近 10 倍，是全社会固定资产投资规模唯一达到千亿元以上的城市。其后为北京、深圳、广州及天津，全社会固定资产投资额均达到 500 亿元以上，成都、武汉、杭州等 43 个城市全社会固定资产投资额在 100 亿～500 亿元，临沂、无锡等 65 个城市全社会固定资产投资额在 50 亿～100 亿元，全社会固定资产投资额在 10 亿元以下的仅有 12 个城市，其余城市全社会固定资产投资额均在 10 亿～50 亿元。全社会固定资产投资格局整体呈现出由区域中心城市主导的局面，并表现出一定的区域集聚性，京津冀、长三角、珠三角城市群表现较为突出，其余城市群地区逐步发育。

2010 年，我国各城市全社会固定资产投资规模有了进一步发展，其中重庆取代上海成为全社会固定资产投资规模最大的城市，达到 6688.91 亿元，其后依次为天津、北京，上海退居第四，全社会固定资产投资规模均达到 5000 亿元以上，成都、沈阳、大连等 68 个城市全社会固定资产投资额在 1000 亿～5000 亿元，清远等 99 个城市全社会固定资产投资额在 500 亿～1000 亿元，全社会固定资产投资额在 100 亿元以下的仅有嘉峪关市，其余城市全社会固定资产投资额均在 100 亿～500 亿元。整体而言，全社会固定资产投资呈现出较强的区域集聚性且与我国城市群格局表现出较强的一致性。

四、历史文化和地缘因素

城市从其产生开始，经历了成百上千年的历史积淀，综合了自然、经济、社会等多种因素，因而形成了自身独有的地域文化和城市文化。物以类聚，因历史原因而同属一种地缘文化、同在一个行政区划或经济区划里的城市，相互之间的城市网络联系往往更为紧密，进而有助于城市群的形成，并对我国城市发展空间格局的演变产生重要影响。

（一）中国文化发展对城市发展空间格局的影响

在漫长的历史发展过程中，由于地理位置相近，在一定的地域范围内，许多规模不等、职能各异的城市逐渐拥有相同或相似的地域文化、行政隶属和经济发展状况，亦即具有相同或相似的地缘文化和地缘经济条件。在此地域范围内，人与人之间具有相似的文化心理、风俗习惯和生活消费习惯，城市与城市之间更容易形成同质化的产业结构，也容易形成彼此分工协作的紧密联系，使得区域经济一体化进程加快，城市群和地方性的城市网络不断发展，因而对我国城市发展空间格局的演变产生重要影响。

1. 中国地缘文化的历史发展及主要分类

大体从春秋战国时代开始，人们就陆陆续续把中国文化划分为秦、齐、鲁、楚、吴、越、燕、晋、蜀、粤、陇、赵、巴、黔、湘、徽、赣等区域，如李慕寒等依据辽宁出版社《中国地域文化丛书》的区划、王会昌先生的《中国文化地理》分区意见略作调整，将中国划分为 16 个地域文化区，分别为燕赵文化区、秦晋文化区、中原文化区、齐鲁文化区、荆楚文化区、巴蜀文化区、两淮文化区、吴越文化区、江西文化区、闽台文化区、岭南文化区、云贵文化区、关东文化区、草原文化区、西域文化区、青藏文化区[57]。春秋战国之后，人们又往往用通行的行政区域划分来标示"文化区"的界限，如"关中"、"陕北"、"陕南"等；近代以来，中国地域文化又被分为黄河文化、长江文化、珠江文化及黑水白山（东北）文化，黄土文化（或"黄色文明"）和海洋文化（或"蓝色文明"），南方文化和北方文化，东方文化（北中国的东部文化又称为"关东文化"）和西方文化（北中国的西部文化），草原文化和渔猎文化、农耕文化，等等[58]。

2. 中国文化中心的变迁及城市发展的关系

尽管中国文化多源同归，但地域文化发展的不平衡，文化中心的转移，是常见的现象[59]。其发生发展又与城市发展空间格局的演变具有极为密切的联系。例如，陕西长安及其附近是周、秦、汉、唐的政治文化中心，但宋代以后，特别是明清以来，这里的文化已经难以延续昔日的光彩；河南原是商代都城所在，东周、东汉、曹魏、西晋定都洛阳，河南成为全国文化的中心，北宋定都开封，更巩固了其文化中心的地位，但在南宋以后，河南的中心地位显然转移了；山东在先秦是中国文化的中心，但魏晋以后，山东的文化影响力逐渐衰落，儒学的中心也逐渐转移到其他地方；北京一带在春秋战国时期是燕国都城所在，汉唐时称为幽州，是边防重镇，与陕西、河南相比，文化显然落后，后来成为辽、金、元、明、清及现在的首都，因此毫无争议地成为全国文化的中心。总之，中国任何一个城市的发展史，也是其城市文化的发展史；中国任何一个城市，必然是一定地域范围的文化中心，但同时也受更大范围地域文化的辐射，在该范围内形成地缘文化，并促进地域经济的发展。亦即所有的城市都属于不同等级的文化中心，而且其文化中心的地位往往与该城市的发展历史、政治地位、人口与经济规模等相一致。

3. 中国文化对城市发展空间格局的影响

因历史原因而形成的地缘文化对我国城市体系的演变及城市群的形成具有潜移默化的影响。随着知识经济浪潮的澎湃而来，经济与文化日趋融合，文化经济化与经济文化化成为两大重要的发展趋势，文化在经济中的含量越来越大，文化在现代城市发展中的地位日益突出。文化不仅是一种"软实力"，同时也是一种"硬实力"。文化在经济舞台上已不只是配角，而是日趋活跃的一个主角。在我国，随着市场经济体制改革的深化，文化作为一种产业功能也逐步从行政体制中分离出来，并运用市场机制，实现文化的社会化大生产，纳入产业发展的轨道。因此，在具有相同或相似的地缘文化区划内，通过文化吸引或文化整合，城市之间联系加强，极易形成城市发展轴（带）或城市组群（团）。例如，在黄河文化、长江文化、珠江文化、鄱阳湖文化等流域文化区内，我国分别形成了沿黄经济带、长江经济带、（泛）珠江三角洲经济协作区和鄱阳湖生态经济区等，当然在这些区域内有国家级或地区级的城市发展轴或城市群。又如，在中原文化区、齐鲁文化区、关中文化区、巴蜀文化区等区域内，由于中心城市对周边地区强大的文化辐射，分别形成中原经济区、山东经济区、关中经济区、成渝经济区等，在这些区域内也分布着国家级或地区级的城市发展轴或城市群。诸如此类，不胜枚举。总而言之，许多不同级别的城市发展轴（带）或城市组群（团）的形成，大多与具有相同或相似的地缘文化有关。

（二）中国行政区划沿革与地缘经济对城市发展空间格局的影响

1. 中国行政区划的历史演变及与城市发展的关系

中国行政区划历史悠久，早在夏、商、西周时代（公元前21世纪～前700年）就有"封诸侯建藩卫"的分封地方行政的管理制度。春秋时期（公元前770～前476年）已出现了郡、县，当时县多设于富庶的内地，郡多设于边疆。从秦始皇统一中国到新中国成立前的2100多年间，我国的行政区划制度大致可划分为三个阶段：第一阶段为州、郡时期，包括秦、汉、魏、晋、南北朝时代，约800年；第二阶段为道、路时期，包括隋、唐、五代、宋、辽、金时代，约700年；第三阶段为行省时期，包括元、明、清、民国时代，约700年。总之，我国历代的行政区划都是为了国家统治的需要，在政治方面考虑多，经济方面考虑少，但随着封建王朝统治的巩固和社会生产力的不断发展，行政区划会越来越多地考虑经济发展的要求。尽管行政区划不同于经济区划，但行政区划的重要职能之一是有利于经济发展。行政区划合理，便于管理经济，就能促进经济腾飞，否则就会制约经济的发展[60]。因此，我国行政区划的中心，一般也是人口和经济规模较大的城市，在该城市的行政与经济功能双重辐射下，行政区划内的城市与乡村更容易通过分工与合作，形成地缘经济区，发展区域（行政区）经济。

2. 中国行政区划沿革对城市发展空间格局的影响

新中国成立60余年来，中国地方行政区划的调整和改革，基本上延续了传统中国的治理逻辑和治理术，即以属地管辖和行政内部发包制为特征、由职权同构和行政分权构成的多层级的地方政府结构为基本治理结构，并以改革开放为时间节点，大致可分为两个阶段[61]：1949～1978年中国宪法规定地方政府为三级或四级，实际运行为四级或五级（其中1949～1954年实行大行政区—省—县—乡四级制，1955～1966年地方上实行省—县—乡或人民公社三级制，1967～1977年实行省—地区或市—县—人民公社四级制）；1978年至今中国地方行政层级是三级（省—县—乡镇）与四级（省—地区或市—县—乡镇）并行，除了1988年成立海南省，1997年成立重庆直辖市外，地方行政区划的改革主要集中在市、县、乡镇之间。其中，撤县设（县级）市（从1979

年开始到1997年暂时结束)、县市升格或地区改(地级)市(从1978年开始到2004年的基本结束)是改革开放以来最为突出的两类城市行政区划变更,大大促进了中国城市数量的增加;而自2000年大张旗鼓开展撤县(市)设区则从高峰逐渐走到低谷,一定程度上促使了城市数量的减少[62]。

3. 地缘经济对城市发展空间格局的影响

因历史上行政区划相同或相近而形成的地缘经济(或行政区划经济)对我国城市体系的演变及城市群的形成也具有重要影响。我国的行政区划尤其是城市行政区划与城市的行政级别直接相关,也大多与城市的规模等级结构密切相关。虽然历史上我国不同层级的行政区划经常变动,但是一般来讲都具有较好的延续性,即使变动之后隶属于不同的行政区,相互之间仍然会存在历史的认同感。由于我国的市场化进程具有一定的阶段性,在相当长时期内,很难打破行政壁垒。因此,我国大部分城市群在省级行政区内发育较多,如广东省的珠三角城市群、山东省的山东半岛城市群、辽宁省的辽中南城市群、湖北省的武汉城市圈、湖南省的长株潭城市群、河南省的中原城市群、陕西省的关中城市群、山西省的晋中城市群等。而我国少数几个跨省市的城市群,如长三角城市群、京津冀都市圈、成渝城市群等,组成的省级行政区大多比较特殊,而且历史上这些省级行政区在行政区划上也具有重合或统一的特点。可见,现行的行政区划及历史上的行政区划对地缘经济的形成都具有重要的影响,进而影响城市网络的形成与发育,使得我国城市发展空间格局在不同层级的行政区划层面,表现出一定的空间分异特征。

五、自然条件及生态环境因素

中国幅员辽阔,地形复杂,气候类型多样,自然条件各异,植被类型丰富,形成了独具特色的中国城市发展的自然地理基础。随着工业化和城镇化进程的不断推进,中国城市人口和经济规模不断扩张,对生态环境的压力持续增大,部分地区水土资源承载力和生态环境承载力逐渐接近或超过阈值,自然资源和生态环境对城市发展的支撑作用逐渐下降,但约束作用越来越大,进而引起中国城市发展空间格局发生新的变化。

（一）中国城镇发展的自然地理基础及其对城市发展空间格局的影响

我国地形地貌天然形成三级阶梯，由西至东地势逐渐降低。不同的地势及地形起伏条件影响着区域的气候条件、水土条件、交通条件及人居环境等，从而使得我国城市发展空间格局呈现出明显的东、中、西差异。地形高度对城市分布有较大影响，根据海拔的 GIS 分析发现[63]：我国约有 80% 的城市分布在小于海拔 500m 的区域，海拔大于 2000m 的城市只有 7 个，并且城市等级越高，高程对城市分布的影响越大；地形起伏对城市发展空间格局也有较大影响，总体趋势是地形起伏越大，城市分布数目越少；其中，地形起伏程度在 0~20m 等级的城市数量少于在 20~75m 等级的城市数量，这是由于起伏程度在 0~20m 的区域有相当一部分是沙漠和戈壁；我国 87% 的城市分布在地形起伏为 0~200m 的范围之内，并且与高程类似，地形起伏对高等级城市分布的影响更大。从类型上来看，我国城市主要集中分布在平原或盆地底部。这是由于平原或盆地底部地势和缓，地下水丰富，为农业生产和陆路交通提供了有利条件，有良好的经济和社会发展基础。一些古老的城市位于两大地貌区的交界处，依山傍水临平原，这样在利用平原的农业和交通条件的基础上，在生产力不发达的时代还可以抵抗外来的侵略[64]。与城市的空间分布一致，我国人口的空间分布也有向平原、三角洲和盆地等地市平坦地区集中的趋势[65]。

气候对我国城市发展空间格局的影响也很明显。以大兴安岭—阴山—贺兰山—巴颜喀拉山—冈底斯山为界，将其东部地区分为季风区，西部地区分为非季风区。我国季风区即受夏季来自太平洋的东南季风和来自印度洋的西南季风影响明显的地区。我国季风区主要为温带季风、亚热带季风气候以及极少的热带季风气候，非季风区主要为大陆性气候，少部分为高山高原气候（青藏高原气候）。我国季风区地形以平原、盆地、丘陵为主，非季风区以高原、山地、沙漠为主。季风区降雨多，冬季盛行偏北风，气候干冷，夏季盛行偏南风，气候湿润，植被丰富，非季风区降雨较少，气候干旱，植被稀少。因此，我国城市主要分布在季风区内。

水文条件对我国城市发展空间格局的影响也非常之大。水文条件直接从水资源和水运交通两个方面影响我国的城市发展空间格局，体现为城市的向河和向海特性。水资源是城市发展非常关键的要素，无论是地形还是气候，都一定程度上由于影响了水文条件而影响城市的空间分布。古代城市发展以农业为基础，水文条件较好的地方，农业生产力也较高，能聚集更多的人口而发展成为城市。现代城市发展以非农产业为重点，这些产业的发展和高度集聚的人口带来的巨大用水需求，需要充足的水资源作为保障。特别是在水资源供需矛盾不断加剧的今天，水资源对城市发展的影响更大[63]。

（二）中国城镇发展的水土资源基础及其对城市发展空间格局的影响

我国水资源和土地资源总量都较丰富，但人均量均较小，既是城市发展的重要支撑，但同时对城市发展的限制作用越来越大。其中，我国多年平均水资源总量为 2.8 万亿 m^3，占世界总量的 5.8%左右，居世界第六位，但是我国人口众多，若按人均水资源量计算，约为世界人均水量的 1/4，属于贫水国家之一；我国国土面积约 960 万 km^2，居世界第四，但山地多、平地少、耕地比例少、人均占有量少。由于受地形地貌、气候、水文等自然条件的影响，我国的水土资源条件呈现出明显的地域分异。总体上看，我国水资源南多北少，相差悬殊；而土地资源北多南少，水土资源配合欠佳。同样，我国水土资源在东部和西部也具有一定的差异，我国东部以冲积平原为主，地势平坦，气候湿润，土地肥沃，水土资源匹配较好；而西部地区多为山地、丘陵和沙漠，水土资源匹配较差。上述水土资源分配的空间格局总体上决定了我国南方和东部城市发展的水土资源基础较好，而北方和西部的城市水土资源基础较差。根据方创琳等对我国城市用水和城市用地保障程度的研究可知[14]：①我国城市用水保障程度较高的区域主要分布在西藏、四川、云南、广西、青海、福建、江西等地区，城市供水保障量≥24 亿 m^3；我国城市用水保障程度中等的区域主要分布在新疆、贵州、陕西、湖南、海南、内蒙古、重庆、黑龙江等地区，城市供水保障量在 1 亿～24 亿 m^3；我国城市用水保障程度较差的区域主要分布在甘肃、宁夏、吉林、天津、山西、安徽、浙江、河南、湖北、北京、河北等地区，城市供水保障量在-21 亿～1 亿 m^3；我国城市用水保障程度差的区域主要分布在山东、辽宁、江苏、上海、广东等地区，城市供水保障量在-65 亿～-21 亿 m³。②我国城市用地保障程度总体均较低，其中属于较低保障度（良）的为上海，属于较低保障度（中Ⅰ）高城市化地区的为北京、天津，属于较低保障度（中Ⅱ）较高城市化地区的为江苏、浙江、广东、海南，属于较低保障度（中Ⅲ）较低城市化地区的为福建、湖北、吉林、内蒙古、山东、黑龙江、辽宁，属于较低保障度（中Ⅳ）低城市化地区的为广西、宁夏、江西、贵州、甘肃、青海、新疆、河北，属于较低保障度（中Ⅵ）很低城市化地区的为湖南、山西、安徽，属于较低保障度（差）的为陕西、重庆、四川、云南，属于低保障度（良）的为河南。

可见，水土资源条件较好的地区，城市形成和发育的基础大多较好，城市产生的历史也较悠久，因此也是大城市和特大城市密集分布的地区，亦即水土资源是促进我国城市集聚发展的重要条件。

（三）中国城镇发展的生态环境约束态势及其对城市发展空间格局的影响

我国的生态系统类型复杂多样，但部分地区生态系统极为脆弱，尤其是我国西部地区，除四川成都平原和陕西关中地区外，绝大部分地区自然环境恶劣，山地灾害频繁，城市发展受生态条件的制约较大。根据国家环境保护部于 2014 年 6 月发布的《2013 中国环境状况公报》，2012 年我国生态环境质量"一般"。全国 2461 个县域中，"优"、"良"、"一般"、"较差"和"差"的县域分别有 346 个、1155 个、846 个、112 个和 2 个，生态环境质量以"良"和"一般"为主，约占国土面积的 67.2%；生态环境质量"优"和"良"的县域主要分布在秦岭淮河以南及东北的大小兴安岭和长白山地区，"一般"的县域主要分布在华北平原、东北平原西部、内蒙古中部和青藏高原，"较差"和"差"的县域主要分布在西北地区。公报显示，2013 年全国环境质量总体一般：地表水总体为轻度污染，部分城市河段污染较重；海水环境状况总体较好，近岸海域水质一般；城市环境空气质量不容乐观；城市声环境质量总体较好；辐射环境质量总体良好；生态环境质量总体稳定。全国城市环境空气质量形势严峻，2013 年 1 月，首批 74 个城市实施新的空气质量标准，新标准增加了 PM2.5 等重要指标，74 个新标准监测实施第一阶段城市中，环境空气质量达标城市仅为 3 个，比例为 4.1%。总体来看，随着工业化和城镇化的持续推进，我国生态环境状况不容乐观，生态环境对国民经济和城市发展的约束作用不断加强。

可见，生态环境条件较好的地区，城市形成和发育基础较好，城市产生的历史也较悠久，因此也是大城市和特大城市密集分布的地区，亦即生态环境也是支撑我国城市集聚发展的重要条件。但是随着城市人口和经济规模的不断扩大，对生态环境的压力逐渐增大，生态环境总体恶化的趋势仍在继续，对我国大城市、特大城市以及城市群（或城镇密集地区）的约束作用也逐渐增大。生态环境恶化和生态环境约束一定程度上促使我国城市在生态脆弱地区以及城镇过度密集地区减速发展，进而影响我国城市发展空间格局。

主要参考文献

[1]　陈潮，等. 中华人民共和国行政区划沿革地图集. 北京: 中国地图出版社，2003: 14-22.

[2]　杨荣南，张雪莲. 城市空间扩展的动力机制与模式研究. 地域研究与开发，1997，16(2): 1-4.

[3]　李雪英，孔令龙. 当代城市空间拓展机制与规划对策研究. 现代城市研究，2005，(1): 35-38.

[4]　许彦曦，陈凤，等. 城市空间扩展与城市土地利用扩展的研究进展. 经济地理，2007，27(2): 296-301.

[5]　潘竟虎，韩文超. 近 20a 中国省会及以上城市空间形态演变. 自然资源学报，2013，28(3): 470-480.

[6]　周春山，叶昌东. 中国特大城市空间增长特征及其原因分析. 地理学报，2013，68(6): 728-738.

[7]　李丽，迟耀斌，王智勇，等. 改革开放 30 年来中国主要城市扩展时空动态变化研究. 自然资源学报，2009，24(11): 1933-1943.

[8]　李国平，王志宝. 中国区域空间结构演化态势研究. 北京大学学报(哲学社会科学版)，2013，50(3): 148-157.

[9]　陆大道，等. 中国区域发展的理论与实践. 北京: 科学出版社，2003: 45-98.

[10]　李国平，吴爱芝，孙铁山. 中国区域空间结构研究的回顾及展望. 经济地理，2012，32(4): 6-11.

[11]　顾朝林，柴彦威，蔡建明，等. 中国城市地理. 北京: 商务印书馆，1999: 45-65.

[12]　周一星，孙则昕. 再论中国城市的职能分类. 地理研究，1997，16(1): 11-22.

[13] 许锋, 周一星. 我国城市职能结构变化的动态特征及趋势. 城市发展研究, 2008, 15(6): 49-55.

[14] 方创琳, 等. 中国城市化进程及资源环境保障报告. 北京: 科学出版社, 2009: 12-18.

[15] 李小建, 李国平, 曾刚. 经济地理学. 北京: 高等教育出版社, 2006:33-54.

[16] 刘卫东, 张国钦, 宋周莺. 经济全球化背景下中国经济发展空间格局的演变趋势研究. 地理科学, 2007, 27(5): 609-616.

[17] 魏后凯. 外商直接投资对中国区域经济增长的影响. 经济研究, 2002, (4): 19-26.

[18] 卜国琴. 全球生产网络与中国产业升级研究. 暨南大学博士学位论文, 2007:45-66.

[19] WTO (World Trade Organization). World trade report 2013. Geneva: WTO Publications, 2013:23-35.

[20] 鲁邦旺. 全球生产网络的发展状况及形成原因分析. 北方经济, 2007, (1): 67-68.

[21] 贺灿飞, 肖晓俊. 跨国公司功能区位实证研究. 地理学报, 2011,66(12): 1669-1681.

[22] 谢阳群. 信息化的兴起与内涵. 图书情报工作, 1996, (2): 36-40.

[23] ITU (International Telecommunication Union). Measuring the information society. Geneva: Nathalie Delmas, 2012:4-7.

[24] 杨京英, 姜澍, 何强. 2012 年中国信息化发展指数(Ⅱ)研究报告. 调研世界, 2012, (12): 3-7.

[25] 宋周莺, 刘卫东.中国信息化发展进程及其时空格局分析. 地理科学, 2013,33(3): 257-265.

[26] 汪明峰, 宁越敏.城市的网络优势:中国互联网骨干网络结构与节点可达性分析. 地理研究, 2006, 25(2): 193-203.

[27] 文龙光. 世界高新技术产业的发展趋势. 学术论坛, 2002,152(3): 52-54.

[28] 刘卫东. 世界高科技园区建设和发展的趋势. 世界地理研究, 2001,10 (1): 36-40.

[29] 王志章. 世界高科技园区建设回眸. 科学, 2004, (4): 11-16.

[30] 唐华东. 中国开发区 30 年发展成就及未来发展思路. 国际贸易, 2008, (9): 32-37.

[31] 谢群. 我国国家级高新技术产业开发区的发展状况分析. 中国高新技术企业, 2009,117(6): 3-5.

[32] 国家气候变化对策协调小组办公室. 全球气候变化——人来面临的挑战. 北京: 商务印书馆, 2004:56-79.

[33] 贾艮, 李建会. 全球环境变化——人类面临的共同挑战. 武汉: 湖北教育出版社, 1998:12-36.

[34] 张连辉, 赵凌云. 1953—2003 年间中国环境保护政策的历史演变. 中国经济是研究, 2007, (4): 63-72.

[35] 杨贵山, 施雅风. 海平面上升对中国沿海重要工程设施与城市发展的可能影响. 地理学报, 1995, (4): 302-309.

[36] 吕新苗, 吴绍洪, 杨勤业. 全球环境变化对我国区域发展的可能影响评述. 地理科学进展, 2003, (3): 260-269.

[37] 樊杰. 我国主体功能区划的科学基础. 地理学报, 2007, 62(4): 339-350.

[38] 樊杰. 主体功能区战略与优化国土空间开发格局. 中国科学院院刊, 2013, 28(2): 193-206.

[39] 刘乃全, 刘学华, 赵丽岗. 中国区域经济发展与空间结构的演变. 财经研究, 2008, 34(11): 76-87.

[40] 何德. 中国公路发展历程. 中国公路, 1999, (7): 19.

[41] 张菁. 我国高速公路 20 年发展历程回顾. 交通发展, 2008, (11): 25-27.

[42] 金凤君, 王娇娥. 20 世纪中国铁路网扩展及其空间通达性. 地理学报, 2004, 59 (2): 293-302.

[43] 彤新春. 建国以来我国铁路建设的区域布局和空间演进特点分析. 中国经济史研究, 2010, (3): 134-143.

[44] 薛俊菲. 基于航空网络的中国城市体系等级结构与分布格局. 地理研究, 2008, 27(1): 23-33.

[45] 周一星, 胡智勇. 从航空运输看中国城市体系的空间网络结构. 地理研究, 2002, 21(3): 276-286.

[46] 于涛方, 顾朝林, 李志刚. 1995 年以来中国城市体系格局与演变. 地理研究, 2008, 27(6): 1407-1418.

[47] 武文杰, 董正斌.中国城市空间关联网络结构的时空演变. 地理学报, 2011, 66(4): 435-445.

[48] 张兵, 胡华清, 张莉, 等. 中国航空货运发展及其空间格局研究. 地理科学, 2010, 30(4): 489-494.

[49] 彭大勇. 中国港口分布格局的演化与发展机理. 中国水运, 2014, 14(2) : 46-47.

[50] 谢燮. 我国港口空间格局演化的成因及趋势分析. 中国港口, 2012, (4): 11-14.

[51] 杜麒栋, 陈羽.东风凭借力送我上青云——中国港口发展 60 年的回顾和思考. 中国港口, 2009, (9): 5-8.

[52] 马海涛, 刘志高. 地方生产网络空间结构演化过程与机制研究. 地理科学, 2012, 32(3): 308-313.

[53] 马丽, 刘卫东, 刘毅. 经济全球化下地方生产网络模式演变分析. 地理研究, 2004, 23(1): 87-96.

[54] 武前波, 宁越敏. 中国城市空间网络分析——基于电子信息企业生产网络视角. 地理研究, 2012,31(2): 207-219.

[55] 尹俊, 甄峰, 王春慧. 基于金融企业布局的中国城市网络格局研究. 经济地理, 2011, 31(5): 754-759.

[56] 赵渺希, 刘铮. 基于生产性服务业的中国城市网络研究. 城市规划, 2012, 36(9): 23-28.

[57] 李慕寒, 沈守兵. 试论中国地域文化的地理特征. 人文地理, 1996, 11(1): 7-11.

[58] 胡义成. "秦学"研究的地缘文化学基础. 人文杂志, 2002, (6): 118-124.

[59] 袁行霈. 关于中国地域文化的理论思考. 北京大学学报(哲学社会科学版), 2012, 49 (1): 11-20.

[60] 李传永. 略论我国历代的行政区划. 人文地理, 1996, 11 (4): 38-40.

[61] 陈剩勇, 张丙宣. 建国 60 年来中国地方行政区划和府际关系的变革与展望. 浙江工商大学学报, 2009, 98 (5): 6-15.

[62]　罗震东. 改革开放以来中国城市行政区划变更特征及趋势. 城市问题, 2008, 155 (6): 77-82.

[63]　刘沁萍, 田洪阵, 杨永春. 基于 GIS 和遥感的中国城市分布与自然环境关系的定量研究. 地理科学, 2012, (6): 686-693.

[64]　丁锡祉, 刘淑珍. 影响中国城市分布和建设的地貌因素. 西南师范大学学报, 1990, (4): 453-461.

[65]　葛美玲, 封志明. 中国人口分布的密度分级与重心曲线特征分析. 地理学报, 2009, 64(2): 202-210.

第 三 章

中国城市发展空间格局的合理性
诊断与综合评估

通过分析中国城市发展空间格局合理性影响机制，结合国内外相关研究基础构建了中国城市发展空间格局合理性综合诊断指标体系，采用 GIS 和计量模型建立了中国城市规模结构合理性诊断模型、中国城市职能结构合理性诊断模型、中国城市空间结构合理性诊断模型和中国城市发展空间格局合理性综合诊断模型，对中国城市发展空间格局合理性进行综合评价。评价结果表明，从全国城市发展空间格局总体合理性分析，处在中等合理性以上的城市达到 465 个，占全国城市总数的 70.78%，体现出中国城市现状空间格局总体上是合理的，这种合理性受制于历史演变、区划调整、自然条件等的影响，在今后很长一段时期内不会发生大的改变。从全国城市规模结构格局合理性分析，处在中等合理性以上的城市达到 447 个，占全国城市总数的 68.03%，体现出中国城市规模结构格局总体上是合理的，随着城市人口的不断增长，城市空间的不断拓展，生产要素的不断集聚，城市规模会不断扩大，城市规模结构的合理性会因规划调控、政策调整等影响逐步向新的合理性格局方向演变。从全国城市空间结构格局合理性分析，处在中等合理性以上的城市达到 456 个，占全国城市总数的 69.41%，体现出中国城市发展空间格局总体上是合理的；从全国城市职能结构格局合理性分析，处在中等合理性以上的城市达到 454 个，占全国城市总数的 69.11%，体现出中国城市职能结构格局总体上是合理的，这种合理性随着城市职能结构调整、产业升级转型会不断向着新的合理性方向发展。

第一节　中国城市发展空间格局合理性诊断指标体系

城市发展空间格局是指基于国家资源环境格局、经济社会发展格局和生态安全格局而在国土空间上形成的等级规模有序、职能分工合理、辐射带动作用明显的城市空间配置形态及特定秩序。城市发展空间格局既是国家城市体系建设的基本骨架，也是长期形成的城市空间结构体系和功能系统体系。科学合理的城市发展空间格局对推动国家城镇化健康发展，提升城镇化发展质量，对加快国家现代化进程都具有十分重要的战略意义。

一、城市发展空间格局合理性的基本内涵与研究进展

城市发展空间格局合理性是指在全国主体功能区划背景下，城市空间的资源环境承载能力、现有开发强度、未来发展潜力与城市发展过程中表现出的城市规模结构、城市等级结构、城市职能结构等要素相互匹配的合理化程度[1]。科学合理的城市发展空间格局对推动国家城镇化健康发展，提升城镇化发展质量，对加快国家现代化进程都具有十分重要的战略意义。党的十八大报告和中央经济工作会议等国家重要文件和国家重大规划都多次提出要构建科学合理的城市化格局和城市发展空间格局。

国内外学者主要从城市规模格局、城市发展空间格局和城市职能格局等方面对城市格局进行研究。自从 1933 年克里斯泰勒在中心地理论中提出组织结构模式之后，1960 年邓肯在《大都市和区域》中首次明确提出"城镇体系"的概念，贝里用系统化的观点阐述了城镇体系与人口的关系[2]；Pred A R[3]以及 Carlstein T[4]等从地理学角度系统揭示了城市格局的运作过程与结构特征；城市规模结构方面，自从弗里德曼在 1986 年的"世界城市论"发表之后，先后以世界城市的核心边缘体系视角[5]和全球（区域）联系的视角探讨了世界城市格局特征[6]，表征着西方城镇体系研究基本成熟，也标志着 21 世纪以来的世界城市发展空间格局发生了巨大变化。中国的相关研究开始于 1970 年代中期，诸多知名学者[7-16]在此领域就中国城市等级结构的形式、演化机制发

表了重要的研究成果。城市首位定律、城市金字塔、二倍数定律、分形理论对于城市位序-规模的开拓性解释都为城市规模结构评价提供了重要的方法支撑。目前的研究主要从区域层面研究城镇体系的合理性特征，从区域的城市规模体系合理性和单个城市的规模效率相结合的角度构建评价模型，对中国城市规模结构格局的合理性进行综合评价的相关研究较少。

城市空间结构方面，西方城市空间结构作为一门专业的研究领域始于1960年代[17-18]，解析理论包括基于城市土地利用空间模式的新古典主义学派[19]以及基于城市社会结构和资本积累模式的结构学派[20]，研究领域为城市物质空间[21]、城市社会空间[22]和城市感知空间[23]等。随着知识经济和网络时代的到来，城市空间机制、世界城市和城市组织结构逐渐成为西方国家的研究重点。中国城市空间结构的研究从1980年代开始，研究内容主要集中在起步期的理论评述，积累期的形态、特征、深化机制，以及当前的模式总结及新城市空间现象等方面[24]。相比来看，中国城市发展空间格局的总体特征及其基于资源环境承载力的空间合理性研究较少。

城市职能结构是城市地理学的重点领域之一。国外相关研究涉及职能分类[25-28]和职能要素[29-30]两个领域。1988年周一星提出城市专业化部门、职能强度和职能规模等“城市职能三要素”概念[31]，成为国内相关研究的重要理论依据。之后，相关学者在城市职能的分类、演化、特征及优化方面做了大量的研究工作[32-34]。同时考虑三大要素构建综合模型来评价中国城市职能结构的研究较少。

结合中国新型城镇化规划战略要求，本节将城市发展空间格局合理性定义为在全国主体功能区划背景下，中国城市的规模结构、空间结构和职能结构等要素相互匹配的合理化程度。首先以城市规模结构、城市空间结构和城市职能结构三大要素层为切入点构建城市发展空间格局合理性评价指标体系，同时构建三大要素的合理性评价模型进行合理性诊断，最终集成为中国城市格局合理性诊断模型，对中国城市发展空间格局合理性进行诊断。

二、中国城市发展空间格局合理性的影响机制

城市发展与空间格局的形成是一个复杂的系统过程，影响因素众多，可

以分为自然因素和社会经济因素两方面，其中自然因素包括地形地貌、水文地质、植被土壤、资源环境、生态系统等方面，社会经济因素包括人口增长、经济发展、交通运输条件、技术进步、规划与政策和城市环境等方面。依据城市发展空间格局的概念，其影响因子可分为以自然资源承载力为主要向量的城市空间增长制约因素和以经济社会为主要向量的城市空间增长驱动因素。中国城市发展空间格局合理性的影响机制包括城市格局合理性的阻力机制和城市格局合理性的推力机制两个层面。

（一）城市发展空间格局合理性形成的阻力机制

空间开发的实质就是城市空间系统内部、人与自然之间相互作用、相互胁迫、由低级协调共生向高级协调发展的螺旋上升的过程，在这个过程中城市空间的资源环境是空间开发的基础和前提。一般而言，资源环境承载力是城市系统中某些单一系统可承载人口数量、经济规模和空间边界的重要指标，用于揭示城市资源开发、环境承载力的最大容量及其经济社会发展的极限状态。资源环境承载能力评价是全国主体功能区规划的本底基础，影响因子包括地形地貌、水文地质、植被土壤、资源环境、生态系统等方面。考虑到城市空间发展格局的核心影响因素，本研究以全国主体功能区划分的理论为依据，在城市发展空间格局合理性阻力方面，重点阐述土地安全因子、水资源安全因子和生态安全制约因子对城市发展空间格局形成与发展的影响机制。

1. 中国城市发展空间格局优化的用地安全阻力机制

土地的自然特性构成了土地利用的可能性，土地的经济区位在很大程度上决定了土地利用的可行性。土地资源对中国城市发展空间格局的影响主要表现在两个方面，一是作为农业领域的劳动对象，主要是指土地资源在农业种植方面所具有的自然属性。探讨土地对农业的影响，既要考虑土地的自然地理条件，又要考虑区位，在位置相对偏远的地区，土地的自然地理条件对农业的影响比区位条件更大一些，在城市郊区则刚好相反。二是土地资源可作为作业的空间或活动场所，这种影响表现在任何的经济活动中，这种影响具体分为两种情况，第一种情况是土地资源仅作为经济活动的空间载体，土地资源对经济活动区位的影响基本上局限于土地的数量和质量之上，这种特性主要体现于对郊区型工业的影响。郊区型工业对区位不敏感，但对土地的质量和数量要求比较高，因此，它们可以布局在郊区；第二种情况是土地区位对经济活动的影响，土地的这种特性对城市区位型工业或产业影响特别明显。众所周知，城市地价受区位的影响非常大，城市内部区位差异明显，土地价格迥然不同，而不同行业因为收益水平差异的原因对地价的承受能力不同，从而产生了城市内部的土地资源利用分异。

建设用地潜力是土地资源研究的关键指标。土地既是重要的宝贵资源，也是稀缺的生产要素。具备城市建设用地条件的土地必须充分考虑其地形地貌、水文地质、基本农田、生态环境等限制性要素。目前，中国正处于快速城市化阶段，快速城市化使各城市建设用地规模急速扩张，具备建设用地条件的用地数量即建设用地潜力则随之减少。所以，建设用地潜力直接决定城市发展规模。

2. 中国城市发展空间格局优化的用水安全阻力机制

中国城镇的空间布局与水资源环境承载能力不相适应的问题越来越突出，目前65%的城市缺水，其中约33%的城市严重缺水，这意味着水资源匮乏问题将直接影响中国城市化进程。中国城市缺水特征主要表现在三个方面：一是资源型缺水问题突出，缺水程度加剧[3]。1990年代以来，全国平均每年因干旱受灾的面积超过 4 亿亩，约占农作物总播种面积的 1/5。正常年份全国灌区年缺水约 300 亿 m^3，城市缺水 60 亿 m^3。华北和西北地区的资源型缺水问题已成为城市可持续发展的主要制约因素。二是污染型缺水问题加重，水质型缺水范围扩大。长期以来中国重经济、轻环保，众多河流、湖泊水库和地下水被污染状况触目惊心，由此而造成的水质性缺水与本已存在的资源性缺水彼此叠加，使中国缺水状况雪上加霜。三是水资源开发利用难度加大，水资源供需矛盾更加突出。近 20 年来缺水范围扩大、缺水程度加剧。过去50 多年比较容易开发利用的水资源大部分已被开发利用，可继续开发的水资源不仅受到区域限制，而且水资源开发利用难度越来越大，水资源优化配置所需要的建设资金愈来愈多。未来中国经济发展依赖于城市化的进一步推进，大量人口进入各类城市必然带来水资源压力。所以，水资源对中国城市发展空间格局的形成与优化限制性越来越大。

3. 中国城市发展空间格局优化的生态安全阻力机制

生态系统是指一定范围内的生物体和它们周围的非生物环境相互作用、共同组成的具有特定功能的综合体。城市是人口高度集中的地方，也是社会、经济、文化和交通聚散的枢纽，同时又是人类文明发展到一定阶段的产物。从景观生态学的观点出发，城市是在人类不断改造自然、适应自然过程中形成的人工-自然复合生态系统，是受人类活动强烈干扰下形成的各种景观斑块的混合镶嵌体。与真正的自然生态系统相比，城市生态系统具有发展快、能量及水等资源利用效率低、区域性强、人为因素多等特征，因此并非发展成熟的自然生态系统。正如著名生态学家 Odum 所讲，"城市可以看作是生物圈的寄生虫"。在城市发展空间格局中，城市作为生态系统的特殊节点，依赖于自然生态条件较为特殊的区域而成长[35]。例如，区域内特殊的地形、气候、水文和资源分布条件决定了城市的基本格局特征，城市的发展在很大的程度上受限于其特殊的自然环境，如"点"状分散的山城，傍水而生的"带"状水城。"山水"这些显著的生态条件对城市发展空间格局的形成、发展起到了很大的促进或限制作用。

（二）城市发展空间格局合理性形成的推力机制

1. 中国城市发展空间格局合理性形成的规模结构推动力机制

城市规模是衡量城市大小的数量概念，包括城市人口规模与城市地域规模两种指标，通常人口规模是衡量城市规模的决定性指标。城市规模结构由一定地域范围内相互关联的、起各种职能作用的、不同等级的城市所组成具有一定层次的集合体。受到自然条件、历史文化、经济发展、政策调整等多重因素的影响，不同地区、不同城市化水平下的城市体系，具有不同的城市规模分布特征。各级不同规模的城市在中国范围内的分布、组合状况，反映出城市在不同规模等级中的分布状况及人口集中或分散程度。城市规模结构合理性的评价因子包括全国县级以上城市的人口规模,即市辖区非农业人口,采用位序-规模法则进行评价。

2. 中国城市发展空间格局合理性形成的空间结构推动力机制

城市空间结构又称为地域结构，主要是指城市中各物质要素的空间位置关系及其变化移动中的特点，它是城市发展程度、阶段与过程的空间反映。城市空间结构是建立在特定经济活动基础上的，担任特定经济功能的城市功能区空间分化。按城市空间结构的层次性划分，可以将其界定为城市内部空间结构和城市外部空间结构两个部分。城市内部空间结构是一个城市建成区之内（通常是指市区）土地的功能分区结构，或者说城市内部空间结构是城市内部功能分化和各种活动所连成的土地利用的内在差异而形成的一种地域结构。城市外部空间结构是指由一个中心城市辐射区域内中心城市与其他城市共同构成的空间体系。以中国城市体系为研究对象，研究中国城市评价城市外部空间结构的合理性，城镇分布密度是衡量城市空间结构的重要指标。在中国统筹发展战略背景下，城市空间结构影响城市发展空间格局的核心推动力机制在于，符合国家和地区发展的主体功能定位的城市空间结构，将会有力地推动其城市发展空间格局的可持续发展，而与主体功能定位不统一或超过国家和地区资源环境承载能力的城市空间结构，将不利于城市和地区的健康与和谐发展。

3. 中国城市发展空间格局合理性形成的职能结构推动力机制

城市职能是指一个城市在一定地域内的经济、社会发展中所发挥的作用和承担的分工，城市职能结构对内体现了不同城市间的联系和相互作用，对外则体现了体系的整体性及在更大尺度区域中的任务与作用。1988年，周一星在进行第一次全国性工业职能分类时提出了"城市职能三要素"理论，即专业化部门、职能强度和职能规模[36]。对于专业化部门，若某部门不仅具有较高的专业化水平，而且在本市内占有相当大比例，则称该部门为城市的主要专业化部门，专业化部门可以推动城市职能向特定部门化转变。在职能强度上，一般的认识为按与部门就业比例平均值的接近程度分为综合性、专业化和高度专业化三种，不同的职能强度表征着该城市职能在全国或地区城市体系中的地位，可以在某一职能方面提升该城市在城市体系中的地位。城市的职能规模是产业体系成果体现在城市经济发展水平上的重要标志，即是一个城市的经济表现，还可以反映城市的综合实力与财富。

三、中国城市发展空间格局合理性综合诊断指标体系

（一）合理性诊断指标体系构建原则

中国城市发展空间格局合理性诊断指标体系是对新型城镇化背景下，中国城市发展地理规律和属性的高度概括和归纳，具体应该遵循以下原则。

1. 科学诊断原则

中国城市发展空间格局合理性诊断指标体系必须遵循经济规律和生态规律，采用科学的方法和手段，确立的指标必须是能够通过观察、测试、评议等方式得出明确结论的定性或定量指标，结合资源环境承载力定量和定性调查研究，指标体系较为客观和真实地反映所研究系统发展演化的状态，从不同角度和侧面进行资源环境承载力衡量，都应坚持科学发展的原则，统筹兼顾，指标体系过大或过小都不利于作出正确的评价。因此，必须以科学态度选取指标，把握科学发展规律，提高发展质量和效益，以便真实有效作出评价。

2. 系统优化原则

中国城市发展空间格局合理性评价对象必须用若干指标进行衡量，这些指标是互相联系和互相制约的。有的指标之间有横向联系，反映不同侧面的相互制约关系；有的指标之间有纵向关系，反映不同层次之间的包含关系。同时，同层次指标之间尽可能地界限分明，避免相互有内在联系的若干组、若干层次的指标体系，体现出很强的系统性。第一，指标数量的多少及其体系的结构形式以系统优化为原则，即以较少的指标（数量较少，层次较少）较全面系统地反映评价对象的内容，既要避免指标体系过于庞杂，又要避免单因素选择，追求的是评价指标体系的总体最优或满意。第二，评价指标体系要统筹兼顾各方面的关系，由于同层次指标之间存在制约关系，在设计指标体系时，应该兼顾到各方面的指标。第三，设计评价指标体系的方法应采用系统的方法，如系统分解和层次结构分析法，由总指标分解成次级指标，

再由次级指标分解成次次级指标（通常人们把这三个层次称为目标层、准则层和指标层），并组成树状结构的指标体系，使体系的各个要素及其结构都能满足系统优化要求。也就是说，通过各项指标之间的有机联系方式和合理的数量关系，体现出对上述各种关系的统筹兼顾，达到评价指标体系的整体功能最优，客观地、全面地评价系统的输出结果。

3. 通用可比原则

通用可比性指的是不同时期以及不同对象间的比较，即纵向比较和横向比较。其一，纵向比较即同一对象这个时期与另一个时期作比。中国城市发展空间格局合理性的评价指标体系要有通用可比性，条件是指标体系和各项指标、各种参数的内涵和外延保持稳定，用以计算各指标相对值的各个参照值（标准值）不变。其二，横向比较即不同对象之间的比较，找出共同点，按共同点设计评价指标体系。对于各种具体情况，采取调整权重的办法，综合评价各对象的状况再加以比较。

4. 实用可行原则

实用性原则指的是实用性、可行性和可操作性。首先，指标要简化，方法要简便。中国城市发展空间格局合理性的诊断指标体系要繁简适中，计算评价方法简便易行，即诊断指标体系不可设计得太烦琐，在能基本保证评价结果的客观性、全面性的条件下，指标体系尽可能简化，减少或去掉一些对评价结果影响甚微的指标。其次，数据要易于获取。诊断指标所需的数据易于采集，无论是定性诊断指标还是定量诊断指标，其信息来源渠道必须可靠，并且容易取得。否则，评价工作难以进行或代价太大。最后，整体操作要规范。各项诊断指标及其相应的计算方法，各项数据都要标准化、规范化。另外还要严格控制数据的准确性。能够实行评价过程中的质量控制，即对数据的准确性和可靠性加以控制。

（二）合理性诊断指标体系的构成

根据城市发展空间格局合理性的基本内涵和形成的动力机制，以全国 657 个城市为研究单元，将中国城市发展空间格局合理性诊断指标体系分为城市规模结构格局合理性诊断、城市职能结构格局合理性诊断、城市空间结构格局合理性诊断三类，并由此构建包括总目标层、子目标层、因素层和因子层的指标体系。指标的标准化采用极差标准化和标准差标准化方法，采用 Delphi 法和AHP 法，根据各个指标对评估目标的贡献率确定指标权系数（表 3.1）。

表 3.1　中国城市发展空间格局合理性诊断指标体系

总目标层	分目标层	因素层	因子层
城市发展空间格局合理性诊断	城市规模结构合理性诊断	城市体系合理性	Zipf 指数
		城市规模效率合理性	城市规模效率指数
	城市空间结构合理性诊断	主体功能分区	主体功能承载力指数
		城市空间均衡度	城市分布密度指数 城市空间核密度指数
	城市职能结构合理性诊断	职能规模	规模效益指数
		职能强度	专业化指数
		专业化部门	行业丰度指数

第二节　中国城市规模结构格局的合理性评价

城市规模是否合理、分布结构是否完善，直接关系到城市体系功能的发挥和竞争力提升。认识城市体系规模分布特征，探析其规模结构演变的规律性，对于合理谋划区域城市布局、优化城市体系的功能和结构具有重要意义。中国城市规模结构格局的合理性评价分别从区域的城市规模体系合理性和单个城市的规模效率两个角度切入进行综合评价。

一、中国城市规模结构格局合理性诊断模型与标准

城市规模结构格局合理性指数 USR 诊断模型是以 Zipf 指数模型为依托，由区域城市体系规模结构合理性指数 Q_i 和单个城市规模效率指数 F_{ij} 组成的诊断模型。

（一）基于 Zipf 指数的城市体系规模结构合理性指数 Q_i 诊断模型

国内外关于城市规模分布特征及演变规律的相关研究具有悠久的历史。运用 Zipf 准则模型进行中国城市规模结构合理性诊断。城市分布的位序-规模模型从城市体系整体出发，反映不同城市的规模与其在整个系统中位序之间的关系，可评估一个国家或地区城市体系的分布状况。描述城市规模分布的位序-规模特征最早可追溯至 20 世纪初期的德国经济学家奥尔巴赫，他发现 5 个欧洲国家和美国的城市人口与其按人口所排位序的乘积是一个常数，这是对城市人口规模与其人口位序之间关系的最初探索。后来罗伯特（1925）、辛格（1936）、捷夫（1949）等学者对其进行了诸多深入研究，提出许多经验公式[36-38]。其中应用比较广泛的是捷夫公式。1949 年捷夫提出在经济发达国家里，一体化的城市体系的城市规模分布可用简单的公式表达：

$$P_r = P_l / r \tag{3.1}$$

式中，P_r 为第 r 位城市的人口；P_l 为最大城市的人口；r 为人口为 P_r 城市的位序。

捷夫模式并不具有普遍意义，是一种理想状态。后来罗特卡将捷夫模式进行推广，得到

$$P_i = P_1 \times R_i^{-q} \qquad R = 1, 2, \cdots, n \tag{3.2}$$

式中，n 为城市的数量；R_i 为城市 i 的位序；P_i 为按照从大到小排序后位序为 R_i 的城市规模；P_1 是首位城市的规模；而参数 q 通常被称为 Zipf 指数。为直观起见，通常对式（3.2）进行自然对数变换，得到

$$\ln P_i = \ln P_1 - q \ln R_i \tag{3.3}$$

$$q = (\ln P_1 - \ln P_i) / \ln R_i \tag{3.4}$$

$$Q_i = |q - 1| = |(\ln P_1 - \ln P_i) / \ln R_i - 1| \qquad R = 1, 2, \cdots, n \tag{3.5}$$

P_1 的取值存在实际值和理论值的差别，我国学者周一星 1989 年对北京、

天津、河北的 22 个 5 万人以上的城镇进行回归分析，得出 P_1 的理论值比实际值大 65%左右。本研究对 P_1 采用回归分析法确定其值。大量实证研究发现 Zipf 指数具有以下性质：

当 $q=1$ 时，区域内首位城市与最小规模城市之比恰好为整个城市体系中的城市个数，认为此时城市体系处于自然状态下的最优分布，故称此时的城市规模分布满足 Zipf 准则；

当 $q<1$ 时，城市规模分布相对集中，人口分布比较均衡，中间位序的城市较多，整个城市体系发展已经比较成熟；

当 $q>1$ 时，说明城市规模趋向分散，城市规模分布差异较大，区域内的首位城市垄断地位较强，城市体系发展还不是很完善。当大城市发展相对较快时，城市规模分布趋向分散，q 值也不断增大；$q\to\infty$ 时，区域内将只有一个城市，为绝对首位型分布；与之相对，中小城市发展迅速会缩小与大城市的差距，q 值会有所缩小；而 $q\to0$ 表示区域内城市规模将一样大，人口分布绝对平均。

一般而言，后两种情况在现实中不会出现，合理的城市体系规模分布的 Zipf 维数向 1 趋近，这是 Zipf 的标准分布，也是自然状态下的城市位序-规模法则。众多研究表明城市体系规模分布维数是城市体系规模结构优化的一个有力的科学定量判据[31,33-34,39-40]。

根据 Zipf 指数 q 值的计算结果可判断，当 $Q_i<0.1$ 时为高合理城市；当 $0.1<Q_i<0.3$ 时，为较高合理城市；当 $0.3<Q_i<0.5$ 时，为中等合理城市；当 $0.5<Q_i<0.8$ 时，为低合理城市；当 $0.8<Q_i<1$ 时，为不合理城市。

（二）城市规模效率指数 F_{ij} 诊断模型

Zipf 准则诊断模型用于评价一个国家或地区城市体系的分布状况。用地规模和人口规模是城市规模的两大属性。城市规模效率指数 F_{ij} 是以城市建成区人口规模和用地规模的比值来表征某个城市规模的效率，即

$$F_{ij} = \frac{LS_i}{PS_i} \tag{3.6}$$

式中，LS_i 为 i 城市的建成区用地规模；PS_i 为 i 城市建成区人口规模。依据《城市用地分类与规划建设用地标准》(中华人民共和国住房和城乡建设部公告第 880 号)，将城市规模效率作为衡量城市建成区用地规模合理性的主要指标，参考全国不同区域人均建设用地标准（L），设定 80.0m²/人、100.0m²/人、120.0m²/人、150.0m²/人作为城市建成区用地规模合理性的分界值，即得出城市规模效率指数 F_{ij} 的判断标准：当 $F_{ij}>1.25$ 万人/km² 时为高合理城市；当 1 万人/km²$<F_{ij}<1.25$ 万人/km² 时，诊断为较高合理城市；当 0.83 万人/km²$<F_{ij}<1$ 万人/km² 时，诊断为中等合理城市；当 0.67 万人/km²$<F_{ij}<0.83$ 万人/km² 时，诊断为低合理城市；当 $F_{ij}<0.67$ 万人/km² 时，诊断为不合理城市。

（三）城市规模结构格局合理性 USR 诊断模型

从区域城市体系规模结构合理性指数 Q_i 和城市规模效率 F_{ij} 两个角度切入，采用加权方法构建中国城市规模结构格局合理性 USR 诊断模型，分别计算 657 个城市规模结构格局的合理性，即

$$USR = \alpha_1 Q_i + \alpha_2 F_{ij} \tag{3.7}$$

式中，α_1 为城市体系规模结构合理性指数的权系数；α_2 是城市规模效率合理性指数的权系数，采用层次分析法计算得到 $\alpha_1=0.35$，$\alpha_2=0.65$。$\alpha_1 Q_i$ 为 j 区域（省份）相对 Zipf 指数的隶属度函数值；$\alpha_1 F_{ij}$ 为 i 城市 j 区域（省份）的隶属度函数值。采用极值标准化方法对两组数据分别进行标准化计算，之后分别计算全国 657 个城市规模结构格局合理性诊断指数 USR，在此基础上将其分为高合理城市、较高合理城市、中等合理城市、低合理城市和不合理城市。根据城市体系规模结构格局合理性指数 Q_i 和城市规模效率合理性指数 F_{ij} 的诊断标准，提出城市规模结构格局合理性指数 USR 诊断标准为当 USR>0.64 时为高合理城市；当 0.55<USR<0.63 时，诊断为较高合理城市；当 0.47<USR<0.54 时，诊断为中等合理城市；当 0.37<USR<0.46 时，诊断为低合理城市；当 USR<0.36 时，诊断为不合理城市（表 3.2）。

表 3.2　城市规模结构合理性诊断标准

合理性分级	高合理城市	较高合理城市	中等合理城市	低合理城市	不合理城市
Q_i 值	$Q_i<0.1$	$0.1<Q_i<0.3$	$0.3<Q_i<0.5$	$0.5<Q_i<0.8$	$0.8<Q_i<1$
L 值/（m²/人）	$L<80.0$	$80.0<L<100$	$100<L<120$	$120<L<150$	$L>150$
F_{ij} 值/（万人/km²）	$F_{ij}>1.25$	$1<F_{ij}<1.25$	$0.83<F_{ij}<1$	$0.67<F_{ij}<0.83$	$F_{ij}<0.67$
USR 值	USR>0.64	0.55<USR<0.63	0.47<USR<0.54	0.37<USR<0.46	USR<0.36

根据以上模型和诊断标准，采用 2010 年中国 657 个城市的样本数据（受数据可得性限制，研究不考虑香港、澳门和台湾省），数据来源于《中国城市建设统计年鉴 2011》和全国第六次人口普查数据，县级市城区人口数据来源于全国各省（直辖市和自治区）的统计年鉴数据（城市市辖区的非农业人口规模，以万人为单位）。从城市人口规模分布角度和全国、三大区及各省（直辖市、自治区）三个层面，对比分析中国的城市规模分布规律及特征，研究数据均采用 SPSS17.0 和 Eviews5.1 进行处理。

二、中国城市规模结构的现状特征与空间分异特点

从城市规模结构及其分异特征分析，全国城市规模结构呈现出"中间略大、低端偏小"的较为合理的金字塔格局；东部地区城市规模结构呈现出"中间大，两端小"的不合理的金字塔格局；中部地区城市规模结构呈现出"中低端大，顶端小"较为合理的金字塔格局；西部地区城市规模结构呈现出"低端大，顶端小"的合理的金字塔格局；省级城市规模结构的合理性空间分异显著。

（一）全国城市规模结构呈现"中间略大、低端偏小"的较合理金字塔格局

2010 年中国城市包括北京、天津、上海、重庆 4 个直辖市，287 个地级市，370 个县级市，共 657 个城市。根据第六次人口普查数据，按照市区常住人口，将中国城市规模划分为超大城市（市区常住人口≥1000 万人）、特大城市（500 万～1000 万人）、大城市（100 万～500 万人）、中等城市（50 万～

100 万人）、小城市（低于 50 万人）共 5 个规模等级标准。

2010 年中国 657 个城市中，其中，市区常住人口在 1000 万以上的超大城市有 3 个，占全国城市数量的 0.46%，包括上海市、北京市、重庆市；500 万～1000 万的特大城市有 9 个，包括武汉、天津、广州、西安、南京、成都、汕头、沈阳、郑州等，占全国城市数量的 1.37%；100 万～500 万的大城市包括哈尔滨、杭州、长春、济南、昆明、佛山、郑州、大连、唐山、长沙等 182 个，占全国城市数量的 27.70%；50 万～100 万的中等城市包括海门、渭南、肥城、衡阳、锦州、启东、银川、淮北等 275 个，占全国城市数量的 41.86%；50 万以下的小城市包括枝江、白银、六盘水、南平、娄底、辽源、都匀、原平、沙河、衡水等 188 个，占全国城市数量的 28.61%（表 3.3）。城市体系等级健全，城市等级规模结构表现为中等城市最多，小城市和大城市次之，超大城市、特大城市最少，呈现"中间略大、低端偏小"的较为合理的金字塔格局。

表 3.3　2010 年全国城市规模结构表

城市规模/人	城市数量（座）	城市名称	城市规模结构/%
≥1000 万	3	上海市、北京市、重庆市	0.46
500 万～1000 万	9	武汉市、天津市、广州市、西安市、南京市、成都市、汕头市、沈阳市、郑州市	1.37
100 万～500 万	182	定州、石家庄、唐山、邯郸、保定、太原、大同、呼和浩特、包头、赤峰、瓦房店、海城、大连、鞍山、抚顺、榆树、公主岭、长春、吉林、五常、哈尔滨、齐齐哈尔、大庆、江阴、宜兴、新沂、邳州、常熟、启东、如皋、东台、江都、兴化、泰兴、无锡、徐州、常州、苏州、南通、淮安、盐城、扬州、镇江、宿迁、慈溪、瑞安、乐清、诸暨、温岭、临海、杭州、宁波、温州、湖州、台州、合肥、芜湖、淮南、淮北、阜阳、宿州、六安、亳州、福清、晋江、南安、福州、厦门、莆田、泉州、丰城、南昌、宜春、抚州、章丘、即墨、平度、滕州、诸城、寿光、邹城、新泰、济南、青岛、淄博、枣庄、烟台、潍坊、济宁、泰安、日照、莱芜、临沂、聊城、菏泽、林州、禹州、邓州、永城、项城、洛阳、平顶山、安阳、新乡、漯河、南阳、商丘、信阳、枣阳、钟祥、汉川、麻城、仙桃、潜江、天门、宜昌、襄阳、鄂州、荆州、浏阳、醴陵、耒阳、涟源、长沙、岳阳、常德、益阳、永州、廉江、雷州、吴川、高州、化州、信宜、兴宁、陆丰、阳春、英德、普宁、罗定、深圳、珠海、佛山、江门、湛江、茂名、惠州、东莞、中山、桂平、北流、南宁、柳州、钦州、贵港、玉林、贺州、来宾、儋州、海口、简阳、自贡、泸州、绵阳、遂宁、内江、乐山、南充、广安、巴中、资阳、毕节、贵阳、宣威、昆明、宝鸡、安康、兰州、天水、武威、西宁、乌鲁木齐	27.70

续表

城市规模/人	城市数量（座）	城市名称	城市规模结构/%
50万~100万	275	辛集、藁城、晋州、遵化、迁安、武安、涿州、高碑店、泊头、任丘、河间、霸州、三河、深州、秦皇岛、邢台、张家口、承德、沧州、廊坊、阳泉、长治、朔州、晋中、运城、忻州、临汾、乌海、通辽、巴彦淖尔、新民、普兰店、庄河、东港、凤城、凌海、北镇、盖州、大石桥、灯塔、开原、北票、凌源、兴城、本溪、丹东、锦州、营口、阜新、辽阳、盘锦、朝阳、葫芦岛、九台、德惠、舒兰、磐石、梅河口、延吉、四平、白山、松原、白城、双城、尚志、讷河、安达、肇东、海伦、鸡西、鹤岗、双鸭山、伊春、佳木斯、七台河、牡丹江、绥化、溧阳、金坛、张家港、昆山、吴江、海门、大丰、仪征、高邮、丹阳、句容、靖江、姜堰、连云港、泰州、建德、富阳、临安、余姚、海宁、桐乡、上虞、嵊州、兰溪、义乌、东阳、永康、江山、嘉兴、绍兴、金华、衢州、舟山、桐城、天长、明光、界首、蚌埠、马鞍山、安庆、滁州、巢湖、池州、宣城、长乐、龙海、建瓯、福安、福鼎、漳州、龙岩、乐平、贵溪、瑞金、南康、樟树、高安、萍乡、九江、新余、赣州、吉安、胶州、胶南、莱西、龙口、莱阳、莱州、招远、栖霞、海阳、青州、安丘、高密、昌邑、曲阜、兖州、肥城、文登、荣成、乳山、乐陵、禹城、临清、东营、威海、德州、滨州、巩义、荥阳、新密、新郑、登封、偃师、汝州、卫辉、辉县、长葛、灵宝、济源、开封、鹤壁、焦作、濮阳、周口、驻马店、大冶、老河口、宜城、应城、安陆、石首、洪湖、松滋、武穴、赤壁、广水、恩施、利川、黄石、十堰、荆门、孝感、咸宁、随州、湘乡、常宁、武冈、汨罗、临湘、沅江、株洲、湘潭、衡阳、邵阳、郴州、增城、从化、乐昌、台山、开平、恩平、高要、四会、连州、韶关、肇庆、汕尾、阳江、清远、揭阳、岑溪、宜州、桂林、梧州、北海、防城港、文昌、万宁、三亚、都江堰、彭州、邛崃、崇州、广汉、绵竹、江油、阆中、万源、西昌、攀枝花、德阳、广元、眉山、宜宾、清镇、仁怀、兴义、遵义、安顺、楚雄、大理、曲靖、保山、昭通、兴平、铜川、咸阳、渭南、汉中、榆林、商洛、张掖、平凉、陇南、银川、库尔勒、石河子	41.86
<50万	188	新乐、鹿泉、南宫、沙河、安国、黄骅、冀州、衡水、古交、潞城、高平、介休、永济、河津、原平、侯马、霍州、孝义、汾阳、晋城、吕梁、霍林郭勒、满洲里、牙克石、扎兰屯、额尔古纳、根河、丰镇、乌兰浩特、阿尔山、二连浩特、锡林浩特、鄂尔多斯、呼伦贝尔、乌兰察布、调兵山、铁岭、蛟河、桦甸、双辽、集安、临江、洮南、大安、图们、敦化、珲春、龙井、和龙、辽源、通化、虎林、密山、铁力、同江、富锦、绥芬河、海林、宁安、穆棱、北安、五大连池、黑河、太仓、扬中、奉化、平湖、龙泉、丽水、宁国、铜陵、黄山、永安、石狮、邵武、武夷山、建阳、漳平、三明、南平、宁德、瑞金、共青城、井冈山、德兴、景德镇、鹰潭、上饶、蓬莱、舞钢、沁阳、孟州、义马、许昌、三门峡、丹江口、宜都、当阳、枝江、黄冈、韶山、津市、资兴、洪江、冷水江、吉首、张家界、怀化、娄底、南雄、鹤山、梅州、河源、潮州、云浮、东兴、合山、凭祥、百色、河池、崇左、五指山、琼海、东方、什邡、峨眉山、华蓥、达州、雅安、赤水、铜仁、凯里、都匀、福泉、六盘水、安宁、个旧、开远、蒙自、文山、景洪、瑞丽、芒、玉溪、丽江、思茅、临沧、日喀则、拉萨、韩城、延安、玉门、敦煌、临夏、合作、嘉峪关、金昌、白银、酒泉、庆阳、定西、格尔木、德令哈、灵武、青铜峡、石嘴山、吴忠、固原、中卫、吐鲁番、哈密、昌吉、阜康、博乐、阿克苏、阿图什、喀什、和田、伊宁、奎屯、塔城、乌苏、阿勒泰、阿拉尔、图木舒克、五家渠、克拉玛依	28.61
总计	657		100.0

（二）东中西部地区城市规模结构的空间分异特征

按《中国城市建设统计年鉴》对中国大区域的分类标准，我国东部地区包括北京、天津、河北、辽宁、上海、江苏、浙江、福建、山东、广东、广西和海南12个省级行政区；中部地区包括山西、吉林、黑龙江、安徽、江西、河南、湖北、湖南、内蒙古9个省（自治区）；西部地区四川、重庆、贵州、云南、西藏、陕西、甘肃、青海、宁夏、新疆10个省（自治区、直辖市）。

1. 东部地区城市规模结构呈现出"中间大，两端小"的不合理的金字塔格局

2010年，东部地区12个省级行政区共有县级以上城市283个，其中市区人口在1000万以上的超大城市有2个，占东部地区城市数量的0.71%，为上海市、北京市；500万～1000万的特大城市有5个，包括天津、广州、南京、汕头、沈阳，占东部地区城市数量的1.77%（表3.4）；100万～500万的大城市包括杭州、济南、佛山、大连、唐山、淮安、淄博、青岛、南宁、深圳等102个，占东部地区城市数量的36.04%；50万～100万的中等城市包括海门、肥城、锦州、启东、连云港、安丘、本溪、金华、青州、营口等133个，占东部地区城市数量的47.0%；50万以下的小城市包括南平、沙河、衡水、平湖、龙岩、奉化、南宫、太仓、宁德、新乐等41个，占东部地区城市数量的14.48%。城市体系等级健全，城市等级规模结构表现为中等城市最多，大城市次之，小城市居中，特大城市和超大城市最少，呈现"中间偏大，两端偏小"的金字塔格局。

表 3.4 2010 年中国东部地区城市体系规模结构表

城市规模/人	城市数量/座	城市名称	城市规模结构/%
≥1000万	2	上海、北京	0.71
500万～1000万	5	天津、广州、南京、汕头、沈阳	1.77
100万～500万	102	定州、石家庄、唐山、邯郸、保定、瓦房店、海城、大连、鞍山、抚顺、江阴、宜兴、新沂、邳州、常熟、启东、如皋、东台、江都、兴化、泰兴、无锡、徐州、常州、苏州、南通、淮安、盐城、扬州、镇江、宿迁、慈溪、瑞	36.04

续表

城市规模/人	城市数量/座	城市名称	城市规模结构/%
100 万～500 万	102	安、乐清、诸暨、温岭、临海、杭州、宁波、温州、湖州、台州、福清、晋江、南安、福州、厦门、莆田、泉州、章丘、即墨、平度、滕州、诸城、寿光、邹城、新泰、济南、青岛、淄博、枣庄、烟台、潍坊、济宁、泰安、日照、莱芜、临沂、聊城、菏泽、廉江、雷州、吴川、高州、化州、信宜、兴宁、陆丰、阳春、英德、普宁、罗定、深圳、珠海、佛山、江门、湛江、茂名、惠州、东莞、中山、桂平、北流、南宁、柳州、钦州、贵港、玉林、贺州、来宾、儋州、海口	36.04
50 万～100 万	133	辛集、藁城、晋州、遵化、迁安、武安、涿州、高碑店、泊头、任丘、河间、霸州、三河、深州、秦皇岛、邢台、张家口、承德、沧州、廊坊、新民、普兰店、庄河、东港、凤城、凌海、北镇、盖州、大石桥、灯塔、开原、北票、凌源、兴城、本溪、丹东、锦州、营口、阜新、辽阳、盘锦、朝阳、葫芦岛、溧阳、金坛、张家港、昆山、吴江、海门、大丰、仪征、高邮、丹阳、句容、靖江、姜堰、连云港、泰州、建德、富阳、临安、余姚、海宁、桐乡、上虞、嵊州、兰溪、义乌、东阳、永康、江山、嘉兴、绍兴、金华、衢州、舟山、长乐、龙海、建瓯、福安、福鼎、漳州、龙岩、胶州、胶南、莱西、龙口、莱阳、莱州、招远、栖霞、海阳、青州、安丘、高密、昌邑、曲阜、兖州、肥城、文登、荣成、乳山、乐陵、禹城、临清、东营、威海、德州、滨州、增城、从化、乐昌、台山、开平、恩平、高要、四会、连州、韶关、肇庆、汕尾、阳江、清远、揭阳、岑溪、宜州、桂林、梧州、北海、防城港、文昌、万宁、三亚	47.00
<50 万	41	新乐、鹿泉、南宫、沙河、安国、黄骅、冀州、衡水、调兵山、铁岭、太仓、扬中、奉化、平湖、龙泉、丽水、永安、石狮、邵武、武夷山、建阳、漳平、三明、南平、宁德、蓬莱、南雄、鹤山、梅州、河源、潮州、云浮、东兴、合山、凭祥、百色、河池、崇左、五指山、琼海、东方	14.48
总计	283		100.0

2. 中部地区城市规模结构呈现出"中低端大，顶端小"较为合理的金字塔格局

2010 年，中国中部地区 9 个省级行政区共有县级以上城市 247 个，其中市区人口在 1000 万以上的超大城市缺失；500 万～1000 万的特大城市有武汉和郑州 2 个城市；100 万～500 万的大城市包括哈尔滨、长春、长沙、太原、随州、合肥、南昌、洛阳、晋城等 58 个，占中部地区城市数量的 23.48%；50 万～100 万的中等城市包括衡阳、淮北、大冶、常宁、洪湖、湘乡、株洲、肇东、蚌埠、岳阳等 104 个，占中部地区城市数量的 42.11%；50 万以下的

小城市包括枝江、娄底、辽源、原平、当阳、敦化、黄山、高平、赤壁、双鸭山等 83 个，占中部地区城市数量的 33.6%（表 3.5）。由表看出，中部地区城市体系等级不全，超大城市缺失。城市等级规模结构表现为中等城市最多，小城市次之，大城市居中，特大城市最少，呈现"中低端大，顶端小"的金字塔格局。

表 3.5   2010 年中部地区城市体系规模结构表

城市规模/人	城市数量/座	城市名称	城市规模结构/%
≥1000 万	0	—	0.00
500 万～1000 万	2	武汉、郑州	0.81
100 万～500 万	58	哈尔滨、长春、长沙、太原、随州、合肥、南昌、洛阳、晋城、阜阳、南阳、宿州、六安、吉林、淮南、包头、天门、亳州、邓州、大同、商丘、仙桃、信阳、永城、耒阳、常德、齐齐哈尔、大庆、浏阳、丰城、漯河、益阳、荆州、榆树、抚州、项城、禹州、芜湖、宜昌、呼和浩特、襄樊、赤峰、麻城、永州、枣阳、涟源、汉川、安阳、公主岭、鄂州、汝州、钟祥、宜春、醴陵、林州、新乡、平顶山、开封	23.48
50 万～100 万	104	潜江、五常、衡阳、淮北、大冶、常宁、洪湖、湘乡、株洲、肇东、蚌埠、岳阳、广水、绥化、松滋、乐平、利川、孝感、牡丹江、湘潭、德惠、巢湖、新密、萍乡、偃师、焦作、宣城、新余、鸡西、九台、海伦、辉县、高安、南康、巩义、佳木斯、驻马店、武冈、伊春、恩施、界首、长葛、临汾、桐城、武穴、沅江、安庆、讷河、长治、灵宝、郴州、黄石、新郑、登封、阳泉、邵阳、济源、应城、瑞金、鹤岗、濮阳、舒兰、荆门、汨罗、四平、池州、荥阳、明光、运城、赣州、朔州、马鞍山、安陆、天长、鹤壁、九江、石首、梅河口、尚志、贵溪、晋中、咸宁、鄂尔多斯、白山、松原、宜城、七台河、樟树、滁州、磐石、十堰、洮南、老河口、安达、忻州、吉安、延吉、张家界、卫辉、临湘、白城、沁阳、枝江、娄底	42.11
<50 万	83	辽源、原平、当阳、敦化、黄山、高平、赤壁、双鸭山、孝义、北安、蛟河、周口、桦甸、通辽、景德镇、丹江口、瑞昌、铜陵、通化、永济、乌海、洪江、宁安、大安、扎兰屯、富锦、许昌、双辽、汾阳、上饶、宜都、河津、介休、宁国、铁力、孟州、黄冈、资兴、五大连池、牙克石、冷水江、怀化、密山、巴彦淖尔、德兴、舞钢、丰镇、吕梁、霍州、乌兰浩特、三门峡、乌兰察布、吉首、穆棱、海林、呼伦贝尔、珲春、津市、侯马、集安、潭潢、潞城、古交、黑河、和龙、双城、龙井、同江、锡林浩特、临江、满洲里、义马、井冈山、虎林、图们、韶山、霍林郭勒、额尔古纳、共青城、根河、绥芬河、阿尔山、二连浩特	33.60
总计	247		100.0

3. 西部地区城市规模结构呈现出"低端大，顶端小"的合理的金字塔格局

2010 年，西部地区共有县级以上城市 127 个，其中市区人口在 1000 万以上的超大城市为重庆市；500 万～1000 万的特大城市有西安和成都 2 个城市；100 万～500 万的大城市有昆明、乌鲁木齐、贵阳、兰州、南充、泸州、遂宁、自贡、宣威、毕节等 22 个，占西部地区城市数量的 17.32%（表 3.6）；50 万～100 万的中等城市包括渭南、银川、咸阳、广元、保山、遵义、江油、阆中、安顺、眉山等 38 个，占西部地区城市数量的 29.92%；50 万以下的小城市包括白银、六盘水、都匀、玉溪、喀什、阿克苏、酒泉、延安、固原等 64 个，占西部地区城市数量的 50.42%。由表看出，西部地区城市体系等级健全，呈现出小城市最大，中等城市次之，大城市居中，特大城市和超大城市最少的比较合理的"低端大，顶端小"的传统金字塔格局。

表 3.6　2010 年西部地区城市体系规模结构表

城市规模/人	城市数量/座	城市名称	城市规模结构/%
≥1000 万	1	重庆	0.79
500 万～1000 万	2	西安、成都	1.57
100 万～500 万	22	昆明、乌鲁木齐、贵阳、兰州、南充、泸州、遂宁、自贡、宣威、毕节、简阳、宝鸡、内江、巴中、广安、宜宾、天水、绵阳、西宁、乐山、资阳、武威	17.32
50 万～100 万	38	渭南、银川、咸阳、广元、保山、遵义、江油、阆中、安顺、眉山、昭通、兴义、彭州、铜川、曲靖、攀枝花、德阳、崇州、邛崃、大理、安康、仁怀、西昌、万源、都江堰、广汉、榆林、兴平、陇南、汉中、商洛、张掖、清镇、凯里、平凉、楚雄、绵竹、伊宁	29.92
低于 50 万	64	白银、六盘水、都匀、玉溪、喀什、阿克苏、酒泉、延安、固原、石嘴山、定西、库尔勒、铜仁、文山、什邡、峨眉山、达州、哈密、个旧、景洪、中卫、韩城、吴忠、蒙自、芒市、庆阳、昌吉、华蓥、雅安、安宁、福泉、临沧、和田、赤水、普洱、石河子、开远、青铜峡、吐鲁番、博乐、克拉玛依、华阴、阿图什、临夏、灵武、乌苏、拉萨、金昌、嘉峪关、敦煌、阿勒泰、奎屯、塔城、阜康、阿拉尔、瑞丽、玉门、丽江、图木舒克、日喀则、格尔木、合作、德令哈、五家渠、北屯	50.39
总计	127		100.0

4. 东、中、西部地区城市规模结构特征及其合理性的对比分析

2010 年，在中国 657 个县级以上城市中，东、中、西部地区城市数量分别为 283 个、247 个和 127 个城市，分别占全国城市总数的 43.07%、37.60% 和 19.3%（表 3.7 和图 3.1）。从三大地区的城市体系规模结构来看，东部地区城市体系等级健全，城市等级规模结构表现为中等城市最多，为 133 个，大城市次之，为 102 个，小城市居中，为 41 个，特大城市和超大城市最少，分别为 5 个和 2 个，呈现"中间大，两端小"的金字塔格局。

表 3.7　2010 年中国及东、中、西部地区城市体系规模结构特征比较分析表

区域名称	城市数 /座	50 万以下	50 万～100 万	100 万～ 500 万	500 万～ 1000 万	1000 万以上	城市规模结构特征	城市规模结构合理性判断
		小城市	中等城市	大城市	特大城市	超大城市		
东部地区	283	41	133	102	5	2	中间大，两端小	不合理
中部地区	247	83	104	58	2	0	中低端大，顶端小	较合理
西部地区	127	64	38	22	2	1	低端大，顶端小	合理
全国	657	188	275	182	9	3	中间略大，低端偏小	较合理

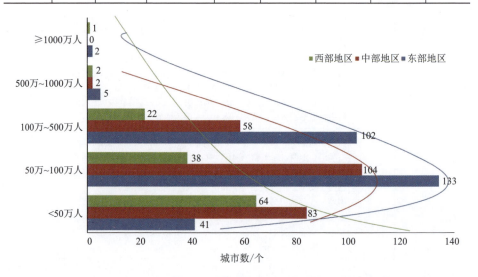

图 3.1　2010 年中国东、中、西部地区城市规模等级分布图

中部地区城市体系等级不全，超大城市缺失。城市等级规模结构表现为中等城市最多，为 104 个，小城市次之，为 83 个，大城市居中，为 58 个，特大城市最少，为 2 个。中部地区城市体系等级呈现"中低端大，顶端小"的金字塔格局。

西部地区城市体系等级健全，小城市最多，为 64 个，中等城市次之，为 38 个，大城市居中，为 22 个，特大城市和超大城市最少，分别为 2 个和 1 个。西部地区城市体系规模结构呈现出"低端大，顶端小"的合理的金字塔格局。

（三）省级行政区域城市规模结构的空间分异特征

从城市总数来看，在统计的 31 个省级行政区中，城市数据最多的为山东省，共有 48 个城市，其次为广东省 44 个城市；30 个城市以上的省份包括河南（38）、江苏（39）、湖北（36）、浙江（33）、河北（33）、四川（32）和辽宁（31）。城市数在 20～30 个的省级行政区有湖南（29）、吉林（28）、福建（23）、新疆（21）、江西（22）、安徽（22）、山西（22）、广西（21）和内蒙古（20）；除 4 个直辖市之外，城市数在 10 个以下的有海南（8）、宁夏（7）、青海（3）和西藏（2）（表 3.8）。

表 3.8　2010 年中国各省级行政区城市规模结构表　（单位：个）

地区名称	城市总数	50 万人以下	50 万～100 万人	100 万～500 万人	500 万～1000 万人	1000 万人以上
		小城市	中等城市	大城市	特大城市	超大城市
全国	657	188	275	182	9	3
东部地区	283	41	133	102	5	2
北京	1	0	0	0	0	1
天津	1	0	0	0	1	0
河北	33	8	20	5	0	0
辽宁	31	2	23	5	1	0
上海	1	0	0	0	0	1
江苏	39	2	15	21	1	0
浙江	33	4	18	11	0	0

续表

地区名称	城市总数	50万人以下 小城市	50万～100万人 中等城市	100万～500万人 大城市	500万～1000万人 特大城市	1000万人以上 超大城市
福建	23	9	7	7	0	0
山东	48	1	26	21	0	0
广东	44	6	15	21	2	0
广西	21	6	6	9	0	0
海南	8	3	3	2	0	0
中部地区	247	83	104	58	2	0
山西	22	13	7	2	0	0
吉林	28	14	10	4	0	0
黑龙江	30	12	14	4	0	0
安徽	22	3	11	8	0	0
江西	22	7	11	4	0	0
河南	38	6	18	13	1	0
湖北	36	5	19	11	1	0
湖南	29	9	11	9	0	0
内蒙古	20	14	3	3	0	0
西部地区	127	64	38	22	2	1
四川	32	5	15	11	1	0
重庆	1	0	0	0	0	1
贵州	13	6	5	2	0	0
云南	19	12	5	2	0	0
西藏	2	2	0	0	0	0
陕西	13	3	7	2	1	0
甘肃	16	10	3	3	0	0
青海	3	2	0	1	0	0
宁夏	7	6	1	0	0	0
新疆	21	18	2	1	0	0

从城市等级来看，3 个超大城市包括上海、北京和重庆；9 个特大城市中广东有 2 个，湖北、四川、陕西、江苏、河南、辽宁和天津分别有 1 个；大城市广东、山东和江苏最多，均有 21 个，其次为河南（13），湖北、四川

和浙江均为 11 个，其余省份均在 10 个城市以下；中等城市山东最多，为 26 个，其次为辽宁 23 个，河北 20 个，湖北（19）、浙江（18）、河南（18）、江苏（15）、四川（15）、广东（15）、黑龙江（14）、湖南（11）、江西（11）、安徽（11）、吉林（10）均在 10 个以上，青海和西藏大城市缺失；小城市新疆最多，为 18 个，其次为内蒙古和吉林均为 14 个，山西 13 个，黑龙江和云南 12 个，甘肃 10 个，其余省份均在 10 个以下，山东只有 1 个小城市。

三、中国城市规模结构合理性的总体诊断

（一）全国城市规模结构的分形特征与合理性分析

运用 Zipf 准则模型，通过测算 2010 年中国城市规模分布分维值来诊断中国城市规模结构合理性。以 $\ln P_i$ 为纵坐标，以 $\ln R_i$ 为横坐标，将点序（$\ln P_i$，$\ln R_i$）作双对数图，并利用 OLS 方法进行回归模拟估算，结果如公式（3.8）：

$$\ln P_i = \ln P_1 - 0.6438 \ln R_i，\quad R^2=0.9895，\quad T= 248.43 \qquad (3.8)$$

其中判定系数为 0.9895，T 值为 248.43，测算结果均在 1% 的水平通过检验，说明回归方程的拟合值和实际值比较符合，拟合可信度较高。中国城市规模分布具有显著的分形特征，分维值是可信（图 3.2）。

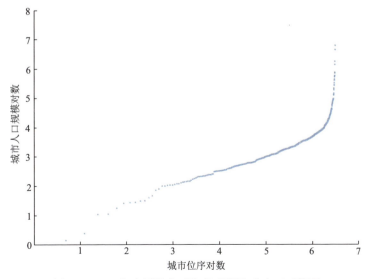

图 3.2　2010 年中国城市"位序-规模"分布双对数图

由公式（3.8）可知，2010 年中国城市规模 q 值为 0.6438，$q<1$ 且向 1 趋近，城市规模分布相对集中，人口分布比较均衡，中间位序的城市较多，整个城市体系发展已经比较成熟，是较为合理的城市规模结构。这是 Zipf 的标准分布，也是自然状态下的城市位序-规模法则。

（二）东、中、西部地区城市规模结构的合理性诊断

运用 Zipf 准则模型测算 2010 年中国东、中、西部地区的城市规模分布分维值，进而诊断中国东、中、西部地区城市规模结构合理性。分析结果见公式（3.9）、公式（3.10）、公式（3.11）。

东部地区：$\ln P_i = \ln P_i - 0.7111\ln R_i$，$R^2=0.9928$，$T=196.32$ （3.9）

中部地区：$\ln P_i = \ln P_i - 0.5718\ln R_i$，$R^2=0.9770$，$T=101.91$ （3.10）

西部地区：$\ln P_i = \ln P_i - 0.8799\ln R_i$，$R^2=0.9918$，$T=123.32$ （3.11）

其中东、中、西部地区的判定系数分别为 0.9928、0.9770 和 0.9918，T 值分别为 196.32、101.91 和 123.32，测算结果均在 1% 的水平通过检验，说明回归方程的拟合值和实际值比较符合，拟合可信度较高。

分析结果显示，整体城市规模 q 值均小于 1，且大于 0.5，城市规模分布相对集中，人口分布趋向于均衡，中间位序的城市较多，整个城市体系较为合理。从三大分区来看，西部地区的 q 值在三大区中最高，为 0.8799，其次为东部地区为 0.7111，最小为中部地区 0.5718。这表明西部地区的城市规模等级结构优于东部和中部地区，中部地区因特大城市和超大城市数量较少，人口集中程度还需要进一步提升。

（三）全国省级行政区域城市规模结构的合理性诊断

1. 省级行政区域城市规模结构 Zipf 指数的空间分布特征

2010 年，在中国 657 个县级以上城市中，东、中、西三大区分别为 282 个、247 个和 127 个，同样运用 Zipf 准则模型来测算 2010 年中国 31 个省级行政区的城市规模分布分维值，进而诊断各省份城市规模结构合理性，结果见表 3.9 所示。

表 3.9　　2010 年各省级行政区城市位序-规模分布表（城区人口）

地区	q 值	R^2 值	T 值	地区	q 值	R^2 值	T 值	地区	q 值	R^2 值	T 值
全国	0.64	0.99	248.43	广西	1.15	0.77	7.86	四川	0.61	0.86	13.17
北京	—	—	—	海南	1.35	0.78	4.2484	重庆	—	—	—
天津				山西	0.81	0.93	16.30	贵州	0.74	0.95	13.41
河北	0.55	0.95	23.09	吉林	0.80	0.84	11.33	云南	0.83	0.92	13.43
辽宁	0.58	0.88	14.31	黑龙江	0.85	0.75	8.89	西藏	—	—	—
上海	—	—	—	安徽	0.44	0.95	19.76	陕西	0.73	0.90	9.48
江苏	0.65	0.88	15.73	江西	0.85	0.67	6.25	甘肃	1.07	0.86	9.00
浙江	0.56	0.86	13.80	河南	0.64	0.78	11.25	青海	—	—	—
福建	0.58	0.95	20.43	湖北	0.57	0.92	19.73	宁夏	0.55	0.77	3.67
山东	0.59	0.97	41.60	湖南	0.70	0.71	7.954	新疆	0.78	0.71	6.77
广东	1.00	0.71	9.99	内蒙古	1.40	0.81	8.43				

　　由表 3.9 可见，中国 31 个省级行政区的城市位序-规模判定系数均在 0.7 以上，大部分集中于 0.9 以上，T 值测算结果均在 1% 的水平通过检验，说明回归方程的拟合值和实际值比较符合，拟合可信度较高。

　　在 31 个省级行政区中，q 值大于 1 的省份有 5 个，分别为内蒙古（1.3991）、海南（1.3528）、广西（1.1530）、甘肃（1.072）和广东（1.005），其中 q 值最高的是内蒙古。该 5 个省（自治区）位序-规模指数 q 值大于 1，尤其是内蒙古和海南，其城市规模趋向分散，城市规模分布差异较大，区域内的首位城市垄断地位较强，城市体系发展还不是很完善；而广西、甘肃和广东位序-规模指数 q 值趋近 1，尤其是广东 q 值接近 1，表明大城市比较发达，区域内首位城市与最小规模城市之比恰好为整个城市体系中的城市个数，认为此时城市体系处于自然状态下的最优分布，故称此时的城市规模分布满足 Zipf 准则。

　　除以上 5 个省份之外，其余省份 q 值均小于 1，城市规模分布相对集中，人口分布比较均衡，中间位序的城市较多，整个城市体系发展已经比较成熟。其中黑龙江、江西、云南、山西的 q 值均在 0.8 以上，以及吉林、新疆、贵州、陕西、湖南、江苏均在 0.7 以上（图 3.3），接近 1，城市规模结构在集中趋势中趋优；而除了安徽（0.4363）之外，其他省份的 q 值均处于 0.5 以上，表明高位次城市规模不突出，大城市不发达，城市人口分散地分布在各等级城市里，而中小城市则比较发达。城市规模结构中多数城市位于由均衡向集中演变的阶段。

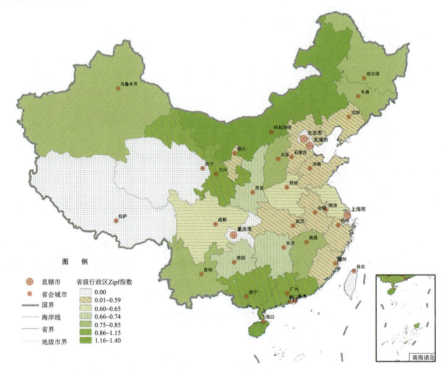

图例

- ◎ 直辖市
- ● 省会城市
- ━ 国界
- ─ 海岸线
- ─ 省界
- ─ 地级市界

省级行政区Zipf指数
- 0.00
- 0.01~0.59
- 0.60~0.65
- 0.66~0.74
- 0.75~0.85
- 0.86~1.15
- 1.16~1.40

南海诸岛

图 3.3　2010 年中国省域地区的城市"位序-规模"指数分布图

2. 中国城市规模体系的合理性诊断

将 Zipf 指数 $q=1$ 认为此时城市体系处于自然状态下的最优分布，则 q 与 1 的绝对值距离越近表明城市规模结构越合理。按城市规模合理性诊断标准 $Q_i<0.1$ 为高合理区、$0.1<Q_i<0.3$ 为较高合理区、$0.3<Q_i<0.5$ 为中等合理区、$0.5<Q_i<0.8$ 为低合理区、$0.8<Q_i<1$ 为不合理区，进行全国各省份城市规模结构合理性的诊断。因直辖市作为单个城市，不参与合理性诊断，且均为区域性经济中心，故将其定义为高合理区域（表 3.10）。分析结果为，北

京、上海、天津、重庆、广东和甘肃6个省（直辖市）的城市规模结构为高合理区，黑龙江、广西、江西、云南、山西、吉林、新疆、贵州、陕西和湖南10个省（自治区）为较高合理区（图3.4），江苏、海南、河南、四川、内蒙古、山东、福建、辽宁、湖北、浙江、河北和宁夏12个省（自治区）为中等合理区，安徽为低合理省份，青海和西藏为不合理省（自治区）。在全国省级行政单元中，城市规模结构高合理省份占 19.35%，较高合理的省份占32.26%，中等合理省份占38.71%，合计中等合理以上的省份占90.32%，体现出各省（自治区、直辖市）城市规模结构绝大部分是合理的。

表 3.10　　中国省级行政区域内城市规模结构合理性 Q_i 诊断表

合理性分区	标准	省（直辖市、自治区）	合理性比例/%
高合理区	$Q_i < 0.1$	北京（-）、上海（-）、天津（-）、重庆（-）、广东（0.0050）、甘肃（0.0720）	19.35
较高合理区	$0.1 < Q_i < 0.3$	黑龙江（0.1455）、广西（0.1530）、江西（0.1532）、云南（0.1701）、山西（0.1901）、吉林（0.2048）、新疆（0.2170）、贵州（0.2638）、陕西（0.2705）、湖南（0.2970）	32.26
中等合理区	$0.3 < Q_i < 0.5$	江苏（0.3477）、海南（0.3528）、河南（0.3622）、四川（0.3921）、内蒙古（0.3991）、山东（0.4149）、福建（0.4215）、辽宁（0.4239）、湖北（0.4310）、浙江（0.4365）、河北（0.4453）、宁夏（0.4476）	38.71
低合理区	$0.5 < Q_i < 0.8$	安徽（0.5637）	3.23
不合理区	$0.8 < Q_i < 1$	青海（1）、西藏（1）	6.45

注：直辖市作为单个城市，不参与合理性诊断，且均为区域性经济中心，故将其定义为高度合理性区域；港、澳、台因数据限制不予考虑。

3. 中国城市规模效率的合理性诊断

依据《城市用地分类与规划建设用地标准》（中华人民共和国住房和城乡建设部公告第880号），借助《中国城市建设统计年鉴2011》、全国第六次人口普查数据和全国各省、自治区和直辖市的统计年鉴数据为基础，分别获取2010年中国城市建城区面积和城区人口数据。计算中国城市规模效率。设定城市建设用地集约度越高，城市规模效率越高，城市规模越合理。参考全国不同区域人均建设用地标准（L），设定80.0m^2/人、100.0m^2/人、120.0m^2/人、150.0m^2/人作为城市建成区用地规模合理性的分界 L 值，即得出城市的规模

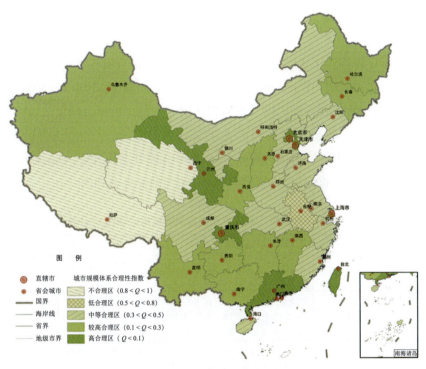

图 3.4　2010 年中国省域城市规模体系合理性分布图

效率(F)的分界值为 1.25 万人/km²、1 万人/km²、0.83 万人/km²、0.67 万人/km²。采用城市规模效率合理性指数 F_{ij} 计算表明，城市规模效率中等合理以上的城市占 77.17%，表明全国城市规模效率整体合理。在全国 657 个城市中，规模效率高合理城市主要分布在中国沿海和中部地区，包括南通、巴中、汕头、西宁、绥化、莱芜、平凉、邳州等 87 个城市，占城市总数的 13.24%；规模效率较高合理城市分布较为分散，尤其在京津冀地区、中原地区、长江中游地区和川渝地区明显集中，主要包括保山、和龙、四平、汾阳、北安等 228 个城市，占城市总数的 34.70%；规模效率中等合理城市主要集中在中部和东北地区，包括同江、原平、永康、娄底、孝义、通化等 192 个城市，占城市总数的 29.22%；规模效率低合理城市主要集中分布在山东半岛地区、长三角地区、珠三角地区和京津冀地区，包括高安、诸城、芜湖、铜仁、富阳、德惠、赤壁、株洲等 109 个城市，占城市总数的 16.59%；规模效率不合理城市则明显分布在中部地区、西北、东北和西南地区，具有明显的沿边缘分布格局，主要包括吐鲁番、儋州、仁怀、巩义、五家渠、阿拉尔、石嘴山、玉门等 41 个城市，占城市总数的 6.24%（图 3.5）。

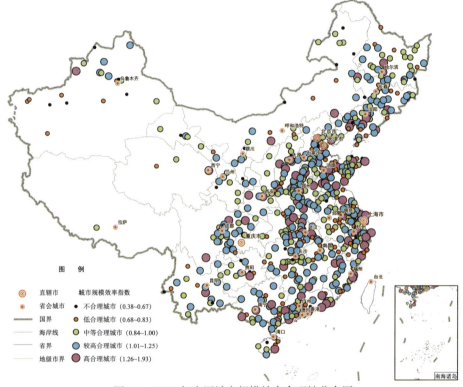

图 3.5　2010 年中国城市规模效率合理性分布图

（四）全国城市规模结构格局合理性 USR 的总体诊断

采用基于 Zipf 指数的城市规模结构格局合理性 USR 诊断模型，计算 2010 年全国城市规模结构格局的合理性，计算结果表明，全国城市规模结构格局合理性处于中等合理以上水平的城市占 68.03%，表明中国城市规模结构格局基本合理（图 3.6）。其中，城市规模高合理城市包括南通、汕头、绥化、陆丰、上海、阳江、巴中、普宁、北京等 69 个，占全国城市总数的 10.50%，主要分布在长三角地区、珠三角地区、中原地区和东三省地区（表 3.11 和图 3.6）；城市规模较高合理城市包括讷河、图们、郑州、汉川、宝鸡、日照、赤峰、潞城、普洱等 151 个，占全国城市总数的 22.98%，呈现大分散小集聚的格局，主要分布在山东半岛地区、长三角地区、长江中游地区、珠三角地区、中原地区、东北地区、西南地区和亚欧大陆桥沿线地区；城市规模中等合理城市包括滕州、榆树、从化、宜兴、鹤岗、贺州、张家界等 227 个，占全国城市总数的 34.55%，呈现大分散小集聚的格局，主要分布在沿长江经济带地区、京津冀地区、山东半岛地区、中原地区、成渝地区和东三省地区；低合理性城市包括汝州、新余、普兰店、辛集、温州、义乌等 150 个，占全国城市总数的 22.83%，主要分布在山东半岛地区、中原地区、成渝地区和长江中游地区；不合理性城市包括天门、湖州、大连、南安、六安、定州、盖州等 60 个，占全国城市总数的 9.13%，集聚特征较为显著，主要分布在长江中游地区、山东半岛地区等。

表 3.11　中国城市规模结构合理性的综合诊断结果一览表

城市规模结构合理性分级	个数	城市名称	全国城市比例/%
高合理城市	69	南通、汕头、绥化、陆丰、上海、阳江、巴中、普宁、北京、白山、玉溪、运城、西安、吕梁、兴宁、句容、英德、罗定、莱芜、菏泽、邵阳、常州、化州、哈尔滨、深圳、宜城、南雄、建阳、桂平、凭祥、白城、枣阳、平凉、介休、平顶山、开平、太原、广水、揭阳、南宁、灯塔、瑞安、北安、淮安、庆阳、保山、虎林、伊宁、天津、高要、连州、兰州、汾阳、都匀、和龙、四平、启东、桂林、河池、扬州、云浮、丹东、延吉、牡丹江、齐齐哈尔、石河子、韶关、龙井、梅河口	10.50
较高合理城市	151	讷河、图们、郑州、汉川、宝鸡、日照、赤峰、潞城、普洱、宜州、阳春、安宁、五常、百色、河源、晋中、兴义、克拉玛依、驻马店、海门、北流、福清、武冈、栖霞、雷州、昭通、吉林、临夏、章丘、武穴、临沂、嘉峪关、葫芦岛、长乐、舟山、荣成、万宁、江油、建德、合山、西昌、鄂尔多斯、桦甸、唐山、汨罗、吉安、锦州、贵港、邳州、邵武、乌兰浩特、井冈山、海城、乌苏、寿光、潍坊、南康、中山、北海、津市、韩城、肇东、钦州、廉江、武威、济宁、临海、邹城、淄博、遵义、瑞金、南昌、临江、周口、萍乡、新密、荆门、奉化、沧州、衡水、荥阳、磐石、黄冈、穆棱、丰城、珠海、扬中、张家港、沁阳、大安、德阳、文山、沈阳、高平、樟树、林州、瑞昌、辉县、酒泉、海宁、如皋、靖江、兴平、邯郸、成都、曲靖、阿勒泰、清镇、洪江、同江、乐昌、内江、松原、岑溪、清远、辽源、天长、天水、绵阳、盐城、沅江、恩平、开远、常宁、黄骅、鹤山、敦煌、霍州、高州、遂宁、泰兴、北票、广元、浏阳、福安、大庆、高邮、丽水、深圳、白银、安康、临沧、临湘、江都、江门、陇南、原平、资兴、吴川、防城港、孝义	22.98

续表

城市规模结构 合理性分级	个数	城市名称	全国城市 比例/%
中等合理城市	227	滕州、榆树、从化、宜兴、鹤岗、贺州、张家界、宜春、绵竹、通化、海伦、无锡、曲阜、临安、西宁、潮州、富锦、佛山、河津、个旧、湛江、舒兰、通辽、昆山、石家庄、昌邑、定西、郴州、洮南、杭州、珲春、桐乡、巴彦淖尔、中卫、鄂州、公主岭、汉中、宁国、双鸭山、泸州、南充、广汉、三亚、许昌、铁力、毕节、慈溪、钟祥、自贡、登封、潜江、高碑店、襄樊、商洛、峨眉山、朔州、宜宾、阳泉、达州、古交、长春、信阳、禹州、即墨、双城、余姚、阜新、南阳、舞钢、宁安、奎屯、长治、贵阳、涟源、安顺、太仓、景洪、佳木斯、安陆、七台河、抚州、娄底、大理、吉首、济源、台州、新乡、湘乡、德州、安达、漳州、临汾、乐平、邓州、榆林、调兵山、鸡西、晋城、宣威、枝江、漯河、哈密、来宾、肥城、漳平、松滋、冷水江、简阳、黄石、凌源、延安、武夷山、界首、咸阳、赣州、瓦房店、尚志、贵溪、醴陵、衡阳、东兴、咸宁、益阳、阜阳、东阳、石狮、莱西、抚顺、新乐、三门峡、阜康、枣庄、新泰、攀枝花、凤城、高安、徐州、增城、武安、信宜、姜堰、南平、朝阳、承德、高密、鹰潭、东港、上饶、台山、建瓯、石首、密山、黄山、龙岩、南宫、商丘、邛崃、雅安、大石桥、德兴、泊头、吴江、渭南、嘉兴、东方、博乐、安国、仙桃、张家口、金坛、常熟、镇江、汕尾、招远、铁岭、五大连池、梧州、济南、三明、芒市、涿州、邢台、麻城、海口、任丘、泰州、柳州、张掖、晋江、盘锦、铜川、德惠、江阴、呼伦贝尔、牙克石、大丰、四会、应城、长沙、青铜峡、茂名、六盘水、共青城、乐山、青岛、眉山、焦作、永康、冀州、晋州、金昌、宜昌、兖州、伊春、孟州、湘潭、梅州、九台、龙口、金华、万源、聊城、开原、濮阳、崇左、藁城、洛阳	34.55
低合理城市	150	汝州、新余、普兰店、辛集、温州、义乌、新民、衢州、本溪、开封、荆门、义马、大同、鹿泉、铜仁、莱州、彭州、乌海、淮北、溧阳、胶州、东莞、敦化、凯里、满洲里、丹阳、重庆、广安、什邡、华蓥、都江堰、平度、迁安、肇庆、黑河、上虞、阆中、鞍山、淮南、阿克苏、惠州、侯马、灵武、偃师、昌吉、随州、九江、株洲、营口、广州、华阴、灵宝、楚雄、新郑、鹤壁、南京、景德镇、乳山、合作、永州、新沂、蛟河、丽江、喀什、项城、三河、永安、五指山、秦皇岛、当阳、江山、资阳、崇州、河间、利川、扎兰屯、额尔古纳、宜都、北镇、宿迁、平湖、绥芬河、琼海、临清、集安、阿图什、嵊州、孝感、胶南、海林、和田、兴化、东台、库尔勒、永城、泉州、莱阳、十堰、乌鲁木齐、玉林、遵化、安阳、莆田、乌兰察布、忻州、安丘、连云港、福鼎、吐鲁番、安庆、昆明、五家渠、亳州、瑞丽、赤水、诸城、桐城、廊坊、永济、蒙自、铜陵、耒阳、青州、沙河、岳阳、富阳、赤壁、福州、泰安、银川、文昌、苏州、仁怀、怀化、温岭、明光、大冶、福泉、保定、厦门、恩施、老河口、仪征、蚌埠、宁德、乐陵、辽阳、呼和浩特、滨州、庄河	22.83
不合理城市	60	天门、湖州、大连、南安、六安、定州、盖州、文登、海阳、儋州、常德、宁波、宣城、图木舒克、巩义、禹城、龙海、兰、溪、芜湖、塔城、东营、霍林郭勒、池州、包头、长葛、锡林浩特、洪湖、烟台、巢湖、丹江口、兴城、滁州、卫辉、龙泉、乐清、绍兴、凌海、韶山、丰镇、阿拉尔、玉门、双辽、固原、武汉、诸暨、威海、吴忠、根河、马鞍山、二连浩特、阿尔山、霸州、合肥、蓬莱、德令哈、宿州、石嘴山、日喀则、格尔木、拉萨	9.13

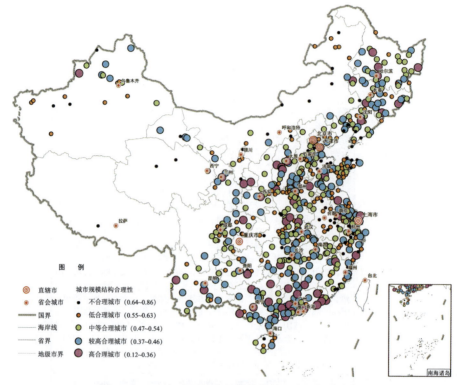

图 3.6 2010 年中国城市规模结构格局合理性分布图

总之，中国城市规模合理性处于中等合理以上水平的城市有 447 个，占到全国城市总数目的 68.04%，只有 60 个城市处于规模不合理状态，占全国城市总数的 9.13%。

第三节 中国城市空间结构格局的合理性评价

空间结构一直是空间经济学与经济地理学关注的基本问题。城市空间结构，一般又称为地域结构，主要是指市中各物质要素的空间位置关系及其变化移动中的特点，它是城市发展程度、阶段与过程的空间反映。城市空间结构是建立在特定经济活动基础上的，承担一定经济功能的城市功能区空间分化。按城市空间结构的层次性划分，可以将其界定为城市内部空间结构和城市外部空间结构两个部分。城市内部空间结构是一个城市建成区之内（通常是指市区）土地的功能分区结构，或者说城市内部空间结构是城市内部功能分化和各种活动所连成的土地利用的内在差异而形成的一种地域结构。城市外部空间结构是指由一个中心城市辐射区域内中心城市与其他城市共同构成的空间体系。本研究以中国城市体系为研究对象，评价城市外部空间结构的合理性。空间结构的合理性评价在当前的研究体系中是一个难点问题，通过两种方式评价中国城市空间结构的合理性，一是将中国城市分布密度在国家全域角度和基于坡度适宜性角度与全球主要国家的城市分布密度进行对比，得出中国城市空间结构水平在全球城市发展空间格局中的位置；二是在全国主体功能区的框架内，研究中国城市的空间分布特征，揭示中国城市在优化开发区、重点开发区、限制开发区和禁止开发区中的分布现状，进而诊断其空间分布合理性特征。

一、中国城市空间结构格局合理性诊断模型

从城市分布密度、城市空间均衡度等方面，借鉴国外典型城市空间结构现状特征指数，制定合理性判据，运用定性与定量相结合的方法进行中国城市空间结构合理性诊断。

（一）城市分布密度合理性诊断模型

城市分布密度（density of city distribution）是指在某区域内所分布的城市数量。其计算公式可表示为

$$D = \frac{i}{\sum_1^i A_i} \tag{3.12}$$

式中，D 为城市分布密度；i 为区域内的城市数量；A 为区域内每个城市的面积。

根据城市分布的空间规律，城市主要分布在地势较平坦的平原、盆地或

谷地地区。在山区和丘陵地区，地面坡度的大小往往影响着城市建设地的使用和建筑布置，因此坡度是用地评定的一个必要因素。为更精确地反映国家和地区的城市数量与区域内城市建设可利用土地之间的关系，将区域内不适宜建设的坡地和山地面积去除。根据《城市规划原理（第三版）》的城市建设用地适宜坡度相关规定，城市中心区用地应选择地质及防洪排涝条件较好且相对平坦完整土地，自然坡度宜小于 15°，故将坡度超过 15° 的区域面积在区域总面积中去除。

（二）基于核密度指数的城市分布均衡度合理性 UKR 诊断模型

城市在一定的地域环境下并不是随机分布的，而是表现出特定的空间分布形态，不同城市点群在空间分布上往往呈现出不同的特征。

核密度估计法最早是由罗森布拉特（Rosenblatt，1955）和埃马努埃尔（Emanuel Parzen，1962）提出的，后吕佩尔和克莱因（Ruppert and Cline，1993）基于数据集密度函数聚类算法提出修订的核密度估计方法，现已被广泛地应用于空间热点分析与探测研究中。该方法认为地理事件可以发生在空间的任何位置，但在不同的位置事件发生的概率不同，点密集的区域事件发生的概率高，点稀疏的区域事件发生的概率低，因此可以使用事件的空间密度分析来表示空间点模式[41]。

核密度分析是通过离散点数据进行内插的过程，假设每个点上方均覆盖着一个平滑曲面，在点所在位置处表面值最高，随着与点的距离的增大表面值逐渐减小，在与点的距离等于搜索半径的位置处表面值为零，整个圆内密度的积分之和等于中心点的属性值，每个点状要素属性值为 1，叠加相同位置处的密度，即为整个区域点的分布密度指数，公式为

$$\text{UKR} = \frac{1}{nh}\sum_{i=1}^{n}K(u) = \frac{1}{nh}\sum_{i=1}^{n}\frac{1}{\sqrt{2\pi}}e^{\frac{u^2}{2}} \tag{3.13}$$

式中，n 为带宽范围内的点数；$K(u)$ 为核密度方程；h 为带宽，即核密度函数的搜索半径。ArcGIS 中，曲面与下方平面所围成的空间体积等于此点的 Population 字段值，本节将此字段值指定为每个活动的参与城市数 n，则该点

被计数 n 次。核密度方程通常采用高斯核函数（Gaussian kernel）$K(u)$ 为各点与中心点的距离加权平滑，距离较近的点，权重较大。

二、中国城市空间结构格局合理性的总体诊断

（一）基于城市分布密度的中国城市空间结构合理性诊断

城市分布密度是城市空间结构合理性评价的重要指标。选取全球典型国家的城市分布平均密度作为评价中国城市分布密度的合理性评价标准。从全球普遍规律来看，城市主要坐落于地形平坦的区域。考虑到每个国家的地形地貌状况不同，从国家全域密度和国家适宜建设区城市密度两个方面分别对国家的城市空间结构合理性进行诊断。

1. 国家全域诊断：中国不同规模的城市密度均高于全球平均水平

借助网络手段，从维基百科、百度百科、美国人口普查局、世界银行数据库、联合国数据库、中国外交部数据库、新华网、中国商务部数据库、行政区划网等网站与平台，选取全球范围内 168 个国家为研究案例，收集各国 2010 年的城市数量、国土面积、城市人口数据、全球 DEM 数据、城镇规模等数据。

对全球国家按人口总数排序，选择前 100 名的国家进行数据统计，统计数据分为国家大于 50 万人城市的城市密度和国家大于 100 万人城市的城市密度。统计结果显示，全球国家中大于 50 万人城市的平均城市密度为 0.19 个城市/万 km^2，国家大于 100 万人城市的平均城市密度为 0.10 个城市/万 km^2。将其作为中国城市分布密度评价的参考标准。

由表 3.12 看出，中国大陆城市密度在全球国家中排名靠前，其中大于 50 万人城市的城市密度为 0.30 个城市/万 km^2，比同规模城市全球平均城市密度（0.19 个城市/万 km^2）高 0.11 个城市/万 km^2，规模大于 100 万人城市的城市密度为 0.15 个城市/万 km^2，比同规模城市全球平均城市密度（0.10 个城市/万 km^2）高 0.05 个城市/万 km^2。大于 50 万人的城市密度统计显示，中国大陆在 100 个案例国家中排名第 19 位，其中韩国（2.22）、瑞士（0.97）、日本（0.74）、荷兰（0.72）、以色列（0.71）、菲律宾（0.57）、孟加拉国（0.49）、

阿联酋（0.47、）、英国（0.45）、多米尼加（0.41）、德国（0.39）和印度（0.32）等 18 个国家和地区的城市密度高于中国大陆，其他多数国家城市密度低于中国大陆。而大于 100 万人的城市密度统计结果显示，中国大陆排名 15 位，位于韩国、卢旺达、海地、孟加拉国、比利时、日本、瑞士、荷兰、阿联酋、多米尼加、英国、洪都拉斯、印度等 14 个国家和地区之后，较 50 万人的城市密度提前了 4 个名次）。由此可见，中国城市密度在全球范围内偏大，并且大城市的密度水平在全球的排名要高于中等城市密度水平在全球的排名。

表 3.12　世界主要国家不同规模城市分布密度对比表（单位：个/万 km²）

国家或地区	>50 万人城市分布密度	>100 万人城市分布密度	国家或地区	>50 万人城市分布密度	>100 万人城市分布密度	国家或地区	>50 万人城市分布密度	>100 万人城市分布密度
韩国	2.22	0.91	希腊	0.15	0.08	瑞典	0.05	0.02
中国台湾	1.39	1.39	印度尼西亚	0.14	0.06	巴西	0.04	0.02
瑞士	0.97	0.24	尼泊尔	0.14	0.14	罗马尼亚	0.04	0.04
日本	0.74	0.32	乌克兰	0.13	0.05	乌干达	0.04	0.04
荷兰	0.72	0.24	捷克	0.13	0.13	沙特阿拉伯	0.04	0.04
以色列	0.71	0.00	巴基斯坦	0.13	0.11	几内亚	0.04	0.04
菲律宾	0.57	0.13	西班牙	0.12	0.04	也门	0.04	0.02
孟加拉国	0.49	0.35	奥地利	0.12	0.12	玻利维亚	0.04	0.04
阿联酋	0.47	0.23	美国	0.12	0.01	肯尼亚	0.04	0.04
英国	0.45	0.20	阿塞拜疆	0.12	0.12	坦桑尼亚	0.03	0.01
多米尼加	0.41	0.21	塞尔维亚	0.11	0.11	秘鲁	0.03	0.01
德国	0.39	0.11	法国	0.11	0.08	缅甸	0.03	0.03
卢旺达	0.38	0.38	葡萄牙	0.11	0.00	阿根廷	0.03	0.03
海地	0.36	0.36	匈牙利	0.11	0.11	赞比亚	0.03	0.01
布隆迪	0.36	0.00	厄瓜多尔	0.11	0.07	智利	0.03	0.01
比利时	0.33	0.33	塞内加尔	0.10	0.05	刚果（金）	0.03	0.02
印度	0.32	0.18	白俄罗斯	0.10	0.05	莫桑比克	0.03	0.01

国家或地区	>50万人城市分布密度	>100万人城市分布密度	国家或地区	>50万人城市分布密度	>100万人城市分布密度	国家或地区	>50万人城市分布密度	>100万人城市分布密度
马来西亚	0.30	0.12	古巴	0.09	0.09	俄罗斯	0.02	0.01
中国大陆	0.30	0.15	保加利亚	0.09	0.09	泰国	0.02	0.02
危地马拉	0.28	0.09	贝宁	0.09	0.00	马达加斯加	0.02	0.02
朝鲜	0.24	0.08	哥伦比亚	0.09	0.04	安哥拉	0.02	0.01
伊拉克	0.21	0.09	伊朗	0.09	0.05	阿富汗	0.02	0.01
土耳其	0.21	0.10	布基纳法索	0.07	0.04	阿尔及利亚	0.01	0.01
意大利	0.20	0.07	乌兹别克斯坦	0.07	0.02	哈萨克斯坦	0.01	0.00
越南	0.18	0.06	塔吉克斯坦	0.07	0.00	加拿大	0.01	0.01
摩洛哥	0.18	0.09	委内瑞拉	0.07	0.05	埃塞俄比亚	0.01	0.01
洪都拉斯	0.18	0.18	喀麦隆	0.06	0.04	马里	0.01	0.01
尼日利亚	0.18	0.11	索马里	0.06	0.03	乍得	0.01	0.01
墨西哥	0.17	0.06	科特迪瓦	0.06	0.03	尼日尔	0.01	0.01
马拉维	0.17	0.00	突尼斯	0.06	0.06	澳大利亚	0.01	0.01
加纳	0.17	0.08	埃及	0.06	0.04	苏丹	0.01	0.01
叙利亚	0.16	0.11	南非	0.06	0.04	南苏丹	0.00	0.00
波兰	0.16	0.03	柬埔寨	0.06	0.06	平均密度	0.19	0.1
斯里兰卡	0.15	0.00	津巴布韦	0.05	0.03			

注：按国土面积进行排序。数据主要来源：1. 维基百科；2. 百度百科；3. 美国人口普查局；4. 世界银行数据库；5. 联合国数据库；6. 中国外交部数据库；7. 新华网；8. 中国商务部数据库；9. 行政区划网。

2. 坡度适宜性诊断：中国不同规模的城市密度与全球平均水平相比偏大

运用全球 900m 精度的 DEM 数据进行坡度分析，从国家适宜建设区城市密度方面来看，按目前中国城市中心城区用地应选择条件，将自然坡度值小于 15°的平坦用地作为城市适宜建设用地，对全球各个案例城市分别从大于 50 万人的城市密度和大于 100 万人的城市密度两个方面进行分析。在以上全域分析的 100 个案例国家和地区中将 50 万人以上城市缺失的国家和地区筛除，剩余 88 个国家和地区。该 88 个国家和地区 50 万人以上城市占国家适宜建设区域的平均密度为 0.46 个城市/万 km^2，100 万人以上城市占国家适宜建设区域的平均密度为 0.24 个城市/万 km^2。将其作为评价中国大陆城市密度合理性的诊断依据。

规模大于 50 万人城市的中国大陆适宜建设区城市密度为 0.55 个城市/万 km^2，比同规模城市全球平均城市密度（0.46 个城市/万 km^2）高 0.09 个城市/万 km^2，在案例国家中排名 15 位，其中哥伦比亚（9.45）、韩国（2.43）、黎巴嫩（2.24）、卡塔尔（1.86）、瑞士（1.63）、科威特（1.20）、吉布提（1.01）、牙买加（0.99）、澳大利亚（0.98）、冈比亚（0.95）、荷兰（0.88）、日本（0.84）和阿联酋（0.57）等 14 个国家和地区高于中国大陆，较全域 50 万人的城市密度提前了 4 个名次。

规模大于 100 万人城市的中国大陆适宜建设区城市密度为 0.23 个城市/万 km^2，比同规模城市全球平均城市密度（0.24 个城市/万 km^2）低 0.01 城市/万 km^2，在案例国家中排名 18 位，其中哥伦比亚（6.54）、黎巴嫩（1.12）、韩国（0.99）、卡塔尔（0.93）、澳大利亚（0.81）、萨尔瓦多（0.51）、海地（0.43）、瑞士（0.41）、亚美尼亚（0.40）、孟加拉国（0.38）、日本（0.36）、比利时（0.33）、荷兰（0.29）、阿联酋（0.29）、尼泊尔（0.26）和丹麦（0.25）等 17 个国家和地区高于中国大陆。较 50 万人的城市密度落后了 4 个名次，较全域 100 万人的城市密度落后了 4 个名次。由此可见，中国城市在适宜性建设用地上的城市密度在全球范围内也偏大，且中等城市密度水平在全球排名要高于大城市密度水平在全球的排名（表 3.13）。

表 3.13 基于坡度适宜性的世界主要国家城市分布密度对比表（单位：个/万 km^2）

国家或地区	>50 万人城市	>100 万人城市	国家或地区	>50 万人城市	>100 万人城市	国家或地区	>50 万人城市	>100 万人城市
哥伦比亚	9.45	6.54	摩尔多瓦	0.30	0.00	尼加拉瓜	0.10	0.10
韩国	2.43	0.99	朝鲜	0.27	0.09	古巴	0.09	0.09
黎巴嫩	2.24	1.12	尼泊尔	0.26	0.26	保加利亚	0.09	0.09
中国台湾	2.09	2.09	丹麦	0.25	0.25	伊朗	0.09	0.05
卡塔尔	1.86	0.93	意大利	0.24	0.08	厄立特里亚	0.09	0.00
瑞士	1.63	0.41	土耳其	0.23	0.11	吉尔吉斯	0.07	0.00

续表

国家或地区	>50万人城市	>100万人城市	国家或地区	>50万人城市	>100万人城市	国家或地区	>50万人城市	>100万人城市
科威特	1.20	0.00	爱沙尼亚	0.23	0.00	乌兹别克斯坦	0.07	0.02
吉布提	1.01	0.00	伊拉克	0.21	0.09	突尼斯	0.06	0.06
牙买加	0.99	0.00	摩洛哥	0.21	0.10	埃及	0.06	0.04
澳大利亚	0.98	0.81	洪都拉斯	0.19	0.19	沙特阿拉伯	0.05	0.02
冈比亚	0.95	0.00	克罗地亚	0.19	0.19	瑞典	0.05	0.02
荷兰	0.88	0.29	希腊	0.19	0.09	也门	0.05	0.02
日本	0.84	0.36	墨西哥	0.18	0.07	罗马尼亚	0.04	0.04
阿联酋	0.57	0.29	波兰	0.16	0.03	挪威	0.04	0.04
中国	0.55	0.23	叙利亚	0.16	0.11	缅甸	0.03	0.03
孟加拉国	0.53	0.38	拉脱维亚	0.16	0.16	芬兰	0.03	0.03
萨尔瓦多	0.51	0.51	爱尔兰	0.15	0.15	泰国	0.02	0.02
以色列	0.49	0.00	乌克兰	0.14	0.05	俄罗斯	0.02	0.01
阿尔巴尼亚	0.47	0.00	法国	0.13	0.10	土库曼斯坦	0.02	0.00
英国	0.47	0.21	巴基斯坦	0.13	0.12	阿富汗	0.02	0.02
马其顿	0.46	0.00	阿塞拜疆	0.13	0.13	阿尔及利亚	0.01	0.01
多米尼加	0.45	0.23	捷克	0.13	0.13	利比亚	0.01	0.01
海地	0.43	0.43	西班牙	0.12	0.04	哈萨克斯坦	0.01	0.00
斯洛伐克	0.42	0.21	塔吉克斯坦	0.12	0.00	毛里塔尼亚	0.01	0.01
亚美尼亚	0.40	0.40	美国	0.12	0.01	加拿大	0.01	0.01
德国	0.40	0.11	约旦	0.11	0.11	尼日尔	0.01	0.01
印度	0.34	0.19	葡萄牙	0.11	0.00	马里	0.01	0.01
比利时	0.33	0.33	匈牙利	0.11	0.11	蒙古国	0.01	0.01
立陶宛	0.31	0.00	塞内加尔	0.10	0.05	平均密度	0.46	0.24
危地马拉	0.31	0.10	白俄罗斯	0.10	0.05			

注：按国土面积进行排序。数据主要来源：1. 维基百科；2. 百度百科；3. 美国人口普查局；4. 世界银行数据库；5. 联合国数据库；6. 中国外交部数据库；7. 新华网；8. 中国商务部数据库；9. 行政区划网。

中国大城市密度在全域条件下和坡度适宜建设条件下的排名与中等城

市相比，排名从提前 4 个名次到落后 4 个层次，表明坡度适宜性对中国大城市选址的影响度大于对中等城市的影响度。整体来诊断，从城市密度角度分析，中国城市发展空间格局基本合理，中等城市的空间密度略高于全球平均水平，而大城市的空间密度基本与全球各国持平。

（二）基于城市分布密度的省域城市空间结构合理性诊断

运用全国 90m 精度的 DEM 数据进行坡度分析，同样按中国城市中心城区用地选择条件，将自然坡度小于 15° 的平坦用地作为城市适宜建设用地，对各省份城市分别从全部城市密度、大于 50 万人的城市密度和大于 100 万人的城市密度三个方面进行对比分析。

因直辖市与特别行政区不辖城市，不将其计入省级行政区域统计范围。全国 28 个省（自治区）的平均城市总密度为 2.33 个城市/万 km^2，50 万人以上的平均城市密度为 1.66 个城市/万 km^2，100 万人以上的平均城市密度为 0.75 个城市/万 km^2。各省（自治区）50 万人和 100 万人以上的城市密度均大于全球平均水平和全国平均水平。

从三大区域来看，东部地区各省（自治区）的平均城市总密度为 2.91 个城市/万 km^2，50 万人以上的平均城市密度为 3.83 个城市/万 km^2，100 万人以上的平均城市密度为 1.36 个城市/万 km^2。中部地区各省（自治区）的平均城市总密度为 1.90 个城市/万 km^2，50 万人以上的平均城市密度为 1.34 个城市/万 km^2，100 万人以上的平均城市密度为 0.62 个城市/万 km^2。西部地区各省（自治区）的平均城市总密度为 1.09 个城市/万 km^2，50 万人以上的平均城市密度为 0.59 个城市/万 km^2，100 万人以上的平均城市密度为 0.21 个城市/万 km^2。中部地区和西部地区的城市密度均低于全国平均水平。

从各省（自治区）来看，城市总密度浙江省均为最大，为 6.21 个城市/万 km^2，其次为江苏、山东、广东、台湾、福建、辽宁，均在全国平均水平（2.32 个城市/万 km^2）之上，江西、贵州、安徽、广西、陕西均在 1～2 个城市/万 km^2，其余省份均在 1 个城市/万 km^2 以下。

规模 50 万人以上城市密度方面，浙江省最大 7.07 个城市/万 km^2，其次为江苏、山东、广东、台湾、福建、湖北、辽宁、河南，均在 2～3 个城市/

万 km^2，而海南、河北、四川、湖南、安徽、江西、贵州、广西、陕西和山西均在 1～2 个城市/万 km^2，其余省份均在 1 个城市/万 km^2 以下（表 3.14）。

表 3.14　2010 年各省级行政区不同规模城市密度表（单位：个/万 km^2）

地区名称	省份	城市总密度	>50 万人城市密度	>100 万人城市密度
东部地区	河北	1.86	2.36	0.36
	辽宁	2.61	2.79	0.54
	江苏	3.61	3.91	2.00
	浙江	6.21	7.07	2.36
	福建	2.66	4.70	1.43
	山东	3.26	3.33	1.46
	广东	3.11	3.91	1.95
	广西	1.17	1.76	0.75
	海南	1.91	3.05	0.76
	台湾	2.70	5.40	2.02
西部地区	四川	1.74	2.06	0.84
	贵州	1.22	1.98	0.30
	云南	0.65	1.76	0.19
	西藏	0.00	0.03	0.00
	陕西	1.13	1.47	0.23
	甘肃	0.23	0.62	0.12
	青海	0.06	0.06	0.00
	宁夏	0.24	1.68	0.24
	新疆	0.02	0.16	0.00
中部地区	山西	1.07	2.36	0.32
	内蒙古	0.04	0.19	0.03
	吉林	0.98	1.82	0.26

续表

地区名称	省份	城市总密度	>50万人城市密度	>100万人城市密度
中部地区	黑龙江	0.39	0.74	0.10
	安徽	1.64	1.90	0.61
	江西	1.35	1.98	0.36
	河南	2.30	2.73	1.15
	湖北	2.62	3.14	2.10
	湖南	1.64	2.27	0.63
全国平均		2.33	1.66	0.75
全球平均			0.19	0.10

注：因直辖市与特别行政区不辖城市，该表统计省级行政区域不包括直辖市；台湾计入东部省份。

规模 100 万人以上城市密度方面，浙江最大为 2.36 个城市/万 km²，其次为湖北、台湾和江苏，均在 2 个城市/万 km² 以上；广东、山东、福建、河南的城市密度为 1~2 个城市/万 km²，其余省区均为 1 个城市/万 km² 以下，其中青海、新疆和西藏缺失百万人口以上城市。

由以上分析可诊断，对城市总数来讲，东部地区的江苏、台湾、浙江、山东 4 省城市密度最大，黑龙江、甘肃、内蒙古、新疆、青海、西藏等省（自治区）城市数量偏少；对 50 万人以上城市而言，浙江、江苏、山东、广东、台湾、福建城市较多，黑龙江、宁夏、甘肃、青海、内蒙古、新疆、西藏城市数量偏少；对百万人口以上城市而言，浙江、湖北、台湾、江苏城市偏多，而云南、甘肃、黑龙江、内蒙古、青海、新疆和西藏城市数量偏少。

（三）基于国家主体功能区划的中国城市空间结构的合理性诊断

1. 中国城市空间结构的合理性诊断标准设定

（1）国家主体功能区划诊断标准设定。《全国主体功能区规划》是我国国土空间开发的战略性、基础性和约束性规划，是中国新型城镇化蓝图的重要基础。该规划的制定综合考虑了不同区域的资源环境承载能力、现有开发强度和未来发展潜力等多种因素，其功能分区可以此为依据。根据《全国主体功能区规划》，将全国国土面积分为优化开发区、重点开发区、限制开发区和禁止开发区 4 种类型区（表 3.15 和图 3.7）。

表 3.15 全国主体功能区划范围一览表

主体功能区	范围
优化开发区	环渤海地区：包括京津冀地区（北京市、天津市和河北省的部分地区）、辽中南地区（辽宁省中部和南部的部分地区）、山东半岛地区（山东省胶东半岛和黄河三角洲部分地区）； 长江三角洲地区：上海市和江苏省、浙江省的部分地区； 珠江三角洲地区：广东省中部和南部的部分地区
重点开发区	冀中南地区（河北省中南部以石家庄为中心的部分地区）； 太原城市群（山西省中部以太原为中心的部分地区）； 呼包鄂榆地区（呼和浩特、包头、鄂尔多斯和陕西省榆林的部分地区）； 哈长地区[黑龙江省的哈大齐（哈尔滨、大庆、齐齐哈尔）工业走廊和牡绥（牡丹江、绥芬河）地区以及吉林省的长吉图经济区]； 东陇海地区（江苏省东北部和山东省东南部的部分地区）； 江淮地区（安徽省合肥及沿江的部分地区）； 海峡西岸经济区（福建省、浙江省南部和广东省东部的沿海部分地区）； 中原经济区（河南省以郑州为中心的中原城市群部分地区）； 长江中游地区（湖北武汉城市圈、湖南环长株潭城市群、江西鄱阳湖生态经济区）； 北部湾地区（广西壮族自治区北部湾经济区及广东省西南部和海南省西北部等环北部湾的部分地区）； 成渝地区（重庆经济区和成都经济区）； 黔中地区（贵州省中部以贵阳为中心的部分地区）； 滇中地区（云南省中部以昆明为中心的部分地区）； 藏中南地区（西藏自治区中南部以拉萨为中心的部分地区）； 关中-天水地区（陕西省中部以西安为中心的部分地区和甘肃省天水的部分地区）； 兰州-西宁地区（甘肃省以兰州为中心的部分地区和青海省以西宁为中心的部分地区）； 宁夏沿黄经济区（宁夏回族自治区以银川为中心的黄河沿岸部分地区）； 天山北坡地区（新疆天山以北、准噶尔盆地南缘的带状区域以及伊犁河谷的部分地区（含新疆生产建设兵团部分师市和团场）
限制开发区	农产品主产区、生态安全战略区、重点生态功能区、其他地区
禁止开发区	国家级自然保护区、世界文化自然遗产、国家级风景名胜区、国家森林公园和国家地质公园

资料来源：根据《全国主体功能区规划》方案整理。

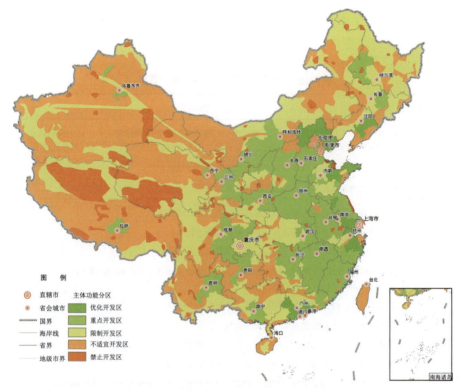

图 3.7   全国主体功能区划分析示意图

　　以国家主体功能区方案为基础，按城市可建设的适宜性程度，将全国主体功能区类型分别进行赋值（表 3.16）。其中，属性值 a 表示适宜进行城市空间结构优化的区域，属性 b 表示适宜进行城市空间结构完善的区域；属性 c 限制开发区域，包括两项内容，一是按农业产业发展需求对城市空间结构进行较弱限制的区域，二是按生态安全的需求对城市空间结构进行较强限制的区域；属性 d 为禁止开发区，包括两项内容，一是表示因地形、沙漠等极端条件等不适宜建设的区域，二是表示自然保护区等禁止建设区域。并以此作为城市空间结构的空间阻力因子评价标准。

表 3.16　全国主体功能区划属性值

主体功能区		属性值
优化开发区		a
重点开发区		b
限制开发区	农产品主产区	c
	生态安全战略区、重点生态功能区	c
禁止开发区	不适开发区	d
	禁止开发区	d

（2）基于核密度指数的城市空间结构均衡度诊断标准设定。核密度分析是通过离散城市点数据进行内插的过程，最终得出中国县级以上城市的空间分析密度及均衡程度。运用 ArcGIS10.1 工作平台，将中国县级以上城市按城区人口字段进行核密度指数分析。依据城市辐射范围的相关研究成果，中等城市的辐射半径为 50～100km，故将每个县级以上城市点的影响半径设置为 50km^2，将栅格精度设置为 1000m，最终得出中国县级以上城市的核密度分布指数图，为方便与主体功能区划图叠加，对其同样按 4 级进行重分类，其中属性值 a 表示城市高度集中区，属性 b 表示城市较高集中区，属性 c 表示城市分散区，属性 d 表示城市稀少区（表 3.17 和图 3.8）。以此作为城市空间结构均衡度诊断标准。

表 3.17　全国县级以上城市空间密度和均衡性分类属性值

主体功能区	属性值
城市高度集中区	a
城市较高集中区	b
城市分散区	c
城市稀少区	d

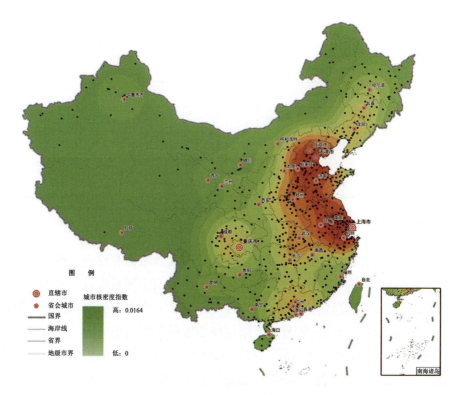

图 3.8　中国城市空间格局的核密度分级示意图

（3）中国城市空间结构的合理性诊断标准矩阵。运用 ArcGIS10.1 工作平台，将全国主体功能区划图与全国县级以上城市发展空间格局核密度分区图构建二维属性判别矩阵，如表 3.18 所示，表自左向右区域可承载的开发功能减弱，即可承载的城市数量和密度减弱，依次为优化开发区（a）、重点开发区（b）、限制开发区（c）和禁止开发区（d）；表自上向下城市集中度降低，即区域内城市密度降低，分别为城市高度集中区（a）、城市较高集中区（b）、城市分散区（c）和城市稀少区（d）。表中（a-a）、（b-b）、（c-c）、（d-d）是承载力与城市密度最佳匹配格局，即城市空间结构高合理格局；矩阵右上方均为城市密度超出承载力的区域，矩阵左下方均为城市密度低于承载力的区域，二者均为不合理区。为此，将城市空间结构合理性的标准设置为表 3.19，以此来诊断中国城市空间结构的合理性格局。

表 3.18　全国主体功能区划图与全国县级以上城市发展空间格局核密度分区判别矩阵

	优化开发区（a）	重点开发区（b）	限制开发区（c）	禁止开发区（d）
城市高度集中区（a）	a-a	a-b	a-c	a-d
城市较高集中区（b）	b-a	b-b	b-c	b-d
城市分散区（c）	c-a	c-b	c-c	c-d
城市稀少区（d）	d-a	d-b	d-c	d-d

表 3.19　全国主体功能区划图与全国县级以上城市发展空间格局核密度分区判别矩阵

空间结构合理性等级	矩阵
高合理城市	（a-a）、（b-b）、（c-c）、（d-d）
较高合理城市	（a-b）、（b-a）、（d-c）、（c-b）
中等合理城市	（d-b）、（c-a）
低合理城市	（a-c）、（b-c）、（d-a）
不合理城市	（a-d）、（b-d）、（c-d）

2. 中国城市空间结构格局合理性 UKR 的诊断

依据全国主体功能区划图与全国上城市发展空间格局核密度分区判别矩阵，采用基于核密度指数的城市空间结构格局合理性 UKR 诊断模型计算表明，全国 657 城市中，位于优化开发区、重点开发区和农业开发区的城市，其城市空间结构高合理城市、较高合理城市和中等合理城市的数目分别为 132 个、178 个和 146 个，分别占城市总数的 20.09%、27.09% 和 22.22%，即空间结构中等合理性以上的城市占全部城市的 69.41%，如表 3.20 和图 3.9 所示。同时，全国范围内共有低合理城市 77 个，分别位于低承载力的生态安全区、不适宜建设地区和优化开发区的城市分散区，占全国城市总数的 11.72%；不合理城市 124 个，分别位于禁止开发区的城市高度集中区、较高集中区和城市分散区，以及优化开发区的城市稀少区，占全国城市总数的 18.87%。

表 3.20 中国城市空间结构格局合理性诊断结果一览表

城市空间结构合理性分级	个数	城市名称	占全国城市比例/%
高合理城市	132	白银、吕梁、包头、鄂尔多斯、齐齐哈尔、大庆、莆田、三明、泉州、漳州、南平、宁德、龙岩、汕头、钦州、北海、安顺、遵义、曲靖、玉溪、铜川、宝鸡、咸阳、渭南、榆林、天水、定西、防城港、呼和浩特、福州、南宁、贵阳、昆明、宣威、清镇、安宁、冷水江、邵武、武夷山、建阳、建瓯、福安、瑞金、永安、漳平、长乐、龙海、南安、晋江、石狮、福清、福鼎、兴平、万源、蛟河、通辽、锦州、盘锦、铁岭、葫芦岛、四平、辽源、萍乡、十堰、荆州、宜昌、襄樊、荆门、河源、清远、梧州、云浮、贺州、随州、巴中、松原、沈阳、长春、武汉、广州、成都、重庆、从化、增城、岑溪、北流、信宜、罗定、阳春、高州、乐昌、英德、南雄、彭州、崇州、邛崃、宜城、钟祥、广水、当阳、枝江、宜都、松滋、潜江、天门、仙桃、石首、洪湖、侯马、老河口、枣阳、平度、莱西、凌源、公主岭、开原、梅河口、北镇、凌海、兴城、德惠、九台、榆树、五常、双城、亳州、宁波、北京、建德、慈溪、余姚、奉化	20.09
较高合理城市	178	石嘴山、吴忠、克拉玛依、中卫、拉萨、兰州、西宁、银川、乌鲁木齐、灵武、青铜峡、讷河、威海、文登、荣成、黄山、枣庄、济宁、滨州、德州、临沂、莱芜、南京、杭州、济南、天津、上海、临安、富阳、曲阜、兖州、邹城、滕州、乐陵、禹城、章丘、景德镇、忻州、晋中、运城、吉林、温州、衢州、丽水、赣州、九江、新余、鹰潭、宜春、上饶、吉安、抚州、日照、洛阳、平顶山、三门峡、驻马店、南阳、信阳、黄石、鄂州、黄冈、孝感、咸宁、衡阳、株洲、湘潭、岳阳、常德、益阳、娄底、梅州、自贡、南充、泸州、德阳、绵阳、遂宁、内江、乐山、宜宾、达州、商洛、揭阳、资阳、广安、眉山、太原、南昌、长沙、普宁、仁怀、涟源、湘乡、醴陵、耒阳、常宁、井冈山、南康、兴宁、瑞安、江油、绵竹、什邡、阆中、广汉、简阳、峨眉山、赤水、华蓥、安陆、应城、汉川、津、赤壁、临湘、沅江、汨罗、浏阳、大冶、武穴、瑞昌、高安、丰城、樟树、乐平、德兴、贵溪、江山、龙泉、乐清、河津、韩城、济源、永济、华阴、灵宝、义马、孟州、巩义、偃师、汝州、登封、舞钢、邓州、原平、汾阳、孝义、介休、古交、桦甸、磐石、舒兰、麻城、韶山、共青城、无锡、常州、苏州、镇江、嘉兴、湖州、绍兴、金华、舟山、淄博、东营、潍坊、丹阳、句容、金坛、溧阳、宜兴、江阴、张家港、常熟、昆山、太仓	27.09
中等合理城市	146	廊坊、邯郸、邢台、保定、沧州、衡水、阳泉、晋城、长治、徐州、南通、连云港、淮安、盐城、扬州、芜湖、蚌埠、淮南、马鞍山、淮北、铜陵、安庆、阜阳、宿州、滁州、六安、宣城、池州、泰安、聊城、菏泽、开封、安阳、鹤壁、新乡、焦作、濮阳、许昌、漯河、商丘、周口、泰州、石家庄、合肥、郑州、巢湖、桐城、宁国、海门、启东、高平、沁阳、辉县、荥阳、新密、新郑、长葛、禹州、	22.22

续表

城市空间结构合理性分级	个数	城市名称	占全国城市比例/%
中等合理城市	146	卫辉、新泰、邳州、新沂、项城、界首、永城、明光、兴化、高邮、天长、仪征、大丰、东台、如皋、泰兴、靖江、潞城、林州、涿州、高碑店、霸州、三河、定州、新乐、鹿泉、藁城、安国、晋州、深州、任丘、河间、泊头、黄骅、辛集、冀州、南宫、沙河、武安、临清、肥城、江都、姜堰、张家口、鞍山、抚顺、本溪、台州、烟台、惠州、佛山、东莞、珠海、江门、肇庆、中山、辽阳、四会、高要、鹤山、开平、台山、恩平、永康、临海、温岭、诸城、莱州、高密、蓬莱、招远、栖霞、龙口、乳山、海阳、莱阳、灯塔、海城、巴彦淖尔、珲春、海口、厦门、汕尾、大连、青岛、深圳、胶州、胶南	22.22
低合理城市	77	乌海、双鸭山、黑河、三亚、丽江、五指山、开远、二连浩特、乌苏、阜康、密山、绥芬河、同江、富锦、虎林、根河、五大连池、个旧、奎屯、石河子、昌吉、库尔勒、阿尔山、合作、图木舒克、五家渠、蒙自、文山、白城、伊春、佳木斯、七台河、丹江、邵阳、玉林、昭通、汉中、安康、延安、贵港、哈尔滨、西安、桂平、廉江、雷州、利川、敦化、乌兰浩特、安达、肇东、大安、海林、宁安、穆棱、北安、吉首、唐山、秦皇岛、承德、宿迁、兰溪、桐乡、海宁、上虞、平湖、诸暨、嵊州、义乌、东阳、扬中、寿光、青州、昌邑、安丘、遵化、迁安、吴江	11.72
不合理城市	124	呼伦贝尔、攀枝花、普洱、保山、临沧、金昌、张掖、武威、嘉峪关、酒泉、崇左、东方、儋州、文昌、琼海、万宁、凭祥、瑞丽、和田、格尔木、玉门、敦煌、霍林郭勒、满洲里、额尔古纳、牙克石、扎兰屯、芒市、景洪、大理、楚雄、日喀则、临夏、喀什、德令哈、伊宁、吐鲁番、哈密、阿勒泰、锡林浩特、塔城、博乐、阿拉尔、阿图什、阿克苏、白山、鸡西、鹤岗、绥化、永州、张家界、怀化、湛江、桂林、百色、河池、柳州、雅安、广元、六盘水、陇南、平凉、庆阳、固原、潮州、来宾、合山、化州、吴川、福泉、洪江、武冈、宜州、图们、龙井、和龙、临江、集安、洮南、海伦、铁力、尚志、西昌、凯里、都匀、兴义、恩施、延吉、东兴、毕节、铜仁、大同、朔州、临汾、乌兰察布、赤峰、营口、阜新、朝阳、丹东、通化、郴州、茂名、韶关、阳江、陆丰、资兴、连州、都江堰、霍州、瓦房店、普兰店、东港、即墨、庄河、丰镇、双辽、调兵山、北票、新民、大石桥、凤城、盖州、江口	18.87

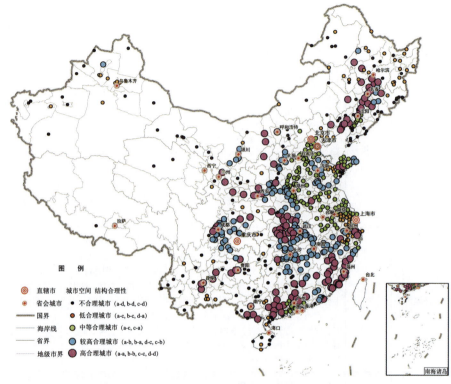

图例

◎ 直辖市　　城市空间 结构合理性
⊙ 省会城市　　　不合理城市 (a-d, b-d, c-d)
── 国界　　●　低合理城市 (a-c, b-c, d-a)
── 海岸线　　●　中等合理城市 (a-c, c-a)
── 省界　　●　较高合理城市 (a-b, b-a, d-c, c-b)
── 地级市界　　●　高合理城市 (a-a, b-b, c-c, d-d)

图 3.9　中国城市空间结构格局合理性分布示意图

　　总体来看，69.41%的中国城市空间结构是合理的，30.59%的城市需要在全国和地方的城市发展空间格局中加以规模限制、规模引导、产业调整和生态引导。

第四节　中国城市职能结构格局的合理性诊断

　　城市职能是指城市在一定地域内的经济、社会发展中所发挥的作用和承担的分工，是城市对城市本身以外的区域在经济、政治、文化等方面所起的作用。城市职能按其作用分为一般职能与特殊职能：前者是指每一城市必备的职能，如为本城市居民服务的商业、服务业、建筑业、食品加工业、印刷出版业及城市公用事业、行政机关等；后者是指不可能为每个城市都必备的职能，如采矿业、各种加工工业、旅游业、科学研究等。由于城市职能复杂多样，相互交织，大部分城市兼有若干种城市职能类型。但总体而言，中国城市职能体系分为两大类。一类是以综合职能为主的综合性城市，这类城市按城市行政等级形成城市管理等级网络，共同构成满足各种社会需求的综合职能体系。但是在综合性城市中，职能类型组合也存在较大差异，这种差异是城市职能体系分类的标志。第二类是由于资源开发、交通位或某种专门化产业发展而形成的专业化城市。城市的性质和发展规模，主要取决于城市的基本职能，城市职能结构的合理性是城市体系合理性的重要组成部分。

我国学者开展全国性城市职能分类始于 1980 年代后期。1988 年周一星教授等首次对中国城市的工业职能进行了分类[31]。1990 年张文奎等首次尝试对全国 321 个城市进行了综合性职能分类研究[32]，将其划分为工业城市、交通运输城市、商业城市、政治城市、旅游城市等 10 种类型。1997 年周一星等在《再论中国城市的职能分类》一文中提出了"城市职能三要素"理论，认为一个完整的城市职能概念应包含职能规模、职能强度、专业化部门三个要素，之后基于第四次人口普查数据将全国 465 个城市划分为 4 个大类、14 个亚类和 47 个职能组。当前的研究重在展示全国城市职能结构的分类方法、类型转变与现状特征，而对城市职能结构的合理性问题关注不足。

研究数据来源于第六次全国人口普查数据和 2011 年《中国城市建设统计年鉴》。城市人口规模是城市市辖区的非农业人口规模，以万人为单位；行业人口数据包括农林牧渔业，采矿业，制造业，电力、燃气及水的生产和供应业，建筑业，仓储和邮政业，交通运输业，计算机服务和软件业，信息传输业，批发和零售业，住宿和餐饮业，金融业，房地产业，租赁和商务服务业，科学研究、技术服务和地质勘察业，水利、环境和公共设施，管理业，居民服务和其他服务业，教育，卫生、社会保障和社会福利，文化、体育和娱乐业，公共管理和社会组织，国际组织等 23 个行业。从职能规模、职能强度、专业化部门三个要素对全国城市职能结构合理性进行评价与诊断。

一、中国城市职能结构格局合理性 UFR 诊断模型

城市职能结构反映了城市在一定地域内的经济、社会发展中所发挥的作

用和承担的分工，主要从职能规模、职能强度、专业化部门三个要素具体体现。城市作为一个生长有机体，其产业体系具有自己生命周期和更替轨迹，这与生态系统中物种体系的稳定性具有相似性。稳定即合理。借鉴生态系统稳定性理论与评价方法对中国城市职能结构的合理性进行评价。

城市职能结构格局的合理性包括城市职能规模的合理性、职能强度的合理性和职能多样化的合理性，合理的城市职能结构格局是城市职能规模、职能强度和职能多样化协调发展的结果。城市职能结构的合理性，体现在城市职能三要素的协调发展。城市产业的生产总值规模体现了城市的主要职能规模，但不能反映职能强度和专业构成；产业的类型多少体现了城市职能的专业化程度，不能反映职能规模和职能强度；同样主导产业的规模可以体现职能强度，不能反映城市总职能规模与专业化程度。合理的城市职能应该是在具有潜力的专业化职能支撑下，借助合理的产业结构取得较大的城市经济效益。

城市职能结构格局合理性 UFR 诊断模型由城市职能规模合理性聚类模型 FG_i、职能强度指数模型 FR_i、职能多样化诊断模型 FD_i 反映。参考成熟的生态系统稳定性评价方法体系，以第六次全国人口普查数据的行业从业人员数据和 2011 年《中国城市建设统计年鉴》为基础，选取城市职能的规模效益、强度与潜力以及专业化与多样化三个方面构建指标体系（表 3.21）。

表 3.21　中国城市职能结构合理性评价指标体系

总目标层	分目标层	因子层	指标层
城市职能结构	职能规模	规模效益	GDP
	职能强度	专业化指数	行业从业人员
	专业化部门	行业丰度	城市主要行业数

（一）自然断裂点聚类支持下的城市职能规模合理性 FG_i 聚类模型

一定时期内（一个季度或一年），一个国家或地区的经济中所生产出的全部最终产品和劳务的价值，常被公认为是衡量国家经济状况的最佳指标。城市国内生产总值是产业体系成果体现在城市经济发展水平上的重要标志，即是一个城市的经济表现，还可以反映城市的综合实力与财富。将单个城市的

GDP 作为诊断城市职能规模的影响因子,按自然排序法将标准化的数值作为城市职能规模原始值。

(二)专门化指数支持下的职能强度 FR_i 诊断模型

城市职能强度是指城市某类行业部门的专业化程度及发展潜力。若某部门的专业化程度很高,则该部门产品的输出比例也高,职能强度则高。运用专业化指数模型进行城市职能强度诊断。在地区专业化的度量方面学者们不断创新,目前提出了较多的度量指标,得到较多应用的是地方化系数、行业分工指数及 r_j 系数等。樊福卓[42]在对以往的指标进行探讨的基础上,提出了新的度量指标,即地区专业化指数,地区专业化指数假设对于一个国家,其处于封闭经济状态,没有对外经济联系;另外假设国家每个城市的需求结构是一致的。这两个假设合在一起,使得在地区间的产出结构存在差异时,就会导致城市间的错位发展。他所提出的地区专业化指数 FR_i 表示 i 地区的专业化指数,反映其与其他地区发生贸易的相对规模,其公式如下:

$$FR_i = \frac{\frac{1}{2}\sum_{j=1}^{n}\left|S_{ij}-S_j\right|\sum_{j=1}^{n}E_{ij}}{\sum_{j=1}^{n}E_{ij}} = \frac{1}{2}\sum_{j=1}^{n}\left|S_{ij}-S_j\right| \qquad (3.14)$$

式中, E_{ij} 为 i 城市 j 行业的就业人员; S_{ij} 为 i 城市 j 行业的就业人员占其总从业人员的份额; S_j 为国家 j 行业的就业人员占其总从业人员的份额;城市职能强度指数 FR_i 为城市某类行业部门的专业化程度及发展潜力。部门专业化程度高,则产品输出比例也高,职能强度亦高。城市职能专门化指数 FR_i 以城市间的错位发展为前提,表示 i 地区的城市职能专业化程度,反映该城市与其他城市发生的贸易的相对规模,某城市专业化指数越高,表示专业化程度越高,职能强度越高。专业化指数越接近 1,专业化指数越低。

(三)Shannon-Wiener 指数支持下的职能多样化指数 FD_i 诊断模型

专业化部门是城市产业体系的构成要素,不同城市产业体系的专业化部门不同，城市的产业部门丰富程度不同，其产业结构越复杂，抵抗力稳定性就大。借鉴生态系统多样性评价的 Shannon-Wiener 模型[43]，构建城市产业丰度模型来评价城市专业化部门的多样化程度，从而尽可能地客观反映城市专业化部门多样性的现状。计算公式如下：

$$FD_i = -\log N \sum_{i=1}^{s} (P_i \times \log P_i) \tag{3.15}$$

式中，FD_i 为职能多样化指数，也称为产业丰度指数；N 为某城市的行业个数；P_i 为城市中行业 i 的个体数占所有城市的行业总数的比例。

（四）熵技术支持下城市职能结构格局合理性 UFR 诊断模型

城市职能结构格局合理性 UFR 诊断的基本思路为，采用熵技术支持下的层次分析法 （AHP）计算城市职能规模合理性聚类模型 FG_i、职能强度指数模型 FR_i、职能多样化诊断模型 FD_i 这三个因子对城市职能结构格局合理性的权重，采用模糊隶属度函数模型计算 FG_i、FR_i、FD_i 三个指标的隶属度值、根据权系数和模糊隶属度函数值，采用加权平均法计算城市职能结构格局合理性评价指数，然后根据合理性程度将全国分为城市职能高合理地区、较高合理地区、中等合理地区、低合理地区和不合理地区 5 级，依此作为中国城市职能结构格局合理性评价的依据。

1. 采用熵技术支持下的 AHP 模型计算评价指标的权系数

熵技术支持下的 AHP 法具有较强的逻辑性、实用性和系统性，能够定性与定量相结合地对复杂系统进行评价。其基本原理是将要识别的复杂问题分解成若干层次，由专家和决策者对所列指标通过两两比较重要程度，构造判断矩阵，通过求解判断矩阵的最大特征值和它所对应的特征向量，得到每一层次的指标相对于上一层次目标的权重值（层次单排序，必须通过一致性检验），而一旦确定了低层指标对较高层次指标的权重后，可以根据递阶赋权定律确定最低层指标相对于最高层指标的权重（层次总排序，必须通过一致性检验）。虽然 AHP 法识别问题的系统性强，可靠性相对较高，但当采用专家咨询方式时，容易产生循环而不满足传递性公理，导致标度把握不准和丢失部分

信息等问题出现，因此采用熵技术对 AHP 法确定的权系数进行修正。公式为

$$\alpha_j = v_j p_j / (\sum_{j=1}^{n} v_j p_j) \tag{3.16}$$

$$v_j = d_j / \sum_{j=1}^{n} d_j \tag{3.17}$$

$$d_j = 1 - \lambda_j \tag{3.18}$$

$$\lambda_j = -(\ln n)^{-1} \sum_{i=1}^{n} r_{ij} \ln r_{ij} \tag{3.19}$$

式中，α_j 为采用熵技术支持下的 AHP 法求出的指标权重；p_j 为采用 AHP 法求出的指标权重；v_j 为指标的信息权重；λ_j 为指标输出的熵值；r_{ij} 为采用 AHP 法构造的判断矩阵经归一化处理后的标准矩阵值。按照上述公式计算的各指标赋权结果信息量增大，可信度提高。

2. 采用模糊隶属度函数模型计算各评价指标的隶属度函数值

为了解决 FG_i、FR_i、FD_i 这三个评价指标的量纲不同而难以汇总的问题，有必要对各指标进行消除量纲的运算。考虑到指标体系中既有正向指标，又有逆向指标，指标间的"好"与"坏"在很大程度上都具有模糊性，因此采用模糊隶属度函数法对各指标的"价值"进行量化。对正向指标，采用半升梯形模糊隶属度函数模型，即

$$\Phi_{(e_{ij})} = \frac{e_{ij} - m_{ij}}{M_{ij} - m_{ij}} = \begin{cases} 1 & e_{ij} \geqslant M_{ij} \\ \dfrac{e_{ij} - m_{ij}}{M_{ij} - m_{ij}} & m_{ij} < e_{ij} < M_{ij} \\ 0 & e_{ij} \leqslant m_{ij} \end{cases} \tag{3.20}$$

对逆向指标，采用半降梯形模糊隶属度函数模型，即

$$\Phi_{(e_{ij})} = \frac{M_{ij} - e_{ij}}{M_{ij} - m_{ij}} = \begin{cases} 1 & e_{ij} \leqslant m_{ij} \\ \dfrac{M_{ij} - e_{ij}}{M_{ij} - m_{ij}} & m_{ij} < e_{ij} < M_{ij} \\ 0 & e_{ij} \geqslant M_{ij} \end{cases} \tag{3.21}$$

式中，e_{ij} 为评价指标的具体属性值，i 代表区域个数，j 代表第 i 区域指标个数；M_{ij}、m_{ij} 分别为第 i 区域第 j 个指标属性值的最大值与最小值；$\varPhi_{(e_{ij})}$ 为 i 区域 j 指标的隶属度，其值为 0～1。其值越大，表明该项指标的实际数值接近最大值 M_{ij} 的程度越大，隶属度值与其相应权数的乘积越大，表示该指标数值对总目标的贡献就越大；隶属度值与 1 之间的差，即为该项指标与最大指标间的差距。

3. 采用加权平均法计算城市职能结构格局合理性 UFR 综合诊断指数

有了各评价指标的熵化权系数和隶属度值，采用加权平均法分别计算 657 个城市职能合理性综合评价指数，基本公式如下：

$$UFR = \beta_1 FG_i + \beta_2 FR_i + \beta_3 FD_i \tag{3.22}$$

式中，β_1、β_2、β_3 分别为城市职能规模合理性指数 FG_i、职能强度指数 FR_i 和职能多样化指数 FD_i 的权系数，采用熵技术支持下的 AHP 法计算得到：$\beta_1=0.3333$，$\beta_2=0.5000$、$\beta_3=0.1667$。采用模糊隶属度函数模型分别计算 FG_i、FR_i 和 FD_i 这三个指标各城市的模糊隶属度函数值，然后采用加权平均法计算出城市职能结构格局合理性指数（UFR）。根据计算结果，按自然断裂点分类标准，提出城市职能结构格局合理性指数 UFR 诊断标准为，当 UFR>0.55 时为高合理城市；当 0.44<UFR<0.54 时，诊断为较高合理城市；当 0.34<UFR<0.43 时，诊断为中等合理城市；当 0.26<UFR<0.33 时，诊断为低合理城市；当 UFR<0.26 时，诊断为不合理城市。

二、中国城市职能结构的现状分异特征

（一）分行业变量整理与城市聚类分析

1. 分行业变量的剔除与归并

借鉴周一星等研究成果，在对分行业变量处理时，首先剔除市辖区范围内非主体职能的"农林牧渔业"门类。对剩余的 19 个行业大类做如下归并：保留采矿业、建筑业、公共管理和社会组织，依次代表城市的矿业、建筑业和行政职能。将制造业及电力、煤气和水的生产和供应业合并为工业，代

工业职能；将交通运输、计算机服务及仓储和邮政业合并为交通运输；批发零售、住宿餐饮、租赁和商务服务合并代表商业；科学研究、技术服务和地质勘察业及水利、环境和公共设施管理业合并为水利管理；金融业、房地产业、教育、卫生、社会保障和社会福利业、文化、体育和娱乐业、居民服务和其他服务业、国际组织等行业合并为"其他第三产业"[45]。归并处理后，中国城市各行业就业比例情况如表 3.22 所示。

表 3.22　中国城市各行业就业比例　　　　　（单位：%）

指标	采掘业	工业	建筑业	交通运输仓储邮电通信	商业	科研地质勘查水利管理	公共管理社会团体	其他第三产业
最大值	42.81	74.63	26.62	18.72	48.71	4.36	50.49	22.47
最小值	0	1.36	0.54	0.59	2.59	0.01	0.54	2.41
平均值	2.11	18.18	6.02	5.28	14.89	0.82	3.55	8.92
标准差	4.78	13.30	3.14	2.78	6.69	0.68	2.77	4.14

2. 旅游职能的指标设置

近些年来旅游越来越成为中国许多城市的一项重要职能。这里采用旅游资源的要素禀赋程度作为衡量城市旅游职能的指代变量。采用的数据是国家旅游局 2006 年年底公布的 2362 个 A 级以上旅游景点。将上述旅游景点分别落实到 657 个市级行政单元内。然后按照如下方法打分：国家 4A 级旅游景点 16 分，国家 3A 级旅游景点 9 分，"国家历史文化名城"也是城市旅游资源丰沛度的重要衡量指标，赋予其 25 分。根据以往研究经验，城市旅游职能的绝对量与城市旅游资源的平方成正比。定义旅游职能指数，作为反映城市旅游职能的变量，其计算公式如下：

$$T_i = \frac{R_i^2}{P_i} \tag{3.23}$$

式中，R_i 为 i 城市旅游资源得分；P_i 为 i 城市"城市人口"规模；T_i 为 i 城市旅游职能指数。综上所述，包含"城市人口"，研究得到由 10 个变量 657 个样本的数据矩阵，作为多变量分析的基础。

3. 分类方法的选择

为便于对比，采用沃德误差聚类法（Ward's method），距离函数经多次比较后选择欧式距离。为了消除量纲影响，首先对包含 10 个变量的数据矩阵进行了 Z 得分标准化。此外，考虑到 10 个变量中仅有 1 个是反映职能规模的，根据以往研究的经验，确定"城市人口"规模变量的权重为 0.25，其余各变量权重为 0.75/9=0.083。

4. 分类结果的命名

同样，为了保持研究可比性，分类结果仍然从职能规模、专业化部门和职能强度三个方面来命名。在职能规模上，按照"城市从业人口"将城市划分为"超大城市（>75 万）"、"特大城市（10 万～75 万）"、"大城市（6.5 万～10 万）"、"中等城市（4 万～6.5 万）"、"小城市（2 万～4 万）"、"特小城市＜2 万）"等不同规模级。并在地理空间上用"全国性、大区级、省区级"等进行特征概括。对于专业化部门，若某部门不仅具有较高的专业化水平，而且在城市内占有相当大比例，则称该部门为城市的主要专业化部门。在职能强度上，按与部门就业比例平均值的接近程度分为综合性、专业化和高度专业化三种。

5. 分类结果概况

表 3.23 是根据树状结构图得到的 2010 年中国 657 个城市原始聚类结果，包含 3 个大类（距离系数为 15），6 个亚类（距离系数为 5），12 个职能组（距离系数为 2）。第 I 大类是特大型综合性为主的城市，共 14 个，其中 3 个为超大城市，其他均为特大城市；第 II 大类以特大城市和大城市为主的城市共 115 个，而中小城市较少，约占第 II 大类总数的 27%，且无特小城市，该类城市特点为城市功能齐全；第Ⅲ大类是"中小型以地质、旅游、交通、商业、其他第三产业专业化为主"的城市，共 528 个，地质勘探城市、旅游城市、行政中心城市等专业化城市所占比例较大。

表 3.23　2010 年中国三大类城市的规模构成

聚类结果	超大城市	特大城市	大城市	中等城市	小城市	特小城市	小计	比例/%
第Ⅰ大类	3	11	0	0	0	0	14	2.13
第Ⅱ大类	0	41	43	20	11	0	115	17.50
第Ⅲ大类	0	0	32	147	230	119	528	80.37

（二）中国城市职能结构的现状特征

1. 全国城市职能结构现状特征

2010 年中国各规模级城市中具有某项职能的城市数量及其占该规模级城市总数的比例如表 3.24 所示。判断的标准是该行业就业比例高于全国平均值。从表中可看出如下规律：

表 3.24　中国各规模级城市具有某项职能的比例（%）和数量（个）

行业名称	超大城市	特大城市	大城市	中等城市	小城市	特小城市
采矿业	0.00/0	5.77/3	18.67/14	16.77/28	21.99/53	28.57/54
工业	33.33/1	71.15/37	48.00/36	43.71/73	31.95/77	20.17/24
建筑业	100.00/3	55.77/29	54.67/41	39.52/66	39.42/95	40.34/48
交通运输仓储邮电通信	66.67/2	61.54/32	25.33/19	23.95/40	42.32/102	57.98/69
商业	100.00/3	88.46/46	48.00/36	34.73/58	36.51/88	46.22/55
科研地质勘查水利管理	100.00/3	67.31/35	28.00/21	25.15/42	37.34/90	42.02/50
公共管理社会团体	33.33/1	42.31/22	14.67/11	23.35/39	41.08/99	73.11/87
其他第三产业	100.00/3	69.23/36	29.33/22	27.54/46	39.00/94	54.62/87
旅游	66.67/2	15.38/8	14.67/11	14.97/25	14.11/34	24.37/29

（1）在三个超大城市都具有建筑业、商业、科研地质勘查水利管理业、其他第三产业的职能；

（2）城市规模越大，具有工业、建筑业职能的城市比例会逐渐增大，到超大城市则会变小，其中特大城市中有 71.15% 的城市具有工业职能；

（3）城市规模越大，其具有采矿业职能的城市比例会呈减少趋势，各规模城市均具有较高的建筑业、商业、交通运输、仓储邮电业和其他第三产业职能，说明这些职能在 2010 年已成为中国多数城市的基本职能。

2. 东、中、西部地区城市职能结构诊断

中、西部地区具有矿业职能城市的比例要高于东部地区，而其具有工业职能的城市比例则大大低于东部。一方面这反映了我国的矿产资源主要分布在西部地区的现实，另一方面表明东部地区城市的工业是以高层次的加工工业为主导的。可以预见，由于原料地与生产地相分离，我国矿产资源的长距离运输格局将长期存在，因此建设中、西部地区矿产资源与沿海地区的运输通道至关重要（表 3.25）。

表 3.25　2010 年中国东、中、西部地区具有某项职能城市的比例（%）和数量（个）

行业名称	东部地区	中部地区	西部地区
采矿业	14.04/40	26.32/65	21.60/27
工业	60.35/172	25.10/62	8.80/11
建筑业	43.16/123	36.84/91	52.00/65
交通运输仓储邮电通信	31.23/89	52.23/129	36.80/46
商业	48.77/139	42.11/104	33.60/42
科研地质勘查水利管理	30.88/88	37.25/92	47.20/59
公共管理社会团体	24.56/70	46.96/116	48.80/61
其他第三产业	35.44/101	44.94/111	44.00/55
旅游产业	14.74/42	17.00/42	24.00/30

中部地区具有建筑业职能的城市比例要明显低于东部和西部。根据西方学者的研究，建筑业职能的强弱是与城市的固定资产投资增速紧密相关的。东部地区较高的建筑业职能比例与其自身经济的快速发展相关，而西部地区则可能与国家"西部大开发"的投资政策有关。

　　中、西部地区具有交通、行政、其他第三产业职能城市的比例要远远高于东部地区。这一结论与人们的常识并不相符合。这是由于西部地区自然条件较差，人口稀少，城市一般集中在几条核心发展轴线上（如陇海-兰新线），管辖并服务着周围大片地区，因而具有交通、商贸、行政、其他第三产业职能的城市比例较高。

（三）各省（自治区、直辖市）城市职能结构诊断

　　对各省（自治区、直辖市）数据的处理分析发现，区域性的省（自治区、直辖市）城市职能结构具有相似的特点，4 个直辖市城市职能结构也各具特点，明显看出其职能专业化程度较高，根据城市职能结构的相似性现将中国城市分为 7 个大区与直辖市进行分析（表 3.26 和表 3.27）。

表 3.26　中国各省（自治区、直辖市）城市职能的比例（单位：%）

地区名称	采矿业	工业	建筑业	交通运输仓储邮政业	商业	科研地质勘查水利管理	公共管理社会团体	其他第三产业	旅游
北京	0.00	0.00	100.00	100.00	100.00	100.00	100.00	100.00	100.00
天津	0.00	100.00	100.00	100.00	100.00	100.00	100.00	100.00	0.00
重庆	0.00	0.00	0.00	100.00	100.00	100.00	0.00	100.00	0.00
上海	0.00	100.00	100.00	100.00	100.00	100.00	0.00	100.00	0.00
辽宁	35.48	35.48	16.13	64.52	45.16	45.16	41.94	51.61	6.45
吉林	32.14	14.29	10.71	57.14	39.29	28.57	57.14	46.43	17.86
黑龙江	18.75	15.63	6.25	68.75	40.63	40.63	40.63	46.88	6.25
河北	30.30	57.58	36.36	48.48	30.30	39.39	36.36	36.36	15.15
山西	63.64	13.64	31.82	86.36	50.00	45.45	77.27	68.18	18.18
内蒙古	45.00	15.00	55.00	95.00	75.00	75.00	85.00	90.00	15.00
安徽	22.73	45.45	90.91	40.91	31.82	45.45	36.36	45.45	27.27
福建	13.04	73.91	78.26	47.83	78.26	21.74	34.78	47.83	21.74
山东	29.17	45.83	29.17	18.75	33.33	18.75	14.58	18.75	12.50
浙江	0.00	96.97	66.67	15.15	51.52	24.24	12.12	27.27	15.15

续表

地区名称	采矿业	工业	建筑业	交通运输仓储邮政业	商业	科研地质勘查水利管理	公共管理社会团体	其他第三产业	旅游
江苏	2.56	97.44	87.18	17.95	58.97	41.03	15.38	43.59	2.56
广东	0.00	60.87	21.74	17.39	60.87	21.74	19.57	32.61	6.52
广西	4.76	14.29	14.29	38.10	38.10	28.57	33.33	28.57	4.76
海南	0.00	0.00	25.00	25.00	25.00	50.00	25.00	37.50	25.00
甘肃	31.25	12.50	25.00	31.25	18.75	37.50	56.25	50.00	37.50
宁夏	42.86	14.29	85.71	57.14	28.57	57.14	28.57	28.57	42.86
青海	33.33	0.00	100.00	100.00	66.67	100.00	100.00	66.67	33.33
陕西	30.77	15.38	69.23	53.85	38.46	38.46	38.46	46.15	23.08
新疆	19.05	4.76	52.38	66.67	38.10	76.19	85.71	71.43	19.05
河南	28.95	34.21	31.58	36.84	31.58	36.84	42.11	34.21	23.68
湖北	5.56	16.67	36.11	27.78	27.78	19.44	13.89	22.22	11.11
湖南	20.69	20.69	31.03	41.38	51.72	31.03	48.28	41.38	13.79
江西	14.29	61.90	71.43	38.10	47.62	28.57	47.62	38.10	23.81
贵州	7.69	0.00	23.08	30.77	23.08	30.77	53.85	38.46	7.69
四川	12.50	12.50	56.25	12.50	31.25	28.13	15.63	25.00	9.38
西藏	0.00	0.00	50.00	50.00	100.00	100.00	100.00	50.00	100.00
云南	29.41	5.88	52.94	23.53	35.29	52.94	58.82	41.18	35.29

表 3.27 中国各省（自治区、直辖市）城市职能的数量（单位：个）

地区名称	采矿业	工业	建筑业	交通运输仓储邮政业	商业	科研地质勘查水利管理	公共管理社会团体	其他第三产业	旅游
北京	1	0	0	1	1	1	1	1	1
天津	1	0	1	1	1	1	1	1	1
重庆	1	0	0	0	0	1	1	0	0
上海	1	0	1	1	1	1	1	0	1
辽宁	31	11	11	5	20	14	14	13	16

续表

地区名称	采矿业	工业	建筑业	交通运输仓储邮政业	商业	科研地质勘查水利管理	公共管理社会团体	其他第三产业	旅游
吉林	28	9	4	3	16	11	8	16	13
黑龙江	31	6	4	1	21	12	12	13	14
河北	33	10	19	12	16	10	13	12	12
山西	22	14	3	7	19	11	10	17	15
内蒙古	20	9	3	11	19	15	15	17	18
安徽	22	5	10	20	9	7	10	8	10
福建	23	3	17	18	11	18	5	8	11
山东	48	14	22	14	9	16	9	7	9
浙江	33	0	32	22	5	17	8	4	9
江苏	39	1	38	34	7	23	16	6	17
广东	46	0	28	10	8	28	10	9	15
广西	21	1	3	3	8	8	6	7	6
海南	8	0	0	2	2	2	4	2	3
甘肃	16	5	2	4	5	3	6	9	8
宁夏	7	3	1	6	4	2	4	2	8
青海	3	1	0	3	3	2	3	3	2
陕西	13	4	2	9	7	5	5	5	6
新疆	13	1	0	3	4	3	4	7	5
河南	21	4	1	11	14	8	16	18	15
湖北	38	11	13	12	14	12	14	16	13
湖南	36	2	6	13	10	10	7	5	8
江西	29	6	6	9	12	15	9	14	12
贵州	21	3	13	15	8	10	6	10	8
四川	32	4	4	18	4	10	9	5	8
西藏	2	0	0	1	1	2	2	2	1
云南	17	5	1	9	4	6	9	10	7

1. 直辖市城市职能结构

4 个城市都具有明显商业、交通运输仓储邮政业、科研地质勘查水利管理业及其他第三产业的城市职能；北京的旅游业职能高于全国平均水平，但是天津、上海和重庆的旅游业职能低于全国平均水平，这与三市的旅游资源等级以及旅游资源丰度有关；四城市工业和建筑业等城市职能水平大多高于全国平均水平，工业化与城市化建设的城市职能专业化程度高。

2. 东北地区城市职能结构

东北三省各城市的交通运输仓储邮政业、商业、科研地质勘查水利管理业、公共管理社会团体和其他第三产业等职能高于全国平均水平；辽宁和吉林的采矿业职能城市比例远高于黑龙江，辽宁和黑龙江的交通运输仓储邮政业城市比例高于吉林省；具有行政职能、旅游职能的城市比例吉林省要高于辽宁、黑龙江二省。

3. 华北地区城市职能结构

华北地区城市中，山西各城市具有采矿业职能的比例远高于华北地区其他省份，内蒙古的建筑业、交通运输仓储邮政业、商业、科研地质勘查水利管理、行政职能和其他第三产业职能高于河北、山西二省，表明内蒙古各城市上述职能专业化发展速度较快；河北、山西、内蒙古三省具有旅游职能城市比例较高，说明除北京、天津二市外华北地区各城市旅游职能发展较为均衡；河北省工业职能城市比例远高于山西、内蒙古二省，符合河北承接京津产业转移的现状。

4. 华东地区城市职能结构

华东地区城市职能结构表现为，江苏、浙江二省比例较低；华东五省工业、建筑业城市比例均远高于全国平均水平，其中江苏、浙江的比例高达 65%以上；华东各省交通运输仓储邮政业、商业、科研地质勘查水利管理、行政、其他第三产业职能的城市比例远高于全国平均水平，表明其第三产业整体发展较为均衡，发展程度较高；华东区旅游职能城市总体均衡，江苏省较其他 4 省份低。

5. 华南地区城市职能结构

华南三省（自治区）采矿业城市的比例较低，广东和海南均低于全国平均水平，广西则基本持平；广东工业职能、商业职能的城市比例远高于广西、海南，体现出广东省商业与工业两方面发展较为均衡且发展速度较快；海南省科研地质、旅游职能的城市比例远高于其他二省（自治区），符合海南省科研与旅游等现代服务产业快速发展的现状；广西交通运输仓储邮政业职能城市比例高于广东、海南，符合国家西部大开发战略实施的重点。

6. 西北地区城市职能结构

西北五省（自治区）具有采矿业职能的城市比例较为均衡，具有商业职能、其他第三产业职能、旅游职能的城市比例较高且整体水平均衡；新疆具有其他第三产业职能的城市比例在该区中最高，达到71.43%；青海由于所辖城市较少，省内建筑业、交通运输仓储邮政业、商业科研地质勘查水利管理、公共管理社会团体等职能均在中心城市集中。

7. 华中地区城市职能结构

华中地区河南、湖南、江西三省的采矿业城市比例远高于湖北，但各省均高于全国平均水平；江西省工业和建筑业城市比例远高于湖南、湖北、河北，分别达到61.90%、71.43%；4省中交通运输仓储邮政业、商业、科研地质勘查水利管理、行政职能和其他第三产业等职能的城市比例较为均衡，表明华中各城市第三产业发展较为均衡；4省中旅游城市比例湖南、湖北较低，河北、江西较高。

8. 西南地区城市职能结构

西藏所辖城市较少，采矿业和工业城市缺失，建筑业、交通运输仓储邮政业、其他第三产业职能的城市占50%，商业、科研地质勘查水利管理、行政职能和旅游职能均集中于城市地区；云南省旅游、其他第三产业和科研地质勘查水利管理城市比例高于其他省（自治区）；贵州省因工业城市缺失，全省工业职能低于全国平均水平；四川省工业和建筑业城市比例高于其他省（自治区），是西南地区工业化和城市化的高地。

三、中国城市职能结构格局合理性的总体诊断

（一）中国城市职能规模 FG_i 的合理性分析

采用城市职能规模合理性聚类模型 FG_i，以城市 GDP 作为诊断城市职能规模的影响因子，运用自然断裂点法将城市职能规模分为高合理城市（GDP>5850 亿元）、较高合理城市（3230 亿元＜GDP＜5850 亿元）、中等合理城市（1320 亿元＜GDP＜3230 亿元）、低合理城市（389 亿元＜GDP＜1320 亿元）和不合理城市（GDP＜389 亿元）。其中高合理城市包括上海、北京、广州、深圳、天津和重庆 6 个，占城市总数的 0.91%；较高合理城市包括佛山、杭州、武汉、南京、东莞、沈阳、成都、苏州、大连、青岛 10 个，占城市总数的 1.52%；中等合理城市包括宁波、无锡、济南等 29 个，占城市总数的 4.41%；低合理城市包括南宁、鞍山、石家庄等 141 个，占城市总数的 21.46%；不合理城市 471 个，占城市总数的 71.69%（图 3.10）。

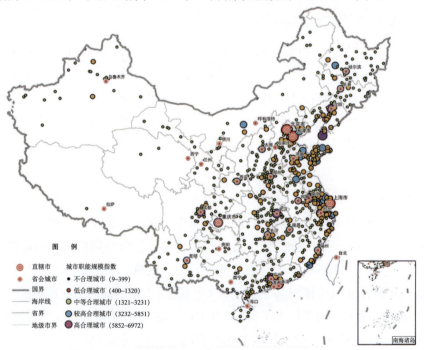

图 3.10　全国城市职能规模指数分布示意图

在空间上看，高合理城市（主要为直辖市）、较高合理城市和中等合理城市呈现出明显的集聚趋势，主要集中在长三角地区、京津冀地区、珠三角地区、山东半岛地区、辽中南地区、中原地区、长江中游地区、海峡西岸地区、川渝地区和关中地区，形成我国区域经济发展的城市群主体和区域中心。职能规模低合理城市和不合理城市分散布局于城市群周边地区。

（二）中国城市职能强度 FR$_i$ 的合理性分析

采用城市职能强度指数 FR$_i$ 模型，以全国第六次人口普查数据为基础，运用断裂点法将全国城市职能强度划分为高合理城市（FR$_i$>0.50）、较高合理城市（0.37<FR$_i$<0.49）、中等合理城市（0.27<FR$_i$<0.36）、低合理城市（0.13<FR$_i$<0.26）和不合理城市（FR$_i$<0.12）。

全国城市专业化指数 FR$_i$ 的计算结果显示，全国 657 个城市的平均专业化指数为 0.32，最高专业化指数为拉萨市的 0.68，最低是瑞安市的 0.09。5类分区的城市数量分别为高合理城市 33 个，占城市总数的 5.02%，包括拉萨、兰州、大连、邢台、盘锦、延安、肇庆、东莞、合肥等城市，这些城市主要是矿业城市和沿海开放城市，某一部门专业化程度位于全国前列（图3.11）；较高合理城市 165 个，占城市总数的 25.11%，包括凌海、义乌、南宫、杭州、嘉峪关、玉溪、泉州、绥芬河、海林等城市，这些城市某一部门专业化程度在全国范围内具有较高的区位熵；中等合理城市 268 个，占城市总数的 40.79%，包括信阳、桂平、巴中、樟树、常州、锡林浩特、自贡、天津、华阴等城市，这些城市职能由多个部门构成，且部门分布均衡，城市综合性职能较强；低合理城市有 183 个，占城市总数的 27.85%，包括珲春、丽水、咸阳、恩施、曲阜、合作、阿勒泰、彭州、南阳、唐山等城市，这些城市职能多元化发展，部门比例均衡，但整体水平偏低；不合理城市有 8 个，占城市总数的 1.22%，包括湖州、庄河、益阳、嘉兴、建德、化州、平湖、瑞安等城市，这些城市除农林牧渔业之外，多数部门专业化水平均在全国平均水平之下，部门发展级别较低。

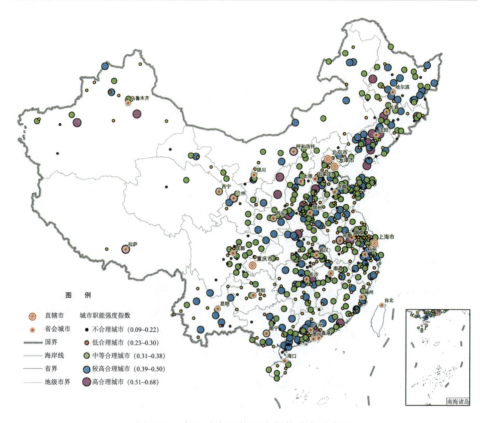

图 3.11　全国城市职能强度指数分布示意图

　　从空间上看，高合理城市分散布局，在沿海地区、中部地区和北部地区较为集中，与矿产资源空间分布相吻合；较高合理城市具有沿重要交通线分布的特征；中等合理城市分布比较高专业化城市更为分散，与交通线也有较好的耦合性；低合理城市和不合理城市除沿交通线布局之外，还呈现大分散小集聚的空间分布特征，主要集中在长三角地区、珠三角地区、环渤海地区、中原地区、长江中游地区和川渝地区。

（三）中国城市职能多样化 FD_i 的合理性分析

　　采用城市职能多样化诊断模型 FD_i，以全国第六次人口普查的行业数据为基础，运用 Shannon-Wiener 指数模型诊断城市产业的多样化程度。多样性程度越高，表明城市产业结构越稳定，自生能力和抗冲击能力越强[39]。运用断裂点模型将全国城市职能多样化程度分为高合理城市（$FD_i>3.23$）、较高合理城市（$2.93<FD_i<3.22$）、中等合理城市（$2.71<FD_i<2.92$）、低合理城市（$2.41<FD_i<2.70$）和不合理城市（$FD_i<2.40$）。城市职能多样化诊断模型FD_i的计算结果显示，全国 657 个城市的平均专业化指数为 2.94，最高专业化指数为太原市的 3.59，最低是邓州市的 1.96（图 3.12）。5 类分区的城市数量分别为高合理城市 118 个，包括太原、沈阳、南京、南昌、铜陵、克拉玛依、乌鲁木齐、昆明、天津、银川、呼伦贝尔、盘锦、兰州等城市，这些城市主要是省会城市和重要工业城市（兵团），专业化部门齐全，且较为均衡；较高合理城市 167 个，包括岳阳、德州、松原、黄山、咸阳、安阳、白银、扬州、济宁、遵义等城市，这些城市以地级市为主，专业化部门较多，但部门的规模

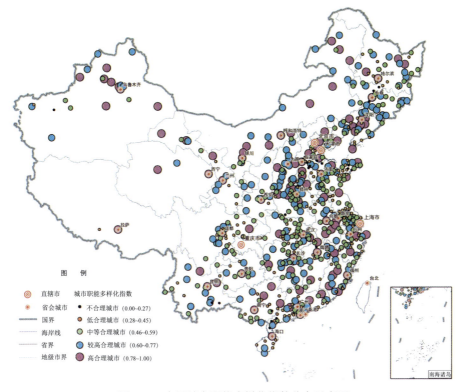

图 3.12　全国城市职能多样化指数分布示意图

不突出，主体是三线城市；中等合理城市 199 个，包括建德、青铜峡、中卫、集安、广元、滕州、揭阳、江都、孝感等城市，这些城市专业化部门平均 8～12 个，行业规模小且均衡，以县级城市为主；低合理城市有 149 个，包括招远、邵武、宜都、汨罗、从化、桂平、平湖、化州、庄河、余姚、来宾等城市，这些城市以县级城市为主，专业化部门较少，整体水平偏低；不合理城市有 24 个，包括泊头、雷州、定州、新东、安国、乐陵、莱阳等市，这些城市专业部门少，农林牧渔业占主体地位，部门发展级别较低。

从空间上看，高度专业化城市分散布局，在京津冀地区、辽东南地区、中原地区和长三角地区略有集聚，具有沿重要交通线分布的特征；较高专业化城市主要沿重要交通线分布，在华东地区因交通线密集，该类城市空间密度较大；中等专业化城市整体分散，局部集中，长三角地区、中原地区、长江中游地区较为集中，其他地区较为分散；较低多样化城市和低等多样化城市呈现大分散小集聚的空间分布特征，长三角地区、珠三角地区、山东半岛地区和辽东南地区。

（四）中国城市职能结构格局合理性 UFR 的综合诊断

采用基于 Shannon-Wiener 指数的城市职能结构格局合理性诊断模型，根据城市职能规模合理性聚类模型 FG_i、职能强度指数模型 FR_i 和职能多样化诊断模型 FD_i 合理性诊断结果，采用熵技术支持下的 AHP 法计算 FG_i、FR_i 和 FD_i 的权系数，结果分别为 0.3333、0.5000 和 0.1667。采用模糊隶属度函数模型分别计算 FG_i、FR_i 和 FD_i 各城市的模糊隶属度函数值，然后采用加权平均法计算出城市职能结构格局合理性综合评价值（UFR）。根据计算结果，按自然断裂点分类标准（表 3.28），将城市职能结构合理性分为 5 个等级，评价结果见图 3.13 和表 3.29。

表 3.28　基于断裂点模型的中国城市职能结构合理性诊断标准

合理性分级	高合理城市	较高合理城市	中等合理城市	低合理城市	不合理城市
Z 值	Z>0.55	0.44<Z<0.54	0.34<Z<0.43	0.26<Z<0.33	Z<0.26

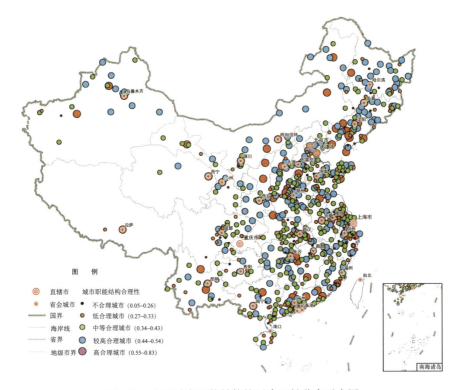

图 3.13　全国城市职能结构格局合理性分布示意图

表 3.29　中国城市职能结构合理性分级的综合诊断结果一览表

城市职能结构 合理性分级	个数	城市名单	全国城市 比例/%
高合理城市	62	拉萨、兰州、大连、盘锦、邢台、深圳、合肥、太原、上海、肇庆、延吉、武汉、马鞍山、延安、抚顺、晋城、呼和浩特、杭州、郑州、北京、呼伦贝尔、天津、西宁、嘉峪关、东莞、青岛、潮州、长沙、榆林、攀枝花、霍林郭勒、齐齐哈尔、铁岭、长春、泉州、玉溪、宁波、广州、南宁、鄂尔多斯、朝阳、阜新、绍兴、灵宝、鞍山、银川、河源、奎屯、赣州、西安、阿拉尔、萍乡、徐州、柳州、浏阳、十堰、昆明、无锡、牡丹江、秦皇岛、黄石、丹东	9.44
较高合理城市	175	梅州、济源、乌鲁木齐、盖州、淄博、古交、清远、营口、桂林、锡林浩特、吐鲁番、温州、鸡西、北安、许昌、南京、开远、衢州、三门峡、大理、包头、开原、东营、贵阳、新民、克拉玛依、临夏、三明、南昌、烟台、鹤岗、开封、二连浩特、富阳、卫辉、大庆、铜陵、乌兰察布、汉中、塔城、济南、舟山、威海、漳州、耒阳、海林、镇江、吴忠、洪江、重庆、义乌、梅河口、苏州、吉林、荥	26.64

续表

城市职能结构 合理性分级	个数	城市名单	全国城市 比例/%
较高合理城市	175	阳、张家界、吕梁、凌海、周口、泰州、常州、保定、扎兰屯、芜湖、哈尔滨、娄底、潍坊、兴宁、平顶山、遵化、庆阳、绥化、沧州、满洲里、德阳、金昌、辛集、石家庄、四平、遵义、扬州、新沂、济宁、焦作、本溪、商洛、湘乡、连云港、章丘、北票、额尔古纳、普洱、怀化、白山、虎林、邵阳、贵溪、涿州、湘潭、枣庄、龙岩、牙克石、汝州、钦州、忻州、丹江口、同江、厦门、明光、铁力、宜宾、都江堰、桂平、伊春、郴州、德令哈、哈密、万源、公主岭、昌吉、达州、晋中、株洲、涟源、三亚、安阳、白银、宝鸡、珠海、辽源、福州、沈阳、永城、七台河、新乡、老河口、兴城、锦州、乌海、长治、廊坊、新余、安康、华阴、宁德、固原、黑河、九江、项城、桐乡、应城、图们、乌兰浩特、大同、滁州、衡阳、双城、从化、三河、黄冈、库尔勒、晋州、成都、张家口、伊宁、五家渠、朔州、合山、濮阳、上饶、宜兴、昌邑、德兴、石河子、汾阳	26.64
中等合理城市	217	井冈山、穆棱、霍州、蛟河、邓州、白城、偃师、巩义、南平、沅江、巴彦淖尔、乐山、肇东、信阳、四会、通化、吉首、临江、阳春、普兰店、乐清、佳木斯、辽阳、瑞昌、海城、龙口、运城、舞钢、洛阳、龙井、丽水、临沂、上虞、大冶、海宁、丽江、淮安、阿克苏、建瓯、五指山、蚌埠、韶关、枝江、曲靖、临汾、铜川、梧州、麻城、石首、常德、漳平、吴川、乐昌、鄂州、信宜、滨州、灵武、宜城、昆山、兴平、咸阳、佛山、福清、荆门、北海、新密、自贡、河池、驻马店、阜康、晋江、唐山、金华、葫芦岛、黄骅、阿勒泰、鹤壁、宣威、淮南、介休、新泰、邯郸、五常、石嘴山、潜江、龙泉、承德、汨罗、海口、阿尔山、廉江、喀什、贺州、孝义、潞城、凭祥、凯里、宜昌、慈溪、讷河、灯塔、汕尾、渭南、衡水、太仓、南充、清镇、宁安、江油、抚州、永康、泰安、通辽、南宫、遂宁、冷水江、鹰潭、黄山、胶州、合作、景德镇、赤水、蓬莱、寿光、胶南、防城港、高州、大安、宜春、文登、阳泉、长葛、泊头、平凉、江门、巴中、资兴、张家港、长乐、酒泉、日照、博乐、永安、河津、双鸭山、松原、新郑、保山、林州、咸宁、汉川、沁阳、敦煌、密山、德州、池州、安庆、聊城、根河、兰溪、台山、惠州、栖霞、钟祥、珲春、常宁、莱芜、天水、邹城、乳山、宜州、南通、绵阳、赤峰、靖江、淮北、福安、禹州、恩平、亳州、乌苏、武冈、玉门、侯马、武夷山、高邮、常熟、陇南、格尔木、青州、乐平、松滋、桐城、宁国、荆州、盐城、宜都、扬中、东港、邵武、和田、瑞丽、迁安、鹿泉、台州、武威、都匀、广汉、阆中、丰镇、东方、樟树、安顺、开平、韶山、莱阳、瑞金	33.03
低合理城市	139	恩施、调兵山、文昌、兴义、海门、安宁、启东、连州、兖州、敦化、广水、高密、溧阳、平度、东台、宿州、漯河、个旧、铜仁、武安、岳阳、高要、商丘、招远、汕头、简阳、巢湖、南康、楚雄、	21.16

续表

城市职能结构 合理性分级	个数	城市名单	全国城市 比例/%
低合理城市	139	增城、永州、陆丰、岑溪、昭通、普宁、江阴、九台、中山、阜阳、乐陵、华蓥、高碑店、玉林、日喀则、孟州、南阳、曲阜、泰兴、琼海、霸州、金坛、福鼎、六盘水、芒市、利川、永济、英德、吉安、六安、赤壁、如皋、崇州、雅安、肥城、石狮、五大连池、任丘、高平、莱州、凤城、原平、登封、儋州、丹阳、大石桥、凌源、随州、阳江、景洪、峨眉山、建阳、湛江、鹤山、界首、姜堰、仪征、大丰、东兴、云浮、宿迁、温岭、诸城、和龙、邛崃、嵊州、临海、义马、绵竹、罗定、莆田、广安、孝感、吴江、江都、彭州、福泉、韩城、北流、醴陵、仁怀、宣城、桦甸、河间、襄樊、句容、津市、张掖、百色、龙海、临沧、什邡、揭阳、诸暨、南雄、万宁、洮南、丰城、绥芬河、泸州、滕州、菏泽、沙河、即墨、兴化、荣成、当阳、广元、德惠、集安	21.16
不合理城市	64	安国、富锦、武穴、天门、嘉兴、崇左、仙桃、中卫、安达、阿图什、安陆、莱西、冀州、湖州、眉山、天长、定西、东阳、西昌、茂名、高安、临湘、毕节、南安、双辽、洪湖、邳州、青铜峡、枣阳、资阳、深州、禹城、海伦、内江、榆树、临清、磐石、新乐、建德、奉化、临安、瓦房店、安丘、辉县、定州、益阳、江山、余姚、来宾、贵港、藁城、庄河、瑞安、尚志、北镇、化州、平湖、雷州、蒙自、文山、舒兰、图木舒克、海阳、共青城	9.74

由图表可知，按自然断裂点模型和综合诊断标准，将城市职能结构格局合理性分为 5 个等级：其中高合理城市（UFR>0.55）62 个，占全部城市的9.44%；较高合理城市（0.44<UFR<0.54）175 个，占 26.64%；中等合理城市（0.34<UFR<0.43）217 个，占 33.03%；低合理城市（0.26<UFR<0.33）139 个，占 21.06%；不合理城市（UFR<0.26）64 个，占 9.74%。中等合理以上的城市占全国城市总数的 69.11%。

第五节 中国城市发展空间格局合理性的综合诊断

城市发展空间格局合理性是指在全国主体功能区划背景下，城市空间的资源环境承载能力、现有开发强度、未来发展潜力与城市发展过程中表现出的城市规模结构、城市等级结构、城市职能结构等要素相互匹配的合理化程度。

一、中国城市发展空间格局合理性总体诊断模型

根据城市发展空间格局合理性综合诊断指标体系，城市发展空间格局合理性综合诊断模型由基于 Zipf 指数的城市规模结构格局合理性 USR 诊断模型、基于核密度指数的城市空间结构格局合理性 UKR 诊断模型、基于 Shannon-Wiener 指数的城市职能结构格局合理性 UFR 诊断模型三部分通过加权构成，计算公式为

$$HL = y_1 USR + y_2 UKR + y_3 UFR \qquad (3.24)$$

式中，HL 为城市发展空间格局合理性综合诊断指数；y_1 为城市规模结构格局合理性指数 USR 的权系数；y_2 为城市空间结构格局合理性指数 UKR 的权系数；y_3 为城市职能结构格局合理性指数 UFR 的权系数，采用熵技术支持下的层次分析法计算得到 $y_1=0.3571$，$y_2=0.3286$，$y_3=0.3143$。城市发展空间格局合理性的综合诊断标准如表 3.30 所示。

表 3.30 中国城市发展空间格局合理性综合诊断标准

等级/权重/标准	规模结构合理性 USR		空间结构合理性 UKR		职能结构合理性 UFR	
	y_1=0.3571		y_2=0.3286		y_3=0.3143	
	标准（USR 值）	属性值	标准（矩阵）	属性值	标准（UFR 值）	属性值
高合理城市	USR>0.64	5	（a-a）、（b-b）、（c-c）、（d-d）	5	UFR >0.55	5
较高合理城市	0.55<USR<0.63	4	（a-b）、（b-a）、（d-c）、（c-b）	4	0.44<UFR<0.54	4
中等合理城市	0.47<USR<0.54	3	（d-b）、（c-a）	3	0.34<UFR<0.43	3
低合理城市	0.37<USR<0.46	2	（a-c）、（b-c）、（d-a）	2	0.26<UFR<0.33	2
不合理城市	USR<0.36	1	（a-d）、（b-d）、（c-d）	1	UFR<0.26	1

根据中国城市发展空间格局合理性综合诊断模型 HL 计算结果，结合城市规模结构格局合理性 USR 诊断结果、城市空间结构格局合理性 UKR 诊断

结果和城市职能结构格局合理性 UFR 诊断结果，按照城市发展空间格局合理性的综合诊断标准，同样采用熵技术支持下的 AHP 法计算城市规模结构格局合理性 USR、城市空间结构格局合理性 UKR、城市职能结构格局合理性 UFR 的权系数，采用模糊隶属度函数模型分别计算 USR、UKR、UFR 各城市的模糊隶属度函数值，然后采用加权平均法计算出中国城市发展空间格局合理性的综合诊断值。

　　按自然断裂点分类方法将中国城市发展空间格局的合理性分为 5 个等级，即高合理城市 95 个，占全部城市的 14.46%（图 3.14 和表 3.31）；较高合理城市 207 个，占 31.51%；中等合理城市 163 个，占 24.81%；低合理性城市 134 个，占 20.4%；不合理性城市 58 个，占 8.83%。计算结果显示，处在中等合理性以上的城市达到 465 个，占全国城市总数的 70.78%，体现出中国城市现状空间格局总体上是合理的。

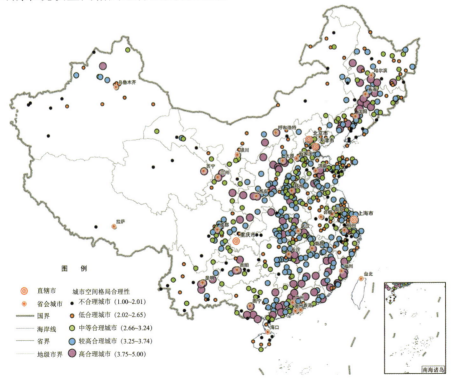

图 3.14　全国城市空间格局合理性综合分级示意图

表 3.31　全国城市发展空间格局合理性的综合诊断结果一览表

城市空间格局合理性分级	个数	城市名称	占全国城市总数比例/%
高合理城市	95	齐齐哈尔、玉溪、南宁、北京、吕梁、四平、梅河口、太原、兰州、天津、上海、鄂尔多斯、萍乡、河源、巴中、宜城、广水、平顶山、兴宁、汾阳、白银、锦州、辽源、大庆、清远、钦州、遵义、宝鸡、沈阳、成都、从化、西宁、浏阳、盘锦、铁岭、榆林、长春、汕头、云浮、罗定、英德、建阳、南雄、运城、莱芜、介休、扬州、葫芦岛、荆州、北海、曲靖、天水、防城港、贺州、松原、阳春、高州、清镇、安宁、乐昌、邵武、福安、瑞金、长乐、福清、兴平、五常、牡丹江、西安、晋中、吉林、济宁、黄冈、德阳、克拉玛依、南昌、章丘、郑州、三明、漳州、龙岩、贵阳、万源、公主岭、开原、双城、赣州、黄石、长沙、杭州、泉州、十堰、呼和浩特、昆明、广州	14.46
较高合理城市	207	枣阳、揭阳、普宁、南通、淮安、开平、启东、灯塔、岑溪、北流、常州、邵阳、哈尔滨、桂平、虎林、北安、石河子、丽水、宜春、日照、临沂、驻马店、绵阳、遂宁、常宁、井冈山、江油、汉川、沅江、汩罗、瑞昌、樟树、河津、邹城、孝义、讷河、丹东、深圳、延吉、沧州、周口、珠海、荥阳、通辽、南平、宜昌、梧州、安顺、铜川、咸阳、渭南、信宜、宣威、冷水江、武夷山、建瓯、漳平、晋江、钟祥、枝江、松滋、潜江、石首、慈溪、无锡、上饶、枣庄、三门峡、衡阳、湘潭、娄底、梅州、宜宾、达州、商洛、济南、涟源、湘乡、应城、德兴、贵溪、济源、古交、邢台、晋城、抚顺、徐州、宁德、福州、重庆、老河口、银川、灵宝、宁波、武汉、瑞安、菏泽、高要、建德、奉化、榆树、白城、吉安、南康、绵竹、津市、武穴、丰城、韩城、曲阜、滕州、原平、荣成、桦甸、白山、绥化、桂林、庆阳、伊宁、邯郸、衡水、盐城、佛山、江门、恩平、海门、沁阳、新密、高邮、靖江、潞城、林州、黄骅、栖霞、海城、襄樊、增城、石狮、邛崃、仙桃、凌源、德惠、九台、舟山、淄博、潍坊、安康、开远、宜兴、乌兰浩特、同江、黄山、鹰潭、抚州、德州、洛阳、信阳、鄂州、咸宁、自贡、南充、乐山、广汉、乐平、舞钢、邓州、兖州、麻城、嘉峪关、潮州、张家口、长治、新乡、焦作、濮阳、许昌、泰州、石家庄、涿州、晋州、荆门、亳州、永安、宜都、侯马、平度、蛟河、延安、奎屯、忻州、温州、衢州、九江、新余、株洲、乌鲁木齐、南京、耒阳、富阳、华阴、汝州、鞍山、东莞、肇庆、包头、凌海、兴城	31.51
中等合理城市	163	拉萨、句容、内江、临湘、临安、磐石、韶关、河池、保山、平凉、凭祥、连州、龙井、都匀、中山、鹤山、临海、高平、如皋、泰兴、江都、定西、余姚、莱西、唐山、廉江、张家港、海宁、扬中、寿光、乌苏、肇东、大安、穆棱、南阳、泸州、中卫、醴陵、简阳、峨眉山、孟州、登封、鹤岗、张家界、普洱、合山、洪江、北票、图们、临夏、阳泉、台州、聊城、漯河、四会、台山、宁国、永康、禹州、新泰、泊头、南宫、武安、高密、龙口、莆田、随州、福鼎、彭州、崇州、当阳、伊春、七台河、镇江、三亚、汉中、桐乡、昌邑、景德镇、滨州、岳阳、阆中、	24.81

续表

城市空间格局合理性分级	个数	城市名称	占全国城市总数比例/%
中等合理城市	163	赤水、大冶、偃师、灵武、呼伦贝尔、阜新、朝阳、柳州、攀枝花、青岛、廊坊、保定、本溪、连云港、铜陵、开封、安阳、新沂、项城、永城、明光、三河、辛集、秦皇岛、威海、吴忠、马鞍山、合肥、阳江、陆丰、和龙、辉县、邳州、天长、深州、昭通、富锦、益阳、眉山、安陆、高安、青铜峡、舒兰、共青城\赤峰、通化、武威、陇南、酒泉、吴川、武冈、资兴、宜州、霍州、敦煌、临江、兴义、阿勒泰、阜阳、商丘、界首、大丰、高碑店、安国、任丘、肥城、招远、姜堰、北镇、承德、双鸭山、佳木斯、金华、常熟、昆山、太仓、阜康、密山、宁安、个旧、吉首	24.81
低合理城市	134	孝感、广安、仁怀、什邡、华蓥、赤壁、永济、义马、乐陵、朔州、鸡西、郴州、金昌、铁力、牙克石、大理、哈密、蚌埠、淮南、淮北、安庆、泰安、鹤壁、惠州、辽阳、桐城、新郑、东台、鹿泉、乳山、莱阳、龙海、天门、乌海、黑河、苏州、义乌、遵化、海林、昌吉、库尔勒、五家渠、常德、石嘴山、龙泉、乐清、巩义、文登、韶山、芜湖、滁州、烟台、卫辉、绍兴、化州、贵港、雷州、文山、百色、广元、临沧、万宁、新乐、藁城、冀州、嘉兴、金坛、江阴、安达、五大连池、吴江、资阳、江山、临汾、巴彦淖尔、汕尾、海口、东方、东港、调兵山、珲春、博乐、温岭、诸城、兴化、仪征、河间、莱州、沙河、南安、洪湖、丽江、五指山、溧阳、上虞、青州、迁安、敦化、合作、大同、乌兰察布、营口、怀化、厦门、都江堰、新民、满洲里、额尔古纳、扎兰屯、吐鲁番、宿州、池州、长葛、蓬莱、东营、二连浩特、大连、霍林郭勒、阿拉尔、海伦、西昌、东阳、湛江、雅安、六盘水、张掖、崇左、即墨、大石桥、凤城、洮南、芒市、景洪、东兴	20.40
不合理城市	58	临清、玉林、宿迁、利川、丹阳、嵊州、绥芬河、禹城、文昌、瑞丽、和田、普兰店、胶州、凯里、恩施、喀什、阿克苏、铜仁、胶南、六安、宣城、巢湖、霸州、兰溪、根河、阿尔山、固原、盖州、丹江口、德令哈、锡林浩特、塔城、茂名、来宾、瓦房店、尚志、毕节、平湖、安丘、蒙自、永州、琼海、福泉、集安、楚雄、阿图什、定州、海阳、诸暨、格尔木、玉门、丰镇、庄河、湖州、图木舒克、儋州、日喀则、双辽	8.83

二、中国城市发展空间格局合理性的综合诊断结论

（一）中国城市发展空间格局基本合理，处在中等合理性以上城市占 70.78%

从全国城市发展空间格局的综合合理性分析，处在中等合理性以上的城

市达到 465 个，占全国城市总数的 70.78%，体现出中国城市现状空间格局总体上是合理的，这种合理性受制于历史演变、区划调整、自然条件等的影响，在今后很长一段时期内不会发生大的改变。计算表明，其中尚有 58 个城市的分布是不合理的，占全国城市总数的 8.83%，具体是由何种原因造成了这些城市布局的不合理性，需要具体到每个城市分析其理由，这里的诊断结论只是相对而言的不合理，不可作为这些城市布局不合理的唯一判据（表 3.32）。

表 3.32   中国城市发展空间格局合理性的综合诊断结果对比分析表

城市合理性分级	城市规模结构合理性		城市空间结构合理性		城市职能结构合理性		城市发展空间格局综合合理性	
	城市个数	合理性比例/%	城市个数	合理性比例/%	城市个数	合理性比例/%	城市个数	合理性比例/%
高合理城市	69	10.50	132	20.09	62	9.44	95	14.46
较高合理城市	151	22.98	178	27.09	175	26.64	207	31.51
中等合理城市	227	34.55	146	22.22	217	33.03	163	24.81
低合理城市	150	22.83	77	11.72	139	21.16	134	20.40
不合理城市	60	9.14	124	18.87	64	9.74	58	8.83
合计	657	100.0	657	100.0	657	100.0	657	100.0

（二）中国城市规模结构格局总体合理，中等合理性以上城市占 68.03%

从全国城市规模结构格局合理性分析，处在中等合理性以上的城市达到 447 个，占全国城市总数的 68.03%，体现出中国城市规模结构格局总体上是合理的。随着城市人口的不断增长、城市空间的不断拓展，生产要素的不断集聚，城市规模会不断扩大，原有的小城市会扩展成为中等城市，中等城市会拓展为大城市，大城市会拓展为特大城市或超大城市，不同尺度城市的扩张会影响城市规模结构的合理性发生变化，这种变化会因规划调控、政策调整等影响逐步向新的合理性格局方向演变。

（三）中国城市空间结构格局总体合理，中等合理性以上城市占 69.41%

从全国城市空间结构格局合理性分析，处在中等合理性以上的城市达到 456 个，占全国城市总数的 69.41%，体现出中国城市发展空间格局总体上是合理的，这种合理性受制于历史演变、区划调整、自然条件等的影响，在今后很长一段时期内不会发生大的改变。当然，计算表明其中有 77 个城市的分布是低合理性的，具体是由何种原因造成这些城市空间结构为低合理性，需要具体到每个城市分析其理由，这里的诊断结论只是相对而言的低合理，不作为这些城市空间结构不合理的唯一判据。

（四）中国城市职能结构格局总体合理，中等合理性以上城市占 69.11%

从全国城市职能结构格局合理性分析，处在中等合理性以上的城市达到 454 个，占全国城市总数的 69.11%，体现出中国城市职能结构格局总体上是合理的，这种合理性受制于城市职能结构、产业发展方向的调整与升级转型会不断发生变化，所以城市职能结构的合理性只是相对的和暂时的，是一个随着城市发展性质的变化而随之变化的过程。

主要参考文献

[1] 方创琳. 中国城市发展空间格局优化的科学基础与框架体系. 经济地理, 2013, 33(12):1-9.

[2] Berry B J L. Cities as systems within systems of cities. Papers Regional Science Association, 1964, 13: l47-163.

[3] Pred A R. City systems in advanced economies: past growth. Present processes and future development options. london: Hutchinson publications, 1977: 225-229.

[4] Carlstein T, Parkes D, Thrift N. Human activity and time geography (timing space and spacing time, vol. 2). London: Edward Arnold, 1978: 33-33.

[5] Friedmann J. The world city hypothesis. Development and Change, 1986,17:69-83.

[6] Friedmann J. Where We Stand: A Decade of World City Research // Knox P L, Taylor P J.

World Cities in a World System. Cambridge: CambridgeUniversity Press, 1995: 22.

[7] 宋家泰. 城市-区域与城市区域调查研究——城市发展的区域经济基础调查研究. 地理学报, 1980,04:277-287.

[8] 许学强. 我国城镇规模体系的演变和预测. 中山大学学报(哲学社会科学版), 1982, 03: 40-49.

[9] 严重敏. 区域开发中城镇体系的理论与实践. 地理学与国土研究, 1985, 02:7-11.

[10] 杨吾扬, 蔡渝平. 中地论及其在城市和区域规划中的应用. 城市规划, 1985, 05: 7-12.

[11] 周一星, 杨齐. 我国城镇等级体系变动的回顾及其省区地域类型. 地理学报, 1986, 02: 97-111.

[12] 宁越敏. 市场经济条件下城镇网络优化的若干问题. 城市问题, 1993, 04: 2-6.

[13] 顾朝林, 胡秀红. 中国城市体系现状特征. 经济地理, 1998, 01: 21-26.

[14] 刘继生, 陈彦光. 城镇体系等级结构的分形维数及其测算方法. 地理研究, 1998, 01: 83-90.

[15] 谈明洪, 范存会. Zipf 维数和城市规模分布的分维值的关系探讨. 地理研究, 2004,02:243-248.

[16] 刘妙龙, 陈雨, 陈鹏, 等. 基于等级钟理论的中国城市规模等级体系演化特征. 地理学报, 2008,12:1235-1245.

[17] Frobel F, Heinrichs J, Kreye. The new international division of labour: structural unemployment in industrial countries and industrializationin in developing countries. Cambridge: Cambridge University Press, 1980: 55-67.

[18] Webber M. M. The urban place and nonplace urban realm. //Webber M M, et al. Exploration into urban structure. Philadelophia: University of Pennsylvania Press, 1964: 34-53.

[19] Alonso W. Location and land use: towards a general theory of land rent. Cambridge: Harvard University Press, 1964: 23-36.

[20] Gray F. Non-explanation in urban geography.Area, 1975, 7: 228-234.

[21] Conzen M R G. Aluwick: a study of town plan analysis. Transaction, Institute of British Geographers, 1960, 27: 101-122.

[22] Burgess E W. The Growth of the city.//Park R E, et al. The City. Chicago: Chicago University Press, , 1925: 66-89.

[23] Lnych K. The image of the city. Cambridge: MIT Press, 1960: 67-69.

[24] 周春山, 叶昌东. 中国城市空间结构研究评述. 地理科学进展, 2013, 32(7): 1030-1038.

[25] Auronsseau, M. The introduction of popilation: a constructure problem. Geographical Review, 192l: 46-47.

[26] Harris C D. A functional classification of cities in the United States. Geographical Review, 1943, 33: 86-99.

[27] Pownall L L. The function of New Zealand towns. Annals of the Association of American Geographers, 1953, 43: 332-350.

[28] Nelson H J. A service classification of American cities. Economic Geography, 1955, 31 (3),

189-210.

[29] Webb J W. Basic concepts in the analysis of small urban centers of Minnesota. Annals of the Association of American Geographers, 1959, 49 (1) , 55-72.

[30] Carter H. The study of urban geography. London: EdwardArnold, 1972: 36.

[31] 周一星, R. 布雷特肖. 中国城市(包括辖县)的工业职能分类: 理论、方法和结果. 地理学报, 1988, (4): 287-298.

[32] 张文奎, 刘继生, 王力. 论中国城市的职能分类. 人文地理, 1990, (3): 1-7, 80-89.

[33] 许学强, 周一星. 城市地理学. 北京: 高等教育出版社, 1997: 123-196.

[34] 陈彦光, 周一星. 豫北地区城镇体系空间结构的多分形研究. 北京大学学报(自然科学版), 2001, 37(6): 810-818.

[35] 宗跃光, 徐宏彦, 汤艳冰, 等. 城市生态系统服务功能的价值结构分析. 城市环境与城市生态, 1999, 12(4): 19-22.

[36] Zipf G K. Human Behaviour and the principle of least effort. Reading: Addison-Wesley, 1949: 32-41.

[37] Gabaix X. Zipf's law for cities: an explanation. Quarterly Journal of Economics, 1999, 114: 739-767.

[38] Anderson G, Ge Y. The size distribution of Chinese cities. Regional Science and Urban Economics, 2005, 35: 756–776.

[39] 周一星, 于海波. 中国城市人口规模结构的重构(二). 城市规划, 2004, (8): 33-42.

[40] 周一星, 于海波. 中国城市人口规模结构的重构(一). 城市规划, 2004, (6): 49-55.

[41] 刘锐等. 基于核密度估计的广佛都市区路网演变分析. 地理科学, 2011, (1): 81-86.

[42] 樊福卓. 中国区域分工的度量: 方法与实证. 上海: 上海社会科学院出版社, 2009: 35-43.

[43] 许晴, 张放, 许中旗, 等. Simpson 指数和 Shannon-Wiener 指数若干特征的分析及"稀释效应". 草业科学, 2011, 28(4): 527-531.

[44] 方创琳, 张小雷, 史育龙, 等. 中国城镇产业布局分析与决策支持系统. 北京: 科学出版社, 2011: 45-66.

[45] 许锋. 中国城市职能结构的新变化——基于五普分县资料的分析. 现代城市研究, 2008, (11): 63-71.

第　四　章

中国城市发展空间格局
优化目标与模式

　　基于对中国城市发展空间格局合理性的诊断结果，新时期新型城镇化背景下的中国城市发展空间格局优化应遵循公平正义原则、适度集聚原则、协同发展原则、创新驱动原则和持续发展原则共五大原则，以《国家新型城镇化规划（2014—2020）》提出的"优化布局，集约高效"为总体指导思想，提出中国城市发展空间格局优化的总目标为，形成合理的行政设市格局、公平的城市空间组织格局、多样性强的城市职能结构格局、协同性强的大中小城市协同发展的新金字塔型格局、主体性强的城市群格局、驱动性强的城市创新格局和智慧城市建设格局。到 2020 年，全国常住人口城镇化率达到 60%左右，户籍人口城镇化率达到 45%左右，城镇化发展质量逐步得到提升，城镇化发展告别中期的快速成长阶段，进入后期的成熟稳定发展阶段，大城市病和小城镇病的问题逐步缓解，以人为本的城镇化发展质量得到稳步提升；到 2030 年，全国常住人口城镇化率达到 65%～70%，户籍人口城镇化率达到 55%～60%，以人为本的城镇化发展质量得到显著提升，城镇化发展长期处在后期的成熟稳定发展阶段。实现上述优化目标，需要重点履行节约集约发展，形成紧凑集约与精明增长的城市发展空间格局；提高城市运行效率，形成便捷高效与有机通畅的城市发展空间格局；加快城市产业升级转型，构建现代产业支撑的城市发展空间格局；优化城市体系结构，形成规模有序与分工合理的城市发展空间格局；营造绿色低碳的人居环境，形成以人为本与和谐宜居的城市发展空间格局；实施交通通道引导模式、产业集聚关联模式、城乡一体融合模式、均衡网络发展模式和生态文明导向模式。

第一节　城市发展空间格局优化原则

城市发展空间格局优化原则亦即是构建合理的中国城市发展空间格局所必须遵循的指导原则，这些原则是从中国城市 60 多年来的发展历程中总结提炼出来的，并根据世界城市发展与布局的普遍规律，以及我国仍处于快速发展阶段，资源环境形势严峻、社会矛盾日益突现的背景下提出的，具有普遍性、前瞻性和指导性。概括起来讲，新时期新型城镇化背景下的中国城市发展空间格局优化应遵循公平正义原则、适度集聚原则、协同发展原则、创新驱动原则、持续发展原则共五大原则。

一、公平正义原则

（一）我国城镇化进程中衍生出的区域剥夺行为呼唤公平正义原则

伴随我国工业化进程和城市化进程的不断加快，我国已进入快速城市化发展时期，快速城市化进程中衍生出了一系列区域剥夺行为，这种行为主要是指强势群体和强势区域基于区域与区域之间的空间位置关系，借助政策空洞和行政强制手段掠夺弱势群体和弱势区域的资源、资金、技术、人才、项目、政策偏好、生态、环境容量，转嫁各种污染等的一系列不公平、非合理的经济社会活动行为，表现为大城市对中小城市、城市群与都市圈内部的剥夺，城市对乡村的剥夺，旅游度假区对农村的剥夺，开发区占地对农民和农田的剥夺，大学城建设对农地的剥夺，房地产开发和"城中村"改造对老百姓和城市居民生存空间的剥夺，发达地区对落后地区、资源匮乏区对资源富集区的剥夺，农民工输入地区对输出地区的剥夺等；这些区域剥夺行为具有强制性、垄断性、层次性、等级性和貌似合理性等基本特征；空间剥夺的内容包括对土地、水、资源、生态环境容量、资金、人才、技术、劳动力、重大建设项目甚至政策等的剥夺；政策空洞与调控失控形成的剥夺惯性，利益驱动形成的剥夺动力和弱势群体透支形成的剥夺温床是产生区域剥夺行为的主要成因；剥夺的后果表现为空间开发失调，资源配置失衡，政策调控能力受限甚至失效，和谐社会建设步伐延缓，最终导致富者更富，贫者更贫[1]。因此，必须从意识形态、政策制定、制度建设、空间扩散与和谐发展等方面提出了中国快速城市化进程中消减区域剥夺行为的路径选择，包括充分尊重弱势领域、弱势群体和弱势地区的发展权，让弱者不绝望；制定并实施落后地区和弱势群体发展的普惠制政策，给予更多的人文关怀；形成"支强扶弱，公平和谐"的反哺机制，给强者搭桥，给弱者开道；客观评价极化效应带来的正面及负面影响，推行均衡发展模式[2]；按照公平正义、循序渐进、城乡协调、集约高效、因地制宜、多元推动的原则，走出一条"高密度、高效率、节约型"的差异化城镇健康发展道路，为顺利推进我国新型城镇化健康发展作出贡献。

（二）我国城镇化发展中日益加大的空间不均衡性呼唤公平正义原则

在长期的经济发展过程中，我国区域经济发展突出了效率优先的主导原则，因而暴露出一系列不公平的空间发展行为，导致城乡空间发展差距拉大，地区发展机会不均等，出现导致中国城市发展空间格局的合理性受到影响，直接威胁着国家生态空间、生产空间和生活空间的安全。具体表现为"三过多"：一是过多地强调了东部沿海地区的城市发展和城市效益提升，忽视了中西部地区城市发展，影响了中国城市发展空间格局的合理性，拉大了东、中、西部地区经济社会发展的差距和城镇化的差距；二是过多地关注发展超大城市、特大城市，未能把县域城镇化摆在突出重要的地位，导致县域小城市和小城镇对国家城镇化的贡献率不断降低，出现了空间城镇化的不公平性；三是过多地强调城镇化的经济效益，突出了效益优先，结果社会矛盾和生态环境矛盾日益突出。针对以上问题，《国家新型城镇化规划（2014—2020）》进一步指出，城镇空间分布和规模结构不合理，与资源环境承载能力不匹配，东部一些城镇密集地区资源环境约束趋紧，中西部资源环境承载能力较强地区的城镇化潜力有待挖掘；城市群布局不尽合理，城市群内部分工协作不够、集群效率不高；部分特大城市主城区人口压力偏大，与综合承载能力之间的矛盾加剧；中小城市集聚产业和人口不足，潜力没有得到充分发挥；小城镇数量多、规模小、服务功能弱，这些都增加了经济社会和生态环境成本[3]。党的十八大报告也明确指出，公平正义是中国特色社会主义的内在要求，要逐步建立以权利公平、机会公平、规则公平为主要内容的社会公平保障体系，努力营造公平的社会环境，保证人民平等参与、平等发展权利。如果说过去更多地关注城市化发展的效率格局，那么未来必须突出公平格局，由非均衡的效率之上转变为均衡的公平优先。因此，在优化中国城市发展空间格局过程中，必须坚持公平正义的第一法则。

二、适度集聚原则

集聚是现代经济社会发展的主要特征之一。集聚是规模经济形成的前提条件。集聚不仅通过规模经济和外部经济效应，具有节省投资、节约能源资源消耗、提高资源配置和运行效率、减轻生态破坏与环境污染，能取得较好的综合经济效益、社会效益和生态效益；而且更为重要的是，通过集聚形成的"中心"，对周边地区的人口、产业、资源、资金具有强大的吸引力和辐射力，成为推动区域经济增长的核心（增长极）。因此，适度集聚是整合资源、提升功能、强化特色、增强竞争力的重要途径，也是加快中国新型城镇化的必由之路。

（一）人口与产业的适度集聚

（1）适度的人口集聚，重点推进农业转移人口市民化。按照尊重意愿、自主选择、因地制宜、分步推进、存量优先、带动增量的原则，积极稳妥地逐步使符合条件的农业转移人口落户城镇，不仅要放开小城镇的落户限制，也要放宽大中城市的落户条件，实行差别化的落户政策。

（2）适度的产业集聚。产业集聚是城市产业向产业集聚区集中的过程。产业集聚区既包括各类经济技术开发区和工业园区，也包括以现代服务业为主的商务中心区（如 CBD）、物流集聚区（物流园区）、商贸集聚区（商圈）和文化旅游集聚区，以及各类现代农业示范园区和生产基地。产业集聚区除以生产企业为主体外，还包括配套服务企业和研发机构的集聚。

（二）资源与资本的适度集聚

（1）适度的资源集聚。资源既包括水土资源等自然资源，也包括区位交通、产业、人才、市场、技术、文化信息等社会经济资源。通过不同类型资源的集聚配套、组合，成为推动城市持续发展的重要物质基础，以及增强城市对周边区域辐射影响的主要源泉。

（2）适度的资金集聚。资金（资本）是城市建设和产业发展的重要物质基础之一。除政府财政资金外，市场经济条件下要通过市场主导、政府引导、建立多元的投融资体制，吸引更多的社会资本，尤其是民营资本和外资参与城市产业结构调整优化，以及基础设施和公共服务设施建设。

三、协同发展原则

协同发展原则就是正确处理好城市发展中的各种关系和矛盾，既包括城市外部关系（如城市发展与资源、环境的关系），也包括城市间和城市内部关系（如城市经济与社会发展关系、城乡关系及不同类型城市的协同协调）。协调实质上就是不断调整、优化关系的过程，是各种关系相互适应，形成良好的匹配关系，实现优化组合、协同发展。

（一）协同好城市发展与人口资源环境承载力的关系

城市化与城市健康发展不仅与水资源、土地资源和其他资源的保障程度密切相关，而且受生态环境容量和承载力的制约。在中国城市化进程中，面临着资源环境保障形势十分严峻、保障水平不高的困境，必须协调好城市化和城市发展与人口、资源、环境的关系，其速度、规模与空间结构必须与资源环境的承载力相适应，建设资源节约型与环境友好型城市。

（二）协同好城市发展与社会公共服务均等化的关系

城市经济是城市赖以发展的重要物质技术基础，而包括人口的数量、质量、就业、生活、公共服务、社会保障等在内的社会发展则是城市发展的主体，也是衡量一个城市发展水平的重要标志。城市经济与社会发展关系应当是相辅相成、相互促进的。在经济系统实现经济总量持续较快增长、经济结构不断优化、竞争力不断增强的同时，应确保社会系统持续健康协调发展，即人口有序增长、人口质量和人民生活水平不断提高，民生保障和基本公共服务体系不断完善。

（三）协同好新型城乡关系

城乡二元结构是中国城市发展中的突出问题之一，也是制约中国城市化健康发展的体制机制障碍。为此，要按照城乡一体化思路，统筹城乡规划与发展。要坚持工业反哺农业、城市支持农村和多予少取放活方针，通过推进城乡统一要素市场建设、基础设施和公共服务一体化与均等化，形成以工促农、以城带乡、城乡互惠和一体化发展的新型城乡关系。

（四）协同好不同规模等级和职能城市的关系

一是针对 1990 年代以来中国城市发展中存在的大城市增长过快、中小城市发展相对不足、"大城市病"日益严重的现状，按照中央提出的促进大、中、小城市协调发展原则，加快发展中小城市和小城镇，满足现有人口就近城镇化的需求；适度有序地发展大城市，严格控制特大城市人口规模。二是对不同职能结构城市采取分类发展、重视质的提升方针，重点发展提高制造型工业城市，优化发展综合型城市，提升交通枢纽和旅游城市，加快改造转型资源型工业城市（尤其是资源枯竭型城市）。

四、创新驱动原则

创新作为当今时代的主旋律和引领未来中国发展的主导力量，也是中国新型城镇化和建设现代城市体系的重要驱动力。通过创新带动，促进城镇化和城市发展从重视"量"的快速增长向"质"的提升转变，即更加重视城镇化的质量（人口城市化）和综合效益，人民生活水平和文明程度的提高，资源的合理利用与生态环境的保护、基础设施与公共服务的改善、城乡就业和产业结构优化等方面。

（一）自主科技创新

顺应科技进步和世界范围内产业发展的新趋势，发挥城市创新载体作用，依托科技教育和人才资源优势，强化信息化与新型工业化和城镇化的关联，与城市经济社会发展的融合。重点推进自主创新与引进消化吸收再创新相结合的集成创新模式，加强创新体系与创新平台建设，优化创新环境，强化创新成果的推广应用。同时，通过"数字城市"和"智慧城市"建设，推动城市生产方式、生活方式、流动方式和公共服务、政府决策及社会管理的巨大变革。

（二）体制机制创新

体制机制创新是实施创新驱动的核心，主要包括人口与土地管理制度改革创新、资金保障机制创新，以及强化生态环境保护制度等。要搞好制度的顶层设计，鼓励大胆探索，先试先行，深化改革，形成有利于新型城镇化和现代城市健康发展的制度环境。

（1）推进人口管理制度改革。在加快改革户籍制度的同时，创新和完善人口服务和管理制度，逐步消除城乡区域间的户籍壁垒；健全人口信息管理制度，促进人口有序流动、合理分布和社会融合。

（2）深化土地管理制度改革。实行最严格的耕地保护制度和集约节约用地制度；按照管住城市用地总量、严控增量、盘活存量的原则，创新土地管理制度，优化城镇土地利用结构，提高土地利用效率，合理满足城镇化和城市发展用地。

（3）强化生态环境保护制度。完善推动城镇化的绿色循环低碳发展的体制机制，实行资源有偿使用制度和最严格的生态环境保护制度，形成节约资源和保护环境的空间格局、产业结构、生产方式和生活方式。

（三）管理制度创新

管理创新是实施创新驱动的保障。主要包括：加强组织协调，建立健全工作协调机制；强化政策统筹，制定相关配套政策，建立健全相关法律、法规、标准体系；选择不同类型地区和城市，开展试点示范；健全评估检测，建立科学的城市绩效考核评价体系。

五、持续发展原则

可持续发展作为基本国策，也是《国家新型城镇化规划（2014—2020）》的重要组成部分。面对日趋强化的资源环境约束，必须将资源环境承载力作为城市可持续发展的前提条件。此外，产业的支撑、基础设施和公共服务设施的保障，也是城市可持续发展不可或缺的条件。

（一）与资源环境承载能力相适应的城市规模与空间结构

资源环境承载力不仅是确定人口合理规模、产业规模与产业结构的科学依据，而且通过城市生产空间、生活空间和生态空间的集约利用与优化布局，成为优化城市空间结构的基础。

（二）强化城市产业支撑，加快培育发展各具特色的城市产业体系

以信息技术和先进适用技术改造传统产业，淘汰落后产能，加快发展壮大先进制造业和以新一代信息技术、新能源、新材料、生物医药、节能环保、新能源汽车为主的战略性新兴产业。并适应制造业转型升级要求，推动生产性服务业的优先发展，生活性服务业满足城乡居民不断增长的多元

化的消费需求。

（三）改造提升城市基础设施和公共服务设施水平

交通、电力、通信、给排水、供热、燃气等城市基础设施是城市正常运行的重要保障，教育、医疗卫生、文化、体育等公共服务设施则与居民的生活密切相关。为此，一方面要通过改扩建和新建，完善城市间和城市内部综合交通网络和市政公用设施网络体系，加快构建以公共交通为主体的城市机动出行系统；另一方面，要增强城市基本公共服务有效供给，完善基本公共服务体系，增强其对人口集聚和服务的支撑能力。

第二节　城市发展空间格局优化目标与重点

按照系统论的观点，城市发展空间格局是一个涉及人口、土地、产业、基础设施、公共服务设施、生态环境乃至社会文化等多目标（子系统）的复杂巨系统。总体优化并不等于各个目标优化值的简单加总，而是要通过协调各个目标（子系统）之间关系，充分利用其相融性，克服其对抗性，在各自目标最优或较优条件下，实现总体最优。

一、总体优化目标

《国家新型城镇化规划（2014—2020）》提出中国新型城镇化发展的指导思想为：优化布局，集约高效。根据资源环境承载能力构建科学合理的城镇化宏观布局，以综合交通网络和信息网络为依托，优化城市内部空间结构，促进城市紧凑发展，提高国土空间利用效率。按照这一总体指导思想，提出中国城市发展空间格局的总体优化目标和阶段性优化的具体目标。

中国城市发展空间格局优化的总目标：形成合理的行政设市格局、公平的城市空间组织格局、多样性强的城市职能结构格局、协同性强的大中小城市协同发展的新金字塔型格局、主体性强的城市群格局、驱动性强的城市创新格局和智慧城市建设格局。

（一）城镇化发展进入成熟稳定阶段，城镇化发展质量稳步提升

到 2020 年，全国常住人口城镇化率达到 60%左右，户籍人口城镇化率达到 45%左右，实现 1 亿左右农业转移人口和其他常住人口在城镇落户。基本实现《国家新型城镇化规划（2014－2020）》提出的城镇化发展目标，以人为本的城镇化发展质量逐步得到提升，按照城镇化发展的四阶段论判断[4]，我国城镇化正式告别中期的快速成长阶段，进入后期的成熟稳定发展阶段（表 4.1）。城市万元 GDP 新鲜水耗降至 50m³，城市工业用水重复率提升到 75%，百万人口以上大城市公共交通机动化出行率达到 60%，城镇公共供水普及率达到 90%，城市污水处理率达到 95%，城市生活垃圾无害化处理率达到 95%，城市家庭宽带接入能力达到 50Mbps，城市社区综合服务设施覆盖率达到 100%，城镇常住人口基本养老保险覆盖率达到 90%，城镇常住人口基本医疗保险覆盖率达到 98%，城镇常住人口保障性住房覆盖率达到 23%，农民工随迁子女接受义务教育比率达 99%。大城市病和小城镇病的问题得到逐步缓解，城镇化发展质量得到稳步提升。

表 4.1　中国城市发展空间格局优化目标一栏表

格局名称	目标名称	单位	2013 年	2020 年	2030 年
新型城镇化发展目标	常住人口的城镇化水平	%	53.6	60	65～70
	户籍人口的城镇化水平	%	36.0	45	55～60
	新型城镇化发展阶段		第二阶段：快速成长阶段	第二阶段：快速成长阶段	第三阶段：成熟稳定阶段
城市空间组织格局	分区格局	个	5 大区，47 个亚区	5 大区，47 个亚区	5 大区，47 个亚区
	轴线格局	条	5	5	5
	城市群格局	个	20	20	20

格局名称	目标名称	单位	2013 年	2020 年	2030 年
	城市一体化格局	个	37	37	37
城市等级规模格局（新金字塔型格局）	城市数量	个	660	720	770
	超大城市（≥1000 万人）	个	3	10	10
	特大城市（500 万~1000 万人）	个	8	15	20
	大城市（100 万~500 万人）	个	113	135	150
	中等城市（50 万~100 万人）	个	106	200	240
	小城市（10 万~50 万人）	个	427	362	350
城市行政设市格局	设市城市数	个	660	720	770
	直辖市数	个	4	4	4
	地级市数	个	286	300	318
	县级市数	个	370	416	448
城市创新发展格局	全球创新型城市	个		4	10
	国家创新型城市	个		16	30
	区域创新型城市	个		30	50
	地区创新型城市	个		60	110
智慧城市建设格局	智慧城市试点	个	222	300	400
新型城镇化发展质量	城市万元 GDP 新鲜水耗	m³	64	<50	<45
	城市工业用水重复率	%	65	75	90
	百万人口以上大城市公共交通机动化出行率	%		60	75
	城镇公共供水普及率	%	81.7	90	95
	城市污水处理率	%	87.3	95	98
	城市生活垃圾无害化处理率	%	84.8	95	98
	城市家庭宽带接入能力	Mbps	4	≥50	≥100
	城市社区综合服务设施覆盖率	%	72.5	100	100

续表

格局名称	目标名称	单位	2013 年	2020 年	2030 年
	城镇常住人口基本养老保险覆盖率	%	66.9	≥90	≥95
	城镇常住人口基本医疗保险覆盖率	%	95	98	100
	城镇常住人口保障性住房覆盖率	%	12.5	≥23	≥50
	农民工随迁子女接受义务教育比率	%		≥99	≥99

注：本表的城市规模是指市区常住人口数。

到 2030 年，全国常住人口城镇化率达到 65%～70%，户籍人口城镇化率达到 55%～60%，以人为本的城镇化发展质量得到显著提升，城镇化发展长期处在后期的成熟稳定发展阶段，城市万元 GDP 新鲜水耗降至 45m³，城市工业用水重复率提升到 90%，百万人口以上大城市公共交通机动化出行率达到 75%，城镇公共供水普及率达到 95%，城市污水处理率达到 98%，城市生活垃圾无害化处理率达到 98%，城市家庭宽带接入能力达到 100Mbps，城市社区综合服务设施覆盖率达到 100%，城镇常住人口基本养老保险覆盖率达到 95%，城镇常住人口基本医疗保险覆盖率达到 100%，城镇常住人口保障性住房覆盖率达到 50%，农民工随迁子女接受义务教育比率达到 99%。大城市病和小城镇病的问题得到全面解决，城镇化发展质量得到显著提升。

（二）城市等级规模结构更趋合理，基本形成新金字塔型组织格局

到 2020 年，全国城市数量由 2013 年的 660 个增加到 720 个左右，其中，市区常住人口≥1000 万人的超大城市增加到 10 个，市区常住人口为 500 万～1000 万人的特大城市增加到 15 个，市区常住人口为 100 万～500 万人的大城市增加到 135 个，市区常住人口为 50 万～100 万人的中等城市增加到 200 个，市区常住人口为 10 万～50 万人的小城市减少到 362 个，基本形成合理的新金字塔型城市等级规模结构格局[5]。

到 2030 年，全国城市数量由 2013 年的 660 个增加到 770 个左右，其中，市区常住人口≥1000 万人的超大城市控制在 10 个左右，市区常住人口为 500 万～1000 万人的特大城市控制在 20 个左右，市区常住人口为 100 万～500 万人的大城市适度有序增加到 150 个左右，市区常住人口为 50 万～100 万人的中等城市增加到 240 个左右，市区常住人口为 10 万～50 万人的小城市达到 350 个左右，城市规模结构更加完善，中心城市辐射带动作用更加突出，形成合理的新金字塔型城市等级规模结构格局。

（三）城市空间组织结构更趋优化，基本形成轴群连区的空间格局

到 2030 年，中国城市发展的空间组织格局将形成由轴线组织格局、分区组织格局、城市群组织格局、一体化组织格局和大中小城市协同发展的新金字塔组织格局共 6 个不同空间尺度的组织格局，这些格局形成由点、线、面、网共同组成的中国城市发展的空间组织总格局。其中：

（1）轴线组织格局形成由沿海通道、沿长江通道、陆桥通道、京哈京广通道、包昆通道 5 条国家城镇化主轴线组成的宏观组织格局；

（2）分区组织格局形成由城市群地区城镇化发展区（Ⅰ）、粮食主产区城镇化发展区（Ⅱ）、农林牧地区城镇化发展区（Ⅲ）、连片扶贫区城镇化发展区（Ⅳ）、民族自治区城镇化发展区（Ⅴ）共 5 大类型区和 47 个亚区组成的新型城镇化综合区划格局；

（3）城市群组织格局由长三角城市群、珠三角城市群、京津冀城市群、长江中游城市群和成渝城市群等 20 个大小不同、发育程度不一、规模不等的城市群组成"5+9+6"的空间组织格局[6-8]；

（4）城市一体化组织格局形成由 37 个紧密程度不同、规模不等的城市一体化地区组成的一体化组织格局。

这些不同空间尺度的空间组织格局通过优化组合，形成中国城市发展的轴群连区、多点融合的空间格局。

（四）城市职能结构更趋多样，基本形成分工合理互补发展的职能格局

到 2030 年，伴随城市等级规模结构和空间组织格局的优化，城市职能结构更趋多样合理，与城市产业结构调整方向相一致；城市基本职能得到充分发挥，特殊职能得到更加张扬；城市职能分工互补有序，实现错位发展避免职能雷同。

到 2030 年，城市职能结构逐步实现以下八大转变转型，即由单一职能城市向综合职能城市转变，由制造功能向服务功能转变，由中低端传统制造功能向中高端先进制造功能转变，由资源型城市向资本密集型城市和知识密集型城市转变，由生产性服务业向生活性服务业和知识型服务业转变，由制造功能转向创造功能，由资本驱动转向创新驱动，由传统城市转向创新型城市和智慧城市。

到 2030 年，根据不同职能类型城市发展目标，重点建设一批在全国和国际上具有重要影响力和综合竞争力的综合型城市、资源型城市、交通枢纽城市、工业城市、物流城市、旅游城市和智慧城市。

（五）城市创新成为驱动主力，基本形成创新型城市与智慧城市的建设格局

从建设创新型国家的战略目标出发，构建由全球创新型城市—国家创新型城市—区域创新型城市—地区创新型城市—创新发展型城市共 5 个层级组成的国家创新型城市空间网络结构体系[9]。

到 2020 年，形成由 4 个全球创新型城市、16 个国家创新型城市、30 个区域创新型城市、60 个地区创新型城市和 180 个创新发展型城市组成的国家城市创新网络空间格局和 300 个智慧城市的建设格局。物联网、云计算、大数据等新一代信息技术创新与城市经济社会发展深度融合，信息网络宽带化、城市管理信息化、基础设施智能化、公共服务便捷化、产业发展现代化、社会治理精细化程度更进一步加强[10-11]。

到 2030 年，形成由 10 个全球创新型城市、30 个国家创新型城市、50

个区域创新型城市、110 个地区创新型城市和 300 个创新发展型城市组成的国家城市创新网络空间格局和 400 个智慧城市的建设格局。全面建成信息网络宽带化、城市管理信息化、基础设施智能化、公共服务便捷化、产业发展现代化、社会治理精细化的智慧城市。

（六）城市设市有序推进，基本形成高效运行的城市行政设市格局

按照《国家新型城镇化规划（2014—2020）》关于"完善设市标准，严格审批程序，对具备行政区划调整条件的县可有序改市，把有条件的县城和重点镇发展成为中小城市"的要求，在试点基础上有序推进设市城市建设。

到 2020 年，全国设市城市数量达到 720 个，比 2013 年增加 60 个新设市城市，其中直辖市保持在 4 个，地级市数量由 2013 年的 286 个增加到 300 个，县级市由 370 个增加到 416 个左右。

到 2030 年，全国设市城市数量达到 770 个，比 2013 年增加 110 个新设市城市，其中直辖市保持在 4 个，地级市数量由 2013 年的 286 个增加到 318 个，县级市由 370 个增加到 448 个左右。基本形成由 4 个直辖市、318 个地级市、448 个县级市组成的 770 个行政设市城市新格局。

二、具体优化重点

（一）履行节约集约发展，形成紧凑集约与精明增长的城市发展空间格局

《国家新型城镇化规划（2014—2020）》明确提出，要走"集约高效"和"绿色低碳"的城镇化发展道路，并要求"严格控制城镇化建设用地规模，严格划定永久基本农田，合理控制城市开发边界，优化城市内部空间结构，促进城市紧凑发展，提高国土空间利用率"；"着力推进绿色发展、循环发展、低碳发展，节约集约利用土地、水、能源等资源……推动形成绿色低碳的生产生活方式和城市建设运营模式"。节约集约发展的核心是按照精明增长理论，集约化、紧凑化发展的理念建设资源节约型、利用高效型的城市。

1. 提高土地利用率，建设紧凑型城市

根据方创琳等的研究，城市土地集约利用程度与该地区的城镇化和工业化水平有着密切关系。按不同的经济发展阶段，城市土地集约利用程度可分为：①工业化初期阶段，城镇化与工业化水平均处于 1%～30%，土地集约利用度为 1%～10%；②工业化中期阶段，城镇化与工业化水平分别为 30%～60% 和 30%～70%，土地集约利用度为 25%～50%；③工业化后期阶段，城镇化水平为 60%～80%，工业化水平从 70% 下降至 30%，土地集约利用度为 50%～75%；④后工业化时期，城镇化水平为 80% 以上，工业化水平低于 30%，土地集约利用度为 75%～90%[12]。未来 10 多年，中国绝大部分城市将处于工业化中后期或后期阶段，少数特大城市处于后工业化阶段，土地集约利用度整体处于较快上升阶段，对城市节约集约利用土地的总体要求为，合理规划城市开发边界，严格控制城市空间无序扩张。按照严守底线、调整结构、深化改革、管住总量、严控增量、盘活存量、优化结构、提升效率的思路，切实提高城市建设用地的集约化程度。

（1）节约用地。认真落实保护耕地的基本国策，严控农用地转为建设用地的规模，认真落实"占补平衡"政策，建立健全城镇建设用地定额标准，推行多层标准厂房，鼓励深度开发地上地下空间；推进农村土地整理，调整合并农村居民点，搞好"空心村"整治和土地复垦；控制城市大广场建设，发展节能省地型公共建筑；清理城市高尔夫球场，严控数量与布局。

（2）集约用地。集约用地的核心是在控制用地总量的前提下，以消耗最小的土地获得最大的综合效益。重点是在现有基础上提高建设用地集约利用水平。为此，要加强用地效率的准入管理，盘活存量建设用地，加大挖潜力度；防止城市工矿用地过度扩张，尤其是工业用地低效扩张，促进其增容改造和深度开发；加快"城中村"的改造力度，腾出的建设用地作为生态用地或生活服务设施用地；规划农村建设用地利用，严格按照有关用地标准，加强农村宅基地管理，积极探索建立农村宅基地退出机制，完善农村集体土地流转机制。

（3）建设紧凑型城市。紧凑型城市概念最早是由 Dantzig G 和萨蒂（Satty

T）于 1973 年在其著作《紧凑城市——适于居住的城市环境计划》一书中提出。1990 年"欧共体委员会"（CEC）发布的城市环境绿皮书中，将其作为"一种解决居住和环境问题的途径"而得到重视。紧凑型城市是以防止城市蔓延、实现土地与能源节约、提高城市运行效率为目的，具有要素集聚、形态紧凑、功能混用等特征的一种城市空间结构[13]。其主要特点为，土地占用较少，土地利用的集约度较高，能满足城市运作需求且运行效率较高。影响城市紧凑度的主要因素有人口密度、地理环境、城市功能结构、用地的空间格局、产业布局、交通可达性和公共服务设施的布局等。根据有关指标体系测算，将 2020 年中国大城市和特大城市的紧凑度指数①定为≥0.4 是比较切合实际的[14]。

2. 提高水资源的利用率，建设节水型城市

针对目前我国 70%城市缺水的现状，应实行最严格的水资源管理制度，加强城市总用水量的控制与定额管理，严格水资源的保护，推进节水型社会建设。城市节水中，首要的是提高工业用水效率（万元工业增加值用水量），加快冶金、化工、火电等高耗水行业的节水技术改造，不断提高工业用水重复利用率，强制推广使用节水设备和器具，扩大再生水的利用；加强公共建筑和住宅的节水设施建设，积极开展海水淡化、海水直接利用和矿井水利用等。到 2020 年全国城市万元 GDP 新鲜水耗降至 50m³ 以下，工业用水重复率达 70%～80%。

3. 推进节能、环保，建设绿色低碳城市

节能是改善城市环境的重要途径之一。在中国快速城镇化进程中，要强化能源节约和高效利用的政策导向，加大节能力度。一要通过优化产业结构，抑制高耗能产业的过快增长，不断降低钢铁、有色、电力、化工、建材等高耗能产业比例；二要大力开发推广节能技术，通过推广节能改造工程和产业化示范工程，实现技术节能；三要通过加强能源生产、运输、消费各个环节

---

① 城市紧凑度是指由影响城市内部紧凑度的诸因素（城市密度、城市功能混用程度、城市紧凑趋势、城市公共交通、城市公共服务配置、城市效率）构建的指标体系求得。

的制度建设和监管，实现管理节能，通过节能改善城市空气质量。

推进绿色低碳城市建设，将低碳、节能贯穿其全过程。按照"低排放、高效能、高效率"的低碳城市建设理念，绿色低碳城市不仅强调要拥有优美的自然环境，充满绿色空间，更重要的是体现在转变发展方式、调整优化产业结构和发展模式，以及发展绿色能源、绿色交通、绿色建筑、生态产业园区等方面。

（二）提高城市运行效率，形成便捷高效与有机通畅的城市发展空间格局

1. 基础设施便捷高效

交通、通信、能源、水利等重大基础设施建设，是城市赖以生存和发展的基础，在城市发展中具有重要的保障作用。其总体建设目标为逐步建成安全、高效、全覆盖的基础设施网络体系。要求到 2020 年百万人口以上大城市公共交通机动化出行比例达 60%，城镇公共供水普及率达 90%，城市污水处理率达 95%，城市生活垃圾无害化处理率达 95%，城市家庭宽带接入能力≥50Mbps，城市社区综合服务设施覆盖率达 100%。

（1）构建快捷、安全、畅通的城市综合交通运输体系。在城市间，形成以铁路（含高铁）、高速公路为骨干，国省道为基础，与民航、水路和管道向配合的多层次快速交通运输网络，加快城市群内核心城市连接各主要中心城市的城际铁路建设；在城市内部，优先发展城市公共交通，积极发展以快速公共汽车、现代有轨电车等大容量地面公交系统，在部分大城市有序推进轨道交通建设。

（2）建设完善的通信网络体系。以国家骨干光纤网为支撑，推进"三网融合"，建设以下一代信息技术为基础的"智慧"城市。到 2020 年，固定电话普及率达 50%，移动电话普及率达 80 部/百人，互联网普及率达 30%。

（3）建设安全、清洁、经济的能源供应网络体系。统筹电力、供热、燃气等地下管网建设，大力发展可再生能源及热电联产，构建智能电网系统，完善燃气输配、储备和供应保障系统。

（4）建设安全可靠的城市给排水体系。加强城市水源地保护与建设及供水设施的改造与建设，确保供水安全。加强城市防洪设施建设，完善城市排水与暴雨外洪内涝防治体系，提高应对极端天气能力。

建设安全、高效、全覆盖的城市基础设施必须做到"四个坚持"：一是坚持适度超前、优先发展。不断提高基础设施对经济社会发展的保障程度，发挥基础设施对产业结构和功能布局的导向作用；二是坚持统筹协调，突出重点。提高基础设施的网络化水平，推进基础设施共建共享，重点解决关系国计民生的重大基础设施问题及薄弱环节，促进各项基础设施间的协调发展和通畅运行，提升基础设施的整体承载能力；三是坚持增量建设与存量改造提升并重。为满足城市快速发展需求，既要重视新建一批重大基础设施项目，又要重视存量基础设施的更新改造，优化完善功能，提升基础设施的服务效率和水平；四是坚持政府主导、社会参与、市场运作。进一步深化基础设施投融资体制改革，拓宽投融资渠道，实现投资主体多元化；积极推进基础设施建设和运营市场化步伐，政府投资重点从经营性领域向非经营性领域转移。

2. 服务完善畅通

服务完善畅通程度是衡量城市运行效率的重要标志。主要包括各种服务设施在数量上的满足程度，各种服务设施的综合配套和便捷程度，以及服务设施管理科学化和精细化水平等。通过加快基本公共服务设施的建设，并将新一代信息技术广泛应用于基本公共服务领域，不断提升服务水平，实现服务完善畅通的总目标。

（1）提高基本公共服务的完备程度。通过增加人均基本公共服务的有效供给，确保城镇居民享受均等化的基本公共服务。根据《国家新型城镇化规划（2014—2020年）》的要求，到2020年城镇居民的基本公共服务水平为，城镇常住人口基本养老保险覆盖率≥90%，城镇常住人口基本医疗保险覆盖率达98%，城镇常住人口保障性住房覆盖率≥23%，农民工随迁子女接受义务教育比例≥99%。

（2）促进信息技术与城市服务业的融合发展。以推进智慧城市建设为契机，加强新一代信息技术和信息资源与公共服务和社会治理的深度融合。通过建设共享城市公共服务信息系统，利用信息技术创新城市教育、就业、社保、养老医疗和文化服务模式，实现公共服务便捷化；通过加强信息技术在市场监管、环境监管、信息服务、应急保障、治安反恐和公共安全等社会治理领域中的应用，实现社会服务畅通。

（3）在大中城市构建基于家庭和社区的"个人生活圈"。该圈是由家庭、服务设施、交通节点组成的、各种功能高度混合的日常生活圈。其特点是各类服务设施（如超市、菜场、便利店、幼儿园、健康与文体中心、社区服务中心）向居民可达性高的地区集聚，居民可就近得到便捷、高效的服务，一般通过步行或自行车便可到达活动场所。

（三）加快城市产业升级转型，构建现代产业支撑的城市发展空间格局

产业作为建设现代城市的物质技术基础，《国家新型城镇化规划（2014—2020年）》将强化城市产业就业支撑作为提高城市可持续发展能力的重要组成部分，并提出要"调整优化城市产业布局和结构，促进城市经济转型升级，改善营商环境，增强经济活力，扩大就业容量"。产业提升包括产业结构高级化、产业发展动力创新化、产业体系融合化、产业分工国际化、产业布局集群化和产业发展可持续化。最终目标：构建以创新为动力、高技术产业和战略性新兴产业为先导，以先进制造业和现代服务业为基础，以基础设施和基础产业为支撑的现代产业体系[15]。具体优化目标为

1. 产业结构高级化

调整优化城市产业结构，是增强城市的辐射带动力和提升城市竞争力的重要途径。产业结构的高级化主要表现为产业组织结构的集团化、产业部门结构的服务化、行业结构的链条化、技术结构的信息化、产品结构的高端化和空间结构的集群化。要根据城市的资源环境承载力、要素禀赋和比较优势，培育发展各具特色的城市产业体系。改造提升传统产业，壮大先进制造业和新一代信息技术、节能环保、生物、新能源、新材料和新能源汽车等战略性

新兴产业。要适应制造业转型升级要求，推动金融、保险、物流、信息咨询服务等生产性服务业向专业化、市场化、社会化发展；为适应居民消费需求多样化，提升生活性服务业，扩大服务供给，提高服务质量，不断推动和促进特大和大城市产业结构从"加工-制造型"向服务经济为主的方向转变。

2. 产业动力创新化

创新是城市产业提升的主要推动力，也是建设现代产业体系的核心。其重点为，一是创新产业发展的体制和机制。以建立现代企业制度为核心，推进重点领域改革，完善要素市场，优化发展环境。二是创新产业发展动力。从目前的资源、劳动力和资本依赖性转变为"创新驱动型"，促进经济增长从主要依靠人力、资金投入和物质资源消耗向主要依靠科技进步、劳动者素质提高和管理创新转变。三是大力推进自主创新，鼓励原始创新、集成创新，突出抓好消化吸收再创新，以此抢占国内外产业链高端环节，增强产业的竞争力。

3. 产业体系融合化

加强产业间的融合发展是提升产业综合实力与竞争力的客观需要。融合化一方面包括加强第一、第二、第三产业的协调与关联，主要是通过三次产业的优化整合、延伸支柱产业链和建设特色产业集群，促进产业链上、中、下游产业的相互渗透与互动，形成包括供应、生产、销售、服务与研发各个环节融合发展。不仅有利于促进新兴产业（如现代物流、金融保险、会展、信息服务和文化创意产业）的发展，同时还可推动生产加工性制造业逐步向高端的服务型制造业升级，高技术产业向外包服务业拓展。

4. 产业分工国际化

产业的分工协作是现代产业体系的显著特征之一，也是降低产品生产成本、提高劳动生产率、提升产品和行业竞争力的重要途径。要按照产业链和产业集群分工协作要求，构建高效的专业化分工体系，重点发展具有市场竞争力的优势产业和特色产业。在经济全球化不断深入发展的背景下，大城市和特大城市的产业体系应更好地融入国际产业分工体系，更深、更广泛参与国际产业分工，充分利用国内外"两种资源"和"两个市场"，抢占产业制高点，并在国内外产业分工格局中占据比较有利的位置，推动产业价值链的高端化。

5. 产业布局集群化

集聚是城市现代产业体系发展的主要特征之一，也是优化产业结构、转变发展方式，实现集约节约发展的基础。要按照整合资源、提升功能、强化特色、增强竞争力要求，加强产业集群和集聚区（工业园区）的基础设施和服务设施建设，大力推进优势企业和配套服务业向产业集聚区集中，尽快形成产业特色和规模效益。同时，要促进产业链上、下游企业，以及供应商、生产商、销售服务商与研发机构结成网络，形成集群优势。各类产业集聚区要通过提升优化产业结构，发展循环经济，实现经济效益、社会效益与生态效益的统一，建成为区域经济发展的重要增长极。

6. 产业发展可持续化

高科技含量、高附加值、低消耗、低污染和自主创新能力强是现代产业体系的最主要特征。在目前中国多数城市产业结构仍然偏重、传统制造业和能源原材料工业所占比例较大的背景下，减少能源、资源消耗和减排是产业与城市可持续发展面临的艰巨任务。要结合绿色城市、低碳城市和生态城市建设，一方面要从节能、降耗入手，包括加快淘汰落后生产力，推广清洁生产和循环经济，提高环保准入门槛，减少碳排；另一方面，要通过加快产业结构优化升级，大力发展高技术产业、金融、保险、现代物流、信息服务及文化创意等低碳产业；同时还要通过发展现代农林、荒山绿化和完善平原农田防护林（网）等措施，增加碳汇。最终目标为以较少的资源消耗和较低的污染与生态代价，实现城市经济的持续较快发展。

（四）优化城市体系结构，形成规模有序与分工合理的城市发展空间格局

城市体系结构优化主要包括城市规模等级结构优化、职能结构优化和空间结构优化，三者既有联系、又有区别，从不同侧面影响中国城市发展空间

格局的动态演进。

1. 城市规模等级结构优化

按照国务院 2014 年颁发的《国家新型城镇化规划（2014—2020）》和《关于进一步推进户籍制度改革的意见》，城市规模等级结构优化的核心是实行差别化的城市发展政策。按照"促区域城镇化，控城市区域化"的思路[16]，遵循促进大中小城市和小城镇协调发展原则，加快发展城区人口在 100 万以下的中小城市和小城镇，作为优化城镇规模结构的主攻方向，有重点地发展城区人口 100 万～300 万的大城市，适度发展城区人口 300 万～500 万的大城市，严格控制城区人口 500 万以上的特大城市规模。针对不同类型城市实行差别化的人口落户政策。例如，全面放开人口 50 万以下小城市和建制镇的人口落户限制（参加社保年限不超过 3 年）；有序放开城区人口 50 万～100万的中等城市人口落户限制（参加社保年限不超过 3～5 年）；对城区人口100 万～300 万的大城市，要合理确定其落户条件（参加社保年限不超过 5年）；对城区人口 300 万～500 万的大城市，要建立积分落户制度；对城区人口 500 万以上的特大城市，要实行更为严格完善的积分落户制度，控制其空间无序蔓延的城市区域化倾向。

2. 城市职能结构优化

发展各类城市在国家或区域发展战略中的不同职能与综合功能，按其所起的作用大小可分为以下三类：

（1）提升中心城市的综合功能。直辖市、省会城市、计划单列市和重要的节点城市等中心城市，在中国城市发展体系中起着重要的引领作用。其中沿海地区中心城市要加快产业转型升级，提高参与全球产业分工的层次，加快提升国际化程度和国际竞争力，发挥规模效应和带动效应。区域重要节点城市要完善城市功能、加强协作对接，实现联动发展与互补发展。特大城市要适当疏解经济功能，推动劳动密集型和资源密集型加工业向外转移，加强与周边城镇基础设施连接和公共服务共享，形成一体化发展的都市圈。

（2）发挥中小城市和小城镇的特色功能。中小城市和小城镇是支撑中国城镇化的重要基础。要根据当地的区位、交通、资源、市场与原有基础等比较优势，发展具有地区特色的支柱产业，努力扩大生产规模，提升质量，向产业链的高端方向推进。通过"退二进三"，加快服务业的发展，加强市政基础设施和公共服务设施建设。小城镇发展要与疏解大城市中心城区功能相结合，与特色产业集群发展相结合、与服务"三农"相结合，当前要抓紧将常住人口 10 万以上的建制镇逐步升格为城市，发挥其吸纳人口多、广就业的优势，就近转移农村剩余劳动力，促进农村地区经济发展。

3. 城市空间结构优化

城市空间结构优化包括宏观和城市两个层面。宏观层面是指全国范围内城市及城市化地区的空间战略格局，城市层次的空间结构优化包括中心城区功能结构优化和规范新城新区建设等。

（1）优化城市发展空间格局。2010 年 12 月 21 日国务院颁发的《全国主体功能区规划》提出，要构建"两横三纵"为主体的城市化空间格局。其中，"两横"是指以陇海-兰新铁路为主的亚欧大陆桥通道和以长江为通道的城市发展轴；"三纵"是以沿海、京哈京广铁路和包（头）昆（明）铁路为通道的城市发展轴。形成以国家优化开发和重点开发的城市化地区（城市群）为主要支撑，以轴线上其他城市化地区为重要组成的城市化空间格局。

（2）将城市群作为推进城镇化的主体形态。2006 年 3 月 14 日，第十届全国人民代表大会第四次会议批准的《中华人民共和国国民经济和社会发展第十一个五年规划纲要》明确提出，要把城市群作为推进城镇化的主体形态[17]。国家"十二五"经济和社会发展规划再次强调，城市群在构建高效、协调、可持续的中国城镇空间中的核心作用。并提出要在东部地区逐步打造更具国际竞争力的城市群，作为参与国际竞争合作的重要平台；在中西部有条件地区培育、壮大若干城市群[18]。城市群作为城市发展到成熟阶段的空间组织形式，推进城市群建设，不仅有利于突破行政区划体制束缚，加快城镇化步伐，而且对缓解特大城市中心城区压力，强化中小城市产业功能，增强小城镇公共服务和居住功能，推进大中小城市基础设施一体化建设和网络化发展，都将发挥重要作用。目前，国内学者和政府部门比较公认的处于不同规模和发展阶段的城市群有 20 个。其中，沿海地区有 7 个城市群，沿江有 4 个城市群，京哈京广沿线有 6 个城市群，新亚欧大陆桥沿线有 5 个城市群[19-20]。

（3）改造提升中心城区功能。中心城区是城市发展的核心区，也是城市空间结构优化的重点。要通过"疏、增、统、提"等策略，改造提升中心城区功能。其中，"疏"就是控制人口大规模增长，推动大城市中心部分功能向卫星城疏散。"增"就是增强中心城区的高端生产服务功能，大力发展金融、现代商贸、信息中介、创意创新等现代服务业，建成为高端服务业集聚区。"统"就是完善中心城区的功能组合，推进商业、办公、居住、生态空间与交通站点的合理布局和综合开发，统筹规划地上地下空间开发，促进城市空间从二维向三维方向发展。"提"是按照改造更新与修复并重的要求，挖掘旧城区的历史文化内涵，大力推进棚户区和城中村改造，有序推进老旧住宅小区综合整治，加快城市低收入群体保障房建设，提升城市整体形象。

（4）严格规范新城新区建设。新城新区建设是 2000 年以来中国城市空间快速扩张的主要原因之一。新城新区建设对拓展城市发展空间，吸纳人口居住就业和改善城市人居环境，疏解城市功能、缓解日益严重的城市病，以及推动城市产业转型升级、提升城市的竞争力等方面发挥了重要的引领作用。但是，目前新城区建设中存在的突出问题是建设失控，不仅建设过多、过快，而且由于缺乏科学规划，存在定位不清、建设粗放、产业基础薄弱、用地浪费严重以及债务风险等问题。据不完全统计，截至 2014 年 1 月底，全国在建的各类新区达 106 个，其中，国家批准的新区 13 个，省政府批准的38 个，市政府批准的55 个；按照面积，超过 1000km² 有 19 个，500～1000km² 有 10 个，100～500 km² 的约 40 个[21]。此外，还有一大批未经批准而建设或边批边建的新区，由此直接导致城市边界"摊大饼式"粗放发展。为规范新城新区建设，一要严格新城新区的设立条件，严禁突破土地利用总体规划设立新城新区和各类开发园区，防止城市边界无序蔓延；二要与行政区划相协调，以人口密度、产出强度和资源环境承载力为基准，科学严谨地编制新城区规划，严格控制建设用地规模，控制建设标准过度超前[22]；三是统筹生产区、办公区、生活区、商业区等功能区规划建设，推进功能混合和产城融合，在集聚产业同时对集聚人口、防止新城新区空心化；四是加强现有开发区城市功能改造，推进单一功能向综合功能转型，为促进人口集聚，发展服务经济拓展空间。

（五）营造绿色低碳的人居环境，形成以人为本与和谐宜居的城市发展空间格局

社会和谐是中国特色社会主义的本质属性，也是落实"以人为本"科学发展观的具体体现。和谐城市建设目标为，在人与人之间建立相互信任、邻里关系和睦共处的良好关系，以及强化社区的自治功能，包括邻里活动、居民自治和混合居住等。宜居城市则是为居民生活提供高品质、高效率、绿色的居住环境，包括出行方式、生活服务、居住环境以及基本公共服务等方面。其优化目标为

1. 便捷的城市交通出行体系

建设完善的公共交通出行体系。将公共交通放在城市交通发展的首要位置，加快构建以公共交通为主体的城市机动化出行系统，积极发展快速公共汽车（BRT）、现代有轨电车等大容量地面公交系统，科学有序推进大城市轨道交通建设。优化公交站点和线路设置，推动形成公共交通优先通行网络，提高覆盖率、准点率和运行速度，基本实现 100 万人口以上大城市中心城区公共交通站点 500 米全覆盖。同时，要处理好城市公共交通与慢行交通的关系。在公共交通主导的条件下，将步行和自行车出行作为社区出行的主要方式；按照"机非分离"的理念，建立一套非机动车专用路系统。

2. 完善的基本公共服务体系

要根据城镇常住人口，并考虑到未来人口增长趋势和空间分布特点，统筹布局学校、幼儿园、医疗卫生机构、文化体育设施。加强社区卫生服务机构建设，完善重大疾病防控、妇幼保健等专业公共卫生和计划生育服务网络。加强公共文化、公共体育、就业服务、社保经办和便民利民服务设施建设。优化社区生活设施布局，健全社会养老服务体系，完善便民利

民服务网络,打造 15 分钟便捷生活服务圈,不断提高城镇居民基本公共服务水平。

3. 绿色低碳的人居环境

绿色低碳是在工业化、城镇化快速发展条件下,营造人与自然和谐相处城市人居环境的重要途径。其具体建设目标为,一要拥有绿色和清洁的环境,包括为居民提供洁净的空气,优质、可达性好的绿色空间和公共健身、娱乐场地。二要加快产业结构的优化升级,淘汰落后产能,推广清洁生产和循环经济,提高环保进入门槛,大力发展高技术产业和现代服务业等低碳产业。三是积极创导绿色低碳高效的可再生能源系统(如分布式太阳能发电),建立循环利用的节水系统,以及建造绿色节能建筑。四是积极倡导绿色低碳的出行方式,提倡"步行优先、自行车优先和公共交通优先"的"三优先"原则,改善步行、自行车出行条件,减少对小汽车的依赖。五是积极推进包容互爱社区建设。社区作为城市居民居住和生活的基础单元,也是人居环境的有机组成以及居民感知、参与城市活动的基础物质空间。社区除拥有良好的生活环境和便利、高效的基本公共服务网络外,今后应加强培育社区居民的共存感、认同感和归属感,并向更加包容与多元、更加符合人心所向的方向发展。

4. 城市历史文化传承融合发展

发掘城市文化资源,强化文化的传承创新,将城市建设成为历史底蕴厚重、时代特色鲜明的人文魅力空间。注重在旧城改造中保护历史文化遗产、民族文化风格和传统风貌,促进功能提升与文化文物保护相结合。重视在新城新区建设中融入传统文化元素,与原有城市自然人文特征相协调。加强对历史文化名城名镇、历史文化街区、民族风情小镇文化资源挖掘和文化生态的整体保护,传承弘扬优秀传统文化,推动地方特色文化发展,保持城市文化记忆。鼓励城市文化多样化发展,促进传统文化与现代文化、本土文化与外来文化交融,形成多元开放的现代城市文化。

第三节　城市发展空间格局优化模式

　　模式亦称为"范式"，是指事物的标准样式，或对真实事物理想化和结构化的表达方式。模式研究作为一种认识事物和解决问题的重要方法，通过对复杂事物及其运营方式进行深入分析研究，把握其共性规律和差异特性，并在理论上加以抽象概括，再用来指导实践。特色鲜明、相对稳定性、区域代表性和实用性是模式的主要特征。中国城市发展优化模式是在对影响因素、格局、方式、方法、路径等进行较深入研究的基础上，进行凝练和概括而得出的，具体包括交通通道引导模式、产业集聚关联模式、城乡一体融合模式、均衡网络发展模式和生态文明导向模式。

一、交通通道引导模式

　　交通作为人口与产业集聚以及资源、产业等要素流动的基础支撑，交通对城市的形成、发展与布局起着导向作用。各类不同等级的交通线（尤其是铁路、公路、水运航线）是构成相应等级城镇发展轴线的基础。交通基础设施与城市发展的关系是相互联系、互为促进的。一方面，交通是城市发展的基础条件，在交通基础设施供给不足、发展水平不高的条件下，对城市的发展规模和空间布局具有明显的制约作用；另一方面，交通发展水平的提高，包括运输能力、网络化程度和服务水平的提升，对城市的发展与布局产生巨大的促进作用。特别是随着高铁、高速公路和民航等快捷运输方式的发展，交通的快捷化产生的时空压缩效应大大加快了城市的扩展与城市间的联系，成为城市群发育发展的重要外部驱动力。交通基础设施引导中国城市发展模式可分为宏观及城市两个层面。

（一）国家交通基础设施引导城市发展模式

　　与《全国主体功能区规划》确定的"两横三纵"城镇化战略格局相匹配，

在国家层面，构建由沿海、沿江、京哈京广、陇海—兰新、包头—昆明 5 条新型城镇化主轴线串联的 20 个城市群，形成"以轴串群、以群托轴"的国家新型城镇化宏观格局。根据国家 2004 年制定、2008 年调整的国家铁路和高速公路中长期发展规划，到 2020 年将建成"五纵五横"骨干铁路网和"四纵四横"客运专线，基本建成由 7 条放射线、9 条纵线和 18 条横线组成的国家高速公路网，以及扩建新建一批民航机场和沿海、沿江港口。最终形成以"五纵五横"综合交通运输大通道①为依托，国家铁路（含高铁）、国家高速为骨干，普通国道、省道为基础，并与水路（内河及海上航线）、民航、管道共同组成的综合交通网络。因此，在目前国家"两横三纵"城镇发展轴线的基础上，今后在"五纵五横"综合交通运输通道联结的不同节点，还将发育和充实提高一批不同等级规模的城市和城市群。

（二）城市交通基础设施引导空间发展模式

城市交通在城市空间结构的形成与演化过程中起着重要的作用。城市发展的不同阶段都在当时主导交通方式的引导作用下，形成了相应的城市空间结构。其中，当前城市规划中应用最广的公交导向型（transit oriented development, TOD）城市发展（开发）模式，是一种基于"大容量公共交通-土地利用"互动关系的城市开发模式。TOD 对城市空间结构的影响为，一是影响城市道路路网结构，而路网结构对于引导城市空间扩展具有重要作用；二是影响城市规模，限制城市无序蔓延，营造与城市空间相适应的空间结构，从而实现城市紧凑、有序发展；三是影响城市空间结构演化。在电车和通勤铁路时代，城市空间随带状交通线路呈星形城市形态；在机动化交通工具（尤其是小汽车）为主的现代个体交通时代，城市呈填充式"摊大饼"方式向外蔓延；在以轨道交通为主的现代公共交通时代，城市沿交通枢纽集聚，并向多核

---

① 五纵：黑龙江省黑河至海南省三亚、北京至上海、内蒙古满洲里至港澳台、内蒙古包头至广东广州、内蒙古自治区临河至广西防城港 5 条南北向综合运输通道。五横：天津至新疆喀什、青岛至拉萨、江苏连云港至新疆阿拉山口、上海至成都、上海至云南瑞丽 5 条东西向综合运输通道。

的组团型城市空间结构演化。《国家新型城镇化规划（2014—2020 年）》倡导发展密度高、功能混用和公交导向的集约紧凑型城市发展模式，因此 TOD 模式是当前中国许多大城市，尤其是特大城市所倡导的空间结构优化模式。

二、产业集聚关联模式

产业是城市发展的重要物质基础，城市人口的就业有赖于产业的发展。因此，人口集聚与产业集聚是相辅相成、相互促进和互为制约的关系。产业集聚与城市发展的关系为：一是产业集聚形成城市。由于经济活动在利润最大化法则作用下，具有一种空间集中的向心力，并在空间上导致了经济活动综合体的形成，由此带动了人口集聚，形成了经济活动与人口集聚的综合体，即城市。二是产业集聚有利于提升城市的竞争力。产业集聚一方面通过产业的分工，形成高效的专业化分工协作体系，有利于提高劳动生产率，降低生产成本、配套成本、劳动力成本和信息成本，形成低成本的竞争优势；另一方面，产业集聚形成的规模优势和技术创新优势，又能增强产业的国内外市场竞争力。产业的竞争优势提高了城市对周边地区生产要素的吸引力与控制力，推动了城市竞争力的提升。三是产业集聚降低了城市化的成本。据 1990年代有关部门研究，产业集聚的城市化模式可节约土地 30%，提高能源利用率 40%，节约行政管理费用 20% 以上。因此，产业集聚程度高的长三角和珠三角地区，均为我国城市化水平最高、城镇最密集地区[23]。四是产业集聚的迁移是城市空间扩张的重要动力。大城市产业集聚形成后，由于污染、土地和劳动力成本上升等原因，会产生离心力，集聚企业会向市郊迁移，带动周边地区产业集聚发展，进而推动周边地区城市化并促进形成都市圈。

（一）区域尺度的产业集聚关联模式

产业集聚的城市发展模式主要通过产业链—产业集群—产业集聚区—产业一体化布局路径，来影响与推动不同等级城市与城市群的关联发展。以武汉城市圈（城市群）为例，该城市圈以武汉为核心，周边的黄石、鄂州、黄冈、孝感、咸宁、仙桃、潜江、天门 8 市为主体的"1+8"城市圈。在城市圈的形成与发育进程（城市圈的一体化）中，产业集聚与关联发挥了重要作用。

（1）通过延伸产业链，增强城市发展的产业支撑。产业链是以具有比较优势的主导产业为龙头，根据一定的经济技术要求，将原材料供应、生产加工、组装、销售及服务连接链状的产业体系。武汉城市圈通过整合，形成了汽车及零部件、电子信息、装备制造、钢铁、有色冶金、石油化工与盐化工、生物医药、建材与建筑、纺织服装、食品饮料、林浆纸等 12 个主要产业链。通过产业链的上、中、下游分工和前向、后向、侧向的关联带动作用（如汽车工业可以带动钢铁、有色金属、机械、电子、电器、仪表、轮胎、塑料、玻璃等数十种相关产业的发展），以及不同环节的价值链增值效应，有力推动了各类城市的产业发展与分工。

（2）产业集群和各类产业集聚区推动了城市产业竞争力的提升。在产业链的基础上，通过推进产业的协作与联合，逐步形成了一批特定产业领域内协作联系紧密的企业与相关支撑产业在某一地区的集聚发展，即产业集群。产业集群的突出特征为特定的产业空间集聚、本地化的产业联系与配套，以及知识溢出与创新。武汉城市圈现已形成了 15 类约 80 个重点特色产业集群，如汽车整车制造产业集群、汽车零部件产业集群、光电子产业集群、电子信息及家电产业集群、钢铁及深加工产业集群、石油化工产业集群、盐化工产业集群、建材产业集群、纺织服装产业集群、造纸及包装产业集群，等等。每一个重点产业集群都集聚于相应的城市与城镇（经济技术开发区）。2013年武汉城市圈共有 3 家国家级开发区、71 家省级开发区（含 6 家旅游度假区和 65 家以工业为主的开发区），除少数国家级和省级经济技术开发区有2～3 个产业集群外（如武汉经济技术开发区），绝大部分均以一个产业集群为主体。产业集群与经济技术开发区不仅强化了产业的集聚与分工，成为城市产业的重要支撑，而且由于具有规模优势和竞争优势，推动了城市竞争力的提升。

（3）产业布局一体化推动了城市圈的一体化进程。武汉城市圈在延伸产业链和建设产业集群的基础上，通过整合资源，形成了以下七大特色产业带：①以武汉东湖国家自主创新示范区为龙头与辐射极，包括鄂州、黄州、黄石的高新技术产业带，重点发展光电子信息、生物医药、新材料及环保产业；②以武钢为龙头，包括鄂州、黄石、大岩、阳新在内的冶金-建材产业带；③以武汉经济技术开发区为龙头，包括孝感、黄石、黄冈、潜江、天门在内的环城市圈汽车及零部件产业带；④以武汉经济技术开发区和吴家山经济技术开发区为龙头的环城市圈电子信息及电器制造产业带；⑤以武汉、仙桃、汉川、赤壁、孝感、黄石、潜江、天门为主的环城市圈纺织服装产业带；⑥以武汉为龙头，包括鄂州、云梦、应城、仙桃、潜江的石油化工与盐化工产业带；⑦环城市圈农副产品产业带。上述产业一体化布局模式不仅促进了城市圈内各类城市（不同等级中心城市和城市）的协同发展，而且有力地推动了城市圈内各级城市的一体化进程，对提升武汉城市圈整体发展水平与竞争力具有极为重要的作用。

（二）城市尺度的产业集聚关联模式

城市尺度可以武汉市为例，说明产业集聚与城市空间结构的关联模式。武汉是中部地区最大的国家中心城市，长江中游城市群的核心城市。2013年全市常住人口 1022 万人，GDP 总量 9051 亿元，中心城区面积 534.3km^2。现已形成了包括汽车零部件、装备制造、电子信息、钢铁及深加工、食品烟草、能源及环保、石油化工等工业支柱产业，以及金融、物流、信息、计算机服务和软件等为主的现代服务业。根据 2010 年修编的城市总体规划以及在此基础上编制的《武汉 2049 远景发展战略》，未来武汉将依托长江沿江发展主轴、沟通天河机场与东湖高新区的南北发展主轴（沿轨道交通 2 号线），以及联系汉江和江夏区的南北发展副轴，形成"两主一副"空间发展架构。以中心城区的滨江中心商务区（CBD）为核心，以城市轨道交通和快速公交构成的复合交通走廊为支撑，通过整合距中心城区 10～20km 内的东湖科技新城、汤逊湖新城、盘龙湖新城、金银湖新城、太子湖新城 5 个边缘新城，以及沌口汽车产业发展区、阳逻临港产业发展区、天河临空产业发展区和吴家山都市产业发展区四大产业发展区，形成以产业、人口联动发展为特色的"主城+6 个卫星城"的空间结构模式，即"1+6"模式。

三、城乡一体融合模式

城乡一体化融合发展是指城市与乡村两个不同特质的社会经济单元和人类集聚空间,在一个相互依存的区域范围内谋求融合发展、协调共生的过程。城乡一体化作为中国现代化与城镇化发展的新阶段,要将工业与农业、城市与乡村、城镇居民与农村居民作为一个整体,统筹规划、协同发展,促进城乡间土地、劳动力、资本、技术、信息等生产要素自由流动、优化组合,实现城乡在政策上的平等、产业上的互补、国民待遇上的一致、地方文化的传承、生态环境的协调发展。因此,城乡一体化是一项重大而深刻的变革,不仅涉及城乡居民生产方式、生活方式和居住方式的转变过程,而且包括思想观念的更新、发展思路的转变、利益关系的调整、体制机制的创新和政策措施保障等。城乡一体化的目标是逐步缩小和消除城乡之间的"二元"结构与基本差别,促使城市和乡村有机地融为一体,最终实现城乡经济社会全面协调、可持续发展。

城乡一体化是一个逐步推进的动态演变过程,是一个从量的积累到质的变化过程。为加快城乡一体化过程,必须持续推进城乡规划、产业发展、基础设施、公共服务、就业社保和社会管理"六个一体化",促进城乡协调发展和共同繁荣。由于中国各地区的自然和社会经济条件差异较大,城乡一体化的模式也各具特色;既有自上而下、也有自下而上的一体化模式;既有大城市带动型一体化模式,也有中小城市和城镇集聚拓展一体化模式;既有外资带动型一体化模式,也有民营经济和乡镇企业带动型一体化模式。从全国层面看,代表性的城乡一体化模式主要有以下 4 类。

(一)珠江三角洲外向型经济推动型模式

珠三角地区包括广州、深圳、珠海、佛山、中山、东莞、惠州、江门、肇庆等地市,是我国城镇化水平最高、城乡一体化进程较快的地区之一。珠三角依托其毗邻港澳台的地缘和亲缘优势,是我国对外开放最早、外向型经济最发达的地区。自 1980 年代起,以"三来一补"为特点的外向型经济得到了快速发展,不仅加速了人多地少、商品农业较发达的当地农村剩余劳动力向城镇和第二、第三产业转移,而且吸引了中西部各省(自治区、直辖市)大量农村剩余劳动力来此打工。大量廉价劳动力的涌入,又促进了以劳动密集型为主的纺织、服装、玩具、消费类电子、食品、塑料等行业的进一步发展,产业空间分布也逐步从中小城市向小城镇和乡镇推进,城乡一体化进程明显加快,并由此推动了新一轮的外来务工人员的快速增长,2000 年珠三角地区登记的外来人口占总人口的 53%。直到 21 世纪初,由于经济全球化的快速发展和珠三角地区土地、劳动力等生产要素成本上升,促进了产业转型升级,人口集聚的势头才逐步趋于稳定,2009 年金融危机后外来务工人口出现明显减少趋势。这种外向型经济推动型城市发展模式存在的突出问题为,人口城市化大大落后于经济和土地城市化;城市基础设施建设滞后,公共服务供给不足;城市经济社会发展与人口、资源环境处于严重失调。其后,经历了 10 多年的调整,才得到了明显改善。

(二)长江三角洲工业化与城市化互动模式

长江三角洲经济区包括上海市,江苏省的南京、苏州、无锡、常州、南通、镇江、扬州、泰州,浙江省的杭州、宁波、嘉兴、湖州、绍兴、金华、舟山 16 市。是我国综合经济实力最强、城镇化水平较高和城乡一体化进程较快的地区之一。长三角城镇化依托其区位、交通条件和上海市的经济、技术与科教优势,始终以工业化为主体,实行工业化与城镇化互动发展。其中苏南地区自 1980 年代中期以来凭借其发达的乡镇企业,以农村工业化为动力,走出来一条乡镇企业带动城乡一体化模式。浙江依托其较雄厚的民营资本,以劳动密集型的产业集群(如纽扣、打火机、制鞋、低压电器等)起步,逐步发展到纺织服装、汽车零部件、电子电器和商贸业,实行一个乡镇(或村)一品的专业化生产,产业集群带动了乡镇城镇化和城乡一体化发展。2000 年以来,随着长三角地区产业转型升级步伐加快,乡镇企业转为民营企业、外资或合资企业,民营企业的规模与组织形式也相应提升,布局也逐步向小城镇和重点建制镇集中。该模式的特点为城镇化质量较高,人口城镇化水平较全国高出 10 个百分点（2012 年），城镇的产业支撑能力较强，基础设施和公共服务保障水平较高，但其资源环境的承载力和保障能力均不高，绿色低碳是其未来发展的主要方向。

（三）京津冀地区中心城市带动型模式

京津冀地区包括北京、天津两个直辖市，以及河北省的石家庄、廊坊、保定、唐山、秦皇岛、沧州、张家口、承德等城市。该区城市化发展中最突出问题是受城乡二元结构的制约。不仅北京、天津两市与周边河北省广大地区，而且上述中心城市的城区与周围农村地区在经济发展阶段、经济社会结构、综合经济实力、居民收入水平以及基础设施和基本公共服务的保障程度等方面，都存在巨大的落差。由此，不仅直接影响到区域城镇化水平，也在很大程度上制约了城乡一体化进程。自 1990 年代中期起，随着京津两市和区内大部分中心城市经济社会的持续快速发展带来的城市空间扩张的迫切需求，实行了由政府主导、以中心城市为核心的城乡一体化进程。其中，既包括国家自上而下的制度安排，如由国家发展和改革委员会、两市一省发展和改革委员会和国家住房和城乡建设部等编制的区域规划、城镇体系规划等，对实施城乡一体化作出了全面规划与部署；同时，各中心城市通过加快交通等基础设施建设、产业扩散和行政区划调整等途径，促进了城乡周边农村地区产业与人口的集聚规模，进而在基本公共服务上进行了不同力度的改革。反映在城乡空间演化上，形成城区-城乡交错带（半城市化地区）-农村的结构特点。随着城市化向前推进，半城市化地区逐渐演变为新城区。但这种城乡一体化模式的最大弊病是：城乡一体化进程受制于中心城市的经济综合实力，因此出现了地区间的发展严重不平衡，直接影响区域城乡一体化的总体进程。"十二五"以来，随着国家层面大力推进京津冀协同发展，城乡一体化正在朝着持续健康的方向发展。

（四）成渝地区统筹城乡协调发展模式

2004 年"中央 1 号"文件首次将城乡统筹作为解决"三农"问题的主要

途径之一。接着，国务院批准将成渝地区作为统筹城乡发展的示范区。以成都为例，该市在推行城乡一体化的试点示范中，实施了"三个集中"、"六个一体化"和"四大基础工程"。其中，"三个集中"为工业型集聚发展区集中、农民向城镇和新型社区集中、土地向适度规模经营集中；"六个一体化"为城乡规划一体化、城乡产业发展一体化、城乡市场体制一体化，城乡基础设施一体化、城乡公共服务一体化、城乡管理体制一体化；"四大基础工程"为农村产权制度改革、农村新型治理机制建设、村级公共服务和社会管理改革、农村土地整治。因此，成渝地区一体化模式可归结为以城带乡、城乡互动。通过统筹城乡社会经济发展，以重点突破、圈层状空间扩展为途径，走大城市带动型与自下而上的农村城镇化相结合的道路。这一模式对中西部地区（尤其是中部地区）城乡一体化具有借鉴意义。

四、均衡网络发展模式

区域网络式结构是在"点-轴系统"发展模式的基础上，随着区域经济的发展，致使位于轴线上不同等级的节点（城镇）之间以及节点与周围次级节点之间的联系不断加强。相应地，连接各个点之间的交通、通信、能源等基础设施在空间上的不断扩展，形成纵横交错的网络系统，并与不同等级的节点（城镇）构成了网络式空间发展格局。

从城市的发展视角看，网络城市是指两个或更多的原先彼此独立，但存在潜在功能互补的城市，借助快速、高效的交通走廊和通信设施联结起来，彼此尽力合作而形成的富有创造力的城市集合体，如荷兰的兰斯塔德、日本的关西和近畿地区等。网络城市的主要特点：一是强调水平联系和互补性，以及城市间经济的关联和城市功能的异质性；二是注重城市的科研、教育、创新技术等知识型活动，并与其他城市在交互式增长的协调中获益；三是城市增长潜力不受制于城市的规模，而与弹性相关，其增长率明显高于其他中小城市。

为阐述区域网络化城市发展模式的形成过程，本节以河南中原城市群为例加以说明。中原城市群位于河南省中部，是由郑州、洛阳、开封、焦作、新乡、许昌、漯河、平顶山、济源 9 市组成的城镇密集地区。与国内其他城市群显著不同的是，核心城市郑州的首位度相对不高（2010 年为 1.9），城市群内各主要节点城市发展相对均衡，有利于构建多中心网络式的空间结构。中原城市群空间结构演进大体可分为以下三个阶段。

（一）点轴发展模式阶段

该阶段大体相当于 1980 年代初，河南省中部地区主要依托陇海、京广、焦枝三条干线铁路，以及国道 107、310、207、220 等交通干线作为经济和城镇发展轴，将经济技术协作联系较紧密的 9 市串联在一起，形成由多条点-轴系统构成的区域空间结构。其中，陇海发展轴串联了郑州、开封、洛阳三市，京广发展轴串联了新乡、郑州、许昌、漯河四市，焦枝线串联了焦作、济源、洛阳、平顶山四市。此外，在各条轴线上还有一些较小的二级城市。因此，在 1980 年代末国内一些学者就提出了构建以郑州为核心、其他 7 市为节点城市（当时济源尚隶属于焦作市）的中原城市群的战略设想。

（二）网络化发展模式阶段

该阶段大体相当于 1991～2000 年。随着中原城市群区域经济社会的持续快速发展，以及交通等基础设施条件的显著改善，在上述三条城镇发展轴上，各节点城市依托支线铁路、国道、省道等交通基础设施，并通过产业扩散等途径向周边地区拓展，形成了许多新的二级节点。例如，郑州周边形成了巩义、新郑、荥阳、新密、登封 5 个二级节点城市，洛阳市周边形成了偃师、新安、吉利 3 个二级节点城市，焦作市周边形成了沁阳、孟州 2 个二级节点城市，新乡市周边形成了卫辉、辉县 2 个二级节点城市，许昌市周围形成了禹州、长葛 2 个二级节点城市，平顶山市周围形成了汝州、舞钢 2 个二级节点城市。由此在中原城市群形成了网络式空间发展的基本框架。同时，随节点城市特色经济的快速发展，以及节点城市间交通、通信基础设施的不断完善，以人流、物流为主体的交通流持续增长，表明城市间的经济关联性增强。2000 年，中原城市群已呈现出明显的网络化发展格局。

（三）多中心网络化模式阶段

自 2001～2013 年，中原城市群实现了交通基础设施的大发展，以高速铁路、高速公路、城际铁路交通为主的快速交通运输方式得到了突飞猛进的发展。在铁路方面，先后建成了京广高铁、陇海铁路徐（州）兰（州）客运专线，形成了"双十字"的骨干网络，并正在建设郑州至太原、重庆、济南、合肥的客运专线；在高速公路方面，相继建成了京港澳高速、连云港-霍尔果斯高速、大广高速、宁洛高速、二广高速、长济高速、郑焦晋高速、郑卢高速等，基本上实现了 90% 的县通高速；在轨道交通方面，建成了郑州—焦作、郑州—许昌、郑州—开封的城际铁路，正在建设郑州—新乡、许昌—平顶山、新郑机场—登封—洛阳、洛阳—平顶山的城际铁路。同时，近年来，中原城市群互联网得到了快速发展，2013 年实现了 3G 网络全覆盖。目前，快速交通和互联网已覆盖区内一、二级节点城市，2020 年将覆盖包括全部城镇及重点建制镇在内的三级节点城市。随着交通、通信联系更为快捷、高效，中原城市群各城市间的经济联系更加密切，从一级节点城市发展到二级和三级节点城市与城镇。据史雅娟运用重力模型测度，中原城市群 9 个节点城市间的经济联系强度总和从 2000 年的 335.6 提升至 2005 年的 761.8，2010年更达 1984.8，为 2000 年的 5.9 倍、2005 年的 2.6 倍。此外，由南而北纵横城市群的南水北调中线输水工程也将在 2014 年 10 月投入运营。目前中原城市群已基本形成由三级节点和纵横交错的交通、通信、能源和水利基础设施构成的多中心网络化发展格局。

2012 年 11 月，国务院批准的《中原经济区规划（2012—2020 年）》，将中原城市群作为中原经济区发展的核心区域，并提出要加快形成"一核四轴两带"放射状、网络化发展格局①，将中原城市群 9 市建成为经济融合发展，形成高效率、高品质的组合型城市地区。区域多中心网络化发展模式将朝着进一步充实、完善、提高的方向发展。

---

① "一核"为中原经济区核心区域——中原城市群；"四轴"为沿陇海、京广发展轴，沿济（南）郑（州）渝（重庆）发展轴，沿太原、郑州、合肥发展轴；"两带"为北翼的沿邯长-邯济经济带，南翼的沿黄淮经济带。

五、生态文明导向模式

国内众多学者研究表明，城镇发展与资源开发利用和生态环境之间存在着"S"形曲线耦合关系。其中，水土资源开发利用受经济发展阶段的制约，初、中期由低到高，但达到一定阶段后增速趋缓，甚至零增长或负增长；城镇化与生态环境之间的时空演变趋势为低水平的协调阶段—拮抗阶段—磨合阶段—高水平的协调阶段[24]。

中国是一个人均资源短缺的国家。在城镇化进程中面临的资源与生态环境保障形势十分严峻。据方创琳等研究，在 1978～2007 年的 30 年间，城镇化水平每提高一个百分点，需新增城市用水量 17 亿 m^3、新增城市建设用地 1004km^2；而从 2010 年起的未来 15 年，城镇化水平每提高一个百分点，需新增城市用水量 32 亿 m^3、新增城市建设用地 3406km^2。又据 1950～2006 年数据计算，期间城镇化水平每增加一个百分点，需增加生态足迹总量 1.15 亿 hm^2，人均生态足迹增加 0.08hm^2，生态盈亏下降 6.72%；预测 2010～2050 年，城镇化水平每增加一个百分点，生态足迹总量增加 1.05 亿 hm^2，人均生态足迹增加 0.11hm^2，生态超载将增加 5.68%[25]。由此，必将深刻地影响到城镇化的速度、城市的规模等级结构、空间布局与产业结构。必须构建资源与生态环境约束的生态文明型城市发展模式，科学划分与主体功能区对接的城市"三生"空间，也包括政策层面上的建设资源节约型、环境友好型城市，以及推进生态文明城市建设等。

（一）科学划分与主体功能区对接的城市"三生"空间

国家"十一五"规划纲要提出，"要根据资源环境承载力、现有开发密度和发展潜力，将国土空间划分为优化开发、重点开发、限制开发和禁止开发四类功能区，按照主体功能定位调整完善区域政策和绩效评价，规范空间开发秩序，形成合理的空间开发结构"。国家"十二五"规划纲要再次强调"实施主体功能区战略"，并将主体功能区按发展方向分为以下三类：城市化地区（含优化开发和重点开发的城市化地区）、农产品主产区、重点生态功能区（含限制开发和禁止开发的重点生态功能区）。主体功能区已成为规范空间开发时序、控制开发强度，形成高效、协调、可持续国土空间开发格局的重要科学依据。

城市空间按承担的主体功能不同，可划分为生态空间、生产空间和生活空间三种类型，不同性质的空间除发挥其主体功能外，还兼顾非主体功能。其中，生态空间主要发挥生态功能，积累生态资本，兼顾生产功能，相当于国家主体功能区中的禁止开发区；生产空间主要发挥生产功能，积累生产资本，兼顾生活功能，相当于国家主体功能区中的重点开发与优化开发区；生活空间主要发挥生活居住功能，积累生活资本，兼顾生产与生态功能，相当于国家主体功能区中的限制开发区。通过对"三生"空间的识别、整合与划分，理顺城市空间开发秩序，明确城市发展中需要重点保护、需要保护与开发并重、需要重点开发与优化提升的区域，确保城市生态空间山清水秀、生产空间集约高效、生活空间宜居适度。

在中国城市格局优化过程中，也必须按照"三生"空间整合优化理论，遵循"集合、集聚、集中、集成"四原则，突出"生态空间相对集合、生产空间相对集聚、生活空间相对集中、"三生"空间相对集成"的优化思路，优化提升和集约利用"三生"发展空间，实现从空间分割到空间整合的转变，提升城市空间运行效率，为实现城市可持续发展提供科学依据[26]。

（二）建设资源节约型与环境友好型城市

国家"十一五"规划纲要提出，要"落实节约资源和保护环境的基本国策，建设低投入、高产出，低消耗、少排放、能循环、可持续的国民经济体系和资源节约型、环境友好型社会"。从城镇化和城市发展视角看，必须将单位城镇化水平的水耗、能耗、建设用地消耗，以及环境污染物的排放量与生态破坏作为约束性指标，提出相应的实施路径。

（1）大力倡导资源节约型城市发展模式。土地、水资源和能源分别作为国家新型城镇化的主要载体、生命线和命脉，是城市可持续发展的基础保障。在中国人均城市建设用地、水资源和能源资源日益短缺、约束力不断增强的背景下，中国城镇化与城市发展必须走资源能源节约型城镇化道路，突出节约优先。在具体实施中，一要推行节水型城镇化。在全面推广节水型社会建设的基础上，以水资源的供需确定城镇化速度及大、中、小城市规模与布局；二要推行节地型城镇化。在充分挖掘城市现有土地的利用潜力和提高单位土地产出率的前提下，以地定城镇化的速度与规模；三要推行节能型城镇化。在大力推进结构节能、技术节能和管理节能的基础上，以能定城镇化的效率与效能。

（2）积极推进生态环境友好型城市发展模式。生态环境友好型城市发展模式是以可持续发展思想为指导，通过协调人口、资源、环境与经济、社会发展的关系，公平地满足当代与后代对发展和环境方面的需求。绿色、循环、低碳是其发展的主要理念，而这三者既有紧密联系，但侧重点又有所不同。其中，绿色城市作为建设的总目标，包括控制城市人口密度（要求控制在0.8万～1万人/km^2），倡导低碳的生产与生活方式，发展绿色空间（城市园林绿地、都市农业等）及绿色建筑等；低碳城市立足于节能减排，包括调整产业结构与转变发展模式，发展太阳能、风能、生物能等新能源，治理环境污染，减少"三废"排放量等；循环型城市发展模式则是遵循减量化、再利用、资源化原则，立足于城市各行各业和产业园区（产业集聚区），通过大力推广清洁生产、延长生态产业链条，大力提倡绿色消费，发展循环经济，建设全社会共同参与的循环型社会和循环型城市。

（三）建设生态文明城市

生态文明是继农业文明、工业文明之后，人类社会进步的一种更高级的文明形态。生态文明城市是以人的行为为主导、自然环境为依托、资源流动为命脉、社会体制为经络，以"人与自然和谐共生"为宗旨，以自然生态系统与社会生态系统融合为基础，以全面提升居民的生活品质和人居环境为目标，实现经济发展与环境保护、物质文明与精神文明、自然生态与人类生态高度统一和可持续发展的文明城市[27]。生态文明城市建设的总体要求：一要拥有健康的自然生态。为确保城市生态系统良性循环目标，一方面要加强对自然生态系统的保护,发挥其自我调节、自我修复维持和发展能力;另一方面要通过治理环境污染和生态建设,加强对受损生态系统的修复,促进其与人工生态系统的融合。二要拥有绿色高效的经济生态,要通过确立绿色发展模式,依靠科技进步,转变经济发展方式,调整优化城市经济结构、能源结构与产业布局,实现集约、节约、高效发展;同时按照经济生态化要求,大力发展以生态型工业、生态农业和生态旅游为主的生态型产业,构建绿色、高效的产业体系[28]。三要拥有文明的社会生态。要求市民确立自觉的生态意识和环境价值观,建立民主化、法制化、公平、安定的社会秩序。四要拥有先进的生态文化。以先进的生态文化规范市民的价值取向、道德观念、生活方式和消费行为。五要拥有健全的制度保障。要建立和完善各项制度(包括法律、法规、政策等),形成良好的政务环境、法制环境、政策环境、舆论环境和社会环境。

主要参考文献

[1] 方创琳, 刘海燕. 中国快速城市化进程中的区域剥夺行为及调控路径. 地理学报, 2007, 62 (8): 849-860.

[2] 方创琳. 中国城镇化进程及资源环境保障报告. 北京: 科学出版社, 2010: 23-35.

[3] 中华人民共和国国务院. 国家新型城镇化规划(2014—2020 年)2014, 3. 16. 5-6.

[4] 方创琳, 刘晓丽. 中国城市化发展阶段的修正及地域分异规律分析. 干旱区地理, 2008, 31(4): 512-523.

[5] 方创琳. 中国城市发展方针的演变调整与城市发展新格局. 地理研究, 2014, 33(4): 674-686.

[6] 方创琳, 姚士谋, 刘盛和. 2010 中国城市群发展报告. 北京: 科学出版社, 2011: 56-59.

[7] 方创琳. 中国城市群形成发育的新格局与新趋向, 地理科学, 2011, 31(9): 1025-1035.

[8] 方创琳. 中国城市群研究取得的重要进展与未来发展方向. 地理学报, 2014, 69(8): 1130-1144.

[9] 方创琳, 刘毅, 林跃然, 等. 中国创新型城市发展报告. 北京: 科学出版社, 2013: 25-39.

[10] 方创琳, 马海涛, 王振波, 等. 中国创新型城市建设的综合评估与空间分异格局. 地理学报, 2014, 69(4): 1011-1022.

[11] 方创琳. 中国创新型城市发展综合评估与发展瓶颈分析. 城市发展研究, 2013: 20(5), 90-98.

[12] 祁巍锋. 紧凑城市的综合测度与调控研究. 杭州: 浙江大学出版社. 2010: 43-48.

[13] 方创琳, 祁巍锋. 紧凑城市理念与测度研究进展及思考. 城市规划学刊, 2007, 170(4): 65-73.

[14] 方创琳, 祁巍锋, 宋吉涛. 中国城市群紧凑度的综合测度及空间分异分析. 地理学报, 2008, 63 (10): 1011-1021.

[15] 毛汉英. 区域发展与区域规划——理论·方法·实践. 北京: 商务印书馆, 2008: 345-370.

[16] 胡序威. 控城市区域化, 促区域城镇化. //中国城市发展报告(2013). 北京: 中国城市出版社, 2014: 109-113.

[17] 国务院. 中华人民共和国国民经济和社会发展第十一个五年规划纲要. 北京: 人民出版社, 2006: 21-23.

[18] 国务院. 中华人民共和国国民经济和社会发展第十二个五年规划纲要, 北京: 人民出版社, 2011: 15-19.

[19] 方创琳. 中国新型城镇化发展报告. 北京: 科学出版社, 2014: 75-144.

[20] 方创琳. 中国城市群发展中的主要问题与新格局构建. //中国城市发展报告(2013). 北京: 中国城市出版社, 2014: 194-207.

[21] 方创琳, 马海涛. 新型城镇化背景下中国新区建设与土地集约利用. 中国土地科学, 2013, 27(7): 4-10.

[22] 方创琳, 马海涛. 新城新区, 如何让城市更美好?光明日报 , 2014, 7. 11, 11.

[23] 崔功豪. 中国城市发展的再思考. //2009 城市发展与规划国际论坛文集. http://www. cnki. net. 2009.

[24] 黄金川, 方创琳. 城市化与生态环境交互耦合机制与规律分析. 地理研究, 2003, 22(2): 211-220.

[25] 方创琳. 中国快速城市化过程中的资源环境保障问题与对策建议. 中国科学院院刊, 2009, 24(5): 468-474.

[26] 方创琳. 中国城市发展空间格局优化的科学基础与框架体系. 经济地理, 2013, 33(12): 1-9.

[27] 毛汉英. 生态文明城市: 现代城市发展的必由之路. //中国市长协会中国城市发展报告(2013). 北京: 中国城市出版社, 2014: 279-284.

[28] 刘耀彬, 李仁东, 宋学锋. 中国城市化与生态环境耦合度分析. 自然资源学报, 2005, 20(1): 105-112.

第　五　章

中国城市发展空间格局的优化模拟

通过分析中国城市发展空间格局优化的驱动因素（包括道格拉斯生产函数中的劳动力、资本、创新、交通可达性、信息化和互联网及产业转移）和约束因素（包括交通约束、地形复杂度约束、水资源约束和主体性功能区划约束等），构建了中国城市发展空间格局优化的驱动指标和约束指标体系，采用有序加权回归法、经济和人口空间分异算法、经济要素吸引力模型、就业导向预测模型、交通可达性最短路径算法和数据标准化模型等多模型集成和GIS技术方法，设置了城镇扩张、现状维持和风险控制三种情景进行优化模拟，得到中国城市发展空间格局的优化方案。到 2020 年，全国城市总数量达到 720 个，其中，超大城市数量达到 10 个，特大城市数量达到 17 个，大城市数量达到 123 个（其中，Ⅰ型大城市 23 个，Ⅱ型大城市 100 个），中等城市数量达到 220 个，小城市数量达到 350 个（其中，Ⅰ型小城市 260 个，Ⅱ型小城市 90 个），形成 10 个超大城市、17 个特大城市、123 个大城市、220 个中等城市和 350 个小城市共 720 个城市组成的金字塔型城市等级规模结构新格局。到 2030 年，形成 13 个超大城市、21 个特大城市、131 个大城市、239 个中等城市和 366 个小城市共 770 个城市组成的金字塔型城市等级规模结构新格局。

第一节　城市发展空间格局优化的驱动与约束因素

中国城市发展空间格局优化的驱动因素既包括道格拉斯生产函数中的劳

动力、资本、创新等驱动因素，也包括交通可达性、信息化和互联网及产业转移等新型驱动因素；同时包括交通约束、地形复杂度约束、水资源约束和主体性功能区划约束等限制因素。

一、城市发展空间格局优化的驱动因素分析

根据道格拉斯生产函数对地区经济发展的理论概括，中国城市发展空间格局优化的经济驱动因素主要包括人力资源、各种资本和创新能力三个方面，其他驱动因素包括可达性与信息技术、产业转移、区域政策等驱动因素。

（一）人力资源流动的驱动因素分析

人力资源主要通过劳动力数量即预期适龄劳动力（2010 年第六次全国人口普查 0～44 岁人口）总量体现，其作为正向驱动指标是影响中国城市空间格局优化的主要驱动因素。全国第六次人口普查数据表明，2000～2010 年，我国劳动力资源总量迅速增长，劳动年龄人口增长超过总人口增长。从总量看，这段时间我国劳动力供应总体充裕，甚至潜在劳动供给人口超过实际劳动需求人口，形成持久的就业压力。2010 年，全国共有适龄劳动力 8.84 亿人，比 2000 年增加了近 1 亿人，约占全国总人口的 65%。人口年龄金字塔结构的研究显示，自 2013 年始，我国劳动力资源会逐步下降，据相关专家预测，如果保持现行人口政策，随着计划生育政策的持续有效实施，平均预期寿命的延长，人口红利将在未来 20 年内消失[1]。不管是《中华人民共和国劳动法》颁布的社会学原因，还是遵循年龄金字塔增长规律的生物学原因，均显示：对经济发展有较大红利的劳动力过剩或劳动力低成本时代已经一去不复返，转而进入了劳动力短缺时代。毋庸置疑，未来一定时期内，地区劳动力数量对城市经济发展和城市发展空间格局的作用将更加凸显。

我国劳动力资源区域分布不均衡，具有明显的"东多西少"特点，人力资源的空间分布在历史上就已形成"东重西轻"的格局。中国地理学家胡焕庸在 1935 年提出的划分我国人口密度的对比线"黑河—腾冲一线"，其东南与西北的人口数量、人口密度差别极为悬殊。该线东南半壁国土居住着 96% 的人口，西北半壁仅拥有不到全部人口的 4%[2]。2010 年第 6 次人口普查结

果显示，"胡焕庸线"两侧的人口分布比例，与75年前相差仍然不到2%。我国东南地区人力资源数量巨大，但土地总面积和人均耕地面积都比较小，自然资源储量很低；而大西北地区，矿藏资源丰富，草原牧场和耕地面积广阔，人力资源却相对短缺。分省来看，广东、河南、山东、四川、江苏和河北是我国劳动力人口最多的6个省份，劳动力规模均在4800万人以上（图5.1）。全国劳动力分地市和分县的分布情况详见图5.2和图5.3。

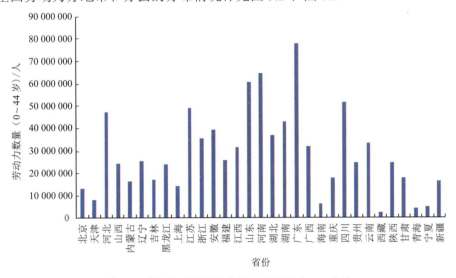

图 5.1　我国劳动力资源分地区比较图（2010 年）

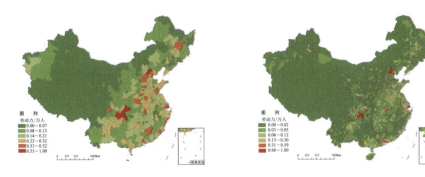

图 5.2　我国劳动力资源分地市空间分布示意图　　图 5.3　我国劳动力资源分县市空间分布示意图

　　除了劳动力资源现状格局发生变化外，劳动力流动格局也正在发生重大变化。劳动力的迁移与家庭、受教育程度、迁移距离、劳动力市场状况、制度、年龄、其他（流入地的语言、政治环境、文化背景、气候和环境质量等）等因素相关。2010 年前，我国劳动力流动除了由农村向城镇流动外，还存在由市场化程度较低的产业向市场化程度较高的产业流，由公有部门向私有部门流动，劳动力的跨地区流动主要表现为由落后或不发达地区向发达地区以及由农村向城市的流动[3]。具体来说，主要是从劳动力资源丰富、自然资源相对贫乏、经济欠发达地区，如安徽、四川、河南、甘肃、湖南、广西等省（自治区），流入沿海经济发达地区和各类城市。

从研究期末的时点看，目前 0～45 岁的人口将逐渐成长为 2030 年的劳动适龄人口（16～59 岁）。从 2014～2030 年，全国劳动力资源增加量将集中体现在城镇劳动力资源的增加上，我国农村新增劳动力总体将呈现减少趋势，劳动年龄人口（16～59 岁）增长呈现由快到慢，再到负增长的趋势。未来劳动力跨省流动的趋势可能减缓，但农民工在本省、本市流动可能增加。受第四次产业转移浪潮的影响，也受我国经济发展水平和人民生活水平提高后社会心理变化的影响，经济增长初期呈现的劳动力大规模远距离流向东南沿海地区的格局，正在悄然变化，取而代之的是劳动力的大规模"返乡潮"现象。据调查，贵州黔东南自治州 2000～2010 年是劳动力向广东等经济发达地区劳务输出的高峰，每年外出劳动力高达 80 万人，约占全地区户籍人口的 20%以上。但 2010 年后，随着全球经济危机对东南沿海地区经济发展的冲击，以及第四次产业转移的持续推进，黔东南自治州的外出务工人员已由高峰时期的 80 万人回落到 2014 年的 55 万人。可以预见，未来 20 年内我国劳动力的流动格局将不再是长距离的大规模迁移格局，而是中短距离的省域内迁移。这种背景下，城市劳动力数量对城市经济发展格局和城市发展空间格局的影响也就更加凸显。

（二）创新能力提升的驱动因素分析

创新型城市是开展国家创新活动、建设创新型国家的重要基地与力量之源，实施创新驱动发展战略，建设创新型城市是推进国家创新体系建设和建设创新型国家的重要载体，也是探索城市发展新模式和推进城市可持续发展的迫切要求。《国家中长期科学和技术发展规划纲要（2006—2020 年）》、《国家国民经济和社会发展第十二个五年规划纲要》、《国家"十二五"科学与技术发展规划》以及国家发展和改革委员会和国家科技部等都先后提出建设创新型城市。2012年修订的《中国共产党章程》也提出建设创新型国家，实施创新驱动发展战略。习近平总书记在2014年8月18日主持召开的中央财经领导小组第七次会议明确指出，"创新始终是推动一个国家、一个民族向前发展的重要力量，实施创新驱动发展战略，就是要推动以科技创新为核心的全面创新，坚持需求导向和产业化方向，坚持企业在创新中的主体地位，增强科技进步对经济发展的贡献度，形成新的增长动力源泉，推动经济持续健康发展"。可见，创新能力提升作为正向驱动因素，正在成为改变中国城市发展空间格局的最重要驱动力。

当一个城市的人均GDP超过10 000美元、全社会R&D投入占GDP的比例超过5%、企业R&D投入占销售总收入的比例超过5%、公共教育经费占GDP比例大于5%、新产品销售收入占产品销售收入比例超过60%、科技进步对经济增长的贡献率超过60%、高新技术产业增加值占工业增加值的比例大于60%、对内技术依存度大于70%、发明专利申请量占全部专利申请量的比例大于70%、企业专利申请量占社会专利申请量的比例大于70%时，表明这个城市达到了创新型城市的建设标准，就可以判定该城市已经进入了创新型城市的行列，这是城市实现可持续发展的重要标志。中国创新型城市建设采用综合创新指数U的评判标准，当$U \geqslant 0.75$时，可判断该城市已经成为高级创新型城市；当$U=0.50 \sim 0.75$时，可判断该城市为中高级创新型城市；当$U=0.25 \sim 0.50$时，可判断该城市为中级创新型城市；当$U<0.25$时，可判断该城市为初级创新型城市[4]。

目前，我国已经先行编制了创新型城市建设规划，约60%的城市提出了建设创新型城市的发展战略，把自主创新作为城市发展主战略，出台了《中华人民共和国科学技术进步法》及创新型城市建设的配套政策，成立了创新型城市建设领导小组等机构；各具特色的城市创新体系正在形成，企业创新的主体地位明显加强；城市创新投入逐渐加大，各类专项创新基金陆续设立，城市创新试点全面展开，约60%的城市开展了不同类型的创新型城市试点工作，创新企业和创新园区试点同步推进；城市创新扶持政策陆续出台，创新评估机制正在形成；体制机制创新逐步强化，协同创新环境正在改善。总体来看，我国创新型城市建设取得了举世瞩目的显著成就，创新型城市试点建设工作取得阶段性显著成效，创新型城市建设的国际地位正在显著提升，城市创新成果已成为培育和发展战略性新兴产业的重要推动力，城市创新要素日趋完备，研发投入快速增长，高层次创新人才不断涌现，创新型城市建设成果惠及民生，对改善民生发挥了重要作用[5]。

总体上说，尽管我国创新型城市建设取得了显著的创新成就，但无论采用单项指标判断，还是采用综合创新指数判断，我国创新型城市建设均处在初级阶段，尚未完成从要素驱动向创新驱动的战略质变，与真正意义上的创新型城市尚有很大差距。全国没有进入高级阶段的创新型城市；全国只有北京、深圳、上海、广州4个城市处在创新型城市建设的中高级阶段；全国只有1/4的城市处在创新型城市建设的中级阶段；全国约3/4的城市处在创新型城市建设的初级阶段。创新型城市建设面临着投入瓶颈、收入瓶颈、技术瓶颈、贡献瓶颈和人才瓶颈五大瓶颈，存在着城市研发投入与企业研发投入占GDP比例低、城市新产品销售收入占产品销售收入比例低、城市高新技术产业产值占工业总产值比例低、城市对内技术依存度低、城市发明专利申请量占全部专利申请量比例低、城市科技进步对经济增长贡献率低、城市公共教育经费占GDP比例低"七低"问题[6]。

未来要加大原始创新，提升城市自主创新能力；加大重点行业的支持力度，提高城市产业创新能力；增强全球服务意识，提高城市服务创新能力；营造创新的文化氛围，提高城市文化创新能力；充分发挥政府在创新中的作用，提高城市管理创新能力；加快体制机制创新和制度改革，提高城市制度创新能力。最终建成创新体系健全，创新要素集聚，创新特色鲜明，创新活力充沛，创新环境优良，创新人才汇集，自主创新能力强，科技支撑引领作用突出，经济社会效益好，在区域、国家乃至全球范围内辐射引领作用显著的创新型城市，进而通过创新驱动优化中国城市发展的空间格局。

（三）资本驱动因素分析

资本是驱动区域经济发展的最核心因素，对中国城市发展空间格局具有长期持续的关键引领作用。其中，固定资产投资既是区域经济扩大再生产的主要途径，也是区域经济发展成果的物化体现，较大程度上彰显了未来发展能力；外资是加快区域经济发展的催化剂，合理引进外资是区域经济工作的重点，实际利用外资反映了区域经济发展的外向度和活力。

我国全社会固定资产投资的空间分布情况呈现明显区域梯度递减态势和省际差异。从大区域看，2013 年，东部地区固定资产投资总额为 17.57 万亿元，约占全国的 40.25%；中部地区分别为 10.26 万亿元和 23.51%；东北地区分别为 4.65 万亿元和 10.64%；西部地区分别为 10.62 万亿元和 24.34%。分省来看，我国固定资产投资最多的省份主要在东部沿海地区，其中，江苏省、山东省、河南省、辽宁省、河北省、广东省和浙江省等省的固定资产投资均超过 2 万亿元，属于固定资产第一梯队；位于第二梯队的有四川省、湖北省、安徽省、湖南省、福建省、陕西省、内蒙古自治区、江西省、黑龙江省、广西壮族自治区、山西省和重庆市等，这些地区投资规模均超过 1 万亿元；其余 12 个省（自治区、直辖市）属于第三梯队，投资规模少于 1 万亿元，最少的西藏仅有 876 亿元，最多的吉林达到 9880 亿元（图 5.4）。

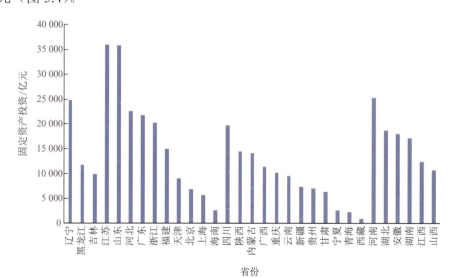

图 5.4　我国固定资产分地区比较图（2013 年）

我国目前是全球第二大外资流入地，利用外资正从高速增长期进入到成熟稳定期。我国累计实际利用外商直接投资额从 1984 年的 41 亿美元激增到 2013 年年底 14 021.06 亿美元，增长了约 342 倍。当前，我国利用外资规模增速放缓，来自周边地区、欧盟的投资略有波动，但利用外资质量进一步提升，产业与区域结构继续优化。我国实际利用外资（FDI）存在明显的区域差异。从大区域看，全国外资利用的总体分布格局为东部地区最多，次为中部地区，西部地区较落后，但已有明显的追赶态势。2012 年东、中、西部地区分别实际利用外资 925.1 亿美元、92.9 亿美元和 99.2 亿美元，占利用外资总额的 82.8%、8.3% 和 8.9%，中西部地区利用外资占全国的比例已从 2002 年的 13.3% 提升到 2012 年的 17.2%。中西部地区不但在承接东部劳动密集型产业转移方面有了明显进展，而且电子、汽车、航空航天、医药制造、现代农业等高端产业和服务外包等新兴业态也已初具规模，在一些领域甚至开始与东部地区实现同步发展。分省来看，我国外资实际利用最多的省份也主要在东部沿海地区，2008～2010 年 3 年间，江苏省、山东省、广东省、辽宁省、上海市、浙江省、天津市和山东省 8 个省（直辖市）的实际利用外资均超过 250 亿美元；北京市、福建省、江西省、河南省、湖南省、安徽省、湖北省、重庆市、四川省和河北省 10 个省份，3 年实际利用外资规模均超过 100 亿美元；其余 14 个省（自治区、直辖市）实际利用外资规模均少于 100 亿美元，其中贵州省、新疆维吾尔自治区、甘肃省、宁夏回族自治区、青海省和西藏自治区 6 个省（自治区）3 年实际利用外资均少于 10 亿美元，6 省合计仅有 15.46 亿美元，不足江苏一个省的 2%。

进入 21 世纪以来，我国招商引资工作进入到了一个新的发展阶段。中国城市也加大了改善投资软环境的力度，加强了吸引外资的综合优势，为吸引更多优质外资创造了有利的条件。随着经济全球化的进一步发展，中国城市也焕发出勃勃生机和活力，成为全球资本市场上不可或缺的角色。随着国民经济的发展和对外开放的进一步扩大，我国吸收外资的广度和深度产生了一次飞跃。不仅表现在总量上的增加，在外资质量、投资方向和投资结构方面也有所改善，这对优化中国城市发展空间格局具有重要的驱动作用。

（四）交通和信息技术的驱动因素分析

交通和信息技术对城镇化的影响是广泛和深远的。以小汽车、火车和飞机为代表的交通技术发展，促使人们的活动范围扩大，有力地推动了城市空间的扩展；以信息技术为代表的通信技术，则把人类带入网络化甚至虚拟时代，在促使交流更加方便的同时，也极大地丰富了人们的精神世界，较大程度上改变了人们的生活方式。技术发展的根本趋势是促使人类拥有得更多、行动得更快、控制或到达得更远。具体而言，交通技术具有快速化、大型化和便捷化趋势；通信技术尤其是互联网技术具有网络化、虚拟化和即时化趋势。

全球各国城镇化的发展经验表明，技术的进步，尤其是信息技术的进步，将减轻实物型资源和距离摩擦作用对城市发展的限制，拓展城市的发展空间，使得城镇化的空间尺度从小城市到大城市，再到大都市区，乃至演化到大都市连绵带，有不断扩大的趋势。中国高铁网络化和机场航空运输体系的迅猛发展，使得中国的快捷交通体系逐渐形成，对全国范围各区域的交通可达性进行了较大重构。

交通区位格局的变迁必然全面引动中国城市发展空间格局的变化，其基本趋势是促进单个城市发展空间尺度扩大，推动中观层面城市群发育加快。例如，甄峰等的研究表明，基于互联网技术的微博空间对城市发展格局具有加速分层集聚的特征[7]。他选取全国 51 个节点城市，从网络社会空间角度研究全国城市格局，认为：城市空间网络体系存在着分层集聚现象，具体表现为"三大四小"发展格局，即京津冀区域、珠三角区域、长三角区域、成渝区域、海西区域、武汉地区、东北地区。微博网络空间的出现促使原有地理空间的城市网络体系进一步集聚，加速了一些围绕高等级城市所形成的城市密集区的发展（图 5.5）。

国家交通网络整体上将实现全国范围的发展均衡，但城市之间的交通可达性差距依然存在，对全国城市发展格局的演化仍然是最重要的影响因素之一。中长期国家公路网络以国家公路为骨干，省级公路为补充，县乡公路为基础，国家高速公路连接所有地级市、人口超过 20 万的城市，普

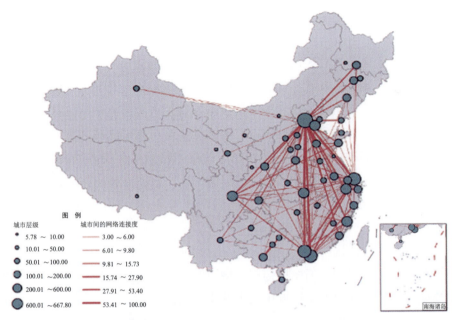

图例

城市层级
- 5.78 ~ 10.00
- 10.01 ~ 50.00
- 50.01 ~ 100.00
- 100.01 ~ 200.00
- 200.01 ~ 600.00
- 600.01 ~ 667.80

城市间的网络连接度
- 3.00 ~ 6.00
- 6.01 ~ 9.80
- 9.81 ~ 15.73
- 15.74 ~ 27.90
- 27.91 ~ 53.40
- 53.41 ~ 100.00

南海诸岛

图 5.5　基于网络社会空间的中国城市网络体系示意图

通国道有效覆盖县市；省会城市及大中城市间形成快速客运通道，规划"四纵四横"等客运专线以及经济发达和人口稠密地区城际客运系统（环渤海、长江三角洲、珠江三角洲、长株潭、成渝以及中原城市群、武汉城市群、关中城市群等）。尤其，2013 年 7 月全国铁路集装箱网络封网运行对中国区域经济格局必将产生深远影响。18 个铁路集装箱中心站、40 个主办站和 100 个代办站的相继完成，由此对站点所在城市的发展无疑是一个重要机会。中长期机场建设重点培育国际枢纽、区域中心和门户机场，完善干线机场功能，适度增加支线机场布点，构筑规模适当、结构合理、功能完善的北方（华北、东北）、华东、中南、西南、西北五大区域机场群；中长期国家交通网络将以高速铁路客运专线为骨干，高速公路和普通铁路为支撑，形成覆盖全国的快速交通网络体系，在主要城市间形成便捷高效的联系条件。

（五）产业空间转移的宏观驱动因素分析

经济是影响城镇化的最活跃因素，它主要通过产业结构的演进改变城市的形态和规模，进而影响城镇化的发展过程。城镇化发展的最基本动力来源于产业的空间集聚，而产业的空间聚集则是生产力发展到一定水平后的必然过程。工业化的根本特征是生产的集中性、连续性和产品的商品性，这就要求经济过程在空间上要有所聚集。正是这种工业化的聚集要求，才促成了资本、人力、资源和技术等生产要素在有限空间上的高度组合，从而促进了城镇的形成和发展。工业化初期，其主导产业均为劳动密集型，如冶金、煤炭、基本工业消费品生产等，产业间的联系较少，依存度低，因此城市规模一般均比较小，城镇化过程相对缓慢。到工业化中期，主导产业则转变为资本密集型，如钢铁、机械、电力、石油、化工和汽车工业等，产业间的依存度提高，导致产业在空间聚集范围上迅速扩大，引起城镇化过程加速。工业化后期，技术密集型产业迅速崛起如电子、计算机、生物制药等，工业生产过程的管理步入到更现代化阶段，致使工业生产部门对劳动力的吸纳力大大下降。但同时又由于生产效率的提高，人们对城市生活产生了新要求以及生产现代化对城市服务设施的需求更多，因此城市的地域范围会进一步扩大，第三产业会突飞猛进地发展起来。第三产业的发展赋予城市新的活力，会使城镇化进入到更高层次。

纵观历史发展，全球范围内已经完成了三次大的产业转移浪潮，其中第三次产业转移对中国的影响最大，贯穿中国现代城市发展空间格局形成发育的全程。2005年以来，随着经济全球化的不断深入和新技术革命的快速发展，全球正在经历第四次产业转移浪潮，必然对中国未来的城市空间格局产生重大影响。化工产业（包括石化、煤化和盐化）呈现出从东部环渤海地区和江苏地区向西北、西南地区转移的趋势；纺织产业呈现出由东部向西北空间转移的态势，即在这一轮的纺织产业转移中，棉纺和服装行业的转移最为明显，新疆以及中部6省成为棉纺和服装制造业的主要承接地。未来几年，产业转移的行业格局将会发生明显的变化，主要表现为棉纺和服装行业受资源和劳动力制约，转移动力减弱，特别是棉纺行业，除新疆、甘肃外，全国各省均是棉花净输入地区，棉纺转移空间减少。第四次产业转移给中国中西部城市发展带来了重大历史机遇，必将成为中国城市空间格局的发展重点从东部沿海向中西部迁移的发动机和加速器。

（六）区域政策的驱动因素分析

区域政策是推动城市空间格局优化的主导力量。国家区域发展战略及其具体的政策是影响区域人口分布格局变动的根本因素，也是影响全国城镇化的导向性因素。就政策因素而言，在改革开放前的近30年时间里，我国城镇化发展几乎完全受制于政策的影响。尤其是"大跃进"时期，我国采取了一系列支持城市增长的政策。譬如，为以牺牲农业为代价助长城市工业的扩张，政府操纵金融市场，为城市工业提供廉价的资本，农产品原料以低于使用者成本的价格提供给城市工业，等等。这些政策最终导致了过快的城乡人口迁移乃至过度的城镇化进程。此后，又开始执行严格的户籍制度政策，限制城乡人口流动，大大放缓了城镇化进程。党的十六大以来提出了多样化的城镇化道路，这将对中国城镇化格局产生重大而深远的影响。另外，城市地方政府所制定的城镇化政策、人口发展和人才引进政策、户籍政策、社会劳动保障政策、医疗教育政策、房地产政策、社会治安环境、城市社会公共服务设施供给能力等社会因素所形成的良好的城市社会环境，是当前市场经济条件下人口聚集和迁移的重要动力因素，同时，也成为推进城镇化的重要手段和途径。

二、城市发展空间格局优化的约束因素分析

从城市发展的角度看，我国陆地国土空间辽阔，但适宜开发的面积少。我国陆地国土空间面积居世界第3位，但山地多，平地少，约60%的陆地国土空间为山地和高原，适宜城市开发的面积有180余万 km^2，但扣除必须保护的耕地和已有的建设用地，今后可用于城市发展及其他方面建设的面积只有28万 km^2 左右，约占全国陆地国土面积的3%。适宜开发的国土面积较少，决定了我国必须走空间节约集约的发展道路。约束因素分析主要从可达性、

水资源供给、地形条件和主体性功能等角度分析城市发展空间格局所受的限制约束作用大小。

（一）可达性约束分析

交通基础设施一直以来都是支撑区域经济与社会发展的关键要素。全国交通路网（包括高速公路与国省道分布，铁路站点分布以及路网密度等）的现状分布格局与远期规划是决定中国城市未来发展格局的重要力量。在国家交通路网日益均衡化的今天，交通可达性弱的地方逐渐成为区域经济发展的约束，因此也制约城市空间格局的演变。交通可达性的测算方法很多。可达性测算指标主要有最短旅行时间、加权平均旅行时间、经济潜能、日常可达性和交通优势度等。表达形式主要为出行时距图和小时交流圈等[8]。本研究以最新的全国道路网为基础，以县级行政单位（包括地级市的合并市辖区、县级市、县及自治县、旗/自治旗、林区等）为基本单元，分别计算每个县级行政单位到其他所有县级单位的最短通达时间，即最小时间成本，用来刻画分析单元交通可达性。

1. 可达性计算方法

采用全国交通路网图中各等级的铁路和公路进行计算，鉴于不同类型的交通方式的联通速度与能力差异显著，因此需要依据各类型道路的常见车速，在将各类型的道路矢量数据栅格化之后，在道路所在的栅格，将其定义为具有比例关系的时间成本值，详见表5.1。道路类型可以分为两类：一类是无固定出口的交通方式，包括国道、省道、县道；另一类是有固定出口的交通方式，包括高铁（高铁站点）、普通铁路（普通火车站）、高速公路（固定高速公路出入口）。

表 5.1　7 种交通类型的道路时间成本赋值表

路网类型	参照时速/（km/h）	时间成本赋值
高速铁路	300	1
普通铁路	150	2

路网类型	参照时速/（km/h）	时间成本赋值
高速公路	100	3
国道	80	3.75
省道	60	5
县道	40	7.5
无道路	3	100

不同的交通方式将采用不同的"最小时间成本"计算方法，以北京市到其他所有县级单位的最小时间成本的计算方法为例进行说明。高铁、普铁和高速公路按"单源最短路径"进行计算。以"高速铁路"为例，首先需计算北京至每个"高铁站点"所需的时间成本，即计算北京所在的栅格到达各个高铁站点所在栅格的距离，这就需要在上一步准备的"高铁道路时间代价栅格数据"上，以北京为原点，进行单源最短路径计算。根据以上算法即可得到高铁网络中，北京所在栅格到达各个高铁站点所在栅格的通达时间，即得到了北京到达各个高铁站点的时间成本。普通铁路、高速公路按相同原理进行计算，即可得到北京到达各个铁路站点、高速公路出入口的时间成本。

国道、省道和县道按"多源最短路径"进行计算。在进行多源最短路径计算之前，首先将无固定出口的三种交通方式（包括国道、省道以及县道）的时间代价图合并为一个图层，每个栅格取三个图层中时间代价的最小值作为合并后的栅格值，得到无固口交通的时间代价图层。进而将北京市以及"单源最短路径"中的所有出口（高铁站点、普通火车站以及高速公路出入口）作为新的"源点"；"北京市"点的初始时间代价为 0，其余"出口"源点的初始时间代价为上一步计算结果。最后，进行多源最短路径的计算，其算法与单源最短路径的计算方法基本一致，同样是使用 Dijkstra 最短路径算法，最终可得到考虑多种交通方式的北京到全国各地的时间代价分布图。

2. 可达性计算结果分析

按照可达性计算方法，以2013年百度导航全国道路网数据为基础，分别对我国2289个（按2010年行政区划）县级行政单位进行交通可达性测算，即一个县级单位到其他所有县级行政单位的最小通达时间，并对计算出的可达性数值进行分级，得到图5.6。图中绿颜色越深的县级行政区划单位，其通达时间越短，交通可达性越好；而红色越深的县级单位，其通达时间越长，交通可达性越差。

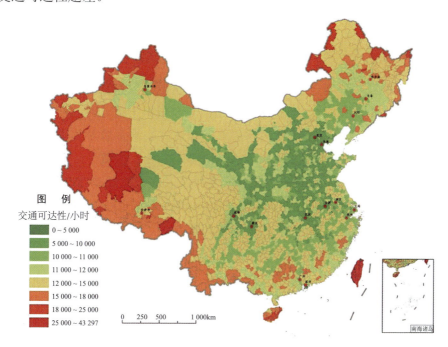

图 5.6　中国城市发展的交通可达性分析示意图

总体来看，可达性最好的区域集中在我国的几何中心区域，该区域是我国纵横南北、横贯东西的路网大动脉的交汇处，具备通达我国东西南北各区域最为便捷的交通条件，因此其交通可达性最好。除此之外，我国核心的"八纵八横"铁路网沿线以及"五纵七横"高速公路网沿线附近区域的县级行政单位，其通达时间也较短，即交通可达性较好。以我国华东、中南、西南客货运输的重要通道——沪昆通道为例，该铁路通道自上海起经杭州、株洲、怀化至贵阳、昆明，由沪杭线、浙赣线、湘黔线、贵昆线，该铁路经过之处在我国中南、华南因多丘陵、山地而造成的交通可达性较差的区域形成了一条明显的"绿色通道（交通可达性较好的长条形区域）"。同时，该算法的计算原理决定了我国国界附近区域的可达性较弱，如图5.6中的我国西南部地区、西部地区以及东北部的边缘地区，但我国东部沿海地区的交通可达性仍较好，这主要是由路网密度的差异造成的。

（二）水资源约束分析

我国水资源总量居世界第六位，但人均水资源量仅为世界人均水资源量的1/4，列世界第88位，而且水资源空间分布很不平衡，时间变率较大，与人口、耕地的分布以及城镇化的需求不相适宜。水资源对我国区域经济发展、人民健康生活等造成严重威胁，已经成为约束区域经济和城市空间发展格局的重要因素。我国水资源主要集中于长江、珠江及西南国际水系，水资源分布呈"南多北少，东多西少"的空间格局，这与我国的地理位置、季风气候区以及特殊的三大阶梯地形等因素有关。即便是水资源较为丰富的我国东部地区，也存在着水质性缺水、水资源效率低、地下水过度开发利用等问题，水资源供需矛盾也十分尖锐。由于我国目前缺乏汇总的分地区水资源量数据，本节采用人均供水量作为水资源约束指数，间接反映各地区的水资源稀缺程度，反映水资源对各级地域单元城镇化的约束效应。我国地级城市发展的人均供水分布详见图5.7，可以看出，胡焕庸线以西，降水量较少，蒸发量较大，可用水资源匮乏，城市人均供水十分紧张，对城市发展的约束最大；中部地区，甚至东部沿海地区也有不少缺水严重的区域，其中包括河南、山东、安徽等省大部分城市的华北地区是我国严重缺水的地区。

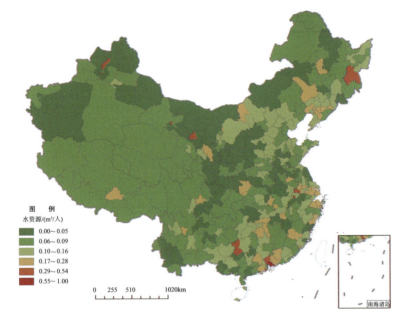

图 5.7 中国地级城市发展的人均供水分布图

（三）主体功能性约束分析

我国"十一五"时期以来，根据资源环境承载能力、现有开发密度和发展潜力，统筹考虑未来我国人口分布、经济布局、国土利用和城镇化格局，将国土空间划分为优化开发区、重点开发、限制开发和禁止开发 4 类主体功能区，其目的是按照主体功能定位调整完善区域政策和绩效评价，规范空间开发秩序，形成合理的空间开发结构。《全国主体功能区规划》中提出，到 2020 年全国陆地国土空间的开发强度控制在 3.91%，城市建设空间控制在 10.65 万 km² 以内，农村居民点占地面积减少到 16 万 km² 以下，各类建设占用耕地新增面积控制在 3 万 km² 以内，工矿建设空间适度减少。耕地保有量不低于 120.33 万 km²（18.05 亿亩），其中基本农田不低于 104 万 km²（15.6 亿亩）。绿色生态空间扩大，林地保有量增加到 312 万 km²，草原面积占陆地国土空间面积的比例保持在 40% 以上，河流、湖泊、湿地面积有所增加（表 5.2）。

表 5.2 全国陆地国土空间开发规划的关键控制指标

指标	2008 年	2020 年
开发强度/%	3.48	3.91
城市空间/万 km²	8.21	10.65
农村居民点/万 km²	16.53	16
耕地保有量/万 km²	121.72	120.33
林地保有量/万 km²	303.78	312
森林覆盖率/%	20.36	23

资料来源:《全国主体功能区规划》,2010。

为了量化分析主体功能约束性政策对中国城市发展空间格局的约束性影响,按照主体功能区划成果,对不同主体功能区赋值,来刻画不同功能区受政策约束作用的大小,赋值区间为[0,1]。重点开发区约束最小,赋值为 0;优化开发区约束较小,赋值为 0.2;粮食主产区约束中等,赋值为 0.5;生态功能区约束较大,赋值为 0.7;禁止开发区约束最大,赋值为 1.0。

1. 约束性较小的功能区分布

根据《全国主体功能区规划》,5 个优化开发区和 18 个重点开发区是我国城市化的重点地区,它们受各种保护政策的约束作用较小。其中,优化开发区是城市化发展相对成熟的地区,而重点开发区则是未来一定时期内,城市化着力发展的地区。其中,优化开发包括 5 个,分别是京津冀地区、辽中南地区、山东半岛地区、长江三角洲地区和珠江三角洲地区。重点开发区包括 18 个,分别是冀中南地区、太原城市群、呼包鄂榆地区、哈长地区、东陇海地区、江淮地区、海峡西岸经济区、中原经济区、长江中游地区、北部湾地区、成渝地区、黔中地区、滇中地区、藏中南地区、关中-天水地区、兰州-西宁地区、宁夏沿黄经济区和天山北坡地区。

2. 约束较大的功能区分布

约束较大的功能区包括 7 个粮食主产大区和 25 个重点生态功能区。其中,粮食主产区是我国耕地资源丰富,承担国家粮食安全的重任,包括东北平原主产区、黄淮海平原主产区、长江流域主产区、汾渭平原主产区、河套灌区主产区、华南主产区和甘肃新疆主产区7个粮食主产大区和500多个粮食主产县。在国家战略层面，如果粮食主产区的城市化发展与农业发展产生矛盾和冲突，应优先确保粮食主产区的粮食生产功能的发挥。目前，我国人均耕地仅有1.43亩，不到世界人均水平的40%。日益严格的土地管理政策，尤其是耕地保护政策，将使区域经济发展和城市空间发展必然长期面临土地资源要素的制约。

采用耕地区位熵来刻画地区耕地保护对城市发展的约束指数，即耕地区位熵=（某地区耕地面积/某地区行政地域面积）/（全国耕地面积/全国土地总面积）。耕地区位熵反映地区在耕地保护方面对确保国家粮食安全的重要性，是表征相对优势的一个指标，为正向指标。全国分县的耕地保护约束指数详见图5.8。可以看出，华北地区、（湖南、湖北）、华东地区、华南地区的耕地约束比较大。

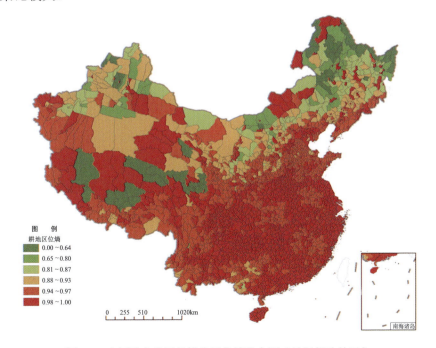

图5.8　中国城市发展的耕地区位熵分布图（县级行政单元）

3. 约束最大的功能区分布

禁止开发区是我国保护自然文化资源的重要区域，珍稀动植物基因资源保护地，主要包括国家级自然保护区、世界文化自然遗产、国家级风景名胜区、国家森林公园和国家地质公园五大类型。该功能区属于禁止开发建设的区域，对城市化约束作用最大，定量赋值为1.0。

（四）地形复杂性约束分析

我国地形复杂多样，高原、盆地、丘陵、平原等各种地形交错分布。我国也是一个多山的国家，同时山区面积广大，约占全国土地面积的33%。山地面积广大，在一定程度上制约了交通基础设施的发展，也使土地利用开发建设成本加大从而制约了城市的发展。因此，地形条件的优劣会在很大程度上决定着一个区域是否适合人类的居住和生活，也在宏观层面决定着其未来城市发展潜力的大小。分别计算海拔、地形坡度和地形起伏度对县级行政单元城市开发的约束程度，并将其综合形成地形综合约束指数。

1. 海拔约束指数

以每个县级行政区域单元内海拔大于 500m 的地域面积占各自行政区划总面积的比例来衡量，值越大表明地形对其未来发展的约束越大。其计算公式为

$$RH_i = A_{iH>500}/A_{i\,tol} \qquad (5.1)$$

式中，RH_i 为海拔约束指数；$A_{iH>500}$ 为县级行政单元地域范围内海拔高于500m的地域面积；$A_{i\,tol}$ 为县级行政单元的总面积；i 为自然数，是指某一县级行政单元。

2. 地形坡度约束指数

以每个县级行政区域单元内坡度大于 8° 的地域面积占各自行政区划总面积的比例来衡量，值越大表明坡度对其未来发展的约束越大。其计算公式为

$$RS_i = A_{iS>8°}/A_{i\,tol} \qquad (5.2)$$

式中，RS_i 为海拔高度约束指数；$A_{i\,s>8°}$ 为县级行政单元地域范围内地形坡度大于 8° 的地域面积；$A_{i\,tol}$ 为县级行政单元的总面积；i 为自然数，是指某一县级行政单元。

3. 地形起伏度约束指数

地形起伏度是指县级行政单元内区域某一确定距离范围(规定一定距离能够避免规定一定面积时由于形状不确定而产生的不确定性)内最高与最低点之高差。其公式为

$$RA_i = Z_{i\,max} / Z_{i\,min} \tag{5.3}$$

式中，RA_i 为某区域的地形起伏度；$Z_{i\,max}$ 为该区域内的最大高程值；$Z_{i\,min}$ 为该区域内的最小高程值；i 为自然数，是指某一统计区域。

地形起伏度约束指数的计算是以 2km×2km 的窗口对 DEM 数据进行搜索，得到全国地形起伏度；以县级行政区划边界内，地形起伏度大于 150m 的区域面积占行政区划的总面积进行衡量。其公式是：

$$RQ_i = A_{i\,RA>150} / A_{i\,tol} \tag{5.4}$$

式中，RQ_i 为地形起伏度约束指数；$A_{i\,RA>150}$ 为县级行政单元地域范围内地形起伏度大于 150 的地域面积；$A_{i\,tol}$ 为县级行政单元的总面积；i 为自然数，是指某一县级行政单元。

4. 地形约束综合指数

对计算得到的海拔约束指数、地形坡度约束指数、地形起伏度约束指数首先进行标准化，之后按等权重进行累加，得到地形约束综合指数，计算公式为

$$CR_i = BRH_i + BRS_i + BRQ_i \tag{5.5}$$

式中，CR_i 为地形约束综合指数；BRH_i、BRS_i、BRQ_i 分别为标准化的海拔约束指数、地形坡度约束指数、地形起伏度约束指数；i 为某一县级行政单元。经过计算得到中国 2287 个县及行政单位的地形约束指数，并将其标准化。

综合上述地形约束算法，利用全国 90m 分辨率 DEM 数据，计算全国分县地形约束指数详见图 5.9，其中，最大和最小的 10 个县级行政单元详见表 5.3。

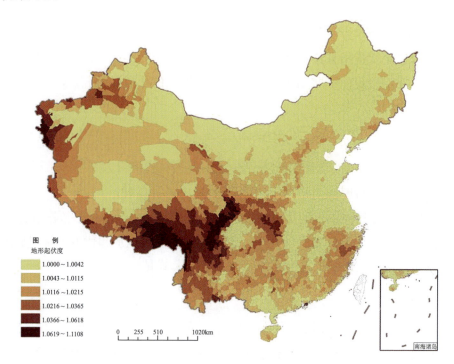

图 5.9　中国城市发展的地形约束分析示意图

表 5.3　地形起伏最大和最小的 9 个县区地形约束指数计算表

县级行政单元	约束指数	排名	县级行政单元	约束指数	排名
甘德县	1.000 00	1	共青城市	0.007 68	2278
达日县	0.993 87	2	台前县	0.007 00	2279
玛多县	0.906 86	3	宝丰县	0.006 02	2280
治多县	0.887 91	4	鲁山县	0.005 43	2281
额尔古纳市	0.881 33	5	新密市	0.005 36	2282
孙吴县	0.878 46	6	济源市	0.004 20	2283

续表

县级行政单元	约束指数	排名	县级行政单元	约束指数	排名
乐业县	0.874 63	7	潼关县	0.002 26	2284
同心县	0.867 01	8	偃师市	0.001 41	2285
望谟县	0.864 73	9	灵宝市	0.000 31	2286

第二节　城市发展空间格局优化的模拟方法

根据城市空间格局影响因素的分析，基于数据可获得性，遴选出不同尺度能定量全国城市发展空间格局演化的驱动和约束性指标体系，并构建全国城市发展空间格局优化的情景分析和模拟模型。

一、城市发展空间格局优化的指标体系

基于柯布-道格拉斯生产函数对地区经济发展的经济学原理，提取了包括劳动力、资本、技术等指标作为城市发展的动力指标，同时根据路径依赖原理，将现有经济基础也作为初始指标列入动力指标集。约束城市发展的指标则主要考虑了主体功能区规划中基于生态敏感区保护和粮食安全出发而提出的限制开发、耕地保护、禁止建设、水源保护和地形条件等因素。同时，为了与自上而下分配和自下而上汇总的总体逻辑算法相吻合，本研究将交通可达性反向理解列入约束指标，即在全国交通网络日趋均衡的条件下，交通可达性或交通优势度比较差的地方逐渐成为区域发展的约束。于是，构建了省级（自治区、直辖市）、地市级（自治州、盟、地区）和县级三个层面的指标体系。

（一）驱动指标体系

从自上而下分配经济总量的空间分异逻辑出发，动力指标全部选择规模指标或总量指标，体现分析单元大小对经济空间分异的影响。省级行政单元

的数据容易获得，包括 9 个动力指标，分别为 2 个劳动力指标（劳动力数量、外来人口规模）、3 个创新指标（专利数、研发经费总额、大专以上技术人才数量）、3 个资本投入指标（5 年固定资产投资累计额、3 年外资利用总额、金融机构贷款总额）和 1 个经济发展基础指标（基期 GDP）（表 5.4）。地级行政单元，除了研发经费和专利数不容易获得而舍弃外，包括其余 7 个指标（表 5.5）。县级行政单元，再去掉不易获得数据的外资利用额，包括其余 6 个指标（表 5.6）。

表 5.4 中国省级单元发展格局情景分析模拟的动力指标

序号	指标名称	正负性	算法说明	数据来源
1	劳动力数量	+	0～44 岁的人口总量，预期到 2030 年的劳动适龄人口数量	第六次全国人口普查数据
2	大专以上技术人才数量	+	大学专科、大学本科及以上	第六次全国人口普查数据
3	5 年固定资产投资累计	+	2006～2010 年固定资产投资累计折旧加总，折旧系数为 0.9	中国区域经济统计年鉴（2007—2011）
4	专利数	+	专利授权量	中国区域经济统计年鉴 2011
5	研发经费总额	+	按地区分大中型工业企业研究与试验发展（R&D）活动情况	中国统计年鉴 2011
6	外资利用总额（3 年）	+	2008～2010 年三年外资利用总额加总	中国区域经济统计年鉴（2009—2011）
7	外来人口规模	+	本省其他县（市）、市区和外来人口迁入之和	第六次全国人口普查数据
8	金融机构贷款总额	+	年末金融机构各项贷款余额	中国城市统计年鉴 2012
9	基期 GDP	+	基期年份的国内生产总值，反映经济增长的基础	中国城市统计年鉴 2012

表 5.5 中国地级单元发展格局情景分析模拟的动力指标

序号	指标名称	正负性	算法说明	数据来源
1	劳动力数量	+	0～44 岁的人口总量，预期到 2030 年的劳动适龄人口数量	第六次全国人口普查数据

序号	指标名称	正负性	算法说明	数据来源
2	大专以上技术人才数量	+	大学专科、大学本科及以上	第六次全国人口普查数据
3	固定资产投资累计（5年）	+	2006～2010年固定资产投资累计折旧加总，折旧系数为0.9	中国区域经济统计年鉴（2007—2011）
4	外资利用总额（3年）	+	2008～2010年三年外资利用总额加总	中国区域经济统计年鉴（2009—2011）
5	外来人口规模	+	本省其他县（市）、市区和外来人口迁入之和	第六次全国人口普查数据
6	金融机构贷款总额	+	年末金融机构各项贷款余额	中国城市统计年鉴2012
7	基期GDP	+	基期年份的国内生产总值，反映经济增长的基础	中国城市统计年鉴2012

表 5.6　　中国县级单元空间格局情景分析模拟的动力指标

序号	指标名称	正负性	算法说明	数据来源
1	大专及以上人口规模	+	大学专科、大学本科及以上	第六次全国人口普查数据
2	劳动力数量	+	0～44岁的人口总量，预期到2030年的劳动适龄人口数量	第六次全国人口普查数据
3	财政收入	+	地方财政一般预算收入	中国区域经济统计年鉴2011
4	固定资产投资累计（5年）	+	2006～2010年固定资产投资累计折旧加总，折旧系数为0.9	中国区域经济统计年鉴（2007～2011年）
5	大专及以上人口规模	+	大学专科、大学本科及以上	第六次全国人口普查数据
6	基期GDP	+	基期年份的国内生产总值，反映经济增长的基础	中国城市统计年鉴2012

（二）约束指标体系

约束指标全部选择相对指标或平均指标，仅体现分析空间单元受生态敏感、耕地保护、交通条件、水资源供给、地形条件等限制作用大小，不具有不同规模单元的可比意义。省级和地级行政单元的数据容易获得，包括 7 个动力指标，分别为 1 个交通条件约束指标（交通可达性或交通优势度）、3 个主体功能性限制指标（限制开发指数、耕地保护指数和生态保护指数）、1 个水资源约束指数、1 个粮食安全指数和 1 个地形复杂度指数（表 5.7）。县级行政单元的数据去掉水资源约束指数，包括其余 6 个指标。其中，交通优势度的计算方法很多，既可以用地区范围的客货运量占全国客货运量的比例的算术平均来间接反映，也可以用地区范围内的规划路网密度来直接反映，还可以用地区交通可达性按人口数量的加权平均来抽象反映。

表 5.7　中国省级和地级单元发展格局情景分析模拟的约束指标

序号	指标名称	正负性	算法说明	数据来源
1	交通优势度	+	有多种算法	中国区域经济统计年鉴 2011
2	限制开发指数	–	限制开发区的面积比例=限制开发区的面积/省域面积	主体功能区划图（面积占比）
3	耕地保护指数	–	耕地区位熵=（全省耕地面积/全省行政面积）/（全国耕地面积/全国行政区域面积）	中国区域经济统计年鉴 2011
4	生态保护指数	–	生态保护区的面积比例=生态保护区的面积/省域面积	主体功能区划图（面积占比）
5	水资源约束指数	+	人均水资源量=水资源总量/人口	中国区域经济统计年鉴 2011
6	粮食安全指数	–	粮食主产县面积和/省域面积用(粮食产量/全国粮食产量)代替	中国区域经济统计年鉴 2011
7	地形约束指数	–	坡度（坡度大于 8°）、海拔（划分等级）、地形复杂度	中国 90m DEM 数据

二、城市发展空间格局优化的模拟方法

（一）优化分析情景模拟的技术路线

中国城市发展空间格局的情景演化模拟需要对其关键要素进行识别和情景分析。城市发展空间格局集中表现为城市人口和经济要素的空间分

布格局，因此对影响城市经济和人口分布格局的动力因素和约束因素的辨识和情景分析，就成为城市发展空间格局模拟的重要内容。在城市空间格局演化影响因素分析及作用机制探讨等理论指导下，按照自上而下分配和自下而上汇总相结合的总体逻辑进行全国城市发展空间格局的分析与预测。

城市发展空间格局演化模拟的思路或原理如下：城市吸引力受区域自然条件和社会经济条件等多重因素的复合作用和影响。换句话说，区域内特定城市节点在规划期内是否能吸引集聚更多的经济要素，进而吸引更多的城市人口，既受地形、地类、水文、地质等自然条件的制约，影响城市发展壮大的可能性；也受交通网络、城市辐射、政策导向（含政府导向的重大项目）等社会经济区位的驱动，影响城市规模增长的可行性。每一种影响因素对城市空间格局的作用投影到具体城市单元上，就是特定因素对具体城市未来人口增长的吸引价值评分或影响概率。借助 GIS 平台，有多少个影响因素，就可以产生多少张城市经济或人口分布的价值评分图或单因素影响概率图。

综合各种影响因素，构建城市人口集聚的多因素价值评价模型或竞争力模型，并据此对多个单因素价值评分图或影响概率图加权叠加，就可以得到不同情景条件下各城市人口集聚的综合竞争力的分值。将全国经济总量根据所有城市的综合得分进行分配，即可得到全国城市经济空间格局。然后，按照就业导向模型，计算各分析单元的人口规模，并用全国人口规模的总量进行校核，即可得到全国城市人口的空间格局。具体技术路线或计算步骤如下：

第一步，设定城镇扩张、现状维持和风险控制三种情景，分别预测 2020 年和 2030 年两个时期中国不同情景下的经济增长速度和两个时期末的经济总规模。

第二步，基于 GIS 的二次开发系统，通过动力和约束指标集，计算最小分析单元（本研究确定的最小分析单元为县级行政单元）对经济要素的吸引集聚能力。

第三步，根据竞争力得分，按照一定的算法自动分配全国经济总量或增量在各最小分析单元上，即获得各最小分析单元在不同政策情境下未来某个时期的经济规模；

　　第四步，通过就业导向的人口预测模型计算各最小分析单元的人口规模，即完成对全国城市发展的经济空间格局和人口规模空间格局的模拟（图 5.10）。可以看出，中国城市发展空间格局情景分析模拟过程中有 4 个重要技术参数，分别是三种情景条件下，全国经济增长速度、生态约束参数（对经济增速约束的份额）和规模位序的分维数，以及不同时期的就业弹性参数。

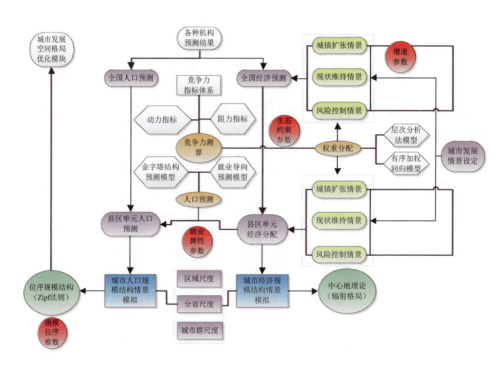

图 5.10　中国城市空间格局优化模拟的技术路径示意图

（二）有序加权回归法设定情景

　　有序加权回归算法最早是由美国著名学者 Yagre 于 1988 年提出来的，它是一种介于"and"和"or"运算之间的求解不确定系统条件下"or-and"

多元决策问题的一种信息集结算法，即有序加权回归算法（ordered weighted averaging operator，OWA）。有序加权回归算法的本质是：将之前给定的参考值或者属性决策值按照从大到小的顺序进行重新排列，然后按照主观赋权法或客观赋权法给这些数值赋予一定的权重并重新集结，排除一些不合理的影响因素，然后再进行加权平均。其核心在于对指标按照属性重新排序，对不同的排序位次赋予不同的次序权重[8]。传统的图层叠加法实际上是 OWA 算法中默认次序权重相等的特殊情况。层次分析法（AHP）是将决策问题按总目标、各层子目标、评价准则直至具体的备选方案的顺序分解为不同的层次结构，然后用求解判断矩阵特征向量的办法，求得每一层次的各元素对上一层次某元素的优先权重，最后再加权和的方法递阶归并各备选方案对总目标的最终权重，最终权重最大者即为最优方案。

表 5.8 是当参数个数为 7 的情况下，采用有序加权回归计算产生的不同偏好次序权重参数。采用有序加权回归计算属性权重进行情景设定的流程详见图 5.11。

表 5.8　有序加权回归设定权重情景的样例

位序 权重	a=0.0001 最乐观	a=0.1 乐观	a=0.5 较乐观	a=1 无偏好	a=2 较悲观	a=10 悲观	a=1000 最悲观
W_1	1.000	0.823	0.378	0.143	0.020	0.000	0.000
W_2	0.000	0.059	0.157	0.143	0.061	0.000	0.000
W_3	0.000	0.037	0.120	0.143	0.102	0.000	0.000
W_4	0.000	0.027	0.101	0.143	0.143	0.004	0.000
W_5	0.000	0.021	0.089	0.143	0.184	0.031	0.000
W_6	0.000	0.018	0.081	0.143	0.224	0.179	0.000
W_7	0.000	0.015	0.074	0.143	0.265	0.786	1.000

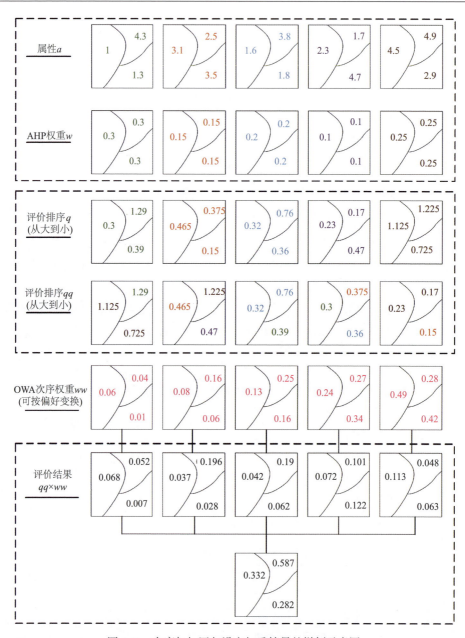

图 5.11 有序加权回归设定权重情景的样例示意图

基于情景模拟城市空间格局发展，实质是权重的重新分配过程。这里暂

时默认为 $a=1$ 是在发展动力和限制约束等视角权衡下的正常赋权结果,是现有城镇化、耕地保护、生态保护等政策要求的权衡值,命名为现状维持视角。则 $a=1.5$ 可以作为一种较为忽视风险而重视城镇扩张的政策倾向,命名为城镇建设导向视角;$a=0.8$ 可以作为一种较为重视风险而严格限制城镇扩张的政策倾向,命名为风险控制导向视角(表 5.9)。

表 5.9 有序加权回归对三种情景设定的权重

位序权重	W_1	W_2	W_3	W_4	W_5	W_6	W_7
风险控制导向	0.211	0.156	0.141	0.131	0.125	0.120	0.116
现状维持导向	0.143	0.143	0.143	0.143	0.143	0.143	0.143
城镇建设导向	0.054	0.099	0.128	0.151	0.172	0.190	0.206

(三)经济和人口空间分异算法

在全国经济和人口总量发展目标既定条件下,根据各最小分析单元的发展条件进行空间分异算法的设计,是中国城市发展空间格局情景分析与模拟的关键环节。

1. 经济要素吸引力模型

城市发展受多种因素影响,按照柯布-道格拉斯生产函数对地区经济发展的原理,分析单元的经济增长与其劳动力、资本、技术等动力条件有关,也和受到的各种自然约束或政策约束有关。中国城市发展格局的模拟着眼于城市发展的动力条件和约束条件,利用多项指标来量化其发展潜力或吸引力,采用加权平均算法得出每个分析单元未来发展的综合潜力得分或要素吸引力指数,从而全面、科学地对中国城市发展格局进行模拟。

城市发展潜力或发展价值评估的数学模型,实质为加权平均的合成模型。根据城市发展价值或概率测算的研究特点,主要构造基于算术平均的线性加权综合模型和基于几何平均的非线性加权综合模型。线性加权模型公式为

$$P = \sum_{i=1}^{n} P_i \times W_i \tag{5.6}$$

式中，P 为某分析单元发展的综合概率或潜力价值；P_i 为第 i 个因素影响下的城市发展的单因子概率；W_i 为第 i 个因素的权重，反映该因素对城市发展的重要性。

借鉴道格拉斯生产函数的幂函数形式和模糊度函数，构建非线性加权模型基本公式为

$$P = \prod_{i=1}^{n} P_i^{w_i} \tag{5.7}$$

式中，各字母含义同上。加权几何平均模型（非线性加权模型）由于采取"乘"的合成方法，某一指标的变动需通过与其他指标的直接合成在评价结果中体现，指标值变动对整体的影响比"加和"的方法小，这种评价模型更容易突出整体的效能。而且"乘"的性质决定了指标值小的指标对评价结果影响比较大，决定了非线性加权的模型更容易突出小指标值的指标在评价体系中的作用，评价方法有利于强调系统的整体性能和协调性。

2. 就业导向预测模型

就业导向的人口预测模型通过建立经济与所需劳动力之间的定量关系来预测各分析单元的人口规模，具体技术路线如图 5.12 所示，具体的计算公式如下：

$$P_t = \frac{J_0 \left(1 + \dfrac{R_t}{E_t}\right)^n}{x_t} \tag{5.8}$$

式中，P_t 为预测目标年人口规模；J_0 为预测基准年就业规模；R_t 为预测基准年到预测目标年 GDP 年均增长率。E_t 为预测目标年就业弹性系数（从业人数增长率与 GDP 增长率的比值）。x_t 为预测目标年末就业劳动力占总人口的比例（%）。n 为预测年限（$n=t-t_0$，t 为预测目标年份，t_0 为预测基

准年份）。

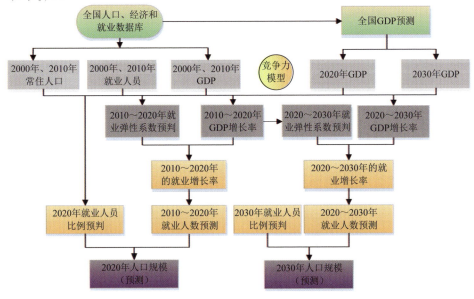

图 5.12 就业导向的人口规模预测流程图

（四）交通可达性最短路径算法

对交通可达性的计算采用 Dijkstra 最短路径计算法。Dijkstra 最短路径即是一个用于计算"图"结构上的某个结点到所有节点的最短路径的常用算法，在栅格图像上应用时，最重要的问题就是如何将栅格数据抽象成图的结构加以计算。计算首先需要取得成本栅格图（cost raster），该图将研究区使用一定精度的正交格网分割为栅格图像，每个栅格的属性值表示其"成本"（cost），这里即表示通过它所需要的时间消耗程度，如图 5.13 所示。由于栅格图像的特殊性，每个非边缘网格的周围有且仅有 8 个其他的网格，以每个网格的中心为"节点"（node），可以抽象为 8 条"边"（side）。对边的"长度"取值，使用以下简单定义：如果边连接两个直接水平或垂直相邻的网格，则使用两个网格的值的平均值表示该边的长度；若边连接的网格斜相邻，则使用该两个网格的数值的平均值乘以 $\sqrt{2}$ 的结果来表示该边的长度。中间的结点到其左边节点的边的长度与右下节点的边的长度：

$$\sqrt{2} \times \frac{4+1}{2} \approx 3.535 \qquad\qquad (5.9)$$

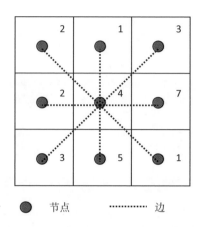

● 节点　⋯⋯⋯ 边

图 5.13　由栅格数据建构的"图"结构

在计算过程中，将每个源设定为单一节点，其所属栅格的成本值定为 0，每个源周围的 n 个栅格与该源形成 n 条边（图 5.14）。这样便构建了完整的"图"结构，可以进行最短路径计算了。

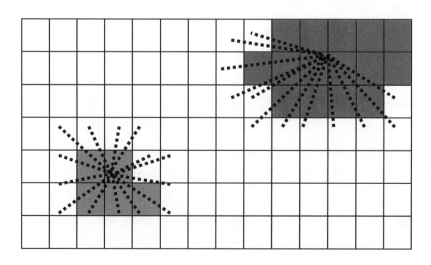

图 5.14　源点联系算法示意图

（五）数据标准化模型

为了解决分析单元竞争力评价中指标量纲不同难以汇总的问题，对各指标进行消除量纲的运算。考虑到指标体系中既有正向指标，又有逆向指标，指标间的"好"与"坏"在很大程度上都具有模糊性，因此采用模糊隶属度函数法对各指标的"价值"进行量化。

对正向指标，采用半升梯形模糊隶属度函数模型，即

$$\Phi_{(e_{ij})} = \frac{e_{ij} - m_{ij}}{M_{ij} - m_{ij}} = \begin{cases} 1 & e_{ij} \geqslant M_{ij} \\ \dfrac{e_{ij} - m_{ij}}{M_{ij} - m_{ij}} & m_{ij} < e_{ij} < M_{ij} \\ 0 & e_{ij} \leqslant m_{ij} \end{cases} \quad （5.10）$$

对逆向指标，采用半降梯形模糊隶属度函数模型，即

$$\Phi_{(e_{ij})} = \frac{M_{ij} - e_{ij}}{M_{ij} - m_{ij}} = \begin{cases} 1 & e_{ij} \leqslant m_{ij} \\ \dfrac{M_{ij} - e_{ij}}{M_{ij} - m_{ij}} & m_{ij} < e_{ij} < M_{ij} \\ 0 & e_{ij} \geqslant M_{ij} \end{cases} \quad （5.11）$$

式中，e_{ij} 为评价指标的具体值，i 为区域个数，j 为第 i 区域指标个数；M_{ij}、m_{ij} 分别为第 i 区域第 j 个指标具体值的理论最大值与最小值；$\Phi_{(e_{ij})}$ 为 i 区域 j 指标的隶属度，其值为 0～1，值越大，表明该项指标的实际数值接近最大值 M_{ij} 的程度越大，隶属度值与其相应权数的乘积越大，表示该项指标的数值对总目标的贡献就越大。隶属度值与 1 之间的差，即为该项指标与最大指标或"先进目标"水平指标之间的差距和不足。

第三节　城市发展空间格局优化的情景模拟方案

基于全国人口发展、经济走势判断，分情景预测 2020 年和 2030 年两个时点中国人口和经济总量，再根据县区单元的发展潜力得分进行经济和人口

总量自上而下的空间分配，从而对全国城市发展格局实现情景分析和模拟。然后分别从区域、省域、城市群三个空间尺度进行自下而上的归纳，分析模拟三种情景下，未来不同时期中国 770 个城市人口位序规模结构的差异，从而为城市发展空间格局的优化提供依据。

一、全国人口和经济总量走势分析

（一）中国人口总量演化趋势分析

国务院发展研究中心秦中春（2013）基于年龄移算人口预测模型，利用 2010 年全国人口普查数据和 1990 年以来的相关历史统计数据，对未来中国人口总量和结构的变化趋势进行分析预测，估计中国人口转折点出现的大体时间及相应的人口状态。结果显示，如果保持现行人口政策不变，预测未来中国人口峰值约为 14.2 亿人，峰值出现的时间为 2027 年左右，随后总人口将下降，2030 年约为 14.15 亿人，2050 年约为 12.59 亿人；如果保持现行劳动就业政策不变，预测未来劳动就业年龄人口峰值为 8.32 亿人，峰值出现的时间为 2017 年，随后劳动就业年龄人口数将下降，到 2030 年约为 7.28 亿人，2050 年约为 5.63 亿人。

《国家人口发展战略研究·人口发展预测》（2010）课题研究得出我国人口在未来 30 年还将净增 2 亿人左右。过去曾有专家预测（按照总和生育率 2.0），我国的人口峰值在 2045 年将达到 16 亿人。此课题专家研究，随着我国经济社会发展和计划生育工作加强，1990 年代中后期，总和生育率已降到 1.8 左右，并稳定至今。实现全面建设小康社会人均 GDP 达到 3000 美元的目标，要求把总和生育率继续稳定在 1.8 左右。按此预测，总人口将于 2010 年、2020 年分别达到 13.6 亿人和 14.5 亿人，2033 年前后达到峰值 15 亿人左右。劳动年龄人口规模庞大。我国 15～64 岁的劳动年龄人口 2000 年为 8.6 亿人，2016 年将达到高峰 10.1 亿人，比发达国家劳动年龄人口的总和还要多。在相当长的时期内，中国不会缺少劳动力，但考虑到素质、技能等因素，劳动力结构性短缺还将长期存在。同时，人口与资源、环境的矛盾越来越突出。

中国发展研究基金会 2012 年 10 月 26 日发布《中国人口形势的变化和人口政策调整》研究报告。报告认为，中国在这时已经进入低出生率、低死亡率的阶段，人口的红利期已经结束。报告称，根据第六次人口普查数据直接推算，中国总和生育率为 0.83，考虑到出生漏报，当前的综合出生率应在 1.0 以下。研究认为，中国人口的增长速度已经非常缓慢，如果低生育水平一直持续下去，2027 年中国人口将转为负增长。

联合国人口司采用人口要素预测法，尤其是基于对中国总和生育率变化趋势的正确判断，对中国未来的总人口、城镇人口和城镇化率进行预测，结果显示，到 2020 年全国总人口为 13.88 亿人，到 2025 年达到人口高峰，增至 13.95 亿人，到 2030 年又略微下降至 13.93 亿人（图 5.15）。

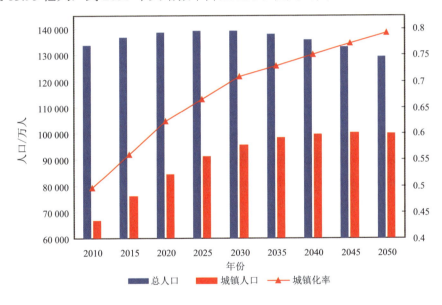

图 5.15　2010～2050 年联合国的主要人口预测指标

资料来源:《World Population Prospects，The 2010 Revision》

（二）中国经济总量演变趋势分析

改革开放以来，中国经济总量快速增长。国际货币基金组织 2014 年 4 月 8 日发布的 2013 年世界各国 GDP 排名数据显示，按汇率法计算，2013 年全球 GDP 总量 73.98 万亿美元，美国 2013 年 GDP 为 16.7997 万亿美元，位居第一；中国（不包括台湾省、香港和澳门两个特别行政区）GDP 为 9.1814 万亿美元，位居第二；日本 GDP 为 4.9015 万亿美元，位居第三；排名第四到第十的国家分别为德国、法国、英国、巴西、俄罗斯、意大利和印度。中国 GDP 总量已经接近日本的 2 倍，占世界经济总量的 12%。

各国经济学家都对中国经济增长给予了热情关注，并给予其增长潜力发表了不同的观点。复旦大学韦森（2014）认为，中国经济增速将出现明显下降，能够保持在 5%~7%的增长就不错了；中国社会科学院蔡昉认为，2010 年以后中国劳动力开始下降，经济增长速度也将随之下降，2011~2015 年下降到 7.2%左右，2016~2020 年 GDP 年均增长潜力将仅有 6.1%[10]；北京大学林毅夫认为，中国经济具备保持较快增长的潜力，未来 20 年中国经济可以保持 8%的增长速度。有"末日博士"之称的纽约大学教授鲁比尼认为，中国经济将在 2013 年之后"硬着陆"，可能发生金融危机或出现长期经济衰退[11]。

从国际经验看，中国经济增长将出现减速。美国加利福尼亚州伯克利分校爱臣格林和两位韩国学者根据近 50 个国家和地区的经验数据，总结了世界主要国家和地区经济增速发生转折的经验时间点。按照美国宾夕法尼亚大学购买力平价项目，以 2005 年为基准的国际价格水平，当一国人均 GDP 水平达到 10 000~11 000 美元和 15 000~16 000 美元这两个时间段，经济增速明显下滑的可能性较大。按照购买力平价数据，2013 年中国人均 GDP 达到 10 253 国际元，按照目前增长态势，2020 年将达到 15 000 国际元左右，据此经验，2020 年前后是中国经济增速下降的一个时段，GDP 年均增长潜力为 7%，2020 年中国 GDP 将到达 78.92 万亿元，2030 年经济增速为下降的第二个时段，GDP 年均增长潜力为 5%，GDP 总量将到达 128.56 万亿元。

综上，按照城镇扩张、现状维持和风险控制三种情景设定，认为城镇扩张政策情境下，经济发展速度较快；现状维持情景下，经济维持惯性发展；风险控制情景下，经济限速发展。据此，2020 年，全国 GDP 增速三种情景速度设定：城镇扩张情景，发展速度定为 9%；现状维持情景，惯性发展速度定为 8%；风险控制情景，限制发展速度为 7%。2030 年，全国 GDP 增速三种情景速度设定：城镇扩张情景，发展速度定为 7%；现状维持情景，惯性发展速度定为 6%；风险控制情景，限制发展速度为 5%。

二、城市经济发展格局的情景优化模拟

按照城镇扩张、现状维持和风险控制三种情景，从大区和省域两个空间尺度进行经济格局的分析，并模拟未来不同时期中国 770 个城市人口位序规模结构的差异。

（一）城镇扩张情景下的全国城市经济空间格局

所谓城镇扩张情景，就是忽视或不强调生态环境保护和粮食安全风险的控制，重视加快经济发展和促进城镇扩张的政策倾向。综合有关预测结果，城镇扩张情景下，2010～2020 年，全国 GDP 增速为 9%，到 2020 年，全国将实现 GDP 95 万亿元；2030 年速度调减两个百分点，为 7%，到 2030 年，全国 GDP 将达 187 万亿元。按照有序加权法确定的情景权重，对全国县区行政单元的经济发展总量进行空间分配。为了更深入地认识全国经济发展的地理变量特征，重点从七大区域和 31 个省（自治区、直辖市）两种空间尺度对全国经济格局进行剖析，并对 2020 年和 2030 年 770 个城市框架下的经济规模结构进行模拟。

1. 全国七大区域经济总量模拟

地理区域的划分应该是自然地理和行政区划的结合，按照一个省不同属于两个区域的原则，将全国一级地理区域划分为东北、华北、西北、西南、华南、华东和华中 7 个大区。

2020 年，华东地区 GDP 达到 31.05 万亿元，2030 年将达到 55.61 万亿元，在七大区域中居首位；2020 年华北地区达到 12.80 万亿元，2030 年将增至 22.92 万亿元，居七大区域中第二位，其次为华南地区、华中地区、西南地区、东北地区，最后则是西北地区。2010～2020 年 GDP 年均增长率中，西南地区、西北地区增长较快，分别为 8.15% 和 8.07%，高于全国 8% 的平均增长速度，其余地区年均增长率均低于全国平均水平。2020～2030 年，七大区域 GDP 年平均增长率均为 6% 以上，其中西南地区和西北地区 GDP

年均增长率分别为 7.07%和 7.03%，高于全国平均增长水平 1 个百分点以上（表 5.10）。

表 5.10 城镇扩张情景下中国七大区域经济总量预测表

地区名称	2000 年 GDP/亿元	2010 年 GDP/亿元	2000~2010 年 年均增长率 /%	2020 年 GDP/亿元	2010~2020 年 年均增长率 /%	2030 年 GDP/亿元	2020~2030 年 年均增长率 /%
华北地区	18 645	65 853	13.45	127 975	6.87	229 164	6.43
东北地区	15 061	42 993	11.06	76 949	5.99	137 804	6.00
华东地区	53 152	164 695	11.97	310 498	6.55	556 055	6.27
华中地区	19 221	53 812	10.84	110 738	7.48	198 316	6.74
华南地区	19 326	58 675	11.75	108 360	6.33	194 057	6.16
西南地区	13 159	38 147	11.23	83 519	8.15	149 570	7.07
西北地区	6 408	22 440	13.35	48 780	8.07	87 358	7.03
全　国	144 972	446 615	11.91	866 819	6.86	1 552 324	6.43

2. 全国分省经济空间格局模拟

按照城镇扩张情景设定的规则实现的经济增长，2010~2030 年具有区域差异逐渐缩小的趋势，这与 2000~2010 年的区域差异扩大的趋势正好相反。2000 年，31 个省（自治区、直辖市）的平均 GDP 为 3027 亿元，标准差为 2564 亿元，变异系数为 0.847；2010 年，平均 GDP 为 13 895 亿元，标准差为 11 904 亿元，变异系数为 0.857，区域差距有所扩大。但到 2020 年，平均 GDP 为 29 590 亿元，标准差为 23 630 亿元，变异系数降为 0.799；再到 2030 年，变异系数再降至 0.771，省际间差异进一步缩小。

从经济增速来看，2010~2020 年，GDP 年均增长率高于全国平均增速 8%以上的有 9 个省份，分别为北京、安徽、江西、湖北、贵州、云南、西藏、陕西、甘肃，主要集中于中西部相对落后的地区。其中北京、西藏、甘肃三省年均增长率超过 9%。2020~2030 年，中国大部分省份 GDP 增长较快，GDP 年均增长率超过全国平均水平的省份有 23 个，尤其是甘肃、北京、湖北、贵州、陕西等省增长速度相对最快（表 5.11），正是中西部落后省份的快速增长，缩小了 2000~2010 年经济发展拉大的区域差异。

表 5.11　城镇扩张情景下中国省域经济总量预测表

地区名称	2000 年 GDP/亿元	2010 年 GDP/亿元	2000~2010 年年均增长率/%	2020 年 GDP/亿元	2010~2020 年年均增长率/%	2030 年 GDP/亿元	2020~2030 年年均增长率/%
北京市	3565	14142	14.77	34520	9.33	61 820	7.65
天津市	2354	9161	14.56	18060	7.02	32 343	6.51
河北省	8209	20899	9.80	38043	6.17	68 129	6.09
山西省	2480	9032	13.80	19422	7.96	34 762	6.97
内蒙古	2037	12619	20.01	17929	5.57	32 109	5.78
辽宁省	6914	21613	12.07	39792	6.29	71 261	6.15
吉林省	3126	9914	12.23	16814	5.42	30 111	5.71
黑龙江省	5021	11466	8.61	20343	5.90	36 431	5.95
上海市	6187	17196	10.76	36434	7.80	65 248	6.90
江苏省	11457	43045	14.15	80187	6.42	143 603	6.21
浙江省	9892	26974	10.55	50925	6.56	91 199	6.28
安徽省	4039	12594	12.04	28597	8.55	51 213	7.27
福建省	6037	14352	9.04	25618	5.97	45 878	5.98
江西省	2796	9354	12.84	21265	8.56	38 082	7.27
山东省	12743	41181	12.45	67472	5.06	120 832	5.53
河南省	7580	23094	11.79	44405	6.76	79 522	6.38
湖北省	6118	14417	8.95	33977	8.95	60 848	7.47
湖南省	5523	16301	11.43	32356	7.10	57 945	6.55
广东省	15442	47376	11.86	86187	6.17	154 347	6.08
广　西	3118	9269	11.51	18962	7.42	33 958	6.71
海南省	766	2029	10.23	3212	4.70	5 752	5.35
重庆市	2317	8322	13.64	17205	7.53	30 812	6.76
四川省	6170	17616	11.06	37893	7.96	67 861	6.98
贵州省	1607	4593	11.08	10725	8.85	19 207	7.42

续表

地区名称	2000年GDP/亿元	2010年GDP/亿元	2000~2010年年均增长率/%	2020年GDP/亿元	2010~2020年年均增长率/%	2030年GDP/亿元	2020~2030年年均增长率/%
云南省	2912	7220	9.50	16718	8.76	29 940	7.37
西 藏	154	396	9.90	977	9.46	1 750	7.71
陕西省	2560	9959	14.55	23305	8.87	41 736	7.43
甘肃省	1365	3910	11.10	10284	10.15	18 418	8.06
青海省	312	1353	15.81	1757	2.65	3 146	4.31
宁 夏	390	1574	14.97	2754	5.75	4 932	5.88
新 疆	1782	5644	12.22	10680	6.59	19 126	6.29

3. 中国城市经济空间格局模拟

2000~2010 年 10 年间，中国副省级市、地级市、县级市 GDP 年平均增长率均在 15%以上，增长最快的为副省级市，年平均增长率达到 16.97%。2010~2020 年，各等级城市 GDP 年平均增长率较 2000~2010 年下降。城镇扩张视角下，增长最快的为县级市，年平均增长 7.47%，2020 年 GDP 总量达到 213 728 亿元，占全国 GDP 总量的 22.49%；其次为副省级市，年平均增长 7.36%，经济总量为 264 297 亿元，占全国 GDP 总量的 27.81%；增长最慢的为地级市，年平均增长 7.22%，经济总量为 241 571 亿元，占全国 GDP 总量的 25.41%。2020 年副省级市、地级市、县级市三者共占全国经济总量的 75.92%。2020~2030 年，县级市 GDP 年平均增长率最低，为 6.54%，较前 10 年间增长率下降了 0.93 个百分点，占全国经济总量的 21.53%；增长较快的为地级市，年平均增长率为 7.03%，占全国经济总量的 25.48%；副省级城市 GDP 年平均增长率为 7.01%，占全国经济总量的 27.84%。2030 年副省级市、地级市、县级市三者共占全国经济总量的 74.96%，较 2020 年下降了 0.96 个百分点（表 5.12）。

表 5.12 城镇扩张视角下中国城市经济格局预测

城市等级	2000~2010 年年增长率/%	2020 年GDP/亿元	2010~2020 年年增长率/%	占全国比例/%	2030 年GDP/亿元	2020~2030 年年增长率/%	占全国比例/%
副省级市	16.97	264 297	7.36	27.81	520 533	7.01	27.84
地级市	16.93	241 571	7.22	25.41	476 507	7.03	25.48
县级市	15.94	213 728	7.47	22.49	402 544	6.54	21.53
总 计	16.41	721 616	7.32	75.92	1 401 614	6.86	74.96

（二）现状维持情景下的全国城市经济空间格局

所谓现状维持情景，就是尊重历史发展的合理性，将发展动力和限制约束等视角权衡下的正常赋权结果，是现有城镇化、耕地保护、生态保护等政策不做大的变动的区域发展。综合有关预测结果，现状维持情景下，2010~2020 年，全国 GDP 增速为 8%，到 2020 年，全国将实现国内生产总值 79.23 万亿元；2030 年速度调减 2 个百分点，为 6%，到 2030 年，全国 GDP 将达 129 万亿元。按照有序加权法确定的情景权重，对全国县区行政单元的经济发展总量进行空间分配。为了更深入地认识全国经济发展的地理变量特征，重点从七大区域和 31 个省（自治区、直辖区）两种空间尺度对全国经济格局进行剖析，并对 2020 年和 2030 年 770 个城市框架下的经济规模结构进行模拟。

1. 中国七大区域经济总量模拟

到 2020 年，华东地区 GDP 达到 31.79 万亿元，2030 年将达到 56.93 万亿元，在七大区域中居首位；2020 年华北地区达到 12.55 万亿元，2030 年将增至 22.47 万亿元，居七大区域中第二位，与华东地区相比，二者差距较大。其次为华南地区、华中地区、西南地区、东北地区，最后则是西北地区。2010~2020 年 GDP 年均增长率中，西南地区、西北地区、华中地区增长较快，增长速度均在 7.0%以上，其次为华东地区、华南地区、华北地区，GDP 年平均增长率分别为 6.80%、6.75%和 6.66%。与 2010~2020 年相比，

2020～2030 年中国七大区域经济发展格局基本一致，华中地区、西南地区、西北地区依旧增长较快，高于全国平均水平，分别为 6.61%、6.95% 和 6.68%（表 5.13）。

表 5.13 现状维持情景下中国七大区域经济总量预测表

地区名称	2000 年 GDP/亿元	2010 年 GDP/亿元	2000～2010 年 年均增长率 /%	2020 年 GDP/亿元	2010～2020 年 年均增长率 /%	2030 年 GDP/亿元	2020～2030 年 年均增长率 /%
华北地区	18 644	65 873	13.45	125 498	6.66	224 748	6.33
东北地区	15 061	42 993	11.06	75 425	5.78	135 075	5.89
华东地区	53 152	164 695	11.97	317 885	6.80	569 284	6.40
华中地区	19 221	53 812	10.84	108 049	7.22	193 500	6.61
华南地区	19 326	58 675	11.75	112 797	6.75	202 002	6.38
西南地区	13 159	38 147	11.23	81 639	7.91	146 203	6.95
西北地区	6 408	22 440	13.35	45 689	7.37	81 822	6.68
全　国	144 971	446 635	11.91	866 982	6.86	1 552 634	6.43

2. 中国分省经济空间格局模拟

GDP 年均增长率在 8% 以上的有 9 个省份，分别为北京、安徽、江西、湖北、贵州、云南、西藏、陕西、甘肃，其余省份年均增长率均低于全国平均水平，增长较快的省份主要集中于中西部。其中西藏、甘肃两省年均增长率超过 9%。2020～2030 年，中国大部分省份 GDP 增长较快，GDP 年均增长率超过全国平均水平的省份有 23 个，北京、安徽、江西、湖北、贵州、云南、西藏、陕西、甘肃等省份增长速度较快（表 5.14）。

表 5.14 现状维持情景下中国省域经济总量预测表

地区名称	2000 年 GDP/亿元	2010 年 GDP/亿元	2000～2010 年 年均增长率 /%	2020 年 GDP/亿元	2010～2020 年 年均增长率 /%	2030 年 GDP/亿元	2020～2030 年 年均增长率 /%
北京市	3 565	14 142	14.77	33 060	8.86	59 206	7.42

续表

地区名称	2000 年 GDP/亿元	2010 年 GDP/亿元	2000~2010 年 年均增长率 /%	2020 年 GDP/亿元	2010~2020 年 年均增长率 /%	2030 年 GDP/亿元	2020~2030 年 年均增长率 /%
天津市	2 354	9 161	14.56	18 451	7.25	33 043	6.62
河北省	8 209	20 899	9.80	37 449	6.01	67 065	6.00
山西省	2 479	9 052	13.83	18 930	7.66	33 900	6.83
内蒙古	2 037	12 619	20.01	17 608	5.39	31 534	5.69
辽宁省	6 914	21 613	12.07	39 942	6.33	71 529	6.17
吉林省	3 126	9 914	12.23	16 077	4.95	28 792	5.48
黑龙江省	5 021	11 466	8.61	19 406	5.40	34 754	5.70
上海市	6 187	17 196	10.76	36 995	7.96	66 252	6.98
江苏省	11 457	43 045	14.15	83 781	6.89	150 038	6.44
浙江省	9 892	26 974	10.55	53 770	7.14	96 295	6.57
安徽省	4 039	12 594	12.04	28 282	8.43	50 649	7.21
福建省	6 037	14 352	9.04	26 259	6.23	47 027	6.11
江西省	2 796	9 354	12.84	20 858	8.35	37 353	7.17
山东省	12 743	41 181	12.45	67 940	5.13	121 670	5.57
河南省	7 580	23 094	11.79	43 812	6.61	78 460	6.31
湖北省	6 118	14 417	8.95	32 844	8.58	58 819	7.28
湖南省	5 523	16 301	11.43	31 393	6.77	56 220	6.39
广东省	15 442	47 376	11.86	91 205	6.77	163 333	6.38
广　西	3 118	9 269	11.51	18 500	7.15	33 130	6.58
海南省	766	2 029	10.23	3 093	4.30	5 539	5.15
重庆市	2 317	8 322	13.64	17 230	7.55	30 857	6.77
四川省	6 170	17 616	11.06	37 434	7.83	67 038	6.91
贵州省	1 607	4 593	11.08	10 085	8.18	18 061	7.09
云南省	2 912	7 220	9.50	15 927	8.23	28 522	7.11

续表

地区名称	2000 年 GDP/亿元	2010 年 GDP/亿元	2000~2010 年 年均增长率 /%	2020 年 GDP/亿元	2010~2020 年 年均增长率 /%	2030 年 GDP/亿元	2020~2030 年 年均增长率 /%
西 藏	154	396	9.90	963	9.30	1 725	7.64
陕西省	2 560	9 959	14.55	22 282	8.39	39 903	7.19
甘肃省	1 365	3 910	11.10	9 586	9.38	17 167	7.68
青海省	312	1 353	15.81	1 616	5.79	2 893	6.87
宁 夏	390	1 574	14.97	2 647	5.34	4 741	5.67
新 疆	1 782	5 644	12.22	9 558	5.41	17 117	5.70

3. 全国城市经济空间格局模拟

现状维持视角下，2010~2020 年各等级城市 GDP 年平均增长率较 2000~2010 年下降。增长最快的为县级市，年平均增长 6.63%，2020 年 GDP 总量达到 197 482 亿元，占全国 GDP 总量的 22.78%；其次为副省级市，年平均增长 6.39%，经济总量为 241 461 亿元，占全国 GDP 总量的 27.86%；增长最慢的为地级市，年平均增长 6.27%，经济总量为 221 002 亿元，占全国 GDP 总量的 25.50%（表 5.15）。2020 年副省级市、地级市、县级市三者共占全国经济总量的 76.37%。2020~2030 年，县级市 GDP 年平均增长率最低，为 5.55%，较前 10 年间增长率下降了 1.08 个百分点，占全国经济总量的 21.84%；增长较快的为地级市，年平均增长率为 6.03%，占全国经济总量的 25.57%；副省级城市 GDP 年平均增长率为 6.01%，占全国经济总量的 27.89%。2030 年副省级市、地级市、县级市三者共占全国经济总量的 75.43%，较 2020 年下降了 0.94 个百分点。

表 5.15　现状维持视角下的中国城市经济格局预测

城市等级	2000~2010 年 年增长率 /%	2020 年 GDP/亿元	2010~2020 年 年增长率 /%	占全国比例/%	2030 年 GDP/亿元	2020~2030 年 年增长率 /%	占全国比例/%
副省级市	16.97	241 461	6.39	27.86	433 011	6.01	27.89

续表

城市等级	2000~2010 年年增长率/%	2020 年GDP/亿元	2010~2020 年年增长率/%	占全国比例/%	2030 年GDP/亿元	2020~2030 年年增长率/%	占全国比例/%
地级市	16.93	221 002	6.27	25.50	396 952	6.03	25.57
县级市	15.94	197 482	6.63	22.78	338 988	5.55	21.84
总　计	16.41	661 965	6.39	76.37	1 170 981	5.87	75.43

（三）风险控制情景下的全国城市经济空间格局

所谓风险控制情景，就是强调生态环境保护和粮食安全风险的控制，注重持续发展，不过分重视加快经济发展和促进城镇扩张的政策倾向。综合有关预测结果，风险控制情景下，2010~2020 年，全国 GDP 增速为 7%，到2020 年，全国将实现国内生产总值 79.23 万亿元；2030 年速度调减 2 个百分点，为 5%，到 2030 年，全国 GDP 将达 129 万亿元。按照有序加权法确定的情景权重，对全国县区行政单元的经济发展总量进行空间分配。为了更深入地认识全国经济发展的地理变量特征，本节重点从七大区域和 31 个省（自治区、直辖市）两种空间尺度对全国经济格局进行剖析，并对 2020 年和 2030年 770 个城市框架下的经济规模结构进行模拟。

1. 中国七大区域经济总量模拟

到 2020 年，华东地区 GDP 达到 33.31 万亿元，2030 年将达到 59.66 万亿元，在七大区域中居首位；2020 年华南地区达到 12.32 万亿元，2030 年将增至 22.06 万亿元，居七大区域中第二位，与华东地区相比，二者差距较大。其次为华北地区、华中地区、西南地区、东北地区，最后则是西北地区。2010~2020 年 GDP 年均增长率中，华南地区增长较快，增长速度为7.70%，其次为华东地区、西南地区，GDP 年平均增长率均为 7.30%。与2010~2020 年相比，2020~2030 年中国七大区域经济发展格局基本一致，华南地区、华东地区、西南地区依旧增长较快，高于全国平均水平，分别为 6.85%、6.65% 和 6.65%(表 5.16)，东北地区、西北地区 GDP 年平均增长率略低于全国平均水平。

表 5.16　风险控制导向视角的中国七大区域经济总量预测

地区名称	2000 年 GDP/亿元	2010 年 GDP/亿元	2000~2010 年年均增长率/%	2020 年 GDP/亿元	2010~2020 年年均增长率/%	2030 年 GDP/亿元	2020~2030 年年均增长率/%
华北地区	18 644	65 873	13.45	120 031	6.18	214 958	6.09
东北地区	15 061	42 993	11.06	71 967	5.29	128 883	5.64
华东地区	53 152	164 695	11.97	333 130	7.30	596 585	6.65
华中地区	19 221	53 812	10.84	102 041	6.61	182 741	6.30
华南地区	19 326	58 675	11.75	123 179	7.70	220 594	6.85
西南地区	13 159	38 147	11.23	77 192	7.30	138 240	6.65
西北地区	6 408	22 440	13.35	39 543	5.83	70 815	5.91
全　国	144 971	446 635	11.91	867 083	6.86	1 552 816	6.43

2. 中国分省经济空间格局模拟

2010~2020 年 GDP 年均增长率在 8%以上的有 6 个省份，分别为北京、上海、浙江、安徽、广东、西藏，其余省份年均增长率均低于全国平均水平，增长较快的省份主要集中于中西部。其中西藏年均增长率超过 9%。2020~2030 年，中国大部分省份 GDP 增长较快，GDP 年均增长率超过全国平均水平的省市有 23 个，北京、上海、浙江、广东、西藏等省增长速度最快（表 5.17）。

表 5.17　风险控制导向视角的中国省域经济总量预测

地区名称	2000 年 GDP/亿元	2010 年 GDP/亿元	2000~2010 年年均增长率/%	2020 年 GDP/亿元	2010~2020 年年均增长率/%	2030 年 GDP/亿元	2020~2030 年年均增长率/%
北京市	3 565	14 142	14.77	31 231	8.24	55 929	7.12
天津市	2 354	9 161	14.56	19 097	7.62	34 200	6.81
河北省	8 209	20 899	9.80	35 457	5.43	63 498	5.71

续表

地区名称	2000 年 GDP/亿元	2010 年 GDP/亿元	2000~2010 年 年均增长率 /%	2020 年 GDP/亿元	2010~2020 年 年均增长率 /%	2030 年 GDP/亿元	2020~2030 年 年均增长率 /%
山西省	2 479	9 052	13.83	17 680	6.92	31 662	6.46
内蒙古	2 037	12 619	20.01	16 567	2.76	29 669	4.37
辽宁省	6 914	21 613	12.07	40 035	6.36	71 697	6.18
吉林省	3 126	9 914	12.23	14 371	3.78	25 736	4.89
黑龙江省	5 021	11 466	8.61	17 561	4.36	31 450	5.17
上海市	6 187	17 196	10.76	39 151	8.58	70 114	7.28
江苏省	11 457	43 045	14.15	91 361	7.82	163 614	6.90
浙江省	9 892	26 974	10.55	59 836	8.29	107 158	7.14
安徽省	4 039	12 594	12.04	27 433	8.10	49 129	7.04
福建省	6 037	14 352	9.04	27 610	6.76	49 446	6.38
江西省	2 796	9 354	12.84	19 678	7.72	35 240	6.86
山东省	12 743	41 181	12.45	68 060	5.15	121 885	5.58
河南省	7 580	23 094	11.79	41 691	6.08	74 663	6.04
湖北省	6 118	14 417	8.95	30 966	7.94	55 455	6.97
湖南省	5 523	16 301	11.43	29 384	6.07	52 623	6.03
广东省	15 442	47 376	11.86	103 264	8.10	184 930	7.05
广　西	3 118	9 269	11.51	17 063	6.29	30 557	6.15
海南省	766	2 029	10.23	2 852	3.46	5 107	4.72
重庆市	2 317	8 322	13.64	17 357	7.63	31 083	6.81
四川省	6 170	17 616	11.06	36 353	7.51	65 103	6.75
贵州省	1 607	4 593	11.08	8 565	6.43	15 339	6.21
云南省	2 912	7 220	9.50	13 964	6.82	25 007	6.41
西　藏	154	396	9.90	953	9.19	1 707	7.58
陕西省	2 560	9 959	14.55	20 329	7.40	36 407	6.70

续表

地区名称	2000 年 GDP/亿元	2010 年 GDP/亿元	2000~2010 年 年均增长率 /%	2020 年 GDP/亿元	2010~2020 年 年均增长率 /%	2030 年 GDP/亿元	2020~2030 年 年均增长率 /%
甘肃省	1 365	3 910	11.10	8 103	7.56	14 511	6.78
青海省	312	1 353	15.81	2 034	4.16	3 390	4.70
宁 夏	390	1 574	14.97	2 411	4.35	4 318	5.17
新 疆	1 782	5 644	12.22	7 365	2.70	13 190	4.34

3. 中国城市经济空间格局模拟

风险控制视角下，2010~2020 年，各等级城市 GDP 年平均增长率较 2000~2010 年大幅下降。增长最快的为县级市，年平均增长 5.79%，2020 年 GDP 总量达到 182 451 亿元，占全国 GDP 总量的 23.10%；其次为副省级市，年平均增长 5.42%，经济总量为 220 383 亿元，占全国 GDP 总量的 27.90%；增长最慢的为地级市，年平均增长 5.32%，经济总量为 201 973 亿元，占全国 GDP 总量的 25.57%。

2020 年副省级市、地级市、县级市三者共占全国经济总量的 76.83%。2020~2030 年，县级市 GDP 年平均增长率最低，为 4.58%，较前 10 年间增长率下降了 1.21 个百分点，占全国经济总量的 22.19%；增长较快的为地级市，年平均增长率为 5.03%，占全国经济总量的 25.65%；副省级城市 GDP 年平均增长率为 5.02%，占全国经济总量的 27.94%。

2030 年副省级市、地级市、县级市三者共占全国经济总量的 75.94%，较 2020 年下降了 0.89 个百分点（表 5.18）。

表 5.18 风险控制视角的中国城市经济格局预测

城市等级	2000~2010 年年增长率 /%	2020 年 GDP/亿元	2010~2020 年年增长率 /%	占全国比例/%	2030 年 GDP/亿元	2020~2030 年年增长率 /%	占全国比例/%
副省级市	16.97	220 383	5.42	27.90	359 518	5.02	27.94

续表

城市等级	2000~2010年年增长率/%	2020年GDP/亿元	2010~2020年年增长率/%	占全国比例/%	2030年GDP/亿元	2020~2030年年增长率/%	占全国比例/%
地级市	16.93	201 973	5.32	25.57	330 009	5.03	25.65
县级市	15.94	182 451	5.79	23.10	285 497	4.58	22.19
总　计	16.41	606 827	5.47	76.83	977 054	4.88	75.94

三、城市人口空间格局的情景优化模拟

（一）城镇扩张情景下的全国城市人口空间格局

1. 中国分区域城市人口空间格局模拟

根据中国经济发展趋势及就业增长率推测，城镇扩张视角下，2020年中国将增加6701万人口，2030年较2020年增加了530万人口。届时2020年中国总人口达到13.88亿，2030年将达到13.93亿。至2020年，华东地区人口增加至4.35亿，占总人口的31.33%；华中地区人口增加至2.06亿，占总人口的14.83%；华南地区人口增加至1.68亿，占总人口的12.14%；西南地区占13.12%，华北地区占12.88%，东北地区占8.71%，西北地区占6.99%。这一趋势将持续到2030年。2030年，华中地区、西南地区、西北地区人口占总人口比例略有下降，华东地区、华南地区、华北地区、东北地区人口占总人口比例略有上升，为主要人口增长地区（表5.19）。

表5.19　城镇扩张视角下的中国七大区域人口预测表

地区名称	就业					人口					
	2000~2010年年增长率/%	2020年就业人员/万人	2010~2020年年增长率/%	2030年就业人员/万人	2020~2030年年增长率/%	第五次全国人口普查/万人	第六次全国人口普查/万人	2020年人口规模/万人	2030年人口规模/万人	2020年占全国比例/%	2030年占全国比例/%
华北地区	1.19	10 354	1.97	12 844	2.18	14 431	16 528	17 879	18 677	12.88	13.41

地区名称	就业					人口					
	2000~2010年年增长率/%	2020年就业人员/万人	2010~2020年年增长率/%	2030年就业人员/万人	2020~2030年年增长率/%	第五次全国人口普查/万人	第六次全国人口普查/万人	2020年人口规模/万人	2030年人口规模/万人	2020年占全国比例/%	2030年占全国比例/%
东北地区	0.92	6 653	1.75	8 381	2.34	10 482	10 967	12 088	12 971	8.71	9.31
华东地区	1.52	24 865	1.43	29 371	1.68	35 694	38 877	43 480	44 978	31.33	32.29
华中地区	0.15	11 844	0.51	12 736	0.73	21 034	21 384	20 581	19 156	14.83	13.75
华南地区	1.97	9 537	1.57	11 804	2.16	13 228	15 378	16 847	18 058	12.14	12.96
西南地区	0.23	10 907	0.41	11 447	0.48	18 823	19 300	18 205	16 429	13.12	11.79
西北地区	0.83	5 650	0.99	6 101	0.77	8 884	9 619	9 699	9 038	6.99	6.49

2. 中国省域城市人口空间格局模拟

城镇扩张视角下，2020 年中国 31 个省（自治区、直辖市）中，除山西、内蒙古、辽宁、安徽、山东、河南、重庆、贵州、甘肃、云南外，人口均有不同程度增长。其中，江苏、浙江、广东三省增长较快，至 2020 年，新增人口分别为 2439 万人、1799 万人、1476 万人，占总人口的比例分别为 7.03%、5.29% 和 8.30%。河北、江苏、浙江、山东、河南、广东、四川等省总人口占全国总人口的比例均在 5% 以上。安徽、河南、重庆、贵州等 4 个省（直辖市）总人口有小幅下降，其中，安徽省下降幅度最大，与 2010 年相比，人口减少了 563 万人；贵州人口了减少 404 万人，河南人口减少了 248 万人。与2020 年相比，2030 年全国 31 个省份中一半以上省份人口呈减少趋势，其中，江苏、浙江、广东三省依旧是人口增加最多的省份，江苏、浙江两省新增人口占总新增人口的比例有所下降，广东有所上升，三者共占总新增人口的42.36%（表5.20）。

表 5.20 城镇扩张视角下的中国分省域人口预测

地区名称	就业					人口					
	2000~2010年年增长率/%	2020年就业人员/万人	2010~2020年年增长率/%	2030年就业人员/万人	2020~2030年年增长率/%	第五次全国人口普查/万人	第六次全国人口普查/万人	2020年人口规模/万人	2030年人口规模/万人	2020年占全国比例/%	2030年占全国比例/%
北京市	4.86	1 325	3.09	1 615	2.00	1 221	1 961	2 400	2 501	1.73	1.80
天津市	2.73	834	4.23	1 213	3.83	920	1 294	1 656	2 015	1.19	1.45
河北省	0.76	5 072	2.39	6 775	2.94	6 756	7 277	8 207	9 172	5.91	6.58
山西省	0.73	1 855	0.76	1 952	0.51	3 230	3 551	3 425	3 079	2.47	2.21
内蒙古	0.33	1 269	0.00	1 289	0.16	2 304	2 445	2 191	1 909	1.58	1.37
辽宁省	0.76	2 458	0.62	2 598	0.56	4 125	4 317	4 274	3 890	3.08	2.79
吉林省	0.95	1 533	0.70	1 647	0.72	2 680	2 745	2 773	2 564	2.00	1.84
黑龙江	1.11	2 663	3.67	4 136	4.50	3 676	3 904	5 042	6 517	3.63	4.68
上海市	5.63	1 878	4.14	2 579	3.22	1 500	2 302	3 310	3 887	2.38	2.79
江苏省	2.30	5 247	2.07	6 704	2.48	7 029	7 312	9 752	11 133	7.03	7.99
浙江省	3.32	4 290	2.73	5 636	2.77	4 663	5 537	7 337	8 416	5.29	6.04
安徽省	−1.04	2 582	−1.15	2 517	−0.25	5 984	5 976	4 708	4 003	3.39	2.87
福建省	2.01	2 308	1.76	2 857	2.16	3 499	3 734	4 431	4 826	3.19	3.46
江西省	1.99	2 725	1.98	3 064	1.18	4 022	4 437	5 102	4 903	3.68	3.52
山东省	0.51	5 835	0.24	6 014	0.30	8 997	9 579	8 839	7 812	6.37	5.61
河南省	−0.49	4 898	−0.22	4 952	0.11	9 124	9 403	8 152	7 186	5.87	5.16
湖北省	1.09	3 332	1.56	3 976	1.78	5 583	5 411	6 106	6 270	4.40	4.50
湖南省	0.39	3 614	0.64	3 808	0.52	6 327	6 570	6 324	5 700	4.56	4.09
广东省	2.70	6 573	2.06	8 481	2.58	8 189	10 050	11 526	12 792	8.30	9.18

续表

地区名称	就业					人口					
	2000~2010年年增长率/%	2020年就业人员/万人	2010~2020年年增长率/%	2030年就业人员/万人	2020~2030年年增长率/%	第五次全国人口普查/万人	第六次全国人口普查/万人	2020年人口规模/万人	2030年人口规模/万人	2020年占全国比例/%	2030年占全国比例/%
广　西	0.44	2 447	0.29	2 604	0.62	4 294	4 471	4 256	3 927	3.07	2.82
海南省	2.47	517	2.05	718	3.34	746	857	1 066	1 338	0.77	0.96
重庆市	0.58	1 430	0.40	1 578	0.99	2 528	2 885	2 606	2 459	1.88	1.76
四川省	0.39	4 921	0.50	5 158	0.47	8 235	8 042	7 962	7 192	5.74	5.16
贵州省	−1.25	1 488	−1.14	1 425	−0.43	3 644	3 564	2 798	2 334	2.02	1.68
云南省	0.77	2 862	0.97	3 019	0.54	4 155	4 509	4 462	4 024	3.22	2.89
西　藏	1.01	207	3.42	267	2.59	262	300	377	420	0.27	0.30
陕西省	1.00	2 170	0.84	2 333	0.73	3 537	3 733	3 813	3 559	2.75	2.55
甘肃省	−0.06	1 451	0.48	1 496	0.30	2 462	2 510	2 343	2 069	1.69	1.49
青海省	1.02	306	0.45	334	0.88	491	566	532	501	0.38	0.36
宁　夏	1.05	327	0.24	346	0.57	572	639	600	550	0.43	0.39
新　疆	1.59	1 396	2.16	1 592	1.32	1 822	2 171	2 411	2 359	1.74	1.69

3. 中国城市人口空间格局模拟

2012 年，中国有地级行政单元 333 个，其中有 285 个地级市、35 个副省级以上城市和 368 个县级市。按照 2020 年 720 个城市和 2030 年 770 个城市的预测框架，分析不同政策情景下中国不同等级城市的人口格局。城镇扩张视角下，2020 年中国副省级城市人口 25 710 万人,占全国总人口的 18.53%。地级市城市人口 32 401 万人，占全国总人口的 23.35%，县级市总人口 22 047 万人,占全国总人口的 13.35%,三者共占全国总人口的 55.23%。2030 年副省级市人口达到 28 017 万人，占全国总人口的 20.11%，较 2020 年增加了 1.58 个百分点,地级市人口 35 886 万人,占全国总人口的 25.76%,

较 2020 年增加了 2.41 个百分点，县级市总人口 18 513 万人，占全国总人口的 13.29%。三者共占全国总人口的 59.16%，较 2020 年上升了 3.93 个百分点（表 5.21）。

表 5.21　城镇扩张视角下的中国不同等级城市人口及比例

城市等级	2020 年		2030 年	
	城镇扩张/万人	占全国人口比例/%	城镇扩张/万人	占全国人口比例/%
副省级市	25 710	18.53	28 017	20.11
地级市	32 401	23.35	35 886	25.76
县级市	18 533	13.35	18 513	13.29

2020 年，城镇扩张视角下，中国城市总人口达到 7.66 亿，占全国总人口的 55.23%。小城市 348 个，总人口 1.03 亿。其中，Ⅰ 型小城市（20 万人 ≤ X < 50 万人）261 个，总人口 0.93 亿；Ⅱ 型小城市（X < 20 万人）87 个，总人口 1044.13 万人。中等城市 221 个，总人口 1.56 亿；大城市 122 个，总人口 2.33 亿，其中，Ⅰ 型大城市（300 万人 ≤ X < 500 万人）21 个，总人口 0.77 亿；Ⅱ 型大城市（100 万人 ≤ X < 300 万人）101 个，总人口 1.56 亿；特大城市 19 个，总人口 1.22 亿；超大城市 10 个，总人口 1.52 亿（表 5.22 和图 5.16）。

表 5.22　城镇扩张视角下的中国不同规模城市数量及城市人口与比例

项目	年份	小城市（10 万～50 万人）		中等城市（50 万～100 万人）	大城市（100 万～500 万人）		特大城市（500 万～1000 万人）	超大城市（1000 万人以上）	占总人口比例/%
		Ⅰ 型小城市	Ⅱ 型小城市		Ⅰ 型大城市	Ⅱ 型大城市			
个数	2020	261	87	221	21	101	19	10	
	2030	279	95	232	25	104	23	12	

续表

项目	年份	小城市（10万~50万人）		中等城市（50万~100万人）	大城市（100万~500万人）		特大城市（500万~1000万人）	超大城市（1000万人以上）	占总人口比例/%
		Ⅰ型小城市	Ⅱ型小城市		Ⅰ型大城市	Ⅱ型大城市			
人口	2020	9 303	1 044	15 603	7 720	15 614	12 210	15 151	55.23
	2030	9 984	1 547	14 051	8 269	13 570	15 507	19 487	59.16

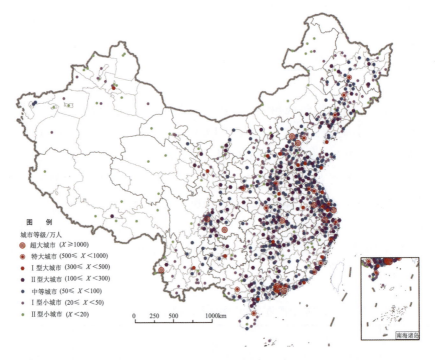

图 5.16　2020 年城镇扩张视角下的中国不同等级规模城市分布格局示意图

　　2030 年，城镇扩张视角下，中国城市总人口达到 8.24 亿，占全国总人口的 59.16%。小城市 374 个，总人口 1.15 亿。其中，Ⅰ型小城市（20万人≤X<50 万人）279 个，总人口 9984 万人；Ⅱ型小城市（X<20 万人）95 个，总人口 1547 万人。中等城市 232 个，总人口 1.41 亿；大城市 129个，总人口 2.18 亿，其中，Ⅰ型大城市（300 万人≤X<500 万人）25 个，

总人口 0.83 亿；Ⅱ型大城市（100 万人≤*X*<300 万人）104 个，总人口 1.36 亿；特大城市 23 个，总人口 1.55 亿；超大城市 12 个，总人口 1.95 亿（图 5.17）。

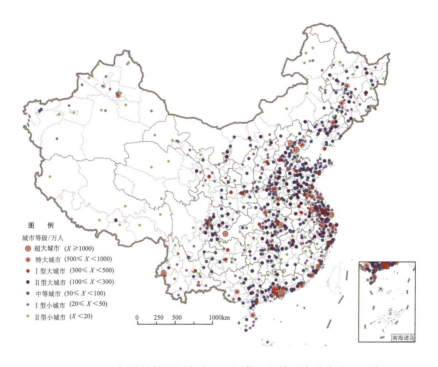

图 5.17　2030 年城镇扩张视角中国不同等级规模城市分布格局示意图

（二）现状维持情景下的全国城市人口空间格局

1. 中国人口分区空间格局模拟

现状维持视角下，2020 年，华东地区人口 4.40 亿，新增人口 5158 万人，占总人口的 31.74%；华南地区人口 1.70 亿，新增人口 1642 万人，占总人口的 12.27%；华北地区人口 1.76 亿，新增人口 1054 万，占总人口的 12.67%，三者共占总人口的 56.68%。东北地区、华中地区、西南地区、西北地区人口为 6.01 亿，共占全国总人口的 43.32%。与 2020 年相比，2030 年华中地区、西南地区、西北地区人口占总人口比例有所下降，其中西南地区降幅最大，下降了 1.27 个百分点，增幅最大的则为华东地区，增加了 1.22 个百分点（表 5.23）。

表 5.23　现状维持视角下的中国七大区域人口预测

地区名称	就业					人口					
	2000～2010年年增长率/%	2020年就业人员/万人	2010～2020年年增长率/%	2030年就业人员/万人	2020～2030年年增长率/%	第五次全国人口普查/万人	第六次全国人口普查/万人	2020年人口规模/万人	2030年人口规模/万人	2020年占全国比例/%	2030年占全国比例/%
华北地区	1.19	10 162	1.78	12 372	1.99	14 431	16 528	17 581	18 169	12.67	13.04
东北地区	0.92	6 446	1.43	7 834	1.97	10 482	10 967	11 722	12 209	8.45	8.77
华东地区	1.52	25 155	1.55	29 805	1.71	35 694	38 877	44 035	45 908	31.74	32.96
华中地区	0.15	11 830	0.50	12 692	0.71	21 034	21 384	20 554	19 177	14.81	13.77
华南地区	6	9 641	1.68	11 924	2.15	13 228	15 378	17 020	18 317	12.27	13.15
西南地区	0.23	10 930	0.43	11 470	0.48	18 823	19 300	18 246	16 540	13.15	11.88
西北地区	0.83	5 590	0.89	6 024	0.75	8 884	9 619	9 594	8 962	6.91	6.43

2. 中国人口省域空间格局模拟

现状维持视角下，2020 年山西、内蒙古、辽宁、安徽、山东、河南、湖南、广西、重庆、四川、贵州、云南、甘肃、青海、宁夏等人口均有所下降，其余省份人口则呈增长趋势。与 2010 年人口相比，安徽省人口减少 1203 万，为人口减少最多的省份。其次为河南省，人口减少了 1183 万人，贵州省人口减少了 729 万人。江苏、浙江、广东三省新增人口占总人口的比例均在 10%

以上，其中江苏省新增人口最多，为 2668 万人，其次为浙江省，2020 年新增人口 2034 万人。与 2020 年新增人口占比相比，2030 年，安徽、河南、贵州三省新增人口比例不断增加，其中，河南省新增人口占总新增人口的比例上升了 4.46 个百分点，安徽省上升了 3.82 个百分点，贵州省上升了 2.34 个百分点。新增人口占总人口比例下降较快的则为江苏、浙江、江西等省，均下降了 2% 以上（表 5.24）。

表 5.24 现状维持视角下的中国省域人口预测表

地区名称	就业					人口					
	2000~2010年年增长率/%	2020年就业人员/万人	2010~2020年年增长率/%	2030年就业人员/万人	2020~2030年年增长率/%	第五次全国人口普查/万人	第六次全国人口普查/万人	2020年人口规模/万人	2030年人口规模/万人	2020年占全国比例/%	2030年占全国比例/%
北京市	4.86	1 305	2.93	1 591	2.00	1 221	1 961	2 363	2 473	1.70	1.78
天津市	2.73	826	4.13	1 192	3.74	920	1 294	1 642	1 991	1.18	1.43
河北省	0.76	4 916	2.07	6 361	2.61	6 756	7 277	7 989	8 721	5.76	6.26
山西省	0.73	1 845	0.70	1 938	0.49	3 230	3 551	3 396	3 065	2.45	2.20
内蒙古	0.33	1 271	0.01	1 291	0.16	2 304	2 445	2 192	1 919	1.58	1.38
辽宁省	0.76	2 462	0.64	2 602	0.56	4 125	4 317	4 279	3 912	3.08	2.81
吉林省	0.95	1 528	0.67	1 641	0.72	2 680	2 745	2 763	2 565	1.99	1.84
黑龙江	1.11	2 456	2.84	3 590	3.87	3 676	3 904	4 680	5 732	3.37	4.12
上海市	5.63	1 895	4.24	2 602	3.22	1 500	2 302	3 337	3 936	2.40	2.83
江苏省	2.30	5 357	2.28	6 878	2.53	7 029	7 312	9 980	11 493	7.19	8.25
浙江省	3.32	4 415	3.03	5 831	2.82	4 663	5 537	7 571	8 772	5.46	6.30
安徽省	-1.04	2 618	-1.01	2 552	-0.26	5 984	5 976	4 773	4 075	3.44	2.93
福建省	2.01	2 338	1.89	2 900	2.18	3 499	3 734	4 494	4 926	3.24	3.54
江西省	1.99	2 691	1.85	3 022	1.17	4 022	4 437	5 035	4 855	3.63	3.49
山东省	0.51	5 840	0.25	6 020	0.30	8 997	9 579	8 844	7 851	6.37	5.64
河南省	-0.49	4 939	-0.13	4 996	0.11	9 124	9 403	8 220	7 283	5.92	5.23

地区名称	就业					人口					
	2000~2010年年增长率/%	2020年就业人员/万人	2010~2020年年增长率/%	2030年就业人员/万人	2020~2030年年增长率/%	第五次全国人口普查/万人	第六次全国人口普查/万人	2020年人口规模/万人	2030年人口规模/万人	2020年占全国比例/%	2030年占全国比例/%
湖北省	1.09	3 293	1.44	3 911	1.73	5 583	5 411	6 039	6 203	4.35	4.45
湖南省	0.39	3 597	0.60	3 785	0.51	6 327	6 570	6 295	5 691	4.54	4.09
广东省	2.70	6 670	2.21	8 597	2.57	8 189	10 050	11 691	13 030	8.43	9.36
广　西	0.44	2 464	0.36	2 626	0.64	4 294	4 471	4 288	3 982	3.09	2.86
海南省	2.47	508	1.87	701	3.28	746	857	1 042	1 306	0.75	0.94
重庆市	0.58	1 443	0.49	1 592	0.99	2 528	2 885	2 628	2 490	1.89	1.79
四川省	0.39	4 931	0.52	5 170	0.47	8 235	8 042	7 981	7 244	5.75	5.20
贵州省	−1.25	1 511	−0.99	1 445	−0.44	3 644	3 564	2 835	2 373	2.04	1.70
云南省	0.77	2 833	0.87	2 987	0.53	4 155	4 509	4 416	3 998	3.18	2.87
西　藏	1.01	212	3.66	276	2.70	262	300	386	436	0.28	0.31
陕西省	1.00	2 163	0.81	2 325	0.73	3 537	3 733	3 799	3 559	2.74	2.56
甘肃省	−0.06	1 447	0.45	1 490	0.29	2 462	2 510	2 337	2 071	1.68	1.49
青海省	1.02	301	0.28	325	0.78	491	566	523	489	0.38	0.35
宁　夏	1.05	328	0.27	347	0.56	572	639	600	553	0.43	0.40
新　疆	1.59	1 351	1.83	1 537	1.30	1 822	2 171	2 333	2 289	1.68	1.64

3. 中国城市人口空间格局模拟

现状维持视角下，2020年中国副省级城市人口26 184万人，占全国总人口的18.87%。地级市城市人口32 742万人，占全国总人口的23.59%，县级市总人口18 471万人，占全国总人口的13.31%，三者共占全国总人口的55.77%。

2030 年副省级市人口达到 28 715 万人, 占全国总人口的 20.61%, 较 2020 年增加了 1.74 个百分点, 地级市人口 36 487 万人, 占全国总人口的 26.19%, 较 2020 年增加了 2.60 个百分点, 县级市总人口 18 520 万人, 占全国总人口的 13.29%。三者共占全国总人口的 60.09%, 较 2020 年上升了 4.32 个百分点 (表 5.25)。

表 5.25　现状维持视角下的 2020 年、2030 年中国城市人口及所占比例

城市等级	2020 年		2030 年	
	现状维持/万人	占全国比例/%	现状维持/万人	占全国比例/%
副省级市	26 184	18.87	28 715	20.61
地级市	32 742	23.59	36 487	26.19
县级市	18 471	13.31	18 520	13.29

现状维持视角下, 2020 年中国城市总人口达到 7.74 亿, 占全国总人口的 55.77%。小城市 348 个, 总人口 1.03 亿。其中, Ⅰ型小城市 (20 万人≤X< 50 万人) 259 个, 总人口 9253 万人; Ⅱ型小城市 (X<20 万人) 89 个, 总人口 1076 万人。中等城市 221 个, 总人口 1.56 亿; 大城市 124 个, 总人口 2.45 亿, 其中, Ⅰ型大城市 (300 万人≤X<500 万人) 24 个, 总人口 9116 万人; Ⅱ型大城市 (100 万人≤X<300 万人) 100 个, 总人口 1.54 亿; 特大城市 17 个, 总人口 1.15 亿; 超大城市 10 个, 总人口 1.55 亿 (表 5.26 和图 5.18)。

表 5.26　现状维持视角下的 2020 年、2030 年中国不同规模城市人口及所占比例

项目	年份	小城市		中等城市	大城市		特大城市	超大城市	占总人口比例/%
		Ⅰ型小城市	Ⅱ型小城市		Ⅰ型大城市	Ⅱ型大城市			
个数	2020	259	89	221	24	100	17	10	
	2030	281	88	238	24	106	22	11	

续表

项目	年份	小城市		中等城市	大城市		特大城市	超大城市	占总人口比例%
		Ⅰ型小城市	Ⅱ型小城市		Ⅰ型大城市	Ⅱ型大城市			
人口/万人	2020	9 253	1 076	15 601	9 116	15 368	11 528	15 454	55.77
	2030	9 992	1 526	14 261	7 892	13 573	15 484	20 994	60.09

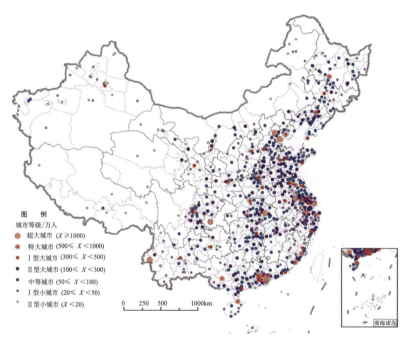

图 5.18　2020 年现状维持视角中国不同等级规模城市分布格局示意图

　　2030 年，现状维持视角下，中国城市总人口达到 8.37 亿，占全国总人口的 60.09%。小城市 369 个，总人口 1.15 亿。其中，Ⅰ型小城市（20 万人≤X＜50 万人）281 个，总人口 9992 亿；Ⅱ型小城市（X＜20 万人）88 个，总人口 1526 万人。中等城市 238 个，总人口 1.43 亿；大城市 130 个，总人口 2.15 亿，其中，Ⅰ型大城市（300 万人≤X＜500 万人）24 个，总人口 0.79 亿；Ⅱ型大城市（100 万人≤X＜300 万人）106 个，总人口 1.36 亿；特大城市 22 个，总人口 1.55 亿；超大城市 11 个，总人口 2.10 亿（图 5.19）。

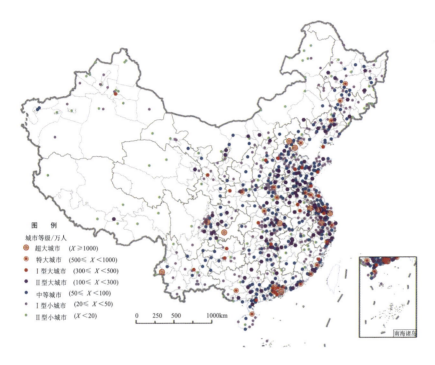

图 5.19　2020 年现状维持视角中国不同等级规模城市分布格局示意图

（三）风险控制情景下的全国城市人口空间格局

1. 全国人口区域空间格局模拟

风险控制视角下，2020 年，华东地区人口 4.48 亿，新增人口 5945 万人，占总人口的 32.30%；华南地区人口 1.74 亿，新增人口 2037 万人，占总人口的 12.55%；华北地区人口 1.71 亿，新增人口 553 万，占总人口的 12.31%，三者共占总人口的 57.16%（表 5.27）。东北地区、华中地区、西南地区、西北地区人口为 5.94 亿，共占全国总人口的 42.84%。与 2020 年相比，2030 年东北地区、华中地区、西南地区、西北地区人口占总人口比例有所下降，其中西南地区降幅最大，下降了 1.16 个百分点，增幅最大的则为华东地区，增加了 1.50 个百分点，其次为华南地区，增加了 1.04 个百分点（表 5.27）。

表 5.27 风险控制视角下的中国七大区域人口预测表

地区名称	就业					人口					
	2000～2010年年增长率/%	2020年就业人员/万人	2010～2020年年增长率/%	2030年就业人员/万人	2020～2030年年增长率/%	第五次全国人口普查/万人	第六次全国人口普查/万人	2020年人口规模/万人	2030年人口规模/万人	2020年占全国比例/%	2030年占全国比例/%
华北地区	1.19	9 823	1.43	11 549	1.63	14 431	16 528	17 081	17 320	12.31	12.44
东北地区	0.92	6 126	0.91	7 011	1.36	10 482	10 967	11 162	11 088	8.04	7.96
华东地区	1.52	25 525	1.70	30 147	1.68	35 694	38 877	44 822	47 079	32.30	33.80
华中地区	0.15	11 820	0.49	12 621	0.66	21 034	21 384	20 541	19 268	14.80	13.83
华南地区	1.97	9 871	1.92	12 197	2.14	13 228	15 378	17 415	18 923	12.55	13.59
西南地区	0.23	10 985	0.48	11 524	0.48	18 823	19 300	18 361	16 806	13.23	12.07
西北地区	0.83	5 462	0.65	5 860	0.71	8 884	9 619	9 371	8 800	6.75	6.32

2. 全国人口省域空间格局模拟

风险控制视角下，与 2010 年各省总人口相比，2020 年山西、内蒙古、辽宁、吉林、安徽、山东、河南、湖南、广西、重庆、四川、甘肃、新疆、贵州、云南等省总人口呈下降趋势。其中安徽总人口减少了 1047 万人，贵州省人口减少了 634 万人，河南省减少了 1025 万人，内蒙古减少幅度较小，为 247 万人。总人口增加最多的依旧为江苏、浙江、广东三省，增加人口均在 1000 万人以上。江苏新增人口 2249 万人，广东省新增人口 1690 万人，浙江省新增人口 1644 万人，三个省份占总新增人口的 46.54%。人口增加 500 万人以上的省份有上海市、福建省、江西省、湖北省、四川省 5 个省份。2030 年，全国 31 个省（自治区、直辖市）人口 1/3 呈下降趋势。（表 5.28）。

表 5.28　风险控制视角下的中国省域人口预测表

地区名称	就业					人口					
	2000~2010年年增长率/%	2020年就业人员/万人	2010~2020年年增长率/%	2030年就业人员/万人	2020~2030年年增长率/%	第五次全国人口普查/万人	第六次全国人口普查/万人	2020年人口规模/万人	2030年人口规模/万人	2020年占全国比例/%	2030年占全国比例/%
北京市	4.86	1 280	2.73	1 560	2.00	1 221	1 961	2 316	2 448	1.67	1.76
天津市	2.73	802	3.83	1 131	3.50	920	1 294	1 600	1 916	1.15	1.38
河北省	0.76	4 636	1.48	5 642	1.98	6 756	7 277	7 595	7 943	5.47	5.70
山西省	0.73	1 831	0.62	1 922	0.49	3 230	3 551	3 372	3 072	2.43	2.21
内蒙古	0.33	1 275	0.04	1 294	0.15	2 304	2 445	2 198	1 942	1.58	1.39
辽宁省	0.76	2 471	0.68	2 612	0.56	4 125	4 317	4 294	3 964	3.09	2.85
吉林省	0.95	1 513	0.57	1 625	0.71	2 680	2 745	2 736	2 563	1.97	1.84
黑龙江	1.11	2 142	1.44	2 774	2.62	3 676	3 904	4 132	4 560	2.98	3.27
上海市	5.63	1 669	2.92	2 045	2.06	1 500	2 302	2 937	3 122	2.12	2.24
江苏省	2.30	5 604	2.74	7 264	2.63	7 029	7 312	10 489	12 300	7.56	8.83
浙江省	3.32	4 689	3.65	6 262	2.94	4 663	5 537	8 097	9 588	5.84	6.88
安徽省	−1.04	2 705	−0.68	2 631	−0.28	5 984	5 976	4 929	4 241	3.55	3.05
福建省	2.01	2 400	2.16	2 990	2.22	3 499	3 734	4 628	5 143	3.34	3.69
江西省	1.99	2 609	1.53	2 924	1.15	4 022	4 437	4 882	4 743	3.52	3.41
山东省	0.51	5 849	0.27	6 030	0.30	8 997	9 579	8 859	7 941	6.38	5.70
河南省	−0.49	5 034	0.05	5 092	0.12	9 124	9 403	8 378	7 497	6.04	5.38
湖北省	1.09	3 224	1.22	3 794	1.64	5 583	5 411	5 922	6 092	4.27	4.37
湖南省	0.39	3 562	0.50	3 735	0.48	6 327	6 570	6 240	5 679	4.50	4.08
广东省	2.70	6 889	2.54	8 869	2.56	8 189	10 050	12 073	13 596	8.70	9.76
广　西	0.44	2 494	0.48	2 663	0.66	4 294	4 471	4 347	4 086	3.13	2.93

续表

地区名称	就业					人口					
	2000~2010年年增长率/%	2020年就业人员/万人	2010~2020年年增长率/%	2030年就业人员/万人	2020~2030年年增长率/%	第五次全国人口普查/万人	第六次全国人口普查/万人	2020年人口规模/万人	2030年人口规模/万人	2020年占全国比例/%	2030年占全国比例/%
海南省	2.47	489	1.48	665	3.13	746	857	995	1 241	0.72	0.89
重庆市	0.58	1 474	0.70	1 625	0.98	2 528	2 885	2 684	2 566	1.93	1.84
四川省	0.39	4 956	0.57	5 196	0.47	8 235	8 042	8 033	7 366	5.79	5.29
贵州省	−1.25	1 568	−0.62	1 495	−0.47	3 644	3 564	2 930	2 467	2.11	1.77
云南省	0.77	2 762	0.62	2 908	0.52	4 155	4 509	4 304	3 928	3.10	2.82
西藏	1.01	225	4.27	300	2.95	262	300	409	479	0.30	0.34
陕西省	1.00	2 149	0.74	2 307	0.71	3 537	3 733	3 770	3 559	2.72	2.56
甘肃省	−0.06	1 438	0.39	1 476	0.26	2 462	2 510	2 326	2 076	1.68	1.49
青海省	1.02	292	−0.01	310	0.61	491	566	506	471	0.36	0.34
宁夏	1.05	329	0.31	348	0.56	572	639	601	558	0.43	0.40
新疆	1.59	1 254	1.07	1 419	1.24	1 822	2 171	2 168	2 136	1.56	1.53

3. 中国城市人口空间格局模拟

风险控制视角下，2020 年中国副省级城市人口 27 200 万人，占全国总人口的 19.60%。地级市城市人口 33 343 万人，占全国总人口的 24.03%，县级市总人口 18314 万人，占全国总人口的 13.20%，三者共占全国总人口的 56.83%。2030 年副省级市人口达到 30 153 万人，占全国总人口的 21.64%，较 2020 年增加了 2.04 个百分点，地级市人口 37 540 万人，占全国总人口的 26.95%，较 2020 年增加了 2.92 个百分点，县级市总人口 18 453 万人，占全国总人口的 13.25%。三者共占全国总人口的 61.84%，较 2020 年上升了 5.01 个百分点（表 5.29）。

表 5.29　风险控制视角下的 2020 年、2030 年中国城市人口及所占比例

城市等级	2020 年		2030 年	
	风险控制/万人	占全国比例/%	风险控制/万人	占全国比例/%
副省级市	27 200	19.60	30 153	21.64
地级市	33 343	24.03	37 540	26.95
县级市	18 314	13.20	18 453	13.25

2020 年，风险控制视角下，中国城市总人口达到 7.89 亿，占全国总人口的 56.83%。小城市 351 个，总人口 1.04 亿。其中，Ⅰ型小城市（20 万人 $\leq X <$ 50 万人）261 个，总人口 9328 万人；Ⅱ型小城市（$X <$ 20 万人）90 个，总人口 1098 万人。中等城市 218 个，总人口 1.54 亿；大城市 123 个，总人口 2.42 亿，其中，Ⅰ型大城市（300 万人 $\leq X <$ 500 万人）23 个，总人口 0.88 亿；Ⅱ型大城市（100 万人 $\leq X <$ 300 万人）100 个，总人口 1.54 亿；特大城市 17 个，总人口 1.17 亿；超大城市 11 个，总人口 1.72 亿（表 5.30 和图 5.20）。

表 5.30　风险控制视角下 2020 年、2030 年中国不同规模城市数量及城市人口

项目	年份	小城市（＜50 万）		中等城市	大城市		特大城市	超大城市	占总人口比例/%
		Ⅰ型小城市	Ⅱ型小城市		Ⅰ型大城市	Ⅱ型大城市			
个数	2020	261	90	218	23	100	17	11	
	2030	273	80	247	24	111	19	16	
人口/万人	2020	9 328	1 098	15 402	8 797	15 346	11 697	17 172	56.83
	2030	10 202	1 540	13 795	7 566	14 003	13 667	25 372	61.84

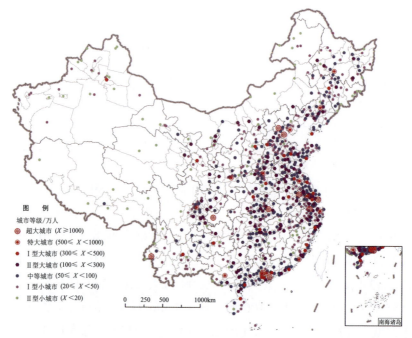

图 5.20　2020 年风险控制视角中国不同等级规模城市分布格局示意图

2030 年，风险控制视角下，中国城市总人口达到 8.61 亿，占全国总人口的 61.84%。小城市 353 个，总人口 1.17 亿。其中，Ⅰ型小城市（20 万人 ≤ X < 50 万人）273 个，总人口 1.02 亿；Ⅱ型小城市（X < 20 万人）80 个，总人口 1540 万人。中等城市 247 个，总人口 1.38 亿；大城市 135 个，总人口 2.16 亿，其中，Ⅰ型大城市（300 万人 ≤ X < 500 万人）24 个，总人口 0.76 亿；Ⅱ型大城市（100 万人 ≤ X < 300 万人）111 个，总人口 1.40 亿；特大城市 19 个，总人口 1.37 亿；超大城市 16 个，总人口 2.54 亿（图 5.21）。

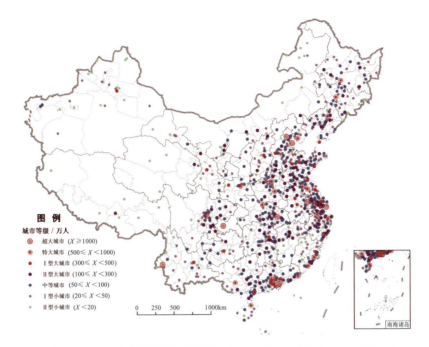

图 5.21　2030 年风险控制视角中国不同等级规模城市分布格局示意图

四、城市发展空间格局优化的多情景方案

（一）中国城市行政设市格局优化方案

根据中国城市发展的行政设市格局，未来我国设市城市将达到 770 个城市，进一步根据三种不同情景模拟结果分析，到 2020 年，中国副省级城市人口占总人口的比例约为 19.0%，地级城市人口占总人口的比例约为 23.66%，县级城市人口占总人口的比例约为 13.29%，三者合计的城市人口占总人口的比例将达到 55.94%（表 5.31）。

表 5.31　2020～2030 年中国不同行政层级城市人口比例预测表

等级	2020 年占全国人口比例%			2030 年占全国人口比例%		
	城镇扩张情景	现状维持情景	风险控制情景	城镇扩张情景	现状维持情景	风险控制情景
副省级市	18.53	18.87	19.60	20.11	20.61	21.64

续表

等级	2020 年占全国人口比例%			2030 年占全国人口比例%		
	城镇扩张情景	现状维持情景	风险控制情景	城镇扩张情景	现状维持情景	风险控制情景
地级市	23.35	23.59	24.03	25.76	26.19	26.95
县级市	13.35	13.31	13.20	13.29	13.29	13.25

到 2030 年，中国副省级城市人口占总人口的比例约为 20.79%，地级城市人口占总人口的比例约为 26.3%，县级城市人口占总人口的比例约为 13.28%，三者合计的城市人口占总人口的比例将达到 60.37%。

（二）中国城市数量结构格局优化方案

根据《国务院关于调整城市规模划分标准的通知》（国发〔2014〕51 号），以城区常住人口为统计口径，将城市划分为五类七档。城区常住人口 50 万以下的城市为小城市，其中，20 万以上 50 万以下的城市为 I 型小城市，20 万以下的城市为 II 型小城市；城区常住人口 50 万以上 100 万以下的城市为中等城市；城区常住人口 100 万以上 500 万以下的城市为大城市，其中，300 万以上 500 万以下的城市为 I 型大城市，100 万以上 300 万以下的城市为 II 型大城市；城区常住人口 500 万以上 1000 万以下的城市为特大城市；城区常住人口 1000 万以上的城市为超大城市。按照上述判断标准，将采用城镇扩张情景、现状维持情景和风险控制情景得到的不同规模城市数量求多情景均值，得到中国城市数量结构格局优化的如下方案（表 5.32）。

表 5.32 2020～2030 年中国不同规模城市数量的情景模拟方案

项目	年份	小城市 （10 万～50 万人）		中等城市（50万～100 万人）	大城市 （100 万～500 万人）		特大城市 （500万～1000万人）	超大城市 （1000 万人以上）	城市总数/个
		I 型小城市	II 型小城市		I 型大城市	II 型大城市			
城镇扩张情景	2020	261	87	221	21	101	19	10	720
	2030	279	95	232	25	104	23	12	770

项目	年份	小城市（10万~50万人）		中等城市(50万~100万人)	大城市（100万~500万人）		特大城市（500万~1000万人）	超大城市（1000万人以上）	城市总数/个
		Ⅰ型小城市	Ⅱ型小城市		Ⅰ型大城市	Ⅱ型大城市			
现状维持情景	2020	259	89	221	24	100	17	10	720
	2030	281	88	238	24	106	22	11	770
风险控制情景	2020	261	90	218	23	100	17	11	720
	2030	273	80	247	24	111	19	16	770
多情景均值	2020	260	90	220	23	100	17	10	720
	2030	278	88	239	24	107	21	13	770

到 2020 年，全国城市总数量达到 720 个，其中，超大城市数量达到 10 个，特大城市数量达到 17 个，大城市数量达到 123 个（其中，Ⅰ型大城市 23 个，Ⅱ型大城市 100 个），中等城市数量达到 220 个，小城市数量达到 350 个（其中Ⅰ型小城市 260 个，Ⅱ型小城市 90 个），形成 10 个超大城市、17 个特大城市、123 个大城市、220 个中等城市和 350 个小城市组成的 720 个城市组成的金字塔型城市等级规模结构新格局。

到 2030 年，全国城市总数量达到 770 个，其中，超大城市数量达到 13 个，特大城市数量达到 21 个，大城市数量达到 131 个（其中，Ⅰ型大城市 24 个，Ⅱ型大城市 107 个），中等城市数量达到 239 个，小城市数量达到 366 个（其中，Ⅰ型小城市 278 个，Ⅱ型小城市 88 个），形成 13 个超大城市、21 个特大城市、131 个大城市、239 个中等城市和 366 个小城市组成的 770 个城市组成的金字塔型城市等级规模结构新格局。

（三）中国城市人口规模格局优化方案

将采用城镇扩张情景、现状维持情景和风险控制情景得到的不同规模城市人口求多情景均值，得到中国不同规模等级城市人口结构格局优化的方案（表 5.33）。

表 5.33　2020～2030 年中国不同规模城市人口的情景模拟方案

项目	年份	小城市（10 万～50 万人）		中等城市（50 万～100 万人）	大城市（100 万～500 万人）		特大城市（500 万～1000 万人）	超大城市（1000 万人以上）	占总人口比例/%
		Ⅰ型小城市	Ⅱ型小城市		Ⅰ型大城市	Ⅱ型大城市			
城镇扩张情景	2020	9 303	1 044	15 603	7 720	15 614	12 210	15 151	55.23
	2030	9 984	1 547	14 051	8 269	13 570	15 507	19 487	59.16
现状维持情景	2020	9 253	1 076	15 601	9 116	15 368	11 528	15 454	55.77
	2030	9 992	1 526	14 261	7 892	13 573	15 484	20 994	60.09
风险控制情景	2020	9 328	1 098	15 402	8 797	15 346	11 697	17 172	56.83
	2030	10 202	1 540	13 795	7 566	14 003	13 667	25 372	61.84
多情景均值	2020	9 295	1 073	15 535	8 544	15 443	11 812	15 926	55.49
	2030	10 059	1 538	14 036	7 909	13 715	14 886	21 951	59.82

到 2020 年，全国城市人口达到 77 627 万人，占全国总人口的 55.94%。其中，超大城市人口达到 15 926 万人，特大城市人口达到 11 812 万人，大城市人口达到 23 987 万人（其中，Ⅰ型大城市 8544 万人，Ⅱ型大城市 15 443 万人），中等城市人口达到 15 535 万人，小城市人口达到 10 368 万人（其中Ⅰ型小城市 9295 万人，Ⅱ型小城市 1073 万人）。

到 2030 年，全国城市人口达到 84 094 万人，占全国总人口的 60.37%。其中，超大城市人口达到 21 951 万人，特大城市人口达到 14 886 万人，大城市人口达到 21 624 万人（其中，Ⅰ型大城市 7 909 万人，Ⅱ型大城市 13 715 万人），中等城市人口达到 14 036 万人，小城市人口达到 11 597 万人（其中Ⅰ型小城市 10 059 万人，Ⅱ型小城市 1 538 万人）。

主要参考文献

[1]　齐明珠. 我国 2010～2050 年劳动力供给与需求预测. 人口研究, 2010, 5(34): 76-87.

[2]　胡焕庸. 中国人口之分布——附统计表与密度图. 地理学报, 1935, (02), 12-18.

[3]　岳锋利. 中国快速城市化进程中农村劳动力转移及其经济效应研究. 首都经济贸易大学博士学位论文, 2012: 23-54.

[4]　方创琳, 刘毅, 林跃然. 中国创新型城市发展报告. 北京: 科学出版社, 2013: 2-3.

[5]　方创琳. 中国创新型城市建设的总体评估与瓶颈分析. 城市发展研究, 2013, 32(3): 12-18.

[6]　方创琳, 马海涛, 王振波等. 中国创新型城市建设的综合评估与空间格局分异. 地理学报, 2014, 69(4): 459-473.

[7]　甄峰, 王波, 陈映雪. 基于网络社会空间的中国城市网络特征——以新浪微博为例. 地理学报, 2012. 67(8): 1031-1043.

[8]　王淑英, 陈守煜. 加权平均的权重优选算法及其应用. 水利学报, 2003, 12: 109-113.

[9]　张瑾, 韩玥. 中国经济总量分析和预测. 中国经贸导刊, 2014, 8: 26-31.

[10]　蔡昉. 人口转变、人口红利与刘易斯转折点. 经济研究, 2010, 4: 4-13.

[11]　Xizhe Peng. China's Demographic History and Future Challenges. Science, 2011, (333): 581-587.

第　六　章

中国城市发展的行政设市格局

　　中国城市发展的行政设市格局决定着城市的空间配置和空间组织格局。行政设市在每个时期都有一定标准,设市城市表明城市在发展中达到一定标准,相比其他未设市行政单元具有较好的人口、产业集聚程度;因此设市的城镇居民点布局一定程度上反映了中国城市的基本格局[1-5]。从中国设市的演变历程看,我国行政设市的空间格局从 1984 年的"大分散小集聚"发展格局演变到 1990 年的"两横两纵"设市空间结构,再到 2000 年的"十大设市集聚区"的空间结构,最后演变为现在的"两横三纵"的设市空间格局。这种行政设市格局存在着一系列亟待解决的现实问题,包括现行设市标准过时、与城市发展阶段不协调,新设城市集中在东部发达地区、西部设市城市数量增长缓慢,设市数量总体偏少、与新型城镇化发展要求存在较大差距;民族自治县改市存在体制障碍。为破解行政设市面临的问题,从行政设市和管理的角度,针对地级市、民族自治市和县级市的行政设置特征,借鉴世界各国设市的经验,采用不同的增选标准和综合指数计算方法,提出未来将增加 32 个地级城市(其中,新增地区改地级市 8 个,新增地级民族自治市 17 个,考虑稳定边疆和文物保护特殊需求增设地级市 7 个),使地级市数增加到 318 个;提出了未来新增 108 个县级市(其中,新增县级市 98 个、新增县级民族自治市 10 个),使县级市数量增加到 448 个;到 2030 年我国将形成由 4 个直辖市、318 个地级市、448 个县级市组成的 770 个行政设市城市新格局。

第一节 中国行政区划中的设市沿革与标准

建制市是我国行政区划中的一个重要层级，经历了多次调整，最近一次调整出现于 1980 年代初。城市的设置标准也经历了数次修订与调整，由新中国成立初期单一的人口指标发展到目前涵盖人口、经济、基础设施及社会服务等多方面的指标体系；同时依据人口密度的差异实行分类指导。设市城市是国家或地区的政治、经济、文化、流通和国内外交往中心，具有巨大的辐射和吸引作用，推动国民经济和社会发展。

一、中国行政区划中的城市建制及其沿革

城市建制不同于城市形态，不仅包括人口、产业集聚的城市建成区，也有广大的乡村农业区域。中国行政区划中的城市建制不断变化，最近一次调整出现于 1983 年的地级行政区划改革，目前有直辖市、地级市和县级市三个级别。虽然地级市不是《宪法》明确规定的一级行政区域，但其行政和经济作用显然成为了事实上的一级行政区域。

（一）城市建制最近一次调整出现于 1983 年地级行政区划改革

行政区划是国家为了便于管理而对国土和政治、行政权力进行的划分；是在不同区域内，为全面实现地方机构能顺利实现各种职能而建立的不同级别政权机构。在中国历史上，行政区划多分为 2～3 个层级。中央政府一般希望控制的层次越少越好，中央的政令由此可以直达基层。秦代时就只设了郡、县两级，但到了清代，版图扩大，两级管理不能奏效，管理层级升到 3 级，即省、府(州)、县。1949 年以后，中国实行的是省—地区—县—乡镇"虚四级制"，其中地区是虚的，是省政府的派出机构，而不是一级政府。从 1983 年地级行政区划改革开始，"地区"改制为"市"，中国行政区划出现了地级市，省辖市改称为地级市。至此，之前的地管市、地管县演变为市管市、市管县。

（二）现行城市建制包括直辖市、地级市和县级市三个级别

我国大陆的城市为建制市，即每个城市均为市建制行政区划单位。城市建制有多种类型，包括与省同层次的直辖市、与地区（盟）同层次的地级市（省辖市）和与县同层次的县级市三大类型。另外，还有副省级城市和建制镇两大特殊类型。现代我国的建制市不同于传统概念的"城市"。传统概念的城市辖域面积小，人口密度高，城市化水平高，城市经济以工业和商贸为主，几乎没有农业产业。建制市是行政区划的一个层级，它既有人口、产业集聚的城市建成区，也有广大的乡村农业区域。

（三）地级市是《宪法》规定的三级行政区划中新调整出的一级

根据我国现行的《宪法》规定，中华人民共和国的行政区域划分包括三个内容：全国分为省、自治区、直辖市；省、自治区分为自治州、县、自治县、市；县、自治县分为乡、民族乡、镇。直辖市和较大的市分为区、县。自治州分为县、自治县、市。自治区、自治州、自治县都是民族自治地方。另外，还明确指出，国家在必要时设立特别行政区。可见，根据《宪法》的规定，我国的行政区划只有省、县、乡三个层级，但是在实际操作中，形成了事实上的"省－市地州－县－乡镇"四级，甚至"省－市地州－县－区公所—乡镇"五级的行政建制层次。经过多年的调整改革，目前中国现行行政区划和地方行政建制层次形成了三级和四级并存的体制，并以四级行政区划为主（表6.1）。地级城市处于省和县之间，是从早年的地区、公署、省级派出管理机构逐渐演变而来的。随着经济发展和城镇化的需要，地级城市的作用越来越突出，虽然不是《宪法》明确规定的一级行政区域，但其行政和经济作用显然成为了事实上的一级行政区域[1,6]。

表 6.1　中国行政区划层级一览表

一级行政区	二级行政区	三级行政区	四级行政区
省、自治区	地级市	县级行政区（县级市、县、旗等）	乡级行政区
	自治州、地区、盟	除市辖区以外的县级行政区（县级市、县、旗等）	

续表

一级行政区	二级行政区	三级行政区	四级行政区
省	省直辖县级市 （如海南省所有县级市）	街道	
		镇	
		乡（民族乡）	
	省直辖县	镇	
	其他省直辖县级行政区 （如湖北省神农架林区）	乡（民族乡）	
直辖市	市辖区	街道（社区）	
		镇	
		乡（民族乡）	
	县（自治县）	镇	
		乡（民族乡）	
特别行政区	《香港基本法》第九十七条规定："香港特别行政区可设立非政权性的区域组织，接受香港特别行政区政府就有关地区管理和其他事务的咨询，或负责提供文化、康乐、环境卫生等服务。"		
	《澳门基本法》第九十五条规定："澳门特别行政区可设立非政权性的市政机构。市政机构受政府委托为居民提供文化、康乐、环境卫生等方面的服务，并就有关上述事务向澳门特别行政区政府提供咨询意见。"		

二、中国城市设置标准及其变化

新中国成立以来，我国设市标准经历数次修订与调整，总体看来与国家的社会经济发展及城市指导方针相一致。改革开放前的设市标准侧重于控制设市数量上；改革开放以后的设市标准则更多地体现积极发展建制市，特别是小城市的思想，以满足社会经济和城市化迅速发展的要求。设市标准中的内容也越来越充实，由新中国成立初期单一的人口指标发展到目前涵盖人口、经济、基础设施及社会服务等多方面的较完备的指标体系；同时根据人口密度等方面的差异实行分类指导，可操作性日益增强[4]。

（一）1950 年代第一次颁布设市标准，聚居人口 10 万人以上可设建制市

中华人民共和国成立初期，规定人口在 5 万以上的城市可以准予设市；1951 年年底，政务院在《关于调整机构和紧缩编制的决定》中，规定人口在 9 万人以上可以设市。1955 年 6 月 9 日，国务院第一次颁布《关于设置市镇建制的决定》，也是第一个正式实行的设市标准，其中规定聚居人口 10 万以上的城镇可以设市，聚居人口不足 10 万人，但属重工矿基地、省级地方国家机关所在地、规模较大的物资集散地或边远地区的重要城镇，并确有必需时，可以设市。规定县级或者县级以上地方国家机关所在地或常住人口 2000 人以上、居民 50% 以上为非农业人口的居民区可以设置镇的建制，少数民族地区标准从宽。当时还把常住人口不足 2000 人，但在 1000 人以上，非农业人口超过 75% 的地区以及休疗养人数超过当地常住人口 50% 的疗养区列为城镇型居民区。

（二）1960 年代设市基本标准不变，撤销了一批不符合要求的建制市

进入 1960 年代，受"大跃进"思潮影响，我国国民经济发展严重受挫，为了解决当时的经济困难，调整城乡关系和工农关系，1963 年国务院发布了《关于调整缩小城市郊区的指示》，对上述标准作了较大修改。设镇的下限标准提高到聚居人口 3000 人以上，非农业人口 70% 以上或聚居人口 2500～3000人，非农业人口 85% 以上。设市的基本标准虽然没有变，但基于几年"大跃进"期间城镇人口增加过猛，市镇建制增加过多，城市郊区偏大的倾向，对设市标准从严掌握。经逐个审查，撤销了一批建制市，并且缩小了城市郊区范围，规定城市人口中农业人口所占比例一般不应超过 20%。

（三）1980 年代第一次在市镇建制中加入经济指标，放宽民族地区标准

1986 年 4 月 19 日，国务院批转民政部《关于调整设市标准和市领导县

条件的报告》，第一次在市镇建制中加入经济指标，同时放宽了自治区和自治州的设市标准。规定：一是非农业人口6万人以上，年国民生产总值2亿元以上，已成为该地经济中心的镇，可以设置市的建制。二是虽不足此标准，但确有必要的地方，也可设市。三是总人口50万人以下的县，县人民政府驻地所在镇的非农业人口10万以上，常住人口中农业人口不超过40%，年国民生产总值3亿元以上可设市；四是总人口50万人以上的县，县府所在镇的非农业人口一般在12万人以上，年国民生产总值4亿元以上，可以撤县设市。五是市区非农业人口25万人以上，市国民生产总值10亿元以上的中等城市，可以实行市领导县的体制。

（四）1990年代按人口密度分类指导确立了现行的设市标准

现行的设市标准是1993年5月17日国务院批转的民政部《关于调整设市标准的报告》。为较均衡地布局城镇体系，按人口密度每平方千米400人、100~400人、100人以下三个不同档次，调整了市镇的设置标准，并对民族自治地区、沿海沿边沿江地区、政治军事外交特殊地区、经济水平特别良好地区以及中西部地区适当降低了要求。同时，规定了市区从事非农产业的人口25万人以上，其中市政府驻地具有非农业户口的从事非农产业的人口20万以上；工农业总产值30亿元以上，其中工业产值占80%以上；国内生产总值在25亿元以上；第三产业发达，产值超过第一产业，在国内生产总值中的比例达35%以上；地方本级预算内财政收入2亿元以上，已成为若干市县范围内中心城市的县级市，可升级为地级市。

三、行政设市对城市发展的重要作用

城市是国家或地区的政治、经济、文化、流通和国内外交往的中心，城市巨大的辐射和吸引力，带动着整个国民经济和社会发展，不仅在资本主义国家具有重要作用[7-9]，在社会主义现代化建设中同样起着主导作用。合理的行政设市，有利于现有城市的发展及新城市的形成，表现在多个方面。第一，按照市场规律，打破行政区划界线，可以实现资源的合理配置，促进区域经济的发展。第二，理顺管理体制，稳妥地解决好市县同城等问题，可加快大中城市的扩展速度，促进区域中心城市的形成。第三，适应农村社会经济发展的要求，适时进行乡镇合并，减少乡镇数量，集中建设县城镇、中心镇，有利于加快小城镇的发展。第四，与县级行政区域以"三农"为重点不同，市级行政区域侧重于工商业或服务业。因此，设市可以促进地方非农产业的发展，加快城镇化进程。第五，建制市更注重城市建设，设市后的各类城市基础设施将会得到改善和升级扩大，也会更容易立项和获得专项配套资金，土地使用申报审批也会相对更容易。第六，城市各项设施水平的提高，可以改善城市生产、生活条件和投资环境，可以促进社会安定和经济、社会协调发展。第七，设市后的财政税费收入和支出用途会有所增加改变。市财政可以获得包括上级政府转移支付、专项扶持资金等在内的更多周转资金，城市维护建设税点也可以提高 2%左右，还会有一笔可观的城市建设费用。第八，在编制上市比县可以多设一些机构，多安排一些职务和人员，行政管理范围更宽，行政管理权限更大。第九，市的影响、市的声誉要比县高，有利于提高居民的自豪感，有利于招商引资、吸引人才。

　　总体来说，设市有利于扩大原有中心城市/城区的发展空间和规模，增强城市竞争力，有利于迅速扩大城市的发展空间、人口规模和经济总量，从而提高城市在区域中、城市体系中的地位，也有利于加大城市在国家资源分配中谈判的分量，为城市的发展赢得政策、资源上的好处。同时，有利于加强对诸如港口、土地、旅游等某些重要资源的开发，有利于充分发挥中心城市较强的政治能力、投融资能力、管理能力、招商引资能力和人才能力，从而带动城乡各项事业的发展[10-18]。

　　当然，行政设市对城市发展的推动作用也不是绝对的。城市的功能主要是"聚集"和"辐射"。撤县设市的地方要有能力吸引人口和产业要素，并能辐射周边一定范围地区起到区域带动作用。如果不考虑区位和人口、产业的发展水平，即便设市也不一定促进城市发展，如 20 世纪八九十年代设的某些市，多年发展不起来。一个地方撤县设市后能否得到发展，关键还要看它本身的要素集聚能力。

第二节　中国行政设市格局的动态演变过程

改革开放以来，我国设市城市保持快速发展态势，特别是在前 20 年城市数量增加较快，年均增加近 23 个；近十几年由于城市规模扩张，许多靠近大城市的县级市改区，一些地区和县改市，使总体数量基本保持不变（表 6.2）。从空间分布上看，城市布局从分散向集聚，城市群和城市带状分布逐步明显[19-25]。

表 6.2　改革开放以来中国行政设市数量变化表

城市级别	1984 年	1990 年	2000 年	2010 年	2013 年
直辖市	3	3	4	4	4
地级城市	148	185	259	283	286
县级城市	145	279	400	370	370
城市总数	296	467	663	657	660
新增数量	—	171	196	–6	3

一、1984 年的中国行政设市格局：呈现大分散小集聚的设市特点

考虑到地级市在 1983 年陆续设立，且城市统计年鉴最早支撑 1984 年数据，故选择 1984 年作为起始年建立城市分布数据库，用于展示中国行政设市的空间格局（图 6.1）。1984 年中国设市城市包括北京、天津、上海 3 个直辖市，148 个地级市，145 个县级市，共 296 个设市城市。从城市空间布局上看，呈现出大分散小集聚的特征，整体上看比较分散，轴带布局尚不明显，但一些地区的集群现象开始显现，如长三角地区、东北南部、河南北部等地城市分布相对集中。

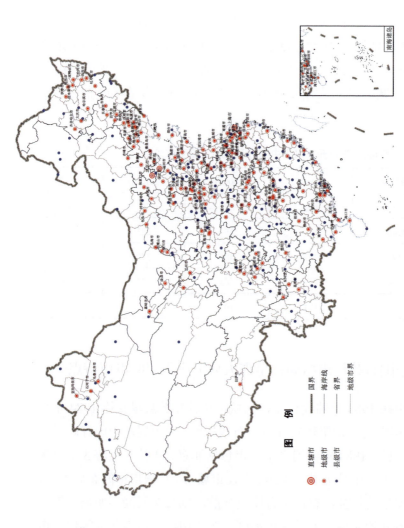

图 6.1　1984 年中国 296 个设市城市的分布格局示意图

说明：由于重点依托城市统计年鉴，图中城市数量、行政级别等方面与其他统计年鉴相比存在出入。参照《中国城市统计年鉴 1985》及行政区划简册，行政区划历史沿革审校核。城市统计年鉴未统计西藏（拉萨）数据，故城市统计年鉴给出的数据为 295 个城市。辽宁 1984 年设立盘锦市（地级），黑龙江 1984 年设立安达市（县级），新疆 1984 年设立吐鲁番市（县级），同期城市统计年鉴未涉及，故忽略。辽宁铁岭、朝阳为省辖市，本数据作地级市处理。1984 年海口市属于广东省海南行政区，新疆 1985 年后石河子市师市合一体制正式实施，为县级单元；但 1984 年行政区划简册仍视其为地级市，本数据作地级市处理。1984 年后石河子市师市合一体制正式实施、为县级单元；但 1984 年行政区划简册仍视其为地级市，本数据作地级市处理。

二、1990 年的中国行政设市格局：形成 "两横两纵" 的设市空间结构

1990 年中国城市行政设市的空间格局是根据民政部《中华人民共和国行政区划简册》（1991 年 3 月第 1 版）制作。1990 年中国的设市城市包括北京、天津、上海 3 个直辖市，185 个地级市，279 个县级市，共 467 个城市（图6.2）；相比 1984 年增加了 171 个城市，其中地级市增加 37 个，主要表现为地区改为地级市，增长主要集中于东部地区，分布在广东（9 个）、四川（4 个）、浙江（3 个）、山东（3 个）、河南（3 个）等地；县级市增加 134 个，主要集中于浙江、江苏、山东及京哈—京广交通轴线。到 1990 年，中国行政设市空间格局初步形成了 "两横两纵" 的框架结构；"两纵" 分别是沿海一线城市集中分布带和京广铁路沿线城市集中分布带；"两横" 分别是陇海铁路沿线城市集中分布带和长江两岸城市集中分布带。

三、2000 年的中国行政设市格局：形成十大设市集聚区的空间结构

2000 年中国行政设市的空间格局是根据《中华人民共和国行政区划简册（2001 年版）》制作的。2000 年中国设市城市包括北京、天津、上海、重庆 4 个直辖市，259 个地级市，400 个县级市，共 663 个城市（图6.3）。相比 1990 年增加了 196 个城市，其中，直辖市增加了重庆市；地级市增加 74 个，主要表现为地区升级为地级市，增长主要集中于中西部地区，分布于四川（8 个）、安徽（8 个）、山东（5 个）、河南（5 个）、湖南（5 个）、陕西（5 个）；县级市增加 121 个，主要集中于珠三角、长三角、中原地区、成渝地区及山东半岛地区。2000 年的中国行政设市空间格局表现为，在巩固强化 "两横两纵" 空间格局的同时，第三纵（包昆铁路沿线城市集中分布带）开始发育，十大设市集聚区显现，包括京津冀设市集聚区、长三角设市集聚区、珠三角设市集聚区、山东半岛设市集聚区、辽中南设市集聚区、中原设市集聚区、长江中游设市集聚区、海峡西岸设市集聚区、川渝设市集聚区和关中设市集聚区。

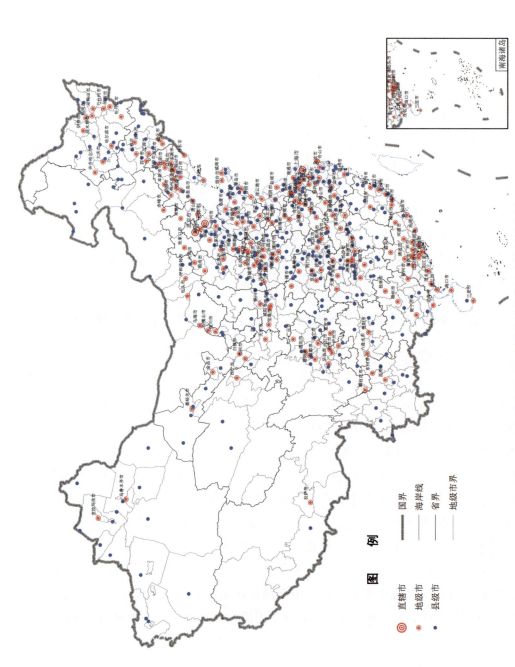

图 6.2 1990 年中国 467 个设市城市的分布格局示意图

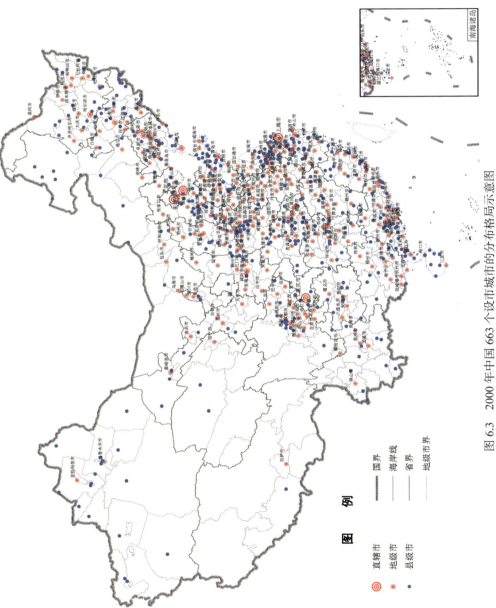

图 6.3　2000 年中国 663 个设市城市的分布格局示意图

四、2013 年的中国行政设市格局：形成"两横三纵"的设市空间结构

2013 年中国城市的行政设市格局是根据《中华人民共和国行政区划简册2013》及 2013 年相应行政区划调整制作①。2013 年中国设市城市包括北京、天津、上海、重庆 4 个直辖市，286 个地级市，370 个县级市，共 660 个城市（图 6.4 和表 6.3）。设市总数相比 2000 年减少了 3 个。地级市相比 2000 年增加 27 个，主要表现为地区升级为地级市，增长主要集中于西部地区，分布在甘肃（7 个）、广西（5 个）、云南（5 个）、内蒙古（4 个）等地。县级市相比 2000 年减少 30 个，减少的原因主要有两个：一是珠三角、长三角等地由于主城区快速发展，吞并周边县级市而造成县级市数量减少，典型例子如佛山市，2002 年吞并其下辖南海市、顺德市、三水市和高明市；二是西部地区由于地区升级为地级市，原来地区中心的县级市也相应升级，从而造成县级市数量减少。此外，新疆有部分兵团升级为市，如北屯市等，云南等地也有少量县升级为市。从空间结构来看，我国"两横三纵"的城市发展空间格局

---

① 中国2011～2013 年关于城市建制的调整情况详细说明：2011 年中国行政区划变动包括，四川省撤销南溪县，成立宜宾市南溪区；湖南省撤销望城县，成立长沙市望城区；云南省撤销呈贡县，成立昆明市呈贡区；安徽省撤销地级巢湖市，成立县级巢湖市；重庆撤销大足县，成立大足区；重庆撤销綦江县，成立綦江区；贵州省撤销毕节地区和县级毕节市，成立地级毕节市，原县级毕节市改为七星关区；贵州省撤销同仁地区和县级铜仁市、万山特区，成立地级铜仁市，原县级铜仁市改为碧江区；贵州省撤销万山特区，成立万山区；江苏省撤销县级江都市，设立扬州市江都区；新疆维吾尔自治区新成立县级北屯市。2012 年中国行政区划变动情况包括，海南省成立地级三沙市；河北省撤销唐海县，设立唐山市曹妃甸区；江苏省撤销县级吴江市，设立苏州市吴江区；四川省撤销名山县，成立雅安市名山区；山东省撤销县级胶南市，成立新的青岛市黄岛区；西藏自治区设立新的双湖县；广东省撤销清新县，设立新的清远市清新区；新疆维吾尔自治区设立新的县级市阿拉山口市；新疆维吾尔自治区设立新的县级市铁门关市；广东省撤销揭东县，成立揭阳市揭东区；江苏省撤销县级姜堰市，成立泰州市姜堰区。2013 年中国行政区划变动情况包括，广西壮族自治区撤销临桂县，设立桂林市临桂区；青海省撤销海东地区，设立海东市；青海省撤销乐都县，设立海东市乐都区；江苏省撤销溧水县，设立南京市溧水区；江苏省撤销高淳县，设立南京市高淳区；四川省撤销达县，设立达州市达川区；广东省撤销潮安县，设立潮州市潮安区；吉林省撤销扶余县，设立县级扶余市；云南省撤销弥勒县，设立县级弥勒市。

基本形成,"两横"分别是陇海铁路沿线城市集中分布带和长江两岸城市集中分布带;"三纵"分别是沿海一线城市集中分布带、京广铁路沿线城市集中分布带和包昆铁路沿线城市集中分布带。此外,城市群格局也愈发凸显。

表 6.3　2013 年中国行政单元分布表

省级		地级		县级	
合计	行政区划单位	合计	行政区划单位	合计	行政区划单位
34 个	4 个直辖市, 23 个省, 5 个自治区, 2 个特别行政区	333 个	286 个地级市, 14 个地区, 30 个自治州, 3 个盟	2853 个	866 个市辖区, 370 个县级市, 1445 个县, 117 个自治县, 49 个旗, 3 个自治旗, 2 个特区, 1 个林区
	北京市	—	—	16 个	14 个市辖区, 2 个县
	天津市	—	—	16 个	13 个市辖区, 3 个县
	河北省	11 个	11 个地级市	172 个	37 个市辖区, 22 个县级市, 107 个县, 6 个自治县
	山西省	11 个	11 个地级市	119 个	23 个市辖区, 11 个县级市, 85 个县
	内蒙古自治区	12 个	9 个地级市, 3 个盟	101 个	21 个市辖区, 11 个县级市, 17 个县, 49 个旗, 3 个自治旗
	辽宁省	14 个	14 个地级市	100 个	56 个市辖区, 17 个县级市, 19 个县, 8 个自治县
	吉林省	9 个	8 个地级市, 1 个自治州	50 个	20 个市辖区, 11 个县级市, 16 个县, 3 个自治县
	黑龙江省	13 个	12 个地级市, 1 个地区	128 个	64 个市辖区, 18 个县级市, 45 个县, 1 个自治县
	上海市	—	—	17 个	16 个市辖区, 1 个县
	江苏省	13 个	13 个地级市	102 个	57 个市辖区, 23 个县级市, 22 个县
	浙江省	11 个	11 个地级市	90 个	32 个市辖区, 22 个县级市, 35 个县, 1 个自治县
	安徽省	16 个	16 个地级市	105 个	43 个市辖区, 6 个县级市, 56 个县
	福建省	9 个	9 个地级市	85 个	26 个市辖区, 14 个县级市, 45 个县
	江西省	11 个	11 个地级市	100 个	19 个市辖区, 11 个县级市, 70 个县
	山东省	17 个	17 个地级市	138 个	48 个市辖区, 30 个县级市, 60 个县
	河南省	17 个	17 个地级市	159 个	50 个市辖区, 21 个县级市, 88 个县
	湖北省	13 个	12 个地级市 1 个自治州	103 个	38 个市辖区, 24 个县级市, 38 个县, 2 个自治县, 1 个林区

续表

省级		地级		县级	
合计	行政区划单位	合计	行政区划单位	合计	行政区划单位
	湖南省	14个	13个地级市,1个自治州	122个	35个市辖区,16个县级市,64个县,7个自治县
	广东省	21个	21个地级市	121个	57个市辖区,23个县级市,38个县,3个自治县
	广西壮族自治区	14个	14个地级市	109个	35个市辖区,7个县级市,55个县,12个自治县
	海南省	3个	3个地级市	20个	4个市辖区,6个县级市,4个县,6个自治县
	重庆市	—	—	38个	19个市辖区,1 5个县、4个自治县
	四川省	21个	18个地级市,3个自治州	181个	46个市辖区,14个县级市,117个县,4个自治县
	贵州省	9个	6个地级市,3个自治州	89个	13个市辖区,7个县级市,56个县,11个自治县,2个特区
	云南省	16个	8个地级市,8个自治州	129个	13个市辖区,12个县级市,75个县,29个自治县
	西藏自治区	7个	1个地级市,6个地区	74个	1个市辖区,1个县级市,72个县
	陕西省	10个	10个地级市	107个	24个市辖区,3个县级市,80个县
	甘肃省	14个	12个地级市,2个自治州	86个	17个市辖区,4个县级市,58个县,7个自治县
	青海省	8个	2个地级市,6个自治州	43个	5个市辖区,2个县级市,29个县,7个自治县
	宁夏回族自治区	5个	5个地级市	22个	9个市辖区,2个县级市,11个县
	新疆维吾尔自治区	14个	2个地级市,7个地区,5个自治州	101个	11个市辖区,22个县级市,62个县,6个自治县
	香港特别行政区	—	—	—	—
	澳门特别行政区	—	—	—	—
	台湾省	—	—	—	—

注:本表数据截至2013年7月。

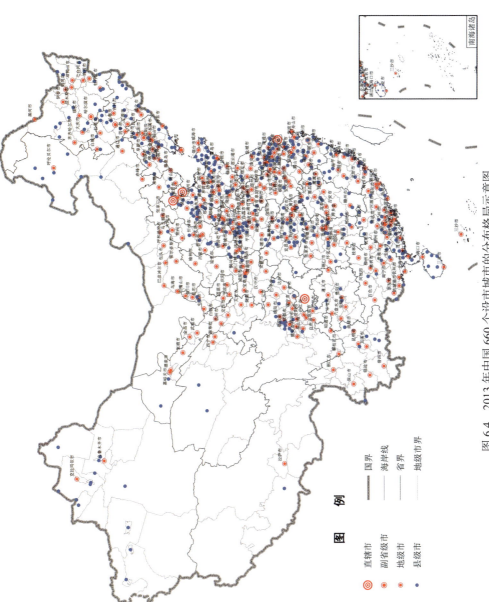

图 6.4　2013 年中国 660 个设市城市的分布格局示意图

第三节　中国行政设市的现状格局与存在问题

我国现行行政设市的总体格局呈现出"两横三纵"的分布格局，自东向西存在明显梯级递减特征。对行政设市的现状格局看，存在一系列亟待解决的问题，诸如：设市标准过时，与城市发展阶段不协调；新设城市集中在东部发达地区，西部设市城市增长缓慢；民族自治县改市存在行政困难，需要重点考虑；现状设市数量偏少，与新型城镇化要求存在差距。这些问题需要在新设城市的预测中加以重视。

一、中国行政设市的地区分布格局

从中国行政设市的地区分布格局看，东部设市数量相对较多，西部设市数量相对较少，整体上呈现出"两横三纵"的框架格局。"两横"分别是陇海铁路沿线城市集中分布带和长江两岸城市集中分布带；"三纵"分别是沿海一线城市集中分布带、京广铁路沿线城市集中分布带和包昆铁路沿线城市集中分布带。

按照传统的东、中、西三大经济区划分，东部地区设市城市 269 个，占总数的 49.75%；中部地区设市城市 218 个，占总数的 33.03%；西部地区设市城市 173 个，占总数的 26.21%（表 6.4、表 6.5）。东、中、西部地区设市总数量和县级市数量存在明显梯级特征，但地级市分布相对均匀，分布梯度不明显。

表 6.4　2013 年中国东、中、西部地区行政设市的地区分布格局

设市层级	东部地区		中部地区		西部地区		全国	
	设市数量/个	占设市数比例/%	设市数量/个	占设市数比例/%	设市数量/个	占设市数的比例/%	设市数量/个	占设市数的比例/%
直辖市	3	75.00	0	0.00	1	25.00	4	100
地级市	99	34.62	100	34.97	87	30.42	286	100
县级市	167	45.14	118	31.89	85	22.97	370	100
总　计	269	40.76	218	33.03	173	26.21	660	100

注：按经济大区划分的统计，港、澳、台未统计在内；本表数据截至 2013 年 7 月。

如果按照中国地理格局的七大分区来看，华东地区设市数量最多，达到184 个，占总数的 27.88%；排在第二位的是华中地区，达到 103 个，占总数的 15.61%。东北地区、华北地区、华南地区、西南地区、西北地区的设市数量相对均衡，差距不大，均占全国总数的 1/10 左右（表 6.5）。

表 6.5　2013 年中国行政设市的地区分布格局

地区名称	直辖市	地级市	县级市	设市城市数量/个	占全国设市数的比例/%
华东地区	1	77	106	184	27.88
华中地区	0	42	61	103	15.61
东北地区	0	34	56	90	13.64
华北地区	2	31	44	77	11.67
华南地区	0	38	36	74	11.21
西南地区	1	33	34	68	10.30
西北地区	0	31	33	64	9.70

注：按中国地理分区统计，港、澳、台未统计；本表数据截至 2013 年 7 月。

二、中国行政设市的省域分布格局

从省域分布看，东部省份不管是行政设市总数，还是地级市和县级市数量，都占据较大比例。从行政设市总数上看，山东省总数最多，共 47 个城市，占全国设市数的 7.16%；广东省总数排名第 2 位，44 个城市，占全国设市数的 6.71%；河南省总数排名第 3 位，38 个城市，占全国设市数的 5.79%；江苏省和湖北省设市总数相同，均为 36 个城市，分别占全国设市数的 5.49%（表 6.6）。从地级市数量上看，广东省最多，共 21 个地级市，占全国地级设市数的 7.34%；山东省和河南省数量一致，均为 17 个地级市，占全国地级设市数的 5.94%。从县级市数量看，山东省最多，共 30 个县级市，占全国县级设市数的 8.11%；湖北省排名第 2 位，共 24 个县级市，占全国县级设市数的 6.49%；广东和江苏并列第 3 位，均为 23 个县级市，占全国县级设市数的 6.22%。

表 6.6 2013 年中国行政设市的省域分布格局一览表

省份	地级市		县级市		总数	
	数量/个	比例/%	数量/个	比例/%	数量/个	比例/%
山东省	17	5.94	30	8.11	47	7.16
广东省	21	7.34	23	6.22	44	6.71
河南省	17	5.94	21	5.68	38	5.79
江苏省	13	4.55	23	6.22	36	5.49
湖北省	12	4.20	24	6.49	36	5.49
河北省	11	3.85	22	5.95	33	5.03
浙江省	11	3.85	22	5.95	33	5.03
四川省	18	6.29	14	3.78	32	4.88
辽宁省	14	4.90	17	4.59	31	4.73
黑龙江省	12	4.20	18	4.86	30	4.57
湖南省	13	4.55	16	4.32	29	4.42
新疆维吾尔自治区	2	0.70	22	5.95	24	3.66
福建省	9	3.15	14	3.78	23	3.51
山西省	11	3.85	11	2.97	22	3.35
安徽省	16	5.59	6	1.62	22	3.35
江西省	11	3.85	11	2.97	22	3.35
广西壮族自治区	14	4.90	7	1.89	21	3.20
内蒙古自治区	9	3.15	11	2.97	20	3.05
云南省	8	2.80	12	3.24	20	3.05
吉林省	8	2.80	21	5.68	29	4.42
甘肃省	12	4.20	4	1.08	16	2.44
贵州省	6	2.10	7	1.89	13	1.98
陕西省	10	3.50	3	0.81	13	1.98
海南省	3	1.05	6	1.62	9	1.37
宁夏回族自治区	5	1.75	2	0.54	7	1.07
青海省	2	0.70	2	0.54	4	0.61
西藏自治区	1	0.35	1	0.27	2	0.30

续表

省份	地级市		县级市		总数	
	数量/个	比例/%	数量/个	比例/%	数量/个	比例/%
北京市	0	0.00	0	0.00	0	0.00
天津市	0	0.00	0	0.00	0	0.00
上海市	0	0.00	0	0.00	0	0.00
重庆市	0	0.00	0	0.00	0	0.00
合　计	286	100.0	370	100.0	656	100.0

注：本表数据截至 2013 年 7 月；港、澳、台未统计。

三、中国行政设市标准及现状分布存在的主要问题

（一）行政设市的现行标准过时，与城市发展阶段不协调

我国的城市设置标准经过多次变更，1993 年出台的设市标准《关于调整设市标准的报告》是迄今为止各地仍在参照执行的最新标准。20 多年间，中国城市发生了巨大的变化。再用 20 年前的标准来评判，已经远远不能适应经济发展的需要，与城市发展阶段不协调。譬如，从人口指标上看，1993年的设市标准中缺少城市化率这一关键指标，不能反映城市人口的集聚程度；从经济指标上看，经济总量指标过少，工农业总产值 30 亿元的标准已经被许多建制镇超越；从财政收入上看，2 亿元的标准同样过低。因此，行政设市的标准应随着经济的发展，不断修订，与时俱进，与新型城镇化的发展目标相适应。

（二）新设城市集中在东部发达地区，西部设市数量增长缓慢

从新设城市的空间分布看，东部发达地区增长较快，西部相对缓慢。1984～1990 年，地级市数量增加 38 个（净增加 37 个），其中，东部地区增加 21 个，中部地区增加 9 个，西部地区增加 8 个；县级市数量增加 134 个，其中，东部地区增加 71 个，中部地区增加 35 个，西部地区增加 28 个；1990～

2000 年的 10 年间, 地级市数量增加 81 个 (其中, 净增加 74 个), 其中, 东部地区增加 47 个, 中部地区增加 19 个, 西部地区增加 15 个; 县级市数量增加 121 个, 其中, 东部地区增加 61 个, 中部地区增加 38 个, 西部地区增加 22 个; 2000~2010 年的 10 年间, 地级市数量增加 24 个 (净增加 24 个), 其中, 东部地区增加 13 个, 中部地区增加 7 个, 西部地区增加 4 个; 县级市数量减少 30 个, 其中, 东部地区增加 6 个, 中部地区减少 14 个, 西部地区增加/减少 22 个。

(三) 设市城市的现状数量偏少, 与新型城镇化发展要求差距较大

从设市数量的变化情况看, 近 10 年中国设市城市总数不增反减, 与前期设市城市稳步快速增长呈明显反差。2000 年中国设市城市总数为 663 个, 比 1990 年增加了 196 个; 但到 2010 年设市城市数量减少到 657 个, 比 2000 年减少了 6 个。近几年数量虽有所增加, 2013 年达到 660 个, 但城市总数量变动不大。最为明显的是县级市数量 2013 年相比 2000 年减少了 30 个, 这与国家新型城镇化的要求不相符。县域是以工促农、以城带乡的重要支点和载体, 县域经济是小城镇发展的重要基础, 是吸纳农村富余劳动力转移的主要渠道, 是农民增收的重要途径; 发展县域经济是繁荣农村经济的重要保证, 可以带动农村的商业、生活服务业的发展。发展县域经济是推动中国城镇化的重要支撑, 而新设县级市对县域经济的发展又具有推动作用。因此, 建议有序增加县级市设市数量。

(四) 民族自治县改市存在行政困难, 需要予以特别考虑

党的十八届三中全会提出 "有序改市", 让全国行政区划调整展现新的增长态势, 出现一大批全国计划撤县 (旗) 设市、撤县 (市、旗) 设区、新建市、地区 (盟) 改市的地区。而面临撤县设市推动地区城市化进程的大好机遇, 很多完全符合国家撤地设市、撤县设市设区条件的民族自治州、民族自治县却受制于民族自治政策难于实现设市调整。民族区域自治与城市化不可兼得的制度瓶颈限制和阻碍了民族自治地方的城市化进程和水平, 这是我国民族自治地方城市化进程中面临的现实。一种直接有效的解决办法是将 "自

治市"作为民族自治地方的法定形式，民族自治地方撤县建市同时又保留民族自治地方建制的问题即可迎刃而解，增设"自治市"可以容纳和覆盖更多的少数民族和少数民族地区。因此，在设市预测方案中，专门就民族自治地区设市方案进行讨论，建议在条件成熟的地区设地级和县级民族自治市。

第四节　中国行政设市的国际经验与借鉴

世界各国大小各异，设市标准千差万别，统计口径完全不同，城市数量多少不同，理论上没有可借鉴的设市数量合理化的经验。但仍然可从全球设市城市的平均状况和典型国家设市数量的空间分异中寻找出一些貌似的设市规律或设市特点来，进而对推断我国未来设市的合理数量提供借鉴。

一、全球及世界各国设市的总体态势

分别从维基百科、百度百科、新华网、联合国数据库、世界银行数据库、美国人口普查局、日本统计局、以色列统计局、英国统计局、西班牙统计局、法国统计局、中国外交部数据库、中国商务部数据库、行政区划网、中国商务部对外投资国别指南等单位网站收集整理2012年世界上185个国家和地区的总人口、城镇人口、城镇化水平、人口超过1000万人的城市数、人口超过500万人的城市数、人口超过100万人的城市数、人口超过50万人的城市数、人口超过10万人的城市数和人口超过5万人的城市数，得到表6.7的不完全统计的数据。这些不完全统计数据可帮助我们了解全球及世界各国设市的总体态势。

表 6.7　全球主要国家和地区城市发展统计指标一览表（2012 年）

序号	国家和地区	陆地面积/万 km²	总人口/万人	城镇人口/万人	城镇化水平/%	人口超过 1000 万人的城市数/个	人口超过 500 万人的城市数/个	人口超过 100 万人的城市数/个	人口超过 50 万人的城市数/个	人口超过 10 万人的城市数/个	人口超过 10 万人的城市平均规模/万人	人口超过 5 万人的城市数/个
1	中国（不含港澳台）	956.99	135 070	69 933	51.78	6	16	136	242	1384	50.53	1544
2	印度	298.70	123 669	39 154	31.66	3	8	53	96	317	123.51	794
3	美国	916.20	31 391	25 937	82.63	2	6	9	106	314	82.60	861
4	印度尼西亚	182.64	24 686	12 701	51.45	1	1	11	25	79	160.77	87
5	巴西	845.65	19 866	16 860	84.87	2	2	15	37	249	67.71	524
6	巴基斯坦	79.61	17 916	6548	36.55	1	2	9	10	51	128.40	112
7	尼日利亚	91.08	16 883	8480	50.23	1	1	10	16	61	139.02	109
8	孟加拉国	14.40	15 470	4469	28.89	1	1	5	7	38	117.59	100
9	俄罗斯	1637.77	14 353	10 621	74.00	1	2	15	36	66	160.92	216
10	日本	37.77	12 756	11 701	91.73	3	1	12	28	265	44.16	530
11	墨西哥	192.30	12 085	9473	78.39	1	1	12	33	107	88.53	172
12	菲律宾	29.97	9671	4751	49.12	0	0	4	17	60	79.18	80
13	埃塞俄比亚	111.97	9173	1585	17.28	0	0	1	1	16	99.07	36
14	越南	32.96	8878	2812	31.68	0	2	2	6	34	82.71	55
15	德国	35.65	8189	6066	74.07	0	0	4	14	80	75.82	182
16	埃及	99.55	8072	3528	43.70	1	1	4	6	41	86.04	98
17	伊朗	163.60	7642	5291	69.23	1	1	8	14	86	61.52	67

续表

序号	国家和地区	陆地面积/万km²	总人口/万人	城镇人口/万人	城镇化水平/%	人口超过1000万人的城市数/个	人口超过500万人的城市数/个	人口超过100万人的城市数/个	人口超过50万人的城市数/个	人口超过10万人的城市数/个	人口超过10万人的城市平均规模/万人	人口超过5万人的城市数/个
18	土耳其	77.08	7400	5352	72.33	1	1	8	16	81	66.08	163
19	泰国	51.18	6679	2303	34.49	0	1	1	1	23	100.15	58
20	刚果民主共和国（金）	226.76	6571	2289	34.83	0	1	4	6	29	78.92	43
21	法国	64.01	6570	5667	86.26	1	1	5	7	45	125.93	122
22	英国	24.41	6323	5043	79.76	1	1	5	11	105	48.03	231
23	意大利	30.13	6092	4178	68.58	0	0	2	6	46	90.82	142
24	缅甸	65.77	5280	1754	33.22	0	1	2	2	8	219.25	28
25	南非	121.99	5119	3196	62.43	0	1	5	7	35	91.30	66
26	韩国	9.90	5000	4174	83.47	1	1	9	22	73	57.17	82
27	坦桑尼亚	88.60	4778	1300	27.21	0	0	1	3	19	68.42	32
28	哥伦比亚	103.87	4770	3605	75.57	0	1	4	9	47	76.70	88
29	西班牙	49.95	4622	3585	77.57	0	1	2	6	63	56.91	144
30	乌克兰	60.37	4559	3150	69.08	0	0	3	8	45	69.99	90
31	肯尼亚	56.93	4318	1053	24.40	0	0	2	2	15	70.23	24
32	阿根廷	273.67	4109	3806	92.64	1	1	3	8	31	122.78	69
33	波兰	31.27	3854	2345	60.84	0	0	1	5	39	60.13	88
34	阿尔及利亚	238.17	3848	2836	73.71	0	1	2	3	43	65.96	87
35	苏丹	188.50	3720	1242	33.39	0	1	1	1	15	82.79	31
36	乌干达	23.85	3635	582	16.00	0	0	1	1	4	145.38	18

续表

序号	国家和地区	陆地面积/万km²	总人口/万人	城镇人口/万人	城镇化水平/%	人口超过1000万人的城市数/个	人口超过500万人的城市数/个	人口超过100万人的城市数/个	人口超过50万人的城市数/个	人口超过10万人的城市数/个	人口超过10万人的城市平均规模/万人	人口超过5万人的城市数/个
37	加拿大	909.35	3488	2817	80.77	0	1	6	9	33	85.37	56
38	伊拉克	43.22	3258	2166	66.47	0	1	4	9	18	120.31	33
39	摩洛哥	44.63	3252	1867	57.41	0	0	4	8	14	133.35	16
40	秘鲁	128.00	2999	2326	77.58	0	1	1	4	23	101.15	35
41	委内瑞拉	88.21	2995	2807	93.70	0	1	4	6	47	59.72	89
42	阿富汗	64.75	2982	711	23.86	0	0	1	1	7	101.64	13
43	乌兹别克斯坦	42.54	2978	1081	36.29	0	0	1	3	17	63.57	34
44	马来西亚	32.96	2924	2145	73.36	0	0	4	10	44	48.75	56
45	沙特阿拉伯	214.97	2829	2334	82.50	0	1	4	9	27	86.43	46
46	尼泊尔	14.72	2747	476	17.34	0	0	2	2	10	47.63	27
47	加纳	23.90	2537	1332	52.52	0	0	2	4	14	95.16	28
48	莫桑比克	78.41	2520	793	31.47	0	0	1	2	14	56.66	23
49	朝鲜	12.32	2476	1498	60.47	0	0	1	3	24	62.40	27
50	也门	52.80	2385	785	32.91	0	0	1	2	7	112.13	11
51	中国台湾	3.60	2332	2037	87.37	0	0	5	5	8	254.64	8
52	澳大利亚	761.79	2268	2026	89.34	0	0	5	6	16	126.66	27
53	叙利亚	18.52	2240	1265	56.46	0	0	2	3	16	79.05	32

续表

序号	国家和地区	陆地面积/万km²	总人口/万人	城镇人口/万人	城镇化水平/%	人口超过1000万人的城市数/个	人口超过500万人的城市数/个	人口超过100万人的城市数/个	人口超过50万人的城市数/个	人口超过10万人的城市数/个	人口超过10万人的城市平均规模/万人	人口超过5万人的城市数/个
54	马达加斯加	58.15	2229	740	33.21	0	0	1	1	8	92.54	12
55	喀麦隆	46.94	2170	1143	52.66	0	0	2	3	9	126.96	26
56	罗马尼亚	23.75	2133	1127	52.85	0	0	1	1	20	56.36	41
57	安哥拉	124.67	2082	1247	59.91	0	1	1	2	10	124.73	15
58	斯里兰卡	6.56	2033	309	15.21	0	0	0	1	8	38.65	14
59	科特迪瓦	32.25	1984	1032	52.00	0	1	1	2	8	128.96	28
60	智利	74.88	1746	1560	89.35	0	1	1	2	27	57.80	48
61	尼日尔	126.67	1716	311	18.12	0	0	1	1	6	51.82	8
62	哈萨克斯坦	272.49	1680	899	53.54	0	0	1	3	21	42.83	29
63	荷兰	4.15	1677	1400	83.52	0	0	1	3	28	50.01	74
64	布基纳法索	27.42	1646	450	27.35	0	0	1	2	2	225.10	8
65	马拉维	11.85	1591	252	15.85	0	0	0	2	4	63.02	6
66	厄瓜多尔	28.36	1549	1053	67.98	0	0	2	3	15	70.21	29
67	危地马拉	10.89	1508	758	50.24	0	0	1	3	13	58.29	20
68	柬埔寨	18.10	1486	300	20.19	0	0	1	1	3	100.05	7
69	马里	122.00	1485	528	35.57	0	0	1	1	8	66.05	11
70	赞比亚	74.07	1408	557	39.61	0	0	1	2	10	55.75	18

序号	国家和地区	陆地面积/万km²	总人口/万人	城镇人口/万人	城镇化水平/%	人口超过1000万人的城市数/个	人口超过500万人的城市数/个	人口超过100万人的城市数/个	人口超过50万人的城市数/个	人口超过10万人的城市数/个	人口超过10万人的城市平均规模/万人	人口超过5万人的城市数/个
71	塞内加尔	19.62	1373	588	42.87	0	0	1	2	9	65.38	14
72	津巴布韦	38.67	1372	537	39.11	0	0	1	2	7	76.68	14
73	乍得	125.92	1245	273	21.92	0	0	1	1	3	90.95	4
74	卢旺达	2.63	1146	223	19.43	0	0	1	1	1	222.61	11
75	几内亚	24.59	1145	412	35.94	0	0	1	1	8	51.45	15
76	希腊	13.20	1128	696	61.71	0	0	1	2	7	99.44	21
77	古巴	11.09	1127	847	75.17	0	0	1	1	12	70.60	19
78	比利时	3.05	1114	1087	97.51	0	0	1	1	9	120.73	30
79	南苏丹	62.00	1084	198	18.25	0	0	0	0	5	39.56	7
80	突尼斯	16.42	1078	717	66.53	0	0	1	1	7	102.43	30
81	葡萄牙	9.21	1053	648	61.58	0	0	0	1	6	108.03	17
82	捷克	7.89	1051	772	73.42	0	0	1	1	6	128.67	18
83	玻利维亚	108.44	1050	706	67.22	0	0	4	4	12	58.80	19
84	多米尼加	4.84	1028	721	70.21	0	0	1	2	15	48.10	25
85	索马里	62.73	1020	390	38.23	0	0	2	4	10	38.98	15
86	海地	2.78	1017	556	54.64	0	0	1	1	8	69.48	16
87	贝宁	11.26	1005	458	45.56	0	0	0	1	8	57.24	14
88	匈牙利	9.30	994	695	69.91	0	0	1	1	9	77.24	21
89	布隆迪	2.78	985	110	11.21	0	0	0	1	1	110.45	1
90	瑞典	41.09	952	812	85.36	0	0	1	2	7	116.04	21

续表

序号	国家和地区	陆地面积/万km²	总人口/万人	城镇人口/万人	城镇化水平/%	人口超过1000万人的城市数/个	人口超过500万人的城市数/个	人口超过100万人的城市数/个	人口超过50万人的城市数/个	人口超过10万人的城市数/个	人口超过10万人的城市平均规模/万人	人口超过5万人的城市数/个
91	白俄罗斯	20.76	946	714	75.43	0	0	1	2	14	50.99	23
92	阿塞拜疆	8.66	930	501	53.89	0	0	1	1	3	167.01	14
93	阿拉伯联合酋长国	8.55	921	779	84.62	0	0	2	4	7	111.28	8
94	奥地利	8.39	846	574	67.88	0	0	1	1	5	114.89	9
95	塔吉克斯坦	14.31	801	213	26.61	0	0	0	1	2	106.55	5
96	瑞士	4.13	800	590	73.78	0	0	1	4	11	53.64	21
97	洪都拉斯	11.21	794	418	52.73	0	0	2	2	5	83.68	13
98	以色列	1.40	791	727	91.94	0	0	0	1	14	51.93	27
99	保加利亚	11.09	730	538	73.64	0	0	1	1	7	76.84	19
100	塞尔维亚	8.83	722	410	56.73	0	0	1	1	7	58.54	16
101	巴布亚新几内亚	45.29	717	90	12.57	0	0	0	0	2	45.05	2
102	中国香港	0.11	715	715	100.0	0	1	1	1	1	715.46	1
103	巴拉圭	39.73	669	418	62.44	0	0	1	1	5	83.51	13
104	老挝	23.68	665	235	35.32	0	0	0	0	2	117.38	2
105	多哥	5.66	664	256	38.51	0	0	1	1	2	127.90	7
106	约旦	9.62	632	524	82.95	0	0	1	1	8	65.51	16

续表

序号	国家和地区	陆地面积/万km²	总人口/万人	城镇人口/万人	城镇化水平/%	人口超过1000万人的城市数/个	人口超过500万人的城市数/个	人口超过100万人的城市数/个	人口超过50万人的城市数/个	人口超过10万人的城市数/个	人口超过10万人的城市平均规模/万人	人口超过5万人的城市数/个
107	萨尔瓦多	2.12	630	411	65.25	0	0	1	1	10	41.09	23
108	利比亚	175.95	615	479	77.91	0	0	1	2	10	47.95	16
109	厄立特里亚	12.43	613	134	21.83	0	0	0	1	3	44.60	6
110	尼加拉瓜	13.00	599	347	57.86	0	0	1	1	9	38.52	11
111	塞拉利昂	7.23	598	237	39.64	0	0	1	1	5	47.39	5
112	丹麦	4.31	559	487	87.07	0	0	1	1	4	121.69	13
113	吉尔吉斯斯坦	19.85	558	198	35.48	0	0	0	1	2	99.01	6
114	芬兰	33.70	541	454	83.82	0	0	1	1	6	75.64	17
115	斯洛伐克	4.90	541	296	54.73	0	0	1	2	4	74.02	10
116	新加坡	0.06	531	531	100.0	0	1	1	1	1	531.24	1
117	土库曼斯坦	48.81	517	254	49.07	0	0	0	1	6	42.31	11
118	挪威	38.51	502	400	79.65	0	0	1	1	6	66.62	14
119	哥斯达黎加	5.11	481	313	65.10	0	0	1	1	4	78.21	8
120	爱尔兰	7.03	459	287	62.51	0	0	1	1	2	143.43	5
121	中非共和国	62.30	453	178	39.35	0	0	0	1	3	59.36	4
122	格鲁吉亚	6.97	451	239	52.98	0	0	1	1	4	59.76	7

续表

序号	国家和地区	陆地面积/万km²	总人口/万人	城镇人口/万人	城镇化水平/%	人口超过1000万人的城市数/个	人口超过500万人的城市数/个	人口超过100万人的城市数/个	人口超过50万人的城市数/个	人口超过10万人的城市数/个	人口超过10万人的城市平均规模/万人	人口超过5万人的城市数/个
123	新西兰	26.81	443	383	86.29	0	0	1	1	10	38.25	18
124	黎巴嫩	1.04	442	387	87.36	0	0	1	2	7	55.22	9
125	刚果共和国	34.20	434	278	64.08	0	0	1	2	2	138.95	4
126	克罗地亚	5.65	427	248	58.11	0	0	1	1	4	61.99	8
127	利比里亚	11.14	419	204	48.56	0	0	1	3	3	67.83	4
128	西岸和加沙（巴勒斯坦领土）	1.31	405	302	74.57	0	0	1	2	7	43.11	13
129	波黑	5.11	383	187	48.81	0	0	0	1	6	31.19	13
130	巴拿马	7.71	380	288	75.78	0	0	1	1	8	36.02	12
131	毛里塔尼亚	103.04	380	159	41.79	0	0	0	1	1	158.64	2
132	波多黎各	0.89	367	363	98.96	0	0	0	0	5	72.58	13
133	摩尔多瓦	3.37	356	172	48.38	0	0	0	1	3	57.40	5
134	乌拉圭	17.62	340	315	92.64	0	0	1	1	2	157.26	9
135	阿曼	30.00	331	244	73.69	0	0	0	0	5	48.84	6
136	科威特	1.78	325	319	98.27	0	0	0	2	8	39.93	11
137	阿尔巴尼亚	2.87	316	172	54.45	0	0	0	1	5	34.43	8

续表

序号	国家和地区	陆地面积/万km²	总人口/万人	城镇人口/万人	城镇化水平/%	人口超过1000万人的城市数/个	人口超过500万人的城市数/个	人口超过100万人的城市数/个	人口超过50万人的城市数/个	人口超过10万人的城市数/个	人口超过10万人的城市平均规模/万人	人口超过5万人的城市数/个
138	立陶宛	6.52	299	201	67.23	0	0	0	2	5	40.14	6
139	亚美尼亚	2.98	297	191	64.16	0	0	1	1	3	63.50	5
140	蒙古国	155.74	280	194	69.35	0	0	1	1	1	193.93	3
141	牙买加	1.10	271	141	52.16	0	0	0	1	4	35.36	6
142	纳米比亚	82.54	226	88	38.96	0	0	0	0	1	88.03	3
143	马其顿	2.57	211	125	59.44	0	0	0	1	1	125.16	5
144	斯洛文尼亚	2.03	206	103	49.90	0	0	0	0	1	102.70	3
145	莱索托	3.03	205	58	28.30	0	0	0	0	1	58.06	3
146	卡塔尔	1.10	205	203	98.89	0	0	1	2	3	67.59	6
147	拉脱维亚	6.37	203	137	67.71	0	0	1	1	2	68.57	5
148	博茨瓦纳	58.54	200	125	62.25	0	0	0	0	2	62.37	6
149	科索沃	1.09	181	0		0	0	0	0	4	0.00	10
150	冈比亚	1.04	179	103	57.76	0	0	0	1	2	51.73	3
151	几内亚比绍	3.61	166	74	44.57	0	0	0	0	1	74.15	1
152	加蓬	26.77	163	141	86.46	0	0	0	1	2	70.57	3
153	爱沙尼亚	4.51	134	93	69.57	0	0	0	1	1	93.19	3
154	特立尼达和多巴哥	0.51	134	19	13.98	0	0	0	0	0		1

续表

序号	国家和地区	陆地面积/万km²	总人口/万人	城镇人口/万人	城镇化水平/%	人口超过1000万人的城市数/个	人口超过500万人的城市数/个	人口超过100万人的城市数/个	人口超过50万人的城市数/个	人口超过10万人的城市数/个	人口超过10万人的城市平均规模/万人	人口超过5万人的城市数/个
155	巴林	0.07	132	117	88.76	0	0	0	0	1	116.97	4
156	毛里求斯	0.20	129	54	41.82	0	0	0	0	3	18.00	5
157	斯威士兰	1.74	123	26	21.25	0	0	0	0	1	26.15	2
158	东帝汶	1.49	121	35	28.73	0	0	0	0	1	34.77	1
159	塞浦路斯	0.93	113	80	70.71	0	0	0	0	3	26.61	5
160	斐济	1.83	87	46	52.63	0	0	0	0	1	46.04	2
161	吉布提	2.30	86	66	77.16	0	0	0	1	1	66.33	2
162	圭亚那	21.50	80	23	28.49	0	0	0	0	1	22.66	1
163	不丹	4.60	74	27	36.34	0	0	0	0	0		1
164	赤道几内亚	2.81	74	29	39.69	0	0	0	0	2	14.61	4
165	科摩罗	0.22	72	20	28.17	0	0	0	0	0		1
166	黑山	1.38	62	39	63.48	0	0	0	0	1	39.43	2
167	中国澳门	0.00	56	56	100.0	0	0	0	1	1	55.68	1
168	所罗门群岛	2.98	55	11	20.92	0	0	0	0	0		1
169	苏里南	16.33	53	37	70.12	0	0	0	0	1	37.48	1
170	卢森堡	0.26	53	46	85.64	0	0	0	0	1	45.51	1
171	佛得角	0.40	49	31	63.32	0	0	0	0	1	31.31	2
172	文莱	0.58	41	31	76.32	0	0	0	0	1	31.46	2

续表

序号	国家和地区	陆地面积/万 km²	总人口/万人	城镇人口/万人	城镇化水平/%	人口超过1000万人的城市数/个	人口超过500万人的城市数/个	人口超过100万人的城市数/个	人口超过50万人的城市数/个	人口超过10万人的城市数/个	人口超过10万人的城市平均规模/万人	人口超过5万人的城市数/个
173	马提尼克	0.11	39	0		0	0	0	0	1	0.00	2
174	巴哈马	1.39	37	0		0	0	0	0	1	0.00	1
175	马尔代夫	0.03	34	14	42.23	0	0	0	0	1	14.29	1
176	伯利兹	2.30	32	14	44.59	0	0	0	0			1
177	冰岛	10.31	32	30	93.83	0	0	0	0	1	30.04	1
178	巴巴多斯	0.04	28	13	44.91	0	0	0	0	1	12.72	1
179	新喀里多尼亚	1.90	26	16	61.61	0	0	0	0	1	15.90	1
180	萨摩亚	0.29	19	4	19.69	0	0	0	0	0		1
181	圣卢西亚	0.06	18	3	16.97	0	0	0	0	0		1
182	基里巴斯	0.07	10	4	44.07	0	0	0	0	0		1
183	安道尔	0.05	8	7	86.75	0	0	0	0			1
全球总计不完全统计		12 971.2	704 885	370 417	52.55	29	68	494	1040	5013	73.88	9070

数据主要来源：1. 维基百科；2. 百度百科；3. 美国人口普查局；4. 世界银行数据库；5. 联合国数据库；6. 中国外交部数据库；7. 新华网；8. 中国商务部数据库；9. 行政区划网；10. 中国商务部对外投资国别指南；11. 日本统计局；12. 以色列统计局；13. 英国统计局；14. 西班牙统计局；15. 法国统计局。

（一）全球一半多人住在城里，全球城镇化水平达到52.55%

由表6.7看出，据不完全统计，2012年全球总人口达到70.49亿人，其中城镇人口达到37.04亿人，全球城镇化水平52.55%。

（1）全球人口超过 1000 万人的城市 29 个，中国是全球 1000 万人以上城市数目最多的国家。中国有 6 座，占全球的 20.69%，印度 3 座，日本 3 座，美国 2 座，巴西 2 座，印度尼西亚 1 座，巴基斯坦、尼日利亚、孟加拉国、俄罗斯、墨西哥、埃及、伊朗、土耳其、法国、英国、韩国、阿根廷各 1 座（图 6.5）。

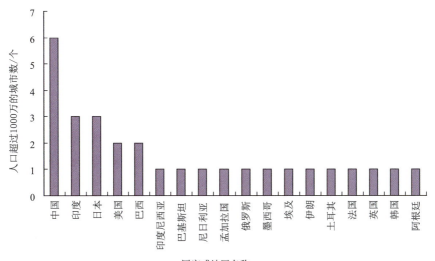

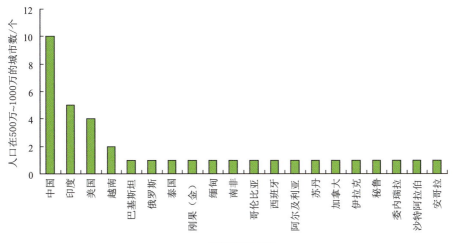

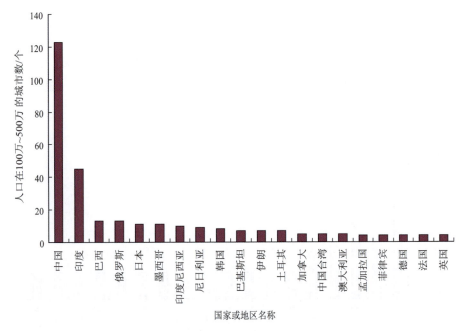

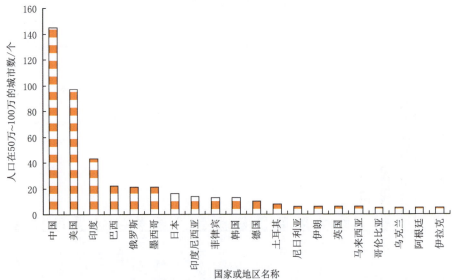

图 6.5　全球不同规模城市数量排前 20 位的国家或地区对比示意图

（2）全球人口在 500 万～1000 万人的城市有 39 个，中国是全球 500 万～

1000 万人城市数目最多的国家。中国有 10 座，占全球的 25.64%，印度 5 座，美国 4 座，越南 2 座，巴基斯坦、俄罗斯、泰国、刚果民主共和国（金）、缅甸、南非、哥伦比亚、西班牙、阿尔及利亚、苏丹、加拿大、伊拉克、秘鲁、委内瑞拉、沙特阿拉伯、安哥拉、科特迪瓦、智利、中国香港、新加坡各 1 座。

（3）全球人口在 100 万～500 万人的城市有 426 个，中国是全球 100 万～500 万人城市数目最多的国家。中国有 123 座，占全球的 28.67%，印度 45 座，巴西 13 座，俄罗斯 13 座，日本 11 座，墨西哥 11 座，印度尼西亚 10 座，尼日利亚 9 座，韩国 8 座，巴基斯坦 7 座，伊朗 7 座、土耳其 7 座、加拿大 5 座、中国台湾 5 座、澳大利亚 5 座，孟加拉国 4 座，菲律宾 4 座，德国 4 座，法国 4 座，英国 4 座，南非 4 座，摩洛哥 4 座，马来西亚 4 座，玻利维亚 4 座，美国 3 座等。

（4）全球人口在 50 万～100 万人的城市有 585 个，中国是全球 50 万～100 万人城市数目最多的国家。中国有 145 座，占全球的 24.79%。50 万～100 万人城市数目最多的国家排在前 20 位的国家分别为中国(145 座)、美国(97 座)、印度（43 座）、巴西（22 座）、俄罗斯（21 座）、墨西哥（21 座）、日本（16 座）、印度尼西亚（14 座）、菲律宾（13 座）、韩国（13 座）、德国（10 座）、土耳其（8 座）、尼日利亚（6 座）、伊朗（6 座）、英国（6 座）、马来西亚（6 座）、哥伦比亚（5 座）、乌克兰（5 座）、阿根廷（5 座）、伊拉克（5 座）。

（5）全球人口在 10 万～50 万人的城市有 3932 个，中国是全球 10 万～50 万人城市（城镇）数目最多的国家。中国有 1100 座，占全球的 27.98%（图 6.6）。10 万～50 万人城市数目最多的国家排在前 25 位的国家分别为中国（1100 座）、日本（237 座）、印度（221 座）、巴西（212 座）、美国（208 座）、英国（94 座）、墨西哥（74 座）、伊朗（72 座）、德国（66 座）、土耳其（65 座）、西班牙（57 座）、印度尼西亚（54 座）、韩国（51 座）、尼日利亚（45 座）、菲律宾（43 座）、巴基斯坦（41 座）、委内瑞拉（41 座）、意大利（40 座）、阿尔及利亚（40 座）、哥伦比亚（38 座）、法国（38 座）、乌克兰（37 座）、埃及（35 座）、波兰（34 座）。

（二）全球 1/4 的城市设在中国，城市总数占全球总数的 27.61%

在对中国的统计分析表明：2012 年全国总人口达到 13.51 亿人，占全球总人口的 19.15%；其中城镇人口达到 6.99 亿人，占全球城镇人口的 18.87%；全国城镇化水平 51.78%，与全球城镇化水平基本持平；全国人口超过 1000 万人的城市 6 个，占全球同类规模人口城市数的 20.69%；人口超过 500 万人的城市 16 个，占全球同类规模人口城市数的 23.53%；人口超过 100 万人的城市 136 个，占全球同类规模人口城市数的 27.36%；人口超过 50 万人的城市 242 个，占全球同类规模人口城市数的 22.36%；人口超过 10 万人的城市 1384 个，占全球同类规模人口城市数的 27.61%；人口超过 5 万人的城市 1544 个，占全球同类规模人口城市数的 17.02%。

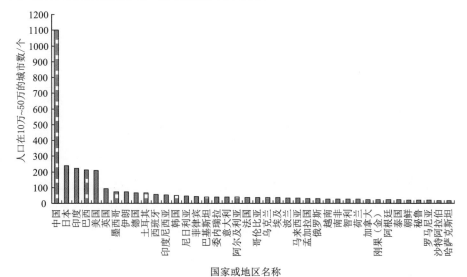

图 6.6　全球 10 万～50 万人口城市数量排前 40 位的国家或地区示意图

二、全球及世界各国设市格局对中国行政设市的借鉴

统计分析表明，2012 年全球 10 万人口以上的城市规模平均值为 73.88 万人，而中国 10 万人口以上的城市规模平均值为 50.33 万人。到 2030 年中国人口按照 15 亿人、城镇化水平按照 60%、城镇人口按照 9 亿人计算，则按全球 10 万人口以上的城市规模平均值为设市标准测算的中国未来可设立 10 万人口以上的城市数为 1218 个（表 6.8），按照美国标准测算的中国未来

可设立 10 万人口以上的城市数为 1089 个，按照德国标准测算的中国未来可设立 10 万人口以上的城市数为 1187 个（图 6.7 和图 6.8），按照英国标准测算的中国未来可设立 10 万人口以上的城市数为 1874 个，按加拿大标准测算的中国未来可设立 10 万人口以上的城市数为 1054 个，按南非标准测算的中国未来可设立 10 万人口以上的城市数为 986 个，按澳大利亚标准测算的中国未来可设立 10 万人口以上的城市数为 711 个，等等。除俄罗斯、蒙古国等国外，按照其他 180 多个国家和地区标准测算的中国未来可设立 10 万人口以上的城市数均超过现行设市的 657 个（2010 年），平均为 1391 个。

表 6.8　到 2030 年按不同标准测算的中国 10 万人口以上城市设市数量对比一览表

按该国设市平均状况推算的中国设市数量	10 万人口以上的城市规模平均值（万人）	按该国标准测算的中国可设市数量（个）	按该国标准测算的中国未来可新增的城市数（个）
美国	82.60	1089	432
俄罗斯	160.92	559	-98
德国	75.82	1187	530
英国	48.03	1874	1217
法国	125.93	715	58
意大利	90.82	991	334
日本	44.16	2038	1381
加拿大	85.37	1054	397
南非	91.30	986	329
澳大利亚	126.66	711	54
阿拉伯联合酋长国	111.28	809	152
以色列	51.93	1733	1076
蒙古国	193.93	466	−190
印度	123.51	729	72
巴西	67.71	1329	672
183 个国家平均	64.71	1391	734
全球平均	73.88	1218	561

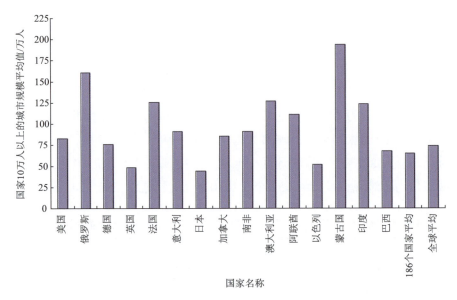

图 6.7 全球主要国家 10 万人口以上城市的平均规模比较示意图

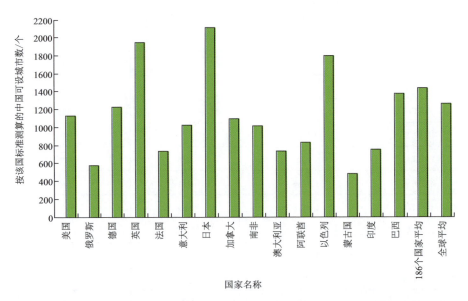

图 6.8 根据全球主要国家 10 万人口以上城市平均规模测算的中国可设城市数比较示意图

由表 6.8 看出，越是国土面积大的国家，显示出的城市平均规模越大，对应的中国未来可设城市数量越少，如俄罗斯、蒙古国等国；相反，越是国土面积小的国家，对应的中国未来可设城市数量越多，如日本、以色列等，可见城市数量与国家的国土面积成反比。

从对全球及主要国家城市规模及城市个数的对比分析中，可给中国城市数量确定提供的借鉴是：未来随着中国城镇化水平达到60%～70%，中国城市数量应该随之增加，而不是将新增人口更多地集中在现有城市中，尤其是不可集中在超大城市和特大城市中。究竟增加到多少城市是合理的，需要采取定性与定量相结合的方法进行科学测算。国际经验研究表明，一般地当一个城市市区常住人口规模为200万人时，城市的各种基础设施和公共服务设施使用效率达到最大值，也就是说200万人的城市是城市病问题最轻的城市，据此到2030年我国人口按15亿人估算，则我国需要750个城市是比较合理的。

第五节　中国行政设市的未来格局与预测优化

依据"充分考虑城市发展基础、着重依据国家战略引导、切实符合区域发展需求、适当照顾地区平衡发展"的总体思路，针对地级市、民族自治市和县级市的行政设置特征，设计不同的增选方法，增加32个地级城市，使地级市数据增加到318个；增加县级市数量108个，使县级市数量增加到448个，其中包括新增10个民族自治市；到2030年，中国版图内形成由770个行政设市城市构成的城市空间新格局。

一、中国未来新增行政设市的总体思路

（一）考虑城市发展基础

行政设市对城市发展具有重要推动作用，但必须充分考虑城市发展基础。城市发展到一定程度，达到一定基础，具有了设市的条件，行政设市才能对城市发展起到积极推动作用；相反，如果城市没有达到一定基础，行政设市

起不到应有的作用，还会造成资源浪费。在历次行政设市的标准中也规定了一些条件，譬如1993年的《关于调整设市标准的报告》中就规定了市区从事非农产业的人口要达到25万人以上，其中市政府驻地具有非农业户口的从事非农产业的人口要达到20万以上；工农业总产值要达到30亿元以上，其中工业产值占80%以上；国内生产总值在25亿元以上；达到以上条件方可升级为地级市。当然，这一标准规定的城市发展基础条件已经不能满足目前需求。因此，在本次预测中选择了层次分析法，将城市人口集聚程度、经济发展程度和基础服务能力等指标都纳入指标体系，采用了新的标准，充分考虑了城市发展基础。

（二）顺应国家战略引导

国家区域发展战略对城市发展具有宏观引导作用，城市发展和布局也需要与国家宏观战略相一致。2011年《全国主体功能区规划》正式发布，已经成为国土开发和城市发展的重要依据。根据这一布局，全国国土空间将被统一划分为优化开发、重点开发、限制开发和禁止开发四大类主体功能区，确定主体功能定位，明确开发方向，控制开发强度，规范开发秩序，完善开发政策，逐步形成人口、经济、资源环境相协调的空间开发格局。本次预测也力求与《全国主体功能区规划》的战略引导相一致，在规划确定的限制开发和禁止开发区内尽可能不增设新的城市。

（三）符合区域发展需求

城市发展除了依赖自身基础和条件之外，还需要考虑区域发展需求。城市的基本功能是为本市以外的地区提供货物和服务的活动，及其相应的工业、商业、交通运输业、文化教育和科研、行政、旅游业。因此，城市发展是区域发展的产物，城市发展离不开区域发展的需求。在1993年的《关于调整设市标准的报告》中就开始将人口密度作为新设城市的重要标志。本次预测也充分考虑区域人口密度，将人口密度作为评价指标之一。另外，考虑到边疆区域的稳定与发展，对沿边的省份和自治区放宽新设城市的标准。

（四）兼顾地区平衡发展

新设城市除了考虑城市发展效率之外，还应照顾到地区发展平衡。从国家区域发展战略看，改革开放初期的"沿海地区开发开放战略"，20世纪末的"西部大开发战略"，以及进入21世纪之后先后提出的"东北老工业基地振兴战略"和"中部崛起战略"，国家区域发展不断重视地区平衡发展。叶大年院士提出的城市对称性布局思想，也是城市布局平衡的重要依据。本次新设城市也照顾到了地区平衡，对民族自治地区和中西部有所倾斜。

二、新设地级市的综合计算结果与方案选择

新设地级市主要面向地级行政单元的调整，也就是将目前还没有调整为地级市的地区、自治州和盟这些地级行政区，按照一定标准、选择一定数量改为地级市，以助推我国新型城镇化的发展。为了综合考虑新设地级市的条件，在原有设市标准的基础上建立了新的地级市新设评价方法，选择25个综合得分较高的行政单元作为未来新增地级市的考虑对象。此外，从沿边地区安防和稳定考虑，将西藏自治区的6个地区改为地级市；从文物古迹的整体性保护考虑，将敦煌县级市改为地级市。最终，在2013年286个地级市的基础上，新增32个地级市，使地级市数量达到318个。

（一）新设地级市的综合考虑对象：13个地区、30个自治州和3个盟

2013年全国共有286个地级市，尚有13个地区、30个自治州和3个盟没有改地级市。因此未来新设地级市重点要从这46个行政单元去考虑，具体如下：哈密地区、喀什地区、阿克苏地区、日喀则地区、塔城地区、林芝地区、山南地区、阿里地区、昌都地区、那曲地区、和田地区、阿勒泰地区、吐鲁番地区、延边朝鲜族自治州、巴音郭楞蒙古自治州、凉山彝族自治州、伊犁哈萨克自治州、楚雄彝族自治州、大理白族自治州、昌吉回族自治州、黔西南布依族苗族自治州、锡林郭勒盟、兴安盟、临夏回族自治州、黔东南苗族侗族自治州、恩施土家族苗族自治州、湘西土家族苗族自治州、红河哈

尼族彝族自治州、黔南布依族苗族自治州、文山壮族苗族自治州、西双版纳傣族自治州、德宏傣族景颇族自治州、博尔塔拉蒙古自治州、阿拉善盟、甘南藏族自治州、海西蒙古族藏族自治州、甘孜藏族自治州、迪庆藏族自治州、玉树藏族自治州、海北藏族自治州、阿坝藏族羌族自治州、克孜勒苏柯尔克孜自治州、果洛藏族自治州、海南藏族自治州、怒江傈僳族自治州、黄南藏族自治州。

（二）新设地级市的综合遴选方法

为了综合考虑新设地级市的条件，在上一版新设市标准的基础上，建立了新的地级市新设评价方法。

首先建立评价指标体系。用城市人口集聚程度、经济发展程度和基础服务能力三个方面的指标进行评价，其中，城市人口集聚程度用人口密度指数、人口规模指数和城镇化指数来衡量；经济发展程度用经济规模指数、财政收入指数和非农业指数来衡量；基础服务能力用设施服务指数来衡量。

其次根据指标体系选择具体评价指标。人口密度指数用每平方千米人口数来测算，人口规模指数用户籍总人口和城镇人口来测算，城镇化指数用城镇化率来测算，经济规模指数用地区生产总值来测算，财政收入指数用城市财政收入总额来测算，非农业指数用第二产业比例和第三产业比例来测算，设施服务指数用城市用水普及率和城市污水处理率等测算。

最后用层次分析法计算设市条件综合得分。对所有评价指标进行标准化处理后，运用专家打分法得到的指标权重进行计算，得到每个拟设市对象的综合得分。

（三）新设地级市的综合计算结果

通过综合评价计算得出新设地级市综合指数排名前 10 位的分别是：延边朝鲜族自治州、巴音郭楞蒙古自治州、凉山彝族自治州、伊犁哈萨克自治州、楚雄彝族自治州、大理白族自治州、昌吉回族自治州、哈密地区、喀什地区和黔西南布依族苗族自治州（表 6.9）。

表 6.9 中国新设地级市遴选的综合指数计算表

地级单元	城市人口集聚程度			城市经济发展程度			基础服务能力	综合指数
	人口密度指数	人口规模指数	城镇化指数	经济规模指数	财政收入指数	非农产业指数	设施服务指数	
延边朝鲜族自治州	0.0070	0.5000	0.1819	0.0468	0.0843	0.0010	0.0214	0.8677
巴音郭楞蒙古自治州	0.0009	0.4189	0.1474	0.1000	0.1000	0.0009	0.0214	0.8180
凉山彝族自治州	0.0045	0.4608	0.1144	0.0518	0.0915	0.0008	0.0214	0.7544
伊犁哈萨克自治州	0.0164	0.3620	0.1313	0.0214	0.0605	0.0009	0.0214	0.6369
楚雄彝族自治州	0.0022	0.3248	0.0891	0.0921	0.0619	0.0004	0.0214	0.6106
大理白族自治州	0.0060	0.3603	0.0888	0.0407	0.0908	0.0009	0.0423	0.6090
昌吉回族自治州	0.0009	0.2965	0.1305	0.0405	0.0763	0.0008	0.0214	0.5812
哈密地区	0.0001	0.3031	0.1151	0.0304	0.0810	0.0008	0.0285	0.5521
喀什地区	0.0427	0.3031	0.1027	0.0174	0.0490	0.0009	0.0275	0.5372
黔西南布依族苗族自治州	0.0045	0.3281	0.0514	0.0321	0.0735	0.0008	0.0190	0.5245
锡林郭勒盟	0.0003	0.2061	0.1746	0.0325	0.0690	0.0009	0.0430	0.5024
兴安盟	0.0020	0.2687	0.1672	0.0205	0.0141	0.0009	0.0214	0.5009
临夏回族自治州	0.0500	0.2126	0.1560	0.0058	0.0080	0.0009	0.0401	0.4691
黔东南苗族侗族自治州	0.0061	0.2672	0.0919	0.0175	0.0413	0.0009	0.0214	0.4629
阿克苏地区	0.0006	0.2772	0.0802	0.0252	0.0517	0.0007	0.0398	0.4571
恩施土家族苗族自治州	0.0031	0.3128	0.0511	0.0196	0.0328	0.0007	0.0416	0.4437
湘西土家族苗族自治州	0.0048	0.2040	0.1277	0.0160	0.0205	0.0009	0.0220	0.4054
红河哈尼族彝族自治州	0.0031	0.2044	0.0741	0.0165	0.0458	0.0008	0.0443	0.3845
黔南布依族苗族自治州	0.0033	0.2088	0.0684	0.0170	0.0330	0.0009	0.0357	0.3799
文山壮族苗族自治州	0.0027	0.2213	0.0648	0.0226	0.0430	0.0009	0.0114	0.3766
西双版纳傣族自治州	0.0012	0.1971	0.0423	0.0198	0.0299	0.0006	0.0449	0.3326
和田地区	0.0109	0.1512	0.0436	0.0058	0.0174	0.0009	0.0000	0.2511
阿勒泰地区	0.0003	0.1034	0.0972	0.0077	0.0112	0.0008	0.0467	0.2419

续表

地级单元	城市人口集聚程度			城市经济发展程度			基础服务能力	综合指数
	人口密度指数	人口规模指数	城镇化指数	经济规模指数	财政收入指数	非农产业指数	设施服务指数	
吐鲁番地区	0.0003	0.1209	0.0325	0.0116	0.0216	0.0007	0.0315	0.2299
德宏傣族景颇族自治州	0.0017	0.1411	0.0158	0.0098	0.0204	0.0007	0.0341	0.2114
博尔塔拉蒙古自治州	0.0005	0.1007	0.0631	0.0157	0.0186	0.0006	0.0236	0.2106
阿拉善盟	0.0000	0.0201	0.0394	0.0547	0.0592	0.0010	0.0499	0.1979
甘南藏族自治州	0.0006	0.0476	0.1090	0.0033	0.0052	0.0009	0.0381	0.1915
海西蒙古族藏族自治州	0.0000	0.0450	0.1273	0.0072	0.0070	0.0009	0.0486	0.1875
日喀则地区	0.0005	0.0542	0.0801	0.0063	0.0029	0.0008	0.0357	0.1734
塔城地区	0.0007	0.0655	0.0620	0.0094	0.0111	0.0007	0.0249	0.1707
甘孜藏族自治州	0.0002	0.0506	0.0615	0.0072	0.0262	0.0009	0.0236	0.1702
林芝地区	0.0001	0.0251	0.1111	0.0059	0.0019	0.0010	0.0236	0.1687
迪庆藏族自治州	0.0002	0.0566	0.0390	0.0109	0.0175	0.0009	0.0236	0.1488
玉树藏族自治州	0.0001	0.0470	0.0635	0.0009	0.0011	0.0000	0.0236	0.1361
海北藏族自治州	0.0001	0.0107	0.0862	0.0046	0.0056	0.0009	0.0236	0.1317
山南地区	0.0004	0.0206	0.0753	0.0047	0.0012	0.0010	0.0236	0.1267
阿里地区	0.0000	0.0000	0.1014	0.0000	0.0000	0.0006	0.0236	0.1257
阿坝藏族羌族自治州	0.0001	0.0187	0.0693	0.0023	0.0029	0.0008	0.0236	0.1177
克孜勒苏柯尔克孜自治州	0.0002	0.0486	0.0000	0.0037	0.0075	0.0007	0.0236	0.1056
果洛藏族自治州	0.0000	0.0139	0.0631	0.0023	0.0003	0.0008	0.0236	0.1042
海南藏族自治州	0.0001	0.0356	0.0353	0.0053	0.0032	0.0007	0.0236	0.1038
昌都地区	0.0002	0.0341	0.0374	0.0045	0.0016	0.0009	0.0236	0.1023
那曲地区	0.0001	0.0330	0.0422	0.0013	0.0007	0.0006	0.0236	0.1015
怒江傈僳族自治州	0.0010	0.0441	0.0136	0.0040	0.0073	0.0008	0.0236	0.0945
黄南藏族自治州	0.0002	0.0187	0.0189	0.0025	0.0006	0.0007	0.0236	0.0652

人口密度指数排名前 10 位的分别为临夏回族自治州、喀什地区、伊犁哈萨克自治州、和田地区、延边朝鲜族自治州、黔东南苗族侗族自治州、大理白族自治州、湘西土家族苗族自治州、凉山彝族自治州和黔西南布依族苗族自治州。

人口规模指数排名前 10 位的分别为延边朝鲜族自治州、凉山彝族自治州、巴音郭楞蒙古自治州、伊犁哈萨克自治州、大理白族自治州、黔西南布依族苗族自治州、楚雄彝族自治州、恩施土家族苗族自治州、喀什地区和哈密地区。

城镇化指数排名前 10 位的分别为延边朝鲜族自治州、锡林郭勒盟、兴安盟、临夏回族自治州、巴音郭楞蒙古自治州、伊犁哈萨克自治州、昌吉回族自治州、湘西土家族苗族自治州、海西蒙古族藏族自治州和哈密地区。

经济规模指数排名前 10 位的分别为巴音郭楞蒙古自治州、楚雄彝族自治州、阿拉善盟、凉山彝族自治州、延边朝鲜族自治州、大理白族自治州、昌吉回族自治州、锡林郭勒盟、黔西南布依族苗族自治州和哈密地区。

财政收入指数排名前 10 位的分别为巴音郭楞蒙古自治州、凉山彝族自治州、大理白族自治州、延边朝鲜族自治州、哈密地区、昌吉回族自治州、黔西南布依族苗族州、锡林郭勒盟、楚雄彝族自治州和伊犁哈萨克自治州。

非农产业指数排名前 10 位的分别为延边朝鲜族自治州、阿拉善盟、林芝地区、山南地区、巴音郭楞蒙古自治州、大理白族自治州、锡林郭勒盟、伊犁哈萨克自治州、喀什地区和文山壮族苗族自治州。

设施服务指数排名前 10 位的分别为阿拉善盟、海西蒙古族藏族自治州、阿勒泰地区、西双版纳傣族自治州、红河哈尼族彝族自治州、锡林郭勒盟、大理白族自治州、恩施土家族苗族自治州、临夏回族自治州和阿克苏地区。

（四）新设地级市的最终遴选方案：32 个

（1）选取综合评价排名前 25 位的行政单元新设为地级市。根据评价结果，选取排名前 25 位的行政单元改为地级市，主要分布在西南地区、新疆维吾尔自治区，少数分布在东北地区和中部地区。具体方案：①将 6 个地区改地级市，分别为哈密地区（0.5521）、喀什地区（0.5372）、阿克苏地区（0.4571）、和田地区（0.2511）、阿勒泰地区（0.2419）、吐鲁番地区（0.2299）；②将 2 个盟改为地级市，分别为锡林郭勒盟（0.5024）、兴安盟（0.5009）；③将 17 个自治州改地级民族自治市，分别为延边朝鲜族自治州（0.8677）、巴音郭楞蒙古自治州（0.8180）、凉山彝族自治州（0.7544）、伊犁哈萨克自治州（0.6369）、楚雄彝族自治州（0.6106）、大理白族自治州（0.6090）、昌吉回族自治州（0.5812）、黔西南布依族苗族自治州（0.5245）、临夏回族自治州（0.4691）、黔东南苗族侗族自治州（0.4629）、恩施土家族苗族自治州（0.4437）、湘西土家族苗族自治州（0.4054）、红河哈尼族彝族自治州（0.3845）、黔南布依族苗族自治州（0.3799）、文山壮族苗族自治州（0.3766）、西双版纳傣族自治州（0.3326）、德宏傣族景颇族自治州（0.2114）。

（2）考虑稳定边疆和文物保护的特殊需求增设 7 个地级市。考虑到边疆地区的稳定与发展，结合西藏自治区各地区改地级市的需求，提出将西藏自治区所有地区改为地级市，即日喀则地区改为日喀则市（2014 年 6 月 26 日，国务院批复撤销日喀则地区，设立地级日喀则市，原县级日喀则市改为桑珠孜区）、林芝地区改为林芝市、那曲地区改为那曲市、昌都地区改为昌都市、阿里地区改为阿里市、山南地区改为山南市。考虑到文物古迹和世界历史文化遗产的整体保护，提出将敦煌市（甘肃省酒泉市代管县级市）提升为地级市，探索文物保护的新模式。

三、新设县级民族自治市的综合计算结果与方案讨论

按照民族自治地区特殊考虑的原则，先行设立民族自治市。按照县改市的标准，所有民族自治县都不能达到要求，因此这里进行专门讨论。针对现有的 117 个民族自治县，运用关键指标门槛筛选和层次分析综合排序的方法，最终选择 10 个自治县/自治旗改自治市。

（一）中国自治县和自治旗的行政设置及其特殊权力

自治县在中国属于一级地方民族自治政权，行政地位与普通的县相同，但按照《中华人民共和国宪法》的规定，自治县与一般县相比具有更多权限。

2013 年年末中国大陆共有 117 个民族自治县。自治旗为中国内蒙古自治区特有的民族自治地区，行政地位相当于旗，为县级行政区，2013 年年末内蒙古自治区共有 3 个民族自治旗。

自治县、自治旗的人民代表大会和人民政府除具有与县人民代表大会和人民政府相同的权力外，还具有以下特殊权力：①自治县、自治旗的自治机关行使《中华人民共和国》第三章第五节规定的地方国家机关的职权，同时依照宪法、民族区域自治法和其他法律规定的权限行使自治权，根据本地方实际情况贯彻执行国家的法律、政策。②民族自治地方的人民代表大会有权依照当地民族的政治、经济和文化的特点，制定自治条例和单行条例。自治区的自治条例和单行条例，报全国人民代表大会常务委员会批准后生效。自治县的自治条例和单行条例，报省或者自治区的人民代表大会常务委员会批准后生效，并报全国人民代表大会常务委员会备案。③民族自治地方的自治机关有管理地方财政的自治权。凡是依照国家财政体制属于民族自治地方的财政收入，都应当由民族自治地方的自治机关自主地安排使用。④民族自治地方的自治机关在国家计划的指导下，自主地安排和管理地方性的经济建设事业。国家在民族自治地方开发资源、建设企业的时候，应当照顾民族自治地方的利益。⑤民族自治地方的自治机关自主地管理本地方的教育、科学、文化、卫生、体育事业，保护和整理民族的文化遗产，发展和繁荣民族文化。⑥民族自治地方的自治机关依照国家的军事制度和当地的实际需要，经国务院批准，可以组织本地方维护社会治安的公安部队。⑦民族自治地方的自治机关在执行职务的时候，依照本民族自治地方自治条例的规定，使用当地通用的一种或者几种语言文字。

（二）自治县和自治旗改县级自治市的方法步骤

第一步，依据重要条件进行筛选，去掉不符合设自治市最低门槛的自治县和自治旗。城镇人口数量低于 6 万人（参考 1993 年标准中，自治地区具备上述条件之一的地方设市时，州、盟、县驻地镇非农业人口不低于 6 万）的自治县和自治旗剔除，剩余 54 个。城镇化水平低于 25%（城市化初级阶段降 5 个百分点）的自治县和自治旗剔除，还剩余 35 个。

第二步，运用层次分析法对 35 个自治县和自治旗进行评价。根据人口集聚程度指标（城镇人口总数、城镇化率、常住人口、人口密度）、经济收入程度指标（GDP、人均 GDP、非农产业比例、财政收入、社会消费品零售总额）、基本公共服务指标（固定资产投资）进行综合能力评价。

第三步，直辖市管辖区筛选。直辖市内部不需要再设市，因此去掉重庆的 3 个自治县，剩余 32 个。

第四步，考虑东部、中部、西部区域平衡。东部民族自治县综合水平均较高，适当缩减东部设自治市的名额，向中西部地区倾斜。

（三）自治县和自治旗改自治市的最终结果

根据上述设立自治市的方法，最终选择了 10 个自治县/自治旗改自治市（表 6.10）。具体包括：辽宁省本溪满族自治县（0.6047）和喀喇沁左翼蒙古族自治县（0.3943），内蒙古的鄂温克族自治旗（0.5301），河北省的宽城满族自治县（0.5291）和孟村回族自治县（0.3539），吉林省的伊通满族自治县（0.4153），海南省的陵水黎族自治县（0.3767），云南省的石林彝族自治县（0.2715），黑龙江的杜尔伯特蒙古族自治县（0.2588），广东省的乳源瑶族自治县（0.2553）。

表 6.10　中国新设的县级民族自治市遴选层次分析结果

省域	市域	自治县名称	综合指数
辽宁省	本溪市	本溪满族自治县	0.6047
内蒙古自治区	呼伦贝尔市	鄂温克族自治旗	0.5301
河北省	承德市	宽城满族自治县	0.5291
吉林省	四平市	伊通满族自治县	0.4153
辽宁省	朝阳市	喀喇沁左翼蒙古族自治县	0.3943
海南省	省直辖行政单位	陵水黎族自治县	0.3767
河北省	沧州市	孟村回族自治县	0.3539
云南省	昆明市	石林彝族自治县	0.2715

续表

省域	市域	自治县名称	综合指数
黑龙江省	大庆市	杜尔伯特蒙古族自治县	0.2588
广东省	韶关市	乳源瑶族自治县	0.2553

四、新设县级市的综合计算结果与方案选择

运用层次分析法对具有基本条件的县和旗进行设县级市的综合能力评价，考虑到部分自治州政府驻地设市需求和国家重点生态功能区限制开发的要求，最终选择得分排名较高的 98 个县和旗调整为县级市，加上 10 个新增的民族自治市，使县级市的数量最终达到 448 个。

（一）中国县、旗的行政设置

县级行政区是行政地位与"县"相同的行政区划总称，其管辖乡级行政区，为乡、镇的上一级行政区划单位，包括地级市的市辖区、县级市、副地级市、县、自治县、旗、自治旗、特区、林区 9 种，还有特殊的省直辖县级行政单位，其中这类群中的县级市也称为副地级市。新设县级市将主要从县级行政区的县和旗中选择。

（二）县、旗改县级市的方法步骤

第一步，建立备选城市库。依据重要条件进行筛选，从现有的 1494 个县、旗中去掉不符合设县级市最低门槛的县和旗。城镇人口低于 10 万人（1993年设县级市最低标准）的排除，剩余 752 个；城镇化水平低于 40%（刚刚进入城镇化中期阶段）的排除，剩余 189 个；去掉目前已经县改区和县改市的，铜山县改铜山区、文山县改文山市，剩余 187 个；去掉直辖市下辖的县，剩余 178 个，作为新设县级市备选项。

第二步，综合评价排序。运用层次分析法，根据人口集聚程度指标（城镇人口总数、城镇化率、常住人口、人口密度）、经济收入程度指标（GDP、

人均 GDP、非农产业比例、财政收入、社会消费品零售总额)、基本公共服务指标(固定资产投资),对第一步选出的 178 个县和旗进行综合能力评价,并按得分进行排序(表 6.11)。

表 6.11 中国新设县级市的遴选计算结果表

县级地名	城市人口集聚程度				经济发展程度					基础服务程度	综合得分
	人口规模指数	城镇人口指数	城镇化率指数	人口密度指数	经济总量指数	人均收入指数	非农产业指数	财政收入指数	社会消费指数	基础设施指数	
绍兴县	0.0634	0.1252	0.0908	0.0214	0.1000	0.0638	0.0861	0.0833	0.0558	0.0779	0.7676
双流县	0.0813	0.1473	0.0742	0.0303	0.0602	0.0260	0.0823	0.0537	0.0593	0.0931	0.7076
郫 县	0.0537	0.1037	0.0867	0.0500	0.0495	0.0314	0.0852	0.0370	0.0256	0.0775	0.6002
长沙县	0.0597	0.0818	0.0321	0.0119	0.0809	0.0418	0.0816	0.0460	0.0657	0.0695	0.5711
潮安县	0.0852	0.1500	0.0689	0.0258	0.0397	0.0149	0.0850	0.0134	0.0581	0.0194	0.5604
沭阳县	0.1000	0.1336	0.0245	0.0164	0.0390	0.0118	0.0639	0.0419	0.0377	0.0682	0.5370
准格尔旗	0.0150	0.0235	0.0646	0.0011	0.0863	0.0000	0.0900	0.0900	0.0261	0.1000	0.4966
苍南县	0.0744	0.1161	0.0492	0.0227	0.0320	0.0117	0.0797	0.0235	0.0640	0.0227	0.4959
邹平县	0.0453	0.0612	0.0331	0.0152	0.0692	0.0439	0.0842	0.0587	0.0414	0.0378	0.4899
惠安县	0.0572	0.0774	0.0309	0.0371	0.0508	0.0250	0.0830	0.0289	0.0539	0.0438	0.4880
如东县	0.0609	0.0803	0.0268	0.0140	0.0447	0.0211	0.0725	0.0301	0.0700	0.0633	0.4837
宁乡县	0.0731	0.0843	0.0086	0.0098	0.0626	0.0239	0.0728	0.0176	0.0544	0.0648	0.4718
海安县	0.0516	0.0688	0.0300	0.0191	0.0451	0.0245	0.0755	0.0325	0.0628	0.0605	0.4704
玉环县	0.0336	0.0555	0.0629	0.0398	0.0389	0.0437	0.0820	0.0288	0.0350	0.0185	0.4388
沛 县	0.0714	0.0839	0.0110	0.0207	0.0381	0.0158	0.0669	0.0337	0.0428	0.0535	0.4376
南昌县	0.0625	0.0696	0.0065	0.0137	0.0386	0.0186	0.0735	0.0301	0.0263	0.0810	0.4203
海丰县	0.0463	0.0825	0.0727	0.0109	0.0187	0.0113	0.0680	0.0110	0.0675	0.0299	0.4187
桓台县	0.0256	0.0345	0.0406	0.0247	0.0438	0.0411	0.0850	0.0265	0.0433	0.0453	0.4103
嘉善县	0.0306	0.0399	0.0341	0.0277	0.0347	0.0426	0.0804	0.0297	0.0407	0.0449	0.4053

续表

县级地名	城市人口集聚程度				经济发展程度					基础服务程度	综合得分
	人口规模指数	城镇人口指数	城镇化率指数	人口密度指数	经济总量指数	人均收入指数	非农产业指数	财政收入指数	社会消费指数	基础设施指数	
阿拉善左旗	0.0018	0.0062	0.1161	0.0000	0.0302	0.1000	0.0882	0.0143	0.0116	0.0355	0.4037
惠东县	0.0546	0.0790	0.0403	0.0062	0.0314	0.0166	0.0747	0.0158	0.0530	0.0273	0.3991
宁海县	0.0358	0.0557	0.0542	0.0085	0.0351	0.0271	0.0756	0.0333	0.0421	0.0277	0.3952
博罗县	0.0639	0.0788	0.0178	0.0088	0.0372	0.0172	0.0758	0.0236	0.0423	0.0296	0.3949
伊金霍洛旗	0.0057	0.0093	0.0791	0.0009	0.0604	0.0000	0.0898	0.0711	0.0121	0.0650	0.3934
长兴县	0.0355	0.0454	0.0297	0.0109	0.0358	0.0270	0.0782	0.0355	0.0504	0.0446	0.3930
揭东县	0.0726	0.0831	0.0077	0.0333	0.0289	0.0119	0.0729	0.0100	0.0378	0.0237	0.3819
赣榆县	0.0576	0.0665	0.0114	0.0162	0.0278	0.0137	0.0671	0.0291	0.0365	0.0551	0.3809
永嘉县	0.0460	0.0724	0.0535	0.0072	0.0255	0.0129	0.0859	0.0215	0.0327	0.0158	0.3733
建湖县	0.0426	0.0540	0.0260	0.0156	0.0308	0.0194	0.0699	0.0317	0.0369	0.0427	0.3697
射阳县	0.0538	0.0688	0.0243	0.0076	0.0306	0.0160	0.0578	0.0231	0.0381	0.0454	0.3657
象山县	0.0255	0.0373	0.0497	0.0089	0.0342	0.0298	0.0679	0.0318	0.0496	0.0290	0.3637
神木县	0.0221	0.0387	0.0740	0.0014	0.0777	0.0000	0.0896	0.0428	0.0114	0.0000	0.3576
平阳县	0.0441	0.0583	0.0307	0.0177	0.0251	0.0139	0.0835	0.0208	0.0446	0.0181	0.3568
东海县	0.0578	0.0633	0.0057	0.0114	0.0248	0.0122	0.0609	0.0284	0.0352	0.0479	0.3477
溧水县	0.0196	0.0225	0.0298	0.0096	0.0314	0.0353	0.0783	0.0317	0.0325	0.0561	0.3468
鄂托克旗	0.0001	0.0041	0.1355	0.0001	0.0344	0.0000	0.0888	0.0208	0.0123	0.0500	0.3460
闽侯县	0.0369	0.0412	0.0146	0.0075	0.0298	0.0214	0.0765	0.0339	0.0327	0.0501	0.3447
德清县	0.0247	0.0309	0.0333	0.0128	0.0301	0.0331	0.0805	0.0294	0.0357	0.0310	0.3415
滨海县	0.0581	0.0667	0.0108	0.0122	0.0246	0.0122	0.0606	0.0228	0.0239	0.0471	0.3390
泗阳县	0.0490	0.0610	0.0220	0.0143	0.0238	0.0134	0.0627	0.0195	0.0213	0.0513	0.3383
沂水县	0.0610	0.0679	0.0067	0.0101	0.0263	0.0111	0.0724	0.0130	0.0422	0.0276	0.3382

县级地名	城市人口集聚程度				经济发展程度					基础服务程度	综合得分
	人口规模指数	城镇人口指数	城镇化率指数	人口密度指数	经济总量指数	人均收入指数	非农产业指数	财政收入指数	社会消费指数	基础设施指数	
海盐县	0.0203	0.0221	0.0246	0.0207	0.0298	0.0379	0.0804	0.0214	0.0277	0.0523	0.3372
阜宁县	0.0499	0.0589	0.0158	0.0143	0.0256	0.0136	0.0643	0.0259	0.0283	0.0370	0.3337
高淳县	0.0193	0.0220	0.0294	0.0129	0.0310	0.0345	0.0774	0.0211	0.0382	0.0475	0.3333
宝应县	0.0434	0.0495	0.0141	0.0125	0.0302	0.0183	0.0652	0.0246	0.0366	0.0354	0.3299
睢宁县	0.0640	0.0691	0.0028	0.0143	0.0248	0.0109	0.0600	0.0202	0.0289	0.0336	0.3288
新建县	0.0465	0.0616	0.0302	0.0090	0.0216	0.0190	0.0625	0.0140	0.0173	0.0360	0.3176
广丰县	0.0434	0.0619	0.0403	0.0133	0.0184	0.0119	0.0757	0.0142	0.0125	0.0257	0.3175
桐庐县	0.0186	0.0273	0.0546	0.0055	0.0245	0.0292	0.0795	0.0204	0.0279	0.0293	0.3169
达拉特旗	0.0125	0.0221	0.0787	0.0009	0.0429	0.0000	0.0815	0.0198	0.0161	0.0400	0.3144
望城县	0.0270	0.0275	0.0128	0.0095	0.0304	0.0275	0.0786	0.0283	0.0183	0.0473	0.3072
博兴县	0.0244	0.0300	0.0321	0.0132	0.0250	0.0245	0.0790	0.0218	0.0240	0.0328	0.3068
当涂县	0.0342	0.0384	0.0165	0.0113	0.0234	0.0172	0.0718	0.0178	0.0155	0.0580	0.3041
齐河县	0.0326	0.0403	0.0272	0.0104	0.0255	0.0195	0.0759	0.0146	0.0261	0.0296	0.3018
费　县	0.0557	0.0613	0.0067	0.0119	0.0236	0.0117	0.0700	0.0081	0.0286	0.0199	0.2974
新昌县	0.0167	0.0210	0.0415	0.0076	0.0268	0.0292	0.0805	0.0211	0.0329	0.0195	0.2969
平南县	0.0704	0.0824	0.0107	0.0092	0.0153	0.0066	0.0552	0.0055	0.0187	0.0211	0.2949
邯郸县	0.0226	0.0326	0.0500	0.0244	0.0194	0.0222	0.0810	0.0053	0.0129	0.0245	0.2947
抚松县	0.0108	0.0251	0.1123	0.0011	0.0120	0.0201	0.0676	0.0081	0.0119	0.0249	0.2939
泗洪县	0.0547	0.0586	0.0042	0.0081	0.0223	0.0118	0.0575	0.0207	0.0201	0.0353	0.2934
盱眙县	0.0367	0.0399	0.0123	0.0064	0.0188	0.0142	0.0624	0.0216	0.0191	0.0576	0.2891
丰　县	0.0585	0.0616	0.0013	0.0162	0.0183	0.0091	0.0578	0.0201	0.0232	0.0225	0.2886
浦江县	0.0208	0.0308	0.0542	0.0116	0.0159	0.0200	0.0837	0.0138	0.0252	0.0116	0.2876

县级地名	城市人口集聚程度				经济发展程度					基础服务程度	综合得分
	人口规模指数	城镇人口指数	城镇化率指数	人口密度指数	经济总量指数	人均收入指数	非农产业指数	财政收入指数	社会消费指数	基础设施指数	
武义县	0.0145	0.0246	0.0733	0.0054	0.0156	0.0228	0.0784	0.0136	0.0207	0.0131	0.2820
饶平县	0.0527	0.0675	0.0246	0.0124	0.0161	0.0084	0.0645	0.0039	0.0257	0.0048	0.2808
大洼县	0.0203	0.0200	0.0168	0.0062	0.0243	0.0000	0.0570	0.0260	0.0135	0.0953	0.2794
邵东县	0.0537	0.0570	0.0034	0.0123	0.0197	0.0107	0.0662	0.0063	0.0301	0.0184	0.2778
安吉县	0.0229	0.0257	0.0247	0.0060	0.0235	0.0246	0.0746	0.0218	0.0324	0.0207	0.2769
德化县	0.0093	0.0197	0.0992	0.0030	0.0120	0.0216	0.0805	0.0072	0.0153	0.0084	0.2762
玉田县	0.0385	0.0389	0.0043	0.0143	0.0308	0.0216	0.0632	0.0077	0.0312	0.0252	0.2758
垦利县	0.0068	0.0029	0.0233	0.0026	0.0275	0.0595	0.0823	0.0141	0.0134	0.0430	0.2755
昌乐县	0.0336	0.0330	0.0047	0.0136	0.0205	0.0162	0.0683	0.0163	0.0306	0.0363	0.2731
沂南县	0.0484	0.0559	0.0137	0.0112	0.0159	0.0083	0.0606	0.0061	0.0269	0.0214	0.2683
迁西县	0.0174	0.0127	0.0029	0.0066	0.0407	0.0494	0.0838	0.0088	0.0231	0.0226	0.2679
正定县	0.0229	0.0229	0.0150	0.0243	0.0208	0.0217	0.0709	0.0073	0.0286	0.0309	0.2654
涉　县	0.0190	0.0162	0.0089	0.0066	0.0266	0.0312	0.0862	0.0149	0.0179	0.0360	0.2635
永春县	0.0219	0.0293	0.0426	0.0075	0.0210	0.0222	0.0782	0.0098	0.0222	0.0083	0.2630
岱山县	0.0039	0.0049	0.0706	0.0151	0.0154	0.0396	0.0716	0.0101	0.0146	0.0145	0.2603
临沭县	0.0337	0.0373	0.0156	0.0143	0.0160	0.0120	0.0745	0.0065	0.0249	0.0222	0.2570
攸　县	0.0392	0.0384	0.0014	0.0063	0.0214	0.0149	0.0627	0.0133	0.0262	0.0249	0.2486
隆昌县	0.0348	0.0401	0.0187	0.0195	0.0151	0.0112	0.0712	0.0041	0.0174	0.0141	0.2462
香河县	0.0140	0.0165	0.0394	0.0183	0.0118	0.0189	0.0684	0.0125	0.0246	0.0186	0.2430
临邑县	0.0261	0.0235	0.0037	0.0123	0.0200	0.0179	0.0707	0.0102	0.0259	0.0282	0.2384
府谷县	0.0081	0.0103	0.0573	0.0019	0.0334	0.0000	0.0895	0.0278	0.0095	0.0000	0.2379
京山县	0.0351	0.0352	0.0056	0.0044	0.0190	0.0146	0.0564	0.0062	0.0336	0.0266	0.2364

县级地名	城市人口集聚程度				经济发展程度					基础服务程度	综合得分
	人口规模指数	城镇人口指数	城镇化率指数	人口密度指数	经济总量指数	人均收入指数	非农产业指数	财政收入指数	社会消费指数	基础设施指数	
威远县	0.0344	0.0339	0.0045	0.0118	0.0213	0.0155	0.0719	0.0067	0.0161	0.0181	0.2342
广德县	0.0244	0.0264	0.0203	0.0056	0.0117	0.0115	0.0717	0.0110	0.0126	0.0388	0.2338
湘阴县	0.0383	0.0419	0.0121	0.0105	0.0194	0.0139	0.0599	0.0038	0.0136	0.0204	0.2338
霍山县	0.0120	0.0185	0.0652	0.0037	0.0096	0.0134	0.0766	0.0081	0.0076	0.0178	0.2325
高陵县	0.0133	0.0197	0.0599	0.0284	0.0183	0.0000	0.0796	0.0076	0.0053	0.0000	0.2319
新乡县	0.0138	0.0100	0.0109	0.0158	0.0193	0.0285	0.0825	0.0089	0.0076	0.0343	0.2318
响水县	0.0260	0.0265	0.0136	0.0085	0.0164	0.0157	0.0591	0.0167	0.0140	0.0344	0.2308
天台县	0.0169	0.0199	0.0354	0.0065	0.0142	0.0121	0.0787	0.0118	0.0226	0.0112	0.2292
靖边县	0.0149	0.0193	0.0459	0.0017	0.0301	0.0000	0.0844	0.0187	0.0127	0.0000	0.2277
平阴县	0.0132	0.0108	0.0183	0.0098	0.0206	0.0267	0.0726	0.0071	0.0220	0.0260	0.2271
梅　县	0.0292	0.0336	0.0219	0.0049	0.0155	0.0137	0.0575	0.0115	0.0296	0.0094	0.2267
怀仁县	0.0129	0.0140	0.0361	0.0065	0.0128	0.0203	0.0834	0.0074	0.0158	0.0135	0.2228
沙　县	0.0057	0.0063	0.0577	0.0030	0.0123	0.0272	0.0661	0.0073	0.0114	0.0255	0.2225
无棣县	0.0194	0.0171	0.0101	0.0051	0.0216	0.0230	0.0674	0.0104	0.0197	0.0269	0.2207
文安县	0.0254	0.0248	0.0107	0.0118	0.0132	0.0134	0.0749	0.0050	0.0175	0.0218	0.2184
分宜县	0.0109	0.0070	0.0148	0.0053	0.0119	0.0201	0.0743	0.0181	0.0099	0.0437	0.2160
唐海县	0.0027	0.0019	0.0637	0.0057	0.0085	0.0310	0.0631	0.0072	0.0075	0.0241	0.2153
新津县	0.0111	0.0046	0.0008	0.0223	0.0143	0.0231	0.0776	0.0120	0.0157	0.0316	0.2132
繁昌县	0.0079	0.0027	0.0124	0.0100	0.0128	0.0229	0.0831	0.0155	0.0090	0.0367	0.2130
仙居县	0.0140	0.0164	0.0394	0.0042	0.0119	0.0121	0.0755	0.0084	0.0184	0.0116	0.2118
呈贡县	0.0117	0.0080	0.0143	0.0149	0.0080	0.0155	0.0775	0.0103	0.0074	0.0442	0.2117
云梦县	0.0271	0.0251	0.0051	0.0212	0.0131	0.0125	0.0619	0.0051	0.0225	0.0180	0.2116

续表

县级地名	城市人口集聚程度				经济发展程度					基础服务程度	综合得分
	人口规模指数	城镇人口指数	城镇化率指数	人口密度指数	经济总量指数	人均收入指数	非农产业指数	财政收入指数	社会消费指数	基础设施指数	
武城县	0.0164	0.0163	0.0233	0.0122	0.0138	0.0177	0.0720	0.0033	0.0174	0.0187	0.2111
灵石县	0.0082	0.0024	0.0087	0.0053	0.0157	0.0295	0.0883	0.0147	0.0152	0.0206	0.2085
上栗县	0.0229	0.0187	0.0006	0.0157	0.0116	0.0124	0.0758	0.0089	0.0144	0.0272	0.2081
蒙自县	0.0193	0.0238	0.0366	0.0045	0.0083	0.0106	0.0679	0.0109	0.0085	0.0155	0.2061
阳东县	0.0212	0.0198	0.0119	0.0063	0.0157	0.0176	0.0596	0.0083	0.0182	0.0275	0.2059
洪泽县	0.0128	0.0098	0.0157	0.0057	0.0124	0.0187	0.0652	0.0165	0.0181	0.0306	0.2056
夏津县	0.0253	0.0219	0.0018	0.0140	0.0146	0.0140	0.0700	0.0040	0.0193	0.0191	0.2041
栾城县	0.0149	0.0104	0.0060	0.0271	0.0143	0.0221	0.0617	0.0051	0.0184	0.0239	0.2040
清河县	0.0171	0.0145	0.0119	0.0188	0.0101	0.0135	0.0791	0.0023	0.0175	0.0182	0.2030
彭山县	0.0099	0.0106	0.0420	0.0150	0.0072	0.0135	0.0713	0.0044	0.0080	0.0192	0.2011
德安县	0.0054	0.0071	0.0677	0.0062	0.0036	0.0134	0.0775	0.0039	0.0032	0.0109	0.1988
铅山县	0.0200	0.0268	0.0436	0.0047	0.0055	0.0072	0.0583	0.0068	0.0111	0.0147	0.1988
茶陵县	0.0307	0.0374	0.0268	0.0056	0.0094	0.0089	0.0513	0.0053	0.0130	0.0092	0.1977
三门县	0.0130	0.0084	0.0081	0.0075	0.0126	0.0148	0.0689	0.0123	0.0168	0.0337	0.1962
汪清县	0.0077	0.0117	0.0701	0.0006	0.0038	0.0096	0.0614	0.0028	0.0045	0.0220	0.1943
金湖县	0.0125	0.0091	0.0150	0.0058	0.0116	0.0179	0.0659	0.0134	0.0169	0.0241	0.1922
浮梁县	0.0112	0.0164	0.0619	0.0025	0.0058	0.0103	0.0623	0.0058	0.0038	0.0105	0.1905
和 县	0.0297	0.0279	0.0036	0.0089	0.0101	0.0078	0.0586	0.0071	0.0133	0.0230	0.1901
鹿寨县	0.0196	0.0163	0.0065	0.0030	0.0128	0.0149	0.0606	0.0037	0.0098	0.0420	0.1893
青田县	0.0135	0.0095	0.0099	0.0033	0.0136	0.0134	0.0847	0.0124	0.0157	0.0131	0.1891
玉山县	0.0306	0.0278	0.0004	0.0081	0.0075	0.0070	0.0674	0.0076	0.0118	0.0187	0.1871
辉南县	0.0152	0.0154	0.0268	0.0038	0.0074	0.0112	0.0640	0.0045	0.0126	0.0243	0.1852

续表

县级地名	城市人口集聚程度				经济发展程度					基础服务程度	综合得分
	人口规模指数	城镇人口指数	城镇化率指数	人口密度指数	经济总量指数	人均收入指数	非农产业指数	财政收入指数	社会消费指数	基础设施指数	
缙云县	0.0152	0.0114	0.0090	0.0059	0.0133	0.0146	0.0825	0.0075	0.0141	0.0092	0.1827
青　县	0.0183	0.0162	0.0127	0.0101	0.0140	0.0172	0.0558	0.0037	0.0140	0.0201	0.1820
永修县	0.0164	0.0167	0.0250	0.0044	0.0070	0.0099	0.0678	0.0063	0.0066	0.0212	0.1812
通化县	0.0071	0.0021	0.0149	0.0016	0.0101	0.0211	0.0798	0.0068	0.0085	0.0282	0.1803
山阴县	0.0065	0.0007	0.0107	0.0035	0.0139	0.0293	0.0790	0.0155	0.0084	0.0118	0.1793
沾化县	0.0146	0.0098	0.0051	0.0040	0.0132	0.0169	0.0566	0.0076	0.0186	0.0311	0.1775
龙南县	0.0109	0.0110	0.0354	0.0044	0.0066	0.0117	0.0709	0.0059	0.0070	0.0135	0.1773
淇　县	0.0087	0.0033	0.0094	0.0111	0.0131	0.0256	0.0719	0.0034	0.0088	0.0210	0.1763
东宁县	0.0038	0.0026	0.0536	0.0006	0.0105	0.0256	0.0566	0.0047	0.0079	0.0091	0.1750
横峰县	0.0027	0.0002	0.0488	0.0069	0.0046	0.0144	0.0753	0.0047	0.0064	0.0087	0.1725
安图县	0.0056	0.0052	0.0511	0.0007	0.0040	0.0110	0.0708	0.0022	0.0036	0.0147	0.1689
东山县	0.0046	0.0005	0.0285	0.0208	0.0089	0.0219	0.0533	0.0065	0.0095	0.0117	0.1663
嫩江县	0.0250	0.0321	0.0358	0.0007	0.0127	0.0126	0.0193	0.0070	0.0081	0.0124	0.1655
全椒县	0.0169	0.0156	0.0173	0.0059	0.0072	0.0083	0.0535	0.0071	0.0107	0.0215	0.1641
东至县	0.0230	0.0221	0.0119	0.0035	0.0079	0.0076	0.0541	0.0067	0.0082	0.0166	0.1617
子长县	0.0050	0.0041	0.0503	0.0022	0.0065	0.0000	0.0778	0.0128	0.0024	0.0000	0.1610
沾益县	0.0203	0.0164	0.0035	0.0037	0.0113	0.0136	0.0573	0.0080	0.0051	0.0211	0.1601
东光县	0.0150	0.0101	0.0044	0.0122	0.0095	0.0137	0.0611	0.0036	0.0082	0.0200	0.1579
三原县	0.0184	0.0192	0.0239	0.0171	0.0105	0.0000	0.0565	0.0019	0.0092	0.0000	0.1566
大余县	0.0102	0.0075	0.0225	0.0052	0.0061	0.0114	0.0692	0.0053	0.0063	0.0125	0.1562
珙　县	0.0167	0.0120	0.0039	0.0081	0.0073	0.0102	0.0698	0.0037	0.0101	0.0134	0.1551
大田县	0.0118	0.0071	0.0092	0.0034	0.0099	0.0162	0.0599	0.0056	0.0088	0.0221	0.1539

续表

县级地名	城市人口集聚程度				经济发展程度					基础服务程度	综合得分
	人口规模指数	城镇人口指数	城镇化率指数	人口密度指数	经济总量指数	人均收入指数	非农产业指数	财政收入指数	社会消费指数	基础设施指数	
芦溪县	0.0079	0.0017	0.0063	0.0065	0.0082	0.0149	0.0710	0.0057	0.0058	0.0258	0.1538
陆河县	0.0103	0.0107	0.0392	0.0072	0.0029	0.0066	0.0598	0.0018	0.0088	0.0054	0.1526
长汀县	0.0176	0.0131	0.0032	0.0031	0.0102	0.0132	0.0598	0.0044	0.0128	0.0125	0.1500
丰顺县	0.0238	0.0227	0.0106	0.0043	0.0064	0.0072	0.0541	0.0032	0.0107	0.0043	0.1472
宜良县	0.0195	0.0162	0.0067	0.0053	0.0110	0.0132	0.0485	0.0070	0.0092	0.0104	0.1470
交城县	0.0059	0.0006	0.0156	0.0030	0.0060	0.0147	0.0857	0.0049	0.0043	0.0044	0.1452
上高县	0.0128	0.0067	0.0005	0.0059	0.0080	0.0120	0.0666	0.0079	0.0060	0.0178	0.1443
南城县	0.0114	0.0066	0.0091	0.0043	0.0058	0.0099	0.0607	0.0069	0.0082	0.0162	0.1390
南靖县	0.0134	0.0075	0.0015	0.0041	0.0127	0.0189	0.0479	0.0075	0.0097	0.0148	0.1380
通海县	0.0110	0.0076	0.0169	0.0102	0.0051	0.0095	0.0624	0.0035	0.0052	0.0066	0.1379
固安县	0.0194	0.0151	0.0027	0.0146	0.0070	0.0088	0.0365	0.0080	0.0104	0.0140	0.1366
镇赉县	0.0108	0.0053	0.0059	0.0013	0.0097	0.0210	0.0612	0.0045	0.0063	0.0075	0.1334
五原县	0.0081	0.0041	0.0190	0.0025	0.0076	0.0141	0.0462	0.0024	0.0061	0.0228	0.1330
弋阳县	0.0148	0.0093	0.0021	0.0054	0.0046	0.0075	0.0611	0.0039	0.0100	0.0125	0.1312
绛 县	0.0096	0.0052	0.0137	0.0069	0.0038	0.0083	0.0702	0.0000	0.0043	0.0080	0.1300
彭泽县	0.0147	0.0108	0.0089	0.0056	0.0036	0.0060	0.0566	0.0040	0.0052	0.0142	0.1296
大埔县	0.0163	0.0129	0.0095	0.0037	0.0045	0.0070	0.0519	0.0041	0.0120	0.0057	0.1275
婺源县	0.0134	0.0072	0.0000	0.0027	0.0049	0.0079	0.0688	0.0037	0.0091	0.0095	0.1272
会昌县	0.0213	0.0181	0.0052	0.0040	0.0042	0.0056	0.0519	0.0046	0.0065	0.0044	0.1259
浦城县	0.0113	0.0062	0.0078	0.0022	0.0071	0.0125	0.0485	0.0035	0.0096	0.0170	0.1257
星子县	0.0070	0.0003	0.0041	0.0083	0.0031	0.0076	0.0734	0.0035	0.0032	0.0115	0.1219
萝北县	0.0052	0.0078	0.0747	0.0024	0.0054	0.0136	0.0000	0.0016	0.0017	0.0038	0.1162

县级 地名	城市人口集聚程度				经济发展程度					基础服 务程度	综合 得分
	人口规 模指数	城镇人 口指数	城镇化 率指数	人口密 度指数	经济总 量指数	人均收 入指数	非农产 业指数	财政收 入指数	社会消 费指数	基础设 施指数	
平远县	0.0059	0.0013	0.0203	0.0040	0.0033	0.0090	0.0579	0.0018	0.0048	0.0021	0.1105
通河县	0.0045	0.0004	0.0279	0.0009	0.0036	0.0092	0.0413	0.0013	0.0058	0.0077	0.1025
玛纳斯县	0.0064	0.0000	0.0068	0.0006	0.0120	0.0233	0.0248	0.0040	0.0059	0.0088	0.0925
汤原县	0.0077	0.0031	0.0161	0.0018	0.0043	0.0094	0.0250	0.0007	0.0043	0.0063	0.0786

第三步，增补州府驻地。自治州政府驻地尚未成为县级市的城市（城镇人口大于 5 万），全部改为县级市。目前共 5 个，分别为阿拉善盟的阿拉善左旗改为阿拉善左市，迪庆藏族自治州的香格里拉县改为香格里拉市，怒江傈僳族自治州的泸水县改为泸水市，甘孜藏族自治州的康定县改为康定市，玉树藏族自治州的玉树县改为玉树市（2013 年 7 月 3 日，民政部撤销玉树县，设立县级玉树市）（表 6.12）。

表 6.12　中国民族自治地区驻地新设县级市结果

所在省区	所在地区	驻地名称	户籍人口/万人	城镇人口/万人	城镇化率/%
内蒙古自治区	阿拉善盟	阿拉善左旗	12.88	12.92	74.49
云南省	迪庆藏族自治州	香格里拉县	14.33	6.64	38.37
云南省	怒江傈僳族自治州	泸水县	17.77	5.40	29.21
四川省	甘孜藏族自治州	康定县	11.34	6.04	46.44
青海省	玉树藏族自治州	玉树县	10.51	5.68	47.16

第四步，排除受限城市。考虑与《全国主体功能区规划》的战略引导相一致，在规划确定的限制开发和禁止开发区内不增设新的城市。将预计新设的县级市与国家重点生态功能区进行一一核对，有 7 个位于国家重点生态功能区，而其中 5 个又属于少数民族地区，因此最后圈定吉林省抚松县和安徽省霍山县不考虑作为新增县级市。

第五步，去掉改区城市。由于在新增地级市的过程中，地区、自治州和盟改为地级市，其政府所在地则会从原来的县级市改为市辖区。调整的 31个地区、自治州和盟中，有 26 个政府所在地目前是县级市，这 26 个县级市都会成为城市所在地级市的市辖区，因此需要从未来的县级市名单中去除。此外，敦煌市从县级市调整为地级市，也需从县级市名单中去除。

第六步，确定新增名单。参考 178 个县和旗的综合得分，照顾 5 个自治州驻地改为县级市，排除位于国家重点生态功能区的 2 个县，最终选择 98个县和旗调整为县级市，加上 10 个民族自治市，使县级市数量达到 448 个。最后确定新增县级市名单为清河市、孟村回族自治市、宽城满族自治市、文安市、香河市、涉市、正定市、迁西市、玉田市、邯州市、怀仁市、鄂温克族自治市、阿拉善左市、达拉特市、准格尔市、喀喇沁左翼蒙古族自治市、本溪满族自治市、大洼市、伊通满族自治市、杜尔伯特蒙古自治市、响水市、丰市、盱眙市、泗洪市、睢宁市、宝应市、阜宁市、泗阳市、滨海市、东海市、射阳市、建湖市、赣榆市、沛市、海安市、如东市、沭阳市、仙居市、天台市、安吉市、武义市、浦江市、新昌市、桐庐市、海盐市、德清市、平阳市、象山市、永嘉市、长兴市、宁海市、嘉善市、玉环市、苍南市、绍兴市、广德市、当涂市、永春市、德化市、闽侯市、惠安市、铅山市、上栗市、广丰市、新建市、南州市、夏津市、武城市、无棣市、临邑市、临沭市、沂南市、昌乐市、费市、齐河市、博兴市、沂水市、桓台市、邹平市、云梦市、京山市、湘阴市、攸市、邵东市、宁乡市、长州市、茶陵市、阳东市、乳源瑶族自治市、梅市、饶平市、博罗市、惠东市、海丰市、平南市、陵水黎族自治市、康定市、威远市、隆昌市、郫市、双流市、石林彝族自治市、泸水市、香格里拉市、靖边市、高陵市、神木市、玉树市。

五、中国未来新的设市空间格局：2030 年达到 770 个设市城市

综合上述设市预测结果，到 2030 年我国将形成由 4 个直辖市、318 个地级市和 448 个县级市构成的行政设市新格局，城市总数量由目前的 660 个城市增加到770 个。直辖市 4 个，保持不变，还是目前的北京市、天津市、上海市和重庆市。地级市由目前的 286 个增加到 318 个，新增 32 个。县级市新增 108 个（其中包括新增 10 个民族自治市），总数增加到 448 个（图 6.9～图 6.12，表 6.13）。

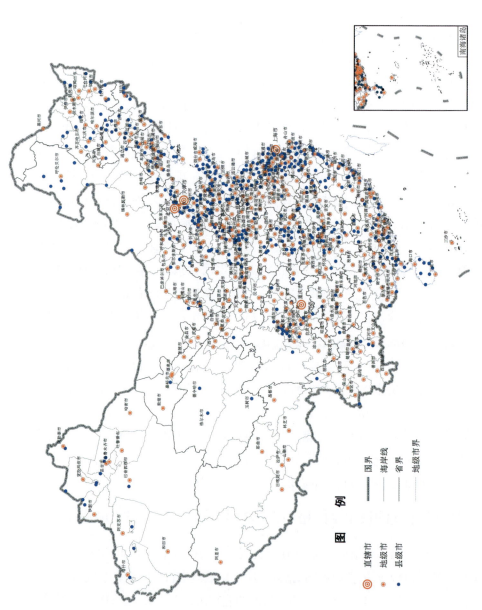

图 6.9 中国城市发展的行政设市新格局预测示意图

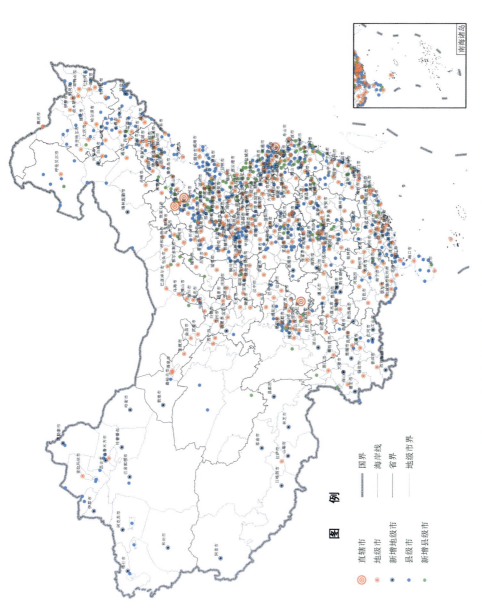

图 6.10　中国新增地级市和县级市空间分布示意图

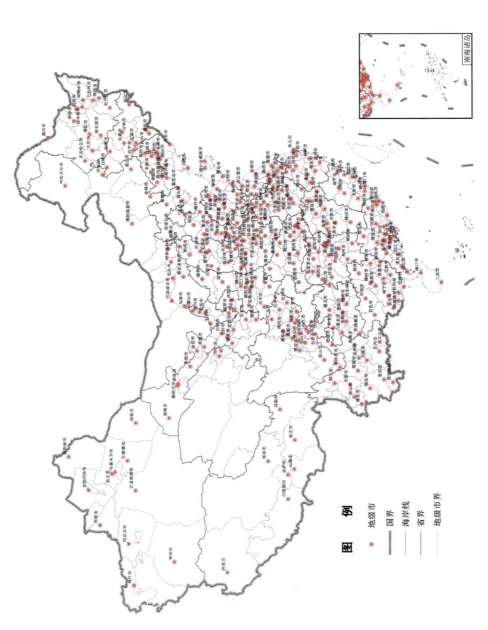

图 6.11　2030 年中国地级市空间分布格局示意图

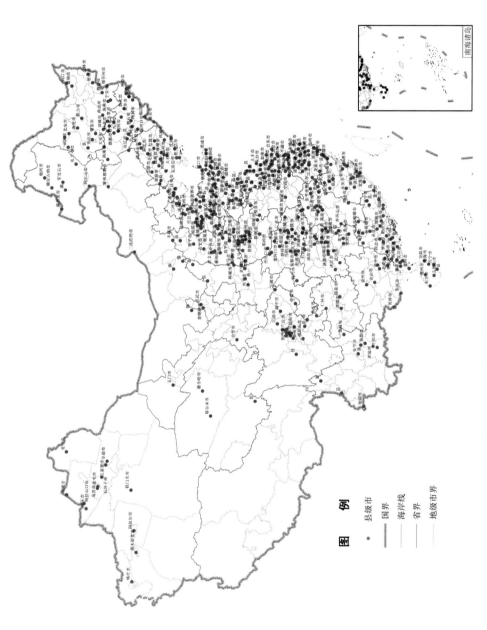

图 6.12 2030 年中国县级市空间分布格局示意图

表 6.13 2030 年中国城市发展的行政设市新格局规划一览表

行政单元	地级市数量/个	地级市名称	县级市数量/个	县级市名称	城市总个数
北京市	—	—	—	—	1
天津市	—	—	—	—	1
河北省	11	石家庄市、唐山市、秦皇岛市、邯郸市、邢台市、保定市、张家口市、承德市、沧州市、廊坊市、衡水市	32	辛集市、藁城市、晋州市、新乐市、鹿泉市、遵化市、迁安市、武安市、南宫市、沙河市、涿州市、定州市、安国市、高碑店市、泊头市、任丘市、黄骅市、河间市、霸州市、三河市、冀州市、深州市、清河市、孟村回族自治市、宽城满族自治市、文安市、香河市、涉市、正定市、迁西市、玉田市、邯郸市	43
山西省	11	太原市、长治市、大同市、晋城市、晋中市、临汾市、吕梁市、朔州市、阳泉市、运城市、忻州市	12	古交市、潞城市、高平市、介休市、永济市、河津市、原平市、侯马市、霍州市、孝义市、汾阳市、怀仁市	33
内蒙古自治区	11	呼和浩特市、包头市、赤峰市、通辽市、乌海市、呼伦贝尔市、乌兰察布市、鄂尔多斯市、巴彦淖尔市、兴安市、锡林郭勒市	14	霍林郭勒市、满洲里市、牙克石市、扎兰屯市、额尔古纳市、根河市、丰镇市、阿尔山市、二连浩特市、鄂温克族自治市、阿拉善左市、达拉特市、准格尔市	35
辽宁省	14	沈阳市、大连市、鞍山市、抚顺市、本溪市、丹东市、锦州市、营口市、阜新市、辽阳市、盘锦市、铁岭市、朝阳市、葫芦岛市	20	新民市、瓦房店市、普兰店市、庄河市、海城市、东港市、凤城市、凌海市、北镇市、盖州市、大石桥市、灯塔市、调兵山市、开原市、北票市、凌源市、兴城市、喀喇沁左翼蒙古族自治市、本溪满族自治市、大洼市	34
吉林省	9	长春市、吉林市、四平市、辽源市、通化市、白山市、松原市、白城市、延边市	21	九台市、榆树市、德惠市、蛟河市、桦甸市、舒兰市、磐石市、公主岭市、双辽市、梅河口市、集安市、临江市、扶余市、洮南市、大安市、图们市、敦化市、珲春市、龙井市、和龙市、伊通满族自治市	30
黑龙江省	12	哈尔滨市、齐齐哈尔市、牡丹江市、佳木斯市、大庆市、鸡西市、双鸭山市、伊春市、七台河市、鹤岗市、黑河市、绥化市	19	双城市、尚志市、五常市、讷河市、虎林市、密山市、铁力市、同江市、富锦市、绥芬河市、海林市、宁安市、穆棱市、北安市、五大连池市、安达市、肇东市、海伦市、杜尔伯特蒙古自治市	31
上海市	—	—	—	—	1

续表

行政单元	地级市数量/个	地级市名称	县级市数量/个	县级市名称	城市总个数
江苏省	13	南京市、无锡市、徐州市、常州市、苏州市、南通市、扬州市、镇江市、盐城市、淮安市、泰州市、连云港市、宿迁市	40	江阴市、宜兴市、新沂市、邳州市、溧阳市、金坛市、常熟市、张家港市、昆山市、太仓市、启东市、如皋市、海门市、东台市、大丰市、仪征市、高邮市、丹阳市、扬中市、句容市、兴化市、靖江市、泰兴市、响水市、丰市、盱眙市、泗洪市、睢宁市、宝应市、阜宁市、泗阳市、滨海市、东海市、射阳市、建湖市、赣榆市、沛市、海安市、如东市、沭阳市	53
浙江省	11	杭州市、宁波市、温州市、嘉兴市、湖州市、绍兴市、金华市、衢州市、舟山市、台州市、丽水市	39	建德市、富阳市、临安市、余姚市、慈溪市、奉化市、瑞安市、乐清市、海宁市、平湖市、桐乡市、诸暨市、嵊州市、兰溪市、义乌市、东阳市、永康市、江山市、温岭市、临海市、龙泉市、仙居市、天台市、安吉市、武义市、浦江市、新昌市、桐庐市、海盐市、德清市、平阳市、象山市、永嘉市、长兴市、宁海市、嘉善市、玉环市、苍南市、绍兴市	50
安徽省	16	合肥市、芜湖市、蚌埠市、淮南市、马鞍山市、淮北市、铜陵市、安庆市、黄山市、滁州市、宣城市、阜阳市、六安市、宿州市、亳州市、池州市	8	巢湖市、桐城市、天长市、明光市、界首市、宁国市、广德市、当涂市	24
福建省	9	福州市、厦门市、泉州市、漳州市、南平市、三明市、龙岩市、莆田市、宁德市	18	福清市、长乐市、永安市、石狮市、晋江市、南安市、龙海市、邵武市、武夷山市、建瓯市、建阳市、漳平市、福安市、福鼎市、永春市、德化市、闽侯市、惠安市	27
江西省	11	南昌市、景德镇市、萍乡市、九江市、新余市、鹰潭市、赣州市、吉安市、宜春市、抚州市、上饶市	15	乐平市、瑞昌市、共青城市、贵溪市、瑞金市、井冈山市、丰城市、樟树市、高安市、德兴市、铅山市、上栗市、广丰市、新建市、南州市	26
山东省	17	济南市、青岛市、淄博市、枣庄市、东营市、烟台市、潍坊市、济宁市、泰安市、威海市、日照市、滨州市、德州市、聊城市、临沂市、菏泽市、莱芜市	42	章丘市、胶州市、即墨市、平度市、莱西市、滕州市、龙口市、莱阳市、莱州市、蓬莱市、招远市、栖霞市、海阳市、青州市、诸城市、寿光市、安丘市、高密市、昌邑市、曲阜市、邹城市、新泰市、肥城市、文登市、荣成市、乳山市、乐陵市、禹城市、临清市、夏津市、武城市、无棣市、临邑市、临沭市、沂南市、昌乐市、费县、齐河市、博兴市、沂水市、桓台市、邹平市	59

续表

行政单元	地级市数量/个	地级市名称	县级市数量/个	县级市名称	城市总个数
河南省	17	郑州市、开封市、安阳市、许昌市、洛阳市、新乡市、漯河市、商丘市、信阳市、南阳市、焦作市、三门峡市、鹤壁市、平顶山市、周口市、驻马店市、濮阳市	21	巩义市、荥阳市、新密市、新郑市、登封市、偃师市、舞钢市、汝州市、林州市、卫辉市、辉市市、沁阳市、孟州市、禹州市、长葛市、义马市、灵宝市、邓州市、永城市、项城市、济源市	38
湖北省	13	武汉市、黄石市、十堰市、荆州市、宜昌市、襄阳市、鄂州市、荆门市、孝感市、黄冈市、咸宁市、随州市、恩施市	25	大冶市、丹江口市、宜都市、当阳市、枝江市、老河口市、枣阳市、宜城市、钟祥市、应城市、安陆市、汉川市、石首市、洪湖市、松滋市、麻城市、武穴市、赤壁市、广水市、利川市、仙桃市、潜江市、天门市、云梦市、京山市	38
湖南省	14	长沙市、株洲市、湘潭市、衡阳市、邵阳市、岳阳市、张家界市、益阳市、常德市、娄底市、郴州市、永州市、怀化市、湘西市	21	浏阳市、醴陵市、湘乡市、韶山市、耒阳市、常宁市、武冈市、汨罗市、临湘市、津市市、沅江市、资兴市、洪江市、冷水江市、涟源市、湘阴市、攸市、邵东市、宁乡市、长州市、茶陵市	35
广东省	21	广州市、深圳市、中山市、珠海市、佛山市、茂名市、肇庆市、惠州市、潮州市、汕头市、湛江市、江门市、河源市、韶关市、东莞市、汕尾市、阳江市、梅州市、清远市、揭阳市、云浮市	30	增城市、从化市、乐昌市、南雄市、台山市、开平市、鹤山市、恩平市、廉江市、雷州市、吴川市、高州市、化州市、信宜市、高要市、四会市、兴宁市、陆丰市、阳春市、英德市、连州市、普宁市、罗定市、阳东市、乳源瑶族自治市、梅市、饶平市、博罗市、惠东市、海丰市	51
广西壮族自治区	14	南宁市、柳州市、桂林市、梧州市、北海市、崇左市、来宾市、贵港市、贺州市、玉林市、百色市、河池市、钦州市、防城港市	8	岑溪市、东兴市、桂平市、北流市、宜州市、合山市、凭祥市、平南市	22
海南省	3	海口市、三亚市、三沙市	7	五指山市、琼海市、儋州市、文昌市、万宁市、东方市、陵水黎族自治市	10
重庆市	—	—	—	—	1
四川省	19	成都市、自贡市、攀枝花市、泸州市、德阳市、绵阳市、广元市、遂宁市、乐山市、内江市、南充市、眉山市、宜宾市、广安市、雅安市、达州市、资阳市、巴中市、凉山市	18	都江堰市、彭州市、邛崃市、崇州市、广汉市、什邡市、绵竹市、江油市、峨眉山市、阆中市、华蓥市、万源市、简阳市、康定市、威远市、隆昌市、郫市、双流市	37

续表

行政单元	地级市数量/个	地级市名称	县级市数量/个	县级市名称	城市总个数
贵州省	9	贵阳市、六盘水市、遵义市、安顺市、毕节市、铜仁市、黔西南市、黔东南市、黔南市	4	清镇市、赤水市、仁怀市、福泉市	13
云南省	14	昆明市、曲靖市、玉溪市、保山市、昭通市、丽江市、普洱市、临沧市、大理市、楚雄市、文山市、红河市、西双版纳市、德宏市	9	安宁市、宣威市、个旧市、开远市、弥勒市、瑞丽市、石林彝族自治市、泸水市、香格里拉市	23
西藏自治区	7	拉萨市、日喀则市、林芝市、那曲市、昌都市、阿里市、山南市	0		7
陕西省	10	西安市、咸阳市、宝鸡市、铜川市、渭南市、汉中市、延安市、安康市、商洛市、榆林市	6	兴平市、韩城市、华阴市、靖边市、高陵市、神木市	16
甘肃省	14	兰州市、嘉峪关市、天水市、金昌市、白银市、酒泉市、张掖市、武威市、定西市、陇南市、平凉市、庆阳市、临夏市、敦煌市	2	玉门市、合作市	16
青海省	2	西宁市、海东市	3	格尔木市、德令哈市、玉树市	5
宁夏回族自治区	5	银川市、石嘴山市、吴忠市、固原市、中卫市	2	灵武市、青铜峡市	7
新疆维吾尔自治区	11	乌鲁木齐市、克拉玛依市、哈密市、喀什市、阿克苏市、和田市、阿勒泰市、吐鲁番市、巴音郭楞市、伊犁市、昌吉市	13	阜康市、博乐市、阿拉山口市、阿图什市、奎屯市、塔城市、乌苏市、石河子市、阿拉尔市、图木舒克市、五家渠市、北屯市、铁门关市	24
香港特别行政区	—	—	—	—	
澳门特别行政区	—	—	—	—	
台湾省		—		—	
全国	318	286+32	448	340+108=448	770

注：下划线城市为新增城市。

主要参考文献

[1] 刘君德, 靳润成, 周克瑜. 中国政区地理. 北京: 科学出版社, 1999: 23-35.

[2] 顾朝林. 中国城镇体系——历史·现状·展望. 北京: 商务印书馆, 1992: 14-26.

[3] 许学强, 周一星, 宁越敏. 城市地理学. 北京: 高等教育出版社, 2009. 35-49.

[4] 李传永. 略论我国历代的行政区划. 人文地理, 1996, (4): 42-44.

[5] 王开泳, 陈田. 国外行政区划调整的经验及对我国的启示. 世界地理研究, 2011, (2): 57-64.

[6] 薛贻源. 中华人民共和国行政区域的划分. 地理学报, 1958, (1): 84-102.

[7] 林涛. 美国地方行政区划若干问题探讨. 经济地理, 1998, (2): 108-113.

[8] 刘高. 国内外行政区划调整研究综述. 云南地理环境研究, 2013, (2): 47-51.

[9] 冯春萍. 俄罗斯行政区划的改革及其原因探析. 世界地理研究, 2011, (4): 16-25.

[10] 刘君德, 舒庆. 论行政区划、行政管理体制与区域经济发展战略. 经济地理, 1993, (1): 1-5.

[11] 黄忠怀, 周妙. 新型城镇化背景下"超级大镇"设市研究. 北京行政学院学报, 2013, (4): 10-13.

[12] 崔凤军, 陈晓. "省管县"体制对不同等级行政区域经济发展的影响研究——以浙江省为例. 经济地理, 2012, (9): 1-7.

[13] 郝阳. 城乡规划编制中如何体现城乡协调发展. 中华建设, 2012, (2): 76-79.

[14] 李恕宏. 基于行政区划调整的合肥—芜湖双核空间整合. 地理研究, 2012, (10): 1895-1904.

[15] 李开宇. 行政区划调整对城市空间扩展的影响研究——以广州市番禺区为例. 经济地理, 2010, (1): 22-26.

[16] 魏衡, 魏清泉, 曹天艳等. 城市化进程中行政区划调整的类型、问题与发展. 人文地理, 2009, (6): 55-58.

[17] 刘君德. 论中国大陆大都市区行政组织与管理模式创新——兼论珠江三角洲的政区改革. 经济地理, 2001, (2): 201-207.

[18] 陈传康, 邓忠泉. 行政区划掣肘经济发展的研究—以泰州及其港口—高港为例. 地理学报, 1993, (4): 329-336.

[19] 民政部行政区划处. 中华人民共和国行政区划手册. 北京: 光明日报出版社, 1986: 12-34.

[20] 民政部. 中华人民共和国行政区划简册 1985. 北京: 测绘出版社, 1985: 26-37.

[21] 民政部. 中华人民共和国行政区划简册 1987. 北京: 测绘出版社, 1987: 43-49.

[22] 民政部. 中华人民共和国行政区划简册 1990. 北京: 测绘出版社, 1990: 35. 46.

[23] 民政部. 中华人民共和国行政区划简册 2000. 北京: 测绘出版社, 2000: 28-49.

[24] 民政部. 中华人民共和国行政区划简册 2010. 北京: 测绘出版社, 2010: 33-36.

[25] 民政部. 中华人民共和国行政区划简册 2013. 北京: 中国社会出版社, 2013: 12-38.

第 七 章

中国城市发展的空间组织格局

中国城市发展的空间组织格局包括轴线组织格局、分区组织格局、城市群组织格局、一体化组织格局和大中小城市协同发展的新金字塔组织格局共5个不同空间尺度的组织格局，这些格局形成由点、线、面、网共同组成的中国城市发展的空间组织总格局。其中，中国城镇化发展的轴线组织格局由5条国家城镇化主轴线组成；分区组织格局由城市群地区城镇化发展区（Ⅰ）、粮食主产区城镇化发展区（Ⅱ）、农林牧地区城镇化发展区（Ⅲ）、连片扶贫区城镇化发展区（Ⅳ）、民族自治区城镇化发展区（Ⅴ）共5大类型区和47个亚区组成；城市群组织格局由20个大小不同、发育程度不一、规模不等的城市群组成"5+9+6"的空间格局；一体化组织格局由37个紧密程度不同、规模不等的城市一体化地区组成；大中小城市协同发展的新金字塔组织格局由770个城市（其中，10个市区常住人口超过1000万人的超大城市、20个市区常住人口为500万～1000万人的特大城市、150个市区常住人口为100万～500万人的大城市、240个市区常住人口为50万～100万人的中等城市、350个市区常住人口为10万～50万人的小城市）和19 000个小城镇组成。

第一节　中国城镇化发展的轴线组织格局

以《全国主体功能区规划》构建的"两横三纵"为主体的城镇化宏观格

局为基础，结合现状城市发展空间格局，将中国城镇化发展的轴线组织格局构建为由沿海城镇化发展主轴线、沿长江城镇化发展主轴线、沿陆桥城镇化发展主轴线、沿京哈京广线城镇化发展主轴线和沿包昆线城镇化主轴线 5 条新型城镇化主轴线组成，这 5 条城镇化发展主轴线的交汇点是 20 个不同空间尺度的城镇化主体地区，即城市群地区，由城镇化主轴线串联城镇化主体城市群，形成"以轴串群、以群托轴"的国家新型城镇化轴线组织格局。其中，京津冀城市群是沿海城镇化主轴线和京哈京广城镇化主轴线的交汇点，长江三角洲城市群是沿海城镇化主轴线和沿长江城镇化主轴线的交汇点，珠江三角洲城市群是沿海城镇化主轴线和京哈京广城镇化主轴线的交汇点；长江中游城市群是沿长江城镇化主轴线和京哈京广城镇化主轴线的交汇点，成渝城市群是沿长江城镇化主轴线和包昆城镇化主轴线的交汇点。统计表明，5 条新型城镇化主轴线贯穿了除海南、西藏以外的全国 29 个省（自治区、直辖市），20 个城市群，约 616 个城市，占全国城市总数的 93.77%，总人口达到 11.96 亿人，占全国总人口的 88.3%，经济总量达到 47.64 万亿元，占全国经济总量的 91.8%，5 条城镇化主轴线平均城镇化水平为 53.66%，比全国平均城镇化水平高 1.09%（表 7.1 和表 7.2，图 7.1 和图 7.2）。

表 7.1　中国城镇化发展主轴线主要总量指标对比分析表（2012 年）

序号	城镇化主轴线名称	穿越省份数量/个	轴线上城市数量/个	轴线上城市群数量/个	轴线上人口数量/万人	轴线上GDP总量/亿元	轴线的平均城镇化水平/%
1	沿海城镇化发展主轴线	辽宁、河北、天津、山东、上海、江苏、浙江、福建、广东、海南、广西 11 个	281 个：其中，114 个地级以上城市，167 个县级市	辽中南城市群、京津冀城市群、山东半岛城市群、长江三角洲城市群、海峡西岸城市群、珠江三角洲城市群、广西北部湾城市群 7 个	58 463.58	315 894.17	59.81
2	沿长江城镇化发展主轴线	上海、江苏、浙江、安徽、江西、湖北、湖南、重庆、四川、云南和贵州 11 个	246 个：其中，110 个地级以上城市，136 个县级市	长江三角洲城市群、江淮城市群、长江中游城市群、成渝城市群、黔中城市群、滇中城市群 6 个	57 851.7	235 914.95	51.83

续表

序号	城镇化主轴线名称	穿越省份数量/个	轴线上城市数量/个	轴线上城市群数量/个	轴线上人口数量/万人	轴线上GDP总量/亿元	轴线的平均城镇化水平/%
3	沿陆桥城镇化发展主轴线	山东、河南、山西、陕西、宁夏、甘肃、青海、新疆8个	171个：75个地级以上城市，96个县级市	山东半岛城市群、中原城市群、关中城市群、兰西城市群、天山北坡城市群5个	32 486.45	123 569.4	47.34
4	沿京哈京广线城镇化发展主轴线	黑龙江、吉林、辽宁、北京、河北、山西、河南、湖北、湖南、广东10个	251个：106个地级以上城市，145个县级市	哈长城市群、京津冀城市群、晋中城市群、中原城市群、长江中游城市群、珠江三角洲城市群6个	56 359.7	23 8116.4	54.84
5	沿包昆线城镇化主轴线	内蒙古、宁夏、甘肃、陕西、四川、重庆、云南、贵州8个	121个：69个地级以上城市，52个县级市	呼包鄂榆城市群、宁夏沿黄城市群、兰西城市群、关中城市群、成渝城市群、黔中城市群、滇中城市群7个	28 632.55	90 769.82	45.18
主轴线小计（扣除重复部分）		29个	616个：地级市273个，县级市343个	20个	119 565	476 406.32	53.66
全国		5	31	660	20	135 404	518 942.1	52.57

表 7.2　中国城镇化发展主轴线在国家的地位对比分析表

序号	城镇化主轴线名称	穿越省份数量占全国省份的比例/%	轴线上城市数量占全国城市总数的比例/%	轴线上城市群数量占全国城市群数量的比例/%	轴线上人口数量占全国总人口比例/%	轴线上经济总量占全国经济总量的比例/%	轴线的平均城镇化水平相当于全国平均水平的比例/%
1	沿海城镇化发展主轴线	35.48	42.77	35.00	43.18	60.87	113.77
2	沿长江城镇化发展主轴线	35.48	37.44	30.00	42.73	45.46	98.59
3	沿陆桥城镇化发展主轴线	25.81	26.03	25.00	23.99	23.81	90.05

续表

序号	城镇化主轴线名称	穿越省份数量占全国省份的比例/%	轴线上城市数量占全国城市总数的比例/%	轴线上城市群数量占全国城市群数量的比例/%	轴线上人口数量占全国总人口比例/%	轴线上经济总量占全国经济总量的比例/%	轴线的平均城镇化水平相当于全国平均水平的比例/%
4	沿京哈京广线城镇化发展主轴线	32.26	38.20	30.00	41.62	45.88	104.32
5	沿包昆线城镇化主轴线	25.81	18.42	35.00	21.15	17.49	85.94
	五条城镇化主轴线	93.55	93.77	100.0	88.30	91.80	102.07

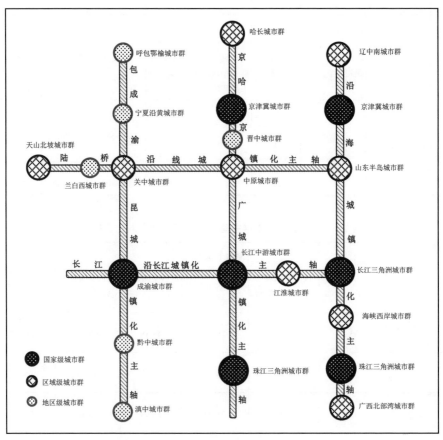

图 7.1　中国新型城镇化发展的轴线空间组织格局框架示意图

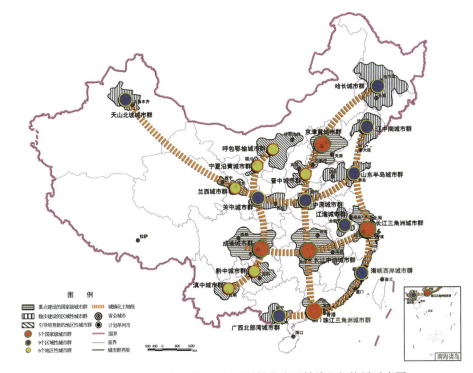

图 7.2　中国 "以轴串群" 的新型城镇化发展轴线组织格局示意图

一、沿海地区城镇化发展主轴

沿海地区城镇化发展主轴线贯穿辽宁、河北、天津、山东、上海、江苏、浙江、福建、广东、海南、广西 11 个省（自治区、直辖市）的 281 个城市（其中，114 个地级以上城市，167 个县级市），占全国城市总数的 42.77%，2012 年轴线上总人口 5.85 亿人，占全国总人口的 43.18%，GDP 31.59 万亿元，占全国经济总量的 60.87%，城镇化水平达到 59.81%，比全国平均城镇化水平高出 7.24%，是承载着国家最多人口、最多经济总量也最发达的一条城镇化主轴线，也是全国城镇化水平最高并在国家新型城镇化发展中最具战略地位的一条主轴线。

沿海地区城镇化主轴线是国家 "T" 字形经济发展主轴线，是国家经济实力最强、对外开放程度最高的主轴线，也是新型城镇化的主轴线，该轴线从北至南，串联了辽中南城市群、京津冀城市群、山东半岛城市群、长江三角洲城市群、海峡西岸城市群、珠江三角洲城市群、广西北部湾城市群七大城市群，其中，国家级城市群 3 个，区域级城市群 4 个，是城市群发育程度最高的主轴线，未来随着七大城市群发育程度的进一步加强，七大城市群将首尾相连进入城市群形成发育的高级阶段，最终形成沿海地区大都市连绵带。

二、沿长江城镇化发展主轴

沿长江城镇化发展主轴贯穿了长江经济带的空间范围，涵盖上海、江苏、浙江、安徽、江西、湖北、湖南、重庆、四川、云南和贵州 9 省 2 市的 246 个城市（其中，110 个地级以上城市，136 个县级市），2012 年沿长江城镇化发展主轴通过面积 205.7 万 km^2，占全国的 21.27%，人口 5.79 亿人，占全国的 42.73%，GDP总量 23.59 万亿元，占全国的 45.46%，第一产业增加值 2.15 万亿元，占全国的41.15%，第二产业增加值 11.57 万亿元，占全国的 49.22%，第三产业增加值 9.86万亿元，占全国的 42.62%，固定资产投资 14.92 万亿元，占全国的 39.83%，社会消费品零售总额 8.54 万亿元，占全国的 40.62%，经济带城镇化水平 51.69%，比同期全国平均水平低 1 个百分点。可见，沿长江城镇化发展主轴是继沿海地区城镇化发展主轴线第二条最有活力的主轴线，是支撑中国经济转型升级的新支撑带，是国家发展战略重心内推的主力承载带和中华民族全面复兴的战略脊梁带，也是疏通黄金水道大动脉的战略通道带和联动东中西部协调发展的战略扁担带。

长江沿江地区城镇化主轴线是国家"T"字形经济发展另外一条主轴线，是国家经济实力最强的主轴线之一，也是新型城镇化的主轴线，该轴线从东至西，串联了长江三角洲城市群、江淮城市群、长江中游城市群和成渝城市群四大城市群，其中国家级城市群 3 个，区域级城市群 1 个，是城市群发育程度最高的主轴线之一，未来要做强长三角城市群、长江中游城市群和成渝城市群三大支撑国家经济增长的国家级城市群，做大上海、武汉、重庆三大航运中心和国家中心城市；推进长江中上游腹地开发，加快沿江自由贸易实验区建设，促进"两头"开发开放，即上海的东向开放及中巴（巴基斯坦）、中印缅经济走廊的西南向开放。随着四大城市群发育程度的进一步加强，长江三角洲城市群、江淮城市群和长江中游城市群将进入城市群形成发育的高级阶段，最终形成长江沿江地区大都市连绵带。

三、沿京哈京广线地区城镇化发展主轴

沿京哈京广线地区城镇化发展主轴线贯穿黑龙江、吉林、辽宁、北京、河北、山西、河南、湖北、湖南、广东 10 个省（直辖市）的 251 个城市（其中，106 个地级以上城市，145 个县级市），占全国城市总数的 38.2%，2012 年轴线上总人口 5.64 亿人，占全国总人口的 41.62%，GDP 23.81 万亿元，占全国经济总量的 45.88%，城镇化水平达到 54.84%，比全国平均城镇化水平高出 2.27%，是承载着国家人口最多、经济总量最多也最发达的第 2 条城镇化主轴线，也是全国城镇化水平最高并在国家新型城镇化发展中最具战略地位的第 2 条主轴线。

沿京哈京广线地区城镇化主轴线是国家"开"字形经济发展格局的一条主轴线，是国家经济实力最强的主轴线之一，也是新型城镇化的主轴线，该轴线从北至南，串联了哈长城市群、京津冀城市群、晋中城市群、中原城市群、长江中游城市群、珠江三角洲城市群共六大城市群，其中，国家级城市群 3 个，区域级城市群 2 个，地区级城市群 1 个，是城市群发育程度最高的主轴线之一，未来随着六大城市群发育程度的进一步加强，京津冀城市群、晋中城市群和中原城市群进入城市群形成发育的高级阶段，形成京广沿线地区大都市连绵带。

四、沿陆桥地区城镇化发展主轴

沿陆桥地区城镇化发展主轴线贯穿山东、河南、山西、陕西、宁夏、甘肃、青海、新疆 8 个省（自治区）的 171 个城市（其中，75 个地级以上城市，96 个县级市），占全国城市总数的 25.91%，2012 年轴线上总人口 3.25 亿人，占全国总人口的 23.99%，GDP 12.36 万亿元，占全国经济总量的 23.81%，城镇化水平达到 47.34%，比全国平均城镇化水平低 5.23%，是国家第 4 条城镇化主轴线。

沿陆桥地区城镇化主轴线是国家"开"字形经济发展格局的一条主轴线，是国家经济实力最强的主轴线之一，也是新型城镇化的主轴线，该轴线从东至西，串联了山东半岛城市群、中原城市群、关中城市群、兰白西城市群、天山北坡城市群共五大城市群，其中区域级城市群4个，地区级城市群1个，是城市群发育程度比较弱的主轴线之一，未来随着丝绸之路经济带的建设以及城市群发育程度的进一步加强，这条轴线将成为带动中国东西部地区，尤其西北地区新型城镇化发展的战略主轴线。

沿陆桥地区城镇化发展主轴线与丝绸之路经济带在西北段有重合之处，在建设过程中要坚持全面开放的城镇化发展模式，以外促内，推动沿线新型城镇化进程。正确处理好七大关系，即"老路"与"新路"的关系、以"老路"的空间范围为主，"经济"与"政治"的关系、以"经济"合作为主，"国际"段与"国内"段的关系、以"国内"段为主，"国家顶层设计"与"地方全力推进"的关系、以"国家顶层设计"为主，"以我为主"与"为我服务"的关系、以"为我服务"为主，"软通道"与"硬通道"的关系、以"软通道"建设先行，"多边"与"双边"的关系、以"双边"为突破口[1]。

五、沿包昆线地区城镇化发展主轴

沿包昆线地区城镇化发展主轴线贯穿内蒙古、宁夏、甘肃、陕西、四川、重庆、云南、贵州8个省（直治区、直辖市）的121个城市（其中，69个地级以上城市，52个县级市），占全国城市总数的18.33%，2012年轴线上总人口2.86亿人，占全国总人口的21.15%，GDP 9.07万亿元，占全国经济总量的17.49%，城镇化水平达到45.18%，比全国平均城镇化水平低7.39%，是国家第5条城镇化发展主轴线。

沿包昆线地区城镇化主轴线是国家经济发展格局的一条南北向的新生主轴线，也是新型城镇化的主轴线之一，该轴线从北至南，串联了呼包鄂榆城市群、宁夏沿黄城市群、兰白西城市群、关中城市群、成渝城市群、黔中城市群、滇中城市群共7大城市群，其中，国家级城市群1个，区域级城市群1个，地区级城市群5个，是城市群发育程度较弱的主轴线之一，未来随着丝绸之路经济带的建设以及城市群发育程度的进一步加强，这条轴线将成为带动中国西部地区，尤其西南地区新型城镇化发展的战略主轴线。

第二节　中国城镇化发展的综合区划格局

中国城镇化发展现状与未来发展基础的地区差异很大，推进新型城镇化发展不能搞"一刀切"，客观上需要坚持因地制宜、因类制宜的原则，采取差异化的城镇化发展模式。2014 年 3 月国务院发布实施的《国家新型城镇化规划（2014—2020 年）》客观上需要一套科学合理的新型城镇化综合区划方案来指导。为了突出不同类型地区新型城镇化发展的差异性，需要将发展条件、发展基础、发展目标和发展模式相似或相近的区域归为一类区域，针对每个区域提出有针对性的发展战略、发展目标、发展模式和发展路径。分别将新型城镇化主体区、粮食主产区、农林牧地区、连片扶贫地区、民族自治地区和国家重点生态功能区作为划分新型城镇化发展类型区的六大空间依据，采用主成分分析法、聚类分析法、叠置分析法和 Arc GIS 10.1 分析技术，结合国家主体功能区规划、中国生态区划、中国综合农业区划和中国城市群发展格局等方案，从定性与定量相结合的角度将全国新型城镇化区域划分为城市群地区城镇化发展区（Ⅰ）、粮食主产区城镇化发展区（Ⅱ）、农林牧地区城镇化发展区（Ⅲ）、连片扶贫区城镇化发展区（Ⅳ）、民族自治区城镇化发展区（Ⅴ）共五大类型区 47 个亚区。中国新型城镇化综合区划方案填补了国家没有新型城镇化区划的空白，丰富和完善了中国综合区划体系，有助于国家按照因地制宜和因类制宜的差异化发展方式推进我国不同类型地区的新型城镇化健康发展，可为国家新型城镇化规划的顺利实施和推动国家新型城镇化试点提供科学决策依据。

一、城镇化发展综合区划的研究进展

区划是地理学的传统工作和重要研究内容[2]。地理学区域学派的奠基人赫特纳（A. Hettner）指出，区域就其概念而言是整体的一种不断分解，一种地理区划就是将整体不断地分解成为它的部分，这些部分必然在空间上互相连接, 而类型则是可以分散分布的。从 19 世纪初近代地理学创始人洪堡(A.V. Humboldt) 首创世界等温线图以来的近百年, 多数国家的区划研究都集中在对自然生态系统的地域划分, 很少考虑到作为主体的人类在生态系统中的作用。20 世纪二三十年代至该世纪末, 德国、日本、英国、法国等发达国家为了重建战后城市与区域国土空间系统以及应对快速工业化、城镇化过程中可持续发展和不同阶段的全局性发展使命, 开始注重各自国家的国土空间综合规划及其区域系统分异规律与功能分区, 科学研究对区划的视角逐渐从自然系统走向生态系统乃至社会-经济-资源环境复合系统, 建立了包括国家和地区及部门在内的一套完整的空间规划体系, 如德国的 "空间发展规划"、法国的 "综合服务规划"(SSC)、英国的 "国家规划政策方针"(planning policy guidance, PPG)、日本 "全国综合开发规划"、韩国的 "国土建设综合规划"[3-5], 区划研究也逐渐从认识性区划转变为认识性区划与应用性区划并重。

我国的区划研究从 1950 年代至今已取得长足进展, 研究领域逐步拓宽, 研究类型和成果逐步丰富, 研究方法逐渐多样化。通过中国知网检索发现, 与 "区划" 精确相关文献涉及近 40 个主题的区划类型, 包括中国自然地理区划 [自然区划、自然综合区划、自然生态区划、气候区划、农业气候区划、地形地貌区划、水文区划、土壤区划、生物地理区划 (植被区划与动物地理区划) 等]、中国生态环境区划 (生态区划、生态功能区划、生态水文区划、水土保持区划, 环境功能区划、水环境功能区划、海洋功能区划、大气环境功能区划、城市噪声环境区划等)、中国自然灾害区划 (洪水、滑坡等灾害危险程度区划、地震动参数区划等)、中国经济区划 (经济区划、农村经济区划、农业区划、林业区划、矿产资源区划、人口区划、交通区划、建筑气候区划, 耕地保护区划、生态经济区划、生态旅游区划等)、中国行政管理区划 (行政区划等)、中国空间治理区划 (主体功能区划、土地利用区划、区域规划、空间管制区划等) 六大类国家区划类型, 这些区划的提出都有其深刻的历史背景, 既是科学的总结, 又与我国当时经济发展水平和需求有着千丝万缕的联系[2]。具体考察这些文献的数量和内容可以看出, 关于区划的研究在 1980 年以前主要集中于自然地理领域和服务于农业生产, 1929 年竺可桢发表的《中国气候区域论》标志着我国现代自然地域划分研究的开始[6], 黄秉维先生的

《中国综合自然区划》方案，为我国综合自然区划建立了经典的方法论[7-8]，这一时期关于自然区划的研究取得了较多成果[7, 9-14]，但以单要素为主的部门自然区划居多[15]；经济区划研究发展则相对薄弱，尽管新中国成立初期中国就从苏联引进了区划理论，但是 1960 年后的很长时间，区域规划理论研究与实践基本处于停滞期[16]。1980 年代随着改革开放的不断深入和经济社会的快速增长，经济区划（包括国土规划和区域规划）研究因应了国家需求获得蓬勃发展[17]，全国国土规划纲要及地区性国土规划（国家发展计划委员会负责编制）、"点-轴"理论指导下的中国区域开发理论、中国经济区划[18]、中国农村经济区划[19]等经济区划（理论）研究有了长足进展，这一时期的经济区划带有计划经济的色彩，呈现出计划、区划与规划并存的格局，区划的对象也开始由早期的模糊经济系统逐渐发展为向空间调整的转变。1992 年社会主义市场经济体制在我国正式确立，市场的不确定性使得始于计划经济时代的"经济"区划越来越难以被安排，经济区划面临新一轮转型的需要；1998 年以后我国的区划理论及实践则进一步走向多元化，自然地理学者们开始思索自然区划走向综合区划和人地系统的研究[2,20-21]，人们对生态环境认知的发展最终促成了全国指导性生态功能区划于 2002 年正式出台。2006 年以来随着国家对我国区域发展中出现的一系列偏差的重视，科学发展观和"五个统筹"成为时代主题，一批影响比较大的全国性区划方案被推出，我国区域性规划也有了较大发展，全国主体功能区规划应运而生，成为区划家族的新成员[22]。2010 年以后，我国进入城镇化快速成长阶段，快速城镇化进程面临内涵式转型，生态文明建设与新型城镇化规划将从战略与策略两个层面确立起中央的底线与红线，区划的目的则转向为全球变化和生态文明背景下的区域可持续发展与新型城镇化发展服务。

　　总体来看，随着我国经济发展阶段和城镇化发展阶段的转型升级，我国的综合区划正在从综合自然区划向综合经济区划演变，已往的各类区划在特定历史阶段对推动国家生态环境的保护及经济社会发展与治理等均发挥了重要作用，但没有对"以人为本"的城镇化作出区划。2014 年 3 月国务院发布实施《国家新型城镇化规划（2014—2020 年）》，要求因地制宜地推行差异化城镇化发展模式[1]，客观上需要一套科学合理的新型城镇化综合区划方案来指导。可见，开展新型城镇化综合区划研究，是科学贯彻落实国务院发布实施的《国家新型城镇化规划（2014—2020 年）》的战略需要，是指导推进国家 62 个新型城镇化试点的现实需要。一方面可填补国家没有新型城镇化区划的空白，丰富和完善中国综合区划体系，更重要的是更好地指导《国家新型城镇化规划（2014—2020 年）》的科学实施，推动我国不同类型地区的新型城镇化因类制宜地健康发展。为确保国家城镇化安全、粮食安全、生态安全和社会政治稳定作出重大贡献。

二、城镇化发展综合区划的定性依据与基本路径

分别将新型城镇化主体区、粮食主产区、农林牧地区、连片扶贫地区和民族自治地区作为划分城镇化发展类型区的五大依据，同时兼顾国家重点生态功能区的保护，按照今天和未来城镇化水平的高低，从定性角度将全国城镇化区域划分为新型城镇化主体区、粮食主产区、农林牧地区、连片扶贫地区和民族自治地区共 5 类城镇化综合发展类型区，如表 7.3 和图 7.3 所示。每个类型区又包括若干个亚区。在划分五大类型的城镇化发展区中，一定要结合中国生态区划、国家重点生态功能区规划方案，将不同类型的城镇化发展区尽量置于国家重点生态功能区之外。

表 7.3　中国城镇化发展的综合类型区划分依据与思路一览表

序号	依据名称	划分依据优先度	城镇化类型区名称	今天和未来的城镇化水平	新型城镇化发展目标	国家战略主目标
1	城镇化主体区	第一依据	城市群地区城镇化发展区（Ⅰ）	很高	控制速度，提升质量	保障国家城镇化安全
2	粮食主产区	第二依据	粮食主产区城镇化发展区（Ⅱ）	较高	适度提速，提升质量	保障国家粮食安全
3	农林牧地区	第三依据	农林牧地区城镇化发展区（Ⅲ）	中等	城乡统筹，一体化发展	保障城乡一体化发展
4	连片扶贫地区	第四依据	连片扶贫区城镇化发展区（Ⅳ）	较低	脱贫致富	保障国家生存安全
5	民族自治地区	第五依据	民族自治区城镇化发展区（Ⅴ）	较高	繁荣稳定	保障民族团结社会稳定

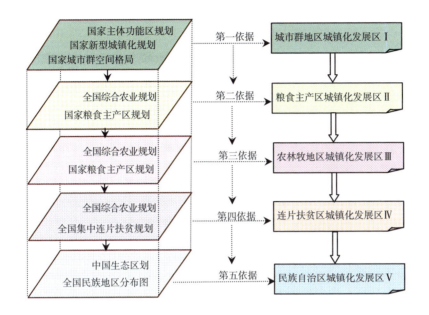

图 7.3　中国新型城镇化综合区划的定性路径示意图

（一）将新型城镇化主体区作为第一依据：划出城市群地区城镇化
发展区

以《国家主体功能区规划》和《国家新型城镇化规划（2014—2020 年）》
为宏观指导，在城镇化区域中，根据中国城市群空间组织格局分布图[23]，优
先选出全国高度城市化地区作为未来城镇化发展的重点地区，这些地区就是
城市群地区，是国家新型城镇化的空间主体，对这些地区以城市群为空间单
元进行归类，形成城市群地区城镇化发展区，作为城镇化发展的主导区和第
一类型区，具体包括了 20 个不同规模和不同发育程度的城市群[24]，这是今
天和未来全国城镇化水平最高的类型区。

（二）将粮食主产区作为第二依据：划出粮食主产区城镇化发展区

按照第一依据划出全国重点城镇化地区城市群之后，在此基础上，以中
国综合农业区划方案和国家粮食主产区的空间分布图为基础，以粮食主产区

作为第二依据，划分出全国粮食主产区，提出粮食主产区城镇化发展区这一类型，作为城镇化发展的第二类型区，明确提出这一类型地区的城镇化发展是在确保国家粮食安全前提下的城镇化，保障国家粮食安全是本类型的首要目标，发展新型城镇化是第二目标。这是今天和未来全国城镇化水平比较高的类型区。

（三）将农林牧地区作为第三依据：划出农林牧地区城镇化发展区

按照第一依据划出城市群地区城镇化发展区、第二依据划出粮食主产区城镇化发展区之后，在此基础上，继续以中国综合农业区划方案和国家粮食主产区的空间分布图为基础，结合农林牧生产条件和自然地理基础，提出农林牧地区城镇化发展区这一类型，作为城镇化发展的第三类型区。明确提出这一地区的城镇化发展是以城乡统筹发展为目标的城镇化，保障城乡发展一体化是该类型的主要目标。这是今天和未来全国城镇化水平中等的类型区。

（四）将连片扶贫地区作为第四依据：划出连片扶贫地区城镇化发展区

按照第一依据划出城市群地区城镇化发展区、第二依据划出粮食主产区城镇化发展区、第三依据划出农林牧地区城镇化发展区之后，在此基础上，以全国集中连片扶贫地区规划和全国集中连片扶贫地区空间分布图为依据，根据集中连片扶贫地区的脱贫目标，提出连片扶贫地区城镇化发展区这一类型，作为新型城镇化发展的第四类型区。明确提出这一类型区的城镇化发展是以脱贫致富为目标的城镇化，保障集中连片扶贫地区精准脱贫致富是该类型的主要目标。这是今天和未来全国城镇化水平较低的类型区。

（五）将民族自治地区作为第五依据：划出民族自治地区城镇化发展区

按照第一依据划出城市群地区城镇化发展区、第二依据划出粮食主产区城镇化发展区、第三依据划出农林牧地区城镇化发展区、第四依据划出连片扶贫地区城镇化发展区之后，在此基础上，以全国少数民族自治地区空间分布图为依据，充分考虑五大民族自治区、30 个民族自治州和 120 个民族自治县（旗）推进新型城镇化的特殊要求，根据少数民族自治地区城镇化融入国家新型城镇化大格局的战略目标，提出民族自治地区城镇化发展区这一类型，作为新型城镇化发展的第五类型区，如藏族自治地区、回族自治地区、蒙古族自治地区、朝鲜族自治地区、壮族自治地区、维吾尔族自治地区、土家族自治地区等。明确提出这一类型区的城镇化发展是以少数民族地区繁荣稳定为目标的城镇化，保障少数民族地区繁荣稳定是该类型的主要目标。

三、城镇化发展综合区划原则与定量方法

（一）综合区划的基本原则

（1）综合性原则。综合考虑各类人口分布、城镇化水平、社会经济发展情况、地区自然条件、部分城市性质与发展方向等方面，掌握区域综合特征的相似性和差异性，以及相似程度和差异程度。

（2）主导性原则。由于需要综合考虑多个方面，很难总结区域特征并以此作为区域单元划分依据，需要在形成各分区特征的诸要素中找出起主导作用的一个或几个。主导性原则并非忽视其他方面的作用，而是一个或几个要素作为区域划分的重要特征依据，兼顾考虑其他要素组成特征。

（3）一致性原则。一致性原则要求在划分区域单元时，必须注意其主导要素的特征一致性，如区域发展环境大致一致、发展方向大致一致、城镇化率发展水平大致相近等。

（4）区域性原则。每个区划单元都要求是一个连续的地域单位，不能存在独立于区域之外而又从属于该区的单元，对于单元中少数表现为非一致性的区域，应从属于该单元。

（5）适当考虑行政区划原则。当局部区域界线较为复杂，或区域特征不突出并靠近行政区划界线时，可适当考虑以行政区划作为该区划的依据。

（二）综合区划的定量研究方法

基于对中国城镇化发展的影响因素分析，选择人均 GDP、人均投资、制

造从业人员比例、生产性服务业从业人员比例、生活性服务业从业人员比例、平均受教育年限、专业技术人员比例、人均财政收入、迁入人口比例、每万人医疗床位数、每万人福利、到铁路的距离、地形起伏度、水资源丰富度 13 个指标，进行主成分分析，将分析得出的主成分进行聚类分析，然后将聚类结果导入 ArcGIS 10.1 中转为空间数据，最后结合中国城市群发展格局、中国综合农业区划、主体功能区规划、中国生态区划等，尝试开展中国城镇化发展的综合区划。

综合区划的数据来源于《中国统计年鉴》（2013 年）、《全国主体功能区规划》、《国家新型城镇化规划（2014—2020 年）》、《国家粮食安全中长期规划纲要（2008—2020 年）》、《中国农村扶贫开发纲要（2011—2020 年）》、中国城市群发展规划、中国综合自然区划、中国综合农业区划、中国生态区划等数据。

1. 主成分分析法

利用 SPSS19.0 对所选指标进行主成分分析，即可得到主成分特征值及方差贡献率和载荷矩阵，见表 7.4、图 7.5，取特征值大于 1 且累计贡献率达 75%的成分为主成分。由表 7.4 可见，前 5 个主成分特征值均大于 1 且累积比例占总方差的 75.52%。可用前 5 个主成分来代替原来的 10 个变量。这 5 个主成分分别可归结为社会经济类指标、地形起伏度、水资源丰富度、人均固定资产投资和每万人福利院床位数，贡献率依次为 34.68%、15.60%、9.52%、8.56%和 7.16%。

表 7.4   特征值与方差贡献率

主成分	初始特征值			所提主成分载荷平方和		
	特征值	比例/%	累积比例/%	特征值	比例/%	累积比例/%
1	4.855	34.682	34.682	4.855	34.682	34.682
2	2.183	15.596	50.277	2.183	15.596	50.277
3	1.332	9.517	59.794	1.332	9.517	59.794
4	1.199	8.562	68.356	1.199	8.562	68.356
5	1.003	7.162	75.518	1.003	7.162	75.518

续表

主成分	初始特征值			所提主成分载荷平方和		
	特征值	比例/%	累积比例/%	特征值	比例/%	累积比例/%
6	0.719	5.135	80.653			
7	0.631	4.506	85.159			
8	0.508	3.632	88.791			
9	0.345	2.461	91.252			
10	0.310	2.212	93.464			
11	0.291	2.077	95.541			
12	0.226	1.615	97.157			
13	0.220	1.574	98.731			
14	0.178	1.269	100.000			

表 7.5 各主成分载荷矩阵

指标	成分				
	1	2	3	4	5
人均 GDP	0.771	−0.130	−0.083	0.441	−0.056
人均固定资产投资	0.638	0.105	−0.207	0.551	0.069
制造业从业人员比例	0.460	−0.464	0.477	−0.086	−0.033
生产服务业从业人员比例	0.790	−0.126	0.221	−0.333	−0.048
生活服务业从业人员比例	0.692	0.382	0.083	−0.328	0.050
平均受教育年限	0.593	−0.424	−0.372	−0.303	−0.052
专业技术人员比例	0.780	0.314	−0.005	−0.317	0.016
人均财政收入	0.814	0.001	0.010	0.447	−0.053
迁入人口比例	0.810	0.136	0.223	0.033	−0.184
每万人床位数	0.464	0.354	−0.320	−0.228	0.272
每万人福利院床位数	0.107	−0.216	0.172	0.075	0.932

续表

指标	成分				
	1	2	3	4	5
到铁路的距离	0.012	0.634	−0.349	−0.051	0.083
地形起伏度	−0.155	0.852	0.117	0.129	−0.012
水资源丰富度	−0.091	0.426	0.737	0.065	0.014

2. 聚类分析法

对主成分分析结果进行进一步聚类分析，在 SPSS 软件平台尝试将城镇化类型分为 5～11 类，将分类结果导入 ArcGIS 10.1 中进行可视化表达，最终发现分为五大类的结果更加符合区域实际情况（图 7.4）。选用相关指标进行主成分分析和聚类分析以实现城市化发展类型划分，满足综合性、主导性的原则，但就综合区划而言，尚不满足一致性、区域性原则。例如，仍有零星县域与其所在大的区域背景所属类型不同。需适当结合行政区划特征、分类边界，及其他相关规划和区划进行微调。

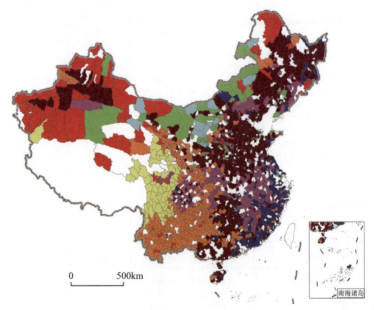

图 7.4　中国城镇化发展区划的聚类分析结果示意图

四、城镇化发展综合区划的基本方案

从新型城镇化主体区、粮食主产区、农林牧地区、连片扶贫地区、民族自治地区和国家重点生态功能区六大空间类型区域入手,采用主成分分析法、聚类分析法、叠置分析法和 ArcGIS 10.1 分析技术,结合国家主体功能区规划、中国生态区划、中国综合农业区划和中国城市群发展格局等方案,从定性与定量相结合的角度将全国城镇化区域划分为城市群地区城镇化发展区（Ⅰ）、粮食主产区城镇化发展区（Ⅱ）、农林牧地区城镇化发展区（Ⅲ）、连片扶贫区城镇化发展区（Ⅳ）、民族自治区城镇化发展区（Ⅴ）共五大类型区47 个亚区（图 7.5）,各大区在全国城镇化发展中的地位如表 7.6 所示,各亚区在全国城镇化发展中的地位如表 7.7 所示。

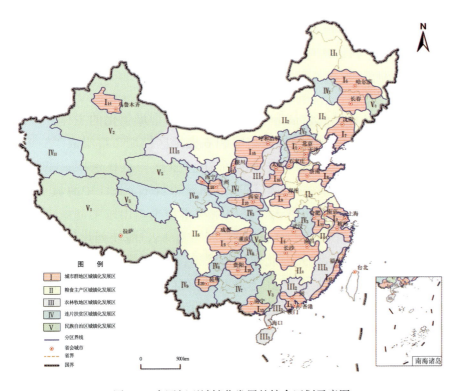

图 7.5　中国新型城镇化发展的综合区划示意图

表 7.6　中国新型城镇化五大综合分区统计指标计算表（2012 年）

代码	大区和亚区名称	大区（亚区）面积占全国比例/%	大区（亚区）人口占全国比例/%	大区（亚区）人口密度/（人/km²）	大区（亚区）城镇人口占全国比例/%	大区（亚区）城镇化水平/%	大区（亚区）GDP占全国比例/%	大区（亚区）经济密度/（万元/km²）
Ⅰ	城市群地区城镇化发展区	25.82	62.83	339.87	78.42	45.43	80.57	1420.5
Ⅱ	粮食主产区城镇化发展区	20.8	18.97	120.65	10.02	30.43	13.02	284.91
Ⅲ	农林牧地区城镇化发展区	6.21	6.77	132.65	4.73	27.16	4.12	298.53
Ⅳ	连片扶贫区城镇化发展区	18.25	8.82	67.48	4.04	21.91	1.13	28.18
Ⅴ	民族自治区城镇化发展区	28.92	2.61	12.6	2.79	36.6	1.16	18.26
	全　国	100	100	139.68	100	34.61	100	455.25

注：本表的全国及各分区城镇化水平是按照户籍人口计算的城镇化水平，比统计年报公布的全国城镇化水平低。

（一）城市群地区城镇化发展区（Ⅰ）：20个亚区

1. 基本构成

城市群地区城镇化发展区（Ⅰ）是国家新型城镇化的主体区，由 5 个国家级城市群、9 个区域性城市群和 6 大地区性城市群组成"5+9+6"的空间结构新格局[25]。这一大区包括 20 个亚区，具体包括京津冀城市群 I_1、长江三角洲城市群 I_2、珠江三角洲城市群 I_3、长江中游城市群 I_4、成渝城市群 I_5、哈长城市群 I_6、辽中南城市群 I_7、山东半岛城市群 I_8、中原城市群 I_9、关中城市群 I_{10}、江淮城市群 I_{11}、海峡西岸城市群 I_{12}、广西北部湾城市群 I_{13}、天山北坡城市群 I_{14}、呼包鄂榆城市群 I_{15}、晋中城市群 I_{16}、宁夏沿黄城市群 I_{17}、兰西城市群 I_{18}、黔中城市群 I_{19}、滇中城市群 I_{20}，如表 7.7 所示。每个亚区都是所在省区今天和未来经济发展战略核心区，也是该省区新型城镇化发展的战略核心区和吸纳农业人口市民化的主要承载区，但同时这一大区又是环境污染严重亟待治理的重点地区。

表 7.7　中国新型城镇化分区的 47 个亚区统计指标比例分析计算表（2012 年）

代码	大区和亚区名称	大区（亚区）面积占全国比例/%	大区（亚区）人口占全国比例/%	大区（亚区）人口密度/（人/km²）	大区（亚区）城镇人口占全国比例/%	大区（亚区）城镇化水平/%	大区（亚区）GDP占全国比例/%	大区（亚区）经济密度/（万元/km²）
I	城市群地区城镇化发展区	25.82	62.83	339.87	78.42	45.43	80.57	1420.50
I₁	京津冀城市群	1.90	6.30	462.77	10.11	60.48	9.06	2169.77
I₂	长江三角洲城市群	1.14	6.33	772.48	11.28	66.50	16.17	6430.00
I₃	珠江三角洲城市群	0.58	2.25	546.01	4.71	71.83	8.62	6819.93
I₄	长江中游城市群	2.94	8.44	401.59	8.35	36.33	7.32	1135.07
I₅	成渝城市群	2.50	8.07	450.08	10.32	43.86	5.31	965.17
I₆	哈长城市群	2.92	3.46	165.70	4.23	41.84	3.74	583.97
I₇	辽中南城市群	1.22	2.77	317.64	4.11	52.85	4.49	1674.91
I₈	山东半岛城市群	1.17	4.68	556.21	5.31	46.29	7.47	2896.22
I₉	中原城市群	0.61	3.39	773.13	3.00	30.29	3.06	2273.18
I₁₀	关中城市群	0.93	2.19	330.07	2.05	32.02	1.58	773.44
I₁₁	江淮城市群	0.74	2.27	427.28	2.73	41.25	2.02	1242.69
I₁₂	海峡西岸城市群	0.87	3.90	625.27	3.50	39.52	4.10	2144.65
I₁₃	广西北部湾城市群	0.76	1.69	312.22	0.91	38.37	0.98	587.25
I₁₄	天山北坡城市群	0.62	0.31	70.14	0.70	76.60	0.56	410.48
I₁₅	呼包鄂榆城市群	3.08	1.11	50.43	1.25	38.52	2.35	347.61
I₁₆	晋中城市群	0.93	1.48	221.96	1.73	40.16	1.27	622.67
I₁₇	宁夏沿黄城市群	0.54	0.37	93.94	0.50	46.89	0.33	279.51
I₁₈	兰西城市群	0.79	1.04	185.18	0.92	30.46	0.57	328.48
I₁₉	黔中城市群	0.57	1.23	299.16	1.36	38.03	0.58	461.00
I₂₀	滇中城市群	1.00	1.54	215.40	1.35	36.62	0.98	444.59

续表

代码	大区和亚区名称	大区（亚区）面积占全国比例/%	大区（亚区）人口占全国比例/%	大区（亚区）人口密度/（人/km²）	大区（亚区）城镇人口占全国比例/%	大区（亚区）城镇化水平/%	大区（亚区）GDP占全国比例/%	大区（亚区）经济密度/（万元/km²）
II	粮食主产区城镇化发展区	20.80	18.97	120.65	10.02	30.43	13.02	284.91
II₁	东北粮食主产区	7.30	2.08	39.90	1.75	35.33	3.91	243.73
II₂	内蒙古粮食主产区	4.81	0.12	3.62	0.13	34.61	0.85	80.07
II₃	黄淮海粮食主产区	3.12	11.35	508.17	5.1	27.49	4.17	608.22
II₄	长江中下游粮食主产区	2.15	4.41	220.98	2.32	36.86	3.52	742.83
II₅	西南粮食主产区	3.42	1.01	41.09	0.72	31.19	0.59	77.90
III	农林牧地区城镇化发展区	6.21	6.77	132.65	4.73	27.16	4.12	298.53
III₁	东南丘陵农林牧地区	1.35	1.96	181.02	1.35	26.31	1.15	387.67
III₂	南岭农林牧地区	0.84	1.85	306.42	1.45	26.86	0.99	533.13
III₃	海南及南海诸岛农林牧地区	0.52	0.95	172.20	0.63	33.20	0.82	715.10
III₄	黄土高原农林牧地区	1.12	1.70	173.52	1.05	25.84	0.70	283.79
III₅	河西走廊农林牧地区	2.44	0.32	18.15	0.25	27.13	0.45	84.71
IV	连片扶贫区城镇化发展区	18.25	8.82	67.48	4.04	21.91	1.13	28.18
IV₁	大兴安岭南麓山区	0.84	0.27	45.08	0.19	23.64	0.13	69.12
IV₂	燕山-太行山区	0.92	0.53	80.11	0.25	24.89	0.11	53.83
IV₃	大别山区	0.66	1.74	369.92	0.54	22.49	0.09	64.71
IV₄	六盘山区	0.73	0.62	118.59	0.36	19.82	0.10	59.80
IV₅	秦巴山区	1.01	0.82	113.98	0.32	21.55	0.11	49.44
IV₆	武陵山区	0.39	0.44	155.36	0.31	24.07	0.10	112.28
IV₇	滇桂黔石漠化区	1.91	1.59	116.22	0.74	20.30	0.05	12.34

续表

代码	大区和亚区名称	大区（亚区）面积占全国比例/%	大区（亚区）人口占全国比例/%	大区（亚区）人口密度/（人/km²）	大区（亚区）城镇人口占全国比例/%	大区（亚区）城镇化水平/%	大区（亚区）GDP占全国比例/%	大区（亚区）经济密度/（万元/km²）
IV₈	乌蒙山区	0.34	0.57	234.11	0.34	20.47	0.11	148.84
IV₉	滇西边境山区	2.51	1.53	85.10	0.66	23.72	0.06	10.76
IV₁₀	四省藏区	4.45	0.23	7.06	0.12	18.59	0.15	14.91
IV₁₁	新疆南疆三地州	4.50	0.50	15.51	0.21	19.76	0.13	13.31
V	**民族自治区城镇化发展区**	**28.92**	**2.61**	**12.60**	**2.79**	**36.60**	**1.16**	**18.26**
V₁	西藏藏族自治地区	12.52	0.22	2.50	0.15	22.67	0.16	5.78
V₂	新疆维吾尔自治地区	11.59	0.65	7.87	0.75	39.24	0.36	14.07
V₃	广西壮族自治地区	0.81	1.31	226.39	1.26	32.85	0.24	133.45
V₄	延边朝鲜族自治地区	0.45	0.17	52.41	0.35	70.35	0.18	185.78
V₅	海西蒙古族藏族自治地区	3.14	0.04	1.62	0.07	70.08	0.13	18.95
V₆	湘西土家族苗族自治地区	0.41	0.22	72.99	0.21	33.67	0.09	100.24
全　国		**100.00**	**100.00**	**139.68**	**100.00**	**34.61**	**100.00**	**455.25**

数据来源：根据中国统计年鉴 2013 年计算整理。

2. 城镇化地位与特点

城市群地区城镇化发展区（I）总面积占全国的 25.82%，但 2012 年总人口占全国的比例为 62.83%，城镇人口占全国的 78.42%，按户籍人口统计的城镇化水平达到 45.43%（当年全国城镇化水平为 34.21%），比全国同期同口径的城镇化水平高出 10.22 个百分点。城市建设用地面积（市辖区）占全国的 67.05%，GDP 总量占全国的 80.57%（图 7.6），第一产业增加值占全国的 59.88%，第二产业增加值占全国的 95.29%，第三产业增加值占全国的 86.14%，全社会固定资产投资占全国的 76.87%，实际利用外资占全国的 87.24%，人口密度达到 339.87 人/km²，是全国平均的 2.43 倍；经济密度达到

1420.5 万元/ km²，是全国平均的 3.12 倍（图 7.7）。这一大区是城镇化五大分区中人口密度和经济密度最大、城镇化水平最高、经济总量最大、在国家城镇化发展中战略地位最高的一个区，因而是国家新型城镇化的绝对主体区，决定着中国城镇化的未来。

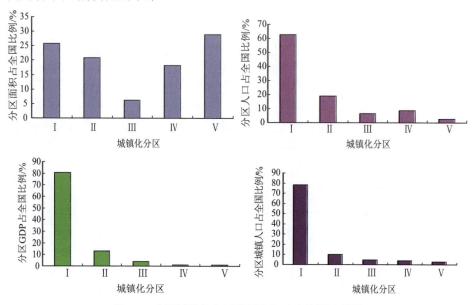

图 7.6　中国城镇化分区发展地位对比分析示意图

3. 基本功能

城市群地区城镇化发展区（Ⅰ）承载着国家战略层面的新型城镇化如下四大功能：

（1）城镇化发展主体功能。承担着完成国家新型城镇化规划战略目标的主体功能，确保国家到 2020 年城镇化水平达到 60% 以上，确保国家城镇化稳步迈入城镇化发展的后期成熟稳定阶段；

（2）城镇化质量提升功能。确保在适度控制城镇化发展速度的前提下，合理调控速度与质量的关系，最大限度地提升以人为本的城镇化发展质量；

（3）经济发展主体功能。通过生产要素的合理流动和集聚，在确保该区成为世界中高端先进制造业基地和现代服务业基地的同时，确保国家成为世

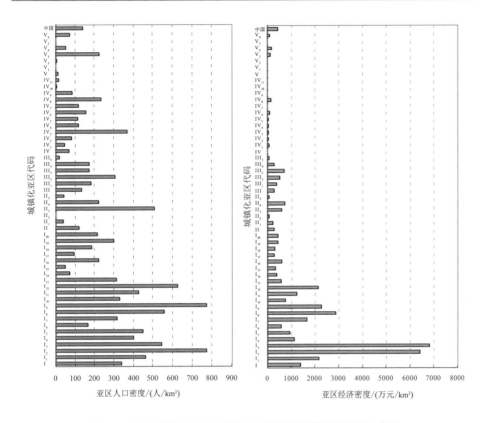

图 7.7　中国城镇化分区与亚区人口密度和经济密度柱状示意图

界上有竞争力的第二大经济体，并向世界第一大经济体迈进，进而确保国家城镇化的经济安全和社会安全，决定国家新型城镇化的未来。

（4）民生改善保障功能。确保国家民生得到明显改善，人民生活水平得到显著提高，基本实现城乡居民公共服务均等化，为确保国家到 2020 年全面建成小康社会作出贡献。

（二）粮食主产区城镇化发展区（Ⅱ）：5 个亚区

1. 基本构成

粮食主产区城镇化发展区（Ⅱ）是国家粮食的主产区，由东北粮食主产区Ⅱ₁、内蒙古粮食主产区Ⅱ₂、黄淮海粮食主产区Ⅱ₃、长江中下游粮食主产区Ⅱ₄、西南粮食主产区Ⅱ₅共 5 个亚区组成。

2. 城镇化地位与特点

粮食主产区城镇化发展区（Ⅱ）总面积占全国的 20.8%，2012 年总人口占全国的比例为 18.97%，城镇人口占全国的 10.02%，按户籍人口统计的城镇化水平达到 30.43%（当年全国城镇化水平为 34.61%），比全国同期同口径的城镇化水平低 4.2 个百分点（图 7.8）。GDP 总量占全国的 13.02%，人口密度为 120.65 人/km²，比全国平均人口密度低的 19.03 人/km²；经济密度达到 284.91 万元/km²，比全国平均经济密度低 165.84 万元/km²。这一大区是城镇化五大分区中人口密度和经济密度较低、城镇化水平较高、经济总量排第 2 位、在国家城镇化发展中战略地位仅次于城市群地区城镇化发展区（Ⅱ）的一个区，因而对国家新型城镇化发展的战略地位也十分重要。

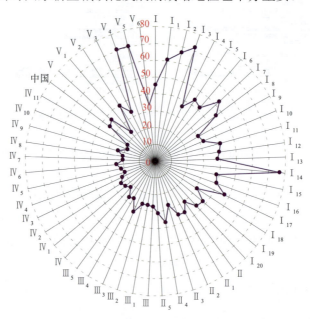

图 7.8　中国城镇化分区及亚区城镇化水平对比分析图

3. 基本职能

粮食主产区城镇化发展区（Ⅱ）涉及河北、内蒙古、辽宁、吉林、黑龙江、山东、河南 7 个北方粮食主产区和江苏、安徽、江西、湖北、湖南、四川 6 个南方主产区，根据国家粮食局 2011 年统计数据显示，我国 13 个粮食主产区粮食种植面积占全国粮食种植面积的 71.84%，粮食产量占全国粮食总产量的 75.4%，粮食增产量占全国增产粮食的比例约高达 95%。因此，粮食主产区城镇化发展区（Ⅱ）是中国的粮食主产区。

（1）优先保障国家粮食安全的主体功能。粮食主产区是地形以平原为主、经济以种植业为主、人口以农民为主的欠发达或不发达地区，这些区域是我国主要的粮食主产区，对提升国家粮食总产量、确保国家粮食安全具有极其重要的支撑作用。依据《国家粮食安全中长期规划纲要（2008—2020 年）》的要求，粮食主产区城镇化发展区（Ⅱ）首先以优先保障国家粮食安全为主体功能，在推进新型城镇化进程中要走出一条优先确保国家粮食安全和积极推进城镇化相结合的发展道路。

（2）积极稳妥推进新型城镇化的功能。在优先确保国家粮食增产和国家粮食安全地位不动摇的前提下，不过分追求城镇化发展速度，而是在提升粮食主产区农民增收和提升农区城镇化质量上下功夫，围绕"农"字做文章，在农业发展上找出路，把农业资源与加工业有机耦合在一起，走以农业产业化带动农区工业化、推进城镇化的内生性发展之路，形成粮食主产区独特的内生循环型城镇化发展模式。

（3）推进城乡一体化和农民增收功能。粮食主产区城镇化发展区（Ⅱ）要在推进新型城镇化进程中，把粮食增产、农民增收、农村发展和农业现代化作为主要目标。

（三）农林牧地区城镇化发展区（Ⅲ）：5 个亚区

1. 基本构成

农林牧地区城镇化发展区（Ⅲ）大多数地处山地丘陵和高原地区，是我国经济作物和农业综合发展的主产区，主要由东南丘陵农林牧地区Ⅲ₁、南岭农林牧地区Ⅲ₂、海南及南海诸岛农林牧地区Ⅲ₃、黄土高原农林牧地区Ⅲ₄、河西走廊农林牧地区Ⅲ₅共 5 个亚区组成。

2. 城镇化地位与特点

农林牧地区城镇化发展区（Ⅲ）总面积占全国的 6.21%，2012 年总人口占全国的比例为 6.77%，城镇人口占全国的 4.73%，按户籍人口统计的城镇化水平达到 27.16%（当年全国城镇化水平为 34.61%），比全国同期同口径的城镇化水平低 7.55 个百分点。GDP 总量占全国的 4.12%，人口密度为 132.65 人/km²，比全国平均人口密度低 7.03 人/km²；经济密度达到 298.53 万元/km²，比全国平均经济密度低 156.72 万元/km²。这一大区是城镇化五大分区中人口密度和经济密度较大、城镇化水平较低、经济总量排第 3 位、在国家城镇化发展中具有较重要战略地位的一个区。

3. 基本职能

农林牧地区城镇化发展区（Ⅲ）地处我国山地丘陵地区和农牧交错地带，主要承担如下发展职能：

（1）推进农林牧综合发展的主体功能。重点是根据所处的地形地貌和特殊的自然生态条件，因地制宜地探索农林牧综合发展的模式，为农林牧地区的经济社会可持续发展和全面建成小康社会发挥重要作用。

（2）有序推进城乡统筹发展的功能。农林牧地区城镇化发展区（Ⅲ）是推进我国城乡统筹发展的重点区域，是探索和推进农区城镇化模式、牧区城镇化模式、山区城镇化模式、林区城镇化模式的主要地区，发挥着城乡统筹发展的重要功能。

（3）推进农业现代化和农民增收功能。农林牧地区城镇化发展区（Ⅲ）要在推进新型城镇化进程中，把农业现代化、农民增收和农村经济发展作为主要目标。

（四）连片扶贫区城镇化发展区（Ⅳ）：11 个亚区

1. 基本构成

连片扶贫区城镇化发展区（Ⅳ）由大兴安岭南麓山区Ⅳ₁、燕山-太行山区Ⅳ₂、大别山区Ⅳ₃、六盘山区Ⅳ₄、秦巴山区Ⅳ₅、武陵山区Ⅳ₆、滇桂黔石漠化区Ⅳ₇、乌蒙山区Ⅳ₈、滇西边境山区Ⅳ₉、四省藏区Ⅳ₁₀、新疆南疆三地

州 IV_{11} 共 11 个亚区组成。这一大区是依据 2011 年 12 月 6 日国务院发布实施的《中国农村扶贫开发纲要（2011—2020 年）》第十条指出的 11 个国家扶贫攻坚主战场确定的。

2. 城镇化地位与特点

连片扶贫区城镇化发展区（IV）总面积占全国的 18.25%，2012 年总人口占全国的比例为 8.82%，城镇人口占全国的 4.04%，按户籍人口统计的城镇化水平达到 21.91%（当年全国城镇化水平为 34.61%），比全国同期同口径的城镇化水平低 12.7 个百分点。GDP 总量占全国的 1.13%，人口密度为 67.48 人/km²，比全国平均人口密度低 72.2 人/km²；经济密度为 28.18 万元/km²，比全国平均经济密度低 427.07 万元/km²。这一大区是城镇化五大分区中人口密度和经济密度较低、城镇化水平最低、经济发展落后、人民生活水平最低的地区，在国家城镇化发展中是具有特殊重要战略地位的一个区。

3. 基本职能

连片扶贫区城镇化发展区（IV）绝大多数地处我国山地地区，包括六盘山区、秦巴山区、武陵山区、乌蒙山区、滇桂黔石漠化区、滇西边境山区、大兴安岭南麓山区、燕山-太行山区、吕梁山区、大别山区、罗霄山区等区域的连片特困地区，同时包括已明确实施特殊政策的西藏、四省藏区、新疆南疆三地州等少数民族地区。该地区主要承担如下发展职能：

（1）扶贫开发与脱贫致富的主体功能。重点落实《中国农村扶贫开发纲要（2011—2020 年）》，确保集中连片特贫地区摆脱国家级贫困县的帽子，早日脱贫，早日致富，早日奔小康。是根据所处的地形地貌和特殊的自然生态条件，因地制宜地探索农林牧综合发展的模式，为农林牧地区的经济社会可持续发展和全面建成小康社会发挥重要作用。

（2）推进基于脱贫致富的城镇化功能。连片扶贫区城镇化发展区（IV）重点实施连片特困地区扶贫攻坚工程，通过城镇化带动扶贫开发，通过扶贫开发促进城镇化发展，形成具有扶贫性质的新型城镇化模式，帮助这些地区实现经济又好又快发展，帮助贫困群众增加收入和提高自我发展能力，为到 2020 年实现全面建成小康社会的奋斗目标提供坚实的保障。

（3）保护山地生态环境和协调山区人地关系的功能。连片扶贫区城镇化发展区（Ⅳ）自然条件恶劣，生态环境脆弱，泥石流、滑坡等自然灾害频繁发生，交通通信等基础设施和公共服务设施建设严重滞后，人地关系矛盾突出，要在推进新型城镇化进程中，保护好山地地区脆弱的生态环境。

（五）民族自治区城镇化发展区（Ⅴ）：6个亚区

1. 基本构成

民族自治区城镇化发展区（Ⅴ）是指未被城市群地区城镇化发展区Ⅰ、粮食主产区城镇化发展区Ⅱ、农林牧地区城镇化发展区Ⅲ和连片扶贫区城镇化发展区Ⅳ覆盖的民族自治地区，由西藏藏族自治地区Ⅴ$_1$、新疆维吾尔自治地区Ⅴ$_2$、广西壮族自治地区Ⅴ$_3$、延边朝鲜族自治地区Ⅴ$_4$、海西蒙古族藏族自治地区Ⅴ$_5$、湘西土家族苗族自治地区Ⅴ$_6$共6个亚区组成。

2. 城镇化地位与特点

民族自治区城镇化发展区（Ⅴ）总面积占全国的28.92%，2012年总人口占全国的比例为2.61%，城镇人口占全国的2.79%，按户籍人口统计的城镇化水平达到36.6%（当年全国城镇化水平为34.61%），比全国同期同口径的城镇化水平高近2.0个百分点。GDP总量占全国的1.16%，人口密度为12.6人/km^2，比全国平均人口密度低127.08人/km^2；经济密度为18.26万元/km^2，比全国平均经济密度低437万元/km^2。这一大区是城镇化五大分区中人口密度和经济密度最低、经济发展落后的地区，在国家城镇化发展中是具有特殊重要战略地位的一个区，但这一地区的城镇化水平反而高于全国平均水平，体现出少数民族自治地区新型城镇化的特殊性，直接影响着国家新型城镇化的安全。

3. 基本职能

民族自治区城镇化发展区（Ⅴ）全部位于我国少数民族地区和边远地区，地域范围广阔，人口稀少，民族众多，该地区主要承担如下发展职能：

（1）维护民族团结和社会稳定的主体功能。重点是确保少数民族自治区地区安定团结，经济和谐发展，社会政治稳定，为少数民族地区的经济社会可持续发展和全面建成小康社会发挥重要作用。

（2）推进民族自治地区城镇化的功能。探索适合少数民族特点的新型城镇化发展模式，将少数民族地区的城镇化融入到国家新型城镇化的大格局中，突出民族地区城镇化的民族性和特殊性，在条件成熟时可将部分民族自治州改为地级民族自治市，将部分民族自治县改为县级民族自治市。

（3）传承少数民族文化的功能。民族自治区城镇化发展区（Ⅴ）民俗文化资源丰富，文化底蕴深厚，在推进少数民族地区新型城镇化进程中，要协调好民族文化传承和弘扬民族文化的关系，真正把民族自治区建成国家新型城镇化的特殊类型区。

五、新型城镇化发展综合区划的推进措施

（一）依托国家相关区划方案，开展国家新型城镇化综合区划的编制工作

新中国成立以来到现在，伴随我国经济发展阶段和城镇化发展阶段的转型升级，我国先后编制并实施了中国自然地理区划、中国生态区划、中国综合农业区划、中国经济区划、国家主体功能区划等40多种综合性或专题性区划，这些区划在特定历史阶段对推动国家生态环境保护、经济社会发展与空间治理均发挥了重要作用，但迄今为止没有编制"以人为本"的国家新型城镇化综合区划，《国家新型城镇化规划（2014—2020年）》也没有划分出不同类型的城镇化区域，并提出因类指导的具体方案。因此，面对这样一个区域城镇化差异巨大的大国，建议国家相关部门从贯彻落实《国家新型城镇化规划（2014—2020年）》的战略目标出发，以中国综合自然地理区划、综合生态区划、综合农业区划、综合经济区划、主体功能区划等为依托，编制国家新型城镇化综合区划，进而因势利导地提出不同类型地区推进新型城镇化的目标、重点、方向和路径。

（二）围绕新型城镇化综合区划方案，适当调整新型城镇化综合试点方案

考虑到我国目前开展的新型城镇化综合试点具有行政指令性和按照各省

分配名额的特点，建议围绕新型城镇化综合区划方案，对已经确定的 62 个新型城镇化综合试点市（县、镇）适当进行调整，确保在每一个新型城镇化大区和亚区中应至少有一个新型城镇化综合试点市（县、镇），在不同类型的城镇化大区和亚区中重点开展以建立农业转移人口市民化成本分担机制、多元化可持续的城镇化投融资机制、创新行政管理和降低行政成本的设市模式、改革完善农村宅基地制度等为主导的综合试点，通过综合试点，提出因类引导的推广意见。

（三）根据不同类型城镇化分区主体功能，制定差别化发展政策与指导意见

鉴于城市群地区城镇化发展区、粮食主产区城镇化发展区、农林牧地区城镇化发展区、连片扶贫区城镇化发展区和民族自治区城镇化发展区五大类型区在国家新型城镇化发展中有着不同的战略地位，分别承担着不同的城镇化主体功能，有着各不相同的新型城镇化发展目标、重点、模式和路径，建议按照五大类型区分别制定差别化的城镇化发展政策，因地制宜地提出发展目标与重点，因类制宜地提出分类指导意见。

第三节　中国城镇化发展的城市群组织格局

针对国家对城市群的战略定位和城市群发展中存在的突出问题，未来要把中国城市群建成国家及世界级产业集聚与先进制造业基地，建成国家经济发展的战略重心区和核心区，建成国家不同类型的可持续发展示范区和科学发展模式示范区，建成对外开放合作区及先行先试区。通过对城市群布局与全国主体功能区规划、全国城镇体系规划的对应协调关系分析，结合中国科学院提出的中国城市群划分的"15+8"基础方案和其他相关方案的比较分析，最终将形成与国家主体功能区和国家城镇体系相协调的中国城市群空间结构新体系，即由 5 个国家级大城市群、9 个区域性中等城市群和 6 个地区性小城市群组成"5+9+6"的中国城市群空间结构新格局[25]（表 7.8、图 7.9 和图 7.10）。

表 7.8　中国城市群的政策分类与空间结构新体系组成的基本框架表（2013 年）

序号	政策分类	城市群名称	空间范围	地级城市数/个	城市数/个	城镇数/个
1	重点建设的国家级大城市群（5 个）	长江三角洲城市群	上海、南京、无锡、常州、苏州、南通、扬州、镇江、泰州、杭州、宁波、嘉兴、湖州、绍兴、舟山、台州	16	51	1 027
2		珠江三角洲城市群	广州、深圳、珠海、佛山、江门、肇庆、惠州、东莞、中山、香港、澳门两个特别行政区	11	17	335
3		京津冀城市群	北京、天津、唐山、廊坊、保定、秦皇岛、石家庄、沧州、承德、张家口	10	27	1 009
4		长江中游城市群	武汉、黄石、鄂州、孝感、黄冈、咸宁、仙桃、潜江、天门、长沙、株洲、湘潭、衡阳、岳阳、益阳、常德、娄底、南昌、九江、景德镇、鹰潭、新余、抚州、宜春、萍乡、宜昌、荆州、荆门	28	61	1 586
5		成渝城市群	重庆（包括万州、涪陵、渝中、大渡口、江北、沙坪坝、九龙坡、南岸、北碚、万盛、渝北、巴南、长寿、江津、合川、永川、南川、双桥、綦江、潼南、铜梁、大足、荣昌、璧山、梁平、丰都、垫江、忠县、开县、云阳、石柱 31 个县区）、成都、德阳、绵阳、眉山、资阳、遂宁、乐山、雅安、自贡、泸州、内江、南充、宜宾、达州、广安 16 个市	16	33	2 108
6	稳步建设的区域性中等城市群（9 个）	辽中南城市群	沈阳、大连、丹东、锦州、营口、盘锦、葫芦岛、鞍山、抚顺、本溪、辽阳、铁岭	12	27	489
7		山东半岛城市群	济南、青岛、烟台、威海、日照、东营、潍坊、淄博、泰安、莱芜、滨州、德州、聊城	13	40	740
8		海峡西岸城市群	福州、厦门、泉州、温州、汕头、漳州、莆田、宁德、潮州、揭阳、汕尾	11	23	931
9		哈长城市群	哈尔滨、大庆、齐齐哈尔、绥化、牡丹江、长春、吉林、松原、四平、辽源	10	30	547
10		中原城市群	郑州、洛阳、开封、新乡、焦作、许昌、济源、平顶山、漯河	9	23	413
11		江淮城市群	合肥、芜湖、蚌埠、淮南、安庆、池州、铜陵、马鞍山、滁州、宣城	10	14	413
12		关中城市群	西安、咸阳、宝鸡、铜川、渭南、商洛、天水	7	10	518
13		广西北部湾城市群	南宁、北海、防城港、钦州、玉林、崇左	6	9	308

续表

序号	政策分类	城市群名称	空间范围	地级城市数/个	城市数/个	城镇数/个
14		天山北坡城市群	乌鲁木齐、石河子、昌吉、阜康、奎屯、乌苏、五家渠、克拉玛依	2	8	19
15		晋中城市群	太原、晋中、阳泉、忻州、临汾、长治、汾阳、孝义	6	14	267
16		呼包鄂榆城市群	呼和浩特、包头、鄂尔多斯、乌兰察布、巴彦淖尔、乌海、榆林	7	8	312
17	引导培育新的地区性小城市群（6个）	滇中城市群	昆明、曲靖、玉溪、楚雄	4	6	218
18		黔中城市群	贵阳、遵义、安顺、毕节、凯里（黔东南州县级市）、都匀（黔南州县级市）	4	9	284
19		兰西城市群	兰州、白银、西宁、海东、定西、临夏市（县级）	5	6	182
20		宁夏沿黄城市群	银川、吴忠、石嘴山、中卫	4	6	81
合计	城市群小计	20	191	191	422	11 787
	全国		660	288	660	19 410

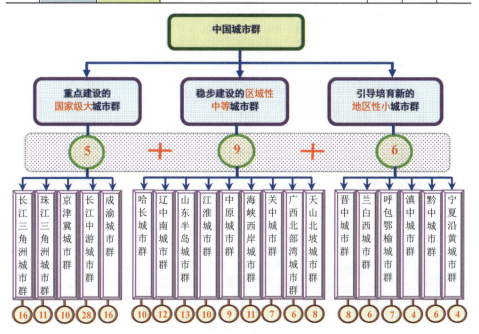

图7.9　中国城市群选择的政策分类引导框架示意图

图 7.10　中国未来建设的"5+9+6"城市群空间结构新体系示意图

　　由表看出,中国城市群包括了 422 个大中小城市,占全国城市总数的 63.94%,其中直辖市 4 个,地级市 191 个,占全国地级市数的比例达到 66.32%;县级市 231 个,占全国县级市的比例达到 62.10%;包括了小城镇 11 787 个,占全国小城镇的比例达到 60.73%。

　　2010 年中国城市群总人口占全国的比例为 62.83%,城市建设用地面积(市辖区)占全国的比例为 67.05%,GDP 总量占全国的比例为 80.57%,第一产业增加值占全国的比例为 59.88%,第二产业增加值占全国的比例为 95.29%,第三产业增加值占全国的比例为 86.14%,全社会固定资产投资占全国的比例为 76.87%,实际利用外资占全国的比例为 87.24%,体现出城市群内的各种生产要素总体呈现出动态集聚趋势(表 7.9)。

表 7.9　中国城市群主要指标统计比较表（2010 年）

序号	城市群名称	总面积/km²	城市建设用地面积（建成区）/km²	总人口/万人	城镇人口/万人	GDP（现价）/亿元	第一产业增加值/亿元	第二产业增加值/亿元	第三产业增加值/亿元	全社会固定资产投资/亿元	实际利用外资/亿美元
1	长江三角洲城市群	109 915	3 714.34	8 490.76	5 646.50	70 675.32	2 307.14	35 960.95	32 404.47	33 460.38	464.13
2	珠江三角洲城市群	55 240	2 615.00	3 016.15	2 166.47	37 673.28	811.10	18 315.50	18 550.07	11 355.93	185.13
3	京津冀城市群	182 501	3 019.45	8 445.67	5 107.54	39 598.61	2 194.52	16 614.71	20 789.82	23 618.61	201.96
4	长江中游城市群	281 913	2 539.33	11 321.28	4 112.89	31 999.22	3 603.64	16 326.12	12 070.05	22 418.22	129.70
5	成渝城市群	240 394	2 101.08	10 819.63	3 114.40	23 202.14	2 751.09	12 131.40	8 319.64	17 909.86	120.28
6	辽中南城市群	117 114	1 699.30	3 720.05	1 965.89	19 615.59	1 438.93	10 442.24	7 734.41	15 146.15	205.30
7	山东半岛城市群	112 741	1 968.48	6 270.73	2 902.56	32 652.29	2 425.24	17 911.18	12 315.77	19 109.63	82.35
8	海峡西岸城市群	83 631	1 206.00	5 229.22	2 066.35	17 935.95	1 304.05	9 330.16	7 301.30	11 988.15	63.53
9	哈长城市群	280 252	1 505.01	4 643.64	1 942.91	16 365.99	1 981.90	8 359.46	6 024.21	10 960.92	47.87
10	中原城市群	58 840	1 048.00	4 549.12	1 377.91	13 375.37	1 157.18	8 114.36	4 103.56	9 310.96	46.23
11	江淮城市群	71 125	1 004.00	3 039.02	953.46	8 838.66	825.10	5 026.46	2 987.05	8 940.47	42.92
12	关中城市群	89 102	674.00	2 940.97	941.67	6 891.55	708.90	3 339.28	2 843.49	6 531.43	18.00
13	广西北部湾城市群	72 738	462.66	2 271.04	417.15	4 271.54	798.23	1 720.56	1 752.71	3 721.12	7.08

续表

序号	城市群名称	总面积/km²	城市建设用地面积（建成区）/km²	总人口/万人	城镇人口/万人	GDP（现价）/亿元	第一产业增加值/亿元	第二产业增加值/亿元	第三产业增加值/亿元	全社会固定资产投资/亿元	实际利用外资/亿美元
14	天山北坡城市群	59 496.6	562.50	4 17.32	319.66	2 442.24	84.30	1 430.25	926.15	1 009.67	1.57
15	晋中城市群	89 334.3	491.50	1 982.85	796.41	5 562.56	272.91	2 989.72	2 299.87	3 363.74	6.17
16	呼包鄂榆城市群	295 981	650.00	1 492.60	574.90	10 288.47	537.62	5 684.50	4 066.36	6 764.40	31.91
17	滇中城市群	95 980	427.58	2 067.39	557.01	4 267.14	464.22	2 117.31	1 685.60	3 467.59	10.63
18	黔中城市群	55 063.7	319.00	1 647.31	426.44	2 538.46	274.28	1 024.37	1 239.53	1 824.85	2.62
19	兰西城市群	75 365	355.66	1 395.63	425.06	2 475.56	203.48	1 159.13	1 112.89	1 560.50	0.45
20	宁夏沿黄城市群	52 170	295.00	490.09	229.80	1 458.23	129.33	753.48	575.39	1 317.56	0.55
城市群合计		2 478 897	26 657.89	84 250.47	36 044.98	352 128.17	24 273.18	178 751.14	149 102.34	213 779.87	1 668.39
全　国		9 600 000	39 758.40	134 091.00	45 964.00	437 041.99	40 533.60	187 581.40	173 087.00	278 121.90	1 912.35
城市群占全国比例/%		25.82	67.05	62.83	78.42	80.57	59.88	95.29	86.14	76.87	87.24

一、重点建设五大国家级大城市群

国家级大城市群以国家中心城市为核心，形成带动全国经济发展并具有全球影响力和竞争力的增长极，包括长江三角洲城市群、珠江三角洲城市群、京津冀城市群、长江中游城市群和成渝城市群[25]。目前，国家级大城市群占全国 9.06% 的国土空间，集中了全国 31.39% 左右的人口、35.19% 的建设用地面积、43.83% 的城镇人口、46.48% 的 GDP、39.11% 的全社会固定资产投资和

57.58%的实际利用外资（表 7.10、表 7.11 和图 7.11）。

表 7.10　中国城市群分类主要指标统计比较表（2010 年）

城市群分类名称	总面积/km²	城市建设用地面积（建成区）/km²	总人口/万人	城镇人口/万人	GDP（现价）/亿元	第一产业增加值/亿元	第二产业增加值/亿元	第三产业增加值/亿元	全社会固定资产投资/亿元	实际利用外资/亿美元
国家级大城市群	869 963	13 989.2	42 093.49	20 147.8	203 148.57	11 667.49	99 348.68	92 134.05	108 763	1 101.2
区域性中等城市群	945 039.6	10 129.95	33 081.11	12 887.56	122 389.18	10 723.83	65 673.95	45 988.65	86 718.5	514.85
地区性小城市群	663 894	2 538.74	9 075.87	3 009.62	26 590.42	1 881.84	13 728.51	10 979.64	18 298.36	52.33
中国城市群合计	2 478 897	26 657.89	84 250.47	36 044.98	352 128.17	24 273.18	178 751.14	149 102.34	213 779.87	1 668.39

表 7.11　中国城市群分类主要指标在全国城市群及国家的地位分析表（2010 年）

城市群分类名称		总面积	城市建设用地面积（建成区）	总人口	城镇人口	GDP（现价）	第一产业增加值	第二产业增加值	第三产业增加值	全社会固定资产投资	实际利用外资
占全国城市群比例/%	国家级大城市群	35.09	52.48	49.96	55.90	57.69	48.07	55.58	61.79	50.88	66.00
	区域性中等城市群	38.12	38.00	39.27	35.75	34.76	44.18	36.74	30.84	40.56	30.86
	地区性小城市群	26.78	9.52	10.77	8.35	7.55	7.75	7.68	7.36	8.56	3.14
占全国比例/%	国家级大城市群	9.06	35.19	31.39	43.83	46.48	28.78	52.96	53.23	39.11	57.58
	区域性中等城市群	9.84	25.48	24.67	28.04	28.00	26.46	35.01	26.57	31.18	26.92
	地区性小城市群	6.92	6.39	6.77	6.55	6.08	4.64	7.32	6.34	6.58	2.74

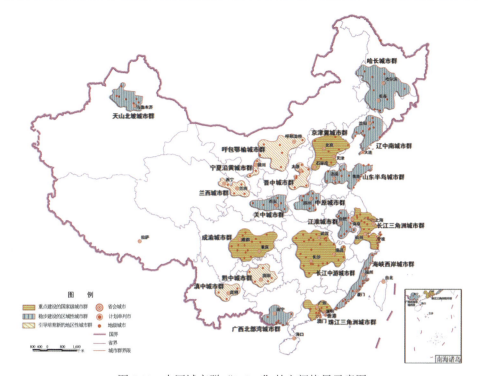

图 7.11　中国城市群"5+9+6"的空间格局示意图

（一）长江三角洲城市群：建成国家综合竞争力最强的世界级城市群

　　包括上海市，江苏省的南京、无锡、常州、苏州、南通、扬州、镇江、泰州和浙江省的杭州、宁波、嘉兴、湖州、绍兴、舟山、台州共 16 个城市，对应国家主体功能区中的重点城市化地区——长江三角洲地区和国家城镇体系规划中的长三角地区重点城镇群，土地面积 10.99 万 km²，占全国国土面积的 1.14%，2010 年城市建设用地面积（建成区）占全国的 9.34%，总人口占全国的 6.33%，城镇人口占全国的 12.28%，经济总量约占全国的 16.17%，实际利用外资占全国的 24.27%（表 7.12）。以国家中心城市上海市和国家区域中心城市南京市为核心城市。长江三角洲城市群是我国综合实力最强的经济中心，亚太地区重要的国际门户，全球重要的先进制造业基地和我国率先跻身世界级城市群的地区，将建成为我国规模最大、国际竞争力最强的经济中心和利用全球化资源辐射长江流域、带动全国经济增长的动力引擎。未来建成国家综合竞争力最强的世界级城市群。充分发挥上海国际经济、金融、贸易、航运中心和国际大都市的龙头作用，依托沪宁、沪杭甬高新技术产业带和现代服务业发展带，构建具有全球影响力的先进制造业基地和现代服务业基地，建成长江经济带的龙头，打造世界级城市群。远景将长江三角洲城市群和江淮城市群整合建成为长江下游城市群，成为国家综合竞争力最强的世界级城市群。

表 7.12　中国城市群在国家的战略地位分析表（2010 年）

序号	城市群名称	总面积占全国比例/%	城市建设用地面积(建成区)占全国比例/%	总人口占全国比例/%	城镇人口占全国比例/%	GDP(现价)占全国比例/%	第一产业增加值占全国比例/%	第二产业增加值占全国比例/%	第三产业增加值占全国比例/%	全社会固定资产投资占全国比例/%	实际利用外资占全国比例/%
1	长江三角洲城市群	1.14	9.34	6.33	12.28	16.17	5.69	19.17	18.72	12.03	24.27
2	珠江三角洲城市群	0.58	6.58	2.25	4.71	8.62	2.00	9.76	10.72	4.08	9.68
3	京津冀城市群	1.90	7.59	6.30	11.11	9.06	5.41	8.86	12.01	8.49	10.56
4	长江中游城市群	2.94	6.39	8.44	8.95	7.32	8.89	8.70	6.97	8.06	6.78
5	成渝城市群	2.50	5.28	8.07	6.78	5.31	6.79	6.47	4.81	6.44	6.29
6	辽中南城市群	1.22	4.27	2.77	4.28	4.49	3.55	5.57	4.47	5.45	10.74
7	山东半岛城市群	1.17	4.95	4.68	6.31	7.47	5.98	9.55	7.12	6.87	4.31
8	海峡西岸城市群	0.87	3.03	3.90	4.50	4.10	3.22	4.97	4.22	4.31	3.32
9	哈长城市群	2.92	3.79	3.46	4.23	3.74	4.89	4.46	3.48	3.94	2.50
10	中原城市群	0.61	2.64	3.39	3.00	3.06	2.85	4.33	2.37	3.35	2.42
11	江淮城市群	0.74	2.53	2.27	2.07	2.02	2.04	2.68	1.73	3.21	2.24

续表

序号	城市群名称	总面积占全国比例/%	城市建设用地面积(建成区)占全国比例/%	总人口占全国比例/%	城镇人口占全国比例/%	GDP(现价)占全国比例/%	第一产业增加值占全国比例/%	第二产业增加值占全国比例/%	第三产业增加值占全国比例/%	全社会固定资产投资占全国比例/%	实际利用外资占全国比例/%
12	关中城市群	0.93	1.70	2.19	2.05	1.58	1.75	1.78	1.64	2.35	0.94
13	广西北部湾城市群	0.76	1.16	1.69	0.91	0.98	1.97	0.92	1.01	1.34	0.37
14	天山北坡城市群	0.62	1.41	0.31	0.70	0.56	0.21	0.76	0.54	0.36	0.08
15	晋中城市群	0.93	1.24	1.48	1.73	1.27	0.67	1.59	1.33	1.21	0.32
16	呼包鄂榆城市群	3.08	1.63	1.11	1.25	2.35	1.33	3.03	2.35	2.43	1.67
17	滇中城市群	1.00	1.08	1.54	1.21	0.98	1.15	1.13	0.97	1.25	0.56
18	黔中城市群	0.57	0.80	1.23	0.93	0.58	0.68	0.55	0.72	0.66	0.14
19	兰西城市群	0.79	0.89	1.04	0.92	0.57	0.50	0.62	0.64	0.56	0.02
20	宁夏沿黄城市群	0.54	0.74	0.37	0.50	0.33	0.32	0.40	0.33	0.47	0.03
	城市群占全国比例合计/%	25.82	67.05	62.83	78.42	80.57	59.88	95.29	86.14	76.87	87.24

（二）珠江三角洲城市群：建成亚太地区最具竞争活力的世界级城市群

　　珠江三角洲城市群包括广东省广州、深圳、珠海、佛山、江门、肇庆、惠州、东莞、中山 9 市和香港、澳门两个特别行政区，对应国家主体功能区中的主要城市化地区——珠江三角洲地区和国家城镇体系规划中的珠江三角洲重点城镇群，以国家中心城市广州市和国家区域中心城市深圳为核心城市。土地总面积 5.52 万 km²，占全国国土面积的 0.58%，2010 年城市建设用地面积（建成区）占全国的 6.58%，总人口占全国的 2.25%，城镇人口占全国的 4.71%，经济总量约占全国的 8.62%，实际利用外资占全国的 9.68%。根据国家发展和改革委员会批准实施的《珠江三角洲地区改革发展规划纲要（2008—2020 年），把珠江三角洲城市群建成为探索科学发展模式的试验区、深化改革的先行区、扩大开放的重要国际门户、世界先进制造业和现代服务业基地、全国重要的经济中心，赋予珠江三角洲地区发展更大的自主权，继续承担全国改革"试验田"的历史使命，大胆探索，先行先试，为发展中国特色社会主义创造新鲜经验。坚持"一国两制"方针，推进与香港、澳门紧密合作、融合发展，建设与香港、澳门地区错位发展的国际航运、物流、贸易、会展、旅游和创新中心，共同打造亚太地区最具活力和国际竞争力的城市群。远景将珠江三角洲城市群和海峡西岸城市群整合建成为珠江闽江城市群，成为亚太地区最具竞争活力的世界级城市群。

（三）京津冀城市群：建成国家创新能力最强的世界级城市群

京津冀城市群包括北京、天津、唐山、廊坊、保定、秦皇岛、石家庄、沧州、承德、张家口 10 个城市，对应国家主体功能区中的主要城市化地区——环渤海地区的京津冀地区和国家城镇体系规划中的京津冀重点城镇群，以国家中心城市北京市和天津市为核心城市。土地总面积 18.25 万 km^2，占全国国土面积的 1.9%，2010 年城市建设用地面积（建成区）占全国的 7.59%，总人口占全国的 6.30%，城镇人口占全国的 11.11%，经济总量约占全国的 9.06%，实际利用外资占全国的 10.56%。京津冀城市群未来发展方向为，一是以中国首都为中枢，建设具有京津双核结构特征和较高区域和谐发展水平的新型国际化城市群，即形成北京——世界城市、京津——双核结构国际城市、对外开放程度高、具有参与全球竞争能力的区域发展格局，加快推进京津冀一体化协同发展，成为北方最具活力的城镇化地区。二是以国家创新基地为支撑，建成拥有基础产业、高端制造业和服务业等完整产业体系的现代化都市经济区，即在国家创新力增强、投资环境优化、区域竞争力提升和循环经济战略实施过程中，成为我国创新能力最强，以农业、能源原材料工业、交通运输业为主体的基础产业以及以现代制造业和现代服务业为主体的高端产业等组成的、产业体系相对完整的现代化都市经济区，建成国际性超大城市群。强化北京和天津的双核带动作用，打破行政区域限制，促进生产要素自由流动、优化配置，提升现代服务业发展水平，优化先进制造业布局，重点建设京津主轴线、京石-京秦次轴线和沿海城镇带。加强沿海港口和城际快速交通设施建设，提升一体化发展程度，统筹区域水源保护和生态环境治理，不断改善人居环境。远景可将京津冀城市群、辽东半岛城市群、山东半岛城市群整合建成为环渤海城市群，作为支撑国家经济发展的世界级城市群。

（四）中三角（长江中游）城市群：建成带动中部地区发展的国家级城市群

长江中游城市群，也称为中三角城市群，由武汉城市群、长株潭城市群和环鄱阳湖城市群共同整合组成，包括湖北省的武汉、黄石、鄂州、孝感、黄冈、咸宁、仙桃、潜江、天门、宜昌、荆州、荆门 12 个城市、湖南省的长沙、株洲、湘潭、衡阳、岳阳、益阳、常德、娄底 8 个城市，江西省的南昌、九江、景德镇、鹰潭、新余、抚州、宜春、萍乡 8 个城市，共 28 个城市。土地总面积 28.19 万 km^2，占全国国土面积的 2.94%，2010 年城市建设用地面积（建成区）占全国的 6.39%，总人口占全国的 8.44%，城镇人口占全国的 8.95%，经济总量约占全国的 7.32%，实际利用外资占全国的 6.78%。对应国家主体功能区中的主要城市化地区——长江中游地区和国家城镇体系规划中的武汉城镇群、湘东城镇群和昌九城镇群。以正在建设的国家中心城市武汉市为核心城市，未来将中三角（长江中游）城市群建成带动中部地区发展的第四个国家级城市群。以武汉、长沙、南昌为中心，推进武汉城市群、环长株潭城市群、鄱阳湖城市群融合发展。重点建设武（汉）-长（沙）、武（汉）-南（昌）主轴线和长（沙）-南（昌）次轴线，建设全国重要综合交通枢纽，科技创新、先进制造和现代服务业基地，建设全国资源节约型和环境友好型社会示范区，形成引领中部崛起的核心增长区。

（五）成渝城市群：建成带动西部地区发展的国家级城市群

成渝城市群包括重庆（具体包括万州、涪陵、渝中、大渡口、江北、沙坪坝、九龙坡、南岸、北碚、万盛、渝北、巴南、长寿、江津、合川、永川、南川、双桥、綦江、潼南、铜梁、大足、荣昌、璧山、梁平、丰都、垫江、忠县、开县、云阳、石柱31个县区）、成都、德阳、绵阳、眉山、资阳、遂宁、乐山、雅安、自贡、泸州、内江、南充、宜宾、达州、广安16个城市。对应国家主体功能区中的主要城市化地区——成渝地区和国家城镇体系规划中的成渝地区，以国家中心城市重庆市和国家区域中心城市成都市为核心城市。土地总面积24.04万km^2，占全国国土面积的2.5%，2010年城市建设用地面积（建成区）占全国的5.28%，总人口占全国的8.07%，城镇人口占全国的6.78%，经济总量约占全国的5.31%，实际利用外资占全国的6.29%。发挥成都和重庆核心城市的带动引领作用，依托沿长江、成绵乐、成渝等重要交通走廊，重点建设成渝主轴线和成绵乐次轴线，建成全国重要的高新技术产业、先进制造业和现代服务业基地，科技教育、商贸物流、金融中心和综合交通枢纽。未来成渝城市群将建成国家统筹城乡综合配套改革试验区，成为中国西部地区最大的双核城市群，形成西部大开发的最大战略支撑点和首要战略极，长江上游中心，最终建成中部带动西部地区发展的第五个国家级城市群。

二、稳步建设九大区域性中等城市群

区域级中等城市群是在国家区域经济发展中带动区域经济发展的重点城市化地区，属于国家二级城市群。这些城市群一般要以1个以上国家中心城市或国家区域中心城市为核心城市。在资源环境承载能力较强、城镇体系比较健全、区域中心城市有较强辐射带动作用的地区，以完善基础设施、提升中心城市功能、促进分工协作为重点，积极培育区域性城市群。未来将稳步建设九大区域性城市群，具体包括带动东部地区发展的3个区域性城市群（辽中南城市群、山东半岛城市群和海峡西岸城市群），带动中部地区发展的3个区域性城市群（中原城市群、哈长城市群和江淮城市群），带动西部地区发展的 3 个区域性城市群(关中城市群、广西北部湾城市群和天山北坡城市群)。目前，区域性城市群占全国 9.84%的国土空间，集中了全国 24.67%左右的人口，25.48%的建设用地面积，28.04%的城镇人口，28%的 GDP，31.18%的全社会固定资产投资和 26.92%的实际利用外资。

（一）辽中南城市群

包括沈阳、大连、丹东、锦州、营口、盘锦、葫芦岛、鞍山、抚顺、本溪、辽阳、铁岭 12 个城市。对应国家主体功能区中的主要城市化地区——环渤海地区的辽中南地区和国家城镇体系规划中的辽中南城镇群，以国家区域中心城市沈阳市为核心城市。土地面积 11.71 万 km²，占全国国土面积的 1.22%。2010 年城市建设用地面积（建成区）占全国的 4.27%，总人口占全国的 2.77%，城镇人口占全国的 4.28%，经济总量约占全国的 4.49%，实际利用外资占全国的 10.74%。以沈阳和大连为中心，以辽宁沿海经济带和沈阳经济区为支撑，重点建设沈-大主轴线和沿海次轴线，建成全国重要的装备制造业基地、新型原材料基地和科技创新基地。未来建成我国重要的以石化和钢铁为主的原材料加工工业基地；我国重要的以机床和大型装备制造业为主的装备制造业和国防战略产业基地；东北地区最大的电子信息、通信设备、生物技术、新材料、机电一体化等高新技术产业集聚区以及金融、保险、企业总部、研发、市场交易、咨询和信息等现代服务业集聚区；带动东北地区经济增长和提高其参与国际竞争力的核心区，成为带动辽东半岛地区发展的区域性城市群。

（二）山东半岛城市群

包括济南、青岛、烟台、威海、日照、东营、潍坊、淄博、泰安、莱芜、滨州、德州、聊城 13 个城市，对应国家主体功能区中的主要城市化地区——环渤海地区的山东半岛地区和国家城镇体系规划中的山东半岛城镇群，土地面积 11.27 万 km²，占全国国土面积的 1.17%。2010 年城市建设用地面积（建成区）占全国的 4.95%，总人口占全国的 4.68%，城镇人口占全国的 6.31%，经济总量约占全国的 7.47%，实际利用外资占全国的 4.31%。统筹安排区域性基础设施和沿海港口开发，强化济南、青岛双核作用，依托济-青和沿海发展轴，建设济南经济圈、胶东半岛经济圈，建成全国重要的先进制造业和战略性新兴产业基地，全国重要的蓝色经济区和高效生态经济示范区。按照山东半岛蓝色经济区的建设目标，未来将山东半岛城市群建成国家蓝色经济发展示范区，国家现代海洋产业集聚区，国家海洋自主创新配套改革试验区和国家重要的蓝色文明示范区，成为带动山东半岛地区发展的区域性城市群。

（三）海峡西岸城市群

包括福州、厦门、泉州、温州、汕头、漳州、莆田、宁德、潮州、揭阳、汕尾 11 个城市，对应国家主体功能区中的主要城市化地区——海峡西岸经济区和国家城镇体系规划中的海峡西岸城镇群，土地面积 8.36 万 km^2，占全国国土面积的 0.87%。2010 年城市建设用地面积（建成区）占全国的 3.03%，总人口占全国的 3.9%，城镇人口占全国的 4.5%，经济总量约占全国的 4.1%，实际利用外资占全国的 3.32%。按照突出发展、突出对台、突出统筹、突出创新、突出为民和突出落实等原则，通过 10～15 年的努力，综合实力显著增强，资源节约型、环境友好型、创新型城市群建设迈出新步伐，把海峡西岸城市群建成促进祖国和平统一的重要前沿、两岸三地交流合作的重要平台和福建省经济发展的助推器，成为祖国和平统一的纽带区和海峡两岸自由贸易的试验区。建成带动海峡西岸地区发展的区域性城市群和国家服务祖国统一大业的海岸型城市群。

（四）中原城市群

包括郑州、洛阳、开封、新乡、焦作、许昌、济源、平顶山、漯河 9 市，土地面积 5.88 万 km^2，占全国国土面积的 0.61%。2010 年城市建设用地面积（建成区）占全国的 2.64%，总人口占全国的 3.39%，城镇人口占全国的 3%，经济总量约占全国的 3.06%，实际利用外资占全国的 2.42%。对应国家主体功能区中的主要城市化地区——中原经济区和国家城镇体系规划中的中原城镇群。是国家实施中部崛起战略中发挥战略支撑作用的战略城市群。以郑州为中心、洛阳为副中心，推进郑汴一体化发展，重点建设郑汴新区和洛阳新区，重点打造沿陇海和沿京广发展轴，培育新的发展轴，建成沿陇海经济带核心区域和全国重要的现代综合交通枢纽，全国工业化城镇化和农业现代化协调发展示范区，华夏历史文明传承创新区。围绕中原经济区建设，加快郑州国家区域中心城市建设步伐，加快推进新型工业化发展步伐，建设全国重要的先进制造业基地，科技创新基地，纺织、食品、化工和医药工业基地，汽车零部件基地，建设郑汴洛城市工业走廊、新郑漯京广产业发展带、新焦济南太行产业发展带、洛平漯产业发展带四大产业发展带，建成带动中原地区和中部地区发展的核心增长极[10]。

（五）哈长城市群

包括哈尔滨、大庆、齐齐哈尔、绥化、牡丹江、长春、吉林、松原、四平、辽源 10 个城市，土地面积 28.03 万 km²，占全国国土面积的 2.92%，2010年城市建设用地面积（建成区）占全国的 3.79%，总人口占全国的 3.46%，城镇人口占全国的 4.23%，经济总量约占全国的 3.74%，实际利用外资占全国的 2.5%。对应国家主体功能区中的主要城市化地区——哈长地区和国家城镇体系中的哈尔滨城镇群，是国家振兴东北老工业基地的重要城市群，也是中国面向东北亚地区合作的前卫城市群。在哈长城市群建设过程中，要按照国务院通过的《中国图们江区域合作开发规划纲要——以长吉图为开发开放先导区》①，立足图们江，面向东北亚，服务大东北，加快长吉图开发开放先导区建设，将其建成为我国沿边开放开发的先行示范区，我国面向东北亚开放的重要门户，东北亚经济技术合作的重要平台和东北地区新的经济增长极。强化哈尔滨和长吉的带动功能，重点建设哈长主轴线及绥满和珲乌次轴线，推进哈大齐牡绥城市群和吉林中部城市群建设，加快资源型城市转型，建成面向东北亚国际合作的重要平台，全国重要的经济增长极和生态宜居城市群。

---

① 国务院.《中国图们江区域合作开发规划纲要——以长吉图为开发开放先导区》，发改地区(2009)2554 号，2009 年 8 月。

（六）江淮城市群

包括合肥、芜湖、蚌埠、淮南、安庆、池州、铜陵、马鞍山、滁州、宣城 10 个城市，土地面积 7.11 万 km²，占全国国土面积的 0.74%，2010 年城市建设用地面积（建成区）占全国的 2.53%，总人口占全国的 2.27%，城镇人口占全国的 2.07%，经济总量约占全国的 2.02%，实际利用外资占全国的 2.24%。对应国家主体功能区中的主要城市化地区——江淮地区，是国家中部地区承接东部地区产业转移的门户城市群，也是长江三角洲地区经济向西辐射的"腹地城市群"。江淮城市群未来发展目标是，贯彻落实国务院通过的《皖江城市带承接产业转移示范区规划》（国函〔2010〕5 号）[①]，坚持市场导向、政府带动、分工合作、错位发展的原则，立足安徽，依托皖江，融入长三角，连接中西部，不断探索科学发展新途径，以合肥和芜湖为核心，重点建设皖江发展轴，推进合肥-淮南同城化、芜湖-马鞍山同城化和铜陵-池州一体化，鼓励沿江城市跨江发展，深化与长三角融合互动，加强与周边城市群联系合作，建成承接产业转移示范区和中部崛起重要增长极。把江淮城市群建成长三角拓展发展空间的优先区、长江经济带协调发展的战略支点和引领中部地区崛起的重要增长极，建成全国重要的先进制造业基地和现代服务业基地[②]。

（七）关中城市群

包括陕西省的西安、咸阳、宝鸡、铜川、渭南、商洛和甘肃省的天水共 7 个城市，土地面积 8.91 万 km²，占全国国土面积的 0.93%，2010 年城市建设用地面积（建成区）占全国的 1.7%，总人口占全国的 2.19%，城镇人口占全国的 2.05%，经济总量约占全国的 1.58%，实际利用外资占全国的 0.94%。对应国家主体功能区中的主要城市化地区——关中-天水地区。按照国务院通

---

① 国务院.《国务院关于皖江城市带承接产业转移示范区规划的批复》（国函[2010]5 号），2010 年 1 月。

② 合肥市发展和改革委员会.关于构建江淮城市群并作为重点开发区列入国家主体功能区规划的建议.2008。

过的《关中-天水经济区发展规划》[①]，关中城市群未来发展目标为，以西安（咸阳）为核心，加快国家级新区西咸新区建设，以陇海铁路和连霍高速沿线走廊为主轴，推进西咸同城化和西渭、西铜一体化，深化与成渝、兰西城市群联系互动，建成全国内陆型经济开放开发战略高地、全国重要的先进制造业和高新技术产业基地，全国重要的科技教育和彰显华夏文明的历史文化基地[②]。最终建成为丝绸之路经济带重要的战略支撑点[11]。

（八）广西北部湾城市群

包括南宁、北海、防城港、钦州、玉林、崇左 6 市，土地面积 7.27万 km²，占全国国土面积的 0.76%，2010 年城市建设用地面积（建成区）占全国的 1.16%，总人口占全国的 1.69%，城镇人口占全国的 0.91%，经济总量约占全国的 0.98%，实际利用外资占全国的 0.37%。对应国家主体功能区中的主要城市化地区——北部湾地区和国家城镇体系规划中的北部湾城镇群，未来建成中国-东盟自由贸易区的海湾型城市群。重点建设环北部湾主轴线，依托区位和深水良港优势，发展沿海重化工业、现代服务业和滨海旅游业，建设我国面向东盟国家开放的重要门户和南海资源开发的服务基地。

（九）天山北坡城市群

包括乌鲁木齐、石河子、昌吉、阜康、奎屯、乌苏、五家渠、克拉玛依 8 个城市，土地面积 5.95 万 km²，占全国国土面积的 0.62%，2010 年城市建设用地面积（建成区）占全国的 1.41%，总人口占全国的 0.31%，城镇人口占全国的 0.7%，经济总量约占全国的 0.56%，实际利用外资占全国的 0.08%。对应国家主体功能区中的主要城市化地区——天山北坡地区和国家城镇体系规划中的乌鲁木齐城镇群，未来建成丝绸之路经济带中国段西

---

① 国务院.《关于批准关中-天水经济区发展规划的通知》. 发改西部〔2009〕1500 号，2009 年 6 月。

② 陕西省建设厅.关中城市群建设规划.2007。

端面向中亚 5 国合作的陆桥型城市群。以乌鲁木齐-昌吉为中心，以奎屯-独山子-乌苏为次中心，建设全国重要能源基地，西北地区重要国际商贸物流中心和出口商品加工基地，面向中亚、西亚对外开放的陆路交通枢纽和重要门户。

三、引导培育六个新的地区性小城市群

引导培育的六个新的地区性小城市群（都市圈）包括晋中城市群、兰西城市群、呼包鄂榆城市群、宁夏沿黄城市群、滇中城市群和黔中城市群，主要集中在中西部地区，这些城市化地区基本都是国家主体功能区确定的主要城市化地区，也是中西部地区各省（自治区）重点发展区域，在这些省份经济发展中发挥着重要作用，但这些地区尚处在城市群发育的初级阶段，即都市圈形成发育阶段，未来有望通过努力培育形成为规模较小的城市群，所以目前仍然作为地区性都市圈来培育，未来引导形成新的城市群，发挥其支撑省（自治区）经济发展和吸纳人口转移的重要作用。目前，地区性城市群占全国 6.92%的国土空间，集中了全国 6.77%左右的人口，6.39%的建设用地面积、6.55%的城镇人口、6.08%的 GDP、6.58%的全社会固定资产投资和 2.74%的实际利用外资。

（一）晋中城市群

包括太原、晋中、阳泉、忻州、临汾、长治 6 个城市以及吕梁的汾阳市和孝义市，对应于国家主体功能区的主要城市化地区——晋中城市群和国家城镇体系规划中的山西中部城镇群。土地面积 8.93 万 km^2，占全国国土面积的 0.93%，2010 年城市建设用地面积（建成区）占全国的 1.24%，总人口占全国的 1.48%，城镇人口占全国的 1.73%，经济总量约占全国的 1.27%，实际利用外资占全国的 0.32%。以太原为核心建设太原都市圈，以太原都市圈为中心建设晋中城市群。提升太原中心城市功能，推进太原-晋中同城化，增强忻州、长治、临汾、阳泉等主要节点城市集聚经济和人口能力，建成全国重要的能源原材料、煤化工、装备制造业和文化旅游业基地，资源型经济转型

示范区。

（二）呼包鄂榆城市群

包括呼和浩特、包头、鄂尔多斯、乌兰察布、巴彦淖尔、乌海、榆林 7 个城市，土地面积 29.60 万 km²，占全国国土面积的 3.08%，2010 年城市建设用地面积（建成区）占全国的 1.63%，总人口占全国的 1.11%，城镇人口占全国的 1.25%，经济总量约占全国的 2.35%，实际利用外资占全国的 1.67%。对应于国家主体功能区的主要城市化地区——呼包鄂榆地区，以呼和浩特为核心建设呼包鄂都市圈，以呼包鄂都市圈为中心建设呼包鄂榆城市群。增强中心城市功能，推动城镇化与工业化互动发展，加快城镇人口集聚，建成国家战略资源支撑基地和向北开放的重要桥头堡。

（三）黔中城市群

包括贵阳、遵义、安顺、毕节、都匀、凯里 6 个城市，土地面积 5.51 万 km²，占全国国土面积的 0.57%，2010 年城市建设用地面积（建成区）占全国的 0.8%，总人口占全国的 1.23%，城镇人口占全国的 0.93%，经济总量约占全国的 0.58%，实际利用外资占全国的 0.14%。对应于国家主体功能区的主要城市化地区——黔中地区，加快建设国家级战略新区贵安新区，以贵阳为核心建设贵阳都市圈，以贵阳都市圈为中心建设黔中城市群。重点建设遵义-贵阳-安顺主轴线，加快贵安新区建设，促进一体化发展。发展特色优势产业，提升城市经济实力，增强人口吸纳能力，建成全国重要的能源原材料和特色轻工业基地。

（四）滇中城市群

包括昆明、曲靖、玉溪、楚雄 4 个城市，土地面积 9.6 万 km²，占全国国土面积的 1%，2010 年城市建设用地面积（建成区）占全国的 1.08%，总人口占全国的 1.54%，城镇人口占全国的 1.21%，经济总量约占全国的 0.98%，实际利用外资占全国的 0.56%。对应于国家主体功能区的主要城市化地区——滇中地区和国家城镇体系规划中的滇中城镇群。加快建设滇中产业新区，以昆明为核心建设昆明都市圈，以昆明都市圈为中心建设滇中城市群。重点建设曲靖-昆明-玉溪、昆明-楚雄发展轴，推进一体化发展，建设区域性国际交通枢纽，全国重要的特色资源深加工基地和文化旅游基地，建成我国向西南开放重要桥头堡的核心区和高原生态宜居城市群。

（五）兰西城市群

包括兰州、西宁、白银、定西、海东、临夏 6 市，土地面积 7.54 万 km²，占全国国土面积的 0.79%，2010 年城市建设用地面积（建成区）占全国的 0.89%，总人口占全国的 1.04%，城镇人口占全国的 0.92%，经济总量约占全国的 0.57%，实际利用外资占全国的 0.02%。对应于国家主体功能区的主要城市化地区——兰州-西宁地区，重点建设国家级战略新区兰州新区，以兰州为核心建设兰州都市圈，以兰州都市圈为中心建设兰西城市群。以兰州、西宁为核心，以陇海兰新铁路、包兰兰青铁路、青藏铁路沿线走廊为轴线，推进兰州与白银一体化发展、推进兰州与西宁的互动发展，加快国家级新区兰州新区建设，建成全国重要的能源和资源深加工基地、循环经济示范区，西北重要交通枢纽和商贸物流中心，向西开放的重要支撑。最终建成为丝绸之路经济带重要的战略支撑点。

（六）宁夏沿黄城市群

包括宁夏回族自治区的银川、吴忠、石嘴山、中卫 4 市，土地面积 5.22万 km²，占全国国土面积的 0.54%，2010 年城市建设用地面积（建成区）占全国的 0.74%，总人口占全国的 0.37%，城镇人口占全国的 0.50%，经济总量约占全国的 0.33%，实际利用外资占全国的 0.03%。对应于国家主体功能区的主要城市化地区——宁夏沿黄经济区，以银川为核心建设银川都市圈，以银川都市圈为中心建设宁夏沿黄城市群。提升银川区域性中心城市地位，推进沿黄城市一体化和同城化，建设宁夏沿黄经济区和国家内陆开放型经济试验区，建成全国重要能源化工和新材料基地、区域性商贸物流中心。

第四节 中国城镇化发展的一体化组织格局

一体化(integration) 一词最初为地质学家研究矿床时所使用,后引入生物学、生态学,现已更多地应用于经济学和经济地理学领域。《牛津英语辞典》在注释中明确地把它界定为一种行动或过程(action or process)[26];《兰登书屋英语辞典》将其定义为,集合在一起或者合并成为一个整体;组成、联合或者使之完满从而产生一个完整的或者更大的单元;结合或者联合[26]。经济地理学最初使用这一概念缘起于对"区域经济一体化"的关注,1980 年代以来伴随欧盟、北美自由贸易区以及大西洋自由贸易区等数目众多的超国家一体化组织的产生,全球化与区域经济一体化成为世界经济发展的重要趋势。全球化使得区域空间层级的弹性变得更大,与各种超国家组织相对应,民族国家内的次国家区域逐渐成为一国参与全球竞争和协调国内社会经济的重要空间单元。将一体化空间置于都市区、城市群、民族国家、超国家区域以及全球范围地域系统,可以看出一体化空间体系的层次性(图 7.12)。

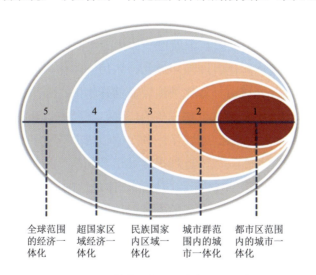

图 7.12 一体化空间的尺度与层次示意图

城市一体化是指两个或两个以上地域相邻、交通便利、功能关联、地缘认同的城市为构成单元，在承认城市差别和明确城市功能互补的基础上，依托发达的交通通信等基础设施网络，谋求近域城市之间经济、社会、文化、生态、治理、空间协调统一发展的途径和最终结果，是使要素在毗邻城市间有效聚集、有效扩散，达到高度协作网络化的过程与目标。城市一体化意味着城市同治，具体包含 10 个方面的协同：规划同编、产业同链、土地同筹、交通同网、信息同享、生活同城、市场同体、科技同兴、环保同治、生态同建。

城市一体化地区是城市群发展的先导区和核心区，是城市提质增效、在快速重构和日益扁平化网络城市体系中占据核心和节点位置的一种重要选择。目前我国城市一体化研究正处在理论和实践上的探讨阶段。已有研究主要集中于典型城市一体化地区的形成条件、问题、解决路径及对策建议[27-30]；关于城市一体化的驱动机制已有一些论述[31-32]，但尚未形成系统的分析架构；已有研究较多关注城市一体化的政府管治模式，对空间组织模式的关注则较少，更缺少全国层面城市一体化地区的系统梳理与格局研判。我国城市一体化的实践可以追溯到 1980 年代，比较有代表性的如 1983 年上海经济区规划办公室的成立与长三角区域一体化的起步，1980 年代关于长株潭一体化、昌九工业走廊等的讨论，21 世纪我国城市一体化的实践呈现踊跃发展态势。"十五"时期提出的京津一体化、深港一体化、乌昌一体化、太榆一体化、西咸一体化也是学术界研究城市一体化关注较多的样本区；到"十一五"时期末，我国的城市一体化地区又加入了珠三角的广佛、深莞惠，长三角的宁镇扬、宁马，以及以典型"省会城市-近域互补型次中心城市"为特征的沈抚、郑汴、合淮、武孝、兰白、长吉，以"近域平行城市合作型"为特征的烟威、延龙图等新型一体化地区；至 2014 年我国城市一体化地区已达 37 个，这些城市一体化地区也是城市群一体化发展的先导性地区。

一、城市一体化地区形成的动力机制

推动我国城市一体化发展的主要因素及其产生的推动力量传导并发生作

用的过程与机制构成了城市一体化的动力机制。动力机制研究有助于深化对毗邻城市之间相互协作的原因、过程、内部规则的解析，也为进一步明确当前我国城市一体化战略如何调动毗邻城市间空间资源的有效流动与协调发展梳理了基本脉络。对城市发展的空间与非空间要素进行分层解构，可以架构起我国城市一体化发展的动力机制（图 7.13）。城市一体化发展的动力既包括直接生成空间的基质、支撑体系（本身具有联结性）、功能体系在城市之间的联动或联结，也包括激发这些生成因素联动能力或流动势能的技术创新、国家和地方的新政策与城市规划以及越来越深刻的经济全球化。对于激发性动力而言，它们并不是孤立作用的，一般通过作用于城市的生成因素而驱动城市一体化发展。

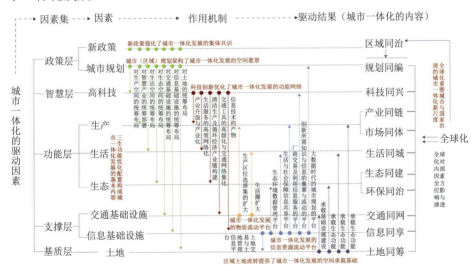

图 7.13 我国城市一体化发展的动力机制线谱分析图

（一）全球化重塑了城市与国家治理的城市一体化新尺度

1980 年代以来，伴随着通信与信息技术的迅猛发展以及国际贸易条件的改善，资本与生产技术迅速向全球扩张，随之而来的快速经济全球化正以前所未有的速度、深度与广度，影响着全球的经济、社会与空间生产景观[33]。当今的城市所在的地理空间越来越多地体现为各种"流"的空间，产品价值链的各个环节被分解到全球区域，城市空间发展的尺度迅速打破了既有以单一城市为主体的模式，通过城市之间协作的产业网络整合纳入到全球城市区域之中。与一些超国家组织（如欧洲联盟、东南亚国家联盟、亚太经济合作组织）的出现相伴，次国家区域（如主要的城市群、城市连绵带）以及国家内部某些具有竞争优势的"制度空间"在条件创造和适应经济全球化的能力上，已成为塑造在国际城市体系中地位的关键因素，也逐渐成为区域与城市之间进行协作的重要方式以及国家调节经济社会的重要尺度。我国城市一体化地区便是这种次区域空间尺度的一种形态，对比于全球布局体系下较大的区际成本，临近地域内布局的效益相对表现出高度一致或均质性（如在上海或者其周边布局的效率是等同的），使得城市规划可以机动性地在毗邻城市之间布局空间要素，以城镇群组的方式来组织空间体系；况且毗邻间的价值区段化也会塑造这种微尺度的空间分工格局，形成"抱团"发展之势，突显一体化地区在区域乃至全球经济竞争中的地位和作用。

（二）新政策强化了城市一体化发展的集体共识

我国的城市发展及空间架构带有强烈的政府主导性，城市一体化作为一种发展战略，一方面体现了地方及全球市场运行的需求；另一方面受国家政策的推动来纠正区域市场分割的缺陷，是国家及地方战略的重要体现。应对全球化带来的机遇与挑战，较多的国家与地区普遍进行政府角色重塑和治理变革，注重对区域尺度上的战略性和协调性的关注[34]，近年我国越来越注重城市群等次区域空间的引导以及新区、自贸区、开放实验区等政策先行的特殊"制度空间"的培育，一系列具有区域针对性的指导意见和国家政策相继出台，将城市群作为主体空间形态、深化城市间分工协作和功能互补、加快一体化发展已成为国家推进新型城镇化的重要思路，地方政府也在积极推动与毗邻城市发展的政策与机制探索，一体化合作协议成为城市之间开启共识的标志。

（三）城市（区域）规划架构了城市一体化发展的空间愿景

城市与区域规划的本质是为了应对地方市场缺陷所进行的一项公共政策

及政府干预，是对极为有限和宝贵的城市空间资源进行调节与高效配置的一种政策干预手段。随着我国空间生产模式和国家治理现代化的推进，国家的宏观调控策略也从直接提供指令性政策转向"干预空间"、借由空间规划而调控其经济社会系统，这意味着城市与区域规划越来越多地成为建构我国城镇化主体空间形态的尺度调控工具，善用规划这种积极主动的尺度重构工具，可引导我国城市一体化地区成为国家治理的高效空间发展平台。城市（区域）规划整体架构了城市一体化的空间发展形态与愿景，构建了毗邻城市土地统筹利用、基础设施整合衔接、"三生"空间优化布局，甚至城市软环境塑造的基础性信息空间平台。

（四）科技创新优化了城市一体化发展的功能网络

城镇化带来的科技、教育、人才等创新要素集聚和知识传播扩散，有利于优化城市一体化发展的生产、生活、生态等功能，也有利于促进构建这些功能的要素在毗邻城市之间高效协作并形成网络化格局。科技创新对城市一体化过程中的生产功能的促进作用集中表现在高新技术产业本身的发展以及对传统的工业、农业、服务业的现代化改造；对生活功能的影响表现为科技产品日新月异下的生活服务便捷化，生活中的衣食住行高品质化，思想文化的多元化及生活圈的无边化，城市中原有的人们集聚的交流实质性场所的集聚功能下降，全新的信息交换空间迅速形成；在生态功能方面，绿色技术、低碳技术的投入也将促使人类生产生活对生态的较低冲击以及生态系统自身的良性恢复。信息通信技术的发展是科技创新领域的重要方面，依托物联网、云计算、大数据等新一代信息技术的智慧城市正在引领城市建设新方向，智慧城市建设将极大地推动城市之间智能交通发展和各种信息联通，成为城市间高效化、网络化、一体化发展的"触媒"，使得毗邻城市经济社会发展得到深度整合。

（五）"三生"功能协同配置构成了城市一体化发展的基本内容

城市一体化的整合基于城市功能，城市立足于区域背景所进行的功能调整与空间优化配置的过程就是城市一体化程度不断提高的过程。城市一体化的功能调整具有自组织与他组织的成分，城市的功能协同通常以自上而下的规划（政策）为前提，但其发展过程始终是自下而上的[35]。这种协同配置的过程包括：①对于生产功能而言，随着核心区的城市化不断加速、大城市过度集聚造成要素收益率降低，部分对中心不敏感的产业部门或者产品链的某些环节将通过空间扩散寻求更合理的土地配置方式，而竞争力更强、附加值高的产业环节和功能将会进一步被引导向主城集聚，从而促进城市间产业分工与合理化，从全域的角度完善了产业结构，为城市一体化的可持续发展提供了动力。②对于生活功能而言，长期以来我国大城市生活服务功能呈现一种单向集中的模式，由于城市人口过度集聚带来的人均生活服务设施的紧约束以及高房价的压力，居住空间在我国主要城市群的核心城市中的扩散趋势逐步凸显。生活服务的向心集中和居住空间的离心扩散易造成功能分割及城市住房有效供给的结构性矛盾，如果再叠加上城市就业-居住空间的不匹配问题，极大影响着城市生活功能的配置效率。与城市产业结构调整相耦合，以配套公共服务为先导，促进居住功能在毗邻城市间的协同部署，可有效引导跨界的人口流动、居住游憩选择集的扩大及同城化的生活功能圈的形成。③与生产生活功能的空间组织原理有所不同，由于生态功能的公益性，生态环境通常要面对市场经济下各种经济活动的外部性影响，尤其是各种可转移的环境影响活动，如京津冀的雾霾，流域城市的水污染，协同治理有助于减小城市之间的负外部性。从实际来看，我国城市一体化地区生态功能的协同配置更多地体现为一种政府的行为或城市规划的作为，区域性绿道系统建设，环卫、污水处理设施的共建共享、静脉产业体系的统筹构建是城市为促进生态功能优化的普遍举措，形成环保同治、生态同建的良性机制则任重而道远。

（六）基础设施搭建了城市一体化发展的要素流动平台

城市一体化发生的本质要求是城市生产生活等功能的交互，基于两个城市功能间的势能差（"关系"距离）的流动是城市一体化空间相互作用的主要形式。城市相互作用过程中的"流"包括人流、物流、信息流、资金流、技术流及文化流等，一切"流"的发生都需要物化的空间支撑平台，道路交通设施、网络通信设施和终端设备对各种"流"的传输具有支撑作用：①铁路、公路、轻轨、地铁等快速交通体系搭建了城市一体化发展的物质资源流动平台，决定着城市间的空间距离。交通基础设施枢纽所在的城镇构成了人流（黏附着文化流与技术流）、物流等物质流态的"源"和"汇"，借助道路交通路径，各种物质流态以经典的"点-轴"系统模式在"源"与"汇"之间传导。城市交通技术的革新以及 ICT 技术的广泛渗透，使得城市之间的交通方式与交通效率得到极大提升，促进城市生产和生活区位选择集不断扩大，驱动中国城市一体化高密度交流。②信息基础设施建设搭建了城市一体化发展的信息资源流动平台，是信息流的物化载体。信息网络流线有助于克服空间和时间障碍，支撑信息、消息、服务、资本、图像和劳动力的不间断的快速流动，将分散的地点，连入快速移动和整合的经济与社会体系之中。数据中心等信息基础设施作为信息系统中枢，搭建了城市一体化过程中各种数据和信息共享平台，影响和决定了中心城市跨域指挥与控制的功能。"交通一体化"、"交通同网"、"交通通信基础设施联网"，"基础设施共建共享"由此也成为我国一体化地区发展的先行措施。

（七）土地资源提供了城市一体化发展的空间载体和优化配置的关键要素

城市一体化整合在微观上表现为城市区域内部经济资源和经济活动的物质化及其对不同地理区位的依附或"侵占"过程，其实质是一种空间行为。也就是说这种过程是以土地为基质的，土地嵌合体的物质形态和景观空间模式构成了"空间"，是城市功能存在的载体和优化配置的关键要素[36]。首先，城市外围的土地承载潜力在很大程度上决定了城市发展方向，在充分考虑基本农田以及具有重要的生态功能区等不可建设因素的前提下，可开发建设用地成为城市寻求新的拓展空间的基础，能够在更小的阻力下提供更大潜力的可建设用地成为大都市优先进行要素重置的方向。其次，城市一体化内在地包含着以土地为核心的空间资源及其隐喻利益的一次再分配与再优化[37]。基于空间经济学原理，同种功能的土地在一定程度可以相互替代，如工业用地由于设施配套要求低，以及建设强度不高，核心与边缘的用地之间替代性较好，这也是城市一体化地区能够在城市之间共建产业新区的基础性条件；居住用地可以选择位于边缘地区以节省"土地成本"，但这种远离核心的努力受到"交通信息成本"提高的制约[38]，且对医疗、教育、商业等公共服务设施的要求较高，因此，配套完善的城市边缘区会扩大住房的选择集。这种基于土地级差效应的工业用地以及居住用地的"核心-边缘"的替代已经成为影响我国城市一体化空间调整最根本的因素，如沈抚、西咸、郑汴等城市共建新区均具有替代主城工业用地的性质，我国主要大都市的边缘社区也是城市居住用地边际替代的重要体现。

二、城市一体化地区的空间组织模式

城市一体化的空间组织模式是城市之间功能协作以及要素重组投影到空间的形式。根据协同城市理论，城市一体化的过程可分为局部尺度上城市空间结构演化，以及宏观尺度的区域城市体系的演变两个过程，区域的宏观结构是局部结构的整体结果[39]。因此，本节分别从中观视角和宏观视角出发，一方面关注城市之间进行结构性调整过程中中间地带的空间配置方式，同时也把该过程置于城市群演进的空间过程，关注城市即"节点"在区域中各关系的变化，包括规模等级关系的变化、节点的空间配置关系变化，在一定程度上也反映了我国城市一体化地区所处的阶段。

（一）中观层次的城市间空间组织模式

1. 遥望互动模式

即两两一体化城市之间呈现分散独立的状态，城市之间通过战略联盟或以两市共同签署的"一体化协议"为标志，在环境保护、基础设施和社会事业着手推进城市一体化，人流、物流、信息流在城市之间联系加强，单个城市呈现以市中心为核心的内聚式整合，城市之间尚无新的结节空间产生，表现为不连续的空间形态。我国城市一体化地区呈现这种空间组织模式的主要是：①一些平级的组合型城市如汕揭潮、延龙图一体化地区；②处于一体化起步阶段的城市，如济聊、烟威、大庆安达一体化地区；③都市区联系较弱的节点城市，如东莞与惠州、潍坊和日照；④被森林、湖泊、湿地等面状生态用地分割的城市，如济泰莱地区、武鄂黄黄地区、长株潭地区等。

2. 节点增生模式

毗邻城市一体化作用加速阶段的城市空间整合模式，依托便捷的交通通道，具有明确一体化意愿的两城市空间相向发展，并促成新的空间"结节点"产生，这些"结节点"或为共建产业园区，或为新市镇，或是各种形式的国家"战略区"，空间共同预控和区域服务中心职能培育是这些地区建设的重点内容。以这些"结节点"为触媒将直接带动或诱发两个城市空间的跨越发展。该模式又可分为轴线生长和边缘生长两种模式：

（1）轴线生长模式主要适用于两座城市有特定的联系方向，沿着联系两座城市的交通走廊发育形成"结节点"。该模式能够顺应城市的发展方向，较容易调动一体化城市的积极性，可操作性较强。由于不同功能级别的"结节点"对自身承载空间的尺度和用地要求不同，直接影响了一体化城市的结构伸展弹性，如沈抚新城与两座城市中心的距离仅为 20km，酒嘉新区的建设也使得两座城市的建成区几乎连在一起；然而国家级兰州新区到兰州、白银两市的距离，贵安新区距贵州安顺的最远一方则超过了 50km，拉开了一体化城市空间发展的框架，随着交通条件的改善，走廊地区将得到较快发展。我国城市一体化地区呈现这种空间组织模式的有郑汴、武孝、昌九、合淮、成德、贵安、兰白、沈抚、长吉、芜马、酒嘉、厦漳泉、福莆宁、宁镇扬一体化地区等。

（2）边缘生长模式同样因城市一体化发展而促成新的空间"结节点"，但这些"结节点"的分布更倾向于沿两市毗邻地区，作为未来两市共同建设和提升的核心空间载体。由于边界的中介效应，边缘地区成为一体化城市凝聚的缝合线[40]，而主要的市镇节点或政策区则成为缝合线的重要"针脚"，呈现出较为明显的增长速度。边缘节点的变异增长在整体上也放大了两座城市一体化空间整合的域面。采用这种模式的一体化城市通常距离较近、具有较长的接壤边界和与主要交通联系方向接驳的联系通道。我国城市一体化地区呈现这种空间组织模式的有广佛、西咸、太晋、乌昌、深港、甬舟一体化地区。除此之外，京津、深莞惠、沪苏嘉、苏锡常、宁马一体化地区等城市化发育程度较高或城市建设用地受地形地貌制约较小的地区则呈现轴向与边缘复合型的一体化空间组织模式。

（二）宏观层次的城市节点组织模式

1. 节点均衡成长式

同等规模等级的城市之间的相互作用关系。城市之间一体化基本表现为首脑协商的层面，主要针对减缓交通成本、促进要素流通以及空间增长等环节，对于构建城市产业梯度格局、促进城市功能互补尚未有较大实质性进展。这种初始规模均衡是一种低发育程度的均衡，如京津、芜马、甬舟、酒嘉、汕揭潮、奎独乌、延龙图等一体化地区；随着城市产业结构合理化和高级化，将走向实质城市一体化的高水平均衡，如深港、苏锡常地区则表现出较高一体化发育特征。

2. 首位定向成长式

我国大多数首府大都市区一体化起步阶段的组织模式。随着首府城市对各种职能和要素的不断集聚，"大城市问题"出现，基于核心城市问题解决的空间结构与职能调整需要加强，核心城市沿着某个方向优先发展并与该联系方向的毗邻城市进行一体化整合。在该模式下的两座城市表现为明显的主城-辅城关系，主城对毗邻城市间的关系具有绝对的主导能力，作为核心而组织、支配区域功能体系、产业分工、资本积累，如以广州为中心、佛山为副中心呈不对称分布的广佛一体化地区等（表7.13）。

表 7.13　基于宏观视角的城市一体化节点配置模式

空间组织模式	模式示意图	一体化地区名称
节点均衡（平衡组合）成长式		京津、深港、甬舟、烟威、芜马、酒嘉、苏锡常、汕揭潮、奎独乌、延龙图、北部湾一体化地区
首位定向成长式		广佛、宁马、济聊、郑汴、太晋、武孝、昌九、合淮、西咸、成德、贵安、兰白、乌昌、沈抚、长吉、大安一体化地区

续表

空间组织模式	模式示意图	一体化地区名称
单核多点融合式		长株潭、青潍日、厦漳泉、福莆宁、杭嘉湖绍、济泰莱-济聊、武鄂黄黄-武孝一体化地区
都市连绵区式		深莞惠-深港一体化地区 宁镇扬-宁马-芜马一体化地区 沪苏嘉-苏锡常-杭嘉湖绍一体化地区

注：根据《广西北部湾经济区城镇群规划纲要（2009—2020 年）》将构筑 "南宁+沿海" 双极发展格局。大庆安达作为市县一体化的代表，其空间组织类似于首位定向成长模式。

3. 单核多点融合式

以一个城市为核心，三个或三个以上的城市之间相互依托、优势互补、共同发展，高起点统筹部署区域资源，形成局部都市圈网络体系。当大都市区聚集到一定规模以后，区域内外要素流动相对活跃，核心城市挖掘更大发展潜力的需求迫切，必然会要求新的尺度重组并建立新的空间过程。从理论上讲，这种模式应该为大都市区发展到一定阶段、城市一体化范围再次放大所形成的城市空间组织模式。然而从我国城市一体化的实际来看，由于一体化运作的指令性特点，城市一体化可能不完全遵循自然法则下的演进模式，为了增强城市竞争力，几个城市通常通过 "捆绑" 的方式来增加参与竞争的能力，或是争取国家的战略或政策资源，这种情况下要避免多个毗邻辅城同时竞争核心城市溢出要素而造成空间发展的无序格局。我国城市一体化地区呈现这种空间组织模式的有长株潭、青潍日、厦漳泉、福莆宁一体化地区，以及多向放射伸展的杭嘉湖绍、济泰莱-济聊、武鄂黄黄-武孝一体化地区。

4. 都市连绵区式

城市一体化发展到多都市区阶段的空间组织模式，在宏观上表现为多组城市一体化地区的套嵌。单体大都市区在经济实力逐渐增强的过程中，可能遇到都市区拓展空间有限、共享资源枯竭、城市职能趋同并难以发现新的区域经济增长点，通常需要通过城市群内各节点之间创新能力的协调。都市连绵区式的城市一体化地区将最终导向高度一体化的生产要素和空间最佳的配置状态，多个都市区的核心城市之间也将形成一种相对稳定的空间相互作用关系与产业联系关系，呈现出城市群发育的高值性。我国城市一体化地区呈现这种空间组织模式的主要在长三角、珠三角区域，如沪苏嘉-苏锡常-杭嘉湖绍、宁镇扬-宁马-芜马、深莞惠-深港都市连绵区。

三、城市一体化地区的空间组织格局

城市一体化是大都市区发展到一定阶段人口、产业、资本等要素按市场规律转移、扩散和再地域化的必然过程，为了识别目前我国城市一体化地区空间分布总体格局，厘清其发展的基本情况，从"城市一体化体现城市群发育的阶段性"的基本认识出发，选取包括政府发展计划、城市规划、相关文献资料、著作、新闻报道在内的涉及城市一体化、同城化、组合城市、近域城市整合等的议题进行全空间、全方位"混合扫描"，从宏观上初步筛选我国城市一体化地区空间分布的概况；其次，考虑城市的实际发展阶段以及同城化的形成条件，以已有城市一体化相关规划或政府之间签署城市一体化协议为主要判别标准，修正部分范围不一致、提法众多的一体化地区；在此基础上，补充部分虽未够及城市群发育的规模条件，但被政界、业界和学界高度认同的协作条件较好的城市一体化地区，如奎独乌、酒嘉、延龙图一体化地区，最后归纳出我国城市一体化地区的基本架构、空间布局方案及发展重点如表 7.14 和图 7.14 所示。总体而言，我国 37 个城市一体化地区空间分布具有如下特点。

表 7.14 中国城市一体化地区空间分布一览表

区域	一体化地区	空间范围	所在城市群	发展方向与重点
东部地区（17）	京津一体化地区	北京、天津	京津冀城市群	京津冀一体化协同发展的核心区，首都城市功能升级的战略协同区
	广佛一体化地区	广州、佛山	珠江三角洲城市群	珠江三角洲城市群及广佛肇都市圈同城化发展先行区，广州国家中心城市和国际大都市建设承载区，高度融合的城市一体化示范区

续表

区域	一体化地区	空间范围	所在城市群	发展方向与重点
东部地区（17）	深莞惠一体化地区	深圳、东莞、惠州	珠江三角洲城市群	珠江口东岸都会区核心区，珠三角区域经济一体化的先行区
	深港一体化地区	深圳、香港	珠江三角洲城市群	"一国两制"探索粤港合作新模式示范区，自主创新领航的国际大都会区
	沪苏嘉一体化地区	上海、苏州、嘉兴	长江三角洲城市群	长三角城市一体化发展的领航区，上海世界城市建设的重要功能承载区
	苏锡常一体化地区	苏州、无锡、常州	长江三角洲城市群	长江三角洲城市群发展的核心组成部分
	宁镇扬一体化地区	南京、镇江、扬州	长江三角洲城市群	长三角地区与皖江城市带承接产业转移示范区的国家战略链接区，携领苏中、联动苏南的区域新型城镇化核心板块，南京都市圈城市一体化发展先导区
	宁马一体化地区	南京、马鞍山	长三角及江淮城市群	长三角与泛长三角连接的门户，跨省城市一体化发展的典范区
	杭嘉湖绍一体化地区	杭州、嘉兴、湖州、绍兴	长江三角洲城市群	全国转型发展先行区和浙江创业创新核心区，沪杭甬城镇连绵带上的城市一体化开拓区
	甬舟一体化地区	宁波、舟山	长江三角洲城市群	浙江海洋经济发展示范区的先导区，以海洋综合开发为重点的大都市区，海陆协调发展的城市一体化地区
	济泰莱一体化地区	济南、泰安、莱芜	山东半岛城市群	山东省会城市群一体化发展先导区，带动山东中西部地区发展的战略核心区
	济聊一体化地区	济南、聊城	山东半岛城市群	山东省会城市群一体化发展的先导区与战略拓展区
	烟威一体化地区	烟台、威海	山东半岛城市群	山东半岛蓝色经济区的重要组合城市，以现代海洋产业为重点的都市区，滨海型城市一体化合作示范区
	青潍日一体化地区	青岛、潍坊、日照	山东半岛城市群	山东半岛蓝色经济区发展核心支撑区，黄河流域面向国际化的重要门户，海洋科技及海洋经济领航的海陆统筹型都市区，国家级青岛西海岸新区引导的产城融合一体化示范区
	厦漳泉一体化地区	厦门、漳州、泉州	海峡西岸城市群	海峡西岸城市群一体化发展的先导区，祖国大陆对台交往合作的重要平台和门户

续表

区域	一体化地区	空间范围	所在城市群	发展方向与重点
东部地区 （17）	福莆宁 一体化地区	福州、莆田、宁德	海峡西岸城市群	海峡西岸城市群的核心都市区，与平潭综合实验区联动发展的大都市协作区，面向两岸合作的城市一体化先行地区
	汕揭潮 一体化地区	汕头、揭阳、汕尾	海峡西岸城市群	全国华侨经济的示范区，联系珠江三角洲、海峡西岸城市群的重要结节区
中部地区 （8）	郑汴 一体化地区	郑州、开封	中原城市群	中原城市群城市一体化发展先导区，中原经济区"核心增长区"，国际陆港引导的产城融合发展示范区
	太晋 一体化地区	太原、晋中	太原城市群	太原城市群区域经济板块核心和一体化先导区，国家资源型经济转型综改试验区的创新型联合都市区
	武孝 一体化地区	武汉、孝感	长江中游城市群	以临空经济协作为重点的大都市区，武汉城市圈向鄂西辐射的重要扇面
	武鄂黄黄一体 化地区	武汉、鄂州、黄石、黄冈	长江中游城市群	武汉城市圈一体化发展的先导区，鄂东产业协作、生态共管的城镇连绵带
	长株潭 一体化地区	长沙、株洲、湘潭	长江中游城市群	"两型"社会建设的国家示范平台，中部地区率先崛起战略支点
	昌九 一体化地区	南昌、九江	长江中游城市群	长江中游城市群重要经济增长极，鄱阳湖生态城镇群的功能主体及全省社会经济与空间发展的龙头核心区
	合淮 一体化地区	合肥、淮南	江淮城市群	江淮城镇群核心都市区的重要组成部分，以合肥、淮南为中心的双城式大都市区
	芜马 一体化地区	芜湖、马鞍山	江淮城市群	国家民族企业创新基地；泛长三角新兴增长集群、皖江城市带承接产业转移示范区的核心区域；安徽省域双核中心城市。
西部地区 （8）	西咸 一体化地区	西安、咸阳	关中城市群	关中城市群一体化发展先导区，西安国际化大都市的重要功能承载区，国家级西咸新区引导的内陆型一体化示范区
	成德绵 一体化地区	成都、德阳、绵阳	成渝城市群	成都经济区城市一体化发展先导区，以装备制造和高新技术产业合作为主的产业协作区
	北部湾 一体化地区	南宁、北海、钦州、防城港	广西北部湾城市群	中国-东盟自由贸易区的重要合作平台，西部海湾型城市一体化融合发展示范区

续表

区域	一体化地区	空间范围	所在城市群	发展方向与重点
西部地区（8）	贵安一体化地区	贵州、安顺	黔中城市群	黔中城市群核心区及城市一体化先导区，贵州省新型城镇化的核心平台，国家级贵安新区引导的内陆开放型都市区
	兰白一体化地区	兰州、白银	兰西城市群	新一轮西部大开发的战略支撑区，丝绸之路经济带及我国扩大向西开放的重要战略平台，引领全省跨越式发展的核心区
	酒嘉一体化地区	酒泉、嘉峪关	—	甘肃省次中心城市，国家重要的新能源装备制造基地及研发中心，戈壁绿洲城市一体化试验区
	乌昌一体化地区	乌鲁木齐、昌吉	天山北坡城市群	天山北坡城市群一体化发展核心区，中国面向中亚开放与合作的前沿地
	奎独乌一体化地区	奎屯、独山子、乌苏	天山北坡城市群	天山北坡城市群的次中心城市，丝绸之路经济带的重要节点
东北地区（4）	沈抚一体化地区	沈阳、抚顺	辽中南城市群	辽中南城市群一体化发展先导区，全国城市一体化先行先试的典范，平衡沈抚两市空间结构的复合城市
	长吉一体化地区	长春、吉林	哈长城市群	深化东北亚区域合作的重要战略平台和枢纽中心，推动吉林省中部城市群快速崛起的联合大都市
	大安一体化地区	大庆、安达	哈长城市群	哈大齐城市发展带上的重要组合城市，大庆资源型城市转型升级的战略支撑区
	延龙图一体化地区	延吉、龙井、图们	—	面向东北亚区域合作的开放前沿地，长吉图开发开放先导区的窗口型组合城市
全国合计	37		20	

（1）空间分布东密西疏。按所处地理区位来看，其中，东部地区17个，占46%；中部地区8个，占22%；西部地区8个，占22%；东北地区4个，占11%。

（2）高度集中于城市群。按所在城市群的等级结构来看，处于重点建设的国家级城市群的一体化地区有15个，共涉及34个城市，占该区域城市总数的45%；处于稳步建设的区域性城市群的一体化地区有17个，涉及38个

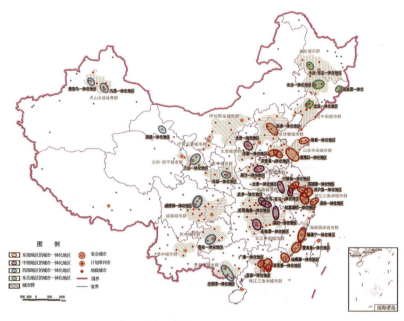

图 7.14　中国城市一体化地区空间组织格局示意图

城市，占该区域城市总数的 46%；处于引导培育新的地区性城市群的一体化地区有 3 个，涉及 6 个城市，占该区域城市总数的 18%；处于以上城市群范围之外的一体化地区有 2 个，这在一定程度上表明我国城市群发育的活力和潜力。未来我国城市一体化发展要立足于其所处的区域发展愿景，注重城市功能协调与质量内涵的提升，引导城市一体化地区发展为我国城市群和新型城镇化发展的战略先行区，以综合效益最大化的组群形态嵌入区域及世界城市体系的"流"的空间。

（3）沿海地区密集分布。按所在城市群的空间结构来看，长三角、海峡西岸、山东半岛、珠三角城市群分别是城市一体化分布最密集的地区，而作为我国三大城市群之一的京津冀城市群一体化组团分布较少，其余一体化地区以省会城市与其毗邻城市组合最为常见。

为了实现我国城市一体化发展的战略目标，保障城市一体化协调可持续发展，促进新型城镇化和城市群的健康有序演进，以优化我国城市发展的总体空间格局，对我国城市一体化地区发展提出如下的政策建议：

（1）促进城市一体化与城市群的共轭演进。城市一体化是城市群形成发育的前提基础，城市群体现着城市一体化的物质形态特征，以城市一体化的协同程度考量城市群发育的阶段与趋势，将城市一体化地区置于城市群发展建设的核心空间范畴和长远战略考虑，协调不同功能、规模的城市一体化地区，充分发挥其对城市群建设的先导引领作用，逐步耦合城市一体化地区与城市群的形成发育，实现功能协同与形态簇群"内外"并举，整体优化我国城市空间发展格局。

（2）促进城市一体化发展的中心体系建设。建设国际大都市及区域性中心城市，以中心城市为主体嵌入世界城市体系的"流"空间，带动城市一体化地区的纵深及外延发展。同时要适当引导建设新城新市镇，促进小城镇、小城市嵌入区域城镇地域组织而获得发展机会，促进形成网络化、流动高效的城镇地域格局。

（3）有序引导有条件的城市进行一体化发展。科学研判具备条件进行城市一体化发展地区，突破传统的城市之间的行政分割，有序引导其实施一体化战略，促进城市一体化的面域发展[31]。对于已有建设设想的城市一体化地区，尤其是距离尺度较大、发育条件不够成熟的一体化地区，要渐进地引导其一体化发展，避免粗放建设、盲目拉开城市空间框架；也要积极探索突破省级行政边界约束的城市一体化发育。

（4）深化完善城市一体化协作的内容。在交通基础设施建设以及共建产业园等较易实施、容易突破的实体空间形式的基础上，进一步深化拓展城市一体化协作的内容，以产业转型和提质增效统领我国城市一体化地区的高效协作，促进价值区段在一体化城市间的高效配置，注重绿色、智慧、人文等新的发展理念与模式对城市一体化发展的引导，注重跨界地区协调，并加强一体化地区社会建构与制度安排的研究探索。

（5）善用规划这种积极主动的尺度重构工具。城市一体化规划以及与其相关的大都市区规划、新区规划、产业园规划等作为城市间政策红利分配最基础的平台，产生了更多的具有"优势区位"的土地和具有"政策红利"的空间，这些政策空间在促进城市集中优势资源提升城市竞争力，实现集约、快速的跨越发展的同时，也可能演变为各级政府向上级政府谋求发展指标的工具[41]，要善用规划，体现在可知的现实和不可知的发展机遇之间的合理分配、有限的资源环境供给和城市无限的发展需求的合理平衡，科学引导构建我国国家治理的尺度空间。

（6）建立健全城市一体化的组织协调机构与机制。大都市区的联合治理组织应着重建设一个针对若干个区域重大问题的专门性协调解决机构[42]，建议建立同城化城市发展委员会统筹协调区域内的一体化地区发展，挂靠城市群协调发展管理委员会，城市一体化地区各种具有区域外部性的竞争行为和公共管理事项，都交由同城化城市发展委员会进行统一决策。同时，加强市场机制在城市一体化地区发展中的主导作用，让市民、专家学者等相关利益群体一起参与到城市一体化的沟通与规划过程当中，建立上下之间的沟通渠道，使城市一体化决策和协调由自上而下的集权制转为自上而下与自下而上相结合的"契约制"[43-44]。

第五节　大中小城市协同发展的新金字塔型空间组织格局

如果说城市群是新型城镇化的面状空间分布格局、城镇化主轴是新型城镇化的带状空间分布格局的话，那么大中小城市协同发展的新金字塔型空间组织格局就是新型城镇化发展的点状空间分布格局，点、带、面三种格局的有机融合共同构成"集点成群、以群托轴、以轴串群"的国家新型城镇化宏观格局。

一、现行大中小城市构成的金字塔型空间格局的评价

（一）城市数量缓慢增加，总体偏少

从 1980～2013 年近 33 年来，我国各类城市总数由 1980 年的 223 个增加到 2013 年的 660 个（表 7.15），30 年历年平均增长速度为 3.45%，平均每年净增 13 座城市。城市总数保持逐步递增趋势。但从 2000 年以来，由于国家

设市政策逐步收紧，城市总数不但没有增加，反而呈降低态势，2000 年全国城市总数为 663 个，2005 年降低为 661 个，到 2010 年进一步降低为 657 个，2013 年又回升到 660 个，恢复到 8 年前城市总数的水平，而这 10 年又是中国城镇化速度加速提升、城市建设发生巨大变化、城市病进入高发高危期的时期，城市数量偏少是导致城市病加重的一个重要原因。未来发展中，偏少的城市数量不利于推进国家新型城镇化进程。

表 7.15　中国城市数量变化统计表

数量	1980 年	1990 年	1995 年	2000 年	2005 年	2010 年	2013 年
城市数/个	223	467	640	663	661	657	660

（二）大城市数量偏多且增加速度快，小城市数量偏小且减少速度快

城市规模与数量是由城市所在的区位、自然基础、经济社会发展历史与基础等复杂因素决定的，据对第六次人口普查数据结果分析，目前我国市区常住人口超过 50 万人的大城市由 1990 年的 59 个增加到 2010 年的 242 个，20 年历年平均增加速度为 7.94%，其中市区常住人口超过 1000 万人的超大城市从无到有，到 2010 年增加到 6 个，2005～2010 年历年平均增加速度为 43.1%，500 万～1000 万人的特大城市由 1990 年的 2 个增加到 2010 年的 10 个，20 年历年平均增加速度为 8.84%，100 万～500 万人的大城市由 29 个增加到 120 个，20 年历年平均增加速度为 7.76%，50 万～100 万人的中等城市由 28 个增加到 106 个，20 年历年平均增加速度为 7.26%，20 万～50 万人的中等城市由 117 个增加到 253 个，20 年历年平均增加速度为 4.14%，小于 20 万的小城市由 291 个降低到 162 个，20 年历年平均减少速度为 3.04%。

由表 7.16 可以看出，近 20 年来，中国城市数量虽然在增加，但增加速度只有 1.81%，不同规模等级的城市增加速度完全不同，市区常住人口超过 1000 万人的超大城市增加速度达到 43.1%，市区常住人口超过 500 万人的大城市增加速度达到 8.84%，市区常住人口超过 100 万人的超大城市增加速度

达到 7.76%，而中等城市增加速度只有 4.14%，小城市反而以历年平均 3.04% 的速度在减少，这是一种很不合理和很不正常的现象，导致城市等级规模结构的金字塔型格局的根基不稳。

表 7.16　中国不同规模城市的数量变化及增加速度统计表

城市规模分级	市区常住人口/万人	1990 年	1995 年	2000 年	2005 年	2010 年第六次全国人口普查数据	20 年历年平均增加速度/%
大城市	≥1000	0	0	0	1	6	43.1
大城市	500~1000	2	2	2	3	10	8.84
	100~500	29	30	38	49	120	7.76
	50~100	28	43	53	78	106	7.26
	小计	59	75	93	131	242	7.94
中等城市	20~50	117	192	218	243	253	4.14
小城市	<20	291	373	352	287	162	−3.04
城市数合计		467	640	663	661	657	1.81

注：受统计资料限制，2000 年以前采用市区非农业人口，2000 年以后采取市辖区人口。

（三）城市规模等级格局由金字塔型演变为倒金字塔型，根基失稳

1990～2010 年的 20 年间，我国大城市数量比例由 12.63%快速增加到 36.83%，中等城市数量比例由 25.05%增加到 38.51%，而小城市数量比例却由 62.31%降低到 24.66%（表 7.17），大、中、小城市数量比例的变化导致中国城市等级规模结构的金字塔型格局发生巨大变化，由 1990 年的金字塔型演变为 2006 年的倒 T 型，进一步演变为 2010 年的倒金字塔型结构（图 7.15），这种倒金字塔型格局是一种严重失稳的不合理格局，与我国积极稳妥地推进新型城镇化战略方针不相吻合，因而必须采取措施进行等级规模结构的优化调整，使其回到金字塔型结构的合理格局上来。

表 7.17　中国不同规模城市数量结构变化表　（单位：%）

城市规模等级	1990 年	1995 年	2000 年	2005 年	2010 年
大城市	12.63	11.72	14.03	19.82	36.83
中等城市	25.05	30.00	32.88	36.76	38.51
小城市	62.31	58.28	53.09	43.42	24.66
合　计	100	100	100	100	100

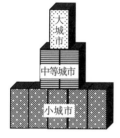
1990 年金字塔型

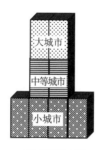
2005 年倒 T 型

2010 年倒金字塔型

图 7.15　中国城市等级规模结构的金字塔型格局演变示意图

（四）城市发展空间格局基本合理，业已固化，无法改变

中国城市发展的空间分布格局总体是合理的，具有客观合理性，是经过几千年与自然环境的选择形成的固化在中华大地上的格局，在未来相当长的时期内都将无法改变！因此，未来中国的城市发展要充分尊重城市发展的现状格局，适当进行城市规模等级结构、职能结构和空间结构的优化，因地制宜。无论分布在东部地区的城市，还是分布在中西部地区的城市，都要坚持宜大则大，宜中则中，宜小则小，城市的规模与数量一定要与当地的资源环境承载力相适应，要在资源与生态环境承载能力大的地方适度有序地建城，不搞攀比，不比大小，不比体量。

从东、中、西部三大地区城市发展数量与规模及空间布局的差异性分析，东部地区是特大城市、大城市高密集地区，未来城市发展受资源环境承载能力制约，要严格控制超大城市和特大城市数量与规模，要把城市数量与城产业结构升级、大面积雾霾、环境污染综合治理、资源高效集约利用、经济发展再上台阶有机结合起来，从调整城市体系的空间结构入手，提高城市发展的紧凑度和产业集中度，以提高新型城镇化发展质量为主要目标，全力解决日益严重的城市病，确保城镇化发展质量接近和赶上世界水平，提高东部地区城市的国际竞争力。中部地区城市发展要不断扩大城市吸纳乡村人口的容量，完善城市基础设施，积极引导鼓励大、中城市规模的适度扩大，大力发展小城镇，使中部地区成为我国新型城镇化的主战场。西部地区受自然环境的限制，城市发展以大城市和小城镇为重点，实行据点式发展，通过人口与经济要素的空间大调整，形成与生态环境相适应的生态城市发展模式。

二、未来大中小城市协同发展的新金字塔型空间格局

（一）适度增加城市数量，以新增 110 个城市为宜

西方各国大小各异，城市数量多少不同，所以没有可借鉴的城市数量的经验，从我们初步研究结果分析，我国地域辽阔，但目前我国城市数量总体偏少。国际经验研究表明，一般地当一个城市市区常住人口规模为 200 万人时，城市的各种基础设施和公共服务设施使用效率达到最大值，也就是说 200 万人的城市是"城市病"问题最轻的城市，据此到 2030 年我国人口按 15 亿人估算，则我国需要 750 个城市是比较合理的。采用门槛分析法和规模位序法则分析得知,未来中国城市的数量由现在的 660 个提升到 770～800 个是比较合理的[45]。新增方案建议为

（1）新增地级市 32 个。2013 年全国共有 286 个地级市，尚有 14 个地区、30 个民族自治州和 3 个盟没有改地级市，因此未来新设地级市主要从这 47 个行政单元去考虑。为了综合考虑新设地级市的现有基础、集聚程度、经济发展程度、基础服务能力和民族因素等条件，在原有设市标准的基础上建立了新的地级市新设评价方法,选择 25 个综合得分较高的行政单元作为未来新增地级市的考虑对象。此外，从沿边地区安防和稳定考虑，将西藏自治区的

6 个地区改为地级市，从文物古迹的整体性保护考虑，将敦煌县级市改为地级市。最终，在 2013 年 286 个地级市的基础上，新增 32 个地级市，使地级市数量达到 318 个。

通过综合计算，未来将哈密地区、喀什地区、阿克苏地区、和田地区、阿勒泰地区、吐鲁番地区 6 个地区改为地级市；考虑稳定边疆的特殊需求将林芝地区改为林芝市、那曲地区改为那曲市、昌都地区改为昌都市、阿里地区改为阿里市、山南地区改为山南市；考虑到文物古迹和世界历史文化遗产整体保护的特殊要求，将敦煌市（甘肃省酒泉市代管县级市）提升为地级市，探索文物保护的新模式；将锡林郭勒盟、兴安盟 2 个盟改为地级市；将延边朝鲜族自治州、巴音郭楞蒙古自治州、凉山彝族自治州、伊犁哈萨克自治州、楚雄彝族自治州、大理白族自治州、昌吉回族自治州、黔西南布依族苗族自治州、临夏回族自治州、黔东南苗族侗族自治州、恩施土家族苗族自治州、湘西土家族苗族自治州、红河哈尼族彝族自治州、黔南布依族苗族自治州、文山壮族苗族自治州、西双版纳傣族自治州、德宏傣族景颇族自治州共 17 个民族自治州在条件成熟的时候改为地级民族自治市。

（2）新增县级市 108 个。2013 年全国共有 370 个县级市、1445 个县和 49 个旗，按照城镇人口低于 10 万人（1993 年设县级市最低标准）、城镇化水平低于 40%、人口集聚程度指标、经济收入程度指标、基本公共服务指标等综合指标进行筛选，未来有条件实现县改市的县有 105 个；考虑到民族因素，对于 120 个民族自治县和自治旗按照城镇人口数量低于 6 万人、城镇化水平低于 25%、人口集聚程度指标、经济收入程度指标、基本公共服务指标进行设市综合能力评估，剔除贫困县、财政补贴县和直辖市管辖区外，拟建议民族自治县改为县级民族自治市的有 10 个城市，包括辽宁省本溪满族自治县和喀喇沁左翼蒙古族自治县、内蒙古的鄂温克族自治旗、河北省的宽城满族自治县和孟村回族自治县、吉林省的伊通满族自治县、海南省的陵水黎族自治县、云南省的石林彝族自治县、黑龙江的杜尔伯特蒙古族自治县、广东省的乳源瑶族自治县。这样县改市的数量将达到 115 个，剔除 2 个位于重点生态功能区的县、25 个县改区部分后，实际新增的县级市将达到 108 个（其中包括新增 10 个民族自治市)。至此,县级市数量将由 2013 年的 370 个增加到 2030 年的 488 个。

(3)新增城市总数 140 个。到 2030 年,我国城市总数将达到 770 个左右,其中,直辖市 4 个,地级市 318 个,县级市 448 个,形成金字塔型的城市设市格局。在新增的 140 个城市中,扣除市改区的 30 个城市,实际将净增城市 110 个。

(二)适当调高城市规模划分标准

根据我国城市发展规模总体偏大的现实,以共用城市基础设施和公共服务设施的市区常住人口为基本划分依据,适当调高我国不同规模城市划分标准,将我国城市划分为超大城市(≥1000 万人)、特大城市(500 万～1000 万人)、大城市(100 万～500 万人)、中等城市(50 万～100 万人)、小城市(10 万～50 万人)、小城镇(<10 万人)共 6 个等级标准,相应制定出不同等级规模城市相对应的基础设施和公共服务设施配置标准。形成由城市群、超大城市、特大城市、大城市、中等城市、小城市和小城镇组成的新金字塔型国家城市空间组织格局。以新的城市发展总体方针为指导,以第六次全国人口普查中各地级市市辖区常住人口为基本数据进行计算,参考中国城市发展空间格局多情景模拟结果,到 2030 年我国将形成由 20 个城市群、10 个超大城市、20 个特大城市、150 个大城市、240 个中等城市、350 个小城市和 19000 个小城镇组成的 6 级国家城市规模结构新金字塔型格局[45],如表 7.18 和图 7.16 所示,空间布局规划设想如图 7.17 所示。

表 7.18　到 2030 年我国城市发展新格局与城市规模结构新体系规划一览表

城市规模	划分标准	2010 年城市个数	2030 年城市个数	2030 年
城市群	≥2000 万人	20	20	长江三角洲城市群、珠江三角洲城市群、京津冀城市群、长江中游城市群、成渝城市群、辽中南城市群、山东半岛城市群、海峡西岸

续表

城市规模	划分标准	2010 年城市个数	2030 年城市个数	2030 年
城市群	≥2000 万人	20	20	城市群、中原城市群、哈长城市群、江淮城市群、关中城市群、北部湾城市群、太原城市群、呼包额榆城市群、黔中城市群、滇中城市群、兰西城市群、天山北坡城市群、宁夏沿黄城市群
超大城市	≥1000 万人	3	10	上海、北京、天津、广州、重庆、深圳、武汉、南京、西安、成都
特大城市	500 万~1000 万人	8	20	杭州、东莞、佛山、沈阳、哈尔滨、汕头、济南、郑州、大连、苏州、长春、青岛、昆明、厦门、宁波、南宁、太原、合肥、常州、长沙
大城市	100 万~500 万人	113	150	唐山、中山、徐州、温州、贵阳、乌鲁木齐、无锡、淄博、福州、石家庄、淮安、兰州、临沂、南昌、惠州、烟台、扬州、乌兰察布、南通、海口、潍坊、枣庄、襄阳、呼和浩特、包头、吉林、莆田、洛阳、台州、南充、江门、南阳、淮南、大同、泰安、阜阳、巴彦淖尔、鞍山、泉州、大庆、宿州、六安、盐城、湛江、抚顺、珠海、齐齐哈尔、商丘、贵港、常德、邯郸、宝鸡、宿迁、柳州、宜昌、亳州、泸州、绵阳、菏泽、赤峰、济宁、日照、芜湖、莱芜、遂宁、漯河、湖州、银川、自贡、内江、益阳、岳阳、信阳、聊城、茂名、乐山、嘉兴、镇江、钦州、西宁、天水、荆州、安阳、衡阳、巴中、淮北、保定、遵义、本溪、抚州、金华、张家口、玉林、株洲、连云港、鄂州、新乡、宜春、平顶山、秦皇岛、锦州、葫芦岛、武威、永州、贺州、东营，等等
中等城市	50 万~100 万人	106	240	
小城市	10 万~50 万人	427	350	
城市小计		657	770	
小城镇	<10 万人		19 000	
合　计		20 个城市群+770 个城市+19 000 个小城镇=国家城市规模结构体系新格局		

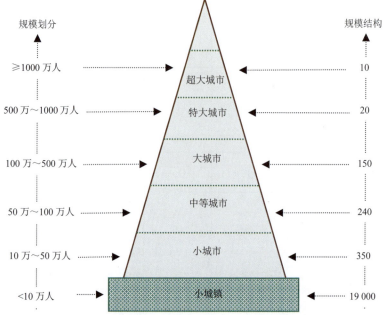

图 7.16 中国城市规模体系的新金字塔型格局示意图

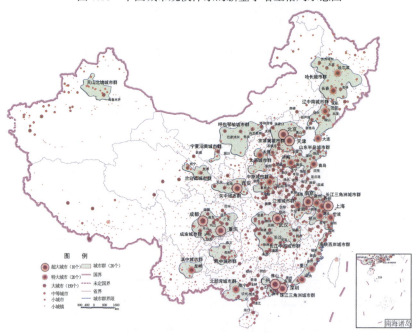

图 7.17 我国未来城市发展的规模结构新格局规划示意图

建议国家根据城市规模结构新体系，对未来每个城市最终容许达到的规模给予宏观指导，城市规划与建设部门相应对城市给出明确的刚性规模约束[46]，以便从国家城镇化的安全角度为指导城市地方政府进行规划与建设提供科学依据。

（三）严控"两大"（超大和特大城市）：作为治理"城市病"的重灾区

我国"城市病"最严重的地区在市区常住人口超过 1000 万人的超大城市和 500 万～1000 万人的特大城市，过去 10 年来，"两大"（超大和特大城市）对国家城镇化的贡献由 1990 年的 4.13%提升到 2010 年的 12.83%，与此同时，"两大"诱发的"城市病"问题越来越严重，使得特大城市和超大城市无一例外地成了"城市病"发病的重灾区，甚至于发展到无法根治的地步[47]。在这种情况下，绝不能继续把"两大"（超大和特大城市）作为新型城镇化和接纳新增进城人口的重要基地，必须采取各种措施严控"两大"（超大和特大城市）的人口规模与建设用地规模，并千方百计地疏散"两大"（超大和特大城市）人口和产业，使"城市病"缓解到现有市民能够容忍和接受的程度，使现住居民能够正常地出行、工作和生活。通过严控"两大"（超大和特大城市），把超大城市的个数严控在 10 座以内，把特大城市的个数严控在 20 个以内，确保到 2030 年超大和特大城市对国家城镇化的贡献维持在 10%左右。

（四）激活"两小"（小城市和小城镇）：作为农民市民化的首选地

通过鼓励发展小城市和小城镇，确保到 2030 年小城市和小城镇对国家城镇化的贡献达到 50%左右。一是把小城市作为就近有序低成本转移农业人口、实现农民市民化的首选地。统计表明，我国市区人口小于 20 万人的小城市由 1990 年的 291 个减少到 2010 年的 162 个，承载的市区常住人口由 1990 年的 4266.7 万人降低到 2010 年的 2430.12 万人，对国家城镇化的贡献由 1990 年的 10.72%降低到 2010 年的 3.63%，而小城市恰恰是未来城市化进程中资源环境承载能力相对较大、城市化成本较低、进城门槛较低的地区，建议将小城市作为未来我国就近转移农村剩余劳动力和农业人口的最佳首选地[48]。这就需要将目前已经达到小城市设置条件的小城镇撤镇设市，确保小城市数量由 2010 年的 162 个达到 2030 年的 350 个左右，确保小城市对国家城镇化的贡献达到 15%左右。二是把小城镇作为就地转移农业人口、实现农民市民化的首选地。统计表明，我国小城镇数量由 1990 年的 12 084 个增加到 2011 年的 19 683 个，对国家城镇化的贡献由 1990 年的 50.2%降低到 2010 年的 36.44%，而小城镇恰恰是未来城市化进程中资源环境承载能力相对较大、城市化成本最低、进城门槛最低的地区，建议将小城镇作为未来我国就地转移农村剩余劳动力和农业人口的最佳首选地。这就需要将目前已经达到小城镇设置条件的乡撤乡设镇或合乡设镇，确保小城镇数量到 2030 年保持在 19 000 个左右，确保小城镇对国家城镇化的贡献稳定在 35%左右。三是制定一系列扶持小城市和小城镇产业发展的优惠政策，下大力气通过产业和服务转移，给小城市和小城镇增加就业机会[49]。超大城市和特大城市虽然就业岗位较多，但农民市民化的成本非常高，住房、就学困难大得多，加之超大城市和大城市暴发出的一系列"城市病"问题在短期内无法解决，无法使得农民工在此获得稳定持久的住所。而小城市和小城镇房价、物价低得多，农民市民化的门槛低，容易就近就地获得稳定住所，带动农村地区的现代化发展。只要通过制定优惠政府扶持产业和就业岗位向中小城市转移，就可以解决中小城市就业岗位不足的问题[50]。

主要参考文献

[1]   方创琳. 中国新型城镇化发展报告. 北京: 科学出版社. 2014: 96-99.

[2]   郑度, 葛全胜, 张雪芹, 等. 中国区划工作的回顾与展望. 地理研究, 2005, 24(3): 330-344.

[3]   郑度, 周成虎, 申元村等. 地理区划与规划词典. 北京: 中国水利水电出版社, 2012: 25-66.

[4]   日本国土厅. 第五次全国综合开发规划/21 世纪国土宏伟设计, 1998: 12-16.

[5]   顾林生. 国外国土规划的特点和新动向. 世界地理研究, 2003, 12(01): 60-70.

[6]   竺可桢. 中国气候区域论. 地理杂志, 1930, 3(2): 32-35.

[7]   黄秉维. 中国综合自然区划草案. 科学通报, 1959, (18): 594-602.

[8]　黄秉维. 论中国综合自然区划. 新建设, 1965, (3): 65-74.

[9]　黄秉维. 中国综合自然区划纲要. 地理集刊, 1989, 21: 10-20.

[10]　林超. 中国自然区划大纲(摘要). 地理学报, 1954, 20(4): 395-418.

[11]　中国科学院中国地理志编辑部. 中国自然区划草案. 北京: 科学出版社, 1954: 21-29.

[12]　侯学煜. 对于中国各自然区的农、林、牧、副、渔业发展方向的意见. 科学通报, 1963, (9): 8-26.

[13]　侯学煜. 中国自然生态区划与大农业发展战略. 北京: 科学出版社, 1988: 54-58.

[14]　任美锷, 杨纫章. 中国自然区划问题. 地理学报, 1961, 27(12): 66-74.

[15]　刘盛佳. 地理学思想史. 武汉: 华中师范大学出版社, 1990: 435-438.

[16]　胡序威. 中国区域规划的演变与展望. 地理学报, 2006, 61(6): 585-592.

[17]　毛汉英, 方创琳. 我国新一轮国土规划编制的基本构想. 地理研究, 2002, 21(03): 267-275.

[18]　杨树珍. 中国经济区划研究. 北京: 中国展望出版社, 1990: 33-72.

[19]　郭焕成. 中国农业经济区划. 北京: 科学出版社, 1999: 48-59.

[20]　汪劲柏, 赵民. 论建构统一的国土及城乡空间管理框架——基于对主体功能区划、生态功能区划、空间管制区划的辨析. 城市规划, 2008, 32(12): 40-48.

[21]　刘燕华, 郑度, 葛全胜, 等. 关于开展中国综合区划研究若干问题的认识. 地理研究, 2005, 24(03): 321-329.

[22]　曹淑艳, 谢高地. 发展问题驱动下的中国功能区划视角演化与展望. 资源科学, 2009, 31(04): 539-543.

[23]　方创琳. 中国城市群形成发育的新格局与新趋向. 地理科学, 2011, 31(9): 1025-1035.

[24]　方创琳, 姚士谋, 刘盛和, 等. 中国城市群发展报告. 北京: 科学出版社, 2011: 2-5.

[25]　方创琳. 中国城市群研究取得的重要进展与未来发展方向. 地理学报, 2014: 69（8）, 1130-1144.

[26]　Dictionary O E. Oxford: Oxford University Press, 1989: 34-36.

[27]　赵斌正. 西安、咸阳区域一体化规划建设问题探讨. 规划师, 2003, 19(7): 57-59.

[28]　傅永超, 徐晓林. 府际管理理论与长株潭城市群政府合作机制. 公共管理学报, 2007, 4（02）: 24-27.

[29]　彭震伟, 屈牛. 我国同城化发展与区域协调规划对策研究. 现代城市研究, 2011, （06）: 20-24.

[30]　王德, 宋煜, 沈迟, 等. 同城化发展战略的实施进展回顾. 城市规划学刊, 2009, (04): 74-78.

[31]　魏成, 沈静, 范建红. 尺度重组——全球化时代的国家角色转化与区域空间生产策略. 城市规划, 2011, (6): 28-35.

[32]　魏成, 陈烈. 制度厚实、制度空间与区域发展. 人文地理, 2009, (02): 67-72.

[33]　陈彦光. 中国城市发展的自组织特征与判据——为什么说所有城市都是自组织的?. 城市规划, 2006, 30(08): 24-30.

[34]　崔宗安. 生态城市建设中的规划理论. 北京规划建设, 2006, 02: 78-81.

[35]　王勇, 李广斌. 苏南乡村聚落功能三次转型及其空间形态重构. 城市规划, 2011, 35(7): 54-60.

[36] 彭坤焘, 赵民. 关于"城市空间绩效"及城市规划的作为. 城市规划, 2010, 34(08): 9-17.

[37] 陈彦光. 自组织与自组织城市. 城市规划, 2003, 27(10): 17-22.

[38] 凯文, 林奇. 城市意象. 方益萍, 何晓军译. 北京: 华夏出版社, 2001: 56-57.

[39] 葛春晖, 朱郁郁, 刘培锐. 平级组合型城市群规划探索. //中国城市规划学会. 城市时代, 协同规划——2013 中国城市规划年会论文集. 2013: 123-125.

[40] 邢铭. 沈抚同城化建设的若干思考. 城市规划, 2007, 31(10): 52-56.

[41] 刘继华, 金欣. 国家战略背景下大尺度新区规划策略研究——以四川省成都天府新区总体规划为例. //中国城市规划学会. 多元与包容——2012 中国城市规划年会论文集. 昆明: 云南科技出版社, 2012: 636-645.

[42] 张京祥, 何建颐, 殷洁. 全球城市密集地区发展与规划的新趋势. //中国城市规划学会. 规划 50 年——2006 中国城市规划年会论文集（上册）. 中国城市规划学会, 2006: 5.

[43] 方创琳. 我国新世纪区域发展规划的基本发展趋向. 地理科学, 2000, (1): 1-6.

[44] 李开平, 黎云, 等. 城镇密集区城市规划合作的探索与实践——以"广佛同城"为例. 规划师, 2010, (09): 47-52.

[45] 方创琳. 中国城市发展方针的演变调整与城市规模新格局. 地理研究, 2014, 33(4): 766-775.

[46] 杨永春, 冷炳荣, 谭一洺, 等. 世界城市网络研究理论与方法及其对城市体系研究的启示. 地理研究, 2011, 30(6): 1009-1020.

[47] 武前波, 宁越敏. 中国城市空间网络分析——基于电子信息企业生产网络视角. 地理研究, 2012, 31 (2): 207-219.

[48] 王婧, 方创琳. 中国城市群发育的新型驱动力研究. 地理研究, 2011, 30(2): 335-347.

[49] 关兴良, 方创琳, 周敏, 等. 武汉城市群城镇用地空间扩展时空特征分析. 自然资源学报, 2012, 27(9): 1447-1459.

[50] 蔺雪芹, 方创琳. 城市群工业发展的生态环境效应分析. 地理研究, 2010, 29(12): 2233-2243.

第 八 章

中国城市发展的职能结构格局

在对城市职能分类与职能结构研究的国内外进展分析的基础上，提出了城市职能结构类型及其研究方法，总结出中国城市职能规模结构的空间分布格局；根据城市职能类别的判断依据，分别论述了矿业城市、工业城市、建筑房地产业城市、交通城市、商业城市、金融城市、科教城市、旅游城市等不同职能城市的空间分布格局，分析了不同职能强度城市的空间分异规律；通过计算城市不同行业的职能强度，并结合韦伯专门化指数和乌尔曼-迪西专门化指数对城市职能性质进行辨识，辨识结果将全国城市职能分为综合性城市（占全国城市总数的28%）、专业化城市（占32%）、强专业化城市（占14%）和一般性城市（占26%）四大类；借助SPSS的聚类分析方法，根据不同的距离把我国城市分为6个职能大类、9个职能亚类和16个职能组。在城市职能分区分类的基础上，提出了未来我国城市职能结构总体优化目标为，城市职能结构更趋合理，与城市产业结构调整方向保持一致；城市一般职能得到充分发挥，特殊职能得到更加张扬；城市职能分工互补有序，实现错位发展避免职能雷同；城市职能类型日趋多元化，新型城镇化发展更加因类制宜。进一步提出了未来我国城市职能结构格局优化方向与重点为，推动城市由单一职能城市转变为综合职能城市，由中低端传统工业转变为中高端战略新型产业，由资源型城市转变为资本密集型城市和知识密集型城市，由传统城市转向智慧城市和低碳生态城市。最后提出了未来我国重点建设31个资源型城市、47个交通枢纽城市、212个智慧城市、34个国家级工业城市、148个地区级工业城市、42 个县级工业城市、21 个全国物流节点城市、17 个区域性物流节点城市、161 个地区性物流城市、20 个国家级旅游城市、173 个地区级旅游城市和 144 个县级旅游城市的城市职能结构格局优化设想。

第一节　城市职能结构类型与研究方法

城市职能，也称为城市功能，是指城市在一个国家或地区所承担的政治、经济、文化等方面的任务和所起的作用[1]。中华人民共和国国家标准《城市规划基本术语标准（1999）》对城市职能进行了明确定义：城市职能（urban function）是指城市在一定区域内的经济、社会发展中所发挥和承担的分工。城市职能是基于生产力的发展而发展形成的，是人类社会发展的映射，形成一种具有梯度和传承的职能循环，推动城市的职能不断向高级阶段演化。随着城市功能更加细化，城市职能强调在城市某一领域内所具备的能力，如商贸功能、流通功能、行政功能、文化功能等，而城市职能一般强调对各种功能综合以后，由于其对外围区域特别突出的功能所形成的一种地位或性质，更强调在城市体系的水平分工或垂直分工下所形成的区域关系[2]。对于城市职能概念的界定，城市规划学界与城市地理学界都有各自的定义，但二者的观点基本一致。前者认为城市的主导职能应该有两个特点，既有重要的区际意义，又要在城市的经济结构中具有举足轻重的地位[3]。后者也强调应从一个区域（或国家）范围内考察各城镇在经济、政治和文化等方面所起的作用，来确定其城市职能类型[1]。

我国城市地理学界对城市职能的理解与国外学者的理论较为一致。孙盘寿和杨延秀[4]在我国城市地理学领域里最早提出城镇职能的分类概念，认为"城市职能分类，就是以一个区域（或国家）为范围，按照各个城镇在经济、政治、文化等方面所起作用的不同，将它们分成若干类型。"周一星也认为城市职能是指某城市在国家或区域中所起的作用、所承担的分工[5]，其着眼点是城市的基本活动部分，把城市对内、对外进行的各种生产和服务活动都归入城市职能范畴是不严密的。城市职能是从整体上看一个城市的作用和特点，指的是城市与区域的关系、城市与城市的分工，属于城市体系范畴。城市性质代表了城市的个性、特点和发展方向，是城市职能的概括，关注的是最主要、最本质的职能。

通过比较发现，多数研究者界定的城市职能均是指城市对其本身以外的区域在经济、政治、文化等方面的作用和功能，较多地强调了社会劳动分工对城市-区域发展的影响。因此，城市的经济活动分为基本活动和非基本活动，通过城市的基本活动，即其为城市自身以外区域所提供的服务，来反映其在全国范围内所发挥的作用和承担的分工，以此作为该城市的职能。

一、城市职能分类与职能结构

（一）城市的一般职能和特殊职能

城市职能可分为一般职能和特殊职能。一般职能是指每个城市都必备的，即指集聚于城市中生产、流通、分配、文化、教育、社会、政治等多项活动中的那部分职能，如商业、服务业、建筑业、食品加工、印刷出版业等；特殊职能则是指一些不可能为每个城市所必备的职能，如采矿业受城市资源禀赋的限制；旅游业受旅游资源的限制；科学研究则与城市所具有的科研力量有关[6]。

（二）城市的基本职能和非基本职能

萨姆巴特（M. Sombart）将城市职能分成了基本职能和非基本职能两大部分。基本职能又称为基本活动，是指为城市以外地区生产和服务的经济活动。非基本职能也称为非基本活动，是指为城市本身提供货物和服务的经济活动。亚历山大（J.W. Alexander）将两者分别称为"城市形成生产"和"城市服务生产"[7]。基本与非基本职能的划分，对于研究一个城市的性质、未来发展规模与职能类型优化极为重要。一般用收入或就业人口的比率来表示基本活动与非基本活动。

城市的基本职能是城市存在和发展的原动力，基本职能越强，则城市越繁荣。从城市职能的定义中可发现，政治、经济和文化职能是城市的三大基本职能。城市的政治职能体现了城市的行政管理中心地位；经济职能表现为城市各经济部门为城市以外区域提供产品和服务的作用与地位；而城市的文化职能则主要是指在科学、教育以及文化产业等对城市以外空间的影响力。

（三）城市职能分类的不同方案

城市中工业、商业、交通、行政和文化教育等行业是城市职能形成的基础。但在具体研究中，城市职能类型的划分往往受到数据可得性的限制。顾朝林提出的基本职能类型是将职能体系分成政治中心、交通中心、矿工业城镇和旅游中心 4 个体系及若干亚体系和子集[8]，由于缺少数据，该研究基本是定性的，所以分类较为粗略；周一星在对城市职能分类时考虑了工业、采掘业、地质勘探业、建筑业、交通邮电业、商业、机关团体和旅游业等[5]，但将房地产业、居民服务业、教育文化艺术、科学研究与技术服务业、金融保险业等合并为其他第三产业，未能深入分析城市的服务职能；于霞根据统计年鉴上的行业门类将城市职能分为工业、建筑业、交通运输业、商饮业、房地产业、科教文卫业和社会团体 7 类等[6]。

二、城市职能分类与职能结构的研究进展

（一）城市职能分类与职能结构的国际研究进展

世界最早研究城市职能分类的学者是来自英国的奥隆索（Aurousseou M），其在 1920 年代的研究中将城市分为行政、军事、文化、生产、集散、市场、分配和保健等类型。这一分类与日本学者西田于四郎在 1931 年的研究大致相同。1926 年，小川琢治将日本的城市分为城下町、门前町、宿场町等，这些分类是从历史角度进行的定性分析，只能大致反映城市的职能和由来。

1930 年代以来，城市职能分类成为城市地理学、经济学领域研究的课题，分类方法相应得到了较大发展。特别是在统计资料日益完善、人们对城市认识日益加深以及计算机技术得到广泛应用的背景下，对城市职能分类方法从定性描述向定量演变起到了举足轻重的作用。定量分析也从单一指标的使用

演进到多指标多变量的分析。从研究方法到演进内容，对城市职能结构的研究都日益走向多元化和现代化。

1960 年代以后，随着各学科的相互交叉与渗透，传统的研究方法进一步得到发展，使许多传统无法实现的研究成为现实。1965 年，麦克斯韦尔（Maxwell W.J.）在对 80 个加拿大城市进行分类研究时，突破了单要素的局限，使用了多个指标，并初步引入城市规模的因素。与此同时，伴随着地理学界的计量革命，运用多变量分析方法对城市进行分类分析的研究越来越多，其中较为常见的分析方法为主成分分析和聚类分析。

从以上的发展历程可看出，对城市职能进行分类的研究，经历了从定性到定量的变化。但受到学者研究视角不同的影响，采取的表征各异，因此导致最终的分类结果也相差很大。可以说，城市职能分类研究中的主观任意性仍然存在，这是无法避免的弱点。

（二）城市职能分类与职能结构的国内研究进展

在西方国家研究城市职能的热情渐渐褪去之后，城市职能分类成为我国城市地理学的热门课题。由于一直缺少统计资料支撑，城市体系职能结构的研究在我国相对滞后，多为一般性描述和单项职能分类。1984 年，孙盘寿和杨廷秀通过采用纳尔逊职能分类法首次开展定量分析，对四川、云南、贵州三省进行了城市职能类型研究[4]。这是我国区域性城镇职能分类研究中最早的深入研究，分析对象包括西南三省 22 个城市和 515 个非农业人口在 2000 人以上的乡镇。

1985 年，中国城市统计年鉴首次公布。其中包含了 295 个城市各工业部门的产值等相关资料，为进行城市工业职能分类提供了基础。1988 年，周一星和布雷德肖首次发表了全国性的城市工业职能分类研究成果[9]，成为我国城市职能分类定量研究的重要代表。1991 年，田文祝和周一星在理论上提出了"城市职能三要素"，即专业化部门、职能强度和职能规模[10]，并采用多变量分析和统计分析相结合的方法，对各城市依据其职能性质进行了清晰分类。

从国内研究历程来看，徐红宇等将中国城市职能分类研究分为 3 个阶段：①研究初步展开时期（1980 年代）；②研究发展时期（1980 年代末至 1990

年代末）；③研究逐步完善时期（2000 年代以来）[11]。第一个阶段限于资料收集难度和研究经验缺乏，尚未能展开大区域范围的城市职能分类研究；第二个阶段正好处于中国工业化和城镇化的前期，城市统计资料也逐步得到完善，为展开全国范围的城市职能分类研究提供了可能，这期间的研究更侧重于对中国城市体系工业职能结构的研究，同时也考虑了城市的其他职能，如交通运输、商业等；第三个阶段由于数据资料更容易搜集，城市职能分类研究成果也日益增多，在研究区域范围和分类指标的选取上，以及分类方法的应用等方面都呈现逐步完善的趋势。

从研究区域范围来看，既有单个省份城市职能的分类研究[12-16]，也有经济联系紧密区域的城市职能分类研究[17-21]，还有以城市群为对象的职能分类研究[22]，以及对某一特殊类型城市的职能分类研究[23-24]。

从分类方法来看，陈忠暖和杨士弘运用因子分析和多变量聚类方法的组合，比多变量聚类和统计分析结合的方法得到的职能类型更为清晰客观[14]；陈国生将产业构成与统计分析方法相结合，得到了较为理想的分类结果[15]；凌怡莹和徐建华更是将竞争型人工神经网络模型，也称为 Kohonen 模型运用于城市职能分类的研究，利用神经网络在模式识别和分类方面的优势来提高分类的速度和客观性，为城市职能分类提供了一种新的方法[21]。

进入 21 世纪，我国城市的发展将面临更多新的机遇与挑战，在经济全球化和区域一体化趋势下，城市现有的不合理职能结构需要及时调整，对城市职能的研究需要在研究方法和数据指标上进一步完善，以适应新的现实发展特征。

三、城市职能分类与职能结构的研究方法

对城市职能分类方法的研究经历了一个漫长过程，研究方法经历了一个从简单到复杂，由定性描述向定量分析转变的过程，而定量分析又经历了从单一指标测度到运用多指标、多变量综合衡量分析的过程。研究试图从更多侧面对城市的职能结构与类型进行考察，随着统计资料日益完备、分析方法的进步以及计算机技术的应用，城市体系职能结构分类研究方法也日益走向

多元化与现代化。卡特（Carter H.）在 1975 年出版的《城市地理学研究》一书中，把城市职能分类方法按时间顺序归纳为一般性描述—统计描述—统计分析—城市经济基础研究—多变量分析 5 类分类方法[25]。这些分类后一种方法大都是为了弥补前一种方法的不足而提出和发展起来的，尽可能增强分类的客观性，减少主观性。

（一）城市职能分类与职能结构的定性研究方法

相比发达国家，我国的统计工作发展较为滞后，直到 1990 年代才出现较为详实的城市分行业产值与从业人口数据。因此早期对城市职能分类研究由于受到统计数据的限制，只能采用定性的分析方法。顾朝林在《中国城市体系》一书中，提出了一个一般描述式的基本职能类型表，把职能体系分成政治中心、交通中心、矿工业城镇和旅游中心 4 个体系及若干亚体系和子集[8]。分类所采用的方法即是定性的描述方法。

定量方法可以对庞大的资料矩阵进行城市样本间相似性和差异性的综合判别，但不会告诉每一类别的定性特征，因此将定性与定量方法结合可以更准确地判别城市的职能类型特征。例如，朱翔基于对湖南省第三产业的产值比例对域内各城市进行分类，并辅之以对湖南各城市经济发展水平和特色产业的了解，来分析评价各城市的主导产业职能与优化发展方向[12]。张文奎等[26]和周一星、孙则昕[27]将定量分析的分类结果与对各城市的定性判断进行比较，还对选取何种指标数据更合理进行了争辩。陈忠暖、杨士弘在对广东省内各城市不同行业就业人口比例进行主因子分析时，从 14 个原始行业部门中提取出 5 个主因子，并据此对各个城市的职能进行归类[14]。在解析主因子所表征的职能类型时，也利用了定性分析法。

（二）城市职能分类与职能结构的定量研究方法

对城市职能的定量研究是建立在全面的统计数据基础之上，这些统计数据可以是表征城市不同职能的经济数据，如各行业的经济产值；也可以是各职能部门的从业人口数据等。1985 年，中国城市统计年鉴首次公布了全国 295 个城市各工业部门的产值及相关资料，为研究全国城市的工业职能分类提供了可能；1991 年，国家统计局首次公布了全国 465 个城市分行业社会劳动者就业人数资料，为定量分析中国城市的职能分类提供了数据基础。

定量研究中国城市的职能分类多采用统计的方法。周一星、布雷特肖[9]和田文祝、周一星[10]在研究全国城市工业职能分类时使用了多因素分析与统计分析相结合的方法。张文奎等[26]采用纳尔逊标准差法对城市职能进行了分类，于霞分别采用了纳尔逊标准差法、专门化指数法和经济基础法对山东省各地级城市和县级城市的职能进行分类研究[6]。周一星、孙则昕采用多变量聚类分析的沃德误差法得到城市职能分类的结果，并结合纳尔逊统计分析法的原理对分析结果进行类别描述和命名[27]。此外，陈忠暖、杨士弘运用因子分析和多变量聚类相结合的方法，对广东省城市职能分类进行了探讨[14]；凌怡莹、徐建华将竞争型人工神经网络模型，运用于城市职能分类的研究[21]，利用神经网络在模式识别和分类方面的优势以提高分类的速度和客观性，为城市职能分类提供了一种新方法。

在以往的职能分类研究中，绝大多数采用的都是基于统计分析、聚类分析、因子分析和主成分分析等这些较为传统的统计分析方法。这类方法具有使用简便直观，对分类结果的特征分析可以进行过程追溯。而非数值分析方法，如竞争型人工神经网络模型的运用等相对较新，是城市职能分类研究方法的新尝试。

在本章的研究中，我们首先利用经济基础法区分出城市的基本活动和非基本活动人口，并以基本活动作为分析城市职能的基础数据。一方面，利用 ArcGIS 软件对各城市不同职能部门基本就业人口的分布进行空间作图，直观分析各项基本职能中心城市的空间分布状况；另一方面，基于各城市不同职能部门就业人口比例数据，采用纳尔逊标准差法确定各城市的显著职能及其职能强度，并结合韦伯专门化指数法对所有城市职能性质进行分析。最后，利用聚类分析法对城市进行分类，从中找出城市职能发展的共性与差异。

1. 经济基础法（基本非基本比率法）

从城市形成和发展角度来看，可将城市职能分为基本和非基本两类。一般用收入或就业人口的比率来表示基本活动和非基本活动，这种比率称为基本-非基本比率。城市的基本职能是城市存在和发展的原动力，基本职能越强，则城市发展越繁荣。若用城市的就业人口来表示基本活动和非基本活动，则城市就业人口也相应可分为基本人口和非基本人口。按照基本-非基本的概念，城市的基本职能与城市的成长直接相关，而且城市的基本就业结构可能与它的总就业结构不一致。如果使用各部门基本人口的比例作为城市职能分类的依据，可以更好地反映城市职能专门化的程度[6]。

Maxwell（1965）研究加拿大城市分类时，首先根据城市每一项职能活动的最低必要量，计算出每个城市的非基本就业人数，而后用就业总人数减去非基本就业人数，得到各城市的基本就业人数。基于该数据将城市职能分为 2 个指标：①优势职能，即城市基本职工构成中比例最大的部门；②突出职能，利用纳尔逊法的平均职工比例加标准差的评价标准判断，高于 1 个标准差的部门为城市的突出职能。

2. 纳尔逊标准差法

纳尔逊（Nelson）在研究美国城市的服务类型划分时，利用 1950 年美国 1 万人口以上的 897 个城市的 9 种行业、24 种职业的统计资料，把就业部门划分为 9 种类型，然后计算出每个城市中各部门劳动力在 9 个就业部门中的就业比例[28]。最后借助两个统计量——算术平均值和标准差，对所有城市根据各部门就业比例与算术平均值之间的差距进行职能划分。其中，算术平均值的计算公式为

$$\bar{X}_j = \frac{1}{n}\sum_{i=1}^{n} X_{ij} \qquad (8.1)$$

式中，X_{ij} 为 i 城市中 j 部门的就业人员占该城市所有部门劳动力的比例，$\bar{X}_j$ 为所有城市中 j 部门劳动力就业比例的平均值；下标 i 和 j 分别代表城市和部门，n 代表城市个数。标准差 σ_j 的计算公式为

$$\sigma_j = \sqrt{\frac{\sum_{i=1}^{n}\left(X_{ij}-\bar{X}_j\right)^2}{n}} \qquad (8.2)$$

城市职能的判别标准：如果某一城市某个特定部门的就业比例超过所有城市该部门就业比例的平均值达到一个标准差，则该就业部门即为该城市的主导职能部门。如果某城市所有部门的就业比例均未达到专门化标准（超过均值 1 个标准差），则将该城市列为综合性城市。此外，定义城市主导职能部门的职能强度为就业比例高于平均值多少个标准差，其计算公式为

$$I_{ij} = \frac{X_{ij} - \bar{X}_j}{\sigma_j} \tag{8.3}$$

式中，I_{ij} 为 i 城市 j 部门的职能强度，若 $I_{ij} > 1$ 则称 j 部门为 i 城市的主导职能部门，若 i 城市所有部门的职能强度均小于 1，则该城市为综合性城市。

纳尔逊标准差法在职能分类过程中，强调各城市部门就业比例与均值水平之间的关系，可以反映对某一特定部门而言，每个城市的专门化程度。但是该分类方法也存在一些缺点：一是根据纳尔逊标准差法计算得到的某城市主导职能部门，只能说明其与全国其他城市相比是突出的，但有时并不是该城市就业比例最大的部门；二是未将城市规模纳入到考虑范围，因此对一些相同类型和级别的城市，不能显示出其职能差别。因此存在这样的情况，即一个城市在某些职能活动上虽然没有达到纳尔逊标准差法所要求的主导职能水平，但从规模来讲，该城市这些职能在区域中的地位却远比该项职能的专门化城市更加重要。

3. 韦伯专门化指数法

1959 年，韦伯（Webb W. J.）在研究美国明尼达州的城镇职能分类时，提出了职能指数-专门化指数法[29]。认为一个城镇的主导职能主要从两个方面表现出来：一是某特定职能在某城镇各职能部门中的重要程度，可由该职能部门就业人员占该城镇全部职能就业人口的比例来表示，即纳尔逊标准差法中的 X_{ij}；二是某城镇中某特定职能在区域所有城镇该职能中的地位，可由该城镇该职能部门就业人口比例与区域所有城镇该职能就业人口比例的比例表示，因此定义职能指数为

$$\mathrm{FI}_{ij} = \left(X_{ij} / X_j \right) X_{ij} \tag{8.4}$$

式中，X_{ij} 的意义同纳尔逊标准差法，为 i 城市中 j 部门的就业人员占该城市所有部门劳动力的比例；X_j 为所有城市 j 部门就业人员之和占所有城市所有部门劳动力总和的比例：

$$X_{ij} = \frac{L_{ij}}{\sum\limits_{j=1}^{m} L_{ij}} \times 100, \quad X_j = \frac{\sum\limits_{i=1}^{n} L_{ij}}{\sum\limits_{i=1}^{n}\sum\limits_{j=1}^{m} L_{ij}} \times 100 \tag{8.5}$$

式中，L_{ij} 对应 i 城市中 j 部门的就业人员。进一步定义某城镇的专门化指数为

$$\mathrm{SI}_i = \sum_{j=1}^{m} \mathrm{FI}_{ij} \Big/ 100 \tag{8.6}$$

一个城市专业化指数越高，表示专业化程度越高；专业化指数越接近 1，专业化指数越低。通过比较各个城市的专门化指数高低，可以对城镇职能进行分类。而且由于职能指数的差别较大，可以很容易地辨识出各城镇内部不同职能部门的相对重要程度。同样的，韦伯的职能指数-专业化指数法也没能考虑职能规模因素，而且主导职能的划分没有统一标准，只能通过对各部门的职能指数进行相对比较来确定。

4. 聚类统计法

如前所述，纳尔逊标准差法和韦伯专门化指数法均忽略了职能规模的城市职能划分中的重要作用。这一要素在国外的相关研究中一般也被忽视。举例来说，比较一大一小两个职能结构相似的城市，假设大城市有 1000 万人，而小城市只有 10 万人。但是两城市的职能结构和职能强度都非常相似，如果不加入规模变量的话，两城市将归入同一职能类，但显然大城市的职能就业人员和向区域提供的职能产品数量远远大于小城市，因此二者在区域城市系统中所处的职能等级地位是完全不同的。

基于这一认识，周一星等认为城市职能概念应该包括三个要素：专业化部门、职能强度与职能规模[9,27]。专门化部门反映城市的主导职能是哪个或哪几个部门；职能强度反映城市为区外服务部门的专业化程度，专业化程度越高，则该部门产品的输出比例越高，职能强度越高；职能规模反映城市对外服务的绝对规模。职能强度高的城市其职能规模却不一定大，反之亦然。在对城市职能进行分类时，明确城市的专业化部门是首要的，其次在专业化城市之间，职能强度是城市职能的主要差异因素，而职能规模的差异退居次要地位。在专业化程度并不高的综合性城市中，职能规模往往成为城市职能的主要差异。

为了将这些要素全部考虑进去，作为城市职能划分的依据，需要突破单要素的限制，采用多个指标，考虑城市规模的因素，运用多变量分析方法对城市职能进行分类，最常见的分析技术是主成分分析和聚类分析。

第二节　中国城市职能规模结构的空间分布格局

一、城市职能类别与职能结构特征

（一）城市职能结构分析的数据来源

选取哪些指标数据作为反映城市职能结构的依据，对准确辨析城市的职能类型至关重要。周一星、布雷德肖在研究中国城市工业职能分类方法时[9]，采用的是295个城市的16个反映城市工业部门产值结构的变量和3个反映城市工业规模的变量。其中以冶金、电力等16个工业部门的产值占所有工业部门产值的比例表示工业部门的职能结构。

张文奎等在对全国城市职能综合分类研究时[26]，选用的是人均工业产值、人均客货运量、人均社会商品零售总额、人均在校学生数和人均科技人员数等指标，对城市的工业、交通运输、商业、教育和科技职能进行定量表征，这些指标均与城市人口规模相联系。

　　周一星、孙则昕在评价张文奎等采用的人均指标时[27]，认为人均值主要反映水平指标，与城市职能的关系相当间接，不能反映城市为外部服务的作用。因此，城市职能分类必须以结构性资料为主。为此，选取城市市区（不含辖县）的工业、采掘业、地质勘探业、建筑业、交通邮电业、商业、机关团体、其他第三产业的职工比例，以及旅游业职能指数和城市人口规模 10 个指标作为分类的数据基础。而孙盘寿，杨廷秀[4]对西南三省城镇职能分类的早期研究中，作为城市基本类型划分和工业职能类型划分的依据同样采用的是各部门的职工比例数据。陈忠暖、孟明云[13]和陈忠暖、杨士弘[14]在城市基础分析的基础上，利用 Morre 回归分析法对各城市就业人口进行基本和非基本的分离，确定出每个城市各部门从事基本活动的职工就业数，将其作为表征城市职能结构的数据。陈国生[15]和于霞[6]在计算基本职工就业比例时，采用的是乌尔曼-迪西的"最低必要量法"来计算各城市每项经济活动的最低就业比例，将其与各城市的就业人口总数相乘作为该城市各项经济活动的最低必要就业量，最后从各经济活动的实际就业量中减去最低必要就业量即得到从事基本活动的就业人员数。

　　可见，行业就业人口是城市职能分类中应用最为广泛的基础数据。鉴于城市为本市以外地区提供产品和服务的活动是城市形成与发展的基本因素，并产生城市的基本职能，因此，从城市就业人口中分离城市基本人口和非基本人口对于深入研究确定一个城市的性质和职能类型具有重要意义。从数据可得性上考虑，尽管行业就业人口难以反映由于劳动生产率不同所造成各城市经济规模效益的差异，但其无疑仍是现今城市职能分类研究中最易获取、最习惯应用的指标数据。

　　在这里，以 2010 年第六次全国人口普查县市资料中的各行业门类人口数据为基础，对全国 657 个城市，包括 370 个县级市和 287 个地级及以上城市的职能进行分类研究,选取行业就业人口数据作为城市的职能结构表征指标。其中,全国地级及以上城市数据采用的是 2010 年我国行政区划确定的城市市辖区就业人口普查数据。

（二）城市职能结构分析的类别判定依据

截至 2010 年年底，我国县级市共计 370 个，地级及以上城市共计 287 个，其中直辖市 4 个，副省级城市 15 个，地级市 268 个。在城市统计年鉴中，各城市的统计口径又分为"全市"和"市辖区"两种。显然，使用"市辖区"的统计口径更能真实反映城市"实体"的情况。目前我国的三次产业的划分方法为，第一产业包括农、林、牧、渔业；第二产业是指工业和建筑业，工业中又包括采掘业、制造业以及电力、燃气与水的生产供应业；除第一、第二产业以外的行业则属于第三产业。根据中国第六次人口普查的各行业门类分类标准，把行业细分为 15 个门类，分别为①农林牧渔业；②采掘业；③制造业；④电力、煤气及水的生产和供应业；⑤建筑业；⑥地质勘查业、水利管理业；⑦交通运输、仓储及邮电通信业；⑧批发和零售贸易、餐饮业；⑨金融保险业；⑩房地产业；⑪社会服务业；⑫卫生、体育和社会福利业；⑬教育、文化艺术及广播电影电视业；⑭科学研究和综合技术服务业；⑮国家机关、政党机关和社会团体。其中，①、⑥和⑪与城市职能关系不大，因此在研究中不予考虑。除此以外，第②～第⑩类行业体现城市的经济职能；第⑪～第⑭类行业体现城市的科教文体职能；第⑮类行业体现城市的行政职能。根据研究需要，将这些行业根据城市的具体职能分成八大类：采掘业②、工业（③～④）、房产建筑业（⑤、⑩）、交通运输业⑦、商业⑧、金融业⑨、科教文体业（⑫～⑭）和公共团体⑮。

从可获得的统计资料来看，代表城市各部门经济活动的价值量通常难以收集，因此用产值或净产值来衡量城市各行业的职能强弱缺少数据支撑。考虑到经济活动离不开劳动力的参与，因此可以用城市劳动力的数量来间接反映城市职能的特征。根据定义，城市职能是城市为城市以外区域提供产品和服务过程中所起的作用，而城市的这种对自身以外区域的作用是由城市从事对外服务活动的行业——"基本行业"的就业人员——"基本就业人员"来实现的。为此，在按照以上行业分类对数据进行合并整理之后，首先利用经济基础法对各城市的基本就业人口进行估算，接下来再利用各定量分析方法对城市各行业的"基本就业人员"进行分析，完成对城市职能的辨识。

（三）城市职能规模结构特征

利用各城市不同行业的就业人口，计算得出各行业门类的就业比例。表8.1 给出了所有县级（及以上）城市的均值与方差，可以看出，从事工业和商业活动的就业人员占比最高，因此从全国层面来看，工、商业仍是城市的主要职能，其次是科学教育文化产业与交通运输行业，以采掘业为主的矿业城市正随着资源可开采量的减少而逐步向其他职能转型，其行业就业人员占比相对较低，而金融业的行业就业人员水平最低，表明我国金融业发展还未成熟，与纽约、伦敦等国际金融城市还存在很大的差距，随着人民币国际地位的加强和我国有意识地建设国际金融中心的努力，我国城市的金融职能有望在将来得以加强。

表 8.1　八大行业就业比例的平均值与标准差

项目	采掘业	工业	房产建筑业	交通运输业	商业	金融业	科教文体业	公共团体
平均比例	4.84	34.38	8.89	9.27	21.03	2.02	11.91	7.66
标准差	7.91	13.29	4.16	3.61	6.15	0.88	4.64	5.00

无论是纳尔逊标准差法、韦伯职能指数-专门化指数法，还是经济基础法，它们均以各城市内不同行业就业人口的比例作为考察变量。由于各城市的就业人口基数存在很大差异，因此某城市就业人口比例最大的优势职能产业，所吸纳的就业人员总数可能还不如其他人口规模较大城市的非优势职能产业。为了识别出这一现象，首先计算并列举出每个行业的前 10 个中心城市，即就业人口在该行业就业总人口中排名前 10 的城市，如表8.2 所示。

表 8.2　不同职能排名前 10 的中心城市

职能类别	中心城市
矿业中心	大同、唐山、大庆、徐州、淮南、邯郸、平顶山、阳泉、淮北、鹤岗
工业中心	东莞、深圳、上海、广州、天津、北京、杭州、中山、重庆、沈阳
房地产建筑业中心	北京、上海、杭州、广州、深圳、重庆、武汉、天津、昆明、成都
交通中心	上海、北京、广州、天津、武汉、重庆、沈阳、大连、南京、哈尔滨
商业中心	北京、上海、广州、武汉、重庆、深圳、成都、沈阳、昆明、杭州
金融中心	北京、上海、广州、天津、武汉、沈阳、深圳、成都、重庆、西安
科教文化中心	北京、上海、武汉、天津、广州、重庆、沈阳、西安、成都、南京
政治中心	北京、上海、天津、武汉、广州、沈阳、重庆、成都、哈尔滨、济南

注：按照行业就业人口高低排序。

表 8.2 是从行业内不同城市的重要程度这一视角，对不同职能中心城市进行了识别，从表中可发现，除矿业城市与地区资源禀赋有关以外，其他中心城市基本集中在较大的直辖市与省会城市，且四大直辖市均属于中心城市，表明其具有多职能、综合性的中心城市特征。

二、城市职能规模结构的空间分布格局

根据城市职能类别的判断依据，分别论述矿业、工业、建筑房地产业、交通、商业、金融、科教等职能就业人口在全国县级及以上城市的分布情况。

（一）矿业中心城市的空间分布格局

将中国 287 个地级及以上城市中从事采掘业活动的就业人员在 ArcGIS 中进行专题地图显示，得到全国资源型矿业城市的空间分布格局图（图 8.1）。该图反映了哪些城市的矿业职能活动较为活跃，也即资源型矿业中心城市主要集中在哪些地区。

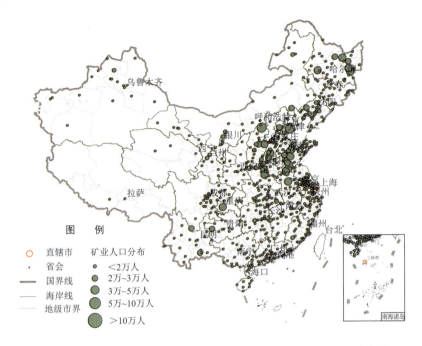

图 8.1　2010 年中国 657 个县级以上城市的矿业职能基本就业人口分布图

　　由于采掘业发展受到地区资源禀赋的限制，因此资源型矿业城市的空间分布与矿产资源在全国的分布特征基本一致。从图 8.1 中看出，矿业城市集中分布在华北平原地区，从事采掘业活动的就业人员主要分布在以下城市：大同市和唐山市（从业人员高于 10 万人）；大庆市、徐州市、淮南市、邯郸市、平顶山市、阳泉市、淮北市、鹤岗市、淄博市、新泰市、七台河市、鸡西市、重庆市（从业人员高于 5 万人）；北京市、阜新市、滕州市、个旧市、枣庄市、太原市、双鸭山市、邹城市、肥城市、鹤壁市、新密市、六盘水市、东营市、攀枝花市、伊春市、赤峰市和孝义市等（从业人员高于 3 万人）；天津市、古交市、鞍山市、石嘴山市、高平市、焦作市、调兵山市、盘锦市、葫芦岛市、乌海市、抚顺市、萍乡市、本溪市、莱芜市、宿州市、章丘市、克拉玛依市、牙克石市、白银市、龙岩市、武安市、冷水江市、义马市、邢台市、登封市、晋城市、兰州市、大冶市、铜陵市、招远市和铜川市等（从业人员高于 2 万人）。

（二）工业中心城市的空间分布格局

同样地，中国各地级及以上城市中从事工业活动的就业人员的空间分布图如图 8.2 所示。该图反映了全国制造业工业城市的分布特征，即工业活动主要集中在哪些地区，全国的工业制造业中心在哪里。

从图 8.2 中可看出，制造业与工业活动最为活跃的地区位于东南沿海的珠江三角洲和长江三角洲地区，其次为环渤海的京津冀地区。从各城市工业职能的基本就业人员数据可以发现，工业中心主要集中在以下城市：东莞市、深圳市和上海市的工业基本从业人员最多，分别约为 349 万、311 万和 260 万人；其次为广州市、北京市和天津市，分别约为 151 万、120 万和 112 万人；紧随其后的是杭州市、中山市、重庆市、武汉市、沈阳市、青岛市、温州市、大连市和淄博市等，工业基本就业人口超过 50 万人。此外，成都市、南京市、晋江市、西安市、慈溪市、哈尔滨市、常熟市、台州市、江阴市、厦门市、济南市、南通市、长春市、无锡市、温岭市、宁波市、太原市、石家庄市和苏州市等城市的工业基本就业人员也都超过了 30 万人。

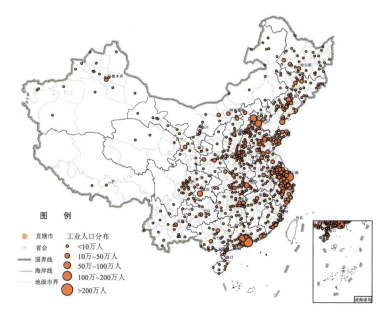

图 8.2　2010 年中国 657 个县级以上城市的工业职能基本就业人口分布图

　　由于工业是城市的主要职能，在我国工业化和城镇化的转型阶段，各大城市率先成为我国的工业中心，其中，位于东南沿海的城市在地理位置、区位条件以及改革开放政策的支持下，快速成长起来并带动周边的城市完成工业化过程。而作为直辖市的北京、天津、上海和重庆及各省会城市由于政策资源优势向其倾斜，以及位于东北老工业基地的主要城市因为其基础优势，也在工业化进程中较快发展，成长为工业职能的中心城市。

（三）建筑与房地产业中心城市的空间分布格局

　　由于建筑业与房地产业两个行业具有紧密的联系，且随着我国近年来伴随着城市化进程房价的剧烈上涨，间接刺激了建筑与房地产行业的发展。虽然在以往的研究中，这两个部门并没有作为城市的特殊职能单独列出来，但城镇化必然产生一定的住房需求。在其他各种因素的影响下，这两个行业部门的发展在我国城镇化的实践中成为最为突出的热点问题。因此，在现有数据的基础上，也将其作为城市的基本职能，并将这两个行业的就业人口作为表征其发展规模的指标。同样的，将各城市建筑与房地产业从业人口进行专题地图显示，得到如图 8.3 所示的全国建筑与房地产业城市空间分布特征图。

　　从图 8.3 中看出，建筑房地产业较为发达的城市与图 8.2 中工业中心城市较为一致。其原因是由于工业中心城市具有较强的人口吸纳能力，人口向工业中心城市的大量聚集催生强烈的住房需求，使楼市供不应求，进而带来房地产市场繁荣。在房价上涨的利益驱使下，更多的劳动人口将涌向建筑业和房地产业，为满足住房需求提供生产和服务。具体来看，建筑与房地产业职能就业人口主要集中在以下城市：上海市与北京市的建筑房地产基本从业人口最多，分别达到 57.5 万和 57.4 万人；其次为广州市和深圳市，其该行业基本就业人口均超过 20 万人，分别为 35 万和 29 万人；而杭州市、天津市、重庆市、武汉市、成都市、昆明市、东莞市、南京市、沈阳市、南通市和林州市等城市该行业的基本就业人口规模也超过 10 万人。

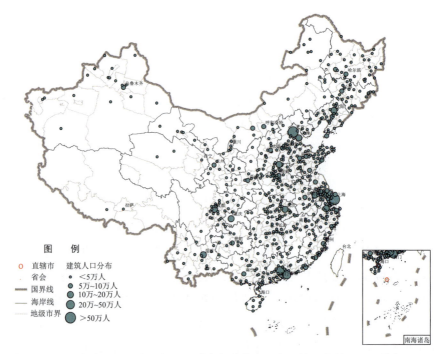

图 8.3 　2010 年中国 657 个县级以上城市的建筑房地产职能基本就业人口分布图

（四）交通中心城市的空间分布格局

　　通常情况下，人们理解的处于交通枢纽地位的城市采用交通网络连通性及枢纽节点城市的客运和货运周转量表征。但在衡量城市职能时，需要采用统一指标——交通运输行业的就业人员来计算其在城市所有职能中的强度和比例。为使本节中的分析前后一致，交通中心城市的确认同样采用交通部门的从业人员密集程度来度量。然而，以上两种指标并不存在矛盾，因为以交通网络和客货运量确定的交通中心城市，其由于交通较为发达，交通运输行业部门的从业人员必然较多。图 8.4 给出了以行业就业人口表征的交通枢纽城市在全国的分布情况。

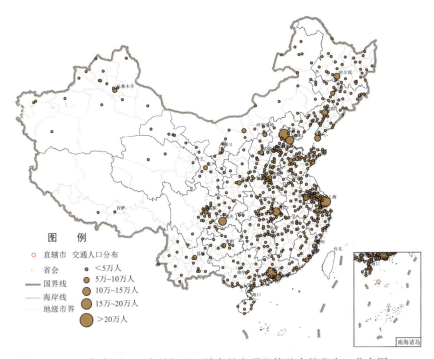

图 8.4　2010 年中国 657 个县级以上城市的交通职能基本就业人口分布图

这里所指的交通部门反映的是大交通部门，包括交通运输、仓储及邮电通信业。不仅反映传统的客运和货运，还包括了物流和邮电通信等现代交通交流方式。从交通枢纽城市的分布情况来看，上海市、北京市和广州市分别以 35 万、26 万和 22 万人的基本从业人员规模占据交通枢纽前 3 位；排在其后的为天津市、武汉市和重庆市，交通部门基本就业人员均高于 15 万人；沈阳市、大连市、南京市、深圳市和哈尔滨市的交通部门基本从业人员均超过 10 万人。紧随其后的还有杭州市、成都市、西安市、青岛市、太原市、长春市、昆明市、济南市、淄博市、乌鲁木齐市、包头市、大同市、郑州市、福州市、兰州市、贵阳市、石家庄市、厦门市和南昌市等省会城市和交通枢纽城市，交通部门基本就业人员在 5 万人以上。

（五）商业中心城市的空间分布格局

商业部门包括批发与零售贸易、餐饮业等服务行业。其中商贸发达的城市与工业发达的城市有一定的相关性，同时餐饮业发达的城市多为一些旅游业发达的城市。图 8.5 给出了以就业人口衡量的商业中心城市在全国的空间分布特征。

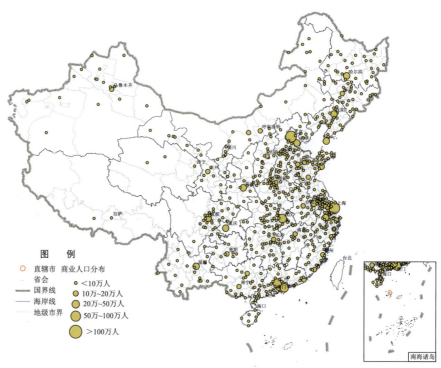

图 8.5　2010 年中国 657 个县级以上城市的商业职能基本就业人口分布图

　　从图 8.5 可以看出，首屈一指的商业中心主要是北京市和上海市两大直辖市，商业职能基本从业人员超过 100 万人；而位于东南沿海的工业发达城市——广州市和深圳市，以及位于中部地区的武汉市，其商业职能基本就业人口均超过 50 万人，处于商业中心城市的第二梯队。其他较为重要的商业中心城市还包括重庆市、东莞市、天津市、沈阳市、杭州市、成都市、昆明市、南京市、西安市、哈尔滨市、大连市和青岛市，商业职能基本就业人口均超过 20 万人，处于商业中心城市的第三梯队。此外，长沙市、贵阳市、郑州市、济南市、长春市、石家庄市、温州市、福州市和太原市等省会城市的商业职能也较为发达，说明工、商业两大城市主要职能在这些行政中心得到了优先发展。

（六）金融中心城市的空间分布格局

我国金融行业的发展较为滞后，很多城市以至于全国还尚未建立成熟完善的金融体系，因此金融行业的就业人员数较少，且除少数几个较大的中心城市以外，其他城市在金融方面的职能属性都不明显，且相互之间的差别不大。图 8.6 显示了金融中心城市在全国的空间分布状况。

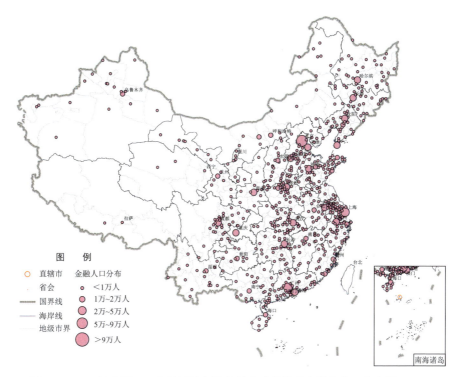

图 8.6　2010 年中国 657 个县级以上城市的金融职能基本就业人口分布图

由于很多金融机构的总部设在北京，因此北京市的金融从业人员达到了 9.2 万人，在全国城市中排位第一，成为第一大金融中心城市；其次为上海市，作为老牌的世界金融中心以及国内的两大股票市场——沪市的所在地，其金融中心地位排名第二，基本从业人员也达到 8.7 万人。广州市和深圳市为全国的第三大金融中心，从其地理位置来看，可以看作是我国南方的金融中心，为珠江三

角洲的经济发展提供了融资服务，也是股票市场——深市的所在地，金融基本
从业人员分别为 5.6 万人和 4.2 万人。此外，天津市、武汉市、沈阳市、成都市、
重庆市、西安市、大连市、杭州市、哈尔滨市、南京市、郑州市、长春市、石
家庄市、济南市、长沙市、青岛市、太原市和福州市等城市的金融基本从业人
员在 2 万人以上，成为环渤海地区，以及中部和东北地区的金融中心。

（七）科教文化中心城市的空间分布格局

科教文化中心反映了科学教育事业以及文化产业繁荣发展的城市，在这
些城市中一般云集了大量的研究所、高校和中小学等科研教育资源，同时也
是文化较为发达的地区。图 8.7 给出了科教文化中心城市在全国范围的空间
分布情况。

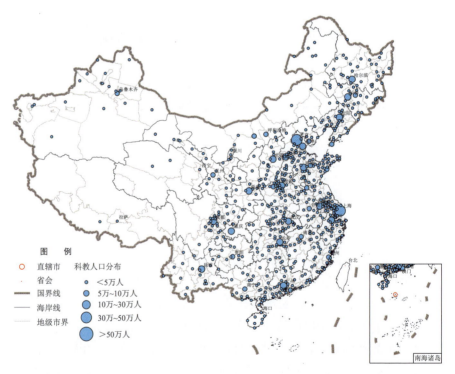

图 8.7　2010 年中国 657 个县级以上城市的科教职能基本就业人口分布图

结合图 8.7 可以看出，北京市和上海市为科教文化的一级中心城市，这里云集了全国最为重要的科学教育资源，两个城市的科教文化基本从业人员分布达到 71 万人和 50 万人；武汉市、天津市、广州市、重庆市和沈阳市属于二级科教中心城市，科教文化产业基本从业人员在 20 万人以上；西安市、成都市、南京市、哈尔滨市、长春市、杭州市、太原市、济南市、郑州市、昆明市、长沙市和石家庄市属于三级中心城市，科教文化产业基本从业人员在 10 万人以上；其次为兰州市、大连市、福州市、合肥市、贵阳市、南昌市、南宁市、青岛市、乌鲁木齐市、呼和浩特市、深圳市、洛阳市、淄博市、吉林市、包头市、唐山市等城市科教文化产业基本就业人员也达到 5 万人以上。

（八）行政中心城市的空间分布格局

行政职能也是城市的一项重要职能，衡量城市行政职能的指标为国家机关、政党机关和社会团体的从业人员数。图 8.8 反映了行政中心城市在全国的空间分布特征。

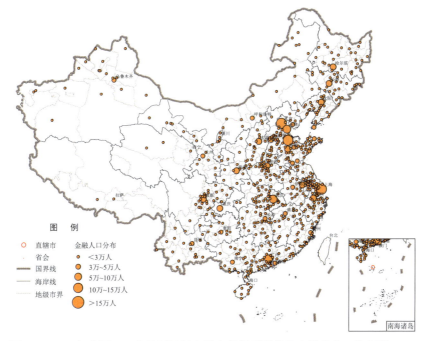

图 8.8 2010 年中国 657 个县级及以上城市的行政职能基本就业人口分布图

从图 8.8 发现，行政职能中心城市体系勾勒出首都，直辖市、省会城市、地级市中心城市和县级市的自上而下的行政职能城市。北京市为一级行政中心，国家、党政机关和社会团体行业的基本就业人员高达 27.8 人；上海市次之，其国家、党政机关和社会团体行业的基本就业人员为 15.7 万人，与天津市、武汉市和广州市为二级行政中心，很多国家的领事馆也多选择在这些城市建立，说明这些城市代表了各自所在地区的区域行政中心，这些城市的基本从业人员在 10 万～15 万人；再次一级的行政中心则为其他省会城市，如沈阳市、重庆市、成都市、哈尔滨市、济南市、太原市、西安市、石家庄市、杭州市、南京市、郑州市、长春市等，这些城市的行政基本就业人员也高于 5 万人；地级市中心城市和县级城市的行政基本就业人员则往往不超过 5 万人。

（九）旅游中心城市的空间分布格局

旅游业也是一项重要的城市职能。由于统计资料中没有将旅游业单独列出，所以无法用旅游业从业人员数来表征各城市旅游职能的强弱。参考周一星和孙则昕[27]构建的旅游职能指数和现有数据基础，本节假设各城市的旅游业规模与该城市的旅游资源成正比。通过给城市旅游资源打分：5A 景区 16 分，4A 景区 8 分，3A 景区 4 分，2A 景区 2 分，1A 景区 1 分，可以计算得到各城市的旅游资源指数。在该指数的基础上，我们来讨论各城市旅游职能的强弱。图 8.9 给出了以旅游指数表征的旅游城市在全国的空间分布情况。

从图中可以看出，2010 年我国旅游资源主要集中在少数几个城市。其中，北京市的旅游指数最高，处于第一级别。其境内有 5 个 5A 级景点，33 个 4A 级景点，26 个 3A 级景点，50 个 2A 级景点以及 12 个 A 级景点。其次是重庆市和苏州市，属于第二级别。重庆市具有 3 个 5A 级景点，28 个 4A 级景点，9 个 3A 级景点，21 个 2A 级景点和 5 个 A 级景点，旅游资源仅次于北京；苏州市有 3 个 5A 级景点，17 个 4A 级景点，3 个 3A 级景点和 4 个 2A 级景点，排名第三。处于第三级别的旅游城市依次为上海市、天津市、桂林市、无锡市、杭州市、西安市、洛阳市、宜昌市、哈尔滨市、沈阳市、广州市、青岛市、南京市、宁波市、温州市、黄山市、承德市和烟台市。

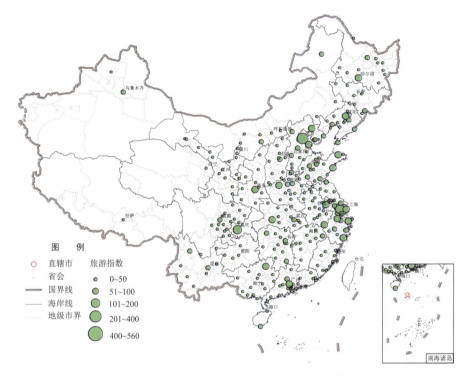

图 8.9 中国 2010 年地级以上城市旅游指数空间分布图

第三节 中国城市职能强度结构的空间分异格局

基于上述研究发现,不同职能的中心大都集中在我国直辖市或省会城市。事实上,城市职能在空间上具有分异性,即特定城市的功能定位或其主要的职能存在着差异。城市职能性质从具体每个城市的内部职能结构入手,深入研究分析每个城市相对突出的优势职能和显著职能,并最终实现其结构上的空间聚类。

一、城市职能性质的空间结构分析

分析城市的职能性质,通常用两个方面指标来表示:一个是优势职能,即城市中就业比例最高的行业为城市的优势职能,也即城市的主导职能产业;另一个指标为显著职能,通常以高于所有城市就业比例均值 1 个标准差以上的行业,即职能强度高于 I 级的产业部门作为城市的显著职能。

(一) 城市优势职能的结构分布特征

从表 8.3 列出的各城市优势职能可以看出,与全国层面的城市职能分类结构相对应,我国各县级及以上城市的优势职能同样是以工业职能为主,其次为商业职能。在全国 657 个城市中,有 489 个城市(相当于 74%左右)的优势职能为工业,意味着这些城市的工业部门吸纳了该城市比例最高的就业人口,工业是多数城市名副其实的支柱产业和优势职能。以商业为优势职能的城市有 125 个,占到了 19%以上;其次,还有 10 个以科教文体业为优势职能的城市和 26 个以采掘业为优势职能的城市。由于我国金融业还尚未发育成熟,以金融为优势职能的城市并未出现。总体来看,工业、商业两大职能类型占据了全国 93%以上城市的优势职能地位。

表 8.3　中国 2010 年县级以上城市的优势职能

	矿业职能	工业职能	建筑职能	交储职能	商业职能	金融职能	科教职能	行政职能
城市总数	26	489	2	3	125	0	10	2
比例/%	3.96	74.43	0.30	0.46	19.03	0.00	1.52	0.30
地级市	9	231	0	0	42	0	5	0
县级市	17	258	2	3	83	0	5	2

从地级及以上城市来看,以工业为优势职能的城市占到了 80%以上,以商业为优势职能的城市占到了 14.6%,同样的,工业和商业两大职能类型占据了所有地级及以上城市的 95%的优势职能地位。剩余的地级及以上城市的优势职能分别为矿业职能城市和科教职能城市。通过优势职能,可以识别出七台河市、鹤岗市、淮北市、双鸭山市、阳泉市、鸡西市、平顶山市、大同市和松原市等著名的资源型矿业城市。而由于商业包括住宿餐饮和批发零售等行业部门,因此一些著名旅游城市的优势职能均为商业,如三亚市、拉萨市、海口市、丽江市、南宁市、北海市、昆明市、长沙市、呼伦贝尔市、酒

泉市、信阳市、西宁市、普洱市、张家界市和延安市等。

（二）基于职能强度的城市职能性质辨识

城市的优势职能反映的是城市内部各职能类型的比较，哪个职能占据了绝对优势；而显著职能是对同一职能类型不同城市的比较，反映了哪些城市该职能的强度高于所有城市平均水平，职能强度越高反映了该城市在这一职能上的显著程度。

根据城市不同行业的职能强度可对显著职能的等级进行评价：高于均值 1 个标准差以上、2 个标准差以下为 I 级；高于均值 2～3 个标准差为 II 级，高于均值 3 个标准差以上的为 III 级。进一步根据城市各职能的职能强度，并结合韦伯专门化指数和乌尔曼-迪西专门化指数对城市的职能性质进行辨识。辨识结果将城市的职能性质分为 4 种：一般性城市、专业化城市、强专业化城市和综合性城市。

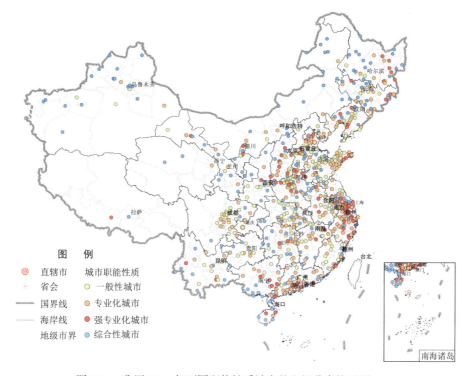

图 8.10　我国 2010 年不同职能性质城市的空间分布格局图

其中，①一般性城市，是指该城市所有部门的职能强度均低于 I 级或没有显著职能部门；②专业化城市，是指该城市存在职能强度高于 I 级的部门，且仅存在单个这样的部门；③强专业化城市，特指仅存在单个职能强度高于 II 级的部门，或专门化指数高于 2 的城市；④综合性城市，是指存在多个职能强度高于 I 级的部门的城市。不同职能性质的城市空间分布格局如图 8.10 所示，可直观地看出 4 种不同职能性质城市在全国的分布特征，所属各职能性质类型的县级及以上城市职能辨识结果如表 8.4 所示。

表 8.4   中国县级以上城市所属职能性质辨识结果表

城市性质	数量/个	城市名称
一般性城市	171	直辖市：天津市、重庆市 地级市：石家庄市、邢台市、保定市、张家口市、承德市、太原市、长治市、晋中市、鄂尔多斯、沈阳市、大连市、鞍山市、抚顺市、本溪市、锦州市、营口市、辽阳市、盘锦市、葫芦岛市、长春市、吉林市、哈尔滨市、齐齐哈尔市、牡丹江市、南京市、盐城市、镇江市、合肥市、芜湖市、马鞍山市、安庆市、滁州市、阜阳市、巢湖市、福州市、莆田市、漳州市、南平市、龙岩市、九江市、新余市、宜春市、济南市、枣庄市、烟台市、潍坊市、济宁市、日照市、莱芜市、临沂市、聊城市、滨州市、洛阳市、焦作市、黄石市、襄樊市、鄂州市、荆门市、荆州市、随州市、衡阳市、岳阳市、益阳市、郴州市、永州市、娄底市、广州市、韶关市、肇庆市、柳州市、桂林市、成都市、自贡市、泸州市、德阳市、绵阳市、遂宁市、乐山市、宜宾市、雅安市、资阳市、遵义市、安顺市、曲靖市、玉溪市、普洱市、西安市、宝鸡市、咸阳市、汉中市、兰州市、乌鲁木齐市 县级市：新乐市、鹿泉市、遵化市、泊头市、黄骅市、河间市、潞城市、瓦房店市、普兰店市、庄河市、东港市、凌源市、敦化市、龙井市、新沂市、大丰市、龙泉市、宁国市、永安市、龙海市、建瓯市、建阳市、漳平市、福安市、乐平市、瑞昌市、贵溪市、丰城市、章丘市、平度市、莱阳市、莱州市、蓬莱市、青州市、寿光市、禹城市、巩义市、荥阳市、舞钢市、辉县市、济源市、沁阳市、禹州市、长葛市、丹江口市、当阳市、老河口市、枣阳市、钟祥市、应城市、安陆市、武穴市、赤壁市、潜江市、湘乡市、汨罗市、洪江市、乐昌市、罗定市、都江堰市、崇州市、广汉市、什邡市、绵竹市、江油市、阆中市、万源市、清镇市、凯里市、楚雄市、蒙自市、兴平市、华阴市、敦煌市、青铜峡市、库尔勒市、阿克苏市
专业化城市	212	直辖市：上海市 地级市：唐山市、秦皇岛市、邯郸市、廊坊市、衡水市、临汾市、呼和浩特市、包头市、乌海市、赤峰市、丹东市、朝阳市、四平市、辽源市、通化市、伊春市、佳木斯市、无锡市、徐州市、常州市、苏州市、连云港市、淮安市、扬州市、宿迁市、杭州市、宁波市、嘉兴市、湖州市、绍兴市、金华市、衢州市、舟山市、丽水市、蚌埠市、铜陵市、宿州市、六安市、池州市、宣城市、厦门市、三明市、泉州市、

城市性质	数量/个	城市名称
专业化城市	212	南昌市、景德镇市、萍乡市、吉安市、上饶市、青岛市、淄博市、泰安市、威海市、德州市、开封市、安阳市、新乡市、许昌市、南阳市、信阳市、武汉市、十堰市、株洲市、湘潭市、邵阳市、常德市、珠海市、佛山市、江门市、茂名市、惠州市、梅州市、汕尾市、阳江市、潮州市、揭阳市、梧州市、玉林市、来宾市、贺州市、百色市、河池市、攀枝花市、广元市、内江市、眉山市、达州市、贵阳市、六盘水市、延安市、金昌市、白银市、天水市、西宁市、吴忠市 县级市：辛集市、晋州市、迁安市、高碑店市、任丘市、霸州市、介休市、永济市、河津市、侯马市、汾阳市、扎兰屯市、海城市、灯塔市、兴城市、九台市、蛟河市、桦甸市、舒兰市、集安市、临江市、洮南市、珲春市、尚志市、宁安市、肇东市、宜兴市、溧阳市、东台市、扬中市、兴化市、靖江市、泰兴市、建德市、富阳市、临安市、乐清市、嵊州市、兰溪市、义乌市、江山市、临海市、天长市、明光市、福清市、南安市、邵武市、武夷山市、福鼎市、南康市、樟树市、高安市、胶州市、即墨市、胶南市、莱西市、龙口市、招远市、栖霞市、诸城市、安丘市、高密市、昌邑市、兖州市、邹城市、荣成市、临清市、新郑市、偃师市、汝州市、卫辉市、孟州市、项城市、大冶市、宜都市、枝江市、汉川市、石首市、洪湖市、麻城市、仙桃市、浏阳市、醴陵市、临湘市、津市市、资兴市、增城市、从化市、台山市、开平市、恩平市、廉江市、高州市、信宜市、高要市、四会市、兴宁市、阳春市、英德市、连州市、宜州市、琼海市、彭州市、邛崃市、峨眉山市、华蓥市、简阳市、赤水市、都匀市、福泉市、安宁市、宣威市、开远市、大理市、玉门市、哈密市、石河子市
强专业化城市	89	地级市：阳泉市、阜新市、鸡西市、鹤岗市、双鸭山市、七台河市、温州市、台州市、淮南市、淮北市、抚州市、菏泽市、平顶山市、鹤壁市、濮阳市、漯河市、三门峡市、深圳市、东莞市、中山市、保山市、铜川市、嘉峪关市、石嘴山市 县级市：藁城市、涿州市、定州市、三河市、古交市、高平市、原平市、霍州市、孝义市、凌海市、盖州市、大石桥市、调兵山市、大安市、图们市、和龙市、绥芬河市、海林市、江阴市、常熟市、张家港市、昆山市、吴江市、太仓市、启东市、丹阳市、句容市、姜堰市、余姚市、慈溪市、奉化市、瑞安市、海宁市、平湖市、桐乡市、诸暨市、永康市、温岭市、桐城市、石狮市、晋江市、德兴市、海阳市、曲阜市、文登市、乳山市、新密市、登封市、林州市、义马市、韶山市、冷水江市、鹤山市、吴川市、陆丰市、岑溪市、桂平市、北流市、合山市、儋州市、文昌市、个旧市、日喀则市、韩城市、灵武市
综合性城市	185	直辖市：北京市 地级市：沧州市、大同市、晋城市、朔州市、运城市、忻州市、吕梁市、通辽市、呼伦贝尔、乌兰察布市、巴彦淖尔市、铁岭市、白山市、松原市、白城市、大庆市、黑河市、绥化市、南通市、泰州市、黄山市、亳州市、宁德市、鹰潭市、赣州市、东营市、郑州市、商丘市、周口市、驻马店市、宜昌市、孝感市、黄冈市、咸宁市、长沙市、张家界市、怀化市、汕头市、湛江市、河源市、清远市、云浮市、南宁市、北海市、防城港市、钦州市、贵港市、崇左市、海口市、三亚市、南充市、广安市、巴中市、昆明市、昭通市、丽江市、临沧市、拉萨市、渭南市、榆林市、安康市、

城市性质	数量	城市名称
综合性城市	185	商洛市、酒泉市、张掖市、武威市、定西市、陇南市、平凉市、庆阳市、银川市、中卫市、固原市、克拉玛依市 县级市：武安市、南宫市、沙河市、安国市、冀州市、深州市、霍林郭勒市、满洲里市、牙克石市、根河市、额尔古纳市、乌兰浩特市、阿尔山市、二连浩特市、锡林浩特市、丰镇市、新民市、凤城市、北镇市、开原市、北票市、榆树市、德惠市、磐石市、公主岭市、双辽市、梅河口市、延吉市、双城市、五常市、讷河市、虎林市、密山市、铁力市、同江市、富锦市、穆棱市、北安市、五大连池市、安达市、海伦市、邳州市、金坛市、如皋市、海门市、仪征市、高邮市、江都市、上虞市、东阳市、界首市、长乐市、瑞金市、井冈山市、共青城市、滕州市、新泰市、肥城市、乐陵市、灵宝市、邓州市、永城市、宜城市、松滋市、广水市、恩施市、利川市、天门市、耒阳市、常宁市、武冈市、沅江市、涟源市、吉首市、南雄市、雷州市、化州市、普宁市、东兴市、凭祥市、五指山市、万宁市、东方市、西昌市、仁怀市、铜仁市、兴义市、毕节市、芒市、文山市、景洪市、瑞丽市、临夏市、合作市、格尔木市、德令哈市、吐鲁番市、昌吉市、阜康市、博乐市、阿图什市、喀什市、和田市、奎屯市、伊宁市、塔城市、乌苏市、阿勒泰市、阿拉尔市、图木舒克市、五家渠市

（三）城市职能性质的结构类型

1. 综合性城市：占城市总个数的 28%

综合性城市是指存在多个部门其职能强度高于 I 级的城市。研究共辨识出 185 个综合性城市，占城市总个数的 28%。其中包含 1 个直辖市北京市，73 个地级市及 111 个县级市。由图 8.10 看出，综合性城市在全国各地区均有分布，分布较为均衡。相对来说，西部地区比东部地区综合性城市数量较少，但这与西部地区城市总数较少有关。而从相对数量看，西部地区的城市多为综合性城市。正由于西部地区城市总数较少，这些城市通常需兼具多项城市职能。

从综合性城市的地域分布来看，县级市中有 40 个城市处于西部地区，占西部地区县级城市总数（83 个）的近一半；地级城市中有 33 个综合性城市处于西部地区，占西部地区地级市总数（84 个）的 40% 左右。因此，西部地区城市以综合性城市为主。例如，西藏的省会拉萨市；新疆的和田市、克拉玛依市、塔城市、伊宁市、吐鲁番市、阿图什市、喀什市、阿拉尔市等多数城市；青海的格尔木市、德令哈市；甘肃的酒泉市、张掖市、武威市、定西市、合作市、临夏市等；四川的西昌市；云南的昆明市、丽江市、瑞丽市等；

广西的北海市、钦州市、防城港市等；内蒙古的呼伦贝尔市、巴彦淖尔市、乌兰浩特市、二连浩特市、满洲里市等。

2. 专业化城市：占城市总个数的 32%

专业化城市是指城市职能部门中存在职能强度高于 I 级的城市，且仅存在单个职能强度高于 I 级的部门。列入专业化城市的城市共 212 个，占城市总个数的 32%。其中包含直辖市 1 个，地级市为 94 个，县级市 117 个。从图 8.10 中看出，专业化城市主要分布在东部和中部地区，西部地区仅有少量部分城市属于专业化城市。这是由于东中部地区城市较多且发展历史悠久，这些城市在工业化高速发展过程中，产业分工越来越细，从而形成了城市的职能专业化单一化特征。

在专业化城市中，西部地区只有 40 个城市，其中，地级市 23 个，县级市 17 个，且多以工业职能和矿业职能为主，如四川的攀枝花市、内江市、达州市、眉山市等；贵州的贵阳市、六盘水市等；甘肃的白银市、天水市、金昌市等；青海的西宁市等；宁夏的吴忠市等；广西的玉林市、百色市、河池市等。

3. 强专业化城市：占城市个数的 14%

强专业化城市特指存在职能强度高于 II 级的城市，且这类职能有且仅有 1 个，或专门化指数高于 2 的城市。因此，强专业化城市具有比专业城市更高的专业化程度。强专业化城市仅有 89 个，比例相对较低，占城市总数的 14%左右。其中地级市 24 个，县级市 65 个。这些城市的专业化职能均以工业和资源型的矿业为主。

强专业化城市在地域分布上也呈现出东部地区多于西部地区的特征。从图 8.10 中发现，强专业化城市分布较为集中，明显聚集在长江三角洲和珠江三角洲等东部沿海地区，以及东北和华北地区。西部地区仅有 12 个城市列入强专业化城市，分别为广西的岑溪市、桂平市、北流市、合山市；云南的保山市和个旧市；陕西的铜川市和韩城市；甘肃的嘉峪关市；宁夏的石嘴山市和灵武市；西藏的日喀则市。

4. 一般性城市：占城市个数的 26%

一般性城市是指所有部门的职能强度均低于 I 级或没有显著职能部门的

城市，属于自给自足型城市，所有城市职能都有涉及，但都不突出，其对域外城市的服务功能普遍较低。城市的大部分资源都用于非基本活动，满足城市自身需要。一般性城市共有 171 个，占我国城市总数的 26%，其中 2 个直辖市——天津市和重庆市、92 个地级市和 77 个县级市。很多城市的省会城市都被列入一般性城市，如石家庄市、太原市、沈阳市、长春市、哈尔滨市、南京市、合肥市、福州市、济南市、广州市、成都市、西安市、兰州市和乌鲁木齐市等，反映出我国行政级别对城市职能有较大影响，这些省会城市虽具有全省的优势资源，但在发展战略选择上并没有突出某项职能，而往往兼顾各项职能，导致其对外服务能力低下。

在社会和城市发展过程中，专业分工与合作已成为最有效率的发展模式。如果城市在职能选择上没有明确的战略定位，往往会沦为一般性城市，而非综合性城市。

二、城市职能强度的空间分异格局

为进一步得到各城市更加具体的职能特征，如专业化城市其哪种职能较为突出，综合性城市其哪些职能较为显著？需要增加特征分异局部图，再次细分城市的职能性质，对不同职能类型的城市分别进行考察，如资源型矿业城市、工业城市等。根据计算出的各城市不同职能的强度水平，可以遴选出具有不同职能特征的特定城市，得到各种职能类型下具有较强职能强度的城市分布。举例来说，矿业职能城市包括所有矿业职能强度高于 I 级（该城市矿业就业人员比例高于所有城市平均值 1 个标准差）的城市。从对城市职能类型的划分出发，接下来将对矿业、工业、建筑、交通、商业、金融、科教和行政职能的城市进行遴选，并分析其在全国的空间分布特征。

（一）矿业城市职能强度及其空间分异格局

利用纳尔逊标准差法，识别了矿业职能高于所有城市均值的矿业城市，并计算出了其对应的矿业职能强度水平见表 8.5，不同职能强度水平的矿业城市的空间分布见图 8.11。

表 8.5 全国 2010 年矿业城市名单及其矿业职能强度一览表

城市职能类型	城市数量/个	职能强度	城市名称
矿业城市	16	III 级	阳泉市、鹤岗市、双鸭山市、七台河市、淮北市、古交市、高平市、霍州市、孝义市、调兵山市、和龙市、登封市、义马市、合山市、个旧市、德令哈市
	22	II 级	大同市、阜新市、鸡西市、淮南市、平顶山市、鹤壁市、铜川市、石嘴山市、武安市、原平市、根河市、额尔古纳市、阿尔山市、德兴市、新泰市、新密市、灵宝市、永城市、冷水江市、韩城市、灵武市、阜康市
矿业城市	47	I 级	唐山市、邯郸市、晋城市、朔州市、乌海市、白山市、松原市、大庆市、伊春市、徐州市、铜陵市、宿州市、萍乡市、东营市、攀枝花市、六盘水市、金昌市、白银市、克拉玛依市、迁安市、沙河市、介休市、霍林郭勒市、满洲里市、牙克石市、凤城市、北票市、桦甸市、舒兰市、临江市、珲春市、铁力市、共青城市、滕州市、招远市、邹城市、肥城市、大冶市、耒阳市、常宁市、资兴市、涟源市、彭州市、华蓥市、玉门市、格尔木市、五家渠市

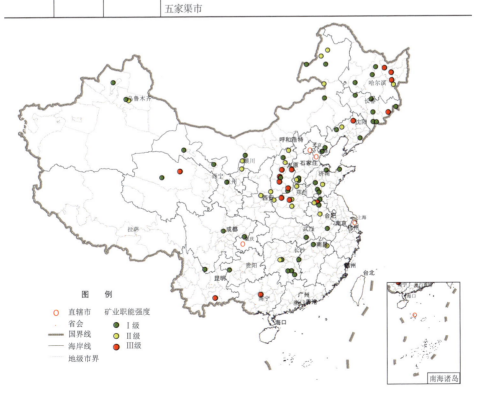

图 8.11 我国 2010 年不同职能强度矿业城市分布图

从图 8.11 中可看出，以纳尔逊标准差法识别出的矿业城市共有 85 个。其中，职能强度为Ⅲ级的城市有 16 个，职能强度为Ⅱ级的有 22 个，职能强度为Ⅰ级的有 47 个。职能强度最高的 4 个城市分别为七台河市、鹤岗市、淮北市、双鸭山市，这 4 个城市虽属于Ⅲ级，但其实际职能强度已经达到Ⅳ级标准，即其矿业就业人员比例超过全国均值 4 个标准差以上。七台河市煤田总面积 9800km²，被列为全国三个保护性开采煤田之一，是东北地区最大的焦煤生产基地。鹤岗是国家重要煤炭基地之一，也是黑龙江省四大矿区中煤质最好、产量最高的煤矿，石墨储量 6 亿 t，居亚洲之首。淮北市矿产资源蕴藏量较为丰富，已发现矿产 56 种，矿产地 488 处，煤炭资源最具优势，远景储量 350亿 t，工业储量 80 亿 t。淮北矿区储量丰富、煤种齐全、煤质优良、分布广泛、矿床规模较大，已成为中国重要的煤炭和精煤生产基地。双鸭山市是黑龙江省第一大煤田，中国十个特大煤田之一，煤炭储量占据黑龙江省总储量的 54%，还有黑龙江省唯一的大型磁铁矿，储量 1.2 亿 t。为此，这 4 个城市的采掘业基本就业人员比例分别达到了 53%、50%、48%和 44%较高水平。

职能强度为Ⅲ级的矿业城市在全国的分布与城市的资源禀赋有极大关系，因此在全国各地都有分布。职能强度属于Ⅲ级的城市主要分布在山西省和东北地区，如山西的阳泉市、古交市、高平市、霍州市、孝义市；辽宁的调兵山市；吉林的和龙市以及黑龙江省的鹤岗市、双鸭山市和七台河市。其次，在中部地区以及西部和南部地区也有分布，如安徽的淮北市、河南的登封市、义马市；广西的合山市、云南的个旧市和青海的德令哈市。

职能强度为Ⅱ级的 22 个矿业城市主要集中在山西、内蒙古和河南等省（自治区），此外在河北、辽宁、黑龙江、安徽、江西、山东、湖南、陕西、宁夏与新疆等地也有零星分布。

职能强度为Ⅰ级的 47 个矿业城市在分布上则相对更加分散，但总体来看，东部地区矿业城市多于西部地区。

（二）工业城市职能强度及其空间分异格局

工业是城市的主要职能，采用纳尔逊标准差法遴选出的所有工业城市及其职能强度水平如表 8.6 所示，工业职能高于所有城市工业就业人员比例均值的工业城市在全国的空间分布情况如图 8.12 所示，共识别出 100 个工业城市。

表 8.6　全国 2010 年所有工业城市名单及其工业职能强度

城市职能类型	城市数量/个	职能强度	城市名称
工业城市	2	Ⅲ级	东莞市、晋江市
	26	Ⅱ级	温州市、台州市、深圳市、中山市、江阴市、常熟市、张家港市、昆山市、吴江市、太仓市、丹阳市、余姚市、慈溪市、奉化市、瑞安市、海宁市、平湖市、桐乡市、诸暨市、永康市、温岭市、石狮市、海阳市、文登市、乳山市、鹤山市
工业城市	72	Ⅰ级	上海市、无锡市、常州市、苏州市、南通市、扬州市、泰州市、杭州市、宁波市、嘉兴市、湖州市、绍兴市、厦门市、泉州市、景德镇市、青岛市、淄博市、威海市、安阳市、新乡市、十堰市、株洲市、湘潭市、珠海市、佛山市、江门市、惠州市、潮州市、揭阳市、辛集市、晋州市、霸州市、冀州市、永济市、宜兴市、金坛市、如皋市、海门市、仪征市、高邮市、江都市、扬中市、靖江市、建德市、富阳市、临安市、乐清市、上虞市、嵊州市、兰溪市、义乌市、东阳市、临海市、天长市、南安市、胶州市、即墨市、胶南市、莱西市、龙口市、诸城市、高密市、昌邑市、荣成市、临清市、偃师市、浏阳市、醴陵市、增城市、从化市、四会市、普宁市

图 8.12　2010 年我国不同职能强度工业城市分布图

同样地，利用纳尔逊标准差法识别出各工业城市，并同时计算了其工业职能强度。结合图 8.12 发现，职能强度为Ⅲ级的城市只有广东的东莞市和福建的晋江市，二者工业部门基本就业人员比例分别达到了 94%和 83%，是全国工业职能最为显著的城市。工业职能强度达到了Ⅱ级的城市主要集中在山东、江苏、浙江、福建和广东 5 省，从地域分布上来看则重点聚集在山东半岛、长江三角洲和珠江三角洲地区。由此反映出这些沿海地区城市在改革开放政策以及区位优势的带动下，工业得到了快速优先发展，成为全国工业最为集中的地区。例如，山东的海阳市、文登市和乳山市；江苏的江阴市、常熟市、张家港市、昆山市、吴江市、太仓市和丹阳市；浙江的温州市、台州市、余姚市、慈溪市、奉化市、瑞安市、海宁市、平湖市、桐乡市、诸暨市、永康市、温岭市；福建的石狮市；广东的深圳市、中山市和鹤山市共计 26 个城市。

此外，还有 72 个达到Ⅰ级职能强度的工业城市，同样地主要聚集在山东半岛和长江与珠江三角洲等东南沿海地区，包括上海市、江苏的无锡市、常州市、苏州市、南通市、扬州市、泰州市等；浙江的杭州市、宁波市、嘉兴市、湖州市、绍兴市等；福建的厦门市、泉州市等；广东的珠海市、佛山市、江门市、惠州市、潮州市、揭阳市等；山东的青岛市、威海市、淄博市等。除上述地区以外，Ⅰ级职能强度的工业城市还零星分布在华北和中部地区的几个省份，如位于河北的辛集市、晋州市、霸州市、冀州市；山西的永济市；河南的安阳市、新乡市、偃师市；安徽的天长市；江西的景德镇市；湖北的十堰市；湖南的株洲市、湘潭市、浏阳市和醴陵市等。总体来看，工业城市的分布特征非常明显，主要集中在东部沿海和东南沿海地区，且重点聚集在山东半岛、长江三角洲和珠江三角洲地区。

（三）建筑业城市职能强度及其空间分异格局

近几年，随着我国城镇化的快速推进，房价的大幅上涨和需求的不断扩张，带动了建筑业和房地产业的飞速发展。很多大城市的房价上涨也推高了周边城市的房价，很多大城市的居民由于负担不起居高不下的房地产价格，开始到周边城市购房，因此这些周边城市具有向其他城市提供建筑和房地产基本活动的职能。表 8.7 列出了根据纳尔逊法计算出的具有不同职能强度的建筑城市共 80 个，图 8.13 给出了建筑城市在全国的分布情况。从图 8.13 中看出：

职能强度为Ⅲ级的建筑城市主要分布在大城市周边地区，如河北省的三河市和定州市；江苏省的启东市和姜堰市；位于广东省境内紧邻海南省的吴川市，以及位于郑州市周边的林州市 6 个城市。

职能强度为Ⅱ级的建筑城市则距大城市相对较远，但仍以大城市为中心呈扩散状分布，主要有河北省的涿州市和藁城市；江苏省的泰州市、如皋市、海门市、仪征市、句容市；浙江省的上虞市、东阳市；安徽省的桐城市；江西省的抚州市；山东省的曲阜市和肥城市；湖南省的韶山市；云南省的保山市以及新疆的阿勒泰市 16 个城市。

职能强度为Ⅰ级的建筑城市分布较分散，没有明显聚集现象，但东部地区仍多于中西部地区，且省会城市周边的城市居多。北京市也属于Ⅰ级建筑城市，主要是由于北京市为满足不断增长的城市居民住房需求，开始在城市郊区兴建商品房，同时也由于北京市的租房市场非常活跃，从事房地产中介服务的人员非常之多，为外来务工和当地无房家庭提供基本服务。此外这类城市还包括河北省的高碑店市和任丘市等；山西省的忻州市等；内蒙古的呼和浩特市和包头市；黑龙江的大庆市；江苏省的南通市和淮安市等；浙江省的舟山市等；安徽省的黄山市、六安市、池州市和宣城市；福建省的宁德市等；江西省的赣州市等；山东省的泰安市等；河南省的项城市；湖北省的宜昌市和孝感市；广东省的汕头市、汕尾市等；四川省的内江市；云南省的昆明市等；甘肃省的定西市；宁夏的银川市、吴忠市、中卫市；新疆的哈密市、石河子市等共计 58 个城市。

表 8.7　全国 2010 年所有建筑城市名单及其建筑职能强度

城市职能类型	城市数量/个	职能强度	城市名称
建筑城市	6	Ⅲ级	定州市、三河市、启东市、姜堰市、林州市、吴川市
	16	Ⅱ级	泰州市、抚州市、保山市、藁城市、涿州市、如皋市、海门市、仪征市、句容市、上虞市、东阳市、桐城市、曲阜市、肥城市、韶山市、阿勒泰市

续表

城市职能类型	城市数量/个	职能强度	城市名称
建筑城市	58	I级	呼和浩特市、北京市、忻州市、包头市、大庆市、南通市、淮安市、舟山市、黄山市、六安市、池州市、宣城市、宁德市、赣州市、泰安市、宜昌市、孝感市、汕头市、汕尾市、内江市、昆明市、定西市、银川市、吴忠市、中卫市、安国市、高碑店市、任丘市、河津市、溧阳市、金坛市、东台市、高邮市、江都市、泰兴市、江山市、福清市、长乐市、福鼎市、南康市、滕州市、兖州市、新泰市、项城市、开平市、化州市、信宜市、高要市、兴宁市、安宁市、景洪市、大理市、哈密市、昌吉市、奎屯市、石河子市、阿拉尔市、五家渠市

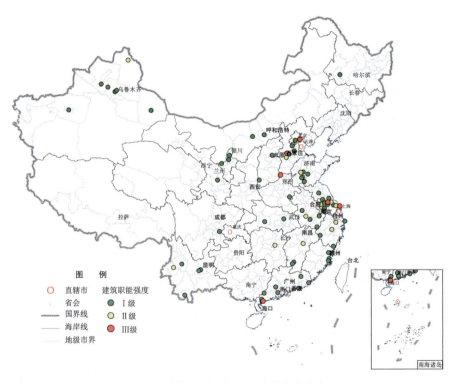

图 8.13　2010 年我国不同职能强度建筑城市分布图

（四）交通城市职能强度及其空间分异格局

交通城市指的是城市中从事交通运输、仓储和邮电通信行业的基本就业人员比例高于全国平均水平的城市，反映了交通大行业在该城市中的重要地位和其交通职能的属性。交通职能城市与交通网络中的枢纽城市是两个不同的概念。表 8.8 给出了利用纳尔逊标准差法计算和识别出的所有交通城市共89 个，同时图 8.14 也展示了交通城市在全国的区域分布特征。

表 8.8　全国 2010 年所有交通城市及其交通职能强度

城市职能类型	城市数量/个	职能强度	城市名称
交通城市	9	Ⅲ级	乌兰察布市、霍林郭勒市、阿尔山市、二连浩特市、双辽市、大安市、图们市、虎林市、格尔木市
	23	Ⅱ级	通辽市、黑河市、绥化市、张家界市、防城港市、安康市、嘉峪关市、武威市、中卫市、新民市、凌海市、北镇市、盖州市、大石桥市、榆树市、梅河口市、同江市、富锦市、海林市、五大连池市、安达市、海伦市、博乐市
	57	Ⅰ级	秦皇岛市、大同市、临汾市、赤峰市、呼伦贝尔、巴彦淖尔、白城市、佳木斯市、连云港市、蚌埠市、鹰潭市、东营市、怀化市、湛江市、河池市、广安市、平凉市、克拉玛依市、武安市、沙河市、侯马市、满洲里市、牙克石市、根河市、额尔古纳市、丰镇市、凤城市、灯塔市、开原市、德惠市、蛟河市、磐石市、公主岭市、双城市、尚志市、五常市、密山市、铁力市、宁安市、穆棱市、北安市、邳州市、兴化市、邵武市、高安市、孟州市、宜都市、东兴市、凭祥市、万宁市、东方市、峨眉山市、赤水市、开远市、阿图什市、塔城市、阿勒泰市

职能强度为Ⅲ级的交通城市主要分布在东北地区和内蒙古境内，如内蒙古的乌兰察布市、霍林郭勒市、阿尔山市和二连浩特市；吉林省的双辽市、大安市和图们市；黑龙江的虎林市以及青海的格尔木市 9 个城市。其中，乌兰察布市是进入东北、华北、西北三大经济圈的交通枢纽，也是中国通往蒙古国、俄罗斯和东欧的重要国际通道。阿尔山市位于东北亚经济圈腹地和中国东北经济区西出口，处于蒙古、锡林郭勒、科尔沁、呼伦贝尔四大草原交汇处，是联合国开发计划署规划的第四条欧亚大陆桥的连接点。二连浩特是

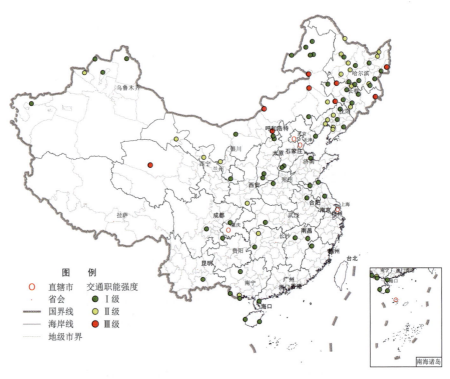

图 8.14　2010 年我国不同职能强度交通城市分布图

中国对蒙开放的最大公路、铁路口岸，公路向南通过 208 国道与呼包、京藏高速相连，向东通过二满公路与锡林浩特相接，向北通往蒙古国扎门乌德市。双辽市是吉林省西部的铁路和公路交通中心，也是吉林省西部高速公路中心点，连接大庆-广州、长春-深圳和集安-双辽等多条高速公路，成为吉林省西南部门户城市。大安市拥有吉林省最大的内陆对外开放港口——大安港，溯江而上，可达黑龙江省嫩江港；顺流而下，可通往哈尔滨、佳木斯，直抵俄罗斯 5 个开放港口，并可通过尼古拉耶夫斯克港（庙街）直接进入日本海，成为吉林省联结世界的水上桥梁。图们市境内的公路、铁路、航运三线均处在东北亚"金三角"地带，是连接中国东北腹地、朝鲜、俄罗斯远东地区公路、铁路运输的国际交通枢纽。位于青海的格尔木市坐落于青藏高原腹地，青藏、青新、敦格三条公路干线在此交汇，青藏铁路也已全线通车，格尔木机场已开通西宁、西安、成都等地的航班，已初步形成包括公路、铁路、民航和管道运输等多种形式的十字立体交通网络。正是由于这些城市所处的区位优势带来了交通行业的发展，吸收了大量的就业人员，基本就业人员比例均在22%以上。

职能强度为Ⅱ级的交通城市也主要分布在东北地区，如黑龙江的黑河市、绥化市等；吉林省的梅河口市、榆树市；辽宁省的新民市、凌海市等15个城市，以及内蒙古的通辽市、湖南省的张家界市、广西壮族自治区的防城港市、陕西省的安康市、宁夏的中卫市、新疆的博乐市与甘肃省的嘉峪关市和武威市，共计23个城市。

职能强度为Ⅰ级的交通城市有57个，除了在东北地区相对集中以外，在全国其他地区也有分布。这些城市包括黑龙江省的佳木斯市等，吉林省的白城市等，内蒙古的赤峰市、呼伦贝尔市、巴彦淖尔市等，河北省的秦皇岛市等，山西省的大同市、临汾市等，江苏省的连云港市等，安徽省的蚌埠市，江西省的鹰潭市等，山东省的东营市，河南省的孟州市，湖北省的宜都市，湖南省的怀化市，广东省的湛江市，广西壮族自治区的河池市等、海南省的万宁市和东方市、四川省的广安市和峨眉山市、贵州省的赤水市、云南省的开远市、甘肃的平凉市和新疆的克拉玛依市等。

（五）商业城市职能强度及其空间分异格局

商业职能是城市仅次于工业职能的第二大职能，该职能包括批发和零售贸易、住宿和餐饮业等。随着工业化进程走向成熟阶段，第三产业逐渐替代第二产业，商业职能超过工业职能成为城市的第一大职能。具有不同职能强度的商业城市及其在全国的分布特征分别如表8.9和图8.15所示。利用纳尔逊标准差法共识别出82个商业城市。

表8.9　全国2010年所有商业城市及其商业职能强度

城市职能类型	城市数量/个	职能强度	城市名称
商业城市	8	Ⅲ级	亳州市、三亚市、二连浩特市、绥芬河市、陆丰市、东兴市、凭祥市、瑞丽市

续表

城市职能 类型	城市数 量/个	职能 强度	城市名称
	6	II级	海口市、拉萨市、延吉市、长乐市、天门市、文昌市
	68	I级	呼伦贝尔、巴彦淖尔、绥化市、宁德市、信阳市、武汉市、黄冈市、长沙市、常德市、汕头市、清远市、南宁市、北海市、防城港市、钦州市、贵港市、玉林市、崇左市、南充市、眉山市、广安市、达州市、巴中市、贵阳市、昆明市、丽江市、酒泉市、南宫市、安国市、满洲里市、扎兰屯市、乌兰浩特市、新民市、海城市、北镇市、梅河口市、洮南市、讷河市、安达市、肇东市、明光市、武夷山市、邓州市、枝江市、汉川市、石首市、洪湖市、松滋市、广水市、仙桃市、临湘市、津市市、沅江市、吉首市、台山市、恩平市、雷州市、英德市、普宁市、琼海市、万宁市、邛崃市、景洪市、临夏市、昌吉市、阿图什市、奎屯市、伊宁市

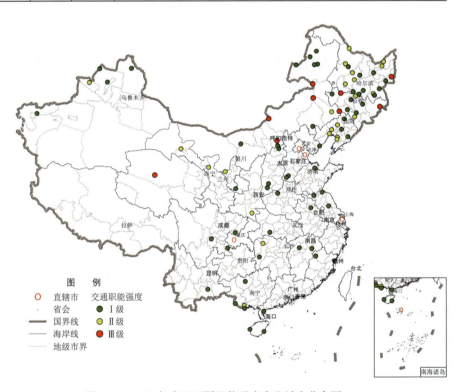

图 8.15　2010 年我国不同职能强度商业城市分布图

　　属于最高级Ⅲ级职能强度的商业城市共有 8 个，这 8 个城市主要位于我国的南方地区。按照职能强度由高到低依次为黑龙江的绥芬河市、广西的东兴市、内蒙古的二连浩特市、广西的凭祥市、广东的陆丰市、云南的瑞丽市、海南的三亚市和安徽省的亳州市。这些Ⅲ级职能城市多为口岸城市和旅游城市，因此促进了贸易与住宿餐饮等商业活动的繁荣发展。其中，绥芬河市既是中国东北地区对外开放，参与国际分工的重要窗口和桥梁，也是承接我国振兴东北和俄罗斯开发远东两大战略的重要节点城市，被誉为连接东北亚和走向亚太地区的"黄金通道"。同时它还处于东北亚经济圈的中心地带，是中国通往日本海的陆路贸易口岸之一。从 1988 年以来先后被批准为通贸兴边实验区、首批沿边开放城市、设立中俄"绥-波"互市贸易区以及中国首个卢布使用试点市，这一系列区位优势和政策支持，使得绥芬河市的商业发生了巨大提升，其从事商业基本活动的人员占到了 58%，使其成为名符其实的商业城市。而其他几个城市的商业基本活动人员比例也在 40%以上，但商业活动十分活跃的原因却有所不同：东兴市主要是通过旅游业的带动促进了住宿餐饮业等商业活动的繁荣，该市有世界三大红树林示范保护区之一的北仑河口红树林保护区，有京岛风景名胜区、屏峰雨林公园等国家 4A 级景区，有大清国一号界碑、中越人民友谊公园、民国"南天王"陈济棠故居等历史文化景观，2008 年被评为中国最佳生态旅游城市，2012 年被评为中国十大养老胜地。二连浩特市的商业职能特征与其甲类开放城市、沿边开放城市和国家重点开发开放实验区的建设，以及国门、界碑和恐龙地质公园等旅游资源有关。凭祥市素有"祖国南大门"之称，是广西口岸数量最多、种类最全、规模最大的边境口岸城市。陆丰市港口众多，有广东省较大的海湾碣石湾、国务院批准的对外开放口岸装卸点和广东省十大渔港之一的甲子港和其他众多的渔港。瑞丽市毗邻缅甸国家级口岸城市木姐，是中国西南最大的内陆口岸，是重要的珠宝集散中心，是首批中国优秀旅游城市之一，以及中国 17 个国际陆港城市之一。三亚市是中国东南沿海对外开放黄金海岸线上最南端的对外贸易重要口岸，同时拥有亚龙湾、天涯海角游览区、南山文化旅游区、大小洞天风景区、大东海风景区、鹿回头公园、三亚湾风景区、落笔洞游览区及西岛、蜈支洲岛海上乐园等著名景点。亳州市是一座 3000 多年历史文化古城和皖北旅游中心城市，也是全球最大中药材集散中心。

职能强度达到 II 级标准的商业城市共有 6 个，主要位于国境线上，分别为吉林省的延吉市、福建省的长乐市、海南省的海口市和文昌市，以及位于湖北省的天门市和西藏的拉萨市。

职能强度达到 I 级的商业城市 68 个，主要分布在边境口岸和内陆的城市群和经济圈范围内，包括位于福建省的宁德市和武夷山市；广东省的汕头市和清远市等；广西的南宁市、北海市、防城港市、钦州市、贵港市、玉林市和崇左市；海南省的琼海市和万宁市；云南省的景洪市；新疆的阿图什市和伊宁市等；内蒙古的满洲里市和呼伦贝尔市，以及位于武汉经济圈附近的武汉市、黄冈市和仙桃市等；位于长株潭城市群附近的长沙市、常德市、阮江市等；位于成渝城市群的南充市、眉山市、广安市等；还有东北地区的绥化市、肇东市、海城市、北镇市、梅河口市等。

（六）金融城市职能强度及其空间分异格局

我国城市的金融职能普遍较弱，金融从业人员比例最高也不到 8%，比例较高的城市还都是一些名不见经传的小城市。而金融从业人口绝对数较高的城市，如北京和上海，其金融从业人员占就业人员总数的比例还不足 3%，与纽约和伦敦等国际金融城市还有很大差距，而后者的这一比例已达到了 12%。在此识别出的金融城市共 99 个，仅表示金融职能在这些城市中相对比较重要，而实际上它们离真正的金融城市还有很大差距，甚至与金融中心也有很大差距（表 8.10 和图 8.16）。

表 8.10　全国 2010 年所有金融城市名单及其金融职能强度

城市职能类型	城市数量/个	职能强度	城市名称
金融城市	7	III级	濮阳市、驻马店市、黄冈市、吐鲁番市、昌吉市、伊宁市、塔城市
	14	II级	吕梁市、黑河市、漯河市、三门峡市、商丘市、周口市、张家界市、海口市、商洛市、锡林浩特市、同江市、五指山市、博乐市、喀什市

续表

城市职能类型	城市数量/个	职能强度	城市名称
金融城市	78	Ⅰ级	沧州市、衡水市、晋城市、朔州市、运城市、通辽市、呼伦贝尔、乌兰察布、巴彦淖尔、丹东市、铁岭市、朝阳市、四平市、辽源市、通化市、白山市、松原市、白城市、绥化市、金华市、衢州市、丽水市、黄山市、三明市、宁德市、南昌市、鹰潭市、赣州市、吉安市、上饶市、德州市、郑州市、开封市、许昌市、南阳市、宜昌市、孝感市、咸宁市、长沙市、邵阳市、怀化市、湛江市、茂名市、梅州市、河源市、清远市、云浮市、南宁市、梧州市、北海市、防城港市、百色市、渭南市、榆林市、酒泉市、张掖市、武威市、定西市、陇南市、平凉市、庆阳市、西宁市、银川市、深州市、乌兰浩特市、榆树市、集安市、延吉市、五大连池市、井冈山市、恩施市、吉首市、西昌市、铜仁市、临夏市、合作市、德令哈市、阜康市

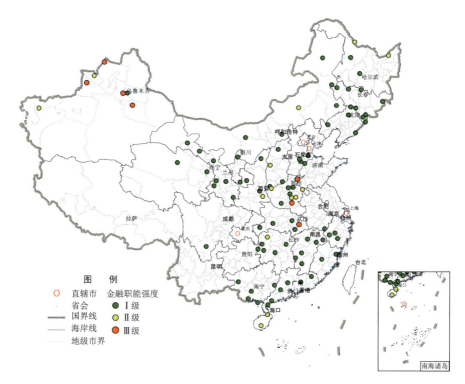

图 8.16　2010 年我国不同职能强度金融城市分布图

根据纳尔逊标准差法，列入Ⅲ级金融职能强度的城市为河南省的濮阳市和驻马店市、湖北省的黄冈市以及位于新疆的 4 个城市。职能强度为 Ⅱ 级的城市共 14 个，分别有位于黑龙江的黑河市和同江市；内蒙古的锡林浩特市；海南省的海口市、五指山市；新疆的博乐市和喀什市，这些城市位于中国的边境地区附近，金融职能突出与对外贸易活动活跃有关。此外还有位于内陆省份的几个城市，如河南省的漯河市、三门峡市、商丘市、周口市；湖南省的张家界市；山西省的吕梁市；陕西省的商洛市等。余下的属于Ⅰ级职能强度的城市共有 78 个，在全国的分布较为分散，没有明显的区域分布特征。

（七）科教城市职能强度及其空间分异格局

根据城市的职能分类，科教城市指的是从事科学研究与综合技术服务业、卫生体育和社会福利业，以及教育、文化艺术及广播电影电视业的行业人口比例较高的城市。表 8.11 列出了属于不同职能强度的科教城市 104 个，图 8.17 给出了科教城市在全国的分布格局。

表 8.11 全国 2010 年科教城市及其科教职能强度

城市职能类型	城市数量/个	职能强度	城市名称
科教城市	2	Ⅲ级	五指山市、和田市
	18	Ⅱ级	商洛市、陇南市、庆阳市、榆树市、海伦市、乐陵市、邓州市、利川市、武冈市、雷州市、岑溪市、桂平市、北流市、儋州市、东方市、合作市、阿图什市、图木舒克市
	84	Ⅰ级	北京市、吕梁市、通辽市、亳州市、郑州市、商丘市、黄冈市、长沙市、钦州市、贵港市、崇左市、来宾市、贺州市、南充市、巴中市、昭通市、丽江市、临沧市、渭南市、榆林市、安康市、武威市、定西市、固原市、南宫市、深州市、汾阳市、开原市、北票市、兴城市、九台市、德惠市、磐石市、公主岭市、双辽市、双城市、五常市、讷河市、密山市、同江市、富锦市、穆棱市、北安市、五大连池市、邳州市、界首市、瑞金市、樟树市、安丘市、汝州市、灵宝市、永城市、宜城市、松滋市、麻城市、广水市、恩施市、天门市、耒阳市、常宁市、沅江市、涟源市、南雄市、廉江市、高州市、化州市、宜州市、万宁市、简阳市、仁怀市、铜仁市、兴义市、毕节市、福泉市、宣威市、芒市、文山市、景洪市、吐鲁番市、喀什市、塔城市、乌苏市、阿勒泰市、阿拉尔市

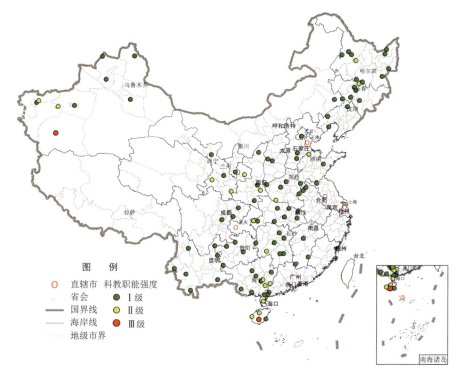

图 8.17 2010 年我国不同职能强度科教城市分布图

具有最高职能强度Ⅲ级的科教城市分别为海南省的五指山市和新疆的和田市，二者基本就业人口比例高达 48%和 34%，远高于平均值 14%的水平。

职能强度为Ⅱ级的科教城市主要分布在东北的黑龙江和吉林两省，东部地区的山东、广东和海南三省，中部地区的河南、湖北、湖南三省，西部地区的广西、陕西、甘肃和新疆等省，共计 18 个城市。

职能强度为Ⅰ级的科教城市主要分布在我国中部地区，而在东南沿海和西部地区较少，包括北京市、河北的南宫市和深圳市；山西的吕梁市和汾阳市；内蒙古的通辽市；辽宁的开原市等；吉林的双辽市等；黑龙江的双城市等；安徽的亳州市和界首市；江西的瑞金市等；河南的郑州市和商丘市等；湖北的黄冈市等；湖南的长沙市等；广东的南雄市等；广西的钦州市和贵港市等；四川的南充市和巴中市等；贵州的铜仁市和毕节市等；云南的昭通市、丽江市和临沧市等；山西的渭南市、榆林市和安康市；甘肃的武威市和定西市；宁夏的固原市；新疆的吐鲁番市、喀什市和塔城市等。

（八）行政城市职能强度及其空间分异格局

行政职能是城市的三大职能（经济、文化和行政）之一。表8.12列出的城市基本活动中行政职能较为突出，图8.18直观地显示了行政城市在全国的分布特征。从图中可发现：

行政职能强度最高的8个城市均位于西部地区，在西部整体城市数量较少的情况下为周边区域提供连接上下级行政通道畅通的行政职能。这些城市有西藏的日喀则市；甘肃的陇南市、临夏市和合作市；新疆的吐鲁番市、博乐市、喀什市和伊宁市。

表8.12　全国2010年行政城市及其行政职能强度

城市职能类型	城市数量/个	职能强度	城市名称
行政城市	8	III 级	陇南市、日喀则市、临夏市、合作市、吐鲁番市、博乐市、喀什市、伊宁市
	21	II 级	忻州市、吕梁市、黑河市、菏泽市、张家界市、河源市、临沧市、拉萨市、庆阳市、深州市、同江市、五大连池市、界首市、瑞金市、共青城市、五指山市、仁怀市、铜仁市、芒市、阿图什市、塔城市
	60	I 级	沧州市、廊坊市、晋城市、朔州市、运城市、乌兰察布市、铁岭市、白山市、绥化市、宿迁市、宁德市、商丘市、周口市、驻马店市、黄冈市、咸宁市、阳江市、云浮市、防城港市、钦州市、三亚市、广元市、巴中市、昭通市、丽江市、延安市、榆林市、商洛市、张掖市、定西市、固原市、南宫市、冀州市、锡林浩特市、丰镇市、五常市、虎林市、井冈山市、栖霞市、乐陵市、新郑市、卫辉市、永城市、宜城市、广水市、恩施市、利川市、武冈市、南雄市、阳春市、西昌市、兴义市、毕节市、都匀市、文山市、瑞丽市、和田市、乌苏市、阿拉尔市、图木舒克市

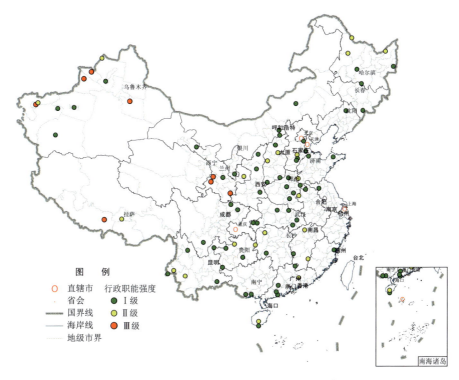

图 8.18 2010 年我国不同职能强度行政城市分布图

职能强度属于 Ⅱ 级的行政城市多分布在中部内陆地区，如山西的忻州市和吕梁市；山东的菏泽市；安徽的界首市；江西的瑞金市和共青城市；湖南的张家界市；广东的河源市；海南的五指山市；贵州的仁怀市和铜仁市；云南的临沧市和芒市，以及黑龙江的黑河市、同江市和五大连池市，西藏的拉萨市、甘肃的庆阳市和新疆的塔城市、阿图什市。

职能强度较低的 Ⅰ 级行政城市共有 60 个，同样也以中部地区居多。包括河北的廊坊市、沧州市等；山西的晋城市、朔州市和运城市；内蒙古的乌兰察布市等；辽宁的铁岭市、吉林的白山市、黑龙江的绥化市等；江苏的宿迁市、福建的宁德市；河南的商丘市、周口市和驻马店市等；湖北的黄冈市、咸宁市等；广东的阳江市、云浮市等；广西的防城港市、钦州市；海南的三亚市；四川的巴中市、广元市等；贵州的毕节市等；云南的昭通市、丽江市等；陕西省的延安市、榆林市和商洛市；甘肃的张掖市和定西市；宁夏的固原市；新疆的和田市和乌苏市等。

三、城市职能结构的聚类分析与分类

在前面对各地级城市的职能特征进行了描述，并在分析其显著职能及强度的基础上进行了简单的分类。但是该分类仅限于对不同城市的职能强度等级的主观判断。在本节进行定量的职能分类时，还将考虑城市的规模特征，并借助 SPSS 的聚类分析方法，尽可能使分类结果更客观。

从聚类分析图上截取三个断面，根据不同的距离把我国 657 个城市分为 6 个职能大类、9 个职能亚类和 16 个职能组，如图 8.19 所示。

Class_Ⅰ	Class_Ⅱ	Class_Ⅲ	Class_Ⅳ	Class_Ⅴ	Class_Ⅵ	职能大类
Cluster_Ⅰ	Cluster_Ⅱ	Cluster_Ⅲ-1 Cluster_Ⅲ-2	Cluster_Ⅳ	Cluster_Ⅴ	Cluster_Ⅵ-1 Cluster_Ⅵ-2 Cluster_Ⅵ-3	职能亚类
Group_Ⅰ-A Group_Ⅰ-B	Group_Ⅱ-A Group_Ⅱ-B Group_Ⅱ-C	Group_Ⅲ-1 Group_Ⅲ-2	Group_Ⅳ-A Group_Ⅳ-B Group_Ⅳ-C	Group_Ⅴ-A Group_Ⅴ-B	Group_Ⅵ-1-A Group_Ⅵ-1-B Group_Ⅵ-2 Group_Ⅵ-3	职能组

图 8.19　2010 年我国城市职能结构分类分级示意图

对应于每个职能大类、每个职能亚类和职能组，计算各自的聚类中心，并根据聚类中心的特征对相应的职能类进行命名，如表 8.13 所示。

表 8.13　2010 年我国城市职能聚类中心与类型命名结果表

职能类型与命名	城市个数	聚类中心（就业人口比例%）								
		人口规模	矿业	工业	建筑房产	交通	商业	金融	科教	行政
职能大类										
Ⅰ（工业城市）	56	0.92	0.97	67.33	7.65	4.37	10.70	0.82	5.29	2.88

续表

职能类型与命名	城市个数	聚类中心（就业人口比例%）								
		人口规模	矿业	工业	建筑房产	交通	商业	金融	科教	行政
Ⅱ（商业与科教职能为辅的工业城市）	161	0.64	2.91	46.38	9.60	7.51	13.27	1.79	11.23	7.31
Ⅲ（工矿业城市）	71	0.49	25.94	28.43	7.01	9.12	9.81	1.54	11.27	6.89
Ⅳ（科教行政职能突出的工商业城市）	102	0.36	4.14	23.75	7.01	9.69	19.22	3.54	18.37	14.27
Ⅴ（交通科教职能突出的工商业城市）	84	0.41	6.52	24.03	6.96	16.38	17.97	2.27	16.28	9.58
Ⅵ（工商业城市）	183	0.95	1.88	30.14	8.75	9.34	22.76	2.22	15.98	8.93
职能亚类：（Ⅰ、Ⅱ、Ⅳ、Ⅴ下属无职能亚类，在此不再重复列出）										
Ⅲ-1（矿业主导的工矿业城市）	16	0.33	43.06	16.53	3.75	7.75	6.89	1.83	12.05	8.14
Ⅲ-2（工业主导的工矿业城市）	55	0.53	20.96	31.89	7.95	9.52	10.65	1.45	11.04	6.52
Ⅵ-1（科教职能突出且工业商业并重的城市）	93	0.51	2.11	25.12	7.02	10.08	25.26	2.03	17.95	10.43
Ⅵ-2（工业主导的工商业城市）	6	8.03	1.16	42.38	9.51	7.42	18.83	1.89	13.42	5.39
Ⅵ-3（建筑科教职能显著的工商业城市）	84	0.92	1.67	34.81	10.62	8.66	20.28	2.45	13.99	7.52
职能组：（Ⅲ-1、Ⅲ-2、Ⅵ-2、Ⅵ-3下属无职能组，在此不再重复列出）										
Ⅰ-A（中小型工业城市）	54	0.75	1.00	66.61	7.79	4.51	10.84	0.83	5.45	2.97
Ⅰ-B（大型工业城市）	2	5.59	0.14	86.60	3.70	0.74	6.88	0.46	0.84	0.64
Ⅱ-A（建筑与商业职能显著的工业城市）	31	0.62	1.94	44.53	18.99	7.29	12.74	0.96	8.88	4.67
Ⅱ-B（科教与商业职能为辅的工业城市）	30	0.46	4.95	40.89	5.42	8.44	11.89	1.95	14.97	11.49
Ⅱ-C（商业为辅的工业城市）	100	0.70	2.60	48.60	7.95	7.29	13.85	2.01	10.83	6.87

续表

职能类型与命名	城市个数	聚类中心（就业人口比例%）								
		人口规模	矿业	工业	建筑房产	交通	商业	金融	科教	行政
Ⅳ-A（工业交通为辅的商业、科教与行政职能城市）	19	0.24	2.45	17.28	5.31	12.30	19.03	4.56	19.22	19.85
Ⅳ-B（科教为辅的工商业城市）	47	0.40	1.63	29.09	7.80	9.56	21.13	3.68	15.48	11.63
Ⅳ-C（科教职能突出行政职能为辅的工商业城市）	36	0.38	8.29	20.20	6.88	8.50	16.82	2.83	21.71	14.77
Ⅴ-A（交通职能主导科教职能为辅的工商业城市）	25	0.35	3.29	19.82	6.01	20.14	19.44	2.98	16.93	11.41
Ⅴ-B（科教交通为辅的工商业城市）	59	0.43	7.90	25.81	7.37	14.79	17.35	1.96	16.01	8.80
Ⅵ-1-A（交通与科教职能为辅的商业城市）	6	0.11	1.13	7.17	3.37	15.71	48.55	2.32	10.37	11.39
Ⅵ-1-B（科教职能突出的工业商业并重城市）	87	0.54	2.18	26.36	7.27	9.69	23.65	2.01	18.48	10.36

（一）职能大类Ⅰ的聚类中心

该类表现为非常强的工业职能（工业职能就业比例达到 67%），而其他职能相对较弱，为此我们将该职能大类命名为"工业城市"。该职能大类下属 2 个职能组：职能组Ⅰ-A 的城市人口规模平均不足 100 万，因此将其命名为"中小型工业城市"；职能组Ⅰ-B 的城市人口规模达到了 560 万左右，因此将其命名为"大型工业城市"。

（二）职能大类Ⅱ的聚类中心

该类其工业职能相对弱化，但仍占据支配地位（46%），而商业（13%）与科教（11%）职能较为明显，因此将其命名为"商业与科教职能为辅的工业城市"。该职能大类下面包含 3 个职能组：职能组Ⅱ-A 的聚类中心表现为工业职能（44%）为主，建筑（19%）与商业（13%）职能较为显著的特征，因此称之为"建筑与商业职能显著的工业城市"；职能组Ⅱ-B 的聚类中心仍以工业（41%）为主，其次为科教（15%）与商业（12%）职能，因此称其为"科教与商业职能为辅的工业城市"；职能组Ⅱ-C 的聚类中心工业（49%）职能显著，其次为商业（14%）职能，因此称其为"商业为辅的工业城市"。

（三）职能大类Ⅲ的聚类中心

该类表现为突出的工业（28%）与矿业（26%）职能特征，因此将其命名为"工矿业城市"。该职能大类下面包含两个职能亚类：隶属于Ⅲ-1 的城市其矿业（43%）职能强于工业（17%）职能，而隶属于Ⅲ-2 的城市其工业（32%）职能强度矿业（21%）职能，因此分别称其为"矿业主导的工矿业城市"和"工业主导的工矿业城市"。

（四）职能大类Ⅳ和Ⅴ的聚类中心

该类共同特征是工业职能与商业职能相当。其中Ⅳ类的科教与行政职能比较突出，而Ⅴ类的交通与科教职能较为显著，因此分别将二者命名为"科教行政职能突出的工商业城市"和"交通科教职能突出的工商业城市"。职能大类Ⅳ下面又包含 3 个职能组：Ⅳ-A 的商业、科教与行政职能强度相当，均高于 19%，其次为工业职能和交通职能，分别为 17% 和 12%，故称其为"工业交通为辅的商业、科教与行政职能城市"；Ⅳ-B 的工业与商业职能较强，分别为 29% 和 21%，其次为科教职能（15%），因此称之为"科教为辅的工商业城市"；Ⅳ-C 也是典型的工商业城市，工业职能和商业职能分别为 20% 和 17%，而其科教职能较为突出，达到了 22%，此外行政职能也比较高，为 15%，因此称其为"科教职能突出行政职能为辅的工商业城市"。职能大类Ⅴ包含两个职能组：职能组Ⅴ-A 的工商业职能相当，均为 19% 左右，但交通职能达到了 20%，科教职能也达到了 17%，因此将其命名为"交通职能主导科教职能为辅的工商业城市"；职能组Ⅴ-B 的工业、商业职能分别为 26% 和 17%，其次为科教与交通职能，分别为 16% 和 15%，故称之为"科教交通为辅的工商业城市"。

职能大类Ⅵ的工业和商业职能均比上面两类工商业城市强，分别达到了

30%和23%，而科教职能比例也较高（16%），因此称之为"科教职能为辅的工商业城市"。该职能大类下面包含3个职能亚类：Ⅵ-1类的商业职能相对其他类别来说非常显著，达到了25%以上，另外，工业职能为25%，相对较低，科教职能达到18%，故称其为"科教职能突出且工业商业并重的城市"；Ⅵ-2类的工业职能显著高于商业职能，分别为42%和19%，因此称其为"工业主导的工商业城市"；Ⅵ-3类除了工商业职能较强外（分别为35%和20%），科教与建筑职能也达到了14%和11%，故将其称为"建筑科教职能显著的工商业城市"。此外，职能亚类Ⅵ-1（科教职能突出的工业商业并重城市）下面又包含2个职能组：职能组Ⅵ-1-A为典型的商业城市，商业职能比例高达48.5%，其次为交通和科教职能，因此称其为"交通与科教职能为辅的商业城市"；职能组Ⅵ-1-B商业职能仍然较高，达到了24%，然而工业职能略高于商业职能，为26%，此外，科教职能也比较突出，因此将其命名为"科教职能突出的工业商业并重城市"。隶属于各职能组以及职能亚类和大类的城市详见表8.14所示。

表 8.14　不同职能类型的城市名称一览表

职能大类	职能亚类	职能组	所属城市
Ⅰ	Ⅰ	Ⅰ-A	吴江市、余姚市、昆山市、丹阳市、常熟市、桐乡市、江阴市、张家港市、太仓市、海宁市、平湖市、诸暨市、晋江市、慈溪市、中山市、石狮市、瑞安市、温岭市、奉化市、永康市、台州市、温州市、乐清市、义乌市、普宁市、嘉兴市、湖州市、宜兴市、嵊州市、临海市、泉州市、扬中市、金坛市、高邮市、浏阳市、兰溪市、醴陵市、靖江市、富阳市、南安市、惠州市、鹤山市、无锡市、常州市、苏州市、海阳市、文登市、乳山市、增城市、即墨市、胶州市、胶南市、荣成市、龙口市
		Ⅰ-B	深圳市、东莞市
Ⅱ	Ⅱ	Ⅱ-A	南通市、泰州市、江都市、东阳市、海门市、仪征市、上虞市、如皋市、姜堰市、启东市、东台市、泰兴市、马鞍山市、安宁市、崇州市、江山市、溧阳市、任丘市、石河子市、桐城市、曲阜市、南康市、三河市、句容市、藁城市、福清市、福鼎市、龙海市、高要市、长乐市、林州市
		Ⅱ-B	仁怀市、栖霞市、冀州市、卫辉市、济源市、长治市、沁阳市、黄骅市、青铜峡市、青州市、孟州市、荥阳市、辉县市、舞钢市、焦作市、新郑市、洪江市、安顺市、老河口市、聊城市、娄底市、雅安市、凌源市、滨州市、承德市、乐平市、瑞昌市、河间市、枣庄市、禹州市

续表

职能大类	职能亚类	职能组	所属城市
II	II	II-C	包头市、舟山市、永安市、寿光市、宁国市、江油市、镇江市、宝鸡市、普兰店市、广汉市、齐齐哈尔市、洛阳市、芜湖市、牡丹江市、蚌埠市、南平市、日照市、张家口市、韶关市、新余市、建德市、临安市、偃师市、瓦房店市、巩义市、本溪市、潞城市、鹿泉市、河津市、晋州市、天水市、安丘市、项城市、兴平市、泰安市、咸阳市、吉林市、平度市、九江市、衢州市、保定市、晋中市、安阳市、新乡市、营口市、丹东市、辽阳市、三明市、梧州市、莆田市、襄樊市、烟台市、潍坊市、邢台市、辽源市、什邡市、绵竹市、抚顺市、自贡市、黄石市、济宁市、泊头市、永济市、辛集市、昌邑市、莱西市、诸城市、高密市、临清市、清镇市、大丰市、长葛市、高碑店市、临沂市、四会市、德阳市、开平市、揭阳市、霸州市、天长市、从化市、蓬莱市、株洲市、宁波市、厦门市、大连市、青岛市、淄博市、鞍山市、杭州市、潮州市、扬州市、十堰市、湘潭市、景德镇市、威海市、绍兴市、江门市、珠海市、佛山市
III	III-1	III-1	义马市、古交市、和龙市、平顶山市、鹤壁市、合山市、登封市、淮北市、霍州市、鸡西市、双鸭山市、鹤岗市、孝义市、调兵山市、七台河市、德令哈市
III	III-2	III-2	淮南市、冷水江市、阳泉市、个旧市、新泰市、肥城市、石嘴山市、莱阳市、莱州市、招远市、金昌市、白银市、玉门市、葫芦岛市、铜陵市、唐山市、邯郸市、徐州市、萍乡市、武安市、大同市、根河市、牙克石市、高平市、阜新市、铜川市、伊春市、临江市、新密市、原平市、资兴市、韩城市、六盘水市、大冶市、德兴市、灵武市、凤城市、灯塔市、铁力市、乌海市、攀枝花市、龙岩市、敦化市、彭州市、滕州市、邹城市、大庆市、五家渠市、迁安市、沙河市、兖州市、华蓥市、介休市、莱芜市、章丘市
IV	IV	IV-A	同江市、张家界市、黑河市、五大连池、博乐市、周口市、驻马店市、商丘市、锡林浩特市、吕梁市、塔城市、陇南市、合作市、临夏市、日喀则市、河源市、喀什市、吐鲁番市、伊宁市
IV	IV	IV-B	阳江市、云浮市、漯河市、三门峡市、衡水市、许昌市、德州市、南阳市、四平市、开封市、邵阳市、朝阳市、海口市、延吉市、濮阳市、黄冈市、昌吉市、张掖市、运城市、百色市、渭南市、咸宁市、都匀市、广元市、沧州市、铁岭市、恩施市、西昌市、钦州市、吉首市、梅州市、孝感市、宁德市、津市市、达州市、酒泉市、乌兰浩特市、北海市、清远市、湛江市、西宁市、新乐市、吉安市、茂名市、上饶市、黄山市、集安市
IV	IV	IV-C	永城市、共青城市、白山市、朔州市、晋城市、宿州市、九台市、汝州市、灵宝市、常宁市、松原市、珲春市、阜康市、固原市、临沧市、延安市、定西市、商洛市、忻州市、乌苏市、文山市、武冈市、利川市、毕节市、图木舒克、南雄市、瑞金市、和田市、庆阳市、铜仁市、界首市、芒市、井冈山市、菏泽市、深州市、五指山市
V	V	V-A	虎林市、双辽市、图们市、霍林郭勒市、阿尔山市、格尔木市、大安市、新民市、海伦市、榆树市、东方市、富锦市、通辽市、安康市、乌兰察布市、武威市、防城港市、绥化市、平凉市、白城市、北宁市、呼伦贝尔市、怀化市、巴彦淖尔、鹰潭市

续表

职能大类	职能亚类	职能组	所属城市
V	V	V-B	敦煌市、蛟河市、梅河口市、满洲里市、桦甸市、磐石市、穆棱市、赤峰市、东营市、盘锦市、克拉玛依、额尔古纳、漳平市、福泉市、汾阳市、耒阳市、涟源市、舒兰市、北票市、丰城市、哈密市、宣威市、阿勒泰市、德惠市、公主岭市、密山市、开原市、双城市、五常市、儋州市、兴城市、邳州市、海林市、临汾市、尚志市、高安市、赤水市、宁安市、樟树市、北安市、邵武市、盖州市、凌海市、安达市、中卫市、峨眉山市、开远市、兴化市、大石桥市、嘉峪关市、宜都市、侯马市、河池市、连云港市、秦皇岛市、佳木斯市、兴宁市、丰镇市、宿迁市
VI	VI-1	VI-1-A	东兴市、绥芬河市、三亚市、瑞丽市、凭祥市、二连浩特市
		VI-1-B	乐昌市、万源市、赤壁市、新沂市、资阳市、建瓯市、华阴市、宜州市、建阳市、福安市、汨罗市、洪湖市、仙桃市、汉川市、随州市、简阳市、遂宁市、蒙自市、阿克苏市、北流市、乐陵市、廉江市、桂平市、雷州市、邓州市、廊坊市、榆林市、麻城市、昭通市、高州市、来宾市、岑溪市、阳春市、罗定市、六安市、阿拉尔市、阜阳市、南充市、当阳市、枣阳市、永州市、宜春市、阆中市、安陆市、石首市、常德市、天门市、恩平市、化州市、景洪市、普洱市、保山市、琼海市、文昌市、武夷山市、库尔勒市、大理市、乌鲁木齐、连州市、扎兰屯市、信阳市、广安市、邛崃市、广水市、巴中市、兴义市、宜城市、崇左市、讷河市、万宁市、贵港市、肇东市、沅江市、明光市、英德市、贺州市、松滋市、郴州市、洮南市、应城市、临湘市、亳州市、陆丰市、南宫市、丽江市、拉萨市、阿图什市
	VI-2	VI-2	重庆市、广州市、天津市、武汉市、北京市、上海市
	VI-3	VI-3	吴川市、定州市、涿州市、汕尾市、安国市、韶山市、抚州市、池州市、信宜市、宣城市、吴忠市、遵化市、曲靖市、巢湖市、武穴市、贵溪市、湘乡市、都江堰市、内江市、淮安市、哈尔滨市、长春市、济南市、西安市、太原市、南京市、成都市、沈阳市、赣州市、银川市、呼和浩特市、楚雄市、宜昌市、丽水市、金华市、汕头市、奎屯市、南宁市、长沙市、郑州市、合肥市、绵阳市、贵阳市、昆明市、滁州市、肇庆市、漳州市、汉中市、安庆市、盐城市、鄂州市、遵义市、岳阳市、东港市、枝江市、龙泉市、眉山市、台山市、宜宾市、柳州市、海城市、通化市、鄂尔多斯、庄河市、玉溪市、锦州市、丹江口市、禹城市、桂林市、荆州市、南昌市、福州市、兰州市、泸州市、石家庄市、荆门市、乐山市、潜江市、龙井市、玉林市、钟祥市、凯里市、益阳市、衡阳市

第四节　中国城市职能结构优化重点与格局

一、城市职能结构格局优化的目标

在城市进一步发展过程中，随着产业不断升级、城市之间分工合作的交互强度增加以及城市发展的基础环境发生变化，城市原有的职能将随之发生改变。因此，通过从产业结构调整的方向一致性，挖掘基于城市一般职能的特殊职能，城市职能的分工互补，以及城市职能的多元化发展等目标可以体现城市职能结构格局的优化。未来我国城市职能结构总体优化目标如下所述：

（一）城市职能结构更趋合理，与城市产业结构调整方向保持一致

通常认为，城市职能特征受到城市资源禀赋、区位条件、与其他城市合作分工以及历史发展路径等多种因素的共同作用。从对不同职能类型与强度的城市空间分布格局特征的研究结果可以看出，我国城市的职能结构总体来看是较为合理的，城市在谋求可持续发展的同时，积极地进行产业结构调整，城市职能的转变与其产业结构调整的方向基本保持一致。

资源型城市的发展与矿业职能的建立主要取决于城市的资源禀赋。进入工业化阶段以后，我国对工业原材料的需求增加，在资源较为丰富的地区，催生了以开采矿业资源为主要职能的城市，即矿业城市。随着大规模地质勘查工作的进行，发现了一大批有色金属和非金属矿床，在此基础上建起一批矿业城市，如白银、金川、德兴、云浮、钟祥、开阳等。大规模的油气勘查推动了以石油和天然气开发、加工为支柱产业的城市发展，如玉门、克拉玛依、大庆、濮阳等。在三线建设中建立的矿业城市以攀枝花、六盘水最为典型。改革开放以后，新的矿业城市仍在产生，如东营、盘锦、库尔勒、东胜等，主要是一些以大型油气或煤炭开发和加工基地为依托的城市。矿业城市由于受限于资源的存量和可开采量，随着开采量的增加，以采掘为基本活动的资源型城市将进入衰退阶段，城市的职能必须进行转型，向其他职能转变。矿业城市一般也具有较为突出的工业或其他职能，因此其产业结构调整的方向需根据城市的发展特征因地制宜地进行设定。

此外，建筑城市主要位于大城市周边，为大城市人口提供住房服务，形成与周边城市分工合作的交互形式；交通城市往往位于交通枢纽中心和铁路港口口岸地区；科教城市一般位于教育资源集中、科研力量强大以及文化底蕴丰厚的地区，而这些资源的聚集往往是由于历史原因造成的，或为历史文化名城，或在新中国成立之后通过行政力量将科研教育资源搬迁至这些城市；

行政中心更是与我国的行政区划和行政力量干预有很大关系。

（二）城市一般职能得到充分发挥，特殊职能得到更加张扬

从我国当前城市职能特征来看，对于某个特定城市来说，其通常具有不止一个突出职能，至少具有两个甚至多个潜在职能，因此城市为谋求可持续发展，需要根据自身的职能结构特征合理设定产业转型的方向，使城市职能与产业结构调整的方向相一致。对不同职能结构城市采取分类发展、重视质的提升方针，重点发展提高制造型工业城市，优化发展综合性城市，提升交通枢纽和旅游城市，较快改造转型资源型城市（尤其是资源枯竭型城市），促进工业成熟的城市向商业城市发展。

城市职能可分为一般职能和特殊职能，从城市职能合理性来说，城市的一般职能和特殊职能都应该得到充分发挥。城市的基本职能也即一般职能，是指每个城市都必备的，即指集聚于城市中生产、流通、分配等多项活动中的一部分职能，如工业、商业、服务业、建筑业等。从全国各城市的优势职能，即就业比例最高的职能来看，工业职能与商业职能几乎是绝大多数城市的优势职能，占比达到了93%以上。从不同职能就业人口的平均比例来看，我国工业职能和商业职能人口就业比例分别高达34.4%和21%。由此可以断定，我国工业化与城镇化进程已经进入快速城市化阶段，城市的基本职能将得到进一步充分发挥。

另外，一些不可能为每个城市所必备的职能，如采矿业受城市资源禀赋的限制；科学研究则与城市所具有的科研力量有关，即城市的特殊职能也得到了快速发展。同样的，从不同职能就业人口的平均比例来看，科教职能的人口就业比例高达12%，仅次于商业职能人口。而以矿业城市为优势职能的城市达到4%，是除工业、商业以外比例最高的优势职能类型。由此可以看出，城市除工业和商业以外的特殊职能也将得到极大发展。

（三）城市职能分工互补有序，实现错位发展避免职能雷同

城市的合理发展在于城市之间分工互补，为区域发展提供差异化的职能。从不同职能的城市空间分布特征来看，可以发现我国城市职能具有分工互补

有序的特征，已经实现错位发展从而避免了职能雷同的问题。工业城市主要布局在沿海的渤海湾、长江三角洲、珠江三角洲三大地区；商业城市集中在中国的边境口岸以及内陆的城市群；建筑城市围绕北京、上海和广州等大城市布局发展；交通城市在东北地区以及一些交通枢纽城市较多；科教城市与行政城市在中部地区分布较多。而且，多数城市表现为职能专业化的特征，这也是城市职能分工合理有序、职能错位发展的证据。

工业城市与商业城市功能的错位发展有利于城市-区域经济的发展。从二者的空间分布特征来看，工业城市主要集中在长江三角洲、珠江三角洲以及渤海湾附近的山东半岛和京津冀地区，这些地区在对外开放政策以及沿海地理位置的带动下，其工业职能通过对外加工再出口的形式率先发展起来；商业城市一般位于我国的边境口岸，这一优越的地理区位促进了批发零售贸易的发展，而部分旅游业城市由于吸纳了大量的旅游人员，在为其提供餐饮和住宿等服务的过程中，其商业职能也将得到快速发展。

（四）城市职能类型日趋多元化，新型城镇化发展将因类制宜

城市职能的专业化发展同时意味着城市职能应该多元化发展，从而避免职能雷同。尽管工业与商业职能已成为多数城市的优势和显著职能，但是城市的职能类型并不单一，而是呈多元化发展趋势。一方面除了个别高度专业化城市以外，很多城市都有除主要职能以外的其他次要职能或潜在职能，这样有利于城市的抗风险能力和可持续发展。因为一旦城市的主要职能面临挑战或资源耗竭，城市可以将其次要职能或潜在职能培养成其优先发展方向。另一方面，随着我国新型城镇化的提出，城市职能在传统职能范围基础上将不断升级，将出现全新的城市职能类型。

在现有城市职能结构的基础上，我国提出坚持以人为本，以新型工业化为动力，以统筹兼顾为原则，推动城市现代化、集群化、生态化等新的城市发展方向，提出要全面提升城镇化质量和水平，走科学发展、集约高效、功能完善、环境友好、社会和谐、个性鲜明、城乡一体、大中小城市和小城镇协调发展的城镇化。可见，在促进新型城镇化发展的过程中，我国城市的职能将进一步完善和提升，使城市的功能和服务能力更加优化，将变成人类更

为舒适宜居的场所。

二、城市职能结构格局优化的方向与重点

根据城市职能结构优化目标，未来我国城市职能结构格局优化方向与重点为，推动城市由单一职能城市转变为综合职能城市，由中低端传统工业转变为中高端战略新型产业，由资源型城市转变为资本密集型城市和知识密集型城市，由传统城市向智慧城市、低碳城市迈进。

（一）由单一职能城市向综合职能城市转变

随着我国工业化进程不断推进，多数城市的职能均以工业为主，根据前面的研究，以工业为优势职能的城市高达 489 个，占城市总数的 74%。而以其他职能为主的城市所占比例比较少。可见，城市职能较为单一。随着我国城镇化的进一步发展，工业化进入成熟阶段之后，产业结构将从第二产业向第三产业升级调整。此时，城市职能也将从单一的工业职能向多元化的其他城市职能发展，形成多元化城市职能格局，从而在更高层次上参与区域乃至全国的城市职能分工、协调、合作。另外一方面，城市的社会、经济、产业、人口流动等也在发生着转变，城市职能结构格局的优化也将从单一职能向综合性职能城市转变。这里的综合性职能，并不是指跨多种不同职能类型，如矿业、工业、建筑业、交通、商业、金融、科教等多种职能共存的综合职能转变，而是少量的职能共存，且职能结构有明显的优先发展和潜在发展职能，如以工业为主要职能、商业为辅助职能。总之，综合性城市的成功必将有明确的职能定位。

产业结构的优化与升级，也将带动城市职能向更细化与更高级的方向发展。例如，伴随着第二产业向第三产业转移的趋势，制造业城市功能也将逐渐向服务型功能转变；伴随着以人为本新型城镇化的发展，对"人"的服务活动将变得更为重要，因此作为同样是服务型城市来说，未来的服务型城市将由生产性服务业向生活性服务业和知识型服务业转变；伴随着创新型城市的提出，传统的以工业制造为主的城市功能将转向以提供服务和知识创新功能为主的城市。随着气候变化问题不断变得严峻以及资源约束越来越明显，

传统的交通枢纽城市也将在实施和完善国家高速公路网、促进交通运输向现代服务业发展上大步迈进，通过建立现代综合交通运输体系，提高公共交通资源利用效率，最终实现建立资源节约型、环境友好型交通运输行业的目标。

（二）由中低端传统工业向中高端战略新兴产业转变

尽管我国已进入工业化快速发展阶段，但在工业化过程中也存在很大的问题。其中最为严峻的是，传统工业中以低端制造业为主，不仅消耗了大量资源，也限制了我国独立自主制造能力的提升。为此，我国在《工业转型升级规划（2011—2015年）》中明确提出推进中国特色新型工业化的根本要求，进一步调整和优化经济结构、促进工业转型升级等重要举措，最终实现我国工业由大到强这一重大转变。具体来说，就是要加快转变经济发展方式，着力提升自主创新能力，推进信息化与工业化深度融合，改造提升传统产业，培育壮大战略性新兴产业，加快发展生产性服务业，调整和优化产业结构，把工业发展建立在创新驱动、集约高效、环境友好、惠及民生、内生增长的基础上，不断增强我国工业核心竞争力和可持续发展能力。与之相对应，我国的传统工业城市也将由发展中低端传统工业向中高端战略新型产业转变，由中国制造向中国创造迈进，最终实现创新性国家的目标。

（三）由资源型城市向资本密集型城市和知识密集型城市转变

我国地大物博、资源众多的自然禀赋，形成了一批数量大、分布广的资源型城市，在建立我国独立完整的工业体系，以及国民经济发展中作出了历史性的贡献。目前，资源型城市的现实作用依然突出，作为我国重要的能源资源战略保障基地，是国民经济持续健康发展的重要支撑。但是，部分地区开发强度过大，资源综合利用水平低，可替代性产业发展滞后，出现部分城市资源严重枯竭，生态环境遭到严重破坏，导致地质灾害隐患不断出现，新旧矛盾叠现，可持续发展压力较大。因此，以高耗能、高污染、高排放的资源型城市亟待寻找城市发展的新动力。

经济和产业结构转型升级成为加快资源型城市可持续发展的有效途径，资源型城市根据所处不同阶段，逐渐向资本密集型城市和知识密集型城市转变。今后发展的方向和重点应该在遵循分类指导、特色发展的原则基础上，因地制宜地促进资源型城市可持续发展。到 2030 年，重点发展的资源型城市为成长型城市，通过规范成长型城市有序发展，科学持续地发展资源富足区域的城市。推动成熟型城市、衰退型城市，有效利用发展积累的资金，向资本密集型和生态宜居型城市转型发展。引导再生型城市进行创新发展，向知识型智慧城市发展。加快资源城市的经济发展方式转变，将有利于实现全面建成小康社会的奋斗目标，促进区域协调可持续发展，建设新型城镇化。

（四）由传统城市向智慧城市、低碳城市和生态宜居城市迈进

当前，我国处于城镇化的快速发展阶段，伴随着城市化进程的加快，城市化率也逐年提高。然而在人口向城市快速聚集的同时，城市的基础设施与各项服务往往无法及时地适应和满足城市人口的需要，这给城市的资源、环境等方面带来了巨大的压力：资源短缺、环境污染、交通拥堵、安全隐患等一系列问题，出现了日益严峻的"城市病"问题。传统城市在应对"城市病"问题上通常束手无策，已成为困扰城市建设与管理的首要难题。"智慧城市"于是应运而生，为解决城市人口激增引发的资源环境服务滞后问题指明了方向。

智慧城市是将信息化高度融合于城市化进程的新型城市发展模式，以物联网、云计算、移动互联和大数据等新型热点信息技术为核心，强调面向城市主体——政府、企业和个人等为服务对象实现经济、社会和环境的全面可持续发展。

建设智慧城市，也是转变城市发展方式、提升城市发展质量的客观要求。通过建设智慧城市，及时传递、整合、交流、使用城市经济、文化、公共资源、管理服务、市民生活、生态环境等各类信息，提高物与物、物与人、人与人的互联互通、全面感知和利用信息能力，从而能够极大提高政府管理和服务的能力，极大提升人民群众的物质和文化生活水平。建设智慧城市，会让城市发展更全面、更协调、更可持续，会让城市生活变得更健康、更和谐、更美好。

三、城市职能结构格局优化的空间组织

城市职能结构格局优化目标发展方向和重点的确定，职能结构格局优化的空间组织也随之发生优化，本节以 2030 年规划的我国 770 个城市为分析对象，开展未来中国城市职能结构优化的空间组织形式。

（一）未来重点建设的资源型城市

我国的资源型城市数量众多，但资源开发所处阶段不同，经济社会发展水平差异较大，其面临的矛盾和问题不尽相同。2013 年 11 月 12 日，国务院颁发了国发〔2013〕45 号文件，出台《全国资源型城市可持续发展规划（2013—2020 年）》，遵循分类指导、特色发展的原则，根据资源保障能力和可持续发展能力差异，将我国资源型城市划分为成长型、成熟型、衰退型和再生型 4 种类型，明确各类城市的发展方向和重点任务（表 8.15）。

表 8.15　2013～2020 年全国资源型城市规划名单

类型	城市名单
成长型城市	地级行政区 20 个：朔州市、呼伦贝尔市、鄂尔多斯市、松原市、贺州市、南充市、六盘水市、毕节市、黔南布依族苗族自治州、黔西南布依族苗族自治州、昭通市、楚雄彝族自治州、延安市、咸阳市、榆林市、武威市、庆阳市、陇南市、海西蒙古族藏族自治州、阿勒泰地区； 县级市 7 个：霍林郭勒市、锡林浩特市、永城市、禹州市、灵武市、哈密市、阜康市； 县 4 个：颍上县、东山县、昌乐县、鄯善县
成熟型城市	地级行政区 66 个：张家口市、承德市、邢台市、邯郸市、大同市、阳泉市、长治市、晋城市、忻州市、晋中市、临汾市、运城市、吕梁市、赤峰市、本溪市、吉林市、延边朝鲜族自治州、黑河市、大庆市、鸡西市、牡丹江市、湖州市、宿州市、亳州市、淮南市、滁州市、池州市、宣城市、南平市、三明市、龙岩市、赣州市、宜春市、东营市、济宁市、泰安市、莱芜市、三门峡市、鹤壁市、平顶山市、鄂州市、衡阳市、郴州市、邵阳市、娄底市、云浮市、百色市、河池市、广元市、广安市、自贡市、攀枝花市、达州市、雅安市、凉山彝族自治州、安顺市、曲靖市、保山市、普洱市、临沧市、渭南市、宝鸡市、金昌市、平凉市、克拉玛依市、巴音郭楞蒙古自治州； 县级市 29 个：鹿泉市、任丘市、古交市、调兵山市、凤城市、尚志市、巢湖市、龙海市、瑞昌市、贵溪市、德兴市、招远市、平度市、登封市、新密市、巩义市、荥阳市、应城市、宜都市、浏阳市、临湘市、高要市、岑溪市、东方市、绵竹市、清镇市、安宁市、开远市、和田市； 县（自治县、林区）46 个：青龙满族自治县、易县、涞源县、曲阳县、宽甸满族自治县、义县、武义县、青田县、平潭县、星子县、万年县、保康县、神农架林区、宁乡县、桃江县、花垣县、连平县、隆安县、龙胜各族自治县、藤县、象州县、琼中黎族苗族自治县、陵水黎族自治县、乐东黎族自治县、铜梁县、荣昌县、垫江县、城口县、奉节县、秀山土家族苗族自治县、兴文县、开阳县、修文县、遵义县、松桃苗族自治县、晋宁县、新平彝族傣族自治县、兰坪白族普米族自治县、马关县、曲松县、略阳县、洛南县、玛曲县、大通回族土族自治县、中宁县、拜城县

续表

类型	城市名单
衰退型城市	地级行政区 24 个：乌海市、阜新市、抚顺市、辽源市、白山市、伊春市、鹤岗市、双鸭山市、七台河市、大兴安岭地区、淮北市、铜陵市、景德镇市、新余市、萍乡市、枣庄市、焦作市、濮阳市、黄石市、韶关市、泸州市、铜川市、白银市、石嘴山市； 县级市 22 个：霍州市、阿尔山市、北票市、九台市、舒兰市、敦化市、五大连池市、新泰市、灵宝市、钟祥市、大冶市、松滋市、潜江市、常宁市、耒阳市、资兴市、冷水江市、涟源市、合山市、华蓥市、个旧市、玉门市； 县（自治县）5 个：汪清县、大余县、昌江黎族自治县、易门县、潼关县； 市辖区（开发区、管理区）16 个：井陉矿区、下花园区、鹰手营子矿区、石拐区、弓长岭区、南票区、杨家杖子开发区、二道江区、贾汪区、淄川区、平桂管理区、南川区、万盛经济开发区、万山区、东川区、红古区
再生型城市	地级行政区 16 个：唐山市、包头市、鞍山市、盘锦市、葫芦岛市、通化市、徐州市、宿迁市、马鞍山市、淄博市、临沂市、洛阳市、南阳市、阿坝藏族羌族自治州、丽江市、张掖市； 县级市 4 个：孝义市、大石桥市、龙口市、莱州市； 县 3 个：安阳县、云阳县、香格里拉县

资料来源：《全国资源型城市可持续发展规划（2013—2020 年）》。

　　该规划重点提出，要规范资源开发处于上升阶段的成长型城市。成长型资源城市的资源保障潜力大，经济社会发展后劲足，成为我国能源资源的供给和后备基地，应规范资源开发秩序，形成一批重要矿产资源战略接续基地。通过提高该类城市的资源深加工水平，完善上下游产业配套，布局战略性新兴产业，加快推进新型工业化。

　　该规划提出，规范成长型资源城市有序发展，推动成熟型城市跨越，支持衰退型城市转型发展，引导再生型城市创新发展。其中，成长型城市 31 个，成熟型城市 141 个，衰退型城市 67 个，再生型城市 23 个。鉴于此，本研究结合前面的数据分析，将规划中 31 个成长型资源型城市中符合分析条件的地级行政区域和县级市的 27 个城市作为 2030 年重点发展的资源型城市（表 8.16 和图 8.20）。

表 8.16　2030 年重点发展的资源型城市一览表

城市类型	个数	城市名称
地区级资源型城市	19	朔州市、呼伦贝尔市、鄂尔多斯市、松原市、贺州市、南充市、六盘水市、毕节市、黔南市、黔西南市、昭通市、楚雄市、延安市、咸阳市、榆林市、武威市、庆阳市、陇南市、阿勒泰市
县级资源型城市	7	霍林郭勒市、锡林浩特市、永城市、禹州市、灵武市、哈密市、阜康市

资料来源：根据《全国资源型城市可持续发展规划（2013—2020 年）》数据综合整理分析。

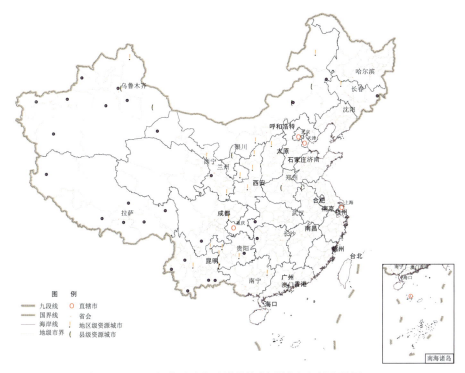

图 8.20　2030 年我国重点建设的资源型城市空间布局图

（二）未来重点建设的交通枢纽城市

综合交通运输网络是国家的运输大动脉，它承担着我国主要的客、货运输任务，是关乎国计民生、经济建设和社会发展的重要战略基础。我国正在形成以公路交通、高速铁路、普通铁路、航空运输、水运运输和城市轨道交通等的综合交通网络体系，并已经逐步构建起技术装备先进、设施配套衔接、服务安全高效的综合交通运输体系，为促进我国新型城镇化发展，为城市-区域之间的一体化协调发展提供了重要契机。因此，在综合交通大发展的过程中，我国也形成了一批综合交通枢纽城市。

2004 年，国务院就审议通过了国家《中长期铁路网规划》，2008 年进行再次调整，该规划到 2020 年的发展目标是全国铁路营业里程达到 10 万 km，主要繁忙干线实现客货分线，运输能力满足国民经济和社会发展需要。规划提出，在北京、上海、广州、深圳、天津、哈尔滨、沈阳、青岛、成都、重庆、西安、郑州、武汉、大连、宁波、昆明、兰州、乌鲁木齐 18 个城市兴建铁路集装箱中心站。2013 年 9 月，规划中的 18 个集装箱中心站全部建成联网，对中国的交通枢纽城市发展和货运物流系统都将带来重大变化。

《国务院关于印发"十二五"综合交通运输体系规划的通知》（国发〔2012〕18 号）提出，按照零距离换乘和无缝化衔接的要求，全面推进建设由铁路、公路、水路、民航和管道共同组成的"五纵五横"综合交通运输网络。其中，铁路方面，大规模建设铁路客运专线、区际干线和西部铁路；公路方面，已经建成开通的"五纵七横"国道主干线、西部开发 8 条公路干线；港口方面，一批专业化煤炭、原油、铁矿石、集装箱码头投入运营；河运方面，基本形成了以长江、珠江等水系、京杭运河为主体的内河水运格局；航空方面，有序推进的枢纽机场和干、支线机场；跨区域油气骨干管网初具规模；基本形成北京、上海等特大城市轨道交通网络。结合以上的综合交通枢纽建设目标，该规划提出建成 42 个全国性综合交通枢纽。目前，我国综合交通枢纽建设正在逐步有序推进，运输和国防交通保障能力均有明显提高。

综合分析，在充分考虑各项国家综合交通规划、城市发展历史路径、城市交通枢纽职能的基础上，确定了 2030 年重点发展的我国交通枢纽城市共有 47 个，其中，国家级交通枢纽城市有 36 个，地区级交通枢纽城市有 10 个，县级交通枢纽城市有 1 个（表 8.17 和图 8.21）。

表 8.17　2030 年重点发展的交通枢纽型城市名单

城市类型	个数	城市名称
国家级交通枢纽城市	36	北京、天津、哈尔滨、长春、沈阳、大连、石家庄、青岛、济南、上海、南京、合肥、杭州、宁波、福州、厦门、广州、深圳、海口、太原、郑州、武汉、长沙、南昌、重庆、成都、昆明、贵阳、南宁、西安、兰州、乌鲁木齐、呼和浩特、银川、西宁、拉萨
地区级交通枢纽城市	10	秦皇岛、唐山、连云港、徐州、湛江、大同、邯郸、张家口、承德、保定
县级交通枢纽城市	1	黄骅

资料来源：《中长期铁路网规划》、《国务院关于印发"十二五"综合交通运输体系规划的通知》、《交通运输"十二五"发展规划》、公路网《京津冀将建 8 大交通枢纽城市》等综合整理。

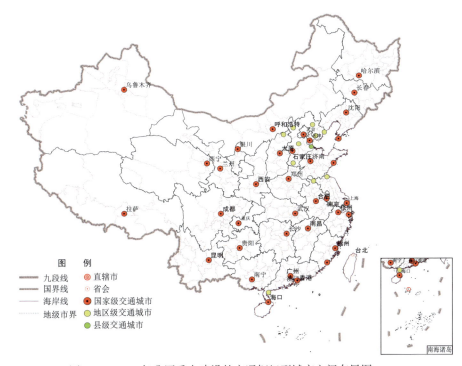

图 8.21　2030 年我国重点建设的交通枢纽型城市空间布局图

（三）未来重点建设的工业城市

多年以来，我国重视工业强国的发展，工业总体发展实力迈上了新台阶，已经成为具有重要影响力的工业大国，但一些关键基础材料、核心基础零部件（元器件）依赖进口，关键技术受制于人，先进基础工艺研究少、推广应用程度不高，产业技术基础薄弱、服务体系不健全等问题依然突出。为此，国家陆续出台了《工业和信息化部关于加快推进工业强基的指导意见》（工信部规〔2011〕67 号）、《工业和信息化部关于开展 2014 年工业强基专项行动的通知》（工信部规〔2014〕95 号）、《关于开展 2014 年工业强基示范应用工作的通知》（工信厅规〔2014〕154 号，以下简称《通知》），启动开展工业强基示范应用工作。到 2020 年，我国工业基础领域创新能力明显增强，关键基础材料、核心基础零部件（元器件）国内保障能力大幅提升，先进基础工艺得到广泛应用，支撑工业发展的技术基础服务体系较为完善，基本实现关键材料、配套件、整机、系统的协调发展，工业基础能力跃上新台阶。

《国家新型城镇化规划（2014—2020 年）》中提出，要推动信息化和工业化深度融合，工业化和城镇化良性互动，以新型工业化的发展实现产城融合。通过改造提升城市中的传统产业，壮大先进制造业和节能环保、新一代信息技术、生物、新能源、新材料、新能源汽车等战略性新兴产业。

《国务院关于印发工业转型升级规划（2011—2015 年）的通知》（国发〔2011〕47 号）中提出，坚持把提高工业园区和产业基地发展水平作为转型升级的重要抓手；进一步促进产业集聚、集群发展，改造提升工业园区和产业集聚区，推进新型工业化产业示范基地建设；优化产业空间结构，加快推动工业布局向集约高效、协调优化转变。

综上所述，现有的国家级高新技术开发区和经济技术开发区将是我国未来工业城市的雏形。为此，在综合分析我国 114 家国家高新技术产业开发区和 215 个国家级经济技术开发区的基础上,确定了 2030 年重点发展的工业型城市共 224 个，其中，国家级工业城市 34 个、地区级工业城市 148 个，县级工业城市 42 个（表 8.18 和图 8.22）。

表 8.18　2030 年重点发展的工业型城市名单

城市类型	个数	城市名称
国家级工业城市	34	北京市、天津市、石家庄市、太原市、呼和浩特市、大连市、沈阳市、长春市、哈尔滨市、上海市、南京市、宁波市、杭州市、合肥市、福州市、厦门市、南昌市、青岛市、济南市、郑州市、武汉市、长沙市、广州市、南宁市、重庆市、成都市、贵阳市、昆明市、拉萨市、西安市、兰州市、西宁市、银川市、乌鲁木齐市
地区级工业城市	148	秦皇岛市、廊坊市、沧州市、唐山市、邯郸市、大同市、晋中市、晋城市、巴彦淖尔市、呼伦贝尔市、营口市、锦州市、铁岭市、旅顺市、吉林市、四平市、松原市、大庆市、绥化市、牡丹江市、双鸭山市、南通市、连云港市、苏州市、徐州市、镇江市、扬州市、淮安市、盐城市、宿迁市、泰州市、南通市、温州市、萧山市、嘉兴市、湖州市、绍兴市、金华市、衢州市、芜湖市、马鞍山市、安庆市、铜陵市、滁州市、池州市、淮南市、六安市、漳州市、泉州市、龙岩市、宁德市、九江市、赣州市、上饶市、萍乡市、宜春市、烟台市、威海市、东营市、日照市、潍坊市、临沂市、德州市、聊城市、滨州市、威海市、漯河市、鹤壁市、开封市、许昌市、洛阳市、新乡市、濮阳市、黄石市、襄阳市、荆州市、

续表

城市类型	个数	城市名称
地区级工业城市	148	鄂州市、十堰市、岳阳市、常德市、湘潭市、娄底市、湛江市、惠州市、珠海市、钦州市、广元市、广安市、德阳市、遂宁市、绵阳市、宜宾市、内江市、遵义市、曲靖市、红河市、大理市、汉中市、榆林市、金昌市、天水市、酒泉市、张掖市、石嘴山市、石河子市、巴音郭楞市、昌吉市、丹东市、黑河市、临沧市、德宏市、红河市、中山市、桂林市、无锡市、常州市、济宁市、安阳市、南阳市、东莞市、肇庆市、柳州市、渭南市、白银市、昌吉市、辽阳市、齐齐哈尔市、蚌埠市、新余市、宜昌市、江门市、自贡市、益阳市、佛山市、包头市、襄樊市、株洲市、宝鸡市、保定市、鞍山市、咸阳市、承德市、本溪市、莆田市、鹰潭市、泰安市、孝感市、衡阳市、乐山市、玉溪市、阜新市、通化市、荆门市
县级工业城市	42	海林市、常熟市、张家港市、昆山市、吴江市、太仓市、海安市、宜兴市、沭阳市、长兴市、嘉善市、义乌市、富阳市、平湖市、慈溪市、宁国市、同城市、福清市、井冈山市、瑞金市、龙南县市、邹平市、招远市、林州市、宁乡市、浏阳市、增城市、儋州市、格尔木市、奎屯市、阿拉市、五家渠市、满洲里市、二连浩特市、珲春市、绥芬河市、凭祥市、东兴市、瑞丽市、伊宁市、塔城市、博乐市、阿勒泰市、昆山市、三河市、延吉市、景德镇市、江阴市

资料来源:《工业和信息化部关于加快推进工业强基的指导意见》、《工业和信息化部关于开展 2014 年工业强基专项行动的通知》、《关于开展 2014 年工业强基示范应用工作的通知》、《国家新型城镇化规划(2014－2020 年)》、《国务院关于印发工业转型升级规划(2011—2015 年)的通知》等综合分析整理。

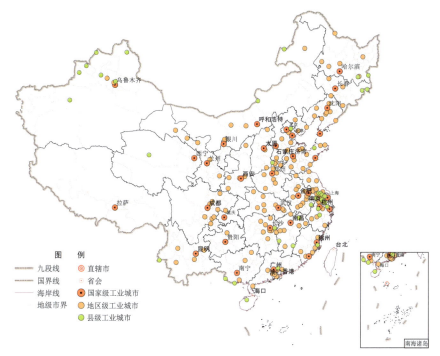

图 8.22　2030 年我国重点建设的工业型城市空间布局图

（四）未来重点建设的物流城市

随着网络信息时代电子商务的快速发展，物流业实现了平稳较快发展，在交通综合枢纽的区域里将逐渐形成一系列以物流为主要功能的物流城市。《国务院关于印发物流业调整和振兴规划的通知》（国发〔2009〕8号）文件中，根据市场需求、产业布局、商品流向、资源环境、交通条件、区域规划等因素，重点发展九大物流区域，建设十大物流通道和一批物流节点城市，优化物流业区域布局。其中，九大物流区域为，以北京、天津为中心的华北物流区域，以沈阳、大连为中心的东北物流区域，以青岛为中心的山东半岛物流区域，以上海、南京、宁波为中心的长江三角洲物流区域，以厦门为中心的东南沿海物流区域，以广州、深圳为中心的珠江三角洲物流区域，以武汉、郑州为中心的中部物流区域，以西安、兰州、乌鲁木齐为中心的西北物流区域，以重庆、成都、南宁为中心的西南物流区域。十大物流通道为，东北地区与关内地区物流通道，东部地区南北物流通道，中部地区南北物流通道，东部沿海与西北地区物流通道，东部沿海与西南地区物流通道，西北与西南地区物流通道，西南地区出海物流通道，长江与运河物流通道，煤炭物流通道，进出口物流通道。并在此基础上，确定了全国性物流节点城市、区域性物流节点城市和地区性物流节点城市三个空间上的物流节点城市。

《我国交通"十二五"规划》中提出，依托货运枢纽发展和拓展现代物流的功能，推进产业转型实现向物流园城市的转型。在全国196个国家公路运输枢纽城市，建设200个左右的具有综合物流服务功能的物流园区或公路货运枢纽，通过强化公路与铁路、航空、水路等运输方式的衔接，对接产业聚集区、商贸市场、国际口岸等，实现物流服务行业发展。

这些全国性和区域性物流节点城市充分考虑了国家《中长期铁路网规划》中提出的，现已经全部建成联网使用的18个城市铁路集装箱中心站。全国和区域性的物流节点城市建立后，依靠发达畅通的公路交通将会迅速形成与之对接的地区性物流节点城市。根据《国家公路运输枢纽布局规划》中确定的179个国家公路运输枢纽，其中包括12个组合枢纽，共计196

个城市。进行综合评价和分析，确定 2030 年重点发展全国物流节点城市
21 个，区域性物流节点城市 17 个，地区性物流城市 161 个，见表 8.19 和
图 8.23。

表 8.19　2030 年重点发展的物流型城市名单

城市类型	个数	城市名称
全国性物流节点城市	21	北京市、天津市、沈阳市、大连市、青岛市、济南市、上海市、南京市、宁波市、杭州市、厦门市、广州市、深圳市、郑州市、武汉市、重庆市、成都市、南宁市、西安市、兰州市、乌鲁木齐市
区域性物流节点城市	17	哈尔滨市、长春市、包头市、呼和浩特市、石家庄市、唐山市、太原市、合肥市、福州市、南昌市、长沙市、昆明市、贵阳市、海口市、西宁市、银川市、拉萨市
地区性物流节点城市	161	邯郸市、秦皇岛市、保定市、张家口市、承德市、抚顺市、铁岭市、锦州市、鞍山市、营口市、丹东市、苏州市、无锡市、常州市、徐州市、连云港市、南通市、镇江市、淮安市、舟山市、温州市、湖州市、嘉兴市、金华市、台州市、绍兴市、衢州市、漳州市、泉州市、龙岩市、三明市、南平市、泰安市、淄博市、烟台市、威海市、济宁市、潍坊市、临沂市、菏泽市、德州市、聊城市、滨州市、日照市、佛山市、东莞市、汕头市、湛江市、珠海市、江门市、茂名市、梅州市、韶关市
地区性物流节点城市	161	肇庆市、三亚市、大同市、临汾市、长治市、吕梁市、长春市、吉林市、延吉市、四平市、通化市、松原市、齐齐哈尔市、佳木斯市、牡丹江市、绥芬河市、大庆市、黑河市、绥化市、芜湖市、蚌埠市、安庆市、阜阳市、六安市、黄山市、鹰潭市、赣州市、宜春市、九江市、吉安市、洛阳市、新乡市、南阳市、商丘市、信阳市、开封市、漯河市、周口市、襄樊市、宜昌市、荆州市、黄石市、十堰市、恩施市、株洲市、湘潭市、衡阳市、岳阳市、常德市、邵阳市、郴州市、吉首市、怀化市、包头市、赤峰市、通辽市、呼伦贝尔市、满洲里市、巴彦淖尔市、二连浩特市、鄂尔多斯市、柳州市、桂林市、梧州市、北海市、钦州市、防城港市、百色市、凭祥市、万州市、宜宾市、内江市、南充市、绵阳市、泸州市、达州市、广元市、攀枝花市、雅安市、遵义市、六盘水市、都匀市、毕节市、曲靖市、大理市、景洪市、河口市、瑞丽市、昌都市、咸阳市、宝鸡市、榆林市、汉中市、延安市、酒泉市、嘉峪关市、天水市、张掖市、格尔木市、固原市、石嘴山市、哈密市、库尔勒市、喀什市、石河子市、奎屯市、伊宁市、伊犁市

资料来源：《国务院关于印发物流业调整和振兴规划的通知》、《我国交通十二五规划》。

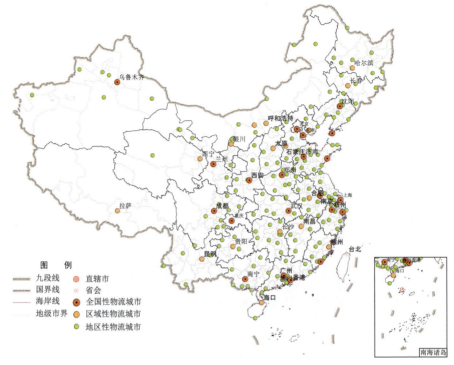

图例
— 九段线
— 国界线
— 海岸线
— 地级市界
◉ 直辖市
◎ 省会
● 全国性物流城市
● 区域性物流城市
● 地区性物流城市

南海诸岛

图 8.23　2030 年我国重点建设的物流城市空间布局图

（五）未来重点建设的旅游城市

中国优秀旅游城市的创建依据《创建中国优秀旅游城市工作管理暂行办法》和《中国优秀旅游城市检查标准》，由国家旅游局验收组对创优城市检查验收，并达到"中国优秀旅游城市"标准的要求。我国自 1998 年开始创建中国优秀旅游城市以来，旅游城市依托现代、时尚的城市基础设施，以丰富的自然风景和人文景观吸引世界各地的游客慕名而来，于此伴生出的酒店服务、旅游衍生品等旅游产业，为城市发展带来可观的经济和投资契机。世界各国的旅游城市为了发展旅游产业，提高城市的旅游独特性和创意，常会定期举行国家和世界范围内的旅游城市评选活动，不断提升旅游城市的质量。1996年 4 月，国家旅游局在北京为了落实《关于开展创建和评选中国优秀旅游城市活动的通知》的会议精神，召开了部分城市旅游工作座谈会，拉开了全国创优工作的序幕。1998 年，国家旅游局出台了《中国优秀旅游城市检查标准（试行）》和《中国优秀旅游城市验收办法》。至此，开始了我国旅游城市评选创优的持续发展。截至目前，国家旅游局共分 8 批评选出了 300 多座旅游城市。2014 年 8 月，国务院下发《关于促进旅游业改革发展的若干意见》，提出促进旅游业改革发展，要创新发展理念，坚持深化改革、依法兴旅，坚持融合发展，坚持以人为本。在此基础上，综合分析各城市旅游资源和未来城市的发展，确定了 20 个国家级旅游城市，173 个地区级旅游城市和 144 个县级旅游城市，见表 8.20 和图 8.24。

表 8.20 2030 年重点发展的旅游型城市

城市类型	个数	城市名称
国家级旅游城市	20	上海市、北京市、天津市、深圳市、南京市、杭州市、济南市、长春市、青岛市、大连市、厦门市、广州市、成都市、沈阳市、宁波市、西安市、哈尔滨市、重庆市、武汉市、拉萨市
地区级旅游城市	173	济宁市、无锡市、扬州市、珠海市、肇庆市、苏州市、黄山市、桂林市、昆明市、威海市、烟台市、秦皇岛市、海口市、长沙市、岳阳市、南宁市、绍兴市、合肥市、三亚市、承德市、镇江市、泰安市、北海市、郑州市、咸阳市、亳州市、南昌市、酒泉市、徐州市、中山市、乐山市、佛山市、福州市、江门市、泉州市、汕头市、金华市、惠州市、开封市、丹东市、柳州市、石家庄市、吉林市、玉林市、宜昌市、鞍山市、马鞍山市、乌鲁木齐市、宝鸡市、安庆市、常德市、芜湖市、银川市、张家界市、濮阳市、牡丹江市、抚顺市、太原市、贵阳市、荆州市、十堰市、伊春市、本溪市、大同市、大庆市、包头市、拉萨市、九江市、常州市、锦州市、淄博市、三明市、洛阳市、韶关市、清远市、阳江市、温州市、梧州市、廊坊市、保定市、呼和浩特市、呼伦贝尔市、葫芦岛市、齐齐哈尔市、南通市、连云港市、湖州市、嘉兴市、漳州市、赣州市、潍坊市、聊城市、日照市、三门峡市、安阳市、焦作市、鹤壁市、襄阳市、荆门市、鄂州市、郴州市、东莞市、潮州市、湛江市、河源市、绵阳市、广安市、自贡市、延安市、天水市、邯郸市、赤峰市、辽阳市、临沂市、济宁市、许昌市、兰州市、西宁市、克拉玛依市、晋城市、铁岭市、盘锦市、盐城市、淮安市、衢州市、舟山市、鹰潭市、景德镇市、新乡市、商丘市、南阳市、梅州市、茂名市、宜宾市、泸州市、攀枝花市、雅安市、丽江市、遵义市、张掖市、武威市、上饶市、朝阳市、营口市、台州市、铜陵市、池州市、平顶山市、株洲市、平凉市、南充市、通辽市、鄂尔多斯市、阜新市、宜春市、吉安市、莱芜市、德州市、信阳市、湘潭市、钦州市、百色市、贺州市、德阳市、广元市、遂宁市、汉中市、唐山市、泰州市、安顺市
县级旅游城市	144	峨眉山市、都江堰市、敦煌市、曲阜市、武夷山市、吐鲁番市、韶山市、库尔勒市、景洪市、井冈山市、大理市、瑞丽市、昆山市、南海市、江阴市、吴江市、宜兴市、常熟市、临安市、诸暨市、济源市、句容市、琼山市、阿城市、

续表

城市类型	个数	城市名称
县级旅游城市	144	永安市、儋州市、建德市、蓬莱市、登封市、文登市、锡林浩特市、荣成市、崇州市、钟祥市、绥芬河市、胶南市、都匀市、青州市、东阳市、桐乡市、涿州市、永济市、满洲里市、扎兰屯市、临海市、温岭市、乳山市、灵宝市、新郑市、赤壁市、开平市、琼海市、格尔木市、喀什市、阿尔山市、兴城市、蛟河市、集安市、铁力市、溧阳市、富阳市、海宁市、资兴市、桂平市、阆中市、凯里市、潞西市、哈密市、霍林郭勒市、虎林市、张家港市、太仓市、如皋市、瑞安市、兰溪市、奉化市、邹城市、寿光市、禹州市、长葛市、舞钢市、浏阳市、江油市、阿克苏市、伊宁市、阿勒泰市、石河子市、武安市、金坛市、东台市、江山市、龙口市、海阳市、章丘市、华蓥市、邛崃市、西昌市、韩城市、博乐市、昌吉市、遵化市、庄河市、延吉市、敦化市、邳州市、余姚市、义乌市、乐清市、新泰市、诸城市、即墨市、栖霞市、凭祥市、宜州市、阜康市、共青城市、赤水市

资料来源：《创建中国优秀旅游城市工作管理暂行办法》和《中国优秀旅游城市检查标准》、《关于促进旅游业改革发展的若干意见》、国家旅游局网站等资料综合整理。

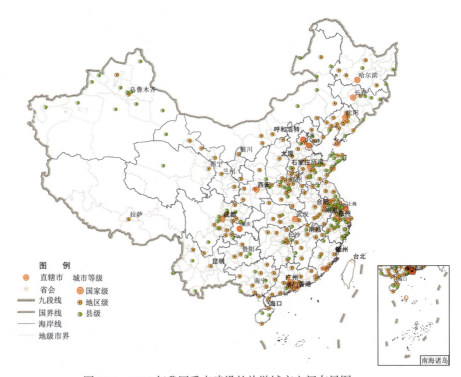

图 8.24　2030 年我国重点建设的旅游城市空间布局图

（六）未来重点建设的智慧城市

《国家新型城镇化规划（2014—2020 年）》提出要推动我国新型城市建设，提升我国城市的智能化水平，构建智慧城市等要求。统筹城市发展的物质资源、信息资源和智力资源利用，推动物联网、云计算、大数据等新一代信息技术创新应用，实现与城市经济社会发展深度融合。强化信息网络、数据中心等信息基础设施建设。促进跨部门、跨行业、跨地区的政务信息共享和业务协同，强化信息资源社会化开发利用，推广智慧化信息应用和新型信息服务，促进城市规划管理信息化、基础设施智能化、公共服务便捷化、产业发展现代化、社会治理精细化。增强城市要害信息系统和关键信息资源的安全保障能力。

为规范和推动智慧城市的健康发展，构筑创新 2.0 时代的城市新形态，引领中国特色的新型城市化之路，住房和城乡建设部于 2012 年 12 月 5 日正式发布了《关于开展国家智慧城市试点工作的通知》，并印发了《国家智慧城市试点暂行管理办法》和《国家智慧城市（区、镇）试点指标体系（试行）》两个文件。2013 年 1 月 29 日，由住房和城乡建设部组织召开的国家智慧城市试点创建工作会议在北京召开，会议公布了首批国家智慧城市试点名单。首批国家智慧城市试点共 90 个，其中，地级市 37 个，区（县）50 个，镇 3 个。2013 年 8 月，住房和城乡建设部再度公布 2013 年度国家智慧城市试点名单，又确定 103 个城市（区、县、镇）为 2013 年度国家智慧城市试点，加上住房城乡建设部此前公布的首批 90 个国家智慧城市试点，科技部公布的 26 个智慧城市试点，目前国家智慧城市试点总数已达 212 个。

智慧城市是未来城市发展的新趋势和新形态，随着试点城市的增多和建设经验的积累，我国将有更多城市向智慧城市迈进。而城市向区外提供的基本活动仍是城市发展的基础，即城市职能属性并不会随着智慧城市的提出而发生根本性的转变。而立足于城市职能特征发展因地制宜的智慧化城市才是智慧城市立足和发展的根基。

主要参考文献

[1] 石正方, 李培祥. 城市功能转型的结构优化分析. 生产力研究, 2002, (2): 90-93.

[2] 王建军, 许学强. 城市职能演变的回顾与展望. 人文地理, 2004, (19),3:12-16.

[3] 韩延星, 张珂, 朱竑. 城市职能研究述评. 规划师, 2005, (21), 08: 68-70.

[4] 孙盘寿, 杨廷秀. 西南三省城镇的职能分类. 地理研究, 1984, (3): 17-28.

[5] 周一星. 城市地理学. 北京: 商务印书馆, 1997: 34-56.

[6] 于霞. 城市职能结构类型及优化研究——以山东省为例. 山东师范大学硕士学位论文, 2002: 14-33.

[7] 许学强, 周一星, 宁越敏. 城市地理学. 北京: 高等教育出版社, 1997: 42-59.

[8] 顾朝林. 中国城市体系. 北京: 商务印书馆, 1992: 248-274.

[9] 周一星, 布雷德肖. 中国城市(包括辖县)的工业职能分类——理论、方法和结果. 地理学报, 1988, 43(4): 287-298.

[10] 田文祝, 周一星. 中国城市体系的工业职能结构. 地理研究, 1991, 10(1): 12-23.

[11] 徐红宇, 陈忠暖, 李志勇.中国城市职能分类研究综述, 云南地理环境研究, 2005, 17(2): 33-36.

[12] 朱翔. 湖南省城市职能体系优化研究.湖南师范大学自然科学学报, 1996, 19(2): 82-87.

[13] 陈忠暖, 孟明云. 南城市的职能分类探讨. 云南地理环境研究, 1999, 21(2): 39-45.

[14] 陈忠暖, 杨士弘. 广东省城市职能分类探讨. 华南师范大学学报, 2001, (3): 26-32.

[15] 陈国生. 论湖南城市的职能分类. 衡阳师范学院学报, 2002, 23(5): 94-99.

[16] 徐晓霞. 河南省城市职能结构的有序推进. 地域研究与开发, 2003, 22(3): 31-35.

[17] 陈忠暖, 阎小培. 中国东南三省区城市职能特点与分类. 经济地理, 2001, 21(6): 709-713.

[18] 陈忠暖, 甘巧林. 华南沿海省区城市职能分类探讨. 热带地理, 2001, 21(4): 291-294.

[19] 陈忠暖, 张举明, 何劲松. 试析西部城市的职能分类. 西南师范大学学报, 2002, 27(2): 250-254.

[20] 陈忠暖, 林先扬, 徐红宇. 西南西北城市职能特点比较. 城镇聚焦, 2003, 21: 54-55.

[21] 凌怡莹, 徐建华. 长江三角洲地区城市职能分类研究. 规划师, 2003, 19: 77-79.

[22] 林先扬, 陈忠暖. 长江三角洲和珠江三角洲城市群职能特征及其分析. 人文地理, 2003, 18(4): 79-83.

[23] 薛东前, 姚士谋, 李波.我国省会城市职能类型的分离与职能优化配置. 地理科学进展, 2000, 19(2): 50-154.

[24] 杨永春, 赵鹏军. 中国西部河谷型城市职能分类初探. 经济地理, 2000, 20(6): 51-64.

[25] Carter H. The Study of Urban Geography. London: Edward Amold, 1972: 45-67.

[26] 张文奎, 刘继生, 王力.论中国城市的职能分类. 人文地理, 1990, (3): 1-8.

[27] 周一星, 孙则昕. 再论中国城市的职能分类. 地理研究, 1997, 16(1): 11-22.

[28] Nelson H A. Service classification of american cities. Economic Geography, 1995, 31: 189-210.

[29] Webb J W. Basic concepts in the analysis of small urban centers of Minnesota. Annals of the Association of American Geographers, 1959, 49(1): 55-72.

第　九　章

中国城市发展的对称分布格局

从对称性的角度研究中国城市空间分布格局，是探索中国城市发展空间格局优化的一个新尝试。当今学术界普遍采用克里斯塔勒的"中心地"理论研究城市内部空间结构，居民点在均质的平原上应该分布为等边三角形的网络状，居民点的功能越大越多，居民点也就越大，即城市的等级就越高，克里斯塔勒的"中心地"理论虽然打开了研究城市空间分布的大门，但在研究大区域内城市分布的普适规律时仍然显示不出理论的威力。叶大年等早在 1995 年就提出了城市对称分布的观点，经过十多年的系统研究完成了《城市对称分布与中国城市化趋势》专著。本章以此为基础，把城市对称性的主要类型分为平移对称、轴对称、中心对称、旋转对称、反对称、色对称、曲线对称和拓扑对称等类型，分析了城市对称分布的影响因素和表现形式，提出了不同等级城市空间分布的分形结构，总结出了中国自秦朝以来大城市的格网状对称分布格局和民国以来中国地级市的格网状对称分布格局，发现了中国 5 片"大城市空洞区"、33 座缺位的大城市和几十个"地级市空洞区"，并分析了发生原因及解决对策。基于中国城市两套格网结点的总和为 800 个格网节点判断出中国未来城市的数量不超过 800 个。提出了在胡焕庸线以东地区新建百万人口以上的大城市的可能性大，而在胡焕庸线以西地区新建百万人口以上的大城市的可能性很小的结论。充分肯定了地级市在改革开放 30 多年来对国家新型城镇化的发展起到的重要推动作用，对国家新型城镇化、新型工业化和城乡发展一体化等作出的重要贡献。在新的历史条件下，未来地级市的行政管理功能、交通枢纽功能和市场带动功能不但不可消弱，反而应该加强，在需要设立新地级市的地方创造条件设立新的地级市。

第一节　城市对称分布的影响因素与表现形式

一、城市对称性的基本概念与主要类型

（一）城市对称性的基本概念

几何学中的对称是指一个图形通过一定的对称操作（如平移、旋转、映射、中心映射等等）可以自身重复的性质，对称是事物的一种特殊属性，一种在时间或空间上呈现规律性重复的特性。例如，墙地砖平移对称、自行车轮旋转对称、人体左右对称、哑铃中心对称等。城市地理学的对称概念由此而来，只是加以拓展而已，是广义的对称、粗略化的对称[1]。在几何学里对称轴是直线，在城市地理学里对称轴可以是直线，也可以是曲线。对称中两个城市规模也不一定相同，如香港和澳门，它们同是特别行政区，在行政规格上是对称的。

城市的对称性和城市的对称性分布是两个完全不同的概念，城市的对称性是一个城市自身的对称性，如北京、西安、成都和首尔自身有左右的对称性，莫斯科和巴黎自身有旋转对称性；城市的分布是在地图上城市之间的空间关系，城市在空间上有规律的重复出现就称之为城市的对称分布[2]。

（二）城市对称性的主要类型

城市对称性的主要类型包括平移对称、轴对称、中心对称、旋转对称、反对称、色对称、曲线对称和拓扑对称等类型[2]。

平移对称是城市沿一条直线移动，每次移动的距离相同，这样就构成了一个行列，视为城市的平移对称性（图9.1）。

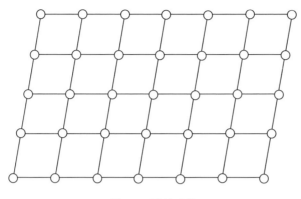

图 9.1　平行对称

　　轴对称是指两个区域或城市，如果将它们的相应点连接起来。所有连线都能用同一条直线垂直平分，则这两个区域或城市之间就具有轴对称性（图 9.2）。

　　中心对称是指两个城市的每个相应点分别用直线连接，所有的连线都交汇在一个点上，被这个点平分，此时这两个城市就具有中心对称性（图 9.3）。

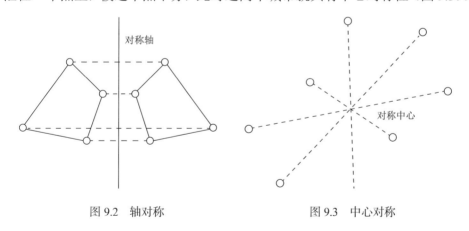

图 9.2　轴对称　　　　　　　　　图 9.3　中心对称

　　旋转对称是指平面上的一个图形，当它绕着一点旋转，每次旋转 360 度的 n 分之一，那么旋转一周图形就会重复 n 次，最终这些图形就构成了旋转对称，n 为旋转对称的次数，可以是 3、4、5、6 等（图 9.4）。

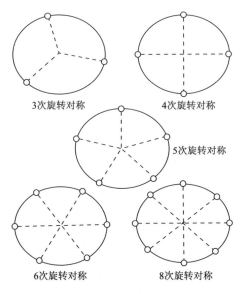

图 9.4　旋转对称

反对称与色对称是当一个区域的一侧是高原、另一侧是平原时，则表明它的两侧有着质的差别，是为反对称，空心的五边形与实心的五边形就是反对称，而红色的五边形与蓝色的五边形则为色对称。两个水桶，一个装满水，一个是空桶，则两个水桶是反对称关系，如果两个水桶，一个一桶水，一个半桶水，则二者为色对称关系（图 9.5）。

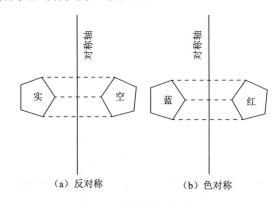

图 9.5　反对称与色对称

曲线对称是指两个城市以山脊线、河流、山脉、公路、铁路等非直线的线状地物为对称轴时形成的对称性（图 9.6）。

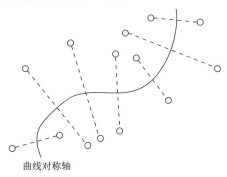

图 9.6　曲线对称

拓扑对称是指对应点到对称中心的距离或到对称轴的距离大体相等与不等组合而形成的一种对称类型，因为距离严格相等的情况在地理学中几乎不存在，所以要引入拓扑对称概念（图 9.7）。

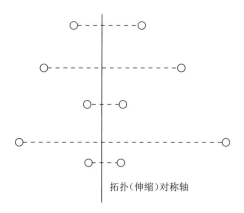

拓扑（伸缩）对称轴

图 9.7　拓扑对称

二、城市对称性形成的影响因素

城市在空间上的分布是否有规律一直是地理学家关注的问题，当今学术界普遍认同的是克里斯塔勒的"中心地"理论。居民点在均质的平原上应该分布为等边三角形的网络状（图9.8），居民点的功能越大越多，居民点也就越大，即城市的等级就越高[2-5]，克里斯塔勒的"中心地"理论虽然打开了研究城市分布格局的大门，但在研究大区域内城市分布的普适规律时仍然显示不出理论的威力。叶大年等于1995年提出了城市对称分布的观点，经过十多年的系统研究完成了《城市对称分布与中国城市化趋势》专著[2]，认为城市空间分布的优化格局与城市的对称性分布密不可分，影响城市对称分布的主要因素主要包括以下几方面。

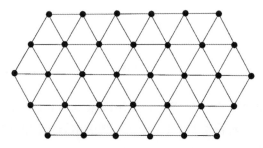

图9.8　理想平原上的集镇分布网络（三个走向的六角格网）格局示意图

（一）地质构造的对称性决定自然地理的对称性

地壳运动与地质活动过程会影响到自然地理现象的变化，特别是地形地貌是与地质作用分不开的，如果说一个地质单元有对称性，那么这种对称性就会在与之相当的自然地理单元反映出来。问题的关键是地质单元是否有对称性，而且地质历史是漫长的，对称性还能反映出来吗？地质学研究表明，在不同级别的大地构造单元中都有对称现象存在。体现在地表自然地理现象中，必然具有对称性，如以山脉为主线的对称性，以河流为主线的对称性，以湖泊为主线的对称性，等等。

（二）自然地理的对称性决定经济地理的对称性

受山脉、河流、湖泊等自然地理对称性的影响，经济地理活动过程也表现出一定程度的对称性。自然地理与地形地貌等影响着人口的空间布局、居民点的布局、交通运输通道的建设走向和城市的选址建设，沿河流两岸、湖泊两侧、交通沿线和山脉两麓布局的人口集聚、经济活动和城市居民点客观上表现出对称性特点。

气候条件本来属于自然地理条件，因为雨量和年平均气温是农作物的基本生存条件，所以它对对称性的影响比较大。例如，沙漠就不适合人类居住，除了开采石油，大概就没有什么经济活动了（如果解决了水源问题，在沙漠里还是能够建设城市的，如世界上最大的赌城，拉斯维加斯，就建在大沙漠里），当然就会影响自然地理的对称性，从而也影响经济地理的对称性。

（三）经济地理的对称性决定城市地理的对称性

城市是人口、资本、技术等生产要素的集聚地，是经济活动的集中地，是人口高度集中的地区。经济活动和经济地理的对称性必然影响到城市地理的对称性。而城市地理的对称性直接影响着同一等级规模或行政级别的城市可能循山脊线、河流或交通线的两侧对称分布，这种对称性分布影响着中国城市的空间布局。

（四）人类重大政治经济活动影响经济地理和城市地理的对称性

人类的重大经济活动可以是自发地进行，也可以是有计划地进行，不论是自发进行，还是有计划地进行，最终的结果都必须服从经济规律，但是人类的重大政治经济活动会影响经济地理和城市地理的对称性。例如，国都定在何处，省会设在哪里，大水库、大工矿企业的建设等，这些都会影响城市的空间布局，另外地缘政治对经济地理对称性和城市地理对称性的影响也不容忽视。

（五）对称或色对称的城市发展空间格局具有一定程度的客观合理性

城市均衡发展是社会稳定的因素，一个地区经济地理与城市发展的格局是不对称或是反对称的，那么它是不能持续发展的。凡是适应自然地理和经济地理固有对称性的举措，都会给经济带来巨大的发展，反过来说也是一样。区域发展不平衡的原因之一是区域地质地理条件的差异性，这种差异往往被人们称为不对称，不对称就绝对化了。这种差异性应该属反对称或色对称的范畴，人们的努力可使区域之间的差异缩小，从而达到和谐发展，反对称就向色对称转化，也就是说，可以缩小质上的差异，数上的差异和"颜色上"的差异在一定程度上可以保留。总体而言，存在对称或色对称的城市地理格局具有一定的合理性。

三、城市对称性分布的具体形式

受制于城市对称性分布的自然要素和人文要素的综合影响，城市对称性分布的具体形式包括平移对称型、二维平移对称型、旋转对称型、轴对称型（左右对称）和（或）中心对称型等。

（一）平移对称型——城市（镇）沿道路等线状设施近等距离分布

古代的中国和欧洲，城市之间的陆路交通是驿道，人们的交通方式是步行、骑马和马车，人的生活特点是白天活动、晚上睡觉、一日三餐的生活节律，步行和马跑速度常定，因而在驿道上近似等距离地设有驿站，驿站就会有一些相应服务人口，发展起来商业、手工业和客栈，于是就成为集镇。所以说，古代的驿站是沿着驿道平移对称的，这是城市沿道路等距离分布的由来。

公路大体上是沿古代的驿道和乡间的大道修建的，与驿道的情况相似，公路上必须确定一些车站，以便旅客上下和货物集散。在一般情况下，车站的距离大体相等，继承驿站的等间距性，新修的公路上个别集镇间的距离过大，也会从实际出发新设车站，这个车站迟早也会发展为集镇。现在可以看到新的县级公路的小站旁已经开设了一些小饭馆、小茶亭、小客栈等服务设施，这就是集镇的起点。在中国的交通地图上可清楚地看出集镇沿公路平移对称。在美国的交通图上也可以看出城镇沿高速公路平移对称的现象。

铁路有自己的特点，列车的会让、旅客的上下、货物的集散、通信和信号、燃料和水的供应、机车的替换、车辆的编组等都必须在车站进行，不言自明，铁路上要设置足够数量的大小车站才能保证正常运行和最大的经济效益。而且还要有机务段、车辆段、电务段和通信段等服务机构（它们往往设在大站上），所以铁路沿线的车站必然成为集镇，大站就会发展为城市或城市的一部分。石家庄和张店（淄博）就是由车站发展为城市的实例，丰台、长辛店和杨柳青就是由车站发展为城市一部分的实例。集镇沿铁路线平移对称理所当然，因为机务段、车辆段、电务段、通信段的等距离分布，就导致铁路大站的等距离性。铁路大站又会使集镇向城市发展，因而城市的分布沿铁路平移对称，当然城市未必一样大小，确切说是色对称。

（二）二维平移对称型——城市（镇）在面上呈棋盘格网状分布

在理想情况下，居民点的分布应该是跳棋盘式的格网。但实际的地面不是理想平原，它会受到地质构造（褶皱和断裂）、地形地貌的影响，跳棋盘式的格网退化为不等边的三角形网络。图 9.9 是江苏省的县城网络，在理想格网里每一个结点都与 6 个节点相邻（配位数），在实际的城镇格网里，平均配位数为 6。叶大年通过研究，用图 9.10 表征了中国东半部特大城市的格网状分布格局。在本章文献[2]里给出了中国每个省的县城格网状分布图，中国百万人口特大城市的格网状分布图以及世界各地的城市格网状分布图。

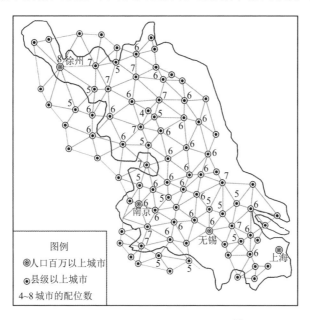

图 9.9　江苏省县城网络和配位数[2]

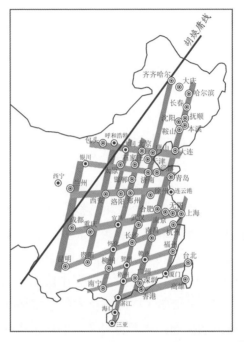

图 9.10　中国东部特大城市格网分布格局示意图[2]

　　总之，大城市有大格网，中等城市有中等格网，小城市有小格网。大、中、小城市的格网按照不同等级交织在一起，形成了具有复杂结构的城市网络格局，这种格局构成了中国城市空间分布的棋局，棋局里的每一个节点城市的发展好坏，都直接或间接影响着中国城市发展的整体棋局，这是新型城镇化背景下中国城市发展总棋局中的"一盘棋"思想，在城市发展中要处理好"一棋定音"和"满盘皆输"的关系。

　　（三）旋转对称型——以大中城市为中心的靶形城市分布

　　用发散的视角去观察城市的分布，看到的是格网状分布，用汇聚的视角去观察，就会发现以大中城市为中心的靶形城市分布。靶形城市的形成机制如图 9.11 所示。莫斯科是欧洲大陆最大的城市，图 9.12 表征了莫斯科及其周边 750km 范围内城市的分布情况显示出以莫斯科为中心的靶形城市分布规律，最外一圈的半径是 750km，宽为 120km，其中有 11 个人口在 100 万以上的特大城市，它们是圣彼得堡、明斯克、基辅、哈尔科夫、第聂伯罗彼得洛夫斯克、顿尼兹、罗斯托夫、伏尔加格勒、萨拉托夫、萨马拉和喀山，还有塔林、里加、维尔纽斯、戈尔洛夫卡、乌利扬诺夫斯克 5 个人口 30 万～100 万的中等城市，次外圈半径为 400km，宽为 60km，其中有维捷布斯克、斯摩棱斯克、布良斯克、奥廖尔、库尔斯克、利佩斯克 6 个人口 30 万～100 万的中等城市和特大城市下诺夫哥罗德（原高尔基城）和沃罗涅日，最内圈半径为 150km，宽为 30km，是莫斯科近邻的 6 个中等城市，它们是图拉、梁赞、弗拉基米尔、伊万诺沃、雅罗斯拉夫尔和特维尔。莫斯科周边城市有最典型的靶形分布规律。

 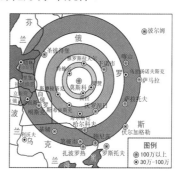

图 9.11　靶形城市的形成机制示意图　　图 9.12　以莫斯科为中心的城市靶形分布格局示意图

从城市靶形分布形成历史来看，分为两种类型，一是靶心城市形成在先的"莫斯科型"，二是靶圈上的城市形成在先、靶心城市形成在后的"郑州型"。研究城市化过程时，"郑州型"的靶形分布尤为重要，它意味着大城市圈的中心有可能是新兴大城市崛起的地方。以中等城市为中心也有一个靶形的城市分布圈。大城市有大靶圈，中城市有中等大小的靶圈，小城市有小的靶圈。

（四）左右对称或中心对称型——以地质地理单元为主的城市轴对称

《城市对称分布与中国城市化趋势》一书中用数以百计的地图说明这种局部对称规律的普遍性，这一点在研究区域发展规划的时候尤为重要。以陕西为例，陕西俗称"三秦大地"，即陕北黄土高原，关中平原和秦巴山地，陕北高原出露以中生代和新生代的地层为主，特别是第四纪的黄土；关中平原的北部与黄土高原的过渡地带，出露早古生代和晚古生代的地层，蕴藏着丰富的煤炭资源，"即黑腰带"；秦巴山地出露着新元古代至三叠纪的地层，是一条复杂碰撞造山带。由于陕西在地质-地理上的三个单元有较大的差异，所以陕西的城市分布呈现出三套格网格局（图9.13），秦巴山地格网的主导方向是秦岭-汉水方向，关中平原格网的主导方向是渭河方向，陕北黄土高原格网的主导方向是南北向（黄河的方向），县城呈现格网状分布，也就是平移对称分布。就陕西全省而言，还有一条稍稍弯曲的对称轴，即通江（四川）－镇巴－石泉－西安（咸阳）－铜川－延安－榆林－鄂尔多斯（内蒙古），形成了安康与汉中、商洛与宝鸡、宝鸡与华阴、韩城与彬县、陇县与华阴、渭南与宝鸡双双对称的格局。因此，在研究陕西城镇发展空间格局时，尤其要重视城市对称轴的存在，发展韩城时要注意彬县（或长武）的对称，等等。

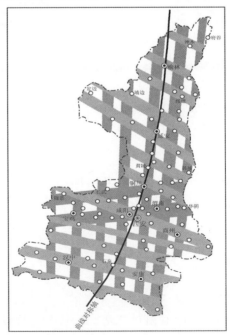

图9.13　陕西省城市格网状分布和轴对称关系示意图

（五）分形对称型——不同等级城市的空间分布存在着分型结构

按照大城市有大格网，中等城市有中等格网，小城市有小格网的思路，在实体空间中，大、中、小格网是嵌套在一起的，这样一种复杂的空间关系就是分形结构。早在克里斯塔勒的中心地学说中就暗示了这一规律，只是没有强调它的普遍性，没有强调它实实在在地存在，而不是一个抽象的理论模型。文献[2-5]虽然指出城市分布空间结构的分形性，但是并没在实际中应用它，这里将在下面重点论述分形性的意义。

第二节　中国大城市的格网状对称分布格局

一、不同等级城市空间分布的分形结构

从行政级别分析，中国现行的城镇体系可以划分为 4 个行政层级：一是省会、自治区首府、特别行政区，二是地级市、自治州州府和地区行署治所，三是县级市和县城，四是乡镇，每一个等级的城市有各自的分布格网，4 套格网叠加起来就成了图 9.14 的分布格局。

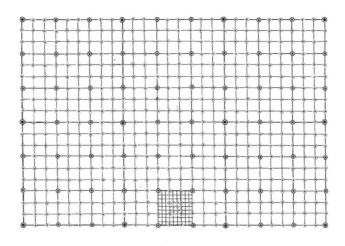

图 9.14　城市体系分布的 4 级分形结构示意图

除了海口、银川、拉萨和澳门以外，我国省会和自治区首府绝大多数是人口百万以上的城市。图9.14中，乡镇一级只在一个县域内表示出来，其余省略。可以说图9.14实际上是一张解析几何学上用的坐标纸。对于不了解分形几何概念的学者来说，可以把这里所说的分型结构模型理解为"坐标纸"模型（概念模型）。

（一）城市格网的缺位和城市空洞区

现实中的城市格网不可能十全十美，即不可能每个结点上都有一个城市，没有城市的结点就称为缺位，缺位是有等级的，在人口百万级大城市格网中的缺位，是缺少人口百万的大城市，地级市格网中的缺位，缺的就是地级市，照此类推。连片的缺位就构成"城市空洞区"（图9.15），"城市空洞区"也是分等级的。

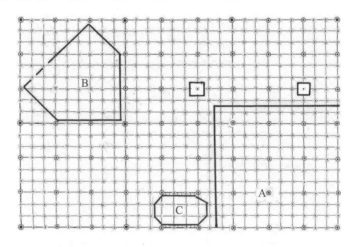

图9.15　城镇等级体系中的"缺位"和"城市空洞区"示意图

（二）不同级别的城市群与城镇群

城市群的出现是城市化过程中出现的一种新形式，是工业化和城市化发展到高级阶段的必然产物，是伴随全球经济重心的转移而兴起来的。从城市（镇）格网状分布的模型来看，坐标格网既有"缺位"和"城市空洞区"，也有格网"密化区"，即不同等级的城市群（图9.16）。例如，国家级的城市群，它有一个或两个超大的（有国际影响的）城市为中心周边聚集着多个大中城市；区域性的城市群，它有一个区域的大城市为中心周边聚集着多个大中城市，地区性的城市群和区域性城市群的差异在于，经济影响的范围相对较小；小城市群，它是由一个地级市为中心周围聚集着多个县城组成。关于城市群不同的学者各持己见，有人强调城市群的国际性和内在联系，因而城市群只能是少数几个，但是我们认为在现实的城市（镇）分布格网里有密化区是客观存在，密化区就是城市群。密化区是有等级的，于是城市群就有等级之分，国际性不是城市群存在的必要条件，只要城市在空间上密集化，城市之间就必然会产生千丝万缕的内在联系。

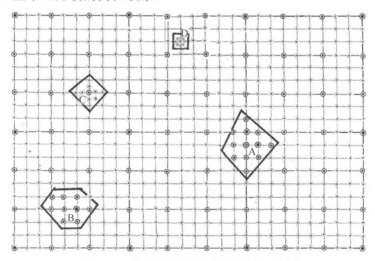

图 9.16　不同级别的城市群分布格局示意图

城市群也是有等级的，包括世界级城市群、国家级城市群、区域性城市群、地区性城市群和更低层次的城镇群，因而也存在着分形结构。世界上发达国家如美国、英国、德国和日本在 20 世纪初已经有城市群出现。1950 年代，中国还没有城市群出现，经过 60 年，特别是改革开放的 30 年，经济大发展，中国出现了珠三角、长三角和京津冀三个城市群，它们的分布也是有对称性的。例如，京津冀城市群、成渝城市群、珠三角城市群和长三角城市群构成一个菱形，菱形的中心是大武汉城市群。有一些经济地理学家只承认长三角、珠三角、京津冀、成渝和大武汉少数几个城市群，其余的城市群一概不承认，因为城市之间联系不够紧密，没有国际影响。这种观点即不承认城市群有分形性，不承认区域性的和地区性的城市群。我们认为城市群是分级别的，至少有三级，国家级、区域级和地区级，至于有没有第四级集镇群还是一个有待研究的问题。不同级别的城市群在空间的分布仍然是格网状的，所以说城市群的分布也有对称性和分形性特征。城市群有分形性有非常重要的意义，尤其是对中西部的城镇化而言。

二、秦朝以来中国大城市的格网状对称分布格局

中国城市格网分布的现状格局是以 2000 多年前形成的最早城市格网格局为基础的，大地构造、地形地貌和气候控制着城市格网的走向。

（一）中国最早的城市格网分布格局

公元前 221 年，秦始皇统一中国，建立了中央集权的国家，实行郡县的行政管理，即中央以下有两级政权，郡和县。此后的 2000 多年，县级政权的形式在数目和治所是比较稳定的，县的数目在 2000 个上下，中间的政权层次变动很大，有一级的时候如秦汉隋，中间一级是郡（府州）；有两级的时候如唐宋，中间两级是道和州府、路和州府，如元朝中间两级是省和路府；有三级的时候如清朝，中间三级是省、道和府州。历史学家和历史地理学家通过浩大的研究工程为我们提供了中国历史地图集[6,7]，使我们发现中国最早的城市格网。图 9.17 是我们根据文献[6]和[7]编绘的秦朝郡治格网状分布图。没有具体资料说明当时 47 个郡治所在地有多少人口，更无法精确知道其中有多少非农业人口，也就说，这些治所并不是今天意义上的城市，只是相对大一些的居民点，但是它们有一些特殊的功能，如行政管理、信件传递和物资交流等。因此可以认为这 47 个郡的治所是城市的雏形。秦朝城市格网和今天的大城市格网有完全相同的走向，呈现蓝色灰色两套格网，2000 多年来中国城市格网走向没有多大的变化。为了使图 9.17 简单明了，我们把古今地名对照从图中移出如下：内史咸阳（今陕西咸阳），辽东郡（治所襄平县，今辽宁辽阳），辽西郡（治所阳乐县，今辽宁义县），渔阳郡（治所渔阳县，今北京密

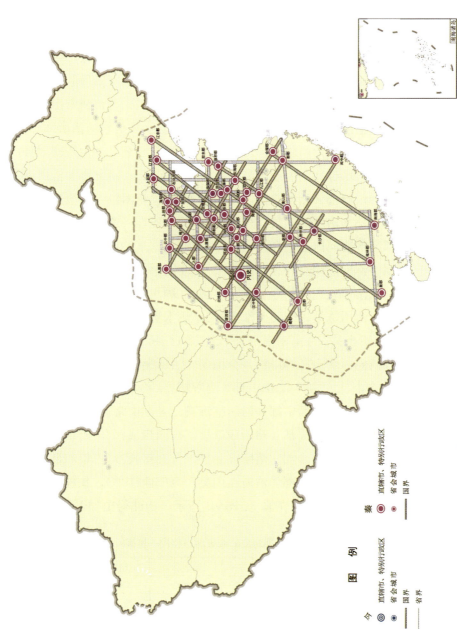

图 9.17　秦朝时期的中国郡治所格网状布局示意图

云），右北平郡（治所平刚县，今内蒙古宁城），上谷郡（治所沮阳县，今河北怀来），广阳郡（治所蓟县，今北京宣武区），代郡（治所代县，今河北蔚县），雁门郡（治所善无县，今山西代县），云中郡（治所云中县，今内蒙古托克托县），九原郡（治所九原县，今内蒙古包头），上郡（治所肤施县，今陕西榆林），太原郡（治所晋阳县，今山西太原），恒山郡（治所常山县，今河北石家庄），巨鹿郡（治所巨鹿县，今河北平乡县），邯郸郡（治所邯郸县，今河北邯郸），临淄郡（治所临淄县，今山东济南），胶东郡（治所即墨县，今山东平度县），琅琊郡（治所琅琊县，今山东胶南县），济北郡（治所博阳县，今山东泰安），薛郡（治所鲁县，今山东曲阜），东海郡（治所郯县，今山东郯城县），东郡（治所濮阳县，今河南濮阳），砀郡（治所砀县，今河南永城），河内郡（治所河内县，今河南焦作），河东郡（治所安邑县，今山西夏县），三川郡（治所洛阳县，今河南洛阳），北地郡（治所义渠县，今甘肃庆阳），陇西郡（治所狄道县，今甘肃临洮县），颍川郡（治所阳翟县，今河南禹州），陈郡（治所陈县，今河南淮阳县），泗水郡（治所相县，今安徽淮北），南阳郡（治所宛县，今河南南阳），汉中郡（治所南郑县，今陕西汉中），九江郡（治所寿春县，今安徽寿县），会稽郡（治所吴县，今江苏苏州），鄣郡（治所鄣县，今浙江安吉县），衡山郡（治所邾县，今湖北黄冈），南郡（治所江陵县，今湖北荆州），黔中郡（治所临沅县，今湖南常德），巴郡（治所江州县，今重庆江北区），蜀郡（治所成都县，今四川成都），闽中郡（治所东冶县，今福建福州），长沙郡（治所临湘县，今湖南长沙），南海郡（治所番禺县，今广东广州），桂林郡（治所布山县，今广西桂平），象郡（治所无记载，一说临尘县，今广西崇左），如表9.1所示。由此得出如下结论：

表 9.1　秦朝 47 郡对应的今天城市格局一览表

序号	郡名称	治所	对应的今天地名	序号	郡名称	治所	对应的今天地名
1	内史	咸阳	陕西咸阳	6	上谷郡	沮阳县	河北怀来
2	辽东郡	襄平县	辽宁辽阳	7	广阳郡	蓟县	北京宣武区
3	辽西郡	阳乐县	辽宁义县	8	代郡	代县	河北蔚县
4	渔阳郡	渔阳县	北京密云	9	雁门郡	善无县	山西代县
5	右北平郡	平刚县	内蒙古宁城	10	云中郡	云中县	内蒙古托克托县

序号	郡名称	治所	对应的今天地名	序号	郡名称	治所	对应的今天地名
11	九原郡	九原县	内蒙古包头	30	颍川郡	阳翟县	河南禹州
12	上　郡	肤施县	陕西榆林	31	陈　郡	陈　县	河南淮阳县
13	太原郡	晋阳县	山西太原	32	泗水郡	相　县	安徽淮北
14	恒山郡	常山县	河北石家庄	33	南阳郡	宛　县	河南南阳
15	巨鹿郡	巨鹿县	河北平乡县	34	汉中郡	南郑县	陕西汉中
16	邯郸郡	邯郸县	河北邯郸	35	九江郡	寿春县	安徽寿县
17	临淄郡	临淄县	山东济南	36	会稽郡	吴　县	江苏苏州
18	胶东郡	即墨县	山东平度县	37	鄣　郡	鄣　县	浙江安吉县
19	琅琊郡	琅琊县	山东胶南县	38	衡山郡	邾　县	湖北黄冈
20	济北郡	博阳县	山东泰安	39	南　郡	江陵县	湖北荆州
21	薛　郡	鲁　县	山东曲阜	40	黔中郡	临沅县	湖南常德
22	东海郡	郯　县	山东郯城县	41	巴　郡	江州县	重庆江北区
23	东　郡	濮阳县	河南濮阳	42	蜀　郡	成都县	四川成都
24	砀　郡	砀　县	河南永城	43	闽中郡	东冶县	福建福州
25	河内郡	河内县	河南焦作	44	长沙郡	临湘县	湖南长沙
26	河东郡	安邑县	山西夏县	45	南海郡	番禺县	广东广州
27	三川郡	洛阳县	河南洛阳	46	桂林郡	布山县	广西桂平
28	北地郡	义渠县	甘肃庆阳	47	象　郡	或为临尘县	广西崇左
29	陇西郡	狄道县	甘肃临洮				

（1）2000 多年前秦朝时期的 47 个郡治所是今天大城市的雏形，秦朝的城市格网和今天的大城市格网有完全相同的走向，呈现蓝色灰色两套格网。

（2）受地质构造、地形地貌和气象气候等长时间尺度自然过程的控制影响，2000 多年来中国大城市格网走向没有多大的变化。

（3）秦朝的交通大道和城市的蓝线格网保持一致，也是今天中国交通网形成的雏形。

（4）秦朝的"城市"主要分布在 42°N 以南，30°N 以北，104°E 以东的地区。两汉时期，30°N 以南的广大地区的郡县格网已经基本形成，通过河西走廊的武威、张掖、酒泉、敦煌延伸到西域。五代十国时期起，42°N 以北始有州府建置，30°N 以南的州府和县的建置进一步增加。

（5）秦朝以来的中国城市格网走向始终没有改变，只是格网的行列位置略有移动，格网的结点加密，城镇的人口增加。

（二）中国城市格网对称分布的现状格局

要搞清楚地级市的格网状分布，就要先搞清楚市区常住人口超过百万以上的大城市的格网状对称分布规律。要揭示城市的格网状分布规律，就要选择比例尺适当的地图，比例尺太小，城市挤成一堆，看不出格网来，比例尺太大，城市分布太稀疏，也看不出城市分布呈行列。因此选择地图的比例尺就成了"诀窍"。我们选择 1/15 000 000 的中国地图为底图，其余无关的信息都抹去，只突出百万人口以上的大城市，绘制这些城市的空间分布图，如图 9.18，这张图清楚地显示出人口超过百万以上的大城市的格网状分布规律。

格网是如何画出来的？《城市对称分布与中国城市化趋势》一书的结束语中这样写道，"众所周知，点阵连成格网，有无穷多种连法，因而城市格网就有无穷多种。在结晶学里，为了使格网的选定'唯一化'，结晶学家规定，选定的格网必须满足几个条件：①格网的对称程度要尽可能高；②格网的边长要尽可能短；③格网的夹角要尽可能是直角。

满足这些条件的格网选定是唯一的，在实际操作时，沿着点阵密度最大的方向就是格网的方向。地理学家沿用结晶学家的规定，就能找出唯一的格网"。

我们用直尺在地图上比划，很容易就能发现石家庄-邯郸-郑州-武汉-长沙-广州-中山-澳门、大同-太原-洛阳-襄阳-宜昌-湛江-海口、包头-西安-重庆-贵阳、天津-济南-枣庄-徐州-合肥-汕头、唐山-淄博-临沂-南京-福州、银川-兰州-成都-乐山-昆明和青岛-无锡-杭州-温州分别在南北方向的直线上；临沂-枣庄-徐州-郑州-洛阳-西安、青岛-潍坊-淄博-济南-邯郸-兰州、烟台-石家庄-太原-银川、大连-唐山-北京-大同-呼和浩特-包头、上海-苏州-无锡-常州-镇江-南京合肥-襄阳、杭州-武汉-宜昌-万州-成都、宁波-杭州-南昌-贵阳-昆明、台北-厦门-汕头-深圳-中山-茂名-湛江分别在东西方向的直线上。于是就勾画出大城市格网（图 9.18 中的蓝色填充线）。在比划大城市格网的时候，我们还

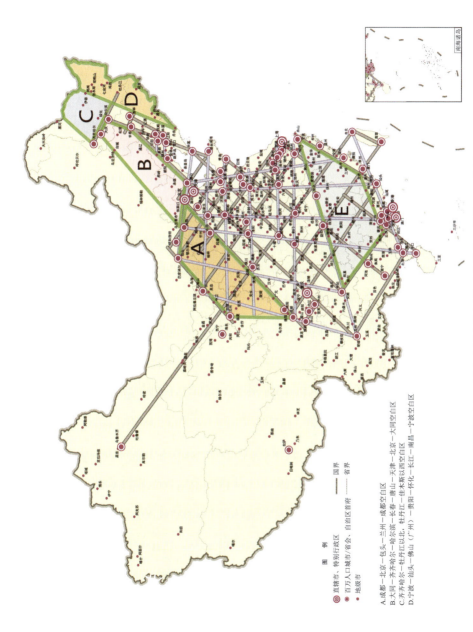

图 例

◉ 直辖市、特别行政区　——— 国界

◉ 百万人口城市/省会、自治区首府　——— 省界

• 地级市

A.成都－北京－包头－兰州－成都空白区
B.大同－齐齐哈尔－哈尔滨－长春－唐山－天津－北京－大同空白区
C.齐齐哈尔－牡丹江以北、牡丹江以西空白区
D.宁波－汕头－佛山（广州）－贵阳－怀化－长江－南昌－宁波空白区

图 9.18　中国百万人口以上大城市格网状对称分布现状格局示意图

会发现另外一套格网（图 9.18 中的灰线）也符合选定格网的条件，昆明-泸州-重庆-万州-洛阳-邯郸-天津-唐山-长春九大城市成一直线，台北-福州-南昌-武汉-襄阳-西安-兰州-西宁-乌鲁木齐九大城市成一直线，乐山-成都-绵阳-西安-太原-北京-哈尔滨七大城市成一直线，等等。而且东北的大城市也可以纳入灰线的城市格网系统。无论是蓝色线格网系统，还是灰色线格网系统，城市与格网行列的偏差不超过 50km。两套格网的走向是互为对角线关系的。

（三）控制中国城市格网走向的因素

1. 大地构造格局的控制

地球形成的早期地壳只有海洋性地壳（简称洋壳），直到距今 40 亿年左右才从洋壳中分异出大陆性地壳（简称陆壳），而最初形成的陆壳是一些大大小小孤立地块分布在地球表面，这些地块被地质学家称为克拉通（craton），克拉通是大陆的"核心"和基底。通过沉积作用和造山作用，大陆不断增生，小的陆块就拼合成大的板块，根据板块构造学说，我们可以对中国的大地构造作如下的简单描述：华北和塔里木在 30 多亿年前是一些小的克拉通（同位素年龄最老的是 38 亿年），大约 25 亿年前，这些克拉通拼合成华北地台的基底，又经过漫长的岁月，历经多次造山运动，华北地台与北方的阿尔丹地盾（西伯利亚地台）拼合成为欧亚板块的一部分。华南属于扬子（微）板块，扬子板块原是欧亚板块和冈瓦纳板块之间的"洋岛"，大约 2 亿年前，华北板块和扬子板块拼合。青藏和康滇地区，是印度板块向北漂移，与欧亚板块多次碰撞的结果，大约在 3000 多万年前，中国这三地块完成了拼合，形成了今天的中国大陆。地质学家用一种大地构造图的特殊地质图，来表示大大小小的地块之间的关系，我们选了一种简明的中国的大地构造图（图 9.19）[8]，图中构造线的方向和图 9.18 的城市格网走向有惊人的一致性。

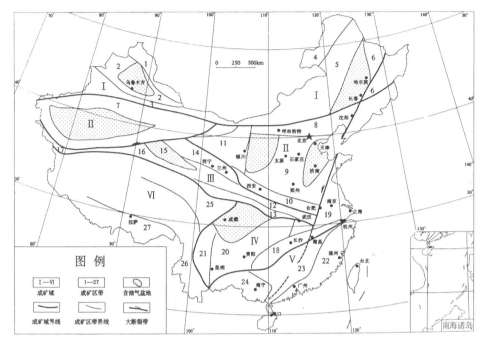

图 9.19 中国大地构造的基本格局示意图

2. 决定中国自然地理的 4 条地质构造线走向的控制

影响中国自然地理格局的地质构造线有 4 个方向,其一是青藏与华北、华北与扬子拼合的构造线方向,它是北西西或近东西的,即西域系方向;其二是北北东方向,它是新生代太平洋板块向西俯冲,对中国大陆造成拉张的结果,即新华夏方向;其三是南北构造线方向,它是印度板块与扬子板块碰撞的结果,代表这个方向的是龙门山和横断山。以上三个地质构造线方向在城市格网中都有相应的表现。我们不禁要问蓝线灰线两套城市格网应该有四个方向,正东西方向是什么地质构造线方向呢?为了求得很好的解释,我们审视了世界各大洲的地形图,发现所有大河的流向从总体上看,不是南北经向,就是东西纬向,南北流向的有尼罗河、密西西比河、鄂毕河、叶尼塞河、勒拿河、巴拉圭河等,东西流向的有亚马孙河、奥利诺科河、刚果河、黄河、长江、珠江、雅鲁藏布江、恒河、赞比西河、多瑙河等。许多河流都有"几"字形的连续 90°拐弯,如黄河、多瑙河、鄂毕河、刚果河等。密西西比河干流是南北向，两侧的支流都是东西向，这个事实说明地球存在着经向和纬向的"隐蔽的"断裂系统，这个系统和板块构造没有关系，只和地球自身的旋转有关。这个隐蔽的断裂系统在中国的表现为黄河连续 90°大弯，长江的众多南北向支流大渡河、岷江、嘉陵江、湘江、赣江。也就是说有 4 个构造线的方向控制着中国的城市格网。

3. 中国地势三级阶梯的控制

中国地势西高东低，西部是高原和崇山峻岭，东部是丘陵和平原，自西向东逐级降低，大致构成三个阶梯。最高的一个阶梯是青藏高原，平均海拔在 4500m 以上，北界是昆仑山和祁连山，南界是喜马拉雅山，东界是横断山。第二个阶梯在青藏高原以北、以东，平均海拔降低到 1000～2000m，这个阶梯范围包括若干大、中型高原和盆地，其中有云贵高原、黄土高原、内蒙古高原、塔里木盆地、准噶尔盆地和四川盆地，这个阶梯的东界是大兴安岭、太行山脉、巫山山脉和雪峰山脉。第三个阶梯是平原和低山丘陵，其中较大的平原有松辽平原、黄淮海平原、长江中下游平原，它们的平均海拔多在 500m以下，构成一条巨大的北北东方向的沉降带，堆积着很厚的第四纪沉积物。这个沉降带以东是一隆起带，包括东南丘陵、辽东胶东丘陵、长白山地等，平均海拔在 1000m 以下[9]。

4. 中国年平均降雨量线和胡焕庸线的控制

在诸多气候条件中，平均年降雨量对人类生活环境至关重要。美国、澳大利亚、南亚次大陆和中国来说，年平均降雨量决定它们的城市分布(图9.20)。中国人口分布是极不均匀，东稠西稀。1935 年胡焕庸教授指出：黑河（爱辉）—腾冲直线是中国人口的分界线，直线以东面积占 36％（当时），而人口却占 96％。1990 年全国人口普查的结果，黑河—腾冲直线以东人口占全国的 94.2％（包括台湾省），直线以西的广大地区人口只占 5.8％。由此可见，"胡焕庸线"至今仍然有着客观存在性和合理性。为什么会有一条胡焕庸直线存在，胡焕庸和方如康认为是自然环境、经济发展水平和历史社会条件等各种因素综合影响的结果，毫无疑问，这种见解是正确的。现在大家公认在自然环境的诸多因素中，年平均降雨量是最重要的因素，年平均降雨量

500mm 的等值线的位置与胡焕庸线的位置基本具有一致性。500mm年降雨量是农业区和农牧业过渡带的分界线，加之地形三级阶梯的综合影响，结果就形成了胡焕庸线。

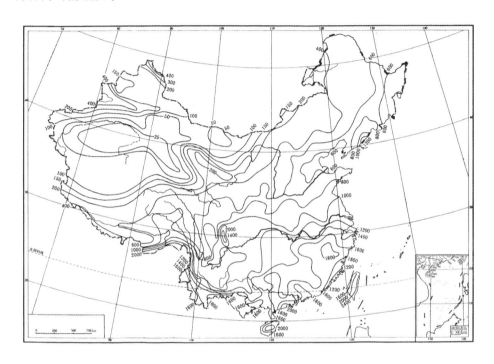

图 9.20　中国年平均降雨量图（单位：mm，参见文献[9]）

5. 城市格网的几何分析和城市数量估算

前面说过在理想的平原上，城市格网是"跳棋盘"式的等边三角形网络，而实际中的中国城市格网却是两套正交的格网，并且相互为对角线方向，这是怎么回事？这里需要作一些几何分析。六角形的格网在计算时很不方便，不能使用笛卡尔坐标，所以格网的行列取向时，进行两种变换，一是把六边形格网变换为菱形格网；二是变为带心的矩形格网（图 9.21a），图中黑线和红线分别表示出两种取向的格网，这两种取向各有千秋，菱形格网的对称性高，是六次旋转对称，带心矩形格网可以直接利用笛卡尔坐标进行计算。在数学（特别是结晶学）中，两种格网都在用。在地球表面，理想的完全均质的平原是不存在的。地质作用中的褶皱和断裂、地层的抬升和下陷，都会造成地表的不均匀性。这些地质作用可以简化为一个方向受到挤压，另一个方向受到拉伸。图 9.21b 表示矩形格网和菱形格网，受到挤压和拉伸的作用后，形成两套正交的红线和黑线格网。这两套格网有一半结点是重合的。实际的城市格网里，因为两套格网有错动，两套格网重合的结点数目常常会少一些。

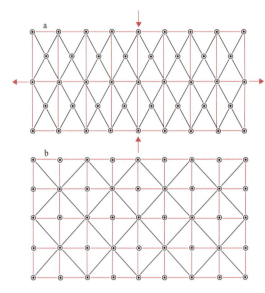

图 9.21　六角格网变形为两套正交格网

克里斯塔勒六边形中心地理论运用到整个面积巨大的区域时遇到不可逾越的障碍，但是运用两套正交格网的方法却迎刃而解。两套正交格网是由克里斯塔勒的六边形格网变形推导出来的。王铮也注意到有时会出现矩形格网的合理性[3]。

在这些理论分析之后，就可以推论中国百万人口城市的"最终数目"。我们认为中国的大城市基本都在胡焕庸线以东，胡焕庸线以西除已有的呼和浩特、包头、银川、兰州、西宁和乌鲁木齐以外，最多再增加伊宁、喀什和拉萨，其他新增加的大城市必定在胡焕庸线以东。大城市的"最终数目"就是两套城市格网结点的数目之总和。图 9.18 中两套城市格网结点数之和是 120，也就是说，中国大城市的数目极限是 120 个。即平均 1000 万人口有一个大城市。世界上发达国家和中等发达国家大多是平均 1000 万人口有一个大城市，如日本人口 1.3 亿有东京、大阪、横滨、川崎、名古屋、京都、神户、广岛、北九州、福冈、仙台、札幌十二大城市；韩国人口 4700 万，有首尔、釜山、仁川、大邱、光州和大田六大城市；伊朗人口 6200 万，有德黑兰、大不里士、马什哈德、伊斯法汗、设拉子 5 个大城市；俄罗斯人口 1.5 亿，有莫斯科、圣彼得堡、喀山、下诺夫哥罗德、萨马拉、萨拉托夫、罗斯托夫、伏尔加格勒、彼尔姆、乌法、叶卡捷琳堡、车尔雅宾斯克、鄂木斯克、新西伯利亚和克拉斯诺亚尔斯克 15 个大城市；德国人口 8200 万，有柏林、汉堡、杜塞尔多夫、慕尼黑、纽伦堡、法兰克福、曼海姆和科隆 8 个大城市；西班牙人口 4000 万有马德里、巴塞罗那和巴伦西亚 3 个大城市；乌克兰人口 5000 万，有基辅、哈尔科夫、敖德萨、第聂伯罗彼得罗夫斯克和顿涅茨克 5 个大城市；加拿大人口 3000 万，有多伦多、渥太华和蒙特利尔三大城市；美国有 2.8 亿人口，有纽约、洛杉矶、圣弗朗西斯科、底特律、芝加哥、费城、波士顿、达拉斯、休斯敦、克利夫兰、巴尔的摩、华盛顿、哥伦布、印第安纳波利斯、辛辛那提、诺福克、圣路易斯、孟菲斯、新奥尔良、迈阿密、堪萨斯城、圣安东尼奥、丹佛、菲尼克斯、圣迭戈、拉斯维加斯、萨克拉门托、盐湖城、波特兰和西雅图 30 个大城市；巴西人口 1.7 亿，有里约热内卢、圣保罗、桑托斯、累西腓、萨尔瓦多、贝格奥里藏特、坎皮纳斯、库里蒂巴、阿雷格里港、戈亚尼亚、巴西利亚、贝伦、马瑙斯 13 个大城市；阿根廷人口 3700 万，有布宜诺斯艾利斯、罗萨里奥和科尔多瓦 3 个大城市；哥伦比亚人口 4000 万，有圣菲波哥大、麦德林、巴兰基亚和卡利 4 个大城市；委内瑞拉人口 2300 万，有加拉加斯和马拉开波 2 个大城市；澳大利亚人口 2000 万，有悉尼、墨尔本、布里斯班和珀斯 4 个大城市；南非人口 3800 万，有约翰内斯堡、比勒陀利亚和开普敦 3 个大城市。还有白俄罗斯、捷克、比利时、荷兰、葡萄牙、奥地利、匈牙利、塞尔维亚、保加利亚、瑞典、希腊、拉脱维亚、丹麦、爱尔兰、古巴、危地马拉、萨尔瓦多、多米尼加、波多黎各、新加坡等人口 1000 万或少于 1000 万的国家，每个国家都有 1 个大城市，此外还有亚洲、非洲和南美洲的近 30 个国家符合这个规律。也就是说，全世界有 60 个国家符合平均 1000 万人口有 1 个市区常住人口超过百万的大城市的普遍规律。

不符合这个规律的国家有三种情况：第一种情况是一大批人口很少的国家，第二种情况是城市首位度太高的国家，如英国、法国、土耳其、埃及、墨西哥等国，第三种情况是城市化程度低的国家，如巴基斯坦、孟加拉国、印度尼西亚、菲律宾、尼日利亚、乌干达、肯尼亚、坦桑尼亚、缅甸、泰国和越南等，中国和印度也属于第三种情况的国家。从而说明预测中国大城市的终极数目为 120 个是有根据的。

三、中国大城市格网状对称分布格局的重要意义

在新型城镇化背景下，总结中国大城市格网状的对称分布格局，有助于优化交通通道，发现大城市空洞区，推动新的大城市崛起，有助于进一步优化中国城市发展空间格局，推动城市向着均衡方向发展。

（一）推动交通通道建设，优化交通网络格局

在中国城市格网对称分布格局图中，蓝线城市格网是南北向和东西向的，它几乎和中国铁路的"X 横 X 纵"、高速公路的"X 横 X 纵"完全一致，不言自明，铁路和高速公路就是按大城市设计的，有了铁路和高速公路就能更加促进城市的发展，沿路有可能出现新的大城市。除东北以外，灰线城市格网的铁路系统还没有完善，在今后的铁路建设中，沿着灰线格网建设新的铁路势在必行，如南昆铁路、贵阳-桂林-贺州-广州高铁、赣州-龙岩-漳州-厦门铁路、南昌-抚州-莆田（福州）双层集装箱铁路、宁波-温州-福州-厦门-深圳高铁。特别是海峡西岸经济带的建设，会推动这样的交通建设。

（二）发现大城市空洞区，推动胡焕庸线以东地区新的大城市崛起

1935 年时，胡焕庸线以西还没有一个大城市，经过几十年的城市化发展

过程，胡焕庸线以西，有了呼和浩特、包头、银川、兰州、西宁和乌鲁木齐7个大城市，这7个城市的出现，说明胡焕庸线以西在自然条件比较好的个别地方依然会出现大城市，但是并没有大量出现，所以胡焕庸线以西一般不宜建设新的百万人口的大城市。基于城市对称分布理论，目前在胡焕庸线以东地区出现了5片大城市空洞区，33座缺位的大城市，而在胡焕庸线以西地区未来基本上不可能新建百万人口以上的大城市，但伴随丝绸之路经济带的建设，可能在伊宁和喀什会建设大城市。

1. 大城市空洞区 A 区：延安、天水和榆林是缺位的大城市

成都—北京—包头—兰州—成都构成一个面积 56 万 km² 的"大城市空洞区"，正好压在胡焕庸线上（图 9.18 的 A 区）。从图 9.18 可以看出，灰线大城市格网在这个大城市空洞区缺少了一条行列，即理论上，天水、延安和榆林是缺位的大城市。从对称的观点看，延安的区位优势突出，它在陕西省的对称轴上，在交通干线上，而且以延安为中心有一个靶形的城市分布圈（图 9.22），延安发展的制约瓶颈是水资源能否支撑百万人口的可持续发展。

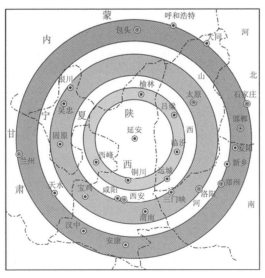

图 9.22 以延安为中心的城市靶形分布示意图

榆林有丰富的资源和交通优势，发展的瓶颈仍然是水资源缺乏。天水在中国东西向的"主动脉"上，是这三个城市中最有希望发展为大城市的一个，它是甘肃省的第二大城市，有相当好的工业基础，新近国家批准建设关中—天水经济区，给天水迎来了新的机遇。

总体来看，大城市空洞区 A 区之所以成为大城市空洞区的原因：

（1）这一区域地处陕甘宁革命根据地，是革命老区，为新中国的成立作出了巨大贡献，革命老区的政治优势在新的市场经济条件下正在淡化成为经济发展的劣势；

（2）这一区域是石油天然气资源丰富集区，是长庆油田主力产油区，受国家资源分配体制的影响，这一区域资源虽富，但经济发展水平普遍较低，相对于东部地区城市比较落后；

（3）这一区域长期以来交通闭塞，部分地级城市如甘肃庆阳市至今未通火车。

（4）这一区域城市发育程度比较低，人口等生产要素集聚程度低，吸纳效应和辐射带动能力均较弱，因而尚未发育成为百万人口以上的大城市。

（5）这一区域是国家重大发展战略覆盖的边缘区域，没有获得国家大的战略投入和倾斜。

2. 大城市空洞区 B 区：赤峰和通辽是缺位的大城市

大同-齐齐哈尔-哈尔滨-长春-唐山-天津-北京-大同是一个面积 42 万 km^2 的大城市空洞区（图 9.18 的 B 区），南端是燕山山脉，大部分是松辽平原和大兴安岭的东麓。从图上可以看出，大同—齐齐哈尔一线正好在胡焕庸线上，正好在大兴安岭的山脊上，也就是说大同—齐齐哈尔一线不可能出现大城市；北京—哈尔滨确实是一条缺席的大城市行列，在这行列上，现在分布着承德、赤峰、通辽和松原 4 个地级市，它们都有可能发展为大城市。《城市的对称分布与中国城市化趋势》一书中分析了内蒙古城市分布的对称关系，指出赤峰和通辽与呼和浩特和包头有轴对称关系，对于内蒙古东部的经济发展而言赤峰和通辽应该发展为大城市（图 9.23）。

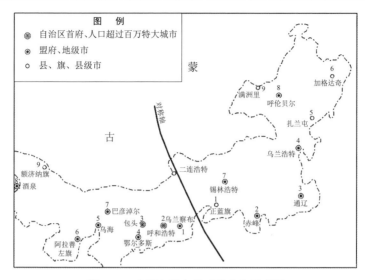

图 9.23　内蒙古城市的对称分布示意图

3. 大城市空洞区 C 区和 D 区：牡丹江、佳木斯和丹东是缺位的大城市

齐齐哈尔—牡丹江以北，牡丹江—佳木斯以西是大城市空洞区 C 区（图9.18 的 C），这里是小兴安岭林区，不宜建设大城市。鹤岗—吉林—大连一线以东的地区也是一个大城市空洞区，面积大约有 18 万 km² （图 9.18 的 D），是三江平原、完达山和长白山地区，这里的佳木斯、牡丹江和丹东皆是有相当工业基础的城市，人口接近七八十万，水源比较充足，因而有可能发展成为人口百万的大城市。

4. 大城市空洞区 E 区：赣州、韶关、贺州和桂林是缺位的大城市

宁波—汕头—佛山（广州）—贵阳—怀化—长沙—南昌—宁波是一个面积 55 万 km² 的大城市空洞区（图 9.18 的 E）。这里是江南丘陵地区，分布着武夷山、罗霄山、雪峰山和南岭等山脉，这里是中国自然条件比较优越的地区。从图 9.18 中可以看出，由于红色的大城市格网缺失了一条行列，才形成这个空白区，这里的赣州、韶关、贺州和桂林皆是理论上的城市格网的结点所在，桂林作为世界上著名的旅游胜地，似乎不宜发展为人口百万的大城市，其他的三个城市皆有引领周边地区经济发展的责任,有可能成为新的大城市。

这里举赣州为例说明之，以赣州为中心，以 400km 为半径画一个大圆环（宽度为 80km），在这个圆环里有南昌、福州、厦门、汕头、深圳、广州和长沙八个大城市，赣州的这种区位情况很像 1940 年代的郑州，即 800km 直径的特大城市圈的中心，以赣州为中心，形成很好的靶形分布（图 9.24），在赣州周围直径 550km 的范围内没有一个城市大于赣州。也就是说，周边的大城市（包括中等城市的衡阳），都不能抑制赣州作为一个大城市来发展。赣州—龙岩—厦门的铁路已经通车，使赣州成为广州、深圳、汕头、香港和厦门等口岸向内地的聚焦点，而且是厦门到北京的铁路捷径，这对于发展赣州至关重要；修建赣州－南雄－韶关铁路，增加到广东的第二条铁路通道，这些都足以说明赣州的区位优势。

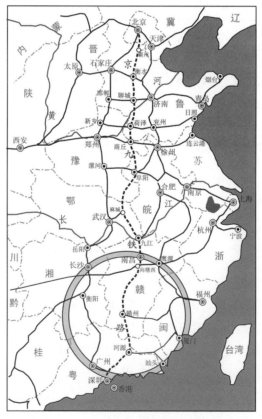

图 9.24　以赣州为中心的城市靶形分布[2]

5. 大城市对称格局下理论上在胡焕庸线以东缺位的 21 座大城市

除了五大成片的大城市空洞区及其缺位的 12 座大城市外,在中国城市对称分布格局图上的蓝线格网和灰线格网中都有分散的大城市缺位的结点, 在胡焕庸线以东缺位的大城市共有 21 座,包括河北的保定,山东的济宁和菏泽,河南的商丘、南阳和信阳, 安徽的阜阳, 江苏的淮安和南通, 浙江的金华, 湖南的衡阳、永州、常德和怀化, 四川的广元, 陕西的汉中和安康, 广西的百色, 云南的大理, 贵州的六盘水和遵义等。

保定市是中国人口最多的地级市, 有 1200 万人, 下辖 4 区 21 个县, 是著名的历史文化名城, 比较京津冀、长三角和珠三角就能得到结论, 京津冀城市群中大城市的数目太少, 保定发展为百万人大城市势在必行。

济宁市和菏泽市是山东省人口密度最大的地级市, 每平方千米超过 700 人, 这里有丰富的煤炭资源, 发展它们成为大城市有利于改善鲁西南的落后面貌,同时保护农业。这个地区在城市格网中是一个空白点, 是把它"填上", 还是把它作为围棋的"眼", 而让它空着, 这是两种不同的战略抉择, 要认真考虑。

河南只有 17 万 km^2 的面积, 而人口有 1 亿, 河南省的城镇化问题是中国之最, 河南省还是中国最大的商品粮生产基地, 因此河南的城镇化的最优格局尤为重要, 不管什么方案, 河南省的大城市不能仅限于郑州和洛阳。商丘在陇海和京九两条铁路、济广和连霍两条高速公路交汇处, 有丰富的煤炭资源, 有发展成大城市的基本条件。信阳和南阳都处于河南的最南部, 是河南省年降雨量最大的地区, 在 1000～1300mm, 有丰富的水资源, 交通条件和商丘一样优越。从对称的观点看, 在河南省的范围内, 南阳与洛阳、信阳与郑州是对称的, 放到周边来看, 南阳和信阳是特大城市武汉为中心的靶形城市圈的组成部分。上海自由贸易试验区的建立和新丝绸之路经济带的发展, 必然会使西安—南阳—信阳—合肥—南京—上海的铁路成为名符其实的"第二陇海铁路"。

安徽省人口有 6700 万人, 目前只有合肥的城市人口超过百万人, 显然是不合理, 我们预言阜阳将来会是个大城市, 因为阜阳是安徽人口最多(近 1000

万）、人口密度最大（每平方千米超过 900 人）的城市。众所周知，每年春节阜阳是中国最大的农民工的集散地，阜阳是一个铁路和公路交通的枢纽，阜阳大体上在徐州、合肥、武汉和郑州 4 个大城市构成的梯形的中心（严格的中心是河南省的平舆县城），这样的地理区位有利于阜阳发展成 100 万人口的大城市。图 9.25 是以阜阳为中心的城市靶形分布图，最外圈是徐州、合肥、武汉和郑州，最内圈是周口、漯河、驻马店、信阳，中间的一圈是六安、淮南、商丘、许昌、平顶山，是一个典型的靶形分布。

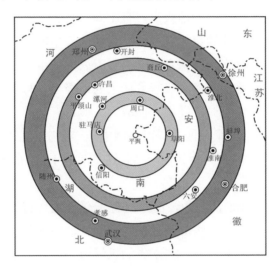

图 9.25 以阜阳为中心的城市靶形分布图[2]

江苏省大城市已经很多，但是广大的苏北缺少大城市，徐州实际上是江苏、山东、河南、安徽四省的周边城市，因此淮安就成为首选，其次就是南通。

浙江省是中国经济最发达，人口密度最大的省份之一，浙江省的城市分布有两条对称轴，叶大年等曾经指出，杭州、宁波、温州和金华是对称联系起来的"等效点系"（结晶学的一个术语），现在前三个都发展成为大城市，可以预见金华不久也会发展为大城市。从宁波—南昌—长沙—贵阳—昆明这条大城市行列来看，金华也应该是一个结点。

湖南省有 7000 多万人口，面积 21 万 km²，只有一个大城市长沙，在宁波—南昌—长沙—贵阳—昆明这条大城市行列上，缺少两个结点，一个是前面提到的金华，另一个就是怀化。武汉—宜昌—万州—重庆—贵阳—柳州—佛山—长沙—武汉形成一个梯形，是面积有 40 万 km² 的大城市空白区。整个湖南省都在空白区内，说明湖南省内有必要增加 3～4 个大城市，缺席的格网结点就是怀化、常德和永州。怀化正好在长沙、宜昌、万州、重庆、贵阳和柳州 6 个大城市圈的中心，它将作为湖南、湖北、重庆、贵州、广西 5 省（直辖市、自治区）周边的中心城市来发展。就现有发展水平而言怀化与常德和永州还有相当距离。怀化、常德和阜阳都是烟台—青岛—临沂—徐州—武汉行列上缺位的结点城市。

　　四川的广元位处兰州—西安—重庆—成都—兰州菱形的两个对角线的交点上，西安和重庆分别是西北和西南的经济、政治和科技文化中心，兰州和成都则分别是副中心，可见广元区位之重要。

　　"三秦"大地是指陕北、关中和汉中，汉中市和安康市是汉中地区的两个重镇，建城历史悠久，超过 2500 年，特别是汉中是"三线"建设时期国家最重要的工业基地；安康位处西安—重庆—武汉—郑州—西安菱形的两条对角线的交点上。秦岭大巴山成片扶贫的经济发展中汉中、安康以及四川的广元会起到至关重要的作用。

　　广西的百色和云南的大理在湛江—南宁—昆明行列的结点上。尤其是百色，它同时还在红线格网的结点上，地处云南、广西、贵州三省之结合部，有丰富的铝土矿资源，是中国新兴的铝业基地，发展百色有利于云南、广西、贵州石漠化地区的经济发展和生态恢复。大理以其历史文化沿革在云南有特殊的地位，在城市的分布格局中与昆明是对称关系。大理的洱海以及周边的丽江古城、玉龙雪山和泸沽湖的女儿国，香格里拉的原生态天人合一、保山的腾冲火山、潞西的瑞丽翡翠城、普洱的茶马古道整合起来的大滇西可以说是世界旅游资源最丰富的地区之一，因而可以把大理打造成为和桂林一样的世界级旅游目的地。

　　贵州的六盘水地处乌蒙山腹地，成都—昆明—重庆—贵阳—昆明梯形的中心，有丰富的煤炭资源，工业也有相当的基础，在株（洲）六（盘水）电气化铁路复线上。遵义是贵州人口最多的地级市，有 750 万人，是贵州省历史最悠久的名城、世界著名的酒乡，是革命传统的教育基地。

以上所述的城市是处在大城市格网的缺席位置上，有可能发展为新型的大城市，仅仅是有可能性，并不能证明有必然性。只有产生了具竞争力的支柱产业，提供了大量就业机会，大城市才会形成。经验告诉我们，地级市发展到 50 万人口是比较容易，越过五六十万人这个台阶非常困难，难在哪里？"要致富，先修路"成为这几十年的口头禅，30 多年城市化的经验告诉我们修路和造城都不难，难就难在找不到或打造不好有竞争力的支柱产业，没有提供大量就业机会。因此我们可以预料，如果没有产业支撑，在相当长时间内，上述城市的规模还会在五六十万人口的规模上徘徊。

（三）求证胡焕庸线以西地区崛起新的大城市的可能性很小

上面分析到的城市都分布在胡焕庸线以东，胡焕庸线以西，出现新兴百万人口的大城市的可能性很小，西藏的拉萨和青海的格尔木的规模最终不会超过 50 万和 30 万。新疆的城市格网有一定的特殊性，那么新疆在城镇化的进程中还会不会有新兴的大城市出现呢？叶大年在《城市对称分布与中国城市化趋势》一书中把新疆和哈萨克斯坦进行比较指出新疆的城市化还有发展空间，哈萨克斯坦除了阿拉木图以外，还有新建的首都阿斯塔纳两个大城市,哈萨克斯坦政府决定要把阿斯塔纳建成人口 200 万的城市。新近习近平主席提出共建新的丝绸之路经济带的构想。为此我们分析新疆的城镇化时有如下看法：陆上的丝绸之路有北南两线，中间夹着天山山脉，北线是……乌鲁木齐—伊宁—阿拉木图—比斯凯克—塔什干—阿什哈巴德—马什哈巴德—德黑兰……跨国的大城市行列,南线是……吐鲁番—库尔勒—阿克苏喀什……南线城市较小，北线除伊宁外，皆是大城市，因而就发展丝绸之路经济带而言，伊宁和喀什有必要发展成为大城市。伊犁自治州是新疆人口最多地级行政单位，超过乌鲁木齐。伊犁盆地是新疆自然条件最好的地方。

第三节　中国地级市的格网状对称分布格局

一、省域层面地级市的对称分布格局

这里说的地级市包括地级市、自治州首府和地区行署所在地，总之是介于省区和县之间的行政级别，一般而言，一个地级市管辖6～10个县，最少的管辖一个县，最多的管辖18个县。几乎所有的省和自治区范围内，地级市之间都是对称分布的，不对称的只是个别的地级市。《城市的对称分布与中国城市化趋势》一书中给出了每个省（自治区）地级市的对称形式，对称性最高的是有两条对称轴和一个对称中心，如安徽、浙江、福建、贵州、山西等省。安徽省有两个斜交的对称轴和一个对称中心，省会合肥正好在对称中心上。安徽省的主要城市的分布非常好地体现这种高度的对称性。例如，淮南与铜陵、蚌埠与池州、阜阳与芜湖、淮北与黄山市、亳州与宣州、宿州与黄山区都是中心对称关系，亳州、淮北、宣城和黄山市，宿州、芜湖、安庆和界首，阜阳、蚌埠、马鞍山和池州，明光、巢湖、桐城和叶集是4个城市构成的对称的等效点系，淮南与铜陵，滁州与六安分别是在对称轴的特殊等效点系。

浙江省两个对称轴在东阳交会，浙江的主要城市之间存在着明显的对称关系。例如，杭州、宁波、温州和金华为一组，衢州、瑞安、舟山和海宁为一组，湖州、舟山、瑞安和衢州为一组，4个城市处于一套点数为4的一般等效点系上；处于对称轴上的丽水和余姚是轴对称关系，嘉兴和龙泉也是轴对称关系，它们处于一套点数为二的特殊等效点系上。

山西省的经济地理特征表现出很高的对称性，两个相交的斜对称轴和一个对称中心，省会太原正好在对称中心，经向的对称轴通过沁水—太原—山阴，北东东向对称轴通过阳泉—太原—吕梁（离石）。分布在经向对称轴上的忻州与晋中（榆次）对称，分布在北东东对称轴上的阳泉与吕梁对称；不处于对称轴上的城市，4个形成一个组合（一个等效点系），如运城、晋城、大同和朔州，又如临汾、长治、岢岚和繁峙也构成一个组合，充分地反映出这种对称性（两个对称轴一个对称中心的对称组合）。

内蒙古地质地理的基本特征是，蒙古弧形构造的外缘，内蒙古的幅员呈弓形，有一种说法，是"腾飞的骏马"。内蒙古在地质构造上以二连浩特—太仆寺旗一线为界划分为两个单元，东单元是"大兴安岭单元"，西单元是"阴山单元"，地层出露的情况也不一样，东单元出露的地层是以中生代的火山岩为主；西单元是在前震旦纪的结晶基底上出露早古生代海相沉积、中生代和新生代的陆相沉积。整个中蒙边境，从新疆的阿尔泰直到大兴安岭的弧形地带，地质上有一个共同点，即广泛出露晚古生代（海西期）的花岗岩。如果以二连浩特—太仆寺旗一线为界，内蒙古的东西两部分是以这一线为轴对称的。例如，乌兰察布与正蓝旗、呼和浩特与赤峰、包头与通辽、鄂尔多斯与乌兰浩特、乌海与扎兰屯、阿拉善左旗与加格达奇、巴彦淖尔与锡林浩特、酒泉（甘肃）与呼伦贝尔、额济纳旗与满洲里。沿黄河方向有乌海、巴彦淖尔、包头、呼和浩特和乌兰察布的城市带，沿大兴安岭方向有加格达奇、扎兰屯、乌兰浩特、通辽和赤峰的城市带。这两个城市带是轴对称的，由于气候条件的不同，这两个城市带还不是普通的对称，而是色对称，黄河城市带城市比较密集，城市的规模也比较大，大兴安岭城市带城市比较稀疏，城市规模也比较小。毋庸讳言，西部与东部相比较，西部发展程度高于东部，显然应该加快东部的发展，以求得形成对称发展的格局。

广东省的地质地理特征决定了广东省的城市分布具有一个弯曲的对称轴，是沿珠江口到广州，然后沿着北江而上，经过清远、韶关到广东、湖南和江西三省的交界处。香港与澳门、深圳与珠海、东莞和中山、惠州和江门、河源和肇庆、南雄（县级市）和乐昌（县级市）、汕头和湛江、揭阳和茂名、潮州与廉江（县级市）、汕尾和阳江、梅州与云浮等一一对称地分布。佛山与广州的关系犹如咸阳与西安的关系一般，可以认为佛山就在对称轴上。当然香港与澳门、深圳与珠海在规模上并不相当，也就是说这条对称轴是色对称轴。

甘肃的河西走廊自古以来就是中原通向西域的必经之道，在甘肃有一条稍稍弯曲的轴线，它的主要城市之间是关于这条主轴的对称关系。天水、定西、兰州、武威、金川、张掖、酒泉、嘉峪关和玉门（县级市）正好处在主轴线上。临夏市与白银市对称，合作市与宁夏的中卫市对称，平凉市与昔日陇南行署所在地成县对称，庆阳市与陇南市（原来的武都）双双对称。

　　宁夏幅地比较小，是长长的一条，宁夏回族自治区自身的城市分布似乎也有一个对称轴，这条对称轴是南北方向的，经过惠农、贺兰、银川、吴忠、同心、固原和隆德，石嘴山与陶乐、青铜峡与灵武、中卫与盐池、西吉与彭阳皆为很好的对称关系，唯有中宁稍稍偏离对称轴。宁夏不存在东西方向的对称轴。

　　云南省地域是一个倒写"大"字，或者说是"五角星"形，在几何图形上有一条与宁蒗—河口断裂共轭的曲线对称轴，并有一个对称中心楚雄。云南省的8个地级市和8个自治州首府，在地图上呈现出很好的对称关系。西双版纳傣族自治州的景洪市、普洱和楚雄彝族自治州的楚雄市处于对称轴上，昆明与大理白族自治州的大理市、曲靖与丽江、昭通市与迪庆藏族自治州的香格里拉县、玉溪市与保山市、文山壮族苗族自治州的文山县与德宏傣族景颇族自治州的潞西市、红河哈尼族彝族自治州的蒙自市与临沧、曲靖市的罗平县与怒江傈僳族自治州的泸水县（六库）、红河哈尼族彝族自治州的河口县与德宏傣族景颇族自治州瑞丽市一一对称，上面提到的除罗平、河口和瑞丽以外，皆是地级市和自治州所在地。以楚雄自治州的楚雄市为中心的对称关系中，昆明与保山、玉溪与大理、蒙自与丽江、曲靖与临沧、昭通与瑞丽、宣威与潞西、文山与六库、河口与香格里拉、普洱与四川的攀枝花、景洪与四川的西昌一一对称。这些城市的大小和人口大有悬殊，但是它们的行政"级别"是相当的。

　　这里举出了12个省（自治区）地域内地级市的对称分布图件，其余省（自治区）地域内地级市毫无例外地有对称分布的规律，由于篇幅限制略去。区域城市对称分布的规律是我们行政区划和区域规划应该考虑的原则。

二、民国以来全国地级市的沿革与格网状分布格局

（一）民国以来全国地级市的沿革

　　民国初年，1914年撤销州府，保留省、道和县三级地方政权，全国22个省，4个特别区，外蒙古、西藏、青海三个地方（台湾被日本占领），93道。至今已100余年，省县之间的行政区划时而称道、时而称行政公署、时而称地级市，这一行政级别时而是省的派出机构（所谓"虚"），时而是实体行政机构。时至今日关于地级市在中国的地位仍然存在着许多争议，省直管

县的呼声不绝于耳。我们认为，地级市是中国上千年，特别是 100 年的实践证明地级市存在的合理性。图 9.26 是 1914 年全国 93 个道的格网状分布图，它和今天的大城市格网状分布图的走向完全一致，行列的位置也大体相同。到 1914 年，中国的铁路已经有了一些规模，中长铁路、中东铁路、京沈铁路、京张铁路、津浦铁路、京汉铁路、沪宁铁路都已经通车，粤汉铁路和陇海铁路已经分段修建和通车。国内主要城市已经建立了电报局和邮电局。也就是说这个时候中国的主要城市已经有一定的公共设施，算是城市了。今天中国地级市的格网状分布就是在 1914 年的 93 道格网的基础上发展起来的[10-11]。到了 1949 年，地级的行署就增加到 200 多个，如今达到 333 个。

（二）全国地级市的格网状分布格局

在省区地域内地级市的个数是几个或十几个，广东省最多有 22 个，从省地域的角度观察，分布有轴对称性、中心对称性或旋转对称性。但是从全国的范围里看，对称性体现为格网状分布，即两维的平移对称性。全国地级市的格网状分布格局图见图 9.27。对比全国地级市的格网状分布格局图和全国大城市的格网分布格局图，就可能看出地级市的城市格网和大城市的格网走向相同，也是分为蓝线和灰线两套格网，走向也都是互为对角线关系。这样一种相似的空间关系，我们称之为分形结构关系。前面说过城市格网图上可以显示不同等级的城市在不同级别的结点上，不同级别的城市格网图中有不同等级的"城市空洞区"和"缺位"，同样也会有不同等级的"城市密集区"（城市群或城镇群）。中国大城市的"城市空洞区"和城市群都可以在比例尺为 1/15 000 000 的底图中清晰地表示出来，然而同样比例尺的图就不能表示地级市的"城市空洞区"和"城市密集区"，所以只能用文字来叙述。

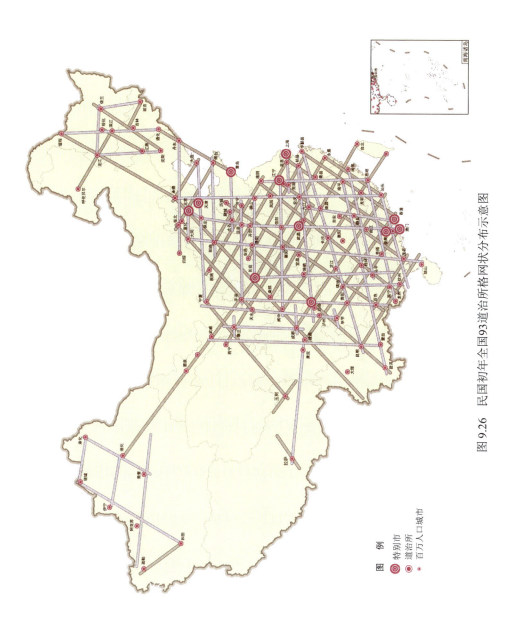

图 9.26 民国初年全国93道治所格网状分布示意图

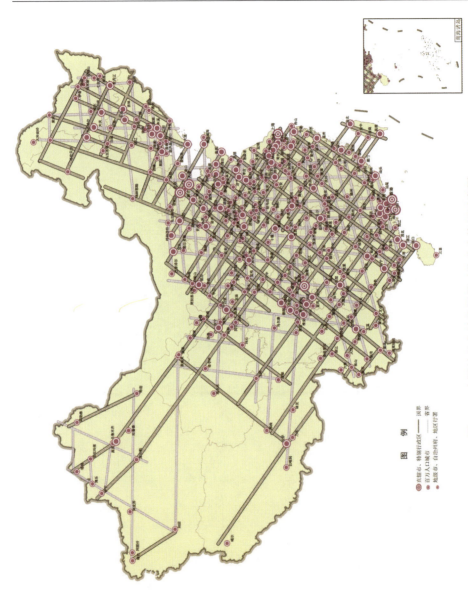

图 9.27 中国地级市的格网状对称分布格局示意图

三、全国地级市的空洞区与发生成因及对策

（一）全国地级市的十大空洞区

中国地级市的分布区域比大城市的分布区域大得多，在胡焕庸线以西依旧有地级城市的分布，仅仅是密度稀疏一些而已。前面说过，从每个省份的地域内看，都有个别的地级市缺位。从全国地级市格网分布格局图中就能找出"地级市空洞区"来。大致包括十大地级市空洞区：

（1）加格达奇—伊春—鹤岗—佳木斯—双鸭山—七台河—牡丹江—哈尔滨—大庆—齐齐哈尔—加格达奇所包围的梯形区，面积有 15 万 km^2，是地级市空洞区（简称小兴安岭空洞区），区内只有一个地级市绥化，显然是缺少了一个行列，缺少两三个地级市。预测在讷河、海伦和方正会出现新的地级市。

（2）哈尔滨—牡丹江—延吉—白山—吉林—哈尔滨所包围的梯形，面积 8 万 km^2（简称张广才岭长白山空洞区），其中没有一个地级市，预测在尚志和敦化会出现新的地级市。

（3）北京—张家口—乌兰察布—太原—石家庄—北京包围的太行山北段，有一个地级市空洞区。

（4）江南地级市空洞区，温州—衢州—新余—吉安—赣州—韶关—河源—梅州—南平—宁德—温州包围的广大地区，面积约 15 万 km^2（简称武夷山空洞区）。这里是中国自然条件比较好的贫困区，在这里新添地级市可以刺激经济的发展。

（5）驻马店—周口—阜阳—六安—安庆—九江—黄冈—水周—随州—信阳—驻马店包围的地区，面积约 6 万 km^2（简称大别山城市空洞区），在这里河南的潢川和湖北的麻城可以是新的地级市。

（6）重庆—涪陵—黔江—张家界—吉首—凯里—遵义—泸州—重庆包围的地区，大约有 7 万 km^2（简称武陵山大娄山城市空洞区），宜在四川的叙永和贵州的思南建立新的地级市。

（7）铜仁—凯里—河池—柳州—桂林—永州—怀化—铜仁包围的地区，面积大约是 6 万 km^2（简称雪峰山—元宝山城市空洞区），宜在贵州的从江、

广西的三江和湖南的武冈建立新的地级市。

（8）西昌—昭通—六盘水—曲靖—楚雄—西昌包围的地区，面积大约 5 万 km² （简称乌蒙山城市空洞区），宜在云南的会泽建立新的地级市。

（9）汉中—安康—襄阳—宜昌—张家界—恩施—万州—达州—巴中—广元—汉中包围的地区，面积约 8 万 km²（简称秦巴山城市空洞区）。这里宜在四川的万源和重庆的巫溪建立新的地级市。

（10）渭南—三门峡—洛阳—平顶山—南阳—襄阳—十堰—商洛—渭南包围的地区（简称小秦岭城市空洞区），面积大约 5 万 km²。在人口 1 亿的河南省，唯有豫西还有一点发展的空间，这里的西峡和栾川（或卢氏）可以是新的地级市的候选。

（二）地级市空洞区出现的成因与对策

从全国地级市格网分布格局图的分析中可以发现，出现地级市空洞区的成因主要包括以下五大方面：

（1）地级市空洞区出现在集中连片扶贫地区。大小兴安岭地区、武夷山地区、大别山地区、秦巴山地区、乌蒙山地区等这些地区基本上都是国家集中连片扶贫地区，当地人民生活水平低，人口与城市分布零散，这些地区缺乏地级行政资源带动其发展。在未来国家新型城镇化进程中，可考虑根据国家治理和管治的实际需要，设立新的地级市，加大集中连片贫困地区的扶贫力度，早日脱贫致富。

（2）地级市空洞区出现在少数民族自治地区。在地级市空洞区中，不少地区地处少数民族自治地区，这些地区经济发展落后，城镇化水平低，未来要探索加快民族自治地区新型城镇化的路子，将民族自治地区的城镇化融入到国家新型城镇化的大格局中去，可考虑在条件成熟的时候，将具备条件的民族自治州建成地级民族自治市。

（3）地级市空洞区出现在省域边界接壤地区。部分地级市空洞区出现在几个省交界的边境接壤地区，这些地区一般处在各自省的边缘地区，交通不便，经济发展水平低，属于各省"边缘化"的地区，由于边缘化，这些接壤地区经济发展落后，未来考虑在这些边界地区设立新的地级市。

（4）地级市空洞区出现在限制开发区和禁止开发区。按照国家主体功能区规划，将全国划分为重点开发、优化开发、限制开发区和禁止开发区，大部分地级市空洞区处在限制开发区和禁止开发区，这些地区要么是粮食主产区，要么是国家重要生态功能区，是限制或禁止开发并重点保护的地区，由于属于重点保护的地区，所以在这些地区出现地级市空洞区是合理的。

（5）地级市空洞区多数集中在山地地区。自然条件和地形地貌条件决定了这些地区不适合人类高密度集聚，也不适合人类居住，因而是国家的重点生态功能区。在这些地区出现地级市空洞区是合理的。

第四节　地级市对国家新型城镇化的重要作用

中国城市的终极数目到底是多少呢？可以基于中国城市格网节点数量来判断中国未来城市的数量。由中国地级市的两套格网分布格局图可知，该图是根据 333 个地级市和大城市画出来的，它反映了地级市分布的客观规律，城市的格网状分布是中国 2000 多年行政区划演变的结果。从过去和现在的分析，就可以预测不久的将来。两套格网结点的总和为 800 个，这个数目应该是大、中、小城市的总和，也就是说现今建制市数目为 660 个的发展空间已经很有限了。格网中有"城市空洞区"，有些"城市空洞区"的结点是不可能建设城市的，它必须受到地形地貌条件和生态功能区划的制约，这样一来，中国城市的终极数目必然小于 800 个（县城的城关镇划在小城镇之列）。

总体来看，改革开放 30 多年来，地级市对国家新型城镇化的发展起到了重要的推动作用，对国家新型城镇化、新型工业化和城乡发展一体化等都作出了重要贡献。

在新的历史条件下，地级市的功能不但不可削弱，反而应该加强，在需要设立新的地级市的地方创造条件设立新的地级市。

一、行政管理职能

地级市、自治州府和行署的行政管理职能是显而易见的，作为地方政府的一个级别存在，是经济政治、文化教育、交通信息、物流和人流中心。由于地级市的发展形成了市管县的体制。近年信息化成为时代的特征，管理的扁平化成为时尚，有些同志就提出省直管县，"取消地级市"，减少行政层次，降低行政成本。这样的观点有一定的道理，但我们认为，管理的扁平化的程度要和管理的对象相适应，管理的对象简单，扁平度可以很大，管理的对象复杂，扁平度就小一些。根据《中心地理论》最有利于行政管理的是 K 等于 7 的情况，即一个地级市管 6 个县。当今中国有县级行政单位 2859 个（不包括新疆建设兵团），理论上地级市的数目为 2859/（6+1）=410，这与当今中国的地级行政区划单位数目 333 个接近，说明中国市管县的行政体制有合理性的一面。在 1998 年的抗洪和 2008 年的汶川大地震的救灾充分体现了地级市的行政管理功能。相反，日本 2011 年福岛地震核泄漏救灾动作迟缓不得力，反映出行政管理过于扁平化存在的问题。如果中国继续维持市管县的行政功能，地级市的数目还有一定的发展空间。

二、交通枢纽功能

如果地级市只是起到交通枢纽的作用，而不强调行政管辖作用，这时按照中心地理论，即 K 等于 4，每个六边形基元中有 1 个地级市和 3 个县。理论上地级市的数目为 2859/4=710，这个数目和当今中国城市的数目 660 个接近。也就是说，当今包括县级市在内的都是交通的枢纽。前面说过地级市的蓝色和灰色两套格网结点的总和为 800 个，其中有一小部分结点是重合的，800 个应该是中国城市数目的"极限值"。

三、市场带动功能

按照中心地理论，当市场充分发育的时候，市场的基元六边形范围内，一个商业中心会配置两个次一级的商特中心，也就是说 K 等于 3。2859/3=920，意味着 2859 个县中有 920 个是高一级的城市。这样就告诉我们，市场经济发展到相当高的水平时可以实行省直管县，全国 3000 多个县级行政单位中，会有 1/3，即 1000 个发展成为城市，其余 2000 个县城依旧会是小城镇。

全国 330 多个地级行政单位中，80%的辖区面积在 1 万～2.5 万 km²，也就是说，如果我们的目标是就近城镇化，农民进入地级市和县城打工，离家的距离在 150km 以内，在一天以内都可以回家，在大多数地区半天就可以回家。空巢家庭和留守儿童的问题就会大大缓解，农村的土地也可以继续耕作，整个城市化的速度可以变慢一些，更稳健一些。我们认为现阶段城镇化的重点应该放在地级市，从发挥规模效益、创造就业机会和环境治理来看，首先抓地级市会比抓小城镇有效。

主要参考文献

[1] 叶大年. 地理与对称. 上海: 上海科学技术出版社, 2000: 2-18.

[2] 叶大年, 赫伟, 李哲, 等. 城市对称分布与中国城市化趋势. 合肥: 安徽教育出版社, 2011: 5-36.

[3] 王铮. 理论经济地理学. 北京: 科学出版社, 2002: 14-17.

[4] 陈彦光. 分形城市系统: 标度·对称·空间复杂性. 北京: 科学出版社, 2008: 16-22.

[5] 杨吾扬, 梁进社. 高等经济地理学. 北京: 北京大学出版社, 1997: 45-68.

[6] 郭沫若. 中国史稿地图集(上册). 北京: 中国地图出版社, 1990: 23-24.

[7] 中华人民共和国行政区划沿革地图集. 北京 中国地图出版社, 2003: 119-127.

[8] 刘光鼎, 郝天姚. 中国地质环境与隐伏矿床. 刘光鼎文集. 北京: 科学出版社, 2009: 574-581.

[9] 吴传钧. 中国经济地理. 北京: 科学出版社, 1998: 6-11.

[10] 谭其骧. 中国历史地图集. 第二册. 北京: 地图出版社, 1982: 3-4.

[11] 谭其骧. 简明中国历史地图集. 北京: 中国地图出版社, 1991: 64-68.

第　十　章

中国城市发展的人口流动格局

　　流动人口是推动中国城镇人口规模快速增长的主力军[1]。据 2010 年第六次全国人口普查数据计算表明，2010 年全国居住地与户口登记地分离人口已达 2.77 亿人，其中，流动人口规模高达 2.21 亿人，占全国总人口的 16.58%；在全国的全部流动人口中，户口登记为来自乡村、镇和城市的人口分别占62.98%、11.22% 和 25.79%；市外流动人口数量占全国全部县市外流动人口比例由 1990 年的 62.50% 依次提升至 2000 年的 84.68%、2010 年的 88.86%；经历了 1980 年代初期至 1990 年代中期的剩余劳动力转移主导时期、1990 年代中期至 2000 年代中期的工业化拉动主导时期、2000 年代中期至今的城镇化拉动主导时期三大政策演变阶段；数量上仅占全国总数 5.6% 的超大城市和特大城市已经占据了全国过半的流动人口，成为流动人口的集聚主体。外来人口在不同等级规模城市的集疏态势与分布格局存在显著差异，外来人口更加偏好流向大城市、特大城市和城市群，呈现出显著的"马太效应"，大城市和特大城市对外来人口的集聚能力越来越强，其城市人口规模越来越大，而小城市对外来人口的集聚能力越来越弱，人口规模增长缓慢甚至出现负增长。在 1990～2010 年，中国大中城市对国家城镇化率的贡献由 39.08% 提升到59.94%，而小城市和小城镇对国家城镇化的贡献却由 60.92% 猛降到 2010 年的 40.07%[2]。从流动人口对城市人口规模增长的贡献来看，我国的城市可以划分为流动人口弱势型、增长主导型、强势型、强势衰退型和规模收缩型 5种类型，它们在流动人口规模、增长态势及其对人口规模增长的贡献和流动人口在城市人口中所占比例等方面存在显著的差异，从而在新型城镇化进程中所面临的问题、困难也就迥乎不同。展望未来，城乡差异和市场力量将推动农村人口进一步向特大城市、大城市和城市群地区集聚；按照市场化情景分析，人口将集聚到 194 个城市，超大城市、特大城市、大城市继续将成为城市流动人口的集聚区；按照政策调控情景分析，流动人口向各地中小城镇集聚的速度将显著提升，人口将集聚到 576 个城市；按照综合协调情景分析，城市群地区人口增长较快，其内中小城镇的人口集聚能力将显著提升，人口将集聚到 303 个城市。未来要严格控制超大和特大城市人口增量，保障城市高密度集聚的综合服务能力；提升大城市对流动人口的吸纳水平，分散特大城市的人口集聚压力；加快中小城市和小城镇就近就地城镇化水平，提升流动人口吸纳能力。

第一节　中国城市流动人口的规模与演变阶段

城市外来人口的快速集聚和城市规模的快速扩张是近 30 年来中国城镇化发展的主要特征，也是中国城镇化发展的矛盾焦点所在，流动人口是推动中国城镇人口规模快速增长的主力军。

一、城市流动人口的界定与空间数据库的构建

（一）流动人口的界定

流动人口是指符合限定条件的居住地与户口登记地分离人口，对空间尺度和时间尺度有着严格的限定。在中国，人口迁移和人口流动是两个不同的概念[3-4]，人口迁移是指人口的居住地与户口登记地同时发生变动，而人口流动是指人口的现居住地发生了变动而其户口登记地未同时变动即住户分离的现象，但是常将旅游、上学、访友、探亲、从军等人口和城市市区内的人户分离人口排除在外[5]。根据人口流动的空间距离和时间长度，可进一步划分出人户分离人口、流动人口、暂住人口等。在 1982 年第三次人口普查和 1990

年第四次人口普查时，流动人口是指居住地与户口登记地所在的县、市不一致且离开户口登记地一年以上的人口，暂住人口是指居住地与户口登记地所在的县、市不一致但离开户口登记地不到一年的人口。在 2000 年第五次人口普查和 2010 年第六次人口普查时，流动人口的定义变为居住地与户口登记地所在的乡镇、街道不一致且离开户口登记地半年以上的人口，相应地，暂住人口的定义变为居住地与户口登记地所在的乡镇、街道不一致但离开户口登记地不到半年的人口，如表 10.1 所示。1982 年，99.3%的中国人口的居住地与户口登记地是一致的，流动人口很少，全国只有 657 万人，仅占总人口的0.66%；至 1990 年，流动人口增加至 2135 万人，增长了 224.96%，在总人口中所占比例也提高了 1.23 个百分点。至 2010 年第六次人口普查时，居住地与户口登记地分离人口已达 2.77 亿人，其中，流动人口规模高达 2.21 亿人，占全国总人口的 16.58%（图 10.1），虽然因统计口径的变化，不宜与 1982 年或 1990 年时的流动人口规模进行直接比较，但较 2000 年时的 1.17 亿人增长了 88.3%，在总人口中所占比例也提高了 7.14 个百分点。

表 10.1　1982～1990 年中国居住地与户口登记地不一致人口的规模及结构（单位：百万人）

时间	总人口	居住本县市、户口在县市（占总人口比例 1%）	居住地与户口登记地不一致（占总人口比例 1%）	其中，①流动人口（占总人口比例 1%）	②暂住人口（占总人口比例 1%）	③市辖区内人户分离人口（占总人口比例 1%）	④原住本县市，现在国外工作或学习，暂无户口（占总人口比例 1%）
1982 年	1002.04	995.06（99.30%）	7.11（0.70%）	6.57（0.66%）	0.48（0.05%）	/	0.06（0.01%）
1990 年	1130.46	1100.73（97.37%）	29.75（2.63%）	21.35（1.89%）	8.16（0.72%）	/	0.24（0.02%）
1982～1990 年变化	128.42	105.67（−1.93%）	22.64（1.93%）	14.78（1.23%）	7.68（0.67%）	/	0.18（0.01%）
2000 年	1242.61	1089.41（87.67%）	153.19（12.33%）	117.32（9.44%）	8.05（0.65%）	27.07（2.18%）	0.75（0.06%）

续表

时间	总人口	居住本县市、户口在县市（占总人口比例1%）	居住地与户口登记地不一致（占总人口比例1%）	其中，①流动人口（占总人口比例1%）	②暂住人口（占总人口比例1%）	③市辖区内人户分离人口（占总人口比例1%）	④原住本县市，现在国外工作或学习，暂无户口（占总人口比例1%）
2010 年	1332.81	1056.15（79.24%）	276.66（20.76%）	221.03（16.58%）	13.76（1.03%）	39.91（2.99%）	1.96（0.15%）
2000～2010 年变化	90.20	−33.26（−8.43%）	123.47（8.43%）	103.71（7.14%）	5.71（0.38%）	12.84（0.82%）	1.21（0.09%）

数据来源：国家人口普查办公室，1985，1993，2002，2012，表中百分比表示占总人口比例。

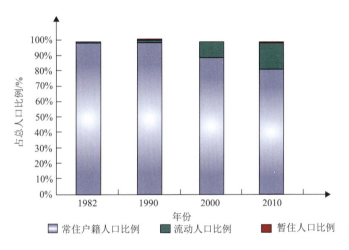

图 10.1　近 30 年来中国流动人口比例变化示意图

（二）城市流动人口的界定

城市流动人口是流动人口的主要组成部分，是指从城市以外地区流入城市的人户分离人口。在中国，城市流动人口随"城市"的界定不同而存在差异。第一种是实体城市，在人口普查时根据《统计上划分城乡的规定》将地域划分为城市、镇、乡村三种地域类型，这里的城市即实体城市，与实际建成区或可享受到城市公共服务的地域范围具有较高的耦合度。但是，历年对城市、镇、乡村的统计口径存在差异，年际间可比性不高。第二种是行政城市，按照实际行政区划范围来界定城市，按照行政级别自上而下包括直辖市、地级市、县级市等，其中直辖市和地级市的城市范围由下辖的全部市辖区组成，统称为设区城市。第二种方法相对于第一种方法年际比较性强，缺点是容易受到行政建制和行政区划范围调整的影响。考虑到数据的可获得性，本节以第二种界定方法，即行政城市，来研究城市流动人口。需要指出，严格来说，县级市内部乡镇街道的人户分离人口也属于流动人口，但本节重点关注市外流动人口，包括省内市外流入人口和省外流入人口两组人口，不包括统计上定义的市内流动人口。

以北京市为例，用第二种方法统计流动人口。2010 年下辖东城区、西城区、朝阳区、海淀区、丰台区、石景山区、门头沟区、房山区、大兴区、通州区、顺义区、昌平区、平谷区、怀柔区 12 个市辖区和密云县、延庆县 2 个市辖县，统计时北京的城市范围界定为 12 个市辖区的行政范围，不包括密云县和延庆县。相应的流动人口既包括外省（自治区、直辖市）的流入人口，也包括从密云县和延庆县向市辖区的流入人口。而在 2000 年时，大兴县、平谷县、怀柔县尚未撤县改区，因此这三个县不属于城市的界定范畴，其向北京市市辖区流入的人口属于北京市的城市流动人口。其他年份类似。

（三）中国城市流动人口空间数据库的构建

综合上述，按照如下技术路线构建中国城市流动人口空间数据库。首先，参照历年《中国行政区划简册》与《中国城市统计年鉴》，并在中国科学院地球系统科学数据共享平台提供的 2000 年 1 : 100 万城市点矢量数据基础上，完成 1990 年、2000 年、2010 年城市点矢量数据库，确定城市数量分别为 467 个、663 个、657 个。其次，参照《中国分县市人口资料：1990 年人口普查数据》、《2000 人口普查分县资料》、《中国 2010 人口普查分县资料》，对直辖市、地级市市辖区人口属性数据进行归并，将人口普查属性数据库与城市点矢量数据库进行空间连接，完成三期城市人口普查空间数据库。"城市人口"界定为普查数据中的常住总人口，1990 年外来人口采用普查数据中"本省街道迁入人数"、"本省镇迁入人数"、"本省乡迁入人数"、"外省街道迁入人数"、"外省镇迁入人数"、"外省乡迁入人数"的总和,2000 年外来人口采用普查数据中"本省其他县(市)、市区迁入人口"、"外省迁入人口"的总和;2010 年设区城市的外来人口采用普查数据中"不包括市辖区内人户分离人口"、"外省迁入人口"的总和,县级市采用"本省其他县、市、区迁入人口"、"外省迁入人口"的总和。当然,历次人口普查的统计口径存在差异,1990 年人口普查时对反映人口流动特征的"户籍状况与性质"统计口径界定在一年以上,而 1995 年之后该口径调整为半年;1990 年流动人口无法将流动人口中市内人户分离人口单独提出。段成荣等学者研究结果显示,虽然存在口径差异,但仍然具备较强的可比性,也不影响对同一时期内城市之间的相对规模特征的研究[6]。

二、中国城市流动人口的规模演变特征

(一)城市流动人口规模持续增长,一直是流动人口的主体

对全国历年城市流动人口进行汇总发现,全国全部县市外流动人口既包括城市流动人口,即市外流动人口,也包括县流动人口,即县外流动,实现了全国范围的全覆盖。1990～2010 年,城市流动人口规模持续增长,2010 年城市流动人口数量达 1.51 亿人,占全国总人口的 11.28%。合计市外流动人口数量占全国全部县市外流动人口比例由 62.50%依次提升至 2000 年的 84.68%、2010 年的 88.86%(表 10.2)。可见,城市流动人口占据流动人口主体,近 90%的流动人口涌入城市的行政范围内,而少量流动人口流向县所在的行政范围内。不仅如此,设区城市对流动人口集聚能力更为显著,1990 年、2000 年、2010 年占全国比例分别为 48.15%、66.71%、76.97%,比例不断提升,高于同期县级市的 14.15%、17.97%、11.89%。从省内外看,1990 年无论设区城市还是县级市,都是省内市外流动人口比例较高,而 2000 年均表现为省外流动人口较高,2010 年设区城市省内市外流动人口和省外流动人口份额相当、县级市的省外流动人口比例较高。由此可见,城市对更远地区的县市流动人口的吸引力在增强,同时近年来设区城市对本省流动人口的集聚能力在提升。

表 10.2 历年市外流动人口数量（亿人）及其占全国全部县市市外流动人口比例（%）统计表

城市建制	1990 年			2000 年			2010 年		
	省内市外	省外	合计	省内市外	省外	合计	省内市外	省外	合计
设区城市	0.11（32.83）	0.05（15.33）	0.16（48.15）	0.24（31.05）	0.28（35.66）	0.52（66.71）	0.67（39.54）	0.64（37.44）	1.31（76.97）
县级市	0.04（10.51）	0.01（3.84）	0.05（14.35）	0.05（7.01）	0.09（10.95）	0.14（17.97）	0.07（4.32）	0.13（7.57）	0.20（11.89）
合计	0.15（43.34）	0.07（19.17）	0.21（62.50）	0.30（38.07）	0.36（46.61）	0.66（84.68）	0.75（43.86）	0.76（45.00）	1.51（88.86）

数据来源：国家人口普查办公室，1993，2002，2012。

（二）城市流动人口的来向主要是乡村地区，农民工是流动人口的主体

从流动人口迁移方向的城乡结构来看，我国现阶段的流动人口主要由农村至城镇的进城务工的农村人口或农民工为主体[7]。如表 10.3 所示，在 2010 年，在全国的全部流动人口中，户口登记为来自乡村、镇和城市的人口分别占 62.98%、11.22%和 25.79%，显然，我国现阶段的流动人口主要来自于乡村地区。另外，在省外流动人口中，户口登记为乡村的流动人口所占比例最高，在全国总体中所占比例为 81.62%，在现住地为城市的流动人口中所占比例也高达 78.75%，显著地高于省内流动人口中乡村流动人口所占比例。

表 10.3 2010 年全国按现住地、户口登记地类型分的流动人口城乡迁移构成表（单位:%）

现住地	合计			省内			省外		
	乡村	镇	城市	乡村	镇	城市	乡村	镇	城市
全国	62.98	11.22	25.79	53.99	12.74	33.27	81.62	8.09	10.29
城市	56.06	10.35	33.59	44.61	11.18	44.21	78.75	8.71	12.54
镇	74.89	15.34	9.77	71.81	17.39	10.81	84.42	9.01	6.57
乡村	79.86	9.17	10.98	72.11	12.33	15.56	91.25	4.52	4.23

数据来源：国家人口普查办公室，2012。

（三）城市流动人口的空间分布格局符合规模位序法则，且集中化程度提升

按照流动人口规模大小，对城市进行排序，计算每个城市流动人口规模的位序[8-10]。用横坐标表示城市流动人口的位序，从小到大排列，用坐标表示对应位序上相应城市的流动人口规模。分别对 1990 年、2000 年、2010 年描绘城市流动人口的位序-规模散点图，对散点分布进行曲线模拟，幂函数模拟效果最好，结果如图 10.2 所示。MP、MR 分别代表外来人口规模、外来人口位序。从拟合效果看，2000 年、2010 年的 R^2 值显著高于 1990 年，城市流动人口规模呈现幂指数分布的特征更为显著。实际散点分布与理想方程相比也都呈现"两端低中间近"的特征，但是外来人口规模较大城市偏离理想规模的程度相对较大，对拟合效果产生的影响较大。从幂指数来看，三个年份的斜率绝对值均大于 1，说明城市外来人口规模处于高位序的城市相对突出，而中低位序的城市则相对不突出，外来人口有显著向少数高位序城市集聚的偏好；此外，三期的幂指数的绝对值呈现不断增大，外来人口向少数高位序城市集聚的趋势越来越显著。这个幂函数形式可以表述为

$$\mathrm{MP}_i = \mathrm{MP}_1 \times \mathrm{MR}_i^{-q} \qquad (10.1)$$

式中，MP_1 为居于首位的城市流动人口规模，$-q$ 为系数。$|-q|$ 大于 1，流动人口规模较大的城市更具优势，规模较小的城市不够突出；反之则反。$|-q|$ 变大，城市流动人口集中化程度提升。从拟合方程看，1990 年、2000 年、2010 年 $|-q|$ 均大于 1，流动人口规模较大的城市更为突出，说明少量城市流动人口规模较大，而大部分城市流动人口规模偏低；1990～2010 年，$|-q|$ 由 1.012 提升至 2000 年的 1.273，至 2010 年的 1.457，说明城市流动人口的集中度不断提升，向少数城市的集聚趋势更加显著。

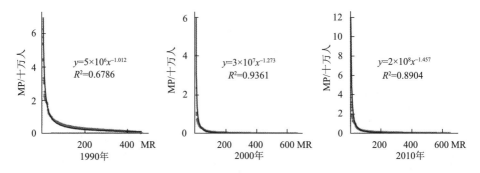

图10.2　1990～2010年中国城市流动人口位序规模幂函数曲线拟合图

另外，从流动人口规模最大的前50名城市所占份额来看，1990年为30.85%，2000年提升至54.75%，至2010年又进一步增加至57.31%，这说明了城市流动人口集中化程度在持续提升。

（四）流动人口的规模排序不甚稳定，但排序前十大城市的名录较为稳定

按照流动人口的规模位序，将历年位序前50名的城市流动人口规模及占全国全部县市外流动人口份额、累计份额列出排名发现，北京、上海、广州、深圳、东莞、成都和武汉这7个城市，在1990年、2000年、2010年均位处前十大城市之列，稳定性极高，虽然它们的位序、份额在不断变动（表10.4）。不过，城市流动人口规模排序不稳定，1990年、2000年、2010年排名居首的城市流动人口规模分别为62.55万人、584.85万人、941.98万人，但分别是北京市、深圳市、上海市，均不相同。而且单个城市的排序稳定性也不强，如北京市从1990年第1位变为2000年的第5位、在2010年又回升至第3位，上海市从1990年第2位变为2000年的第3位、在2010年跃居第1位，深圳市由1990年的第3位变为2000年的第1位、在2010年成为第2位，乌鲁木齐市等城市的位序不断提升，攀枝花市、淄博市等城市逐步退出前50名，城市流动人口规模的排序非常不稳定。

表 10.4　历年位序前 50 名城市的流动人口规模及其份额统计表

位序	1990 年流动人口				2000 年流动人口				2010 年流动人口			
	城市	规模/万人	份额/%	累计份额/%	城市	规模/万人	份额/%	累计份额/%	城市	规模/万人	份额/%	累计份额/%
1	北京市	62.55	1.84	1.84	深圳市	584.85	7.52	7.52	上海市	941.98	5.54	5.54
2	上海市	57.68	1.70	3.53	东莞市	492.26	6.33	13.85	深圳市	821.33	4.83	10.38
3	深圳市	53.85	1.58	5.12	上海市	405.68	5.22	19.07	北京市	755.05	4.44	14.82
4	广州市	53.41	1.57	6.69	广州市	307.97	3.96	23.03	东莞市	649.14	3.82	18.64
5	武汉市	44.46	1.31	7.99	北京市	234.36	3.01	26.04	广州市	477.62	2.81	21.45
6	东莞市	43.77	1.29	9.28	南海市	109.33	1.41	27.45	佛山市	371.51	2.19	23.64
7	成都市	33.20	0.98	10.26	中山市	104.49	1.34	28.79	天津市	320.76	1.89	25.53
8	重庆市	31.69	0.93	11.19	成都市	101.44	1.30	30.09	重庆市	295.41	1.74	27.27
9	南京市	30.61	0.90	12.09	武汉市	98.46	1.27	31.36	成都市	272.45	1.60	28.87
10	西安市	29.81	0.88	12.96	昆明市	96.11	1.24	32.60	武汉市	264.84	1.56	30.43
11	沈阳市	24.82	0.73	13.69	温州市	75.95	0.98	33.57	杭州市	237.31	1.40	31.82
12	天津市	23.32	0.69	14.38	厦门市	74.79	0.96	34.53	厦门市	196.61	1.16	32.98
13	昆明市	22.14	0.65	15.03	天津市	71.02	0.91	35.45	温州市	182.77	1.08	34.06
14	郑州市	22.01	0.65	15.68	南京市	67.56	0.87	36.32	苏州市	180.70	1.06	35.12
15	长沙市	21.15	0.62	16.30	杭州市	67.00	0.86	37.18	南京市	180.46	1.06	36.18
16	贵阳市	20.33	0.60	16.90	重庆市	64.64	0.83	38.01	中山市	171.54	1.01	37.19
17	长春市	20.24	0.60	17.49	顺德市	64.11	0.82	38.83	郑州市	167.35	0.98	38.18
18	大连市	19.99	0.59	18.08	福州市	60.76	0.78	39.62	宁波市	157.12	0.92	39.10
19	南宁市	19.97	0.59	18.67	大连市	55.60	0.72	40.33	西安市	156.37	0.92	40.02
20	兰州市	18.90	0.56	19.22	晋江市	52.42	0.67	41.00	无锡市	135.35	0.80	40.82
21	南昌市	18.79	0.55	19.77	贵阳市	52.04	0.67	41.67	大连市	131.02	0.77	41.59
22	哈尔滨市	18.70	0.55	20.32	郑州市	51.35	0.66	42.33	惠州市	127.73	0.75	42.34
23	合肥市	18.44	0.54	20.87	珠海市	49.05	0.63	42.96	常州市	122.78	0.72	43.06

位序	1990 年流动人口				2000 年流动人口				2010 年流动人口			
	城市	规模/万人	份额/%	累计份额/%	城市	规模/万人	份额/%	累计份额/%	城市	规模/万人	份额/%	累计份额/%
24	石家庄市	18.31	0.54	21.40	沈阳市	46.34	0.60	43.56	昆明市	122.05	0.72	43.78
25	杭州市	18.28	0.54	21.94	西安市	46.18	0.59	44.15	乌鲁木齐市	121.34	0.71	44.50
26	济南市	17.83	0.52	22.47	长沙市	43.85	0.56	44.72	合肥市	120.37	0.71	45.21
27	太原市	17.33	0.51	22.98	南宁市	41.31	0.53	45.25	南宁市	120.01	0.71	45.91
28	福州市	15.76	0.46	23.44	乌鲁木齐市	40.52	0.52	45.77	青岛市	117.64	0.69	46.60
29	乌鲁木齐市	14.18	0.42	23.86	哈尔滨市	39.79	0.51	46.28	沈阳市	116.32	0.68	47.29
30	珠海市	14.18	0.42	24.27	青岛市	37.72	0.49	46.77	哈尔滨市	112.94	0.66	47.95
31	柳州市	13.47	0.40	24.67	惠阳市	37.26	0.48	47.25	福州市	110.72	0.65	48.61
32	无锡市	13.22	0.39	25.06	宁波市	36.60	0.47	47.72	长沙市	105.97	0.62	49.23
33	青岛市	12.15	0.36	25.41	柳州市	35.58	0.46	48.17	济南市	103.33	0.61	49.84
34	大同市	11.70	0.34	25.76	佛山市	33.20	0.43	48.60	贵阳市	101.56	0.60	50.43
35	吉林市	11.46	0.34	26.09	石家庄市	32.65	0.42	49.02	晋江市	101.39	0.60	51.03
36	呼和浩特市	11.42	0.34	26.43	呼和浩特市	32.49	0.42	49.44	昆山市	97.63	0.57	51.61
37	大庆市	11.37	0.33	26.76	泉州市	32.18	0.41	49.85	呼和浩特市	93.75	0.55	52.16
38	洛阳市	10.91	0.32	27.09	包头市	31.41	0.40	50.26	太原市	87.98	0.52	52.68
39	攀枝花市	10.83	0.32	27.40	无锡市	31.29	0.40	50.66	长春市	81.44	0.48	53.16
40	邯郸市	10.71	0.31	27.72	长春市	31.05	0.40	51.06	包头市	74.71	0.44	53.59
41	佛山市	10.23	0.30	28.02	合肥市	30.59	0.39	51.45	海口市	73.89	0.43	54.03
42	烟台市	10.18	0.30	28.32	太原市	30.11	0.39	51.84	兰州市	67.93	0.40	54.43

续表

位序	1990 年流动人口				2000 年流动人口				2010 年流动人口			
	城市	规模/万人	份额/%	累计份额/%	城市	规模/万人	份额/%	累计份额/%	城市	规模/万人	份额/%	累计份额/%
43	淄博市	10.11	0.30	28.62	兰州市	29.88	0.38	52.22	台州市	67.57	0.40	54.83
44	中山市	10.11	0.30	28.91	大庆市	29.66	0.38	52.60	珠海市	65.31	0.38	55.21
45	岳阳市	9.85	0.29	29.20	海口市	28.89	0.37	52.98	石家庄市	62.59	0.37	55.58
46	平顶山市	9.84	0.29	29.49	义乌市	28.30	0.36	53.34	南昌市	61.07	0.36	55.94
47	常州市	9.67	0.28	29.78	苏州市	27.95	0.36	53.70	泉州市	60.88	0.36	56.30
48	东营市	9.20	0.27	30.05	武进市	27.65	0.36	54.05	义乌市	58.58	0.34	56.64
49	宁波市	9.12	0.27	30.31	济南市	27.20	0.35	54.40	烟台市	58.37	0.34	56.99
50	海口市	8.91	0.26	30.58	惠州市	26.93	0.35	54.75	汕头市	54.46	0.32	57.31

注：资料来源为 1990 年、2000 年、2010 年三期人口普查分县数据。

除了行政区划调整因素外，社会经济格局的变动也是影响流动人口在不同城市分布的主要原因，改革开放初期珠三角地区发展领先，后来京津地区、长三角地区的快速发展，中西部城市特别是一些资源型城市则相对滞后。其次，排名靠前的城市流动人口虽然规模一直增长，但是相对全国全部县市外流动人口的份额表现为先增后降，1990～2000 年位序前 50 名的城市的份额和累计份额基本上都处于增长状态，而 2000～2010 年，排名靠前的上海市、深圳市、北京市、东莞市、广州市相对 2000 年的同位序的城市的流动人口份额均有所下降，累计份额直到第 22 位序才出现增长趋势。

可见，近年来对流动人口产生吸引的城市不局限于"北上广"等城市，其他省会等大城市对流动人口集聚能力也逐步提升。但总体而言，这种转移只是从排名最靠前的城市向排名次靠前的城市转移，这些城市数量占全部城市数量比例较小，对于大部分排名靠后的城市来说，对流动人口的集聚能力仍然有限。

三、中国城市流动人口的政策演变阶段

改革开放以来，中国涌现出大规模、高强度的流动人口，城市流动人口的政策演变经历了 1980 年代初期～1990 年代中期的剩余劳动力转移主导时期，1990 年代中期～2000 年代中期的工业化拉动主导时期，2000 年代中期至今的城镇化拉动主导时期三大阶段（图 10.3）。

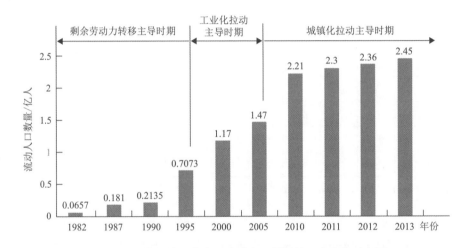

图 10.3　改革开放以来中国流动人口增长的三大阶段示意图

数据来源：国家人口普查办公室，1985，1993，2002，2012；中国统计年鉴，2013；段成荣等，中国流动人口研究。

（一）剩余劳动力转移主导时期（1980 年代初期～1990 年代中期）

大量农村剩余劳动力转移所形成的推力是流动人口发展初期的主导动力，乡镇企业的蓬勃发展则相应提供了大量非农就业岗位，户籍管理体制改革已开始在小城镇试点，形成以"离土不离乡、进厂不进城"为特色的"钟摆式"流动人口。根据普查和统计资料，1982～1995 年，流动人口由 657 万人增长至 7073 万人，年均增长率 20%。

中国的改革开放起始于 1978 年全面实行的农村家庭联产承包责任制。这种制度改革，一方面激发了农民的生产积极性，因人多地少而产生的农村劳动力剩余逐渐显性化和尖锐化；另一方面"包产到户"又使农民成为

相对"自由"的劳动力，而不必再受农村集体的限制，消除了劳动力流动的障碍[11]。国务院于 1981 年发布《关于严格控制农村劳动力进城务工和农业人口转为非农业人口通知》，城乡二元户籍制度受到严格控制，但当时家庭联产承包责任制已经在农村地区产生大量富余的劳动力，流动意愿已然萌发。大量农村剩余劳动力转移所形成的推力是我国流动人口兴起与发展初期的主导动力因素。据估算，我国在 1982 年存在约 6000 万人农村剩余劳动力，在 1990 年代中期存在 1.2 亿～1.5 亿剩余劳动力[12]。1984 年国务院发布《关于农民进入集镇落户问题的通知》，对在集镇有固定住所、有经营能力或者长期务工的，开放办理入户手续。1985 年开始，对不能加入城市户籍的农民实行暂住证制度，人口流动全面开始。乡镇企业的蓬勃发展则为吸纳这些农村剩余劳动力提供了大量非农就业工作。中国乡镇企业自 1983 年开始发展迅速，至 1996 年达到高峰。20 世纪 90 年代中期之后，因受股份制改革、国际竞争加剧、环境保护要求趋严等多方面因素影响，乡镇企业的职工人数渐趋减少，对农村劳动力的吸纳能力开始减弱。人口流动浪潮给城市的资源和设施供给造成强大冲击，1989 年国务院正式发出《关于严格控制民工外出的紧急通知》，流动人口的政策干预拉开帷幕。此后，1994 年的《农村劳动力跨省流动就业管理暂行规定》、1995 年的《关于加强流动人口管理工作的意见》等均对人口流动进行了控制性调控管理。

（二）工业化拉动主导时期（1990 年代中期～2000 年代中期）

经济全球化驱动下的制造业快速发展及各类开发区的大规模建设所产生的拉力，是这一时期流动人口规模快速增长的主导动力，而户籍管理、社会保障等体制改革进一步促进流动人口逐步转变为"离土又离乡"的农民工。根据普查和统计资料，1995～2005 年，流动人口由 7073 万人增长至 1.47 亿人，年均增长率 7.60%。

1992 年邓小平南方讲话之后，我国改革开放力度进一步加大，外国直接投资额迅猛增长，与全球经济的联系日趋紧密。全国特别是广东、福建、浙江、上海、江苏等东部沿海地区，开始大规模建设各种类型、不同级别的开发区，制定多种优惠政策大力发展包括"三来一补"在内的外向型经济，带动中国快速成长为"世界工厂"，并吸引流动人口的大规模集聚。在 1995 年，我国外商投资企业主要集中在纺织服装和轻工等劳动密集型产业，吸纳就业人数达到 513 万人。1997 年的《小城镇户籍管理制度改革试点方案》颁布之后，人口流动势头更加活跃。在这一时期，流动人口的迁移方向与规模主要受产业发展投资及新增工作岗位所控制，主要集中在东部沿海地区的各类工业区、开发区。因为农村劳动力仍有较多剩余，劳动力市场处于供过于求状态，从而导致流动人口的工资收入严重偏低，增长缓慢。同时，开发区的大规模、无序发展也带来一些严重的负面影响，如占用大量优质耕地、造成大量农民失地失业等，中央政府在 2003～2007 年开始对开发区进行清理整顿，制造业发展对流动人口的拉力开始减弱。户籍管理制度进一步改革放松，长期迁移和全家迁移的流动人口规模增长较快，有利于促进流动人口逐步转变为"离土又离乡"的农民工，成为职业化的产业工人。这一时期，中央政府和地方政府采取一系列措施进一步放宽对流动人口迁移的政策限制。2000 年，国务院颁布《关于促进小城镇健康发展的若干意见》，逐步转变流动人口管理理念。2001 年，国务院批转了公安部《关于推进小城镇户籍管理制度改革的意见》，对办理小城镇常住户口的人员，不再实行计划指标管理。许多大中城市开始实行了所谓的"蓝印户口"制度，允许将符合规定条件的流动人口转变为享受部分或全部城市公共服务[13]。

（三）城镇化拉动主导时期（2000 年代中期—）

城市化及城乡差距所产生的拉力，是目前及未来流动人口发展的主导动力，改革户籍、就业、住房等社会管理体制、促进流动人口市民化是当前急待解决的问题。根据普查和统计资料，2005～2013 年，流动人口由 1.47 亿人增长至 2.45 亿人，年均增长率 6.60%。

伴随 2000 年之后广东等流动人口集中区出现"招工难"现象及《国民经济和社会发展第十一个五年规划纲要（2006—2010 年）》的发表，城市化及城乡差距所产生的拉力开始成为流动人口发展的主导动力。"招工难"现象的出现，标志着流动人口不再被动地跟着资本走，而可以根据其对预期收入增长和生活改善更自主地进行迁移决策。典型案例调查普遍认为，工资收入、就业机会、年龄、受教育程度是影响人口流动的主要动因。城乡及区域发展不平衡是人口流动的重要动力。据调查，90%以上的农民工进城后，收入都比在家乡时有了明显上升。巨大的经济差异作为一种驱动力，促使越来越多的农民流入城市。《国民经济和社会发展第十一个五年规划纲要（2006—2010 年）》提出，"对在城市已有稳定职业和住所的进城务工人员，要创造条件使之逐步转为城市居民，依法享有当地居民应有的权利，承担应尽的义务"，这为各城市探索户籍改革新政策、突破原有的"小城镇"规模限制奠定了政策基础。2007 年《关于进一步加强流动人口服务和管理工作的意见》，明确要逐步将流动人口纳入城市公共服务体系。2011 年，民政部提出了《关于促进农民工融入城市社区的意见》。2012 年，《中国共产党第十八次全国代表大会上的报告》更加明确提出，"加快改革户籍制度，有序推进农业转移人口市民化，努力实现城镇基本公共服务常住人口全覆盖"。新一届中国政府已将促进流动人口市民化、享受与城镇居民相同的基本公共服务作为未来的工作重点。流动人口已进入以城市化拉动为主导的新时期。党的十八大报告明确提出了"新型城镇化"概念，推动农村人口转移到城镇，完成农民到市民的转变。"三个一亿"目标明确指出"促进一亿农业转移人口落户城镇、改造约一亿人居住的城镇棚户区和城中村、引导约一亿人在中西部地区就近城镇化"。2014 年，《国家新型城镇化规划（2014—2020 年）》正式发布[14]。中国人口流动的社会融合进入深化发展阶段。

第二节　中国流动人口向不同类型城市的集聚特征

一、流动人口向不同等级规模城市集聚的特征

参照《中国中小城市发展报告（2010）：中国中小城市绿色发展之路》中的划分标准[15]，按照市区常住人口规模，以 50 万、100 万、300 万、1000 万界定城市的 5 类规模等级，城市常住人口超过 1000 万定义为超大城市，300 万～1000 万定义为特大城市，100 万～300 万定义为大城市，50 万～100 万定义为中等城市，小于 50 万定义为小城市，据此观察不同规模等级城市流动人口的分布状况，如表 10.5 所示。

表 10.5　1990～2010 年中国不同规模等级城市流动人口分布表

时间	1990 年		2000 年		2010 年	
城市等级规模	流动人口占全国份额/%	平均每个城市流动人口数/万人	流动人口占全国份额/%	平均每个城市流动人口数/万人	流动人口占全国份额/%	平均每个城市流动人口数/万人
超大城市	0.00	0	8.53	320.02	21.26	602.03
特大城市	8.78	42.56	27.05	150.23	29.57	162.07
大城市	21.76	8.05	25.21	14.01	21.37	23.12
中等城市	16.62	3.58	16.58	4.46	11.97	7.56
小城市	15.36	2.49	7.61	2.72	4.70	4.13

注：表中占全国份额是指相对全国全部县市外流动人口的份额。

（一）超大城市与特大城市的流动人口占据主体，份额持续提升

超大城市和特大城市是城市的少数群体，1990 年超大城市 0 座，特大城市包括上海市、北京市、天津市、沈阳市、武汉市、广州市、重庆市 7 座；2000 年出现上海市、北京市两座超大城市，特大城市包括重庆市、广州市、

武汉市、天津市、深圳市、东莞市、沈阳市、西安市、成都市、南京市、哈尔滨市、大连市、长春市、昆明市 14 座；2010 年发展为上海市、北京市、重庆市、天津市、广州市、深圳市 6 座超大城市，形成武汉市、东莞市、成都市、佛山市、南京市、西安市、沈阳市、杭州市、哈尔滨市、汕头市、济南市、郑州市、长春市、大连市、苏州市、青岛市、昆明市、无锡市、厦门市、宁波市、南宁市、太原市、合肥市、常州市、唐山市、淄博市、中山市、长沙市、温州市、贵阳市、乌鲁木齐 31 座特大城市。超大城市与特大城市数量和规模的持续演化，很重要一方面得益于流动人口的增长，超大城市平均每个城市流动人口数由 2000 年的 320.08 万人增长至 602.03 万人，特大城市平均每个城市的流动人口数由 1990 年的 42.56 万人增长至 2000 年的 150.23 万人，增长至 2010 年的 162.07 万人，持续升高。

从相对全国的份额看，超大城市由 2000 年的 8.53%快速增长至 21.26%，特大城市由 1990 年的 8.78%增长至 2000 年的 27.05%，增长至 2010 年的 29.57%。从超大城市和特大城市的累计份额看，1990 年为 8.78%，2000 年为 35.58%，2010 年为 50.83%。可见，至 2010 年，数量上仅占全国总数 5.6%的超大城市和特大城市已经占据了全国过半的流动人口，成为流动人口的集聚主体，在 1990～2010 年人口不断地向这些城市集聚，份额持续上升。

（二）大城市数量有所增长，但流动人口占全国份额相对稳定

1990 年、2000 年、2010 年，大城市分别为 92 座、140 座和 157 座，数量有所增长；占全国城市总数的比例分别为 19.70%、21.12%和 23.93%，份额亦有所增长。从流动人口占据全国份额看，分别为 21.76%、25.21%和 21.37%，基本维持在全国 1/5 的稳定水平，从平均每个城市流动人口数来看，由 1990 年的 8.05 万人增长至 2000 年的 14.01 万人，增长至 2010 年的 23.12 万人，流动人口的集聚数量也在提升。可见，大城市是继超大城市、特大城市之后重要的流动人口集聚目的地。

（三）中小城市对流动人口集聚能力相对不强，份额低有所下降

中小城市占据城市数量的主体，中等城市和小城市数量在 2010 年时均有

所下降，中等城市数量分别为 150 座、289 座和 269 座，小城市数量分别为 210 座、218 座和 193 座,两者合计占当年城市总数比例分别为 78.88%、76.47% 和 70.43%。但是两者合计从占据全国流动人口份额来看，由 1990 年的 31.98%，下降至 2000 年的 24.19%，至 2010 年的 16.67%，比例低且持续下降。从平均每个城市流动人口数来看，均有所提升，但是总数相对于超大城市、特大城市、大城市都显著偏小，平均值均不过 10 万人。可见，中小城市对流动人口集聚能力相对不强。

二、流动人口向不同区位城市的集聚特征

参照城市流动人口的数值分布特征、自然断点法的划分结果，以 20 万、50 万、100 万、300 万将城市流动人口划分为 5 类，进行地图可视化。参照我国地区划分方法，以省域为单元（不含港澳台地区），将北京市、天津市、上海市、河北省、山东省、江苏省、浙江省、福建省、广东省、海南省作为东部地区，将山西省、河南省、湖南省、湖北省、江西省、安徽省作为中部地区，其余作为西部地区；参考《2010 中国城市群发展报告》，以县级行政区划单元为基准，将国土空间划分为城市群地区和非城市群地区，其中城市群地区包括珠江三角洲城市群等 20 个城市群[16]。据此，考察城市流动人口在不同区位的空间分布及演化特征（图 10.4～图 10.6），分别如表 10.6 和表 10.7 所示。

表 10.6　1990～2010 年中国不同地区城市流动人口分布表

时间	1990 年		2000 年		2010 年	
城市区位	流动人口占全国份额/%	平均每个城市流动人口数/万人	流动人口占全国份额/%	平均每个城市流动人口数/万人	流动人口占全国份额/%	平均每个城市流动人口数/万人
东部地区	25.23	5.76	55.87	17.74	55.90	41.12
中部地区	14.59	3.85	9.64	4.46	11.55	11.75
西部地区	15.02	4.19	13.78	6.70	16.35	16.54
东北地区	7.67	3.89	5.38	4.65	5.05	9.65

注：表中占全国份额是指相对全国全部县市外流动人口的份额。

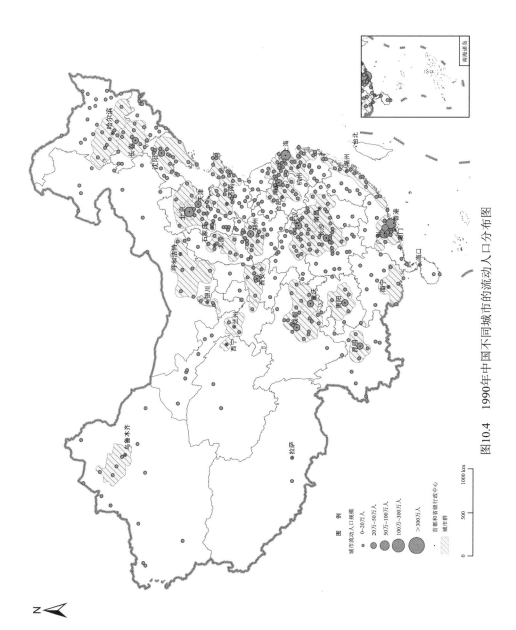

图10.4 1990年中国不同城市的流动人口分布图

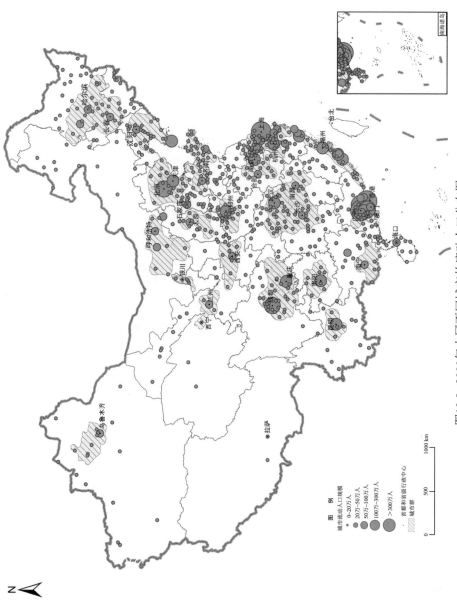

图10.5 2000年中国不同城市的流动人口分布图

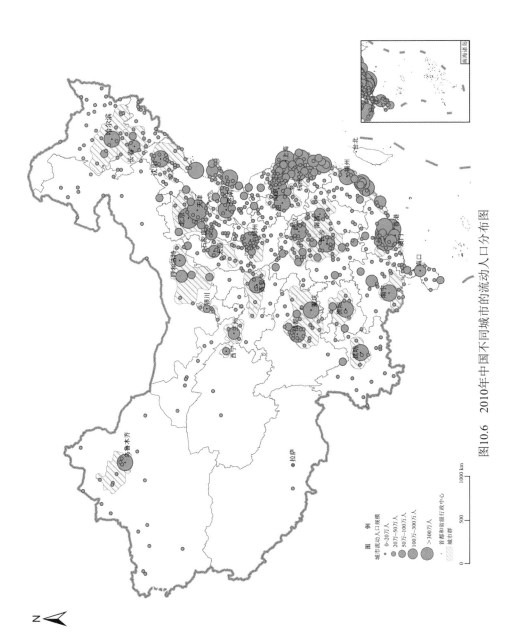

图10.6 2010年中国不同城市的流动人口分布图

表 10.7 历年不同城市群地区城市流动人口分布表

时间	1990 年		2000 年		2010 年	
城市区位	流动人口占全国份额/%	平均每个城市流动人口数/万人	流动人口占全国份额/%	平均每个城市流动人口数/万人	流动人口占全国份额/%	平均每个城市流动人口数/万人
城市群地区合计	45.43	6.36	69.75	15.11	72.33	35.52
珠江三角洲城市群	6.00	22.67	24.56	83.05	16.71	166.98
长江三角洲城市群	6.16	6.55	12.86	18.52	16.68	56.69
京津冀城市群	4.46	7.99	5.47	15.19	7.88	49.58
长江中游城市群	4.01	5.24	3.09	7.61	3.46	17.76
成渝城市群	3.92	6.34	3.23	7.18	4.85	26.58
辽中南城市群	3.04	5.74	2.51	6.98	2.49	15.08
山东半岛城市群	2.60	4.42	2.44	6.32	3.18	18.01
海峡西岸城市群	1.12	4.24	3.80	21.10	3.81	46.23
中原城市群	2.07	4.70	1.48	4.99	1.80	13.32
哈大长城市群	2.39	5.09	1.75	6.47	1.76	14.97
江淮城市群	1.68	5.20	0.93	5.58	1.45	18.92
呼包鄂榆城市群	0.63	7.10	0.92	23.92	1.22	69.38
关中城市群	1.51	7.35	0.78	7.62	1.19	25.31
滇中城市群	0.91	6.20	1.54	20.00	1.00	28.28
天山北坡城市群	0.77	4.35	1.03	8.91	0.98	18.53
广西北部湾城市群	0.72	8.21	0.70	10.92	0.97	32.89
黔中城市群	1.00	5.66	1.02	8.83	0.96	18.18
兰西城市群	0.97	8.25	0.60	11.72	0.72	24.46
晋中城市群	0.86	7.34	0.55	8.59	0.69	23.30
宁夏沿黄城市群	0.41	3.48	0.35	5.47	0.42	11.86
非城市群地区合计	17.26	2.59	15.06	3.82	16.65	9.06

注: 表中占全国份额是指相对全国全部县市外流动人口的份额; 城市群地区合计和非城市地区合计只统计其内部的城市。

（一）东部沿海地区城市是流动人口集中的主体，所占份额持续提升

东部沿海地区城镇化水平具有显著优势，1990 年、2000 年、2010 年东部沿海地区城市数量分别为 149 座、245 座和 231 座，占全国城市数量的比例分别为 31.91%、36.95% 和 35.21%。同时，流动人口也占据绝对优势，1990 年、2000 年、2010 年东部沿海地区城市流动人口占全国流动人口的比例分别为 25.23%、55.87%、55.90%，占据主体，同时份额持续提升。其中 2000～2010 年提升幅度较小，基本一致。从平均每个城市流动人口数来看，由 1990 年的 5.76 万人增加至 2000 年的 17.74 万人，增加至 2010 年的 41.12 万人，规模增长显著。

（二）中西部和东北地区集聚流动人口能力不强，所占份额有所回增

中西部和东北地区城镇化发展相对滞后，1990 年、2000 年、2010 年中部地区城市数量均低于东部地区，相对其面积来说，中部和东北地区的城市数量密度仅次于东部沿海地区，西部地区密度最低。中西部和东北地区对流动人口集聚能力相对不强，1990 年、2000 年、2010 年中部地区流动人口份额分别为 14.59%、9.64% 和 11.55%，西部地区分别为 15.02%、13.78% 和 16.35%，东北地区分别为 7.67%、5.38% 和 5.05%。其中，中西部地区在 2010 年份额有所回增，且西部地区超过中部地区，人口集聚能力提升较快；从平均每个城市流动人口规模看，西部地区由 1990 年的 4.19 万人增长至 2010 年的 16.54 万人，增长最为显著。

（三）城市群地区发挥着流动人口集聚的主导作用，且集聚程度持续提升

1990 年、2000 年和 2010 年，城市群地区城市流动人口占全国份额分别为 45.43%、69.75% 和 72.33%，非城市群地区城市流动人口份额相对较低，分别为 17.26%、15.06% 和 16.65%；从平均每个城市流动人口数来看，城市

群地区城市由 1990 年的 6.36 万人增长至 2000 年的 15.11 万人，增长至 2010 年的 35.52 万人，而非城市群地区的城市分别仅为 2.59 万人、3.82 万人和 9.06 万人。可见，城市群成为流动人口吸纳的绝对主体，特别在 2000 年、2010 年其内的城市占了全国七成的流动人口。此外，20 个城市群的发育水平差异较大，对流动人口的集聚能力亦差异较大。从流动人口占全国份额来看，珠江三角洲、长江三角洲城市群份额遥遥领先，在 2010 年均超过全国份额的 15%，从平均每个城市流动人口数来看，珠江三角洲城市群以 166.98 万人的高值遥遥领先，但珠江三角洲城市群从 2000～2010 年，流动人口份额下降显著，而长江三角洲城市群份额持续增长。京津冀城市群紧列其后。而宁夏沿黄等城市群对流动人口集聚能力相对偏低，份额少、城市流动人口规模低。

三、流动人口向不同类型城市的集聚分异解释

（一）区域经济发展与就业机会差异造成的集聚分异

改革开放以来，我国逐步形成 T 型发展轴为支撑的区域发展战略格局。在面上，相继形成珠三角、长三角、京津地区三大经济增长核心区；在轴上，相继形成东南沿海、长江中下游、环渤海、沿京九线、沿陇海线等经济增长骨架；在点上，省会、港口城市等成为经济增长的重心。处于这些区位的城市成为产业集聚中心，形成大量的就业机会、成为劳动力汇聚之地，一方面许多流动人口在当地落户、成为本地户籍人口，另一方面仍然存在大量的外来人口纷纷涌入这些城市[17-22]。这些城市多从大型城市、中等城市发育成为特大型城市、超大城市等，城市规模及其外来人口规模均高、位序上相对协调。对应地，其他城市在经济发展和就业机会均相对滞后，甚至自身就可能是人口净流出区，对外来人口的吸引力有限。例如，中部许多大中城市对外来人口吸纳能力相对疲软；而西部许多中小城市虽然对外来人口吸引规模很小，但相对自身规模和所处的低人口密度环境来说，总体表现为协调甚至超前。

（二）城市间公共服务资源配置不均衡导致的集聚分异

超大城市、特大城市在公共服务资源的占有上是具有绝对优势的。这些城市高校密集、高等级医院密集、文体设施密集，地铁、高铁、机场等基础设施资源优先配给，各类人才、新生代农民工等在这些城市的定居意愿较强。超大城市和特大城市的功能疏散强度远远低于功能集聚的强度，城市人口拥挤度较强，更多的公共服务资源加快配给，形成城市越来越大的循环。因而超大城市、特大城市成为外来人口集聚的黑洞[23]，而数量更多的中小城市，尤其是在中西部地区，城市公共服务资源配置要显著滞后。这种不均衡形成了人口城市间流动的势能，更多的人愿意流向公共服务资源相对较好的地区。

（三）流动人口地域认知与地域选择的集聚分异

认知地理学中经典的"锚点理论"指出，人总是在对一个节点产生认知后才逐步对其周围产生认知[24]。流动人口对两类区域认知度较高：第一类是自身成长低及其周边，尤其是县城、省城等重要节点；第二类是全国尺度，尤其是对经济水平较高的城市。因此，这两类区域的城市成为人口汇聚的主要目的地。当然，当流动人口在初始流入地这个"锚点"产生新的认知后，就可能产生新的选择。例如，随着长三角、京津地区的快速发展，珠三角地区潜在流动人口部分转移到这两个区域；随着在超大或者特大型城市生活门槛的提高，流动人口产生回流，尤其向中西部地区的回流，回流目的地多是省内发展较快的城市。

（四）行政区划调整引起统计范围变动造成的集聚分异

对地级以上城市，市辖区范围是其城市的行政范围，其行政职能有别于其下辖的县或者县级市。改革开放以来，许多城市进行了撤县（市）改区等形式的行政区划调整了，城市的行政范围被放大。例如，2002年，佛山市代管的南海市、顺德市、三水市、高明市全部变成佛山市市辖区，"城市吞并了城市"或者"城市与城市合并"，新的佛山市一夜之间规模剧增。对地级以上城市，尤其是东部发达地区，随着城镇化的需求提升，这类行政区划调整相对频繁，城市规模越来越大。而更多的中小城市自身是县级市，行政范围固定，甚至被所在地级城市吞并。因而，从统计口径上，那些发生行政范围扩张的城市更占优势。

第三节　基于人口流动差异的城市发展类型及空间格局

一、基于人口流动差异的城市发展类型划分方法

（一）划分原理

流动人口在城乡间、城市间不断流动，构成了城市人口机械增长的重要组成部分，人口在城市体系中形成流动网络，影响各个城市的规模增长。一部分城市，承接较多的流动人口，城市规模迅速增长；一部分城市，人口流出较多，城市规模受之影响停滞或衰退。基于人口流动差异视角的城市发展类型划分，应当反映出流动人口对城市规模增长影响的动力过程，并以此为依据为城市发展决策提供参考。据此，类型划分应当同时考虑动态和静态两个因素。动态是作用过程，城市人口的新增部分有多少是由流动人口贡献的，即流动人口对城市增长的贡献度；静态是作用结果，城市常住人口有多少是由流动人口构成，即流动人口占城市总人口的份额。这种人口流动与城市规模体系综合的"流-位"动力过程，反映了人口流动对城市规模体系重塑的作用。

由于涉及动态增长，在数据处理上要保证行政区划的一致性。本章以2010年的各城市市辖区行政范围为准，对1990年、2000年相应区域的常住人口数量、流动人口数量等属性进行求和合并，当然存在一定误差，主要包括两方面：一是由于许多县市在 2010 年调整为市辖区，当年这些县市与市辖区之间流动人口数也应当剔除以保持和 2010 年一致，总体而言这类人口往年相对较少，误差不大；二是小幅度的行政区划调整，如区县界的微调等，误差亦不大。需要指出的是，对于市辖区面积大幅度缩小的

城市，均认为是城市规模衰减，如随州市；对于 2000 年后新建、同时与之前行政范围差别较大的市，予以剔除，包括五家渠市、阿拉尔市、图木舒克市等。

（二）关键指标测算与分级

首先，是反映动态作用过程的流动人口对城市规模增长的贡献度指标，用城市流动人口增长量占城市常住总人口增长量的比例进行测度，如下：

$$C = \frac{M_t - M_0}{P_t - P_0} \times 100\% \qquad (10.2)$$

式中，M_t、M_0 分别为末期的流动人口规模、初期的流动人口规模；P_t、P_0 分别为末期的常住人口规模、初期的外来人口规模。C 为流动人口对城市规模增长的贡献度。如果 $P_t - P_0 < 0$ 时，说明城市总人口较少，城市规模衰退。而 $P_t - P_0 \geq 0$ 时，又存在 4 种情况，如图 10.7 所示，图中 L_t、L_0 分别为末期的本地人口规模、初期的本地人口规模：

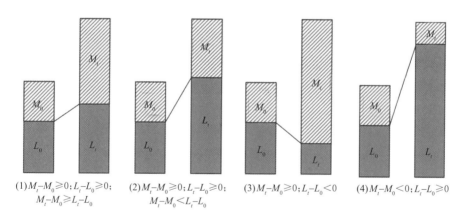

图 10.7　基于动态视角的城市流动人口对人口正增长的四种贡献类型

（1）$M_t - M_0 \geq 0$，$L_t - L_0 \geq 0$，$M_t - M_0 \geq L_t - L_0$，本地户籍人口和流动人口均增长，外来人口增长量高于本地户籍人口增长量，即人口增长更多依赖于流动人口增长；

（2）$M_t-M_0\geqslant0$，$L_t-L_0\geqslant0$，$M_t-M_0<L_t-L_0$，本地户籍人口和流动人口均增长，外来人口增长量低于本地户籍人口增长量，即人口增长更多依赖于本地户籍人口增长；

（3）$M_t-M_0\geqslant0$，$L_t-L_0<0$，本地户籍人口负增长，流动人口正增长，即人口增长完全依赖于流动人口增长；

（4）$M_t-M_0<0$，$L_t-L_0\geqslant0$，本地户籍人口负增长，流动人口正增长，即人口增长完全依赖于本地户籍人口增长。

其中，（1）和（3）均属于流动人口主导增长，$C\geqslant50\%$；（2）和（4）属于本地人口主导增长，$C<50\%$。

再者，是反映静态作用结果的城市常住人口有多少是由流动人口构成指标，用流动人口占常住人口的比例进行测度，如下：

$$A=\frac{M_t}{P_t}\times100\% \tag{10.3}$$

式中，M_t、P_t分别为末期的流动人口规模、末期的常住人口规模。A为流动人口占常住人口的比例。一般来说，用50%界定A具有一定的意义，流动人口规模超过本地人，流动人口规模对城市发展影响较大，如流动人口在选举权上更具优势、城市文化丰富度更高、城市为流动人口预留生存空间需求更大。从人口流动角度，如果$A\geqslant50\%$，属于流动人口主导；如果$A<50\%$，属于本地人口主导。

（三）综合划分方法

在此基础上，可以将城市发展类型划分为5类（图10.8）：

（1）Ⅰ类：流动人口弱势型城市，$\Delta M/\Delta P<50\%$，$M/P<50\%$，$\Delta P\geqslant0$；

（2）Ⅱ类：流动人口增长主导型城市，$\Delta M/\Delta P\geqslant50\%$，$M/P<50\%$，$\Delta P\geqslant0$；

（3）Ⅲ类：流动人口强势型城市，$\Delta M/\Delta P\geqslant50\%$，$M/P\geqslant50\%$，$\Delta P\geqslant0$；

（4）Ⅳ类：流动人口强势衰退型城市，$\Delta M/\Delta P<50\%$，$M/P\geqslant50\%$，$\Delta P\geqslant0$；

（5）Ⅴ类：人口规模收缩型城市，$\Delta P<0$。

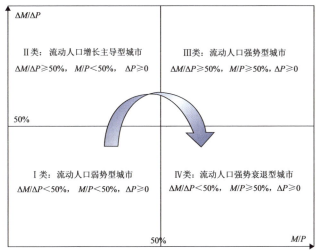

图 10.8 基于人口流动差异的城市发展类型划分方法

二、基于人口流动差异的城市发展类型划分结果及空间格局

（一）划分结果

表 10.8 显示了不同类型城市的数量和比例。1990～2000 年，许多城市仍然是本地人口主导城市规模增长，但流动人口对城市规模增长已经初步体现。Ⅰ 类城市最多，438 个，占 67.60%；其次是 V 类城市，107 个、占 16.51%；Ⅱ 类城市也已经达到 100 个、占 15.43%；已经出现 3 个Ⅲ类城市、占 0.46%，分别为东莞市、深圳市、二连浩特市（图 10.9）。

表 10.8 1990～2010 年中国不同城市发展类型的城市数量统计表

时间		1990～2000 年		2000～2010 年	
类型代码	类型名称	数量/个	占全部城市数量比例/%	数量/个	占全部城市数量比例/%
Ⅰ类	流动人口弱势型	438	67.60	189	29.17
Ⅱ类	流动人口增长主导型	100	15.43	282	43.52
Ⅲ类	流动人口强势型	3	0.46	13	2.01
Ⅳ类	流动人口强势衰退型	0	0.00	0.00	0.00
V类	流动人口规模收缩型	107	16.51	164	25.31

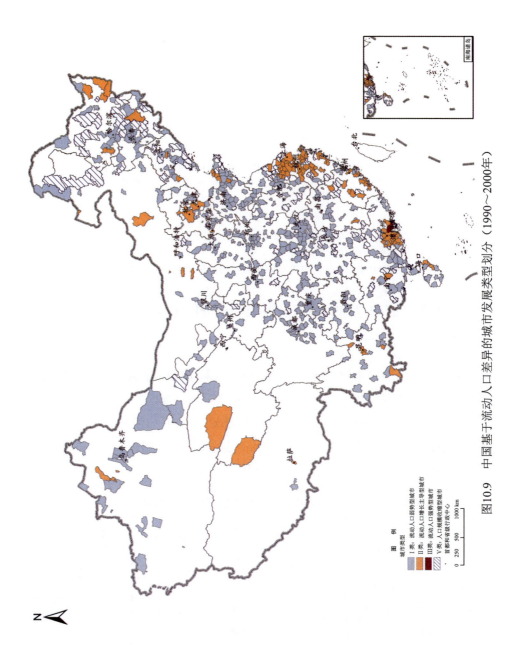

图10.9 中国基于流动人口差异的城市发展类型划分（1990～2000年）

2000~2010 年，流动人口对城市规模的影响的活跃度显著提升，流动人口主导人口增长的 II 类最多，282 个、占 43.52%；而本地人口主导人口增长的 I 类城市减少至 189 个、占比下降至 29.17%；规模收缩型的 V 类增长至 164 个、占 25.31%；III 类流动人口强势型城市增长至 13 个、占 2.01%，分别为东莞市、深圳市、二连浩特市、佛山市、惠州市、中山市、厦门市、昆山市、温州市、石狮市、晋江市、鄂尔多斯市、绥芬河市。纵观 1990~2000 年、2000~2010 年，IV 类流动人口强势衰退型均没有，III 类流动人口强势型城市也较少，多数城市流动人口总量并未过半（图 10.10）。

（二）1990~2000 年不同发展类型城市的空间分布特征

由图 10.9 看出，1990~2000 年不同发展类型城市的空间分布图中，I 类最多，广泛分布在中部地区、西部地区以及东部的黄淮海平原地区；II 类城市主要集中分布在东部的长三角地区、珠江三角洲地区、京津地区等，此外在东北地区和西部的新疆、西藏、青海、内蒙古、云南等均有少数城市，以自治区首府或工矿城市为主，中部地区相对较少；III 类城市较少，其中东莞市、深圳市均分布在珠江三角洲地区，二连浩特市分布在边境地区；V 类分布相对分散，主要分散分布在东北地区、中部地区，东部长三角、珠三角的周边地区，西部相对较少。改革开放以来，我国经济重心逐步向东南沿海的珠三角、长三角、京津地区转移，这些地区也成为流动人口的集聚中心，城市规模增长受流动人口的驱动非常显著，城市规模在全国也属前列；而收入水平差距相对较大、剩余劳动力密集的中部地区、东北地区等成为人口的主要输出区，其人口增长仍然以本地人口主导为主，甚至部分城市人口总规模减少。

（三）2000~2010 年不同类型城市的空间分布特征

图 10.10 显示了 2000~2010 年不同发展类型城市的空间分布图。由图看出，I 类城市在空间的缩减非常显著，主要分散分布在新疆地区、东北地区、中部地区、黄淮海平原地区、西南地区以及珠江三角洲；II 类城市扩张最为显著，1990~2000 年分布集中的长三角地区、京津地区、珠三角地区进一步扩张，此外中部地区、西部地区、东北地区分布许多 II 类城市，但由于趋于

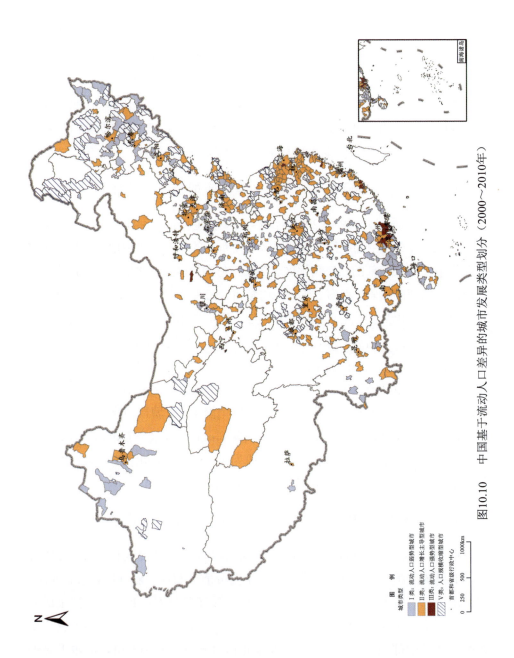

图10.10 中国基于流动人口差异的城市发展类型划分（2000～2010年）

分散分布、没有显著的连片特征；Ⅲ类城市有所扩张，主要分布在珠三角地区、东南沿海地区、内蒙古等，其中以珠三角地区的空间扩张最为显著；Ⅴ类城市扩张显著，除了中部地区、西部地区、东北地区外，长三角周边地区、山东半岛的部分地区也有分布。2000～2010 年中国人口流动格局相对剧烈，具有经济高地优势的珠三角、长三角、京津地区城市进一步发挥着流动人口集聚作用，珠三角地区许多城市的流动人口规模已经超过本地人口规模，而中西部地区、东北地区许多城市也开始呈现较强的人口集聚能力，尤其是省会城市、地级市市辖区等，这与全国整体城镇化发展形势以及中西部地区自身经济发展的逐步崛起紧密相关；而许多中小城市对人口集聚能力，依赖本地人口驱动城市规模增长，同样存在规模衰退。

三、基于流动人口差异的城市发展类型转变及典型城市分析

（一）城市发展类型的转变：Ⅰ类转出最多，Ⅱ类转入最多

表 10.9 显示了 1990～2000 年和 2000～2010 年这两个时期的城市发展类型转换矩阵。Ⅰ类城市转换幅度较大，转为Ⅱ类城市最多，达 188 个、占 29.02%，转为Ⅴ类的城市 93 个、占 14.35%；Ⅱ类城市仍然保持为Ⅱ类的最多，占城市总量 10.34%，转为其他城市的较少，其中转为Ⅲ类的 9 座；Ⅲ类城市没有转出，仍然保持为Ⅲ类；Ⅴ类城市多数仍然保持为Ⅴ类，转为Ⅱ类城市的 27 个，转为Ⅰ类城市的 20 个。从合计来看，转换为其他类型合计最多的是Ⅰ类，转为 282 个城市、占 43.52%，Ⅱ类、Ⅴ类相对较少；有其他类型转换而来合计最多的是Ⅱ类，共 215 个城市、占 33.18%，其次是Ⅴ类，共 104 个、占 16.04%，Ⅰ类和Ⅲ类相对较少；在所有两两转换中，Ⅰ类转换为Ⅱ类的最多、比例达 29.02%，其次是Ⅰ类转换为Ⅴ类、比例达 14.35%。不难发现，Ⅰ类转出最多、为净转出，Ⅱ类转入最多、为净转入，而Ⅲ类、Ⅴ类为净转入，这个过程进一步反映了流动人口对城市规模增长的影响越来越显著。

表 10.9 基于流动人口差异的城市发展类型转换表

城市类型	2000~2010 年城市类型				
	I 类	II 类	III 类	V 类	合计转换为其他类型
I 类	156 (24.07%)	188 (29.02%)	1 (0.15%)	93 (14.35%)	282 (43.52%)
II 类	13 (2.01%)	67 (10.34%)	9 (1.39%)	11 (1.69%)	33 (5.09%)
III 类			3 (0.46%)		
V 类	20 (3.09%)	27 (4.16%)		60 (9.26%)	47 (7.25%)
合计由其他类型转换而来	33 (5.10%)	215 (33.18%)	10 (1.54%)	104 (16.04%)	

（二）典型城市分析

图 10.11 显示了一些典型城市的发展类型转换图。郑州市、成都市属于频率最高的 I 类转换为 II 类，郑州市流动人口对城市人口增长贡献率由 37.02%增长至 69.69%，成都市由 45.62%增长至 77.12%，郑州市流动人口占城市总人口份额由 19.83%增长至 39.34%，成都市由 45.62%增长至 77.12%，郑州市流动人口占城市总人口份额由 19.83%增长至 39.34%，成都市由 20.28%增长至 36.74%，两个城市横坐标和纵坐标均是向高值演进的态势；昆山市、鄂尔多斯市代表了 II 类转换为 III 类，昆山市流动人口占城市总人口份额由 21.87%增长至 59.35%、鄂尔多斯市则由 31.10%增长至 68.10，两者均实现了较大的提升，但是昆山市流动人口对城市人口增长贡献率的增长幅度要显著小于鄂尔多斯市，本地人口增长仍然具有一定的拉动作用，总体而言，两个城市横坐标和纵坐标也均是向高值演进的态势；北京作为首都，大量的外来人口受到广泛关注，从类型划分上看始终保持

为Ⅱ类，但是横坐标和坐标系也表现为强劲的增长态势；东莞市、深圳市代表了始终保持Ⅲ类的城市，但是从变化趋势看，东莞市流动人口占城市总人口份额虽有微增，但流动人口对城市人口增长的贡献率却显著下降，深圳市甚至连流动人口占城市总人口份额都呈现下降，这与城市自身消化一部分流动人口转为户籍人口有关，也与珠三角地区整体流动人口占全国份额下降的形式有关。

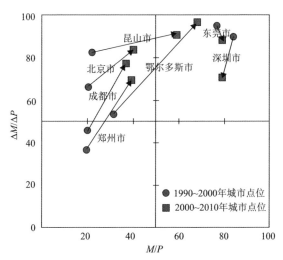

图 10.11　典型城市的发展类型转换分析示意图

（三）城市发展类型转变的演化轨迹解释

初始时期，人口流动的活跃性不高，城市的人口增长多依赖本地人口增长驱动，表现为Ⅰ类；随着区域发展水平的分化，整体进入流动性社会，流动人口对城市人口增长的贡献水平越来越显著，流动人口向少数城市偏好集聚的特征也非常突出，这些城市逐渐向Ⅱ类城市演化；随着流动的进一步深化，越来越多的Ⅰ类城市向Ⅱ类城市演化，同时发育相对成熟的Ⅱ类城市向Ⅲ类转化，但部分城市由于发展动力不足城市规模出现衰退、从Ⅰ类转变为Ⅴ类，表现为两极分化特征；随着流动人口饱和或宏观对流动人口的调控，越来越多的流动人口转化为本地户籍人口，Ⅲ类城市逐步向Ⅳ类演化，甚至回归到Ⅰ类。

第四节　中国城市流动人口未来集聚趋势及调控措施

一、城市流动人口未来的集聚趋势

（一）城乡差异和市场力量将进一步推动农村人口向超大城市、特大城市和省会大城市集聚

超大城市、特大城市等集聚大量乡—城、城—城流动人口。改革开放以来，流动人口向城市集聚成为中国城镇化进程中最活跃的力量，其中以乡—城流动人口为主体。在这一剧烈的演化过程中，超大城市、特大城市等少数城市集聚了大部分的流动人口，形成人口流动的空间极化现象；与之伴生的，超大城市、特大城市的规模和数量都处于不断增长中，随之而来的城市资源环境承载力、基础设施和公共服务设施配套、户籍门槛等问题凸显，各类"城市病"更是受到广泛关注。尽管存在这些阻力，超大城市、特大城市对人口吸引的强大拉力仍然不可忽视。超大城市和特大城市在过去30年产生了大量的要素集聚和积累，在政治、文体、科教、经济等领域均具有非常高的优势度，就业机会、工作报酬、人生机遇等都充满了强大的吸引力，从市场化角度来说，超大城市、特大城市在流动人口数量上依然具有绝对优势，而且不仅吸引乡—城流动人口，未来同时也吸引大量的城—城流动人口。

省会等大城市对人口集聚能力趋于增强。近年发展趋势显示，流动人口规模最靠前城市的流动人口份额有所下降，而次靠前的城市该份额有显著提升，这类城市往往是省会等大城市。中国是一个人口众多、地域广袤的国家，城市数量多、分布广，省会等大城市作为区域中心成为特大城市后主要的流动人口集聚区。这类城市竞争力较强，相比于更远的超大城市、特大城市来说，在距离、文化、生活成本等方面具有一定的比较优势。一方面，省会等大城市是城市空间网络的重要组成，本身就是周边地区乃至更远地区的人口汇聚中心；另一方面，中西部地区的省会等大城市往往是人口回流的主要目

的地。

中小城镇对人口集聚能力有限，存在一定的城市收缩现象。改革开放以来，乡—城人口流动占据主体，许多中小城镇腹地的农村地区往往是人口流出区，而特大城市、大城市往往是主要的目的地，中小城镇也吸纳了一定的流动人口；随着城镇化的进一步发展和城市网络化发展，城城迁移也是未来人口流动的主要趋势之一，中小城镇往往竞争力不如大城市、特大城市，同时中小城镇是城镇体系中数量最多的群体，势必存在一些竞争力不足的城市面临人口萎缩、城市收缩。

（二）政府调控政策将有助于提升中小城镇的人口集聚能力，并推进流动人口的市民化进程

城市流动人口总量下降，逐步通过户籍转化变为户籍迁移人口。《国家新型城镇化规划（2014—2020 年）》在发展目标中第一条就指出："城镇化健康有序发展，常住人口城镇化率达到 60%左右，户籍人口城镇化率达到 45%左右，户籍人口城镇化率与常住人口城镇化率差距缩小 2 个百分点左右，努力实现 1 亿左右农业转移人口和其他常住人口在城镇落户。"可见，未来人口集疏呈现两个显著态势，一是更多的农村人口进入城镇转化为城镇人口，二是更多进入城镇人口逐步取得城镇户口转化为真正意义上的市民，即城镇化与市民化同步发展。从源头来看，与之前的城镇化进程类似，会有更多的人口从农村地区吸出；但是从汇入区看，与之前差距较大的是，会有更多的人落户城市，而不仅仅是落脚城市，越来越多的流动人口转化为户籍迁移人口，享受与本地市民同等的市民待遇。从国家宏观政策来看，未来中国流动人口会逐步被城镇化和市民化进程消化，城市流动人口将逐步在城市沉淀和定居。

中小城镇落户政策宽松、对流动人口吸纳能力显著提升。《国家新型城镇化规划（2014—2020 年）》指出："全面放开建制镇和小城市落户限制，有序放开城区人口 50 万～100 万的城市落户限制，合理放开城区人口 100 万～300 万的大城市落户限制，合理确定城区人口 300 万～500 万的大城市落户条件，严格控制城区人口 500 万以上的特大城市人口规模。"2014 年《国务院关于进一步推进户籍制度改革的意见》对不同规模城市的落户政策进一步细

化，并指出："优先解决存量，有序引导增量，合理引导农业转移人口落户城镇的预期和选择。"可见，未来对于超大城市、特大城市、大城市等来说，在流动人口的量上仍然占据绝对主导地位，但是对于落户门槛设置较高；而对于中小城镇，国家给予中小城镇在基础设施和产业发展等领域更多的支持，尤其落户门槛相对较低，并以此鼓励更多的人口向中小城镇迁移，即实现"到2020年，努力实现1亿左右农业转移人口和其他常住人口在城镇落户"的发展目标，又促进人口在不同规模城镇之间的分配均匀。

政策性区域对流动人口集聚和消化能力有所提升。国家主体功能区划中的优化开发区和重点开发区、城市群地区、国家级新区，以及丝绸之路经济带、长江经济带等区域都是国家未来重要的政策性区域，承担着重要的人口-产业集聚功能。此外，按照"到2020年，引导约1亿人在中西部地区就近城镇化"的发展目标，西部地区以大城市、中小城镇为主，国家政策更加鼓励西部地区人口就近向城镇集聚，从而平衡人口流动在空间上的分配。

二、城市流动人口空间集聚的情景分析

（一）市场化情景：超大城市、特大城市、大城市继续成为城市流动人口的集聚区

按照市场力量驱动，会有更多的乡村人口向城镇流动、迁移，而且人们更加偏好去就业机会较多、公共服务相对完善、收入水平较高的超大城市、特大城市、大城市。随着中西部的城市逐步发展，中西部的大城市也会成为人口的主要汇集区。

按照这种发展情景，超大城市、特大城市、大城市将面临更多的人口压力，无论是流动人口，还是户籍迁入人口都呈现增长态势，而且流动人口转化为户籍人口压力大。人口越来越多，城市规模也会随之越来越大，各类资源消耗和资源环境成本随着增加，属于流动人口主要集聚城市。而另外一方面，中小城市发展相对不足，人口-产业的集聚效应较低，城—城人口流动与迁移加快，人口从中小城市向更高层级的城市迁移，中小城市人口数量显著收缩，不免存在一些空心城市的可能（图10.12）。

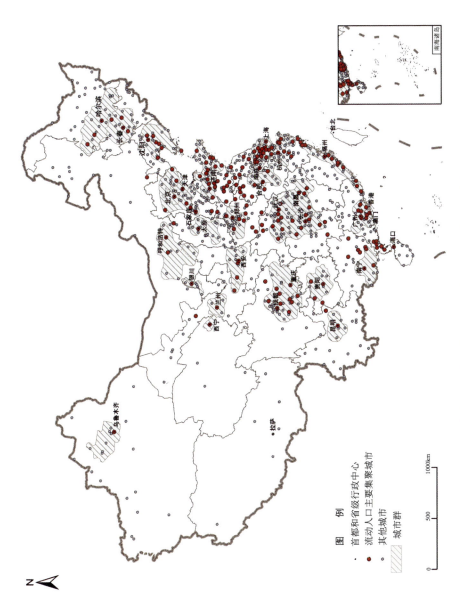

图 10.12 2030 年中国城市流动人口空间集聚的市场化情景示意图

到 2030 年，按照市场化情景集聚的流动人口主要集聚的城市包括 194 个，具体包括：上海市、北京市、重庆市、天津市、广州市、深圳市、武汉市、东莞市、成都市、佛山市、南京市、西安市、沈阳市、杭州市、哈尔滨市、汕头市、济南市、郑州市、长春市、大连市、苏州市、青岛市、昆明市、无锡市、厦门市、宁波市、南宁市、太原市、合肥市、常州市、唐山市、淄博市、中山市、长沙市、温州市、贵阳市、乌鲁木齐市、福州市、石家庄市、淮安市、兰州市、南昌市、惠州市、临沂市、南通市、烟台市、襄樊市、枣庄市、包头市、普宁市、海口市、潍坊市、晋江市、呼和浩特市、吉林市、徐州市、莆田市、洛阳市、台州市、南充市、江门市、南阳市、阜阳市、大同市、泰安市、淮南市、大庆市、宿州市、昆山市、六安市、盐城市、湛江市、滕州市、江阴市、珠海市、齐齐哈尔市、鞍山市、商丘市、常熟市、桂平市、贵港市、邓州市、慈溪市、邳州市、常德市、邯郸市、廉江市、宝鸡市、宿迁市、柳州市、泉州市、抚顺市、雷州市、瑞安市、天门市、南安市、宜昌市、亳州市、扬州市、乐清市、泸州市、温岭市、陆丰市、平度市、绵阳市、菏泽市、丰城市、赤峰市、日照市、新泰市、芜湖市、宣威市、莱芜市、遂宁市、漯河市、海城市、湖州市、银川市、高州市、浏阳市、吴江市、如皋市、自贡市、兴化市、内江市、张家港市、益阳市、济宁市、永城市、宜兴市、福清市、义乌市、岳阳市、信阳市、聊城市、茂名市、乐山市、嘉兴市、镇江市、钦州市、西宁市、天水市、化州市、即墨市、仙桃市、定州市、榆树市、诸暨市、荆州市、耒阳市、安阳市、咸阳市、寿光市、保定市、毕节市、衡阳市、北流市、禹州市、巴中市、邹城市、淮北市、六盘水市、遵义市、本溪市、公主岭市、锦州市、抚州市、诸城市、金华市、泰兴市、简阳市、章丘市、张家口市、玉林市、株洲市、连云港市、鄂州市、新乡市、宜春市、增城市、平顶山市、营口市、秦皇岛市、临海市、钟祥市、永州市、汉川市、余姚市、武威市、江都市、贺州市、枣阳市、东营市、项城市。

（二）政策调控情景：流动人口向各地中小城镇集聚的速度显著提升

按照国家新型城镇化背景下政策调控趋势，超大城市、特大城市、大城市的户籍门槛相对较高，而中小城市落户条件宽松，国家鼓励更多的流动人口向中小城市集聚发展。按照2030年城市分布格局，中小城市在东、中、西、东北均有大量分布，在人口密度较高的黄淮海平原、四川盆地、长江中游、东南沿海、关中地区分布相对密集，在生态脆弱、人口稀疏的西部地区也有一定量的中小城市分布，基本满足人口向就近中小城镇流动、迁移的需求。按照这种发展情景，中小城市未来人口流入的流量增长较快，而且流动人口会很快转变为本地户籍人口，每个中小城市新迁入的人口量不大，使得人口增量在空间上分布相对均匀，属于流动人口鼓励集聚城市；而超大城市、特大城市、大城市仍然存在一定量的流动人口，但是增速相对放缓，这部分流动人口取得所在城市户籍难度相对较大，但各类社会保障将有所提升，属于流动人口控制集聚城市（图10.13）。

到2030年，按照政策调控情景集聚的流动人口鼓励集聚的城市包括576个，具体包括：涟源市、韶关市、东台市、桂林市、蚌埠市、启东市、葫芦岛市、牡丹江市、兴宁市、丹阳市、湘潭市、罗定市、醴陵市、肥城市、潜江市、临汾市、瓦房店市、英德市、台山市、青州市、保山市、儋州市、汝州市、吴川市、安丘市、新沂市、信宜市、来宾市、大冶市、孝感市、海门市、资阳市、肇东市、通辽市、开封市、高密市、萍乡市、莱州市、绍兴市、佳木斯市、五常市、莱阳市、泰州市、龙海市、渭南市、绥化市、安康市、胶南市、廊坊市、丹东市、焦作市、鸡西市、广元市、广安市、阳春市、麻城市、威海市、胶州市、舟山市、庄河市、新余市、宜宾市、双城市、郴州市、任丘市、眉山市、洪湖市、武安市、桐乡市、高安市、清远市、常宁市、乐平市、河间市、巩义市、海宁市、衢州市、东阳市、新密市、阜新市、林州市、辽阳市、湘乡市、昭通市、南康市、攀枝花市、兴义市、巢湖市、安庆市、上虞市、藁城市、宣城市、岑溪市、海伦市、

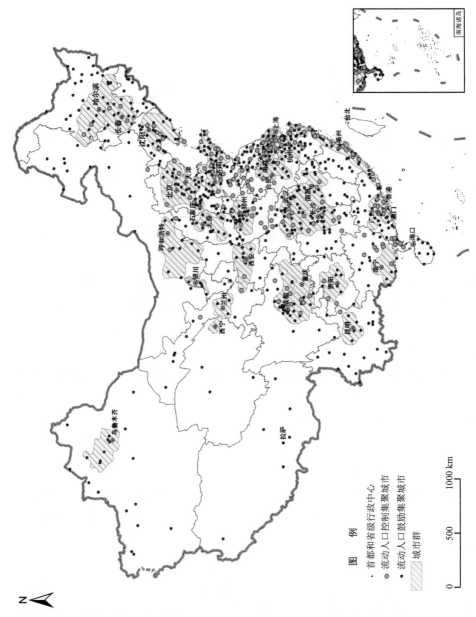

图 10.13　2030 年中国城市流动人口空间集聚的政策调整情景示意图

十堰市、松滋市、安顺市、长治市、彭州市、江油市、新郑市、广水市、邵阳市、高要市、莱西市、恩施市、溧阳市、德惠市、揭阳市、高邮市、铜川市、马鞍山市、普兰店市、曲靖市、辉县市、遵化市、德阳市、武冈市、伊春市、阆中市、姜堰市、迁安市、永康市、阳泉市、驻马店市、灵宝市、临清市、富阳市、荣成市、西昌市、太仓市、朔州市、大丰市、漳州市、九江市、大石桥市、开平市、汨罗市、黄石市、盖州市、龙口市、长葛市、三亚市、靖江市、滨州市、长乐市、运城市、嵊州市、德州市、阳江市、盘锦市、济源市、文登市、平湖市、邢台市、登封市、北海市、偃师市、沅江市、鹤岗市、桐城市、龙岩市、崇州市、都江堰市、新民市、濮阳市、利川市、乐陵市、大理市、三河市、舒兰市、武穴市、肇庆市、赣州市、曲阜市、高碑店市、海阳市、榆林市、石狮市、晋中市、鹤壁市、承德市、荆门市、东港市、讷河市、朝阳市、霸州市、七台河市、白山市、瑞金市、随州市、兖州市、句容市、辛集市、梅河口市、荥阳市、四平市、松原市、邛崃市、九台市、涿州市、昌邑市、天长市、池州市、应城市、从化市、广汉市、栖霞市、楚雄市、尚志市、泊头市、鄂尔多斯市、石首市、乳山市、凌源市、安陆市、临安市、招远市、深州市、仪征市、福安市、延吉市、滁州市、界首市、兰溪市、宜州市、贵溪市、樟树市、陇南市、怀化市、金坛市、库尔勒市、黄骅市、仁怀市、兴城市、开原市、万宁市、忻州市、凤城市、四会市、巴彦淖尔市、兴平市、吉安市、晋州市、文昌市、沧州市、阿克苏市、汉中市、乌海市、明光市、商洛市、梧州市、福鼎市、衡水市、景洪市、防城港市、白城市、伊宁市、北镇市、宜城市、咸宁市、凌海市、张掖市、通化市、喀什市、磐石市、周口市、平凉市、双鸭山市、沙河市、临湘市、许昌市、娄底市、北票市、灯塔市、枝江市、卫辉市、玉溪市、鹤山市、张家界市、恩平市、汕尾市、奉化市、原平市、禹城市、新乐市、白银市、高平市、敦化市、琼海市、文山市、凯里市、赤壁市、达州市、洪江市、绵竹市、晋城市、延安市、铜陵市、景德镇市、安达市、石嘴山市、辽源市、哈密市、老河口市、南宫市、孝义市、当阳市、南平市、江山市、清镇市、河源市、黄山市、个旧市、铁岭市、潮州市、建瓯市、丽水市、蓬莱市、沁阳市、蛟河市、桦甸市、永济市、丹江口市、都匀市、宁安市、富锦市、峨眉山市、北安市、鹿泉市、洮南市、大安市、建德市、宁德市、酒泉市、昌吉市、双辽市、定西市、瑞昌市、蒙自市、上饶市、汾阳市、什邡市、固原市、东方市、万源市、密山市、介休市、海林市、乐昌市、河津市、韩城市、克拉玛依市、芒市、宜都市、梅州市、石河子市、吴忠市、中卫市、庆阳市、宁国市、三明市、百色市、安国市、连州市、孟州市、黄冈市、扎兰屯市、冀州市、铜仁市、乌兰察布市、雅安市、牙克石市、铁力市、永安市、呼伦贝尔市、安宁市、资兴市、扬中市、河池市、冷水江市、乌兰浩特市、五大连池市、三门峡市、临沧市、开远市、和田市、吕梁市、云浮市、虎林市、崇左市、南雄市、舞钢市、吉首市、乌苏市、普洱市、穆棱市、德兴市、建阳市、福泉市、霍州市、拉萨市、华蓥市、邵武市、临夏市、吐鲁番市、青铜峡市、灵武市、华阴市、津市市、满洲里市、锡林浩特市、丰镇市、珲春市、调兵山市、阿图什市、漳平市、侯马市、赤水市、博乐市、龙泉市、武夷山市、集安市、嘉峪关市、金昌市、潞城市、格尔木市、鹰潭市、黑河市、丽江市、古交市、阿勒泰市、和龙市、敦煌市、瑞丽市、同江市、龙井市、临江市、奎屯市、阜康市、塔城市、玉门市、阿拉尔市、井冈山市、义马市、东兴市、图木舒克市、图们市、绥芬河市、日喀则市、合山市、凭祥市、根河市、五指山市、霍林郭勒市、五家渠市、合作市、韶山市、德令哈市、额尔古纳市、二连浩特市、阿尔山市、陵水黎族自治市、平南市、博罗市、饶平市、惠东市、海丰市、泸水市、石林彝族自治市、邵东市、攸市、乳源瑶族自治市、闽侯市、德化市、永春市、惠安市、梅市、平阳市、苍南市、郫市、双流市、隆昌市、威远市、云梦市、京山市、湘阴市、宁乡市、长沙市、当涂市、长兴市、广德市、安吉市、桐庐市、浦江市、新建市、南昌市、铅山市、广丰市、武义市、嘉善市、德清市、海盐市、绍州市、新昌市、象山市、宁海市、天台市、仙居市、永嘉市、玉环市、高陵市、费市、沂水市、沂南市、沛市、丰市、临沭市、东海市、沭阳市、赣榆市、响水市、滨海市、睢宁市、泗阳市、泗洪市、盱眙市、阜宁市、建湖市、宝应市、射阳市、海安市、如东市、准格尔市、怀仁市、神木市、靖边市、涉市、香河市、玉田市、正定市、文安市、孟村回族自治市、清河市、武城市、临邑市、无棣市、博兴市、邯州市、夏津市、齐河市、邹平市、桓台市、昌乐市、达拉特市、喀喇沁左翼蒙古族自治市、宽城满族自治市、迁西市、伊通满族自治市、本溪满族自治市、大洼市、杜尔伯特蒙古族自治市、鄂温克族自治市、阳东市、香格里拉市、阿拉善左市、康定市、玉树市、上栗市、茶陵市、林芝市、那曲市、昌都市、山南市、阿里市、敦煌市。

（三）综合协调情景：城市群地区人口增长较快，其内中小城镇的人口集聚能力显著提升

考虑市场化和政策调控的综合协调情景，城市群地区城市发育水平和城市协作水平较高，是未来人口-产业的主要集聚地带，既是市场选择的结果，也是未来国家政策扶持的高地。按照人口流动、迁移的规律，城市群内的超大城市、特大城市、大城市仍然充满了很强的人口吸引力，但户籍等限制较高，属于流动人口控制集聚城市；由于政策宏观调控，城市群内中小城市准入门槛更低，随着城市群内部一体化程度的提高，城市群内部中小城市的人口集聚能力将显著提升，属于流动人口快速集聚城市。按照这种发展情景，城市群内部中小城市会有更多的人口流入并很快转化为户籍人口，而城市群内部的超大城市、特大城市、大城市也逐步消化流动人口，城市之间可达性的提升甚至加快了人口从层级更高的城市向中小城市的反流入。而对于非城市群地区的中小城市，人口集聚能力相对薄弱，但依然发挥着对周边地区人口的集聚作用（图10.14）。

到2030年，按照综合协调情景集聚的流动人口快速集聚的城市包括303个，具体包括：涟源市、蚌埠市、启东市、葫芦岛市、牡丹江市、丹阳市、湘潭市、醴陵市、潜江市、临汾市、瓦房店市、台山市、青州市、汝州市、安丘市、大冶市、孝感市、海门市、资阳市、肇东市、开封市、高密市、萍乡市、莱州市、绍兴市、五常市、莱阳市、泰州市、龙海市、渭南市、绥化市、胶南市、廊坊市、丹东市、焦作市、广安市、威海市、胶州市、舟山市、庄河市、新余市、宜宾市、双城市、任丘市、眉山市、洪湖市、桐乡市、高安市、乐平市、河间市、巩义市、海宁市、新密市、辽阳市、湘乡市、巢湖市、

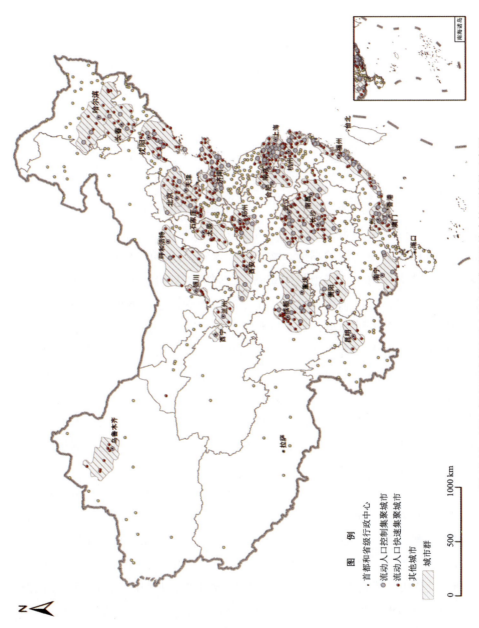

图 10.14　2030 年中国城市流动人口空间集聚的综合协调情景示意图

安庆市、上虞市、藁城市、宣城市、松滋市、安顺市、长治市、彭州市、江油市、新郑市、高要市、莱西市、溧阳市、德惠市、揭阳市、高邮市、铜川市、马鞍山市、普兰店市、曲靖市、辉县市、遵化市、德阳市、姜堰市、迁安市、阳泉市、富阳市、荣成市、太仓市、漳州市、九江市、大石桥市、开平市、汨罗市、黄石市、盖州市、龙口市、长葛市、靖江市、滨州市、长乐市、嵊州市、德州市、盘锦市、济源市、文登市、平湖市、登封市、北海市、偃师市、沅江市、崇州市、都江堰市、新民市、三河市、舒兰市、武穴市、肇庆市、高碑店市、海阳市、榆林市、石狮市、晋中市、承德市、荆门市、东港市、霸州市、句容市、荥阳市、四平市、松原市、邛崃市、九台市、涿州市、昌邑市、池州市、应城市、从化市、广汉市、栖霞市、楚雄市、尚志市、泊头市、鄂尔多斯市、石首市、乳山市、安陆市、临安市、招远市、仪征市、福安市、滁州市、贵溪市、樟树市、金坛市、黄骅市、仁怀市、兴城市、忻州市、凤城市、四会市、巴彦淖尔市、兴平市、晋州市、沧州市、乌海市、明光市、商洛市、福鼎市、防城港市、北镇市、咸宁市、凌海市、临湘市、许昌市、娄底市、灯塔市、枝江市、卫辉市、玉溪市、鹤山市、恩平市、汕尾市、奉化市、禹城市、新乐市、白银市、凯里市、赤壁市、达州市、绵竹市、铜陵市、景德镇市、安达市、石嘴山市、辽源市、孝义市、当阳市、清镇市、铁岭市、潮州市、蓬莱市、沁阳市、蛟河市、桦甸市、都匀市、宁安市、峨眉山市、鹿泉市、宁德市、昌吉市、定西市、瑞昌市、汾阳市、什邡市、介休市、海林市、克拉玛依市、宜都市、石河子市、吴忠市、中卫市、安国市、孟州市、黄冈市、乌兰察布市、雅安市、安宁市、扬中市、崇左市、乌苏市、福泉市、霍州市、华蓥市、临夏市、青铜峡市、灵武市、华阴市、津市市、调兵山市、潞城市、鹰潭市、古交市、奎屯市、阜康市、东兴市、五家渠市、韶山市、惠东市、博罗市、饶平市、惠安市、永春市、闽侯市、攸市、上栗市、长沙市、宁乡市、苍南市、湘阴市、平阳市、南昌市、新建市、隆昌市、威远市、永嘉市、仙居市、天台市、双流市、宁海市、郫市、新昌市、桐庐市、象山市、绍州市、京山市、云梦市、德清市、安吉市、海盐市、长兴市、嘉善市、当涂市、如东市、海安市、高陵市、齐河市、夏津市、昌乐市、邹平市、桓台市、武城市、临邑市、博兴市、正定市、孟村回族自治市、神木市、文安市、香河市、达拉特市、玉田市、迁西市、宽城满族自治市、大洼市、本溪满族自治市、伊通满族自治市、杜尔伯特蒙古族自治市。

三、城市流动人口集聚的调控措施

（一）控制超大和特大城市人口增量，保障城市高密度集聚的综合服务能力

积极培育以特大城市为核心的城市群，引导城市功能向周边次中心城镇的疏散，加快城市群地区不同层级城市之间的一体化建设，将具有流动人口典型就业特征的批发零售、再生资源利用等功能向周边区域外迁；梳理特大城市主要的流动人口来源地，积极培育来源地对人口的就地城镇化能力，增强来源地大城市对人口的吸纳能力；控制户籍的开放，提高准入门槛。同时，特大城市始终是人口高度集聚的地区，环境整治、服务设施配置、基础设施建设等都应当适当超前计划和实施。

（二）提升大城市对流动人口的吸纳水平，分散特大城市的人口集聚压力

积极培育省会、地级市市辖区等大城市，形成城市群或都市圈的中心城市或次中心城市，形成相对均衡城市群或都市圈空间体系，分散特大城市的人口压力；吸收特大城市经验教训，适当开放户籍政策、严格程度低于特大城市，有序引导流动人口的流入，人口流入与市民化同步，保障流动人口的公共服务的享受权益；城市规划需要顶层设计，预留流入人口居住生活的土地空间，避免城中村等流动人口聚居区的再次爆发；重视培育中西部地区的大城市发展，以大城市为中心，加快中西部地区的城镇化发展进程。

（三）加快中小城市和小城镇就近就地城镇化水平，提升流动人口吸纳能力

综合空心村、留守老人和儿童等现状条件，从养老、教育服务、文化旅

游、中小企业、农畜服务等多要素出发，加强中小城市的就地城镇化能力；政策扶持，提升中小城市的基础设施、公共服务能力和卫生环境，增强中小城市的宜居水平，全面开放落户政策；政策扶持中小城市的产业集聚，加强中小城市的就业吸纳能力；不同地形地貌、不同发展水平、不同农业方式的中小城镇应当采取与之相适应的就业城镇化策略，并选择典型的中小城市进行示范；引导西部生态脆弱地区人口向就近中小城镇的集中。

主要参考文献

[1] 刘盛和, 邓羽, 胡章. 中国流动人口地域类型的划分方法及空间分布特征. 地理学报, 2010, 65(10): 1187-1197.

[2] 方创琳. 中国城市发展方针的演变调整与城市规模新格局. 地理研究, 2014, 33(4): 674-686.

[3] Chan K W, Liu T, Yang Y Y. Hukou and Non-hukou Migrations in China: Comparisons and Contrasts. International Journal of Population Geography, 1999, 5: 425-448.

[4] Fan C C. Modeling interprovincial migration in China, 1985-2000. Eurasian Geography and Economics, 2005, 46(3): 165-184.

[5] 姚华松, 许学强. 西方人口迁移研究进展. 世界地理研究, 2008, 17(1): 154-166.

[6] 段成荣, 杨舸, 马学阳, 等. 中国流动人口研究. 北京: 中国人口出版社, 2012: 9-93.

[7] Zhang K H, Song S. Rural–urban migration and urbanization in China: Evidence from time-series and cross-section analyses. China Economic Review, 2003, 14(4): 386-400.

[8] 陈彦光, 周一星. 城市等级体系的多重 Zipf 维数及其地理空间意义. 北京大学学报(自然科学版), 2002, 38(6): 823-830.

[9] Plane D A, Henrie C J, Perry M J. Migration up and down the urban hierarchy and across the life course. Proceedings of the National Academy of Sciences of the United States of America, 2005, 102(43): 15313-15318.

[10] Zipf G K. The P1 P2/D hypothesis: on the intercity movement of persons. American sociological review, 1946, 11(6): 677-686.

[11] 段成荣. 流动人口对城乡社会经济发展的影响. 人口研究, 1998, 22(4): 58-63.

[12] 蔡建明, 王国霞, 杨振山. 我国人口迁移趋势及空间格局演变. 人口研究, 2007, 31(05): 9-19.

[13] 国家人口和计划生育委员会流动人口服务管理司. 流动人口理论与政策综述报告. 北京: 中国人口出版社, 2010: 167-246.

[14] 方创琳. 中国新型城镇化发展报告. 北京: 科学出版社, 2014: 40-71.

[15] 中国城市经济学会中小城市经济发展委员会《中国中小城市发展》编纂委员会. 中国中小城市发展报告(2010): 中国中小城市绿色发展之路. 北京: 社会科学文献出版社, 2010: 1-15.

[16] 方创琳, 姚士谋, 刘盛和, 等. 2010 中国城市群发展报告. 北京: 科学出版社, 2011: 143-177.

[17] 陈田. 我国城市经济影响区域系统的初步分析. 地理学报, 1987, 42(04): 308-318.

[18] 顾朝林, 蔡建明, 张伟, 等. 中国大中城市流动人口迁移规律研究. 地理学报, 1999, 54(03): 14-22.

[19] 丁金宏, 刘振宇, 程丹明, 等. 中国人口迁移的区域差异与流场特征. 地理学报, 2005, 60(01): 106-114.

[20] 马侠. 中国城镇人口迁移模式及其转变. 中国人口科学, 1990, (03): 1-14.

[21] 于涛方. 中国城市人口流动增长的空间类型及影响因素. 中国人口科学, 2012, (04): 47-112.

[22] 朱传耿, 马荣华, 甄峰, 等. 中国城市流动人口的空间结构. 人文地理, 2002, 17(01): 65-68.

[23] 王培安. 中国特大城市人口规模调控研究报告. 北京: 中国发展出版社, 2014: 3-11.

[24] 肖丹青. 认知地理学——以人为本的地理信息科学. 北京: 科学出版社, 2013: 15-30.

第十一章

中国城市发展空间格局优化措施与政策建议

为了保障中国城市发展空间格局的优化，需要在保障措施方面实施创新驱动发展战略，建设创新型城市，形成创新网络格局；实施国际化战略，建设国际化大都市，形成国际化发展新格局；实施生态优先战略，建设生态城市，形成城市发展安全生态格局；大力发展智慧产业，建设智慧城市，形成城市发展智慧网络格局；有序发展低碳产业，建设低碳城市，形成低碳城市建设格局；实施文化传承战略，建设历史文化名城，形成城市文化繁荣格局。需要在政策建议方面，制定合理的城乡人口流动政策，优化城市等级规模结构，提升中小城市和小城镇的人口集中度和规模水平；制定有序的城市产业转移政策，优化城市职能结构，提升中小城市和小城镇的产业集中度和就业水平；制定差异化的城市发展政策，优化城市空间结构，提升中西部地区城市的产城融合度和城镇化水平；引进民间资本，确保城市发展空间格局优化的合理投入，降低城市负债风险；推进行政区划有序调整和设市试点，确保新设城市支撑国家城市空间发展的新格局；正确处理好城市发展空间格局优化的多元关系，形成公平均衡、包容发展的城市空间新格局。

第一节　城市发展空间格局优化的主要措施

为了确保中国城市发展空间格局的优化，需要通过创新驱动、文化传承、高效低碳、智慧创新等新型城镇化发展路径，形成空间秩序高效、职能分工合理、等级规模有序、安全持续发展的新型城镇化发展空间格局。

一、实施创新驱动发展战略，建设创新型城市，形成创新网络格局

实施创新驱动发展战略，建设创新型城市是推进国家创新体系建设和建设创新型国家的重要载体，是加快国家新型城镇化进程与新农村建设的重要路径，也是探索城市发展新模式和推进城市可持续发展的迫切要求[1]。《国家中长期科技发展规划纲要（2006—2020）》、《国家国民经济和社会发展第十二个五年规划纲要》、《国家"十二五"科学与技术发展规划》以及国家发展和改革委员会和国家科技部等都先后提出建设创新型城市。

（一）实施创新驱动发展战略

创新型城市是指以科技进步为动力，以自主创新为主导，以创新文化为基础，主要依靠科技、知识、人力、文化、体制等创新要素驱动发展的城市。建设创新型城市是加快国家新型城镇化进程和建设创新型国家的重要载体，也是探索城市发展新模式和推进城市可持续发展的迫切要求[2]。目前我国已进入到 2020 年建成创新型国家的全面攻坚阶段，党的十八大报告再次提出实施创新驱动发展战略[3]。习近平总书记在 2014 年 8 月 18 日主持召开的中央财经领导小组第七次会议明确指出，"创新始终是推动一个国家、一个民族向前发展的重要力量，实施创新驱动发展战略，就是要推动以科技创新为核心的全面创新，坚持需求导向和产业化方向，坚持企业在创新中的主体地位，增强科技进步对经济发展的贡献度，形成新的增长动力源泉，推动经济持续健康发展"。可见，创新型城市是开展国家创新活动、建设创新型国家的重要基地与力量之源，是推进国家创新体系建设的关键环节，是加快经济发展方

式转变的核心引擎，是加快国家新型城镇化进程与新农村建设的重要路径，因而在我国经济社会发展中具有举足轻重的战略地位[4]。

（二）提升城市自主科技创新、产业创新、人居环境创新和体制机制创新能力

目前我国城市综合创新水平、城市科技发展与自主创新水平、城市转变发展方式与产业创新水平、城市节能减排与人居环境创新水平、城市体制改革与机制创新水平普遍偏低的原因在于，对创新型城市建设面临投入瓶颈、收入瓶颈、技术瓶颈、贡献瓶颈和人才瓶颈等，存在着城市研发投入与企业研发投入占 GDP 比例低、城市新产品销售收入占产品销售收入比例低、城市高新技术产业产值占工业总产值比例低、城市对内技术依存度低、城市发明专利申请量占全部专利申请量比例低、城市科技进步对经济增长贡献率低、城市公共教育经费占 GDP 比例低"七低"问题[5]。因此，未来创新型城市建设要以自主创新为主导战略，以提升国际竞争力为目标，以实现科学发展为根本，以聚集创新人才为关键，以产业创新为重点，以体制机制创新为依托，加大投入，化解瓶颈，协同创新，最终建成创新体系健全，创新要素集聚，创新特色鲜明，创新活力充沛，创新环境优良，创新人才汇集，自主创新能力强，科技支撑引领作用突出，经济社会效益好，在区域、国家乃至全球范围内辐射引领作用显著的创新型城市，为形成中国合理的城市发展空间格局提供无限活力和不竭动力。

（三）建设创新型城市，形成城市发展的创新网络格局

按照中国创新型城市建设的"1353637"的指标评判标准，即人均 GDP 超过 10 000 美元、全社会 R&D 投入占 GDP 的比例超过 5%、企业 R&D 投入占销售总收入的比例超过 5%、公共教育经费占 GDP 比例大于 5%、新产品销售收入占产品销售收入比例超过 60%、科技进步对经济增长的贡献率超过 60%、高新技术产业增加值占工业增加值的比例大于 60%、对内技术依存度大于 70%、发明专利申请量占全部专利申请量的比例大于 70%、企业专利申请量占社会专利申请量的比例大于 70%共十大标准，把未来我国城市综合

创新的重点地区确定在东部地区,这些地区和城市是我国提升综合创新能力、提高创新在国际舞台上战略地位的重点创新高地,也是确保我国到 2020 年建成为创新型国家的重要支撑,把广大中西部地区作为未来我国创新重点和创新领域的重点接替地区。

未来我国创新型城市建设按照"自主创新、重点突破、市场主导、区域联动、人才支撑"的基本方针,把全面提升城市自主创新能力作为建设创新型城市的核心主线,把城市自主创新、产业创新、人居环境创新和体制机制创新作为创新型城市建设的四大重点方向;大力实施开放创新战略、产业优先战略、人才强市战略、知识产权战略和名牌驱动战略五大战略,重点实施创新载体与体系建设工程、产业发展创新工程、社会发展创新工程、创新人才引育工程、知识产权保护工程、创新环境优化工程等,建设产业创新城、科学创新城、智慧创新城、协同创新城、绿色创新城和国际创新城。

从建设创新型国家的战略目标出发,构建由全球创新型城市—国家创新型城市—区域创新型城市—地区创新型城市—创新发展型城市共 5 个层级组成的国家创新型城市空间网络体系,形成由 4 个全球创新型城市、16 个国家创新型城市、30 个区域创新型城市、55 个地区创新型城市和 182 个创新发展型城市组成的国家城市创新网络空间格局[6](图 11.1)。把北京市、深圳市、上海市、广州市建成 4 个全球创新型城市,成为全球创新中心和世界级城市群的核心城市;把南京市、苏州市、厦门市、杭州市、无锡市、西安市、武汉市、沈阳市、大连市、天津市、长沙市、青岛市、成都市、长春市、合肥市、重庆市这 16 个城市建成国家创新型城市,成为国家创新中心;把珠海市、福州市、常州市、济南市、宁波市等 30 个城市建成区域创新型城市,成为区域创新中心;把威海市、金华市、芜湖市等 55 个城市建成地区创新型城市,成为地区创新中心;把龙岩市、晋城市、三明市、丽水市等 182 个城市建成创新发展型城市,成为创新发展节点中心。通过创新型城市的建设,为建成创新型国家作出贡献。

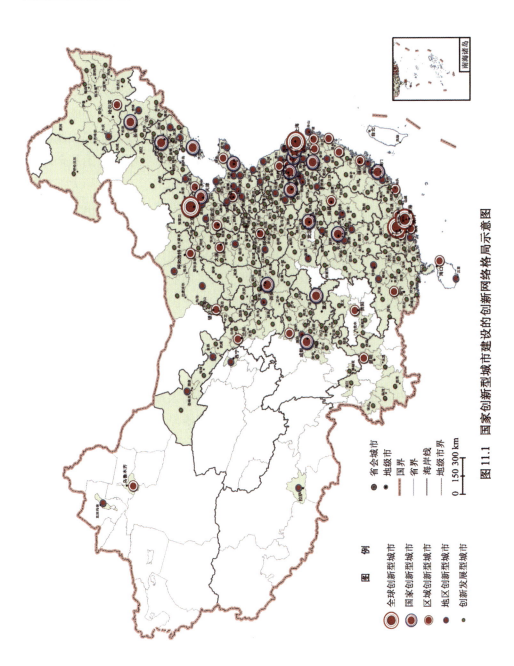

图 11.1 国家创新型城市建设的创新网络格局示意图

二、实施国际化战略，建设国际化大都市，形成国际化发展新格局

随着经济全球化浪潮的日益高涨，国际大都市正在以其强大的经济控制力和综合影响力，越来越强地主宰着全球城市体系发展的新格局，成为引领国家提升国际经济地位和国际竞争力的火车头。中国经济发展正在加速融入全球化格局，越来越多的城市面临着日益激烈的国际化竞争，开始从全球化的视野重新定位城市，并在新一轮城市总体规划中提出了建设国际大都市的宏伟设想。可以肯定，建设国际大都市是我国坚定不移地实施城镇化战略和国际化战略的重要方向。在经济全球化的大背景下，中国城市体系作为全球城市体系的重要组成部分，中国城市发展空间格局的优化，直接影响着全球城市发展空间格局。因此，中国城市发展空间格局的优化必须置于全球城市发展空间格局的大背景下，实施国际化战略，建设国际化大都市，形成国际化发展新格局[①]。

（一）对国际大都市的科学认识与理性判断

通过对国内外相关文献的研究分析表明，国际大都市是指在全球城市体系和全球产业体系中具有显著的国际地位，拥有雄厚的经济实力、旺盛的科技创新活力和重要的政治文化影响力，对全球性经济社会发展具有强大决策控制能力的城市。在全球城市体系中，国际大都市是国际性城市发展到高级阶段的产物，其最高形式为世界城市（图 11.2）。

国际大都市发挥着国际金融中心、跨国公司总部聚集中心、国际贸易中心、国际研发中心和国际文化交流中心五大核心职能，同时也可能兼有国际政治权力中心、国际制造业中心、国际物流中心、国际交通枢纽中心、国际观光与会议中心、国际娱乐中心、国际传媒中心、国际人才集聚中心和国际信息网络中心等专业化职能。上述多种职能集中在一个城市时称其

---

① 本部分内容是中央办公厅和国务院办公厅约稿后提交给国务院的《中国建设国际大都市的总体思路研究报告》、《对我国建设国际大都市的理性思考与科学建议》的部分内容，参加研究人员包括：方创琳，蔡建明，刘盛和，高晓路，刘毅，黄金川，宋吉涛，邱灵等。

为综合型国际大都市，少数几种职能集中在一个城市时称其为专业性国际大都市或国际性城市。从国际大都市承载的"多中心"国际化职能中可知，国际大都市有着十分苛刻的建设条件、相当高的建设标准、相当大的建设难度和相当长的建设周期。因此，无论是发达国家还是发展中国家，并不是所有城市都具备建成国际大都市的能力。建设国际大都市也绝非一朝一夕的事情，需要通过几代人甚至几个世纪的长期努力才能完成。不仅如此，国际大都市建设还受到经济全球化进程及复杂多变的国内外政治经济形势的影响，期间不可避免地存在着这样那样的风险（如国际金融危机对国际大都市造成的风险等）。

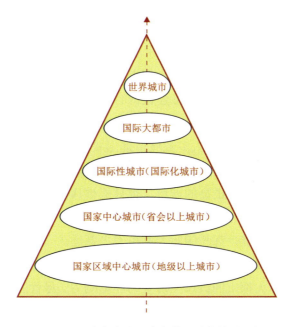

图 11.2　国际大都市发展演变等级层次关系示意图

（二）我国国际大都市建设现状与存在问题

（1）各地政府建设国际大都市的热情较为高涨。随着中国经济的高速增长和综合国力的壮大，各地政府建设国际大都市或国际性城市的热情日益高涨。1995 年全国有 50 多座城市打出了建设"国际大都市"的旗号,1996 年增至 75 个,2004 年升至 183 个城市,占我国地级以上城市总数的 63.76%,占我国大城市总数的 76.25%。其中除特大城市上海、北京外,包括了所有省会城市,更多的中小城市也给自己贴上建设"国际大都市"的标签。这种不顾条件追求"国际化"的城市发展模式,不符合我国城市发展的客观实际,需要理性降温。

(2)不少城市对国际大都市的建设缺乏科学认识。我国是一个发展中国家,目前多数城市不具备建设国际大都市的条件,香港、上海和北京等大城市也仅具备建设国际大都市的基本条件。由于我国城市管理者对国际大都市建设条件缺乏科学诊断、对建设成果缺乏客观评价,导致国际大都市建设普遍具有主观性,一定程度上误导了人民群众。因此,需要对国际大都市相关认识进行深入理解和科学把握。

(3)多数城市提出的建设国际大都市的目标相对偏高。国际大都市是一个涉及经济、社会、文化等高标准建设内容的城市概念,世界公认达到标准的国际大都市也只有伦敦、纽约、东京等 49 个城市。中国尚处在社会主义初级阶段,城市建设任重道远,大多数城市提出要建国际大都市的目标不现实,条件不具备,尤其是作为国际大都市的五大核心职能尚不具备。即使香港这样经济实力和国际化程度很高的城市,也只能被认为是"二流"的国际大都市,而像上海要全面赶上香港,尚有 10~20 年差距。何况我国城市的政府管理水平和公民道德水准,都与国际大都市差之甚远。

(4)几乎所有城市建设国际大都市的综合实力有待提高。我国所有城市尚不具备建设国际大都市的雄厚经济实力和影响力。尽管北京(GDP 占中国的 3.57%)、上海(GDP 占中国的 4.38%)、香港(GDP 占中国的 4.32%)具有较强实力,但相对于东京(GDP 占日本的 26%)、纽约(GDP 占美国的 24%)、伦敦(GDP 占英国的 22%)、巴黎(GDP 占法国的 18%)而言,其经济实力和影响力仍很弱。与此同时,对外经济环境不利于国际大都市的快速成长,全球多数国际大都市是在 20 世纪中期充分利用了当时世界各国工业发展机遇和廉价能源快速成长起来的,而我国的国际大都市建设面临着全球性产业升级、低碳经济发展、节能减排等一系列成长压力,发展国际大都市的经济环境有待改善。

（5）个别城市提出建设国际大都市的动机不纯。一方面，受政绩冲动的影响，个别城市以建设"国际大都市"为名大搞"形象工程"和"政绩工程"，捞取政治资本；另一方面受经营城市的影响，借建设国际大都市之名"圈地造城"，将城市"做大"，做成"国际化"，于是出现了城市建设中互相攀比，贪大求洋，误以为"城市大一些，马路宽一些，楼房高一些，广场靓一些，车辆多一些，人口密一些"，便是"国际大都市"的标志了。诸如此类的不良动机需要纠正。

（三）坚定不移实施国际化战略，循序渐进地建设国际大都市和国际性城市

（1）中国建设国际大都市的总体方针。站在全球化和中国国情的双重高度，全面贯彻落实科学发展观，按照循序渐进、量力而行、中西结合、民生优先的总体原则，把建设国际大都市作为我国现代化建设的重要战略举措和优化我国城市发展空间格局的战略目标。鼓励北京、上海、深港澳等已经成为国际大都市的城市，积极创造条件进一步向世界城市的目标迈进；有重点地培育若干个条件相对较好的城市，向建设国际大都市的目标迈进。最终在我国形成由世界城市、国际大都市和国际性城市三个能级组成的中国国际化城市体系新格局。

（2）中国建设国际大都市的基本思路。围绕一个战略目标（国际化战略），坚持量力而行、循序渐进、中西结合、民生为先四大原则，处理好"渐进"与"跃进"、"本土化"与"国际化"、"造势"与"造市"、"专业性"与"综合性"、"官政"与"民生"5 种关系，适时适机适度地建设符合中国国情与特色的、具有较大国际影响力的国际大都市。①坚定不移地实施国际化战略，把建设国际大都市作为我国城市发展的长期战略目标。确保中国在更大范围、更广领域和更高层次参与全球合作与竞争，争取更多的主动权，成为全球城市体系和全球产业体系中无可替代的重要节点。②正确处理好"渐进"与"跃进"的关系，循序渐进地建设国际大都市。长远规划，量力而行，分步实施，避免冒进，避免脱离实际，避免急功近

利和急于求成。③正确处理好"本土化"与"国际化"的关系，立足国情，放眼国际，土洋结合，中西合璧，建设符合国际标准且具有中国特色的国际大都市。④正确处理好"造势"与"造市"的关系，把大张旗鼓的宣传造势和脚踏实地的城市建设有机结合起来，协调好长远目标和近期行动之间的关系，科学求是地建设国际大都市。⑤正确处理好"专业性"与"综合性"的关系，本着先易后难的原则，先期建成专业性国际大都市，然后逐步建成为综合型国际大都市。⑥正确处理好"官政"与"民生"的关系，把建设国际大都市和切实改善民生紧密结合起来，使国际大都市真正起到"藏富于民"的作用，成为人民宜居乐业的国际大都市。⑦学会在全球化里准确定位城市，在城市里根植全球化的现代元素。推进城市的国际化进程及品牌建设，使城市在国际化竞争中永葆竞争力和影响力。

（四）通过国际大都市和国际性城市建设，形成中国城市发展的国际化格局

在全球化大背景下，我国建设国际大都市首先要从相关重大科学问题的综合研究做起，逐步构建等级有序的中国国际化城市体系，打造国际化服务平台，增强城市的综合经济实力和国际化职能，不断引进高端国际人才，形成有利于国际大都市建设的经济环境、制度环境和政策环境。

（1）建议构建由 30 个城市组成的国际大都市建设体系，并选择典型城市开展先行示范。按照国际大都市的建设条件与标准，通过综合分析比较，初步判断我国在未来 20～50 年之后有可能建成 30 个左右的国际大都市，包括 3 个世界城市（香港-深圳-澳门、上海和北京）、12 个国际大都市（广州-佛山、天津、重庆、南京、沈阳、成都、武汉、西安、杭州、青岛、大连、厦门）和 15 个国际性城市（苏州、南宁、哈尔滨、长春、昆明、海口、宁波、温州、长沙、合肥、济南、福州、乌鲁木齐、郑州、唐山），形成由世界城市、国际大都市、国际性城市三个层级组成的中国国际大都市建设体系。为了落到实处，建议分别选择 1～2 个世界城市、2～3 个国际大都市和 3～5 个国际性城市先行示范，取得成功经验后再向其他

城市推广。

（2）建议进一步扩大对外开放，不断提升城市建设的国际能级和综合经济实力。以全球化的战略眼光进一步加大我国对外开放力度、广度和深度，积极探索建立与国际经济规则相适应的体制机制，打造国际化服务平台，不断优化国际化大都市建设的投资环境。顺应全球经济由制造业经济向服务型经济的战略转变，大力发展处在价值链高端的先进制造业和以金融保险、现代物流等为主的生产性服务业，逐步提升国际大都市建设的综合实力和国际竞争力，把我国国际大都市建成全球产业链上不可或缺的战略节点，成为全球核心价值链上的利益共享城市。

（3）建议积极搭建现代国际文化交流平台，提升国际大都市建设的文化软实力和国际知名度。具有独特魅力的城市文化是国际大都市参与国际竞争的巨大优势，要深入挖掘国际文化交流史，提升国际大都市的文化品位；树立开放包容的理念，积极搭建现代国际文化交流平台，推动国际文化交往向纵深和更广领域发展；不断培育具有国际影响力的特色文化功能，提升国际大都市的文化软实力和国际知名度。

（4）建议逐步优化国际大都市建设的行政管理体系与经济环境。进一步深化体制改革，突破国际大都市建设的制度性约束，加快建立与国际经济接轨的现代市场经济体制，不断优化发展环境和制度环境，建立与国际接轨的政府服务与国际化行政管理体系、城市创新体系和社会诚信体系，形成符合国际通行惯例的国际大都市行政管理体系、良好的经济环境与国际化的制度环境。

（5）建议积极引进和培养国际大都市建设的高端人才。建设国际大都市的关键在人才，既包括市民整体素质的提升和市民现代精神的塑造，也包括国际化专业人才的内部培养和外部引进。各类调查资料显示，我国城市在国际化进程中，市民整体素质的提升和国际人才的凝聚力，已经成为制约国际大都市建设的主要瓶颈。为此，要以"柔性流动"为契机，创造更为宽松的氛围，重点引进处在国际产业链高端的国际专业人才，让人才特别是国际化人才在国际大都市建设中发挥重要作用。

三、实施生态优先战略，建设生态城市，形成城市发展生态安全格局

（一）安全的生态城市建设格局是我国推进生态文明制度建设的战略重点

按照城镇化发展的阶段性规律判断，我国已进入城市化快速发展的中期阶段[7]，2013 年我国城镇化水平达到 53.73%，比同期世界平均水平高出 1.5 个百分点，但我国城镇化发展质量低，整体处在亚健康状态，城市病正在进入高发高危期[8-9]，未来新型城镇化面临日益严峻的资源与生态环境压力[10-12]。在这种情况下，党的十八大报告明确提出要大力推进生态文明建设，着力推进绿色发展、循环发展和低碳发展，促进生产空间集约高效、生活空间宜居适度、生态空间山清水秀，构建科学合理的城市化格局、农业发展格局和生态安全格局，为人民创造良好生产生活环境，为全球生态安全作出贡献。

2013 年 12 月首次召开的中央城镇化工作会议进一步提出推进以人为核心的城镇化，提高城镇人口素质和居民生活质量，要坚持生态文明，着力推进绿色发展、循环发展和低碳发展。2014 年 3 月实施的《国家新型城镇化规划（2014—2020 年）》再次将生态文明和绿色低碳作为主导原则，推动形成绿色低碳的生产生活方式和城市建设运营模式，推动城镇化发展由高资源消耗、高碳排放、高环境污染、低综合效应的"三高一低"粗放型模式转变为低资源消耗、低碳排放、低环境污染、高综合效应的"三低一高"集约型模式。严峻的现实和国家发展战略的转变要求未来城市发展必须走低碳生态城市发展道路。

（二）我国生态城市和生态示范区建设正在形成良好的生态安全网络格局

经过了近 20 年的认识、研究、探索、示范和局部试点历程，我国生态城市建设从概念转向示范试点，已取得了显著成效，对指导未来我国生态城市建设积累了成功案例和宝贵经验。据不完全统计，截至 2014 年 10 月，全国提出"生态城市"建设目标的城市达到 240 个，正在建设 94 个生态示范市（县、区）、528 个生态示范区和 85 个国家生态工业园区（图 11.3）。

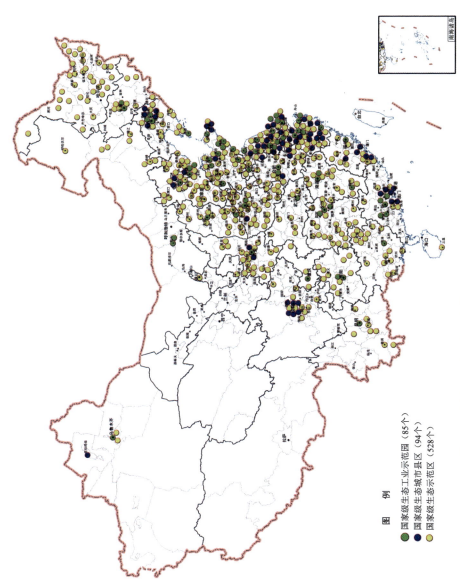

图 11.3　中国生态城市与生态园区试点建设网络格局分布图

图　例

- 国家级生态工业示范园（85个）
- 国家级生态城市县区（94个）
- 国家级生态示范区（528个）

（1）从生态示范市（县、区）建设情况分析，据不完全统计，2006年以来到2014年9月底，全国正在创建的国家级生态市（县、区）达94个，其中，2006年国家环境保护部公布6个，2008年公布5个，2011年公布27个，2013年1月公布17个，2013年11月公布39个。就省份来说，东部地区的江苏、浙江两省最为典型。至2014年，江苏全省几乎每个地级市都有生态市（县、区）建设，自2006年，国家在江苏已经批准了37个生态市（县、区）建设，占总数量的1/3之多。其次是浙江，8年来浙江共有16个国家生态市（县、区）建设试点。江苏、浙江两省生态市（县、区）试点数量占总数的1/2以上。其他省份试点生态市（县、区）的数量依次为辽宁8个，四川7个，广东6个，福建5个，安徽3个，山东4个，北京2个，陕西2个，上海1个，天津1个，新疆1个，河南1个。

（2）从生态示范区建设状况分析，2000年由国家环境保护部开展第一批33个国家级生态示范区试点以来，到2011年第七批139个生态示范区建设，全国共建了528个生态示范区。这些生态示范区对推动生态城市建设、保护城乡生态环境起到了重要作用。

（3）从生态工业园区建设状况分析，自2000年以来国家批准建设的国家生态工业示范园区共85家，在85家国家生态工业园区中，其中通过验收批准命名的国家生态工业示范园区达到26家，59家正在示范建设。苏州工业园区国家生态工业示范园区、苏州高新技术产业开发区国家生态工业示范园区和天津经济技术开发区国家生态工业示范园区成为国家环境保护部在2008年首批通过验收命名的3家生态工业示范区，之后，2010年通过8家，2011年3家，2012年3家，2013年5家，2014年4家。

未来生态城市建设以城市总体生态环境的优化为出发点和归宿，以方便、和谐、宜居、低碳为目标，始终紧扣生态友好与生态文明建设的主线，谋求城市经济社会发展的生态化，构建生态型产业体系，这是走中国特色的生态城镇化道路，推动我国城市经济社会可持续发展的必然抉择，也是推动整个地球健康可持续发展、构建和谐安宁的生态世界的必然抉择。

四、大力发展智慧产业，建设智慧城市，形成城市发展智慧网络格局

智慧城市是新一代信息技术支撑、知识社会新一代创新（创新 2.0）环境下的城市形态。智慧城市基于物联网、云计算等新一代信息技术以及维基、社交网络、Fab Lab、Living Lab、综合集成法等工具和方法的应用，营造有利于创新涌现的生态，实现全面透彻的感知、宽带泛在的互联、智能融合的应用以及以用户创新、开放创新、大众创新、协同创新为特征的可持续创新。

（一）《国家新型城镇化规划》提出加快推进智慧城市建设

2014 年 3 月 16 日发布的《国家新型城镇化规划（2014—2020 年）》明确提出，要推进智慧城市建设。统筹城市发展的物质资源、信息资源和智力资源利用，推动物联网、云计算、大数据等新一代信息技术创新应用，实现与城市经济社会发展深度融合。强化信息网络、数据中心等信息基础设施建设。促进跨部门、跨行业、跨地区的政务信息共享和业务协同，强化信息资源社会化开发利用，推广智慧化信息应用和新型信息服务，促进城市规划管理信息化、基础设施智能化、公共服务便捷化、产业发展现代化、社会治理精细化。

与此同时，国家建设部推进了 214 个智慧城市试点，国家科技部推进了 20 个智慧城市试点，试点目标是让城市不得病、少得病、快治病，实现便民、利民、惠民。在开展试点的基础上，一系列智慧城市建设项目纷纷落地投产，银江股份有限公司获得了 30 亿元观山湖智慧城市大单，中国工程院立项投资 2 万亿元建设智慧城市，华录集团有限公司获天津逾 7 亿元智慧城市项目，延华智能科技（集团）股份有限公司与遵义签订 10 亿元智慧城市，中国智慧城市系统服务集团公司获得浏阳河 100 亿元智慧低碳产城融合示范区建设项目，等等。可见，智慧产业是城市未来发展的支撑产业，智慧城市是未来中国城市发展的一个新的重要方向，是城市发展进入到高级阶段的产物，它将直接影响着中国城市发展的空间格局。

（二）大力发展智慧产业，作为支撑未来中国城市发展的新支撑产业

为了加快智慧城市建设，建议依托网络通信技术、信息采集与物联网技术、云计算技术、"3S"技术、三维可视化与虚拟现实技术、安全维护技术等智慧产业发展的关键技术，大力发展智慧产业，包括智慧服务业、智慧制造业和智慧农业等多种行业，将其作为支撑未来中国城市发展的新支撑产业。

（1）大力发展智慧服务业。智慧服务业是智慧城市建设和智慧产业发展的核心内容，包括智慧交通、智慧医疗、智慧政务、智慧金融、智慧教育、智慧旅游、智慧管理（主要是对基础设施和能源的管理）和智慧安防等，这是智慧城市建设最重要的产业支撑，涵盖智慧城市建设的多种智慧服务。

（2）积极发展智慧制造业。智慧制造业是在传统和新兴制造业中使用了先进的新兴信息技术、系统工程技术与制造技术，以及为制造全生命周期活动中的人、物、环境进行智慧化的感知、互联、协同和智能处理的技术，形成相互融合产业链和生态圈，包括智能制造产品、智能制造服务、智能制造装备、智能制造系统等。

（3）兼顾发展智慧农牧业。智慧农业是集新兴的互联网、移动互联网、云计算和物联网技术为一体，依托部署在农业生产现场的各种传感节点（环境温湿度、土壤水分、二氧化碳、图像等）和无线通信网络实现农业生产环境的智能感知、智能预警、智能决策、智能分析、专家在线指导，为农业生产提供精准化种植、可视化管理、智能化决策，包括智慧种植业、智慧林业、智慧畜牧业和智慧渔业等。

（4）实时发展智慧云（计算）产业。云计算产业在传统的 IT 产业、通信产业、广电传媒和互联网产业相互融合中产生。针对全球云计算产业正在蓬勃兴起的趋势，延伸智慧城市建设中的智慧云计算产业链，建设智慧云计算产业园，发展以云计算数据中心、云计算平台为主的云计算产业，做好产业

链各核心环节建设。加快与云计算有关的基础设施建设，建设智慧云计算数据中心，搭建智慧云计算平台。

（三）积极建设智慧城市，形成中国城市发展的智慧网络格局

为规范和推动智慧城市的健康发展，构筑创新 2.0 时代的城市新形态，引领中国特色的新型城市化之路，2012 年 12 月,住房和城乡建设部正式印发了《国家智慧城市试点暂行管理办法》和《国家智慧城市（区、镇）试点指标体系（试行）》两个文件，启动了国家智慧城市试点工作。按照住房和城乡建设部 2012 年 12 月发布的《关于开展国家智慧城市试点工作的通知》，经过地方城市申报、省级住房和城乡建设主管部门初审、专家综合评审等程序，2013 年 1 月住房和城乡建设部公布了首批国家智慧城市试点共 90 个，其中地级市 37 个，区（县）50 个，镇 3 个。2013 年 5 月，启动了第二批 103 个城市(区、县、镇)国家智慧城市试点。2013 年 10 月科技部也开展了 20 个智慧城市试点，如图 11.4 和表 11.1 所示。

顺应第三次工业革命的到来，智慧城市作为未来城市发展的新形态，随着试点城市的增多和建设经验的积累，我国将有更多城市向智慧城市迈进。为了建设好智慧城市，建议集成引进国际国内最先进的智慧技术、信息技术、互联网技术、云计算技术、大数据技术、低碳技术等高科技技术，着重发展智慧农业、智慧制造业、智慧服务业等智慧产业，构建智慧型产业体系，将智慧城市与智慧产业有机融合，优化发展智慧生态空间，智慧生产空间和智慧生活空间，形成"三生"智慧空间优化组合的新模式，形成产城融合程度高的示范区，以城促产，以产促城，避免出现城市建设的空心化和产业发展的空心化。

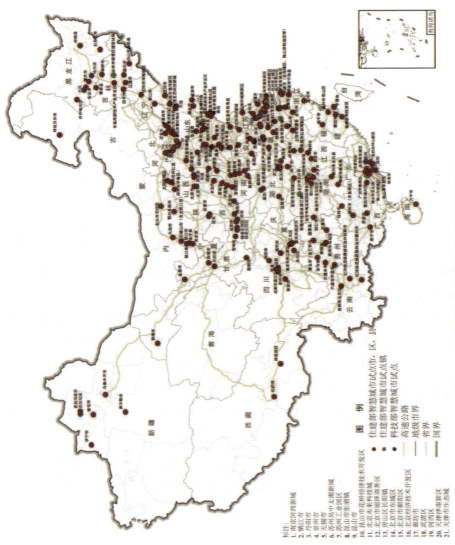

图11.4 中国智慧城市试点建设空间网络格局

表 11.1　全国智慧城市试点统计表

省市自治区名称	住建部第一批试点 2013 年 1 月	住建部第二批试点 2013 年 5 月	科技部第一批试点 2013 年 10 月	小计
北京市	北京东城区、朝阳区、北京未来科技城、北京市丽泽商务区	北京经济技术开发区、房山区长阳镇		6
天津市	天津津南新区、天津市生态城	武清区、河西区		4
上海市	浦东新区			1
重庆市	重庆市南岸区、两江新区	永川区、江北区		4
河北省	石家庄市、秦皇岛市、廊坊市、邯郸市、迁安市、北戴河新区	唐山市曹妃甸区、唐山市滦南县、保定市博野县		9
山西省	太原市、长治市、朔州市平鲁区	阳泉市、大同市城区、晋城市、朔州市怀仁县	太原市、阳泉	9（重2）
内蒙古自治区	乌海市	呼伦贝尔市、鄂尔多斯市、包头市石拐区		4
黑龙江省	肇东市、肇源县、桦南县	齐齐哈尔市、牡丹江市、安达市	哈尔滨市、大庆市	8
吉林省	辽源市、磐石市	四平市、榆树市、长春高新技术产业开发区、白山市抚松县、吉林市船营区搜登站镇		7
辽宁省	沈阳市浑南新区、大连生态科技新城、沈阳市沈河区、铁西区、沈北新区	营口市、庄河市、大连市普湾新区	大连市	8
山东省	东营市、威海市、德州市、新泰市、寿光市、昌邑市、肥城市、济南西区	烟台市、曲阜市、济宁市任城区、青岛市崂山区、青岛高新技术产业开发区、青岛中德生态园、潍坊市昌乐县、平度市明村镇	青岛市、济南市	18
江苏省	无锡市、常州市、镇江市、泰州市、南京河西新城、苏州工业园区、盐城市城南新区、昆山市花桥经济技术开发区、昆山市张浦镇、常州市新北区、南京市高淳区、麒麟科技创新园（生态科技城）	南通市、丹阳市、苏州吴中太湖新城、宿迁市洋河新区、昆山市、徐州市丰县、连云港市东海县	南京市、无锡市、扬州市	22（重1）

续表

省市自治区名称	住建部第一批试点 2013 年 1 月	住建部第二批试点 2013 年 5 月	科技部第一批试点 2013 年 10 月	小计
安徽省	芜湖市、铜陵市、蚌埠市、淮南市	阜阳市、黄山市、淮北市、合肥高新技术产业开发区、宁国港口生态工业园区、六安市霍山县	合肥市	11
浙江省	温州市、金华市、诸暨市、杭州市上城区、宁波市镇海区	杭州市拱墅区、杭州市萧山区、宁波市（含海曙区、梅山保税港区、鄞州区咸祥镇）、宁波市宁海县、临安市昌化镇		12
福建省	南平市、平潭市、福州市苍山区	莆田市、泉州台商投资区		5
江西省	萍乡市、南昌市红谷滩新区	新余市、樟树市、共青城市、上饶市婺源县		6
河南省	郑州市、鹤壁市、漯河市、济源市、新郑市、洛阳新区	许昌市、舞钢市、灵宝市		9
湖北省	武汉市、武汉市江岸区、武汉市蔡甸区	黄冈市、咸宁市、宜昌市、襄阳市	武汉市、襄阳市	9（重 2）
湖南省	株洲市、韶山市、株洲市云龙示范区、浏阳市柏加镇、长沙市梅溪湖国际服务区、长沙大河西先导区洋湖生态新城和滨江商务新城	岳阳市岳阳楼区、长沙市长沙县、郴州市永兴县、郴州市嘉禾县、常德市桃源县漳江镇		11
广东省	珠海市、广州市番禺区、广州市萝岗区、深圳市坪山新区、佛山市顺德区、佛山市乐从镇、佛山市南海区	肇庆市端州区、东莞市东城区、中山翠亨新区	深圳市、惠州市	12
海南省	万宁市			1
广西壮族自治区		南宁市、柳州市（含鱼峰区）、桂林市、贵港市		4
云南省	昆明市五华区	红河哈尼族彝族自治州蒙自市、红河哈尼族彝族自治州弥勒市		3
贵州省	铜仁市、六盘水市、贵阳市乌当区	贵阳市、遵义市（含仁怀市、湄潭县）、毕节市、凯里市、六盘水市盘县		8

续表

省市自治区名称	住建部第一批试点 2013 年 1 月	住建部第二批试点 2013 年 5 月	科技部第一批试点 2013 年 10 月	小计
甘肃省		兰州市、金昌市、白银市、陇南市、敦煌市		5
四川省	雅安市、成都市温江区、郫县	绵阳市、遂宁市、崇州市	成都市	7
西藏自治区	拉萨市	林芝地区		2
陕西省	咸阳市、杨凌示范区	宝鸡市、渭南市、延安市	西安市、延安市、杨凌示范区	8 (重 2)
宁夏回族自治区	吴忠市	银川市、石嘴山市（含大武口区）、银川市永宁县		4
新疆维吾尔自治区	库尔勒市、奎屯市	乌鲁木齐市、克拉玛依市、伊宁市	克拉玛依市	6 (重 1)
全　国	99 个 （50 个市，43 个区，3 个县，3 个镇）	103 个 （56 个市，27 个区，15 个县，5 个镇）	20 个 （19 市，1 区）	222 个 (重 8)
	214 个（118 个市，70 个区、18 个县、8 个镇）			

五、有序发展低碳产业，建设低碳城市，逐步形成低碳城市建设格局

（一）我国应对气候变化的减碳承诺倒逼城市可持续发展必须建设低碳城市

中国是世界上碳排放最多的国家之一，2010 年碳排放量约为 60 亿 t[13]，2014 年 9 月 21 日，国际学术期刊《自然-地球科学》发表文章指出，2013 年中国碳排放超过欧盟和美国的总和，达到 100 亿 t。同时，中国的人均碳排放量首次超过欧盟，达到 7.2t，但仍不及美国的一半（16.4t）。澎湃新闻（www.thepaper.cn）查阅原文后发现，该文章同时指出，尽管中国碳排放量近年来急速增加，但 1870～2013 年，中国 143 年的碳排放总量不及同时期美国碳排放总量的一半，也不及欧盟碳排放总量的一半。虽然如此，2007 年 APEC 会议期间，国家首次提出发展低碳经济，研发低碳能源技术、促进碳吸收技术发展的战略主张，2009 年哥本哈根会议期间中国政府承诺"到 2020 年将单位 GDP CO$_2$ 排放量比 2005

年下降 40%~45%"的目标，2011~2015 年的国家"十二五"规划纲要也提出单位 GDP CO_2 排放量降低 17%的目标。实现这一减排目标和承诺，首先要从城市抓起，因为城市作为人类最主要的聚居地，是能源消耗和二氧化碳等温室气体排放的主体和集中地，也是人类验证"低碳经济"和"低碳社会"理论、实现低碳发展的首要领地，建设低碳城市就成了未来中国应对全球气候变暖、减少温室气体排放、实现城市可持续发展的唯一选择。

（二）我国低碳城市与低碳园区建设现状与建设格局

（1）我国低碳城市通过两轮 36 个试点，积累了成功经验模式。2007 年日照市成为应对气候变化首批加入"气候中和"网络的中国城市，并因"太阳能之城"发展战略的显著成效获得首届"世界清洁能源奖"。2008 年 1 月，国家住房和城乡建设部与世界自然基金会（WWF）以河北保定市和上海市为试点，联合推出"低碳城市"发展示范项目，标志着低碳城市建设在我国正式起步。2010 年 8 月，国家发展和改革委员会启动了低碳省份和低碳城市试点工作，在广东、辽宁、湖北、陕西、云南 5 省和天津、重庆、深圳、厦门、杭州、南昌、贵阳和保定 8 市进行探索性实践。2012 年 11 月 29 日，国家发展和改革委员会下发了《关于开展第二批国家低碳省区和低碳城市试点工作的通知》，决定在第一批试点的基础上，进一步稳步推进低碳试点示范，确立了包括北京市、上海市、海南省和石家庄市、秦皇岛市、晋城市、呼伦贝尔市、吉林市、大兴安岭地区、苏州市、淮安市、镇江市、宁波市、温州市、池州市、南平市、景德镇市、赣州市、青岛市、济源市、武汉市、广州市、桂林市、广元市、遵义市、昆明市、延安市、金昌市和乌鲁木齐市 29 个城市和省份成为我国第二批低碳城市试点。至此，我国已确定了 6 个省份低碳试点，36 个低碳试点城市，大陆 31 个省（自治区、直辖市）当中除湖南、宁夏、西藏和青海以外，每个地区至少有一个低碳试点城市（图 11.5）。在 42 个国家低碳试点省份和城市中，东部沿海地区 22 个，西部地区 12 个，中部地区 8 个，反映出当前我国低碳试点省份和城市建设主要集中于东部地区，中部地区所占份额还偏小，低碳试点省份和城市建设在区域上存在着明显的差异。

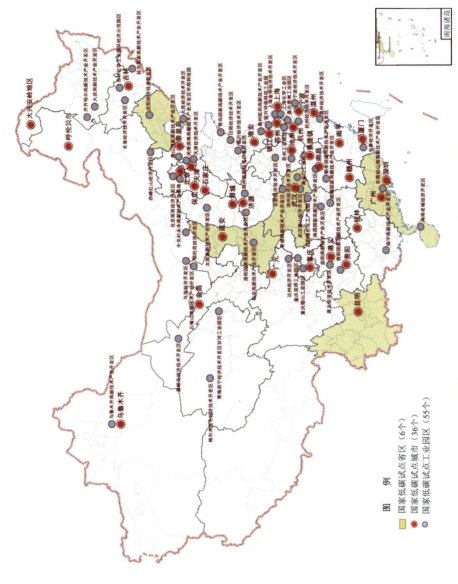

图11.5　中国低碳城市与低碳工业园区试点网络格局分布图

在开展低碳城市试点的同时，为了普及全社会对建设低碳城市的认识，鼓励各地建设低碳城市的积极性，2011 年经国家领导人批示，由中共中央宣传部直属的经济日报社和中国科学院地理科学与资源研究所方创琳教授团队共同开展了国内第一次中国低碳城市的综合评估，编制完成了首部《中国低碳城市发展评估报告》，报告采用定性与定量相结合方法，选择全国省会城市和低碳城市试点市共 42 个城市作为评估对象，建立了由低碳能源、低碳经济、低碳社会、低碳环境和低碳技术 5 个二级指标 19 个三级指标组成的评估体系，最后评选出全国十大低碳城市，即三亚市、厦门市、杭州市、大连市、贵阳市、南昌市、无锡市、南宁市、保定市、长春市，评选成果于 2011 年 12 月 28 日在人民大会堂公开发布并颁奖[14]。这一活动极大地鼓舞了中国建设低碳城市的决心和信心。

（2）以 55 个低碳工业园区试点为主导的低碳产业发展正在进行。为了贯彻落实《国务院关于印发"十二五"控制温室气体排放工作方案的通知》和《工业领域应对气候变化行动方案（2012—2020 年）》，2014 年 7 月 7 日工业和信息化部、国家发展和改革委员会以工信部联节〔2014〕287 号文件联合组织开展了第一批 55 家国家试点低碳工业园区，其中东部地区 24 个，中部地区 21 个，西部地区 10 个。试点低碳工业园区主要集中在中东部地区，所占比例达 82%，大陆 31 个省（自治区、直辖市）中除西藏和云南外，每个地区至少有一个国家低碳工业示范园区。这些低碳工业园区对推进工业低碳转型、发展低碳产业，推进经济社会活动的低碳化和构建低碳社会作出了重要贡献。

（3）以 1000 个低碳社区试点为主导的低碳社会建设全面推开。除低碳工业园区外，为积极探索新型城镇化道路，加强低碳社会建设，倡导低碳生活方式，推动社区低碳化发展，2014 年 3 月 21 日国家发展和改革委员会发布了《关于开展低碳社区试点工作的通知》（发改气候〔2014〕489 号）。低碳社区是指通过构建气候友好的自然环境、房屋建筑、基础设施、生活方式和管理模式，降低能源资源消耗，实现低碳排放的城乡社区。重点在地级以上城市开展低碳社区试点工作。到"十二五"末，全国开展的低碳社区试点争取达到 1000 个左右，择优建设一批国家级低碳示范社区。重点在以低碳理念统领社区建设全过程、培育低碳文化和低碳生活方式、探索推行低碳化运营管理模式、推广节能建筑和绿色建筑、建设高效低碳的基础设施、营造优美宜居的社区环境六大方面开展示范，并制定了《低碳社区试点建设指南》和《低碳社区试点评价指标体系》，研究低碳社区碳减排量核算方法学。通过开展低碳社区试点，将低碳理念融入社区规划、建设、管理和居民生活之中，探索有效控制城乡社区碳排放水平的途径，对于实现我国控制温室气体排放行动目标，推进生态文明和"美丽中国"建设具有重要意义。

（三）我国建设低碳城市是一个立足国情的长期过程，绝不能盲目跟风

在我国建设低碳城市之所以需要立足国情，需要很长时期的原因有以下三点：一是我国目前 70% 的化石能源结构在未来 20～30 年无法降低和改变，能源消费量在增大。1980～2013 年中，中国能源生产量年均增速为 5.0%，而能源消费量的增长速度则为 5.6%，2013 年能源消费量达到 37.6 亿 t，增速 3.9%，占全球能源消费总量的 22.4%，而能源生产量 34 亿 t，增速 2.4%，能源供应缺口在拉大，进口依存度在提高。不仅如此，能源消费结构中，化石能源消费比例高达 70% 左右，这一比例在未来 20～30 年无法降低到 40%～50%，尽管我国采取多种政策支持可再生能源的发展，但这一比例目前还是很低。由于高排碳的能源结构无法改变，我国将在今后一段时期内无法建成真正意义上的低碳城市。二是中国处在重化工业阶段，高碳产业比例大，三次产业中，2013年第二产业比例达到 43.9%，这一比例在未来 10～20 年转型艰难。三是中国处在城镇化中期快速成长阶段，高排碳设施和人口多，20～30 年转变难。由于以上三点原因，在未来中国经济增长保持 7% 左右的增长速度的前提下，在中国发展低碳产业，建设低碳城市，需要立足国情，有序发展低碳产业，试点建设低碳城市，绝不能盲目跟风，一味向西方发达的后工业化国家和高度清洁能源的国家学习，盲目轻信一些国际组织的说法和做法。

六、实施文化传承战略，建设历史文化名城，形成城市文化繁荣格局

《国家新型城镇化规划（2014—2020 年）》的总体指导思想就是走以人为本、四化同步、优化布局、生态文明、文化传承的中国特色新型城镇化道路。提出要发掘城市文化资源，强化文化传承创新，把城市建设成为历史底蕴厚重、时代特色鲜明的人文魅力空间。加强历史文化名城名镇、历史文化街区、民族风情小镇文化资源挖掘和文化生态的整体保护，传承和弘扬优秀传统文化，推动地方特色文化发展，保存城市文化记忆。促进传统文化与现代文化、本土文化与外来文化交融，形成多元开放的现代城市文化。可见，文化是城市之魂，没有文化的城市是不可持续发展的城市。

根据《中华人民共和国文物保护法》，历史文化名城是指"保存文物特别丰富，具有重大历史文化价值和革命意义的城市"。这些城市，有的曾被各朝帝王选作都城；有的曾是当时的政治、经济重镇；有的曾是重大历史事件的发生地；有的因拥有珍贵的文物遗迹而享有盛名；有的则因出产精美的工艺品而著称于世。它们的留存，为今天的人们回顾中国历史打开了一个窗口。截至 2014 年 8 月底，我国已将 125 座城市列为中国历史文化名城，将 181个镇列为国家历史文化名镇，将 169 个村列为国家历史文化名村，分布范围已覆盖全国 31 个省（自治区、直辖市）。这些历史文化名城名镇名村反映了我国不同地域、不同民族、不同经济社会发展阶段聚落形成和演变的历史过程，真实记录了传统建筑风貌、优秀建筑艺术、传统民俗民风和原始空间形态，具有很高的研究和文化传承价值。

未来中国城市的发展一方面要大力弘扬华夏文化，保护和建设好中国历史文化名城、名镇、名村，赋予每个城市浓厚的文化底蕴，通过文化名市提升城市的知名度和美誉度，改善城市人文环境；另一方面大力发展城市文化创意产业，建设一批文化产业集聚区和文化产业基地，促进中国城市文化产业大发展大繁荣，最终形成具有浓烈文化特色、丰富文化内涵和华夏文化符号的城市空间发展格局。

第二节　城市发展空间格局优化的政策建议

在以人为本的新型城镇化大背景下，优化城市发展空间格局需要处理好七大关系，即人地关系（人与自然的关系）、人文关系（人与文化传承的关系）、人居关系（人与居住环境的关系）、人流关系（人口流动带动生产要素的流动、信息的流动等）、人财关系（人的城镇化是花钱的，地的城镇化是赚钱的）、人保关系（保障就业、保障基本公共服务均等化、保障居民生活质量改善，保障教育、医疗等）和人人关系（城里人与乡里人的关系）。处理好上述七大关系，需要制定一系列配套政策，包括合理的人口流动与户口迁移政策、有序的城市产业转移政策、差异化的城市发展政策、稳健的设市试点政策、多元化的投资政策等。

一、制定合理的人口流动与户口迁移政策，优化城市规模结构格局

2014 年 7 月 24 日，国务院以国发〔2014〕25 号文件下发了《关于进一步推进户籍制度改革的意见》，提出进一步调整户口迁移政策，统一城乡户口登记制度，全面实施居住证制度，推动大中小城市和小城镇协调发展、产业和城镇融合发展。统筹户籍制度改革和相关经济社会领域改革，合理引导农业人口有序向城镇转移，有序推进农业转移人口市民化。为了贯彻落实国务院关于城乡人口流动和户口迁移的有关政策，需要采取如下措施优化城市等级规模结构，提升中小城市和小城镇的人口集中度和规模水平。

（一）严格控制特大城市人口规模，合理确定大城市落户条件

按照国务院《关于进一步推进户籍制度改革的意见》，改进城区人口 500 万以上的城市现行落户政策，建立完善积分落户制度。根据综合承载能力和经济社会发展需要，以具有合法稳定就业和合法稳定住所（含租赁）、参加城镇社会保险年限、连续居住年限等为主要指标，合理设置积分分值。

按照总量控制、公开透明、有序办理、公平公正的原则，达到规定分值的流动人口本人及其共同居住生活的配偶、未成年子女、父母等，可以在当地申请登记常住户口。在城区人口100万～300万的城市合法稳定就业达到一定年限并有合法稳定住所（含租赁），同时按照国家规定参加城镇社会保险达到一定年限的人员，本人及其共同居住生活的配偶、未成年子女、父母等，可以在当地申请登记常住户口。城区人口300万～500万的城市，要适度控制落户规模和节奏，可以对合法稳定就业的范围、年限和合法稳定住所（含租赁）的范围、条件等作出较严格的规定，也可结合本地实际，建立积分落户制度。大城市对参加城镇社会保险年限的要求不得超过5年。

（二）有序放开中等城市落户限制，全面放开建制镇和小城市落户限制

在城区人口50万～100万的城市合法稳定就业并有合法稳定住所（含租赁），同时按照国家规定参加城镇社会保险达到一定年限的人员，本人及其共同居住生活的配偶、未成年子女、父母等，可以在当地申请登记常住户口。城市综合承载能力压力小的地方，可以参照建制镇和小城市标准，全面放开落户限制；城市综合承载能力压力大的地方，可以对合法稳定就业的范围、年限和合法稳定住所（含租赁）的范围、条件等作出具体规定，但对合法稳定住所（含租赁）不得设置住房面积、金额等要求，对参加城镇社会保险年限的要求不得超过3年。在县级市市区、县人民政府驻地镇和其他建制镇有合法稳定住所（含租赁）的人员，本人及其共同居住生活的配偶、未成年子女、父母等，可以在当地申请登记常住户口。

（三）优化城市规模结构，提升中小城市和小城镇的人口集中度和规模水平

通过实施严格控制特大城市人口规模、合理确定大城市落户条件、有序放开中等城市落户限制、全面放开建制镇和小城市落户限制等户籍迁移政策，逐步疏解超大城市、特大城市和大城市过密过多的人口规模，引导农业人口重点向中小城市和小城镇集聚，逐步提升中小城市和小城镇的人口集中度和

规模水平，进一步优化城市发展的规模等级结构，形成大中小城市协调发展的新金字塔型空间组织格局。从根本上缓解"大城市病"和"小城镇病"，确保国家城镇化健康发展。

二、制定有序的城市产业转移政策，优化城市职能结构格局

根据城市职能结构优化目标，未来我国城市职能结构格局优化方向与重点为，推动城市由单一职能城市转变为综合职能城市，由中低端传统工业转变为中高端战略新型产业，由资源型城市转变为资本密集型城市和知识密集型城市，由传统城市向智慧城市、低碳城市迈进。

围绕上述重点，一方面制定优惠的产业转移政策，鼓励特大城市和大城市将劳动密集型和资本密集型产业有序转移到中小城市和小城镇，在中小城市和小城镇建设一批产城融合的示范区，提升中小城市和小城镇的产业集中度和就业水平，吸引更多的农业人口就近就地转移到中小城市和小城镇，实现城市职能结构格局优化的目标；另一方面采取有效的产业升级转型政策，提升特大城市和大城市产业结构升级步伐和技术水平，促使大城市产业发展的高级化、国际化和信息化，使得特大城市和大城市成为全球产业链、全球供应链和全球价值链上不可或缺的节点城市。三是创造条件，接受国际产业转移，推进城市职能结构调整优化实现跨越式发展。

三、制定差异化的城市发展政策，优化城市空间结构格局

对于东部地区的城市，重点从疏解城市过密人口、控制城市拓展总量、治理城市环境污染、全面提升城市发展质量、增强城市的综合服务功能、加快城市发展的国际化步伐和产业升级步伐等方面提出差异化的发展政策。

对于中部地区的城市，重点从合理引导城市人口适度集聚、适度控制城市拓展总量、治理城市环境污染、稳步提升城市发展质量、逐步增强城市的综合服务功能、加快城市发展的产业升级步伐等方面提出差异化的发展政策。

对于西部地区的城市，重点从吸引农业人口向大城市和中小城市集聚、适度拓展城市发展空间边界、保护城市生态环境、努力提升城市发展质量、

增强城市的辐射带动功能和综合服务功能、完善城市的基础设施和公共服务设施等方面提出差异化的发展政策，提升中西部地区城市的产城融合度和城镇化水平。

通过制定东部、中部、西部地区差异化的城市发展政策，形成东部、中部、西部地区城市协调发展的空间格局，形成点、线、轴、面、区、网组成的城市空间结构格局。

四、稳步推进设市试点，形成公平包容与均衡合理的行政区划格局

中国共产党的十八届三中全会通过的《中共中央关于全面深化改革若干重大问题的决定》（简称《决定》），提出完善设市标准，严格审批程序，对具备行政区划调整条件的县可有序改市。随后，国务院民政部立即按照《决定》制定新的设市标准。在获知国家撤县设市"解禁"信息后，全国各省（自治区、直辖市）纷纷结合各地实际编制了本省的推进新型城镇化规划，制定了各自的行政区划调整方案，从各自辖区内遴选了一批具备行政区划调整条件的县市，积极筹备撤县设市、撤县（市）设区工作。

依据"充分考虑城市发展基础、着重依据国家战略引导、切实符合区域发展需求、适当照顾地区平衡发展"的总体思路，针对地级市、民族自治市和县级市的行政设置特征，设计不同的增选方法，增加32个地级城市，使地级市数据增加到318个；增加县级市数量108个，使县级市数量增加到448个，其中包括新增10个民族自治市；到2030年，中国版图内形成由770个行政设市城市构成的公平包容与均衡合理的城市空间新格局。

为了实现中国行政区划调整和设市的上述目标，建议国家相关部门制定新的设市标准，有序推进撤地设市、撤县设市和撤镇设市的不同层级设市城市试点，在试点基础上，逐步推开，有序进行，确保设市工作稳定进行。

五、引进民间资本，降低城市负债风险，形成多元化投资格局

在地方政府负债日益严重的大环境下，建议充分发挥市场机制的作用，鼓励符合市场规律并能够真正促进地方经济、社会、环境可持续发展

的资源要素在城市规划建设过程中充分发挥作用。一方面采取银-企-政和产-学-研合作的市场化融智、融商、融资模式，与国家开发银行等商业金融结构合作，创新一种完全市场化的融资模式，解决城市建设所需的巨额投入，采取股份制的开发运营模式进行开发建设。另一方面，吸引民间资本，从过去单一的房地产开发投资转向智慧低碳生态产业投资，推进城市建设由地产型转向为智慧型、低碳型和生态型，围绕城市建设，发展智慧地产、低碳地产和生态地产业，这既是城市产业结构转型升级的需要，也是提升城市功能与服务质量的需要，更是保护城市生态环境、改善城市人居环境的需要。

要有针对性地提出扶持低碳生态城市发展的土地政策、税收优惠政策、贷款政策、生态补偿政策等，对提出建设低碳生态城市的尽量给予建设用地指标的保障和优先供应。对于真正建设低碳生态新城新区的区域，国家相关部门要纳入重点建设的新城新区范畴，优先申报，优先审批，优先享受各种优惠政策支持。

主要参考文献

[1] 方创琳, 刘毅, 林跃然. 中国创新型城市发展报告. 北京: 科学出版社, 2003: 2-3.

[2] Hall Peter. Cities in civilization. London: Weidenfeld anNicolson, 1998: 22-23.

[3] 中国科学院创新发展研究中心. 2009 中国创新发展报告. 北京: 科学出版社, 2009: 72-76.

[4] 国家创新体系建设战略研究组. 2010 国家创新体系发展报告——创新型城市建设. 北京: 科学出版社, 2011: 56-59.

[5] 方创琳. 中国创新型城市建设的总体评估与瓶颈分析. 城市发展研究, 2013, 32(3): 12-18.

[6] 方创琳, 马海涛, 王振波, 等. 中国创新型城市建设的综合评估与空间格局分异. 地理学报, 2014, 69(4): 459-473.

[7] 方创琳, 刘晓丽. 中国城市化发展阶段的修正及地域分异规律分析. 干旱区地理, 2008, 31(4): 512-523.

[8] 方创琳. 城市亚健康之忧. 人民论坛, 2010, 6: 7-8.

[9] 方创琳. 中国城市化进程亚健康的反思与警示. 现代城市研究, 2011, 59(8): 6-11.

[10] 方创琳. 中国快速城市化进程的资源环境保障问题与对策建议.中国科学院院刊, 2009, 24(5): 468-474.

[11] 方创琳, 方嘉雯. 解析城镇化进程中的资源环境保障瓶颈. 中国国情国力, 2013, 243(4): 33-34.

[12] 方创琳. 中国城市化进程及资源环境保障报告. 北京:科学出版社, 2010: 32-38.

[13] 方创琳. 中国城市化进程的能源保障与风电产业发展格局. 北京: 中国经济出版社, 2014: 35-58.

[14] 经济日报社自主创新调研小组. 自主创新年度报告 2011. 北京: 经济日报出版社, 2011: 25-28.

索　引